水行政执法人员培训系列丛书

水行政执法理论与实务

主　编　李国力　王庆伟

副主编　王洪旗　朱永中　李效利

黄河水利出版社

·郑州·

图书在版编目（CIP）数据

水行政执法理论与实务 / 李国力，王庆伟主编. 郑州 : 黄河水利出版社，2025. 1. -- (水行政执法人员培训系列丛书). -- ISBN 978-7-5509-4091-8

Ⅰ. D922.66

中国国家版本馆CIP数据核字第2025MT9855号

策划编辑：陶金志　电话：0371-66025273　E-mail：838739632@qq.com

责任编辑　周　倩　　　　责任校对　鲁　宁

封面设计　黄瑞宁　　　　责任监制　常红昕

出版发行　黄河水利出版社

地址：河南省郑州市顺河路 49 号　邮政编码：450003

网址：www.yrcp.com　E-mail：hhslcbs@126.com

发行部电话：0371-66020550

承印单位　河南博之雅印务有限公司

开　　本　787 mm × 1 092 mm　1/16

印　　张　36.5

字　　数　865 千字

版次印次　2025 年 1 月第 1 版　　2025 年 1 月第 1 次印刷

定　　价　168.00 元

前　言

实行依法治水的基础和关键，在于水行政机关严格依法行政。水行政机关要做到严格依法行政，首先是水行政执法人员要做到严格执法。水行政执法人员要做到严格执法，必须做到以下三点：一是要掌握行政法的基本理论知识。行政法理论内容多、法条多、更新变化快、程序复杂，全面学懂弄通有一定的难度，但是水行政执法基本的、日常工作需要的，是必须熟悉、掌握的。二是能够把行政法的理论、国家有关的法律和制度与水行政执法实践有机融合，在遇到复杂、棘手的工作难题时，能够考虑周全，有针对性地运用法治思维和法治方式破解具体水行政执法问题。三是水行政执法行为具有公益性强、专业性强、技术性强、标准性强、预防性强、应急性强、执法对象时空范围大、部门合作多、有一定法律风险等水利执法特点，水行政执法人员还需要掌握一定的业务知识，具备行政管理能力和法律风险防范意识，并在工作中提升执法水平。

本书分上篇、下篇和附录。上篇侧重于水行政执法人员初任培训、任职培训，下篇侧重于水行政执法人员专门业务培训、在职培训，附录侧重于考核水行政执法人员理论水平和执法能力。

上篇为“水行政执法基本理论”，分十五章。内容基本涵盖了水行政执法的常用理论知识，对行政组织法、行政行为法和行政监督法等有关涉水行政法的基本理论，进行了循序渐进、全面系统的阐述，是水行政执法人员必备、应知知识。其中，每个章节中都有精选水事案例，用最新法条对接行政法理论进行呼应解读。第一章，行政法基本概念。主要介绍行政与行政法、行政法法律渊源、行政法基本原则、行政主体与公务员、抽象行政行为与具体行政行为等行政法基本知识。第二章，行政许可。包括行政许可基本概念、行政许可的设定、行政许可的实施机关及行政许可的实施程序、听证程序、变更和延续程序、特别程序和水行政许可受理审批实施中的一些问题等内容。第三章，行政处罚。主要介绍行政处罚与行政处罚法，行政处罚的种类与设定，行政处罚的实施机关与管辖、适用，行政处罚的程序等涉水行政处罚基本知识。第四章，行政强制。包括行政强制概述、行政强制措施、行政强制执行等内容。第五章，行政征收与行政征用。简要介绍涉水行政征收与行政征用基本知识。第六章，行政确认与行政裁决。简要介绍涉水行政确认与行政裁决基本知识。第七章，行政合同与行政给付。简要介绍涉水行政合同与行政给付基本知识。第八章，行政检查与行政指导。介绍涉水行政检查与行政指导基本知识。第九章，水事纠纷预防与调处。内容包括水事纠纷基本概念、水事纠纷调处。第十章，政府信息公开制度。介绍涉水政府信息公开制度基本知识。第十一章，行政复议。包括行政复议概述、行政复议范围、行政复议参加人和行政复议机关、行政复议的申请与受理，以及行政复议的审理、决定和执行等内容。第十二章，行政诉讼。主要介绍行政诉讼概念及行政诉讼法基本知识。第十三章，行政执法与诉讼文书。主要介绍行政执法文书和行政诉讼文书。第十四章，水行政机关与公务人员法律责任。主要介绍水行政执法人员可能会遇到的行政法律责任、刑事法律责任和民事法律责任，简要解读《中华人民共和国民法典》基本知识。第十五章，行政立法与“八五”普法规划。结合立法实例，介绍如何立法，如何制定规范性文件；介绍国家普法计划最新内容和要求。

下篇为“水行政执法实务”，把上篇行政法理论和最新涉水法律法规和制度，与水行政执法实践全面、重点对接。通过精选全国具有典型性、实用性、新颖性和一定复杂性的水事案例深度解析，破解水行政执法管理中遇到的难题，并从案例中找寻出一些普遍的定律，以实现水行政执法人员举一反三、方法引路之效。下篇重在实战实用，更具时代性、专业性、针对性，侧重于新知识、新技能培训，以及水行政执法人员法律政策运用能力、防控风险能力和有关执法业务技能提升。关注的问题，也不仅仅是纯粹的水行政执法业务，还涉及水行政执法管理的刑事、民事和行政管理等现实问题。

下篇分三个部分。第一部分，水行政执法管理典型案例。一是通过案例解读水行政许可。二是对新修订的《中华人民共和国行政处罚法》进行解读，并通过案例对水行政处罚进行重点解读。三是结合水行政执法最新需求，通过对水行政执法办案现场模拟演练脚本、现场制作案卷评分标准、现场实操考试设计，提出比较完整的水行政执法办案现场模拟演练活动方案，可以实现现场教学。四是通过案例解读水行政强制。五是通过案例解读水行政复议。六是通过案例解读政府信息公开与行政指导。七是通过案例解读水行政诉讼。八是通过案例解读水行政执法与诉讼文书。九是通过案例解读涉水立法。十是通过案例解读水行政主体。十一是介绍涉及水行政执法管理的河长制湖长制与司法保障机制。十二是介绍水行政执法机关法律顾问和公职律师管理办法及法律顾问合同。十三是通过案例介绍水行政执法建设管理部门执法管理有关业务知识。第二部分，以案说“刑事”。通过近期发生的水行政执法人员被刑事追责典型案例，深入浅出地介绍刑法、刑事诉讼法基本知识和法院、检察院办案程序，对一些水行政执法人员执法不规范、法律风险防范意识不强等问题，有很强的实战性和指导性。第三部分，以案说“民事”。通过案例解读《中华人民共和国民法典》、仲裁与诉讼，以及媒体和社会关注的水利热点问题。

附录为“依法治水管水知识测试题”。为水行政执法人员精心设计集宪法、涉水法律法规、行政法基本理论、水行政执法常用知识点于一体的三套综合测试考核试卷，题型包括填空、单选、多选、判断、问答、案例分析等。

江河湖海流淌在法律的门前。全面依法治国的新时代，水行政执法人员应该具备更多的法治思维和法治方式，在规则中不断深化法治实践，不断提高执法能力和执法效能；应该更加敬畏法律和制度，以获取最大幸福和最大自由！

编　者

2024 年 12 月

目 录

上 篇 水行政执法基本理论

下　篇　水行政执法实务

上　篇

水行政执法基本理论

第一章　行政法基本概念

第一节　行政与行政法

一、行政、行政权与行政关系

行政是认识和把握行政法的逻辑起点。“行政”一词有广义和狭义两种解释。广义上的行政是指人类社会团体活动中的各种管理活动，如国家管理工作、社团管理工作、企业管理工作、事业单位管理工作等；狭义上的行政则特指国家行政机关的组织管理活动。行政法上所说的行政专指以国家行政机关为主的，包括其他社会组织管理公共事务和提供公共服务的公共行政。行政根据不同的分类标准可以划分为不同的种类。例如，根据行政的性质可以划分为干涉行政、给付行政；根据行政效果的范围可以划分为外部行政和内部行政；根据行政主体在活动中的自由程度可以划分为羁束行政和裁量行政；根据行政内容可以划分为治安行政、水利行政、卫生行政、文化行政、劳动行政等。

行政权是国家行政机关以及其他社会组织依法享有的管理公共行政事务和提供公共服务的权力。根据我国宪法及相关组织法的规定，行政权的内容可以划分为行政事权、财权和组织人事权三类，在具体运作过程中，主要有行政立法权、行政处理权、行政许可权、行政处罚权、行政强制权等五种行政权形态。

行政关系是国家行政机关在实施国家行政管理过程中发生的社会关系的总称。由于行政职能的广泛和实现方式的多样性，它所形成的社会关系的性质和种类也是多样的和变化的。除国防、警察和财政等基础职能比较稳定外，行政机关的经济和社会管理等职能会经常变化。根据社会需求的变化，也会有新的法律部门出现和发展，行政关系的种类和范围随之应有新的概括和表述。

二、行政法

（一）行政法基本概念

行政法是调整行政主体行使行政权过程中所产生的社会关系以及对行政权进行规范和控制的法律规范的总称。行政法的调整对象是行政关系，具有赋予行政机关管理职权以保证行政效率、监督行政机关以防止和消除行政违法行为两方面的调整功能。

当代中国的法律体系，是以宪法为核心的社会主义特色的法律体系，由宪法及宪法相关法、民法商法、行政法、经济法、社会法、刑法、诉讼与非诉讼程序法等 7 个法律部门构成。行政法，是我国法律体系中的一个部门法。行政法具有以下几个重要特征。

1. 缺乏统一完备的实体法法典

由于国家行政管理内容的复杂多变和管理层次繁多，难以在一个法律文件中做穷尽性列举规定，实体行政法分散地规定于不同行政领域和不同法律效力等级的法律文件当中。

2. 行政职权职责的统一性

行政机关的权利义务在行政法上表现为行政职权和行政职责，都有依法履行的必要。行政机关在取得公共职权后，不能像民事主体行使民事权利那样进行处分，否则会构成渎职、失职或者不作为违法。

任何违反行政法义务的行为，无论是国家行政机关还是其他行政法义务主体都应当承担相应的法律责任。这是行政法调整方式区别于行政政策调整方式的基本标志。

3. 行政法立、改、废的经常性

行政法的稳定性主要体现为行政法立、改、废机制的稳定性。我国实行的是成文法制度，成文法多数是在总结过去经验基础上概括形成的，难以对后来发生的事情准确预料，国家行政机关又不能像民事主体那样以自主协商的方式来确定行政权利义务，这就给实行依法行政带来困难。面对日新月异的行政管理社会需求和国家行政管理内容的经常更新，就必须建立行政法律规范立、改、废经常化的机制。

（二）行政法的分类和知识结构

行政法可以分为一般行政法和部门行政法，或者称为行政法的总则和分则。

行政法总则以行政组织法、行政行为法和行政监督法为基本结构，相对稳定，是行政法的普遍原则和共同规则，适用于全部或者多数行政领域。其中，行政组织法分为行政机关组织法和公务员法两大部分内容；行政行为法，如行政处罚法、行政强制法、行政许可法，是有关规范行政机关和公共组织行使行政职权、实施行政行为的实体和程序的法律规范的总称，涵盖行政机关实施抽象与具体各类行政行为；行政监督法，如行政复议法、行政诉讼法、行政监察法、审计法，是对行政机关及其工作人员行使法定行政职权和履行法定行政职责进行监督，并向受到侵权的公民、法人和其他组织提供救济的法律规范。

行政法分则（部门行政法）则是只适用于特定行政领域的规则，如适用于水行政领域的水行政法律规范。行政法分则内容丰富，结构多样，可以按照中央行政部门的事务管辖进行分类，并且因为行政事务在各个部门的配置经常进行调整，所以部门行政法的分类也相应地经常变动。

关于行政法的知识结构，可以参见图 1-1。

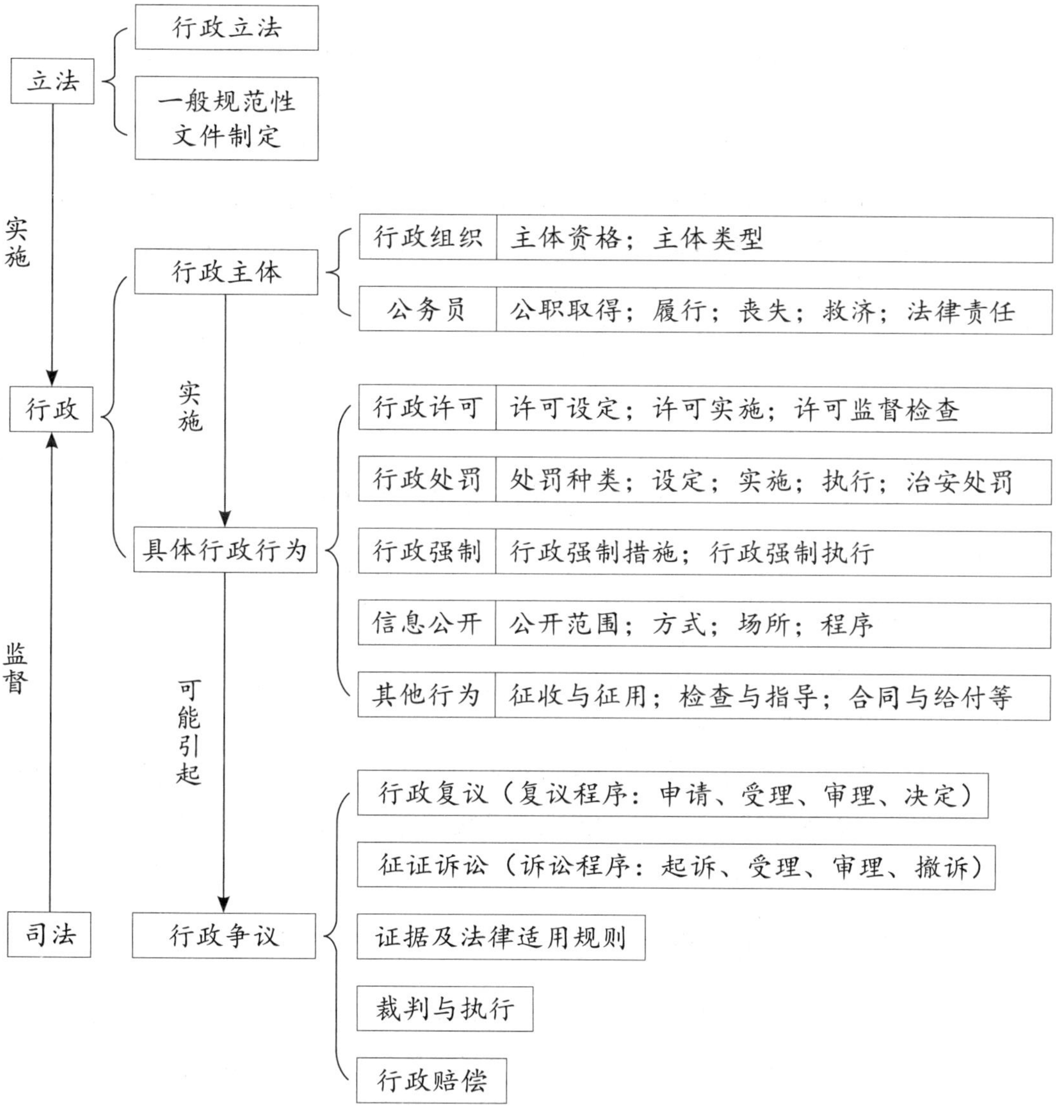

图 1-1　行政法的知识结构

（三）行政法与其他法律部门的关系

1. 行政法与宪法的关系

宪法与行政法是根本法与部门法之间的从属关系。宪法是国家根本法，是建立和发展行政法的根据和基础，国家行政机关活动的基本原则、基本制度和基本职权，需要直接由宪法和宪法性法律规定。行政法是普通部门法，行政制度历来都是宪法中不可缺少的重要组成部分。

2. 行政法与民法的关系

首先表现在调整对象方面，民法调整财产关系和人身关系，并且以主体的平等性为特征。行政法调整的行政关系包括但是不限于财产关系和人身关系，并且以命令服从为其主要特征。其次表现为行政法对民法实施的保障作用。这种作用在市场经济条件下显得更为重要。例如，行政法关于行政许可管理的规定，保障着当事人权益的取得和使用等。

3. 行政法与刑法的关系

（1）刑法保护行政法秩序。刑法是国家运用刑罚同犯罪做斗争的行为规则，刑法所惩罚的犯罪包括侵犯国家行政管理秩序的刑事违法行为，并且在我国刑法分则中占有很大的篇幅。

（2）刑罚与行政处罚都是国家制裁具有社会危害性的违法行为的制度，它们之间需要相互衔接和协调。

第二节　行政法法律渊源

一、行政法法律渊源的概念

行政法的渊源又称行政法的发源，是行政法在具体运行过程中的表现形式，也就是大家通常所讲的“依法办事”中的“法”。

在法律渊源制度上，主要有成文法和不成文法之分。成文法主要是指国家机关根据立法权限和立法程序制定发布的规范性法律文件。不成文法主要是指惯例、判例和理论学说等。我国行政法法律渊源实行成文法制度。

二、行政法法律渊源的种类

行政法法律渊源的重要作用是确定法律表现形式和各种表现形式之间的效力等级关系。根据法律文件的制定机关和等级效力不同，我国行政法法律渊源的种类具体分类如下。

（一）宪法

《中华人民共和国宪法》（简称《宪法》）是中华人民共和国的根本大法，规定拥有最高法律效力。中华人民共和国成立后，曾于 1954 年 9 月 20 日、1975 年 1 月 17 日、1978 年 3 月 5 日和 1982 年 12 月 4 日通过 4 个宪法，现行宪法为 1982 年宪法，并历经 1988 年、1993 年、1999 年、2004 年、2018 年 5 次修订。宪法中关于国家机构的任务和原则，关于行政机关与其他国家机关的相互关系，关于行政机关组织和活动的规定，都属于行政法的法律渊源。由于宪法是国家根本法，所以宪法的规定在行政法的法律渊源体系中具有最高法律效力。

（二）法律

法律是指全国人民代表大会及其常务委员会制定发布的基本法律和普通法律。法律中关于行政组织、行政管理活动和对行政机关监督的规范，属于行政法的渊源。法律等是我国行政法的主要法律渊源，适用范围大、效力等级高，如《中华人民共和国水法》（简称《水法》）、《中华人民共和国防洪法》（简称《防洪法》）是行政执法的主要依据。

（三）行政法规

行政法规是指由我国最高行政机关国务院根据宪法和法律，按照行政法规的制定权限和制定程序发布的规范性文件。行政法规是行政执法依据的主要内容，在中国特色社会主义法律体系中具有承上启下的地位和作用。在效力等级和规定范围上，仅次于法律。

（四）行政规章

我国的行政规章分为两大类：一类是国务院部门规章（通常叫作部门规章），另一类是地方政府规章。

部门规章是指国务院各部、各委员会、中国人民银行、审计署和具有行政管理职能的直属机构，根据法律和国务院的行政法规、决定、命令，在本部门的职权范围内按照法定程序制定发布的规范性文件。在规定范围上，部门规章应当规定属于执行法律或者国务院行政法规、决定命令的事项；在效力方面，等级效力低于法律和行政法规，地域效力可以及于全国。

地方政府规章是省、自治区、直辖市、设区的市、自治州的人民政府和广东省东莞市和中山市、甘肃省嘉峪关市、海南省三沙市等4个不设区的市人民政府（比照适用2015年3月15日通过的全国人民代表大会关于修改《中华人民共和国立法法》（简称《立法法》）的决定中有关赋予设区的市地方立法权的规定执行），可以根据法律、行政法规和本省、自治区、直辖市的地方性法规，制定规章。

地方政府规章可以就下列事项作出规定：

（1）为执行法律、行政法规、地方性法规的规定需要制定规章的事项。

（2）属于本行政区域的具体行政管理事项。设区的市、自治州的人民政府据此制定地方政府规章，限于城乡建设与管理、环境保护、历史文化保护等方面的事项。地方政府规章，在效力方面，等级效力低于法律、行政法规和地方性法规，地域效力限于本行政区域。

（五）地方性法规

地方性法规是我国行政执法的重要依据之一。地方性法规由省、自治区、直辖市和设区的市人民代表大会及其常务委员会，根据本行政区域的具体情况和实际需要，在不与宪法、法律、行政法规相抵触的前提下制定，由大会主席团或者常务委员会用公告公布施行的文件。地方性法规在本行政区域内有效，其效力低于宪法、法律和行政法规。省、自治区人民政府所在地的市和经国务院批准的设区的市的人民代表大会及其常务委员会，根据本市的具体情况和实际需要，在不与宪法、法律、行政法规和本省、自治区的地方性法规相抵触的前提下制定，报省、自治区人民代表大会常务委员会批准后施行，并由省、自治区的人民代表大会常务委员会报全国人民代表大会常务委员会和国务院备案的规范性文件。这些地方性法规在本市范围内有效，其效力低于宪法、法律、行政法规和本省、自治区的地方性法规。

以上为行政法的基本法律渊源，另外还有以下其他法律渊源。

（六）国际条约和国际协定

中国参加的国际条约和国际协定，如领事条约、国际劳工公约、核事故或辐射紧急援助公约等。如果规定了中国行政机关的权利、义务，是否可以直接作为国内行政法的渊源，需要根据实际内容确定，一般应当转化为中国的国内立法后才能作为行政法的法律渊源予以适用，而不直接适用国际条约和国际协定。

（七）法律解释

法律解释是指法律的规定需要进一步明确具体含义的，或者法律制定后出现新的情况，需要明确法律依据的情形，由法定机关根据法定程序对法律作出的解释。目前，我国关于法律解释的立法主要有两个：一是《中华人民共和国立法法》，二是1981年全国人大常委会公布的《关于加强法律解释工作的决定》。

法律解释包括最高国家权力机关的解释、国家司法机关的解释、中央国家行政机关的解释、地方国家权力机关和行政机关的解释。在各种法律解释中，最高人民法院的司法解释具有特殊重要的地位，一方面，因为最高国家权力机关很少作出过立法解释，行政解释和地方解释在法院审理具体案件时往往要附带对其进行适当的司法审查，决定是否采用或者以司法解释取而代之；另一方面，如《中华人民共和国行政诉讼法》等很多法律都是在实践中由最高人民法院进行司法解释。

案例：行政机关的会议纪要是不是行政法的渊源？有无法律效力？

解析：行政法的渊源又称行政法的发源，是行政法在具体运行过程中的表现形式，是行政执法的依据。通俗地讲，也就是平常我们所说的“依法行政”中的“法”。我国行政法的成文法法律渊源的种类，根据法律文件的制定机关和等级效力具体如下：①宪法；②法律；③行政法规；④行政规章，包括国务院部门规章和地方政府规章；⑤地方性法规。

行政法除上述基本法律渊源外，还存在一些其他法律渊源，如国际条约和国际协定、法律解释等。在实际工作中，水行政机关的决定常常以会议纪要或者是会议决定等形式出现。会议纪要用于记载和传达会议情况和议定事项，是与会者及其组织领导者的共同意志的体现，是会议成果的结晶，集中反映了会议的精神实质。会议纪要不是标准的法律文书，不属于我国行政法渊源。

至于会议纪要是否具有法律效力，需要视具体情况具体认定。如果会议纪要是有权行政机关下发，法律依据充分，并且针对的对象是特定的、一次适用的，就构成有效合法的行政行为。但是，如果会议纪要议定的行政行为没有法律依据，或程序违法，就不能取得法律效力。

第三节　行政法基本原则

行政法基本原则是指导和规范行政法的立法、执法、行政行为实施、行政争议处理以及行政救济的基础性法则，是体现行政法各个制度和具体规则的内在联系和基本价值观念，同时又高于行政法具体规范的准则。行政法包括以下基本原则。

一、合法行政原则

合法行政原则是行政法的首要原则，是指行政机关实施行政管理，必须依照法律、法规、规章的规定，不得作出损害公民、法人和其他组织合法权益或者增加公民、法人和其他组织义务的决定。

合法行政原则在结构上包括“依法行政”与“无法律无行政”两个方面。

（1）行政机关实施行政管理，必须遵守现行有效的法律，即“依法行政”。第一，行政机关的任何规定和决定都不得与法律相抵触，否则就违法，就不能取得法律效力。第二，行政机关有义务积极执行和实施现行有效法律规定的行政义务，否则将构成不作为违法。

（2）行政机关应当依照法律授权活动，即职权法定，“无法律无行政”。第一，行政机关采取行政措施必须有立法性规定的明确授权；第二，没有立法性规定的授权，行政机关不得采取影响公民、法人和其他组织权利义务的行政措施。

合法行政原则是我国根本政治制度人民代表大会制度在国家行政制度上的体现和延伸。人民代表大会制度确定了国家行政机关对人民代表大会的从属性。《中华人民共和国宪法》第二条和第三条规定，中华人民共和国的一切权力属于人民，人民行使国家权力的机关是全国人民代表大会和地方各级人民代表大会。国家行政机关由人民代表大会产生，对它负责，受它监督。这样就从根本法上解决了国家行政权力来源的合法性问题。《中华人民共和国宪法》第五条规定，中华人民共和国实行依法治国，建设社会主义法治国家。一切国家机关都必须遵守宪法和法律。国家行政机关应当依照宪法和法律行使行政职权。

为适应时代变迁和行政职能变化的需要，合法行政原则不断得到新的解释。我国从改革开放初期提出发扬社会主义民主、健全社会主义法治，到宪法规定实行依法治国，法律在规范行政活动方面的作用正在逐步增强。

案例：合法行政原则

（1）2005 年，甲水管单位与本单位职工王某签订了承包辖管大堤收费站的合同。约定合同期限 2 年，合同期限内单位负责提供收费发票；王某负责堤防工程补偿费的征收，王某需每年向单位交纳承包金 10 万元，并负责安排本单位 3 名职工到收费站工作，王某及其收费工作人员工资、奖金自付。后上级检查，要求该水管单位立即废止合同。王某不服，要求单位赔偿损失。

（2）2010 年，乙水管单位因经费不足，向辖区内 20 户采砂业主合计收取约 100 万元的防洪工程补偿费，用于向退休职工发工资等，后群众向上级机关和媒体反映，当地检察院介入调查。

问题：（1）甲水管单位与王某签订的合同有效吗？

（2）按照有关法律规范规定，乙水管单位有权计收 2 项费用，分别是采砂管理费和堤防工程补偿费。乙水管单位收取防洪工程补偿费的做法是否合法？

解析：（1）甲水管单位混淆了民事和行政两类不同性质的行为，行政权是职权与职责的统一体，国家行政权不能承包，堤防工程补偿费的征收只能由行政主体——甲水管单位实施。甲水管单位与王某签订的合同与法律相抵触，应属无效。

（2）水行政执法职权法定。合法行政是行政法的首要原则，水行政机关行使行政权力，管理公共事务，必须有法律授权，并严格遵守法律规定，否则就应当承担相应的法律责任。按照有关法律规范规定，乙水管单位有权计收的 2 项费用是采砂管理费和堤防工程补偿费，不包括防洪工程补偿费。乙水管单位因经费紧张，向采砂业主收取防洪工程补偿费，尽管是用于向退休职工发工资，而且采砂业主的采砂行为很有可能确实损害了防洪工程，需要维护，但收取防洪工程补偿费没有法律授权，师出无名，毫无疑义属于超越职权、滥用职权的“乱收费”，违背了水利行政执法职权法定的合法性原则。

行政应急性原则是合法性原则的例外，是指在某些特殊的紧急情况下，出于国家安全、社会秩序或公共利益的需要，行政机关采取的没有明确法律依据的或与通常状态下法律规定相抵触的措施。其适用条件为：①存在明确无误的紧急危险或危害；②非法定机关不得行使应急权利，否则无效，除非事后经有权机关作出特别决定予以追认；③应接受有权机关的监督；④行使应当得当，应将负面损害控制在最小范围内。

案例：合法行政原则——应急性原则

某市甲区乙乡的 ×× 垸地处长江的行洪区。1994 年初，农民谭某在被批准的使用面积为 140 m^2 的宅基地上建造了房屋两栋，两栋房屋都坐落于 ×× 垸内。1998 年 7 月，该地区遭到特大洪水灾害，同年 9 月 20 日某市人民政府发出《×× 市人民政府关于印发全市灾后移民建镇（村）工作实施意见的通知》。1999 年 4 月 5 日下午，区政府召开关于研究解决江堤岁修有关问题的会议，会议提出必须抓紧抓好移民建村工作，乙乡政府要做好选址、规划、设计、动员工作。会后，乙乡政府根据会议要求，对居住在××垸内22户村民召开了搬迁动员大会，并为22户村民在南岸新址统一做好了房屋的墙基且进行了分配。1999年7月19日省防汛指挥部宣布全省进入紧急防汛期。同月21日上午11时，乙乡政府发出"紧急通告"，告知村民要做好防汛准备，并按照"移民建镇"的要求，垸内各户在22日晚8时前将各自房屋拆迁完毕；没按时间拆完的，乡防汛指挥部于23日8时采取行动，强行拆除。谭某没按要求拆除房屋，23日乡政府组织人员对谭某的房屋进行了拆除。谭某不服，向人民法院提起行政诉讼。

问题：防汛期间乙乡政府强行拆除河道内阻水房屋合法吗？

解析：本案如果单纯适用"合法行政原则"，则乙乡政府的强制拆除行为构成行政违法，因为无论是地方各级人民政府组织法，还是《中华人民共和国防洪法》，均未赋予乡政府强制拆除权（注：《中华人民共和国防洪法》第四十二条、《中华人民共和国河道管理条例》第三十六条，都是明确由"防汛指挥部"组织强行清除河道管理范围内的阻水障碍物）。但是如果将"应急性原则"应用到本案，与具体法律条文相结合，则不难理解乙乡政府的强制拆除。

本案中，乙乡政府面对百年不遇的特大洪涝灾害，强制拆除坐落于行洪河道的谭某的房屋，是出于社会公共利益的需要，符合应急性原则。当然，从提供的案情看，乙乡政府的做法还是有瑕疵的。最后，该案经两审法院审理，均判决支持乙乡政府的强制拆除行为；乙乡政府也给予了谭某一定的补偿。

二、合理行政原则

合理行政原则主要针对的是行政主体可以自由裁量决定的活动，是指行政机关的行政行为符合法律目的，符合正当程序和最一般的法律公平正义要求，做到行政决定内容客观、适度，符合公平正义等法律理性。

合理行政最低限度的理性，是指行政决定应当具有一个有正常理智的普通人所能达到的合理与适当，并且能够符合科学公理和社会公德。更为规范的行政理性表现为以下三原则：第一，公平公正原则。即平等对待行政管理相对人，不偏私、不歧视。第二，考虑相关因素原则。即作出行政决定和进行行政裁量，只能考虑符合立法授权目的的各种因素，不得考虑不相关因素。第三，比例原则。即行政机关实施行政管理可以采用多种方式实现行政目的的，采取的措施和手段应当必要、适当，应当避免采用损害当事人权益的方式。

案例：合理行政原则

某地查处了一起在河道管理范围内建设妨碍行洪的建筑物案。这里所谓的河道，其实就是一条小沟，所谓的建筑物，就是在小沟两旁砌了两处堡坎（挡土墙），上面搭了一块预制板，建成简易人行便桥，执法部门发现后，依据《中华人民共和国水法》第六十五条规定对当事人处以了十万元罚款的行政处罚。

问题：怎么评价执法部门采取的行政处罚措施？

解析：合理行政原则要求行政机关在作出对当事人的行政处罚决定时，要结合当事人的违法事实、违法情节、违法后果等作出，在法定依据规定的幅度内裁量，符合比例原则。

对于在河道管理范围内违规建设妨碍行洪的建筑物、构筑物，《中华人民共和国水法》第六十五条规定，在河道管理范围内建设妨碍行洪的建筑物、构筑物，或者从事影响河势稳定、危害河岸堤防安全和其他妨碍河道行洪的活动的，由县级以上人民政府水行政主管部门或者流域管理机构依据职权，责令停止违法行为，限期拆除违法建筑物、构筑物，恢复原状；逾期不拆除、不恢复原状的，强行拆除，所需费用由违法单位或者个人负担，并处一万元以上十万元以下的罚款。

显而易见，从执法程序上说，执法部门首先要“责令停止违法行为，限期拆除违法建筑物、构筑物，恢复原状”。当事人如果在限期内拆除了简易便桥，恢复了原状，就不再需要强行拆除、并处罚款。以本案违法事实、情节而言，对当事人按上限罚款十万元处罚显失公正。

三、程序正当原则

程序正当是当代行政法的主要原则之一。要求行政机关在进行影响行政相对人权益的相关活动时，必须遵守正当法律程序，即使行政机关认为是降低了效率。因为正当程序具有化解不满的效用，对官员和公民的权益都给予了有力保障，实质上是起到了提高效率的作用。

程序正当原则包括以下几个原则：第一，行政公开原则。行政主体在作出行政行为时，除涉及国家秘密和依法受到保护的商业秘密、个人隐私外，应当通过一定的方式将有关行为情况向行政相对人和社会公开。在现代行政法中，公开原则具体主要包括行使行政职权的依据公开、听证制度以及行政决定的公开。第二，公众参与原则。行政主体作出重要规定或决定，应当听取公民、法人和其他组织的意见。特别是作出对公民、法人和其他组织不利的决定，要听取他们的陈述和申辩。第三，回避原则。行政主体工作人员履行职责，与行政管理相对人存在利害关系时，应当回避。

四、高效便民原则

高效便民是指行政机关能够依法高效率、高效益地行使职权，最大限度地方便人民群众。高效便民原则分为行政效率原则和便利当事人原则两个方面。

行政效率原则是指行政主体在作出行政行为时，对行政程序中的各种行为方式、步骤、时限、顺序的设置都必须有助于确保基本的行政效率，并在不损害行政相对人合法权益的前提下适当提高行政效率的原则。行政效率原则主要通过时效、简易程序以及不停止执行制度来保障和实现其价值。首先是行政主体积极履行法定职责，禁止不作为或者不完全作为，以较少的行政资源投入并取得好的行政管理效果；其次是遵守法定时限，禁止超越法定时限或者不合理延迟。比如《中华人民共和国行政许可法》第四十二条规定："除可以当场作出行政许可决定的外，行政机关应当自受理行政许可申请之日起二十日内作出行政许可决定。二十日内不能作出决定的，经本行政机关负责人批准，可以延长十日，并应当将延长期限的理由告知申请人。但是，法律、法规另有规定的，依照其规定。"延迟是行政不公和行政侵权的表现。

便利当事人原则是指在行政活动中，从方便当事人办事的角度出发，切实为当事人提供优质服务，而不是把行政管理看成是限制当事人的工具和手段，增加当事人的程序负担。增加当事人的程序负担，是法律禁止的行政侵权行为。

五、诚实守信原则

诚实守信原则针对的是行政主体行为的公信力，分为以下两个方面。

（一）行政信息真实原则

行政机关公布的信息应当全面、准确、真实。无论是向普通公众公布的信息，还是向特定人或者组织提供的信息，行政机关都应当对其真实性承担法律责任。

（二）保护公民信赖利益原则

非因法定事由并经法定程序，行政机关不得撤销、变更已经生效的行政决定；因国家利益、公共利益或者其他法定事由需要撤回或者变更行政决定的，应当依照法定权限和程序进行，并对行政管理相对人因此而受到的财产损失依法予以补偿。

六、权责一致原则

权责一致是指行政机关依法享有多大的权力，就应该承担多大的责任，做到权力与责任的统一，分为行政效能原则和行政责任原则两个方面。

行政效能原则是指法律、法规对行政机关的授权应当充分。行政机关依法履行经济、社会和文化事务管理职责，要由法律、法规赋予其相应的执法手段，保证政令有效。

行政责任原则是指法律、法规在授予行政机关权力的同时，应当明确规定其应当承担的责任，以及行使权力的条件和程序。这一原则的基本要求是行政权力和法律责任的统一，即执法有保障、有权必有责、用权受监督、违法受追究、侵权须赔偿。

第四节 行政主体与公务员

一、行政主体的概念

行政主体是指享有行政职权，能以自己的名义行使国家行政职权，作出影响行政相对人权利义务的行政行为，并能由其本身对外承担实施行政活动所产生的责任的组织。简单地讲，所谓行政主体，就是行政职权的享有者、行政活动的实施者、行政责任的承担者。

判断一个组织是不是行政主体，关键是把握它的几个特征：

第一，依法享有行政职权。

行政职权来源于法律法规的直接规定或授权。我国的立法机关、司法机关不是行政主体，就是因为它们不享有行政职权。

第二，能够以自己的名义独立行使行政权力。

在我们的实践活动中，面对层级隶属的庞大且复杂的行政组织系统，要告一个行为，谁做被告呢，就要确定该行为以谁的名义独立实施。比如县水利局，既是县政府的组成部门，内部又设有办公室、水政科、财务科等科室，水事违法案件处罚一般由水政科作出，如果对此处罚不服，就不能以水政科，也不能以县政府为被告，而应以县水利局为被告。因为水政科是县水利局的内部组成机构，它是以县水利局名义作出的处罚；而县政府，县水利局尽管是其组成机构，但在法律上县水利局能够以自己的名义独立作出处罚。

第三，行政主体是一种组织、个人，包括公务员均不能成为行政主体。

行政主体不是行政法主体，行政法主体包括受行政法调整和支配的有关组织和个人，行政主体是行政法主体的一个部门。

第四，能够独立承担行政活动的法律效果。

包括独立成为行政复议被申请人、行政诉讼的被告以及国家行政赔偿中的赔偿义务机关等。

在我国，行政主体包括行政机关和法律法规授权的组织两部分。

二、行政机关

作为行政组织的典型和主要形态，行政机关是指依《中华人民共和国宪法》或《中华人民共和国国务院组织法》和《中华人民共和国地方各级人民代表大会和地方各级人民政府组织法》等行政组织法的规定，国家设置的行使国家行政职权的职权性行政主体。

中国实行五级政府管理体制，分别是：国务院；省、自治区、直辖市人民政府；

设区的市、自治州人民政府；县、自治县、不设区的市、市辖区人民政府；乡、民族乡、镇人民政府。行政机关具体就是指政府序列中的各机关，包括：国务院，国务院各部、委、行、署，国务院直属机构，国务院各部委归口管理的国家局，地方各级人民政府，地方各级人民政府的职能部门以及地方人民政府的派出机关。

（一）中央国家行政机关

中央国家行政机关是国务院和国务院所属各工作部门的总称。国务院即中央人民政府，是最高国家权力机关的执行机关，是最高国家行政机关。国务院行政机构，根据职能分为国务院办公厅、国务院组成部门、国务院直属机构、国务院办事机构、国务院组成部门管理的国家行政机构和国务院议事协调机构。

（二）地方国家行政机关

1. 地方国家行政机关的概念

地方国家行政机关是指在一定行政区域内由该行政区人民代表机关产生的人民政府及其工作部门。它与中央行政机关是下级与上级、局部与整体的关系。

2. 地方国家行政机关的派出机关和派出机构

派出机关是由有权地方人民政府在一定行政区域内设立，代表设立机关管理该行政区域内各项行政事务的行政机构。根据《中华人民共和国地方各级人民代表大会和地方各级人民政府组织法》第六十八条的规定，派出机关有三类：第一是省、自治区人民政府设立的派出机关（行政公署），设立的主要条件是“在必要的时候”和“经国务院批准”；第二是县、自治县的人民政府设立的区公所，设立的主要条件是“在必要的时候”和“经省、自治区、直辖市的人民政府批准”；第三是市辖区、不设区的市的人民政府设立的街道办事处，设立的主要条件是“经上一级人民政府批准”。

派出机构是由有权地方人民政府的职能部门在一定行政区域内设立，代表该设立机构管理该行政区域内某一方面行政事务的行政机构。派出机构主要是根据部门行政法的规定设立并赋予行政职权。例如，《中华人民共和国治安管理处罚法》对公安派出所职权的规定。

三、法律、法规授权的组织

由于行政改革和提高行政效率的需要，一些非政府组织被赋予实施行政管理的职权。按照其权力的来源可分为两类：第一，根据法律、法规规定获得行政管理权限的，称为法律、法规授权的组织；第二，根据行政机关的委托获得行政管理权限的，称为行政机关委托的组织。

对非政府组织的授权主要由单行法律、法规根据具体情形规定，授予权力的内容和行使条件也各不相同。如果授权法律、法规失效，有关组织的行政管理权限也就不再存在。例如，早先公布的《中华人民共和国价格管理条例》曾经规定授权物价监督检查所进行价格监督检查和对价格违法行为进行行政处罚的职权，后来公布的价格法不再有这样的授权规定，上述授权也就不再存在。

（一）法律、法规授权的组织

1. 法律、法规授权组织的概念

我国行政法上法律、法规授权的组织，是指根据法律、法规的规定，可以以自己的名义从事行政管理活动、参加行政复议和行政诉讼并承担相应法律责任的非政府组织。

例如，《中华人民共和国行政处罚法》（简称《行政处罚法》）第十九条规定，法律、法规授权的具有管理公共事务职能的组织，可以在法定授权范围内实施行政处罚。《中华人民共和国行政复议法》第十五条规定，对法律、法规授权的组织的具体行政行为不服的，分别向直接管理该组织的地方人民政府、地方人民政府工作部门或者国务院部门申请行政复议。《中华人民共和国学位条例》第八条第 1 款规定，学士学位，由国务院授权的高等学校授予，硕士学位、博士学位，由国务院授权的高等学校和科学研究机构授予。《中华人民共和国防洪法》第八条规定，国务院水行政主管部门在国家确定的重要江河、湖泊设立的流域管理机构，在所管辖的范围内行使法律、行政法规规定和国务院水行政主管部门授权的防洪协调和监督管理职责。

2. 法律、法规授权组织的种类

法律、法规授权组织的种类，包括被授权的事业单位、企业单位、社会团体（如工青妇、律师协会）、基层群众性自治组织（如居委会和村委会）等。常见的是国有事业单位和企业单位。其中，事业单位大致上有两类：①执行国家行政管理职能的事业单位，如国家银监委和证监委；②为履行公共服务职能的事业单位，如高等院校、流域管理机构等。企业单位是以营利为目的的从事生产经营活动的经济组织，国有的公用企业、金融企业和全国性总公司往往成为法律、法规授权的对象，如邮电、铁路运输、煤气公司和自来水公司等，会被国家立法授权实施一部分行政职能。

（二）行政机关委托的组织

行政机关委托的组织，是以委托行政机关（不含法律、法规授权的组织）的名义在委托事项范围内从事行政管理活动的非政府组织。

受行政机关委托的组织是行政执法主体资格的延伸。它虽然不是行政执法主体，不能以自己的名义实施行政管理和对外承担法律后果，但在行政执法实际中却有着不可忽视的作用，其执法权源于行政委托。由于行政机关委托执法的组织只能以委托的行政机关的名义行使行政职权，其行为效果归属于委托的行政机关，因此不具有独立的法律人格，只能称其为行为主体。

案例：水行政执法临时机构与行政执法委托

某段河道因紧邻繁华闹市，滩区面积大，近几年河道内建设项目日增，涉水案件频发。为加强管理，市局决定成立由局长担任组长的河道内建设项目执法工作领导小组；同时成立水行政执法总队，与市局水政科联合办公，一套班子两块牌子；同时还决定将《中华人民共和国防洪法》规定给本单位的处罚职权委托给水行政执法大队行使，市局为此下发了红头文件。

2011年2月，水行政执法大队报经执法领导小组同意，以自己的名义对未经河道主管部门批准在河道内从事工程设施建设的开发商吴某作出罚款20 000元的行政处罚决定，吴某不服，认为自己的项目是政府招商引资项目，经过政府同意，遂以该水行政执法大队为被告向人民法院提起行政诉讼，要求撤销罚款处罚决定。

问题：（1）市局执法工作领导小组是否具有行政主体资格？

（2）本案中，作出处罚决定的行政主体是哪一个组织？市局还是水行政执法大队？为什么？

解析：（1）现代社会中，随着政府职能的不断膨胀以及新生事物的不断出现，原有的行政机关系统已经难以满足社会公共事务管理的需要。为此，一方面，行政机关通过委托具备一定条件的组织行使行政职权；另一方面，自己组建具备行政管理职能的临时机构以应付管理的需要，临时机构随之产生。与行政机关不同，临时机构的产生不是通过一般法律、法规规定而产生的，其往往是通过特别法律、法规甚至行政规范性文件而出现的。因此，临时机构是否具有行政主体资格，应视其产生依据而定。依据法律、法规规定而产生的临时机构，从性质上说，与法律、法规或者规章授权行使特定行政职权的授权组织并无不同，其可以独立承担行使行政职权的责任，具备行政主体资格。而依据规范性文件出现的临时机构，由于没有相应的法律、法规或者规章规定作为其行使行政职权的有力支持，因而其本身不具有独立承担责任能力，不具备行政主体资格，故其以自己名义作出的行政行为其后果应归属于组建该机构的行政机关。

本案中，执法工作领导小组是依据规范性文件成立的具有行政管理职能的临时机构，其虽行使一定的行政职能，但并不具备责任能力，对外并不具有行政主体资格。

（2）在本案中，涉及在日常水行政管理中经常出现的一种现象，即行政委托。行政委托是指行政主体将其所享有的行政职权委托给一定的组织来行使，由自己承担相应的法律后果的行为。行政委托要求委托方既要负责监管受托方正确行使委托的行政职权，还要为受托方所行使行政职权所造成的后果承担相应责任。

联系到本案，市局下发红头文件对水行政执法大队授权，属于规章以下文件的授权，应视为市局法定行政职权的委托。水行政执法大队虽未以市局的名义，而是以自己名义对吴某处罚，但其是行为主体，不是行政主体。因此，作出处罚决定的行政主体应该是市局，而不是水行政执法大队。

四、行政机关与行政主体的区别和联系

行政机关与行政主体之间至少有以下三点区别和联系：

第一，虽然行政机关是最重要、最常见的行政主体，但是并非所有的行政机关都能成为行政主体。

比如说：国务院办公厅，它是不是行政机关？是，但它不直接对相对人作出具体行政行为，并不具有对外可以行使的职权，因而它不是行政主体。还有国家信访局、国务院参事室等，也不具有独立行政主体资格。

第二，并非行政机关在所有场合都以行政主体的身份出现。

行政机关往往具有双重身份，即行政主体和民事主体。当行政机关行使行政职权时，是以行政主体的身份出现的；当行政机关从事民事活动时，如购买办公用品，其身份是机关法人，或者说是以民事主体的身份出现。

第三，成为行政主体并不限于行政机关。

除行政机关外，法律、法规授权的组织和依法受委托的组织也可以行使特定的行政职能。

五、联合执法与协助执法主体

在执法实践中，除行政机关、法律法规授权的组织单独行使行政管理职权外，还存在联合执法、行政机关的内设机构以自己名义执法、协助执法等形式。

（一）联合执法

在以往的立法中，由于受到体制和观念的局限，往往过于强调“条条管理”，造成了行政管理中部门职责交叉、多头管理问题。如水行政管理，存在着水行政执法主体与环保、农业、渔业、公安、交通、林业等涉水部门的执法冲突，因此有时就需要联合执法。

联合执法是指在行政管理领域享有执法权的几个行政机关各自派出执法人员，并以各自的名义，共同作出同一具体行政行为，同时各自承担因自己行为而产生的法律责任。

“同一具体行政行为”必须是一个行政决定书、一个文号，并且内容相同。如果是若干个内容不同的行政决定书，或者内容相同，但是文号不同，都不是同一个具体行政行为。所谓“共同”，应做实质的理解，即在具体行政行为的全部或者部分阶段参与意思形成过程，对具体行政行为的作出产生了重大影响。“共同”的表现形式多种多样，包括联合执法、共同署名发文、共同组成临时机构执法等。

联合执法的主要特点有：第一，联合执法不改变相关行政执法部门的执法主体资格和职责权限；第二，遵守共同的法定执法程序；第三，通常确定一个牵头部门。

联合执法作为与水行政主体单独执法相对应的一种执法方式，在强化部门之间协调配合、促进信息沟通和资源共享、提高执法效果和方便相对人等方面有不可替代的作用，但同时也需要进行必要的规范，特别是要明确联合执法的适用范围，明确关于联合执法的具体组织和基本要求，防止公权力滥用，防止突击执法、运动式执法等现象。

（二）行政机关的内设机构

按照规定，受委托执法应该是符合条件的行政机关、其他组织受有执法权力的行政机关的委托，以委托机关的名义对外行使行政执法，并由委托机关承担行为法律后果。但实践中会出现一些行政机关在没有法律、法规或者规章授权的情况下，授权其内设机构、派出机构或者其他组织行使行政职权。这些内设机构中，临时性机构或临时性综合机构比较常见，有些是由一个行政机关设立的，有些是由几个行政机关共同组建的，有些是由同级政府牵头由几个职能部门组建的。这些内部机构不是政府的常设职能部门，而是职能部门以外的辅助工作机构，但被行政机关赋予了一定的管理职能。

这类机构是不是行政主体？关键在于是否有法律、法规和规章的授权。

法律、法规、规章对内设机构有授权的，它们即能够在法律上以自己的名义作出行政行为，取得行政主体资格；行政机关在没有法律、法规、规章规定的情况下，“授权”其内设机构、派出机构或者其他组织实施行政行为应当视为委托。内设机构或者派出机构在没有法律、法规或者规章授权的情况下，以自己的名义作出具体行政行为，当事人不服提起诉讼的，应当以该行政机关为被告。

（三）协助执法

协助执法是指行政主体在履行职责过程中，遇到自身无法克服的障碍难以实现行政目的时，向无隶属关系的其他行政主体提出公务上的协助请求，被请求主体依法在自身法定权限范围内提供职务上的帮助，以支持请求主体实现其行政职能的执法方式。比如为维护黄河水事安全和沿线治安秩序，水利部黄河水利委员会（简称黄委）与山东、河南两省公安厅互动，在沿黄县（区）成立了黄河派出所，建立了水政监察队伍与黄河派出所协作配合机制。

协助执法的法律特征主要有：第一，协助执法只发生在相互没有隶属关系的行政主体之间；第二，协助执法是两个以上的行政主体实施同一个行政行为，而不是两个以上行为；第三，协助执法的内容是公务活动，非公务活动不能成为协助执法内容；第四，协助执法的启动前提是请求机关遇到履行职权障碍；第五，请求主体与协助主体各自独立行使行政行为，各自对自己的行为负责。

六、公务员与行政机关工作人员

（一）公务员的概念

2006 年 1 月起施行的《中华人民共和国公务员法》（简称《公务员法》），是中华人民共和国成立以来由最高国家立法机关制定公布的第一部公职人员基本法，是我国公职人员制度的基本法律依据。《中华人民共和国公务员法》第二条规定："本法所称公务员，是指依法履行公职、纳入国家行政编制、由国家财政负担工资福利的工作人员。"依据该条规定，除行政机关的工作人员外，中国共产党、民主党派机关的工作人员、各级人民代表大会和政协机关的工作人员、法官、检察官等都属于公务员。

《中华人民共和国公务员法》采用的是广义的公务员概念，范围大于国务院1993年《国家公务员暂行条例》规定的"公务员"，不限于行政机关公务员。《中华人民共和国公务员法》第三条第二款规定："法律对公务员中领导成员的产生、任免、监督以及监察官、法官、检察官等的义务、权利和管理另有规定的，从其规定。"《中华人民共和国公务员法》第一百一十二条、《行政机关公务员处分条例》第五十四条规定，法律、法规授权的具有公共事务管理职能的事业单位中除工勤人员外的工作人员，经批准后可以参照公务员法进行管理。由此可见，我国的"公务员"大体相当于公职人员的总称。

案例：黄委"参公人员"法律定位

黄委作为水利部派出的流域管理机构，需要在黄河流域和新疆、青海、甘肃、内蒙古内陆河区域内依法行使水行政管理职责，因此水利部在黄委的"三定"方案中，明确了相当数量的"参公人员"。对于这些"参公人员"如何定位？有以下两点看法：

（1）根据《中华人民共和国公务员法》《中华人民共和国刑法》等规定，黄委的"参公人员"是广义上的公务员，是"国家工作人员"。刑法中"国家工作人员"的范围更广。不仅黄委的"参公人员"是"国家工作人员"，而且黄委众多的国有企业经理人同样是"国家工作人员"。

（2）黄委在编制上属于事业单位而不是行政编制，但其"参公人员"经过了国家批准，不但享有执行公务权、身份保障权、工资福利权、参加培训权、批评建议权、申诉控告权、辞职申请权等公务员的基本权利；而且享有国家对公务员的保护，国家保护"参公人员"不受到来自他人的侵害、不受到来自行政机关的侵害、享有反对上级错误权。另外，黄委"参公人员"招录时需要通过全国公务员考试，黄委人事部门对"参公人员"也是按照行政编制而不是事业编制进行管理，"参公人员"在职务与级别、录用、考核、晋升、奖惩、培训、岗位交流、工资福利保险、退休、执行公务、法律责任等方面，均与《中华人民共和国公务员法》规定的"公务员"无异。

2022年10月30日第十三届全国人民代表大会常务委员会第三十七次会议通过《中华人民共和国黄河保护法》，其中第五条第二款明确规定："国务院水行政主管部门黄河水利委员会（简称黄河流域管理机构）及其所属管理机构，依法行使流域水行政监督管理职责，为黄河流域统筹协调机制相关工作提供支撑保障。"这是国家首次以法律形式明确了黄委所属管理机构的法律地位。

（二）行政机关工作人员的概念

2010 年 10 月国务院发布《国务院关于加强法治政府建设的意见》，该意见第二部分规定了“提高行政机关工作人员特别是领导干部依法行政的意识和能力”的内容，采用的是“行政机关工作人员”的概念，同时在第二部分第四条和第五条规定了“公务员录用考试”和“行政机关公务员培训班”的相关内容，适用对象是“各级行政机关及其工作人员”。那么，什么是“行政机关工作人员”呢？国务院法制办公室组织编写的行政执法培训教材《依法行政辅导读本》第四章中，对其范围进行了界定，即：行政机关、法律和法规授权的具有公共事务管理职能的组织以及受行政机关委托履行特定公共事务管理职能的组织中除工勤人员外的工作人员。可见，“公务员”与“行政机关工作人员”的概念基本上是一致的。

案例：国家主席是公务员吗？

解析：《中华人民共和国宪法》第三章规定，中华人民共和国主席，与全国人民代表大会、国务院、中央军事委员会、地方各级人民代表大会和地方各级人民政府、民族自治地方的自治机关、监察委员会、人民法院和人民检察院一起构成我国的国家机构，是国家机构之一。显而易见，国家主席制度是我国国家机构的重要组成部分，属于我国国家权力机关的范畴。

（三）公务员的双重法律身份与公务身份确认

公民经法律程序成为公务员之后，其公民的身份和法律地位并不因此而丧失。因此，公务员具有普通公民和公务员两种法律身份。公务员具有双重身份，两种行为集于一身，但是遵照不同的规则，带来不同的结果。

公务员作为普通公民个人的身份，自出生并具有国籍时便取得，其权利和义务与其他普通公民相同，包括宪法规定的公民基本权利和义务、民事法律规定的民事法律权利和义务、劳动法规定的劳动法上的权利和义务、行政法规定的行政法上的权利和义务等。公务员在以普通公民的身份成为行政主体的具体行政行为的外部行政相对人时，可以以原告身份提起行政诉讼。

公务员作为公务员的身份，在公民成为公务员时取得。公务员在任职于国家行政机关后，与行政机关之间便产生两种行政职务法律关系。一是内部行政法律关系，是公务员作为一方当事人与所在的行政机关发生的法律关系。在这种法律关系中，公务员的权利和义务是公务员法规定的行政机关公务员的各种权利和义务，例如行政机关有权依法对公务员进行考核、奖惩、晋升等，而公务员对考核、奖惩、晋升等结果不服的，可向有关行政机关或者人事、监察部门提出申诉。二是外部行政法律关系，是公务员作为行政主体的代表与行政相对人发生的行政法律关系，在这种法律关系中，尽管公务员本身不是行政机关，不具有独立的法律人格，但是，由于行政主体与公务员之间实质上是一种委托代理关系，公务员实施的行政公务行为在法律性质上属于行政主体的行为，因而公务员所实施的行政职务行为的法律后果归属于相应的行政机关。

如何区分公务员的身份与行为呢？在实践中，通常要综合考虑以下四个因素。

1. 职务因素

根据公务员的法定职务关系来确定其法定职责。依据法律规定，公务员在实施职务行为过程中，应当以行政主体名义并出示有效证件表明其行政职务身份。在实际实施职务行为过程中，无论公务员是否明确表明身份或者表示行政主体名义，都应看作是代表行政主体实施的职务行为。有时，公务员非在上班时间和工作场所实施的行为如与其职责有关，通常亦可认为是公务行为；反之，如其行为既非在上班时间或工作场所实施，又不能证明相应行为与其职责有关，则应认为该行为是个人行为。

2. 公务因素

公务员在岗位上，在执行公务过程中，通常认为是公务行为；反之，则一般视为个人行为。

3. 时间因素

根据行政公务员是否在法定履行职责的范围和时间内，确认行政公务行为与身份。公务员在上班时间实施的行为，通常可以认为是公务行为；公务员在下班以后实施的行为则一般视为个人行为。

4. 命令因素

根据行政公务员是否在执行行政命令来判定其行为与身份。公务员依行政首长命令、指示或委托实施的行为通常可以认为是公务行为；反之，如果既无领导指示，又非在上班时间、工作场所实施或能证明与其职责有关，则认为是个人行为。

案例：水政人员下班后执法是否属于公务行为？

林某是分管河道巡查的水政监察人员，一天下班后在家吃饭时接到熟人廖某的电话，说前几天和他打架的王某正在堤防工程安全保护区内拉土，拉土车此刻正停放在大堤上，请林某立刻赶过去逮住王某。林某于是身着便装赶到现场，在出示水行政执法证件并简单查看、询问后，责令王某立即停止违法行为，并采取补救措施。

问题：林某在此实施的行为属于公务行为还是个人行为？

解析：公务员既是公民，也是行政公务人员，执法时是行政主体的代表。公务员以个人的名义进行的活动属于个人行为，以行政主体代表人的身份实施公共事务和社会事务管理的活动属于公务行为。确认公务员身份要参考职务、公务、时间、命令等多方面因素。现代法治社会中，为防止滥用职权，要求公务身份与公务行为应当具有对应性，不能混淆错位。

在本案中，应认定林某的行为属于公务行为。林某在下班时间受熟人之请，身着便装处理朋友的事情，似乎是私人行为。但是，他是水政监察人员并在处理过程中表明了这一身份，况且，处理水事违法案件是水利部门的职权，责令停止违法行为，并采取补救措施等行为也属于水事违法案件处理的范围。因此，尽管此案林某的行为有一定的瑕疵，但从行政相对人的角度看，林某作为一个水政执法人员，代表着单位在处理事情，其实施的行为属于公务行为。

（四）公务员的基本权利、义务和禁止行为

1. 公务员的基本权利

（1）执行公务权。获得履行职责所必需的工作条件。

（2）身份保障权。非因法定事由和非经法定程序不被免职、降职、辞退或者处分，公务员的身份和职务受法律保障。

（3）工资福利权。获得工资报酬和享受福利、保险待遇。

（4）参加培训权。参加政治理论和业务知识的培训，以适应工作的需要。

（5）批评建议权。对机关工作和领导人员提出批评和建议。

（6）申诉控告权。对有关处分和处理决定提出申诉，对有关机关和负责人滥用职权和其他违法行为提出控告。

（7）辞职申请权。可以出于个人原因提出不再继续担任公务员。

（8）法律规定的其他权利。

2. 公务员的基本义务

（1）模范遵守宪法和法律。

（2）按照规定的权限和程序认真履行职责，努力提高工作效率。

（3）全心全意为人民服务，接受人民监督。

（4）维护国家的安全、荣誉和利益。

（5）忠于职守、勤勉尽责，服从和执行上级依法作出的决定和命令。

（6）保守国家秘密和工作秘密。

（7）遵守纪律，恪守职业道德，模范遵守社会公德。

（8）清正廉洁，公道正派。

（9）法律规定的其他义务。

3. 公务员不得具有的行为

（1）散布有损宪法权威、中国共产党和国家声誉的言论，组织或者参加旨在反对宪法、中国共产党领导和国家的集会、游行、示威等活动。

（2）组织或者参加非法组织，组织或者参加罢工。

（3）挑拨、破坏民族关系，参加民族分裂活动或者组织、利用宗教活动破坏民族团结和社会稳定。

（4）不担当，不作为，玩忽职守，贻误工作。

（5）拒绝执行上级依法作出的决定和命令。

（6）对批评、申诉、控告、检举进行压制或者打击报复。

（7）弄虚作假，误导、欺骗领导和公众。

（8）贪污贿赂，利用职务之便为自己或者他人谋取私利。

（9）违反财经纪律，浪费国家资财。

（10）滥用职权，侵害公民、法人或者其他组织的合法权益。

（11）泄露国家秘密或者工作秘密。

（12）在对外交往中损害国家荣誉和利益。

（13）参与或者支持色情、吸毒、赌博、迷信等活动。

（14）违反职业道德、社会公德和家庭美德。

（15）违反有关规定参与禁止的网络传播行为或者网络活动。

（16）违反有关规定从事或者参与营利性活动，在企业或者其他营利性组织中兼任职务。

（17）旷工或者因公外出、请假期满无正当理由逾期不归。

（18）违纪违法的其他行为。

（五）国家对公务员的保护和监督、追责

1. 国家对公务员的保护

国家对公务员的保护分为防止公务员受到来自他人的侵害和来自行政机关的侵害两个方面。

（1）防止来自他人的侵害。如刑法、民法上的保护表现在公务员执行职务所发生的侵权行为，只在公务员有严重过错时才承担责任；在行政法律关系中，不管是行政复议被申请人，还是行政诉讼的被告，都是行政机关，而不是公务员个人。

（2）防止行政机关的侵害。根据《中华人民共和国公务员法》的规定，公务员享有非因法定事由、非经法定程序，不被免职、降职、辞退或者处分，获得工资报酬，享受福利、保险待遇，参加培训权等多项权利。公务员因内部行政法律关系发生争议，认为行政机关的决定侵犯其权利或利益，不能申请行政复议和提出行政诉讼，只能依特别途径，一般是向监察机关提出申诉，由有权机关按照《中华人民共和国监察法》（简称《监察法》）等行政法律规范进行处理。

（3）反对上级错误权。包括公务员对错误决定命令的建议权和执行明显违法决定命令的法律责任。公务员在执行公务时，认为上级的决定或者命令有错误的，可以向上级提出改正或者撤销该决定或者命令的意见；上级不改变该决定或者命令，或者要求立即执行的，公务员应当执行该决定或者命令，执行后果由上级负责，公务员不承担责任；但是，公务员执行情况明显违法的决定或者命令的，应当依法承担相应的责任。

2. 对行政主体和公务员的监督

国家权力机关、国家司法机关、专门行政监督机关及社会公众，依法对行政主体

和公务员行使职权行为和遵纪守法行为进行监督。

（1）国家权力机关监督。各级国家权力机关对行政的监督主要是对抽象行政行为的监督，如省人民代表大会及其常务委员会对地方政府规章的监督。还有对各级人民政府组成人员的监督，国家权力机关如发现政府组成人员有渎职、失职行为，可以通过法定程序罢免。

（2）国家司法机关监督。国家司法机关包括人民法院和人民检察院。人民法院作为监督主体，主要是通过行政诉讼方式实现其监督职能；人民检察院主要限于对严重违法乱纪，可能构成犯罪的公务员的监督。

（3）专门行政监督机关监督。专门行政监督机关主要是指行政监察机关和国家审计机关。行政监察机关主要是对公务员遵纪守法情况实施监督；国家审计机关主要是对各级人民政府及其工作部门的财政收支行为进行监督。

（4）社会公众监督。社会公众可以通过向有权国家机关检举、起诉，也可以通过报纸、杂志等媒体实施其监督行为。

3. 国家对公务员的追责

（1）行政处分。行政处分是国家行政机关依照行政隶属关系给予有违法失职行为的国家机关公务人员的一种惩罚措施，包括警告、记过、记大过、降级、撤职、开除。

（2）政务处分。政务处分是国家监察机关针对所有行使公权力的公职人员，包括行政机关的工作人员、审判机关、检察机关、事业单位以及基层群众自治组织的管理人员，企业的管理人员和其他的行使公权力的公职人员所给予的纪律处分和惩戒。

对公务员给予行政处分、政务处分，由任免机关或者监察机关承担，处分的权限根据管理权限确定。

（3）追偿权。对于公务员在执行国家公务过程中所造成的损失，行政机关应当承担赔偿责任。但行政机关保有对公务员的追偿权，即可以要求有重大过失或故意造成损害的公务员承担部分或全部赔偿费用。

（4）追究刑事责任。公务员在执行职务的过程中如果有以下违法行为，并且情节严重构成犯罪的，国家依法追究其刑事责任：①因不履行法定的作为义务而构成的行政失职、渎职；②在行使职权过程中因超越权限而形成的行政越权；③因滥用行政自由裁量权并达到一定程度而造成的滥用职权；④因违反法定程序而构成的程序违法。

案例：行政处分

某县水利局局长申某违反规定在河道内超越职权审批、监管不力，对给予其行政处分有下列说法：A. 对申某的处分，既可由某县政府决定，也可由某县政府的上级政府决定；B. 对申某处分的办案期限为自批准立案之日起最长不得超过 12 个月；C. 对申某处分案件的调查应由 2 名以上办案人员进行；D. 对申某处分决定应经任免机关领导成员集体讨论决定，可以给予开除处分。

问题：上述四种说法中哪些说法正确？

解析：《中华人民共和国公务员法》第六十二条规定，处分分为警告、记过、记大过、降级、撤职、开除。

《中华人民共和国行政机关公务员处分条例》第三十七条规定，对地方各级人民政府工作部门正职领导人员给予处分，由本级人民政府决定。其中，拟给予撤职、开除处分的，由本级人民政府向同级人民代表大会常务委员会提出免职建议。免去职务前，本级人民政府或者上级人民政府可以决定暂停其履行职务。因此，A项说法错误。

《中华人民共和国行政机关公务员处分条例》第四十四条规定，给予行政机关公务员处分，应当自批准立案之日起6个月内作出决定；案情复杂或者遇有其他特殊情形的，办案期限可以延长，但是最长不得超过12个月。因此，B项说法正确。

《中华人民共和国行政机关公务员处分条例》第四十一条规定，对行政机关公务员违法违纪案件进行调查，应当由2名以上办案人员进行；接受调查的单位和个人应当如实提供情况。因此，C项说法正确。

《中华人民共和国行政机关公务员处分条例》第三十九条规定，任免机关对涉嫌违法违纪的行政机关公务员的调查、处理，按照下列程序办理：……（五）经任免机关领导成员集体讨论，作出对该公务员给予处分、免予处分或者撤销案件的决定……因此，D项说法不正确。

综上所述，四种说法中B、C项说法是正确的。

建议课外重点学习《中华人民共和国公务员法》《中华人民共和国公职人员政务处分法》《中华人民共和国行政监察法》《中华人民共和国行政机关公务员处分条例》等相关法律重要法条。

第五节　抽象行政行为与具体行政行为

一、行政行为

行政行为是指行政主体在行使行政权对公共事务进行管理的过程中所实施的能产生法律后果的行为。行政行为具有以下三个主要特征：

第一，单方性。行政主体可以不经相对人同意，根据自己主观意愿单方面决定实施行政行为。这一特征不仅在行政主体的主动行为中得以体现，如行政处罚、行政强制、行政检查监督等，在行政主体的被动行为，即行政主体经相对人的申请才能实施的行为中也能得到体现，如行政许可等。行政行为的单方性是行政诉讼中应当由被诉行政机关承担举证责任的决定性的原因。

第二，先行性。行政行为一经作出，就被推定为合法有效，被管理者就应当履行其规定的义务。先行性并非不允许抗辩，而是相对人提出抗辩时不影响其履行义务。

第三，强制性。行政行为是行政主体代表国家所做的行为，以国家强制力为保障。

根据行政行为的对象不同，行政行为可以分为抽象行政行为和具体行政行为。

抽象行政行为与具体行政行为的划分是我国行政法理论对行政行为所做的一种最基本的划分，为我国确立行政诉讼受案范围奠定了基础。根据我国现行《中华人民共和国行政诉讼法》的规定，只有对具体行政行为不服，才能提起行政诉讼，对抽象行政行为不服不能提起行政诉讼，只能通过其他途径获得解决。

案例：依职权行政行为与依申请行政行为

（1）某水利局决定将原有的办公楼修葺一新，并购置一些办公家具，便于2003年6月与某家具公司签订了一份关于购买办公家具的合同。合同签订后，某家具公司按照合同规定送货上门。水利局认为该批家具质量不够好，便以此为由要求降低价格，某家具公司认为家具完全符合合同约定，不肯降价，双方争执不下，水利局不肯付款。

（2）某开发商丁某2010年2月向当地河道主管机关申请办理河道管理范围内建设项目工程建设方案审查审批手续，并按照河道主管机关要求提交了申请书、项目所依据的文件、项目的可行性研究报告、项目的防洪评价报告等材料，后多次催促河道主管机关办理。但该机关以正在对河道内项目开发进行规划为由迟迟不予颁发《河道内建设项目同意书》。

（3）2011年6月，某流域管理机构两名检查人员携带有关工作证件，前往一取得《取水许可证》的用水企业，进行取水计量年度检查，发现该企业不但擅自停止使用取水计量设施，而且未按照批准的取水许可规定条件取水，违反了《中华人民共和国水法》《取水许可管理办法》《取水许可和水资源费征收管理条例》等规定。检查人员向该企业发出行政处罚决定书，责令停止违法行为，限期改正，并处以20 000元罚款。

问题：上述案件中出现了三个行政行为，是否都是行政行为？如果是，哪一个是依职权行政行为？哪一个是依申请行政行为？

解析：

（1）判断行政机关的行为是否属于行政行为，应视其是否符合行政行为构成的三个要素，即是否属于行政主体、是否属于行政管理领域、是否造成处分相对人的法律后果。如果有一个要素不符合，则该行为就不是行政行为。本案中水利局签订家具购买合同后拒绝按合同价格支付货款的行为，并非作为行政主体行使行政权，而是以民事主体身份完成的民事行为，不发生行政法上的效力，因而不是行政行为。后两个行为，即河道主管机关和流域管理机构的行为才是行政机关和法律法规授权的组织依职权实施的行政行为。

（2）河道主管机关颁发《河道内建设项目同意书》的行为属于依申请行政行为，

即依相对人申请之后才会作的行政行为。本案中丁某向河道主管机关提出申请，要求办理河道内建设项目工程建设方案审查审批手续，并已提交了一系列证件，手续齐备，而后者一直不能提出最后处理意见，违反了《水行政许可实施办法》的有关规定。

（3）某流域管理机构的行政处罚行为属于依职权行政行为，是流域管理机构在其法定职权范围内按照法定程序依法行使行政职权，并且无须经过相对人申请主动作出的行政行为。

二、抽象行政行为

抽象行政行为是指行政主体根据法定职权和程序，为实施有效的行政管理，针对不特定的对象而制定和发布的具有普遍约束力的行政规范的行为。抽象行政行为的结果是形成行政规范，分为行政立法和一般规范性文件制定两类。在我国全面建设法治国家的大背景下，水利行业“依法治水”力度不断加大，急需大量水事立法活动和一般规范性文件制定。

抽象行政行为不同于国家权力机关、司法机关、军事机关制定的法律、军事法规和司法解释，不同于非政府组织制定的内部规则，也不同于处理具体行政事务的具体行政行为，在本质上仍然是对法律的执行，是行政主体为不特定事项和不特定人安排的，可以反复适用的普遍性规则。

目前，有关行政机关制定抽象性规则的主要法律法规是2000年发布、2015年修订的《中华人民共和国立法法》，以及2001年发布、2017年修订的《行政法规制定程序条例》和《规章制定程序条例》等。

三、具体行政行为

（一）具体行政行为的概念

1. 行政法上的行政行为

具体行政行为是指行政机关依法就特定事项对特定的公民、法人和其他组织权利义务作出的单方行政职权行为。

这一定义强调具体行政行为是一种单方行政职权行为，认为具体行政行为的类型有行政监督检查、行政征收、行政征用、行政裁决、行政许可、行政处罚、行政强制、行政确认、行政奖励与行政给付等，是狭义的具体行政行为。

2. 具体行政行为的司法解释

在行政诉讼法以国家立法形式明确提出具体行政行为后，最高人民法院在1991年、1999年、2015年、2018年对此作出过司法解释。这些解释在很大程度上是从诉讼程序角度进行的，但是为阐明和发展这一制度提供了基础。

1991年的司法解释说，具体行政行为是指国家行政机关和行政机关工作人员、法律法规授权的组织、行政机关委托的组织或者个人在行政管理活动中行使行政职权，针对特定的公民、法人或者其他组织，就特定的具体事项，作出的有关该公民、法人或者其他组织权利义务的单方行为。

1999 年的司法解释改变了表达方式，把对具体行政行为的解释同人民法院受理行政案件的范围结合起来。首先规定公民、法人或者其他组织对具有国家行政职权的机关和组织及其工作人员的行政行为不服，依法提起诉讼的，属于人民法院行政法诉讼的受案范围；然后再列举提出不属于这一受案范围的六种行政行为。

2017 年修正后的《中华人民共和国行政诉讼法》第十二条规定，人民法院受理公民、法人或者其他组织提起的下列诉讼：①对行政拘留、暂扣或者吊销许可证和执照、责令停产停业、没收违法所得、没收非法财物、罚款、警告等行政处罚不服的；②对限制人身自由或者对财产的查封、扣押、冻结等行政强制措施和行政强制执行不服的；③申请行政许可，行政机关拒绝或者在法定期限内不予答复，或者对行政机关作出的有关行政许可的其他决定不服的；④对行政机关作出的关于确认土地、矿藏、水流、森林、山岭、草原、荒地、滩涂、海域等自然资源的所有权或者使用权的决定不服的；⑤对征收、征用决定及其补偿决定不服的；⑥申请行政机关履行保护人身权、财产权等合法权益的法定职责，行政机关拒绝履行或者不予答复的；⑦认为行政机关侵犯其经营自主权或者农村土地承包经营权、农村土地经营权的；⑧认为行政机关滥用行政权力排除或者限制竞争的；⑨认为行政机关违法集资、摊派费用或者违法要求履行其他义务的；⑩认为行政机关没有依法支付抚恤金、最低生活保障待遇或者社会保险待遇的；⑪认为行政机关不依法履行、未按照约定履行或者违法变更、解除政府特许经营协议、土地房屋征收补偿协议等协议的；⑫认为行政机关侵犯其他人身权、财产权等合法权益的。除前款规定外，人民法院受理法律、法规规定可以提起诉讼的其他行政案件。

《最高人民法院关于适用〈中华人民共和国行政诉讼法〉的解释》（法释〔2018〕1 号，以下简称《解释》）于 2018 年 2 月 6 日公布，自 2018 年 2 月 8 日起施行。《解释》施行后，《最高人民法院关于执行〈中华人民共和国行政诉讼法〉若干问题的解释》（法释〔2000〕8 号）、《最高人民法院关于适用〈中华人民共和国行政诉讼法〉若干问题的解释》（法释〔2015〕9 号）同时废止。《解释》全文分为十三部分 163 条。根据《中华人民共和国行政诉讼法》第二条的规定，公民、法人或者其他组织认为行政机关和行政机关工作人员的行政行为侵犯其合法权益，有权向人民法院提起诉讼。这一规定明确了可诉行政行为的标准，但是比较原则，在司法实践中难以准确把握。

为了明确可诉行政行为的界限，结合司法实践，《解释》规定了以下十种不可诉的行为：

（1）公安、国家安全等机关依照刑事诉讼法的明确授权实施的行为。

（2）调解行为以及法律规定的仲裁行为。

（3）行政指导行为。

（4）驳回当事人对行政行为提起申诉的重复处理行为。

（5）行政机关作出的不产生外部法律效力的行为；行政机关在行政程序内部所作的行为，例如行政机关的内部沟通、会签意见、内部报批等行为，并不对外发生法律效力，不对公民、法人或者其他组织合法权益产生影响，不属于可诉的行为。

（6）行政机关为作出行政行为而实施的准备、论证、研究、层报、咨询等过程性行为。

（7）行政机关根据人民法院的生效裁判、协助执行通知书作出的执行行为，但行政机关扩大执行范围或者采取违法方式实施的除外；行政机关依照法院生效裁判作出的行为，本质上属于履行生效裁判的行为，并非行政机关自身依职权主动作出的行为，亦不属于可诉的行为。

（8）上级行政机关基于内部层级监督关系对下级行政机关作出的听取报告、执法检查、督促履责等行为；内部层级监督属于行政机关上下级之间管理的内部事务。法律法规规定的内部层级监督，并不直接设定当事人新的权利义务关系，因此该类行为属于不可诉的行为。

（9）行政机关针对信访事项作出的登记、受理、交办、转送、复查、复核意见等行为；信访工作机构依据《信访工作条例》作出的登记、受理、交办、转送、承办、协调处理、监督检查、指导信访事项等行为，对信访人不具有强制力，对信访人的实体权利义务不产生实质影响，因此不具有可诉性。

（10）对公民、法人或者其他组织权利和义务不产生实际影响的行为。

行政诉讼法的解释出发点和作用，是通过解释行政行为的内涵来确定法院受理案件的范围，这与行政法上具体行政行为制度的含义和作用并不完全相同。

（二）构成具体行政行为的基本要素

1. 具体行政行为是法律行为

具体行政行为是行政机关对公民、法人或者其他组织作出的行政意思表示。这种意思表示的目的是要发生一定的法律后果，使行政法上的权利和义务得以建立、变更或者消灭。强调具体行政行为是法律行为，是为了指出它是行政法上的意志行为和有法律约束力的行为，以便与行政事实行为和准备性、部分性行政行为区分开来。

行政事实行为是不以建立、变更或者消灭当事人法律上权利、义务为目的的行政活动。例如，提出供公众参考的信息、建议或者指导，河道管理部门在水利风景区设置警示标志。这种行为既可以是一种意思表示，也可以是一种实际操作。准备性、部分性行政行为，是为最终作出权利、义务安排进行的程序性阶段性工作行为。它主要会涉及一些行政监督检查活动，例如，河道主管部门在河道管理范围内对许可建设项目进行的监督检查活动，行政许可相对人不得拒绝。但是这些义务属于公民对国家的一般义务，检查活动本身也不构成独立完整的具体行政行为。上述两类行政行为虽然不构成行政法上的具体行政行为，但是它们仍然属于行政职务活动。这种活动引起侵害当事人合法权益的争议属于行政争议，可以通过行政复议和行政诉讼解决。

2. 具体行政行为是对特定人与特定事项的处理

具体行政行为是对特定人或者特定事项的一次性处理，这表明处理的个别性是具体行政行为的重要特征。个别性特征是具体行政行为区别于抽象行政行为的主要标志，既可以取决于受到处理的特定的人，也可以是特定的事项，但都是不能反复适用的。

这种个别性特征可以表现为以下三种形式：

（1）就特定事项对特定人的处理。它是人与事两方面特定性的结合，是具体行政行为的典型形式。例如，给予A以施工许可，给予B以1 000元的罚款。

（2）就特定事项对可以确定的一群人的处理。其条件是有确定的时间段和与特定事项有关的一群人。例如，在特定的时间段和区域以内禁止在河道内采砂。个别性在这里并不体现为人的数量，而在于人的范围和对象在特定的时间段里的可确定性。如果在行政决定公布的时候，受到该决定约束的人已经可以确定，那么行政机关对这些人所采取的措施就应当属于具体行政行为。

（3）就特定事项对不特定人的处理。例如，行政机关发布决定禁止使用有坍塌危险的桥梁。这里涉及的人尚未确定或者无法确定，具体行政行为个别性特征就只是取决于事项的特定性。

事项的特定性是一个现实存在的特定事项或特定事实，而不是仅仅表现为一定标准特征的抽象事实或者事项。

有时在区分具体行政行为与抽象行政行为上有一定困难，对这种情形的处理，往往属于由立法者进行政策选择的领域，即出于政策的需要将一些事项归于具体行政行为或者抽象行政行为。

3. 具体行政行为是单方行政职权行为

具体行政行为是对公民、法人或者其他组织所安排的权利、义务，是行政机关依据国家行政法律以命令形式单方面设定的，不需要公民、法人或者其他组织的同意。

这一构成要素首先指明了具体行政行为具有命令服从性质，不同于民事行为。其次说明了具体行政行为是一种行政管理行为，需要与公安机关的刑事侦查和其他刑事诉讼行为区分开来。区分的主要根据是执法根据。根据刑事法律进行的侦查、拘留、执行逮捕、预审、拘传、取保候审、监视居住、通缉、搜查、扣押物证书证、冻结存款等行为，不属于具体行政行为。最后说明了具体行政行为不同于行政合同和双方性的其他行政协议行为。行政合同和双方性的其他行政协议行为的主要特征，是行政一方与另外一方当事人就合同或者协议事项经过协商达成一致，不包含命令因素。

4. 具体行政行为是外部性处理

具体行政行为是对公民、法人或者其他组织权利、义务的安排，是实现行政职能的外部行为措施，而不是行政机关的内部措施。行政决定的外部要素，是确定其具体行政行为属性的重要标志。没有外部法律效力的行政决定不是具体行政行为。

行政机关之间和行政机关与行政机关工作人员之间也存在法律关系，上级有权对隶属于他的下级行政机关或者行政机关人员发布有法律约束力的职务命令和指示。但是如果这种命令、指示没有规定可以直接影响外部公民、法人或者其他组织权利、义务的内容，那么它只能是一种行政机关内部的管理措施，不适用关于具体行政行为的法律规则。当然，如果行政机关内的管理措施设立、变更或者取消影响了行政机关工作人员的普通公民权利，就应当被看作是具体行政行为。

四、抽象行政行为和具体行政行为的关系

（一）抽象行政行为和具体行政行为的区别

（1）两者的对象不同。抽象行政行为的对象是不特定的，而具体行政行为的对象则是特定的。

（2）两者的效力不同。首先，生效的方向不同。抽象行政行为向后生效，即只对该行为作出后的情况产生拘束力，一般没有溯及既往的效力，而具体行政行为则向前生效，即对行为作出前的情况作出处理和安排，是当事人此前的情形在法律上的后果。其次，产生的效力不同。抽象行政行为具有普遍约束力可以被多次反复援引作为处分他人权利义务的依据，而具体行政行为只能发生一次效力，对被管理者的权利义务的处分或法律地位的改变一旦实现，其效力即归于消灭。

（3）两者的后果不同。抽象行政行为不直接改变被管理者的权利、义务或法律地位，而是需要通过一个执行性的手段或者措施（通常是具体行政行为）才能对管理者产生影响。具体行政行为无须再通过任何措施的运用，就可以对被管理者发生实质的后果。

（二）抽象行政行为和具体行政行为的联系

两者的联系表现在抽象行政行为往往是具体行政行为的依据，抽象行政行为对当事人的影响一般需要具体行政行为发生实质的后果。

案例：抽象行政行为与具体行政行为

（1）因为地处市郊，又邻近黄河，近年来位于郑州花园口附近的黄河堤防沿线，近百艘渔船驻足，悄然“变身”发展成了一条渔家乐走廊，由此带来河道行洪、人员安全、环境污染等诸多隐患。2011 年 8 月 4 日，新华社播发“新华调查”稿件《郑州：渔家乐“扎堆”黄河堤防，“多龙治水”埋隐患》，对上述现象进行了报道，引发强烈反响。市政府及时回应，明确表示，即日起，将对黄河花园口段渔家乐走廊展开集中整治行动。

区政府会同农委、海事、河务、旅游、环保、工商、食品药品监督等部门联合发出了整顿通告，其中有一条要求“自通告之日起堤防保护区范围内任何人都不得摆摊设点”。

（2）山东某河段经河务部门批准架设的浮桥有甲、乙、丙、丁四家。河务部门对已架设的浮桥实行年度审验制度，2015 年乙、丙两家浮桥连续两年年审不合格，根据《山东省黄河河务局浮桥建设管理实施细则》的有关规定，河务部门发出通告，确定取消乙、丙两家浮桥的架设资格。

问题：本案例中两个通告属于何种类型的行政行为？在抽象行政行为和具体行政行为分类中，如何确定“通告”这类行为的归类？

解析：（1）对渔家乐整顿的通告属于抽象行政行为。抽象行政行为针对的对象是非特定的人或事，并且在同等条件下可以反复适用，主要包括行政主体制定行政法规、行政规章和其他一般规范性文件的行为。据此可知：本案中区政府对渔家乐整顿的通告虽然只是在黄河堤防保护区范围内有效，但其适用对象却是普遍性的。同时，该通告具有后及的效力，适用于以后将要发生的同类行为，且其效力具有持续性、反复性等特征，因此应当属抽象行政行为。

河务部门取消乙、丙两家浮桥架设资格的通告属于具体行政行为。具体行政行为是行政机关针对特定对象所实施的处理行为，对象特定有几种情形：第一，就特定事项对特定人的处理；第二，就特定事项对可以确定的特定群体的处理；第三，就特定事项对不特定人的处理。本案中，河务部门取消乙、丙两家浮桥架设资格的通告符合特定对象的第二种情形，直接影响了乙、丙两家浮桥营运的市场主体资格及相应的权利、义务，乙、丙属于处于已经发生的法律事实中的特定的行政相对人，因此河务部门通告尽管是“通告”的形式，具有抽象行政行为的表象，但却应归类于具体行政行为。

（2）在行政行为的分类中，如何认识“通告”这类行为的归类，也即抽象行政行为和具体行政行为的划分，一般认为：应将其与行政相对人是否特定，以及行政相对人在什么样的法律事实中联系起来分析。如果处于已经发生的法律事实中的行政相对人是特定的行政相对人，此时的“通告”归类于具体行政行为；如果处于将来可能发生的法律事实中的行政相对人是不特定的行政相对人，则此时的“通告”归类于抽象行政行为。

五、行政行为的成立

行政行为的成立应当具备以下要件：

（1）主体要件。行政行为必然是行政主体的行为，也就是行政机关或法律、法规授权的组织作出的行为。非行政主体作出的行为，即便其实质内容涉及公共事务或公共利益，也不能认为是形成了一个行政行为。

（2）权力要件。行政行为是行政主体行使行政权力的行为。行政权力是行政行为的核心要素。如果具备行政主体资格，但是没有行使行政权力，也不是行政行为。例如行政机关购买办公大楼的行为是民事行为，而不是行政行为。

（3）内容要件。行政行为是产生法律后果的行为，表现为赋予或限制、剥夺权利，科处或免除义务，以及证明或确立当事人的地位、水平或资格等法律地位的行政行为内容。有时行政机关的活动并不具有行政法意义上的内容要件，如中国气象局和气象台每天向全国广播天气预报，它是一种事实行为，公民的权利、义务并不因该行为受到影响，就不具有法律意义。

应当注意的是，有时行政主体不是直接处分某一个特定的人的权利与义务，而是针对某一具体的事件作出处理；有时行政主体仅仅作出了认定行政相对人权利与义务行为，似乎并未直接加以改变，但只要对相对人的权利与义务产生了直接影响，则同样构成行政行为。

六、行政行为的生效

行政行为成立以后，必须通过一定的程序和具备一定的条件以后才能对外发生法律效力。

具体行政行为的生效，一般应当具备告知和受领两个条件。

抽象行政行为的生效方式也应经过告知与受领两个环节。抽象行政行为的告知一般称为发布，而其生效是以发布的期限，或者法律规定的期限是否达到作为受领的标志。

（一）告知

告知，即行政主体通过一定的方式将具体行政行为的内容传达给当事人。告知方式通常有以下几种：

（1）口头形式，即行政主体借助语言来实现其行为意思的口令，如口头命令、电话通知等，主要适用于比较简单的行政行为。

（2）书面形式，如各种书面文件。这是行政行为最普遍、最常见的形式。

（3）动作形式，即行政主体借助行政人的动作来进行意思表示的方式，如交通警察指挥交通的手势。

（4）其他形式，主要包括光电信号、电子数据等。

（二）受领

受领，即相对人领会和接受具体行政行为的内容。相对人受领的方式因告知的方式不同而不同。如果行政主体用口头方式当场告知，告知即为受领；如果是书面告知的，则以相对人在文书送达回执上签字为受领；如果是公告告知的，则以告知期限届满为受领。

七、行政行为的合法

根据《中华人民共和国行政诉讼法》（简称《行政诉讼法》）和《中华人民共和国行政复议法》（简称《行政复议法》），判断具体行政行为合法性的基本标准是：①行使行政职权的主体合法；②合乎法定职权范围；③作出具体行政行为的证据确凿；④适用法律法规正确；⑤符合法定程序；⑥不滥用职权。

行政机关采取的具体行政行为，符合以上条件就是合法的，将得到司法审查机关或者行政复议机关的支持；否则就构成违法，将被撤销或变更。

八、行政行为的效力

行政行为的效力，是指行政行为一旦成立并按法定程序生效，就具有以国家强制力为保障的效力。这种效力通常表现为拘束力、确定力和执行力。

拘束力是指行政行为一经生效，对行政主体和相对人均有约束力。

确定力是指行政行为一经作出，非依法定理由和程序，不得变动。它可以分为形式上的确定力和实质上的确定力。形式上的确定力主要是指具体行政行为对相对人的一种法律效力，除无效具体行政行为外，在复议或诉讼期限届满后相对人不能再要求改变具体行政行为。实质上的确定力是指行政主体不经法定程序不得任意变更或撤销行政行为。

执行力是指行政行为具有的依法采用一定手段使行为的内容得以实现的效力。行政行为有需执行和不需执行之分。如果行政行为是赋予相对人某种权利的，该行政行为无须执行，相对人可以实际行使行政行为赋予的权利。如果行政行为是科以相对人义务的，相对人应当按照行政行为的要求履行义务，如相对人不履行义务，则行政主体可依法直接强制执行，或申请人民法院强制执行。

申请行政复议和提起行政诉讼会导致具体行政行为执行力的停止。《中华人民共和国行政诉讼法》第五十六条规定了因为行政诉讼停止执行具体行政行为的三种情形（被告认为需要停止执行的；原告或者利害关系人申请停止执行，人民法院认为该行政行为的执行会造成难以弥补的损失，并且停止执行不损害国家利益、社会公共利益的；人民法院认为该行政行为的执行会给国家利益、社会公共利益造成重大损害的），《中华人民共和国行政复议法》第二十一条规定了因为申请行政复议停止具体行政行为执行的四种情形。

案例：行政行为成立与效力

关于具体行政行为的成立与效力，某单位水政人员有下列说法：A. 与抽象行政行为不同，具体行政行为一经成立即生效；B. 行政强制执行是实现具体行政行为执行力的制度保障；C. 未经送达领受程序的具体行政行为也具有法律约束力；D. 因废止具体行政行为给当事人造成损失的，国家应当给予赔偿；E. 可撤销的具体行政行为在被撤销之前，当事人应受其约束；F. 具体行政行为废止前给予当事人的利益，在该行为废止后应收回；G. 为某人设定专属权益的行政行为，如此人死亡其效力应终止；H. 对无效具体行政行为，任何人都可以向法院起诉主张其无效。

问题：上述说法中哪些是正确的？

解析：A 说法错误。一般地说，具体行政行为在具备告知和受领两个条件后就可以立即生效，但是行政机关也可以安排某一事件发生后或者经过一段时间后才发生效力，就是说有些具体行政行为是附生效条件的。B 说法正确。理论上，具体行政行为发生拘束力后，有关当事人应当积极主动履行相关义务，如果当事人不履行义务，具体行政行为所规定的权利和义务就无法实现，具体行政行为的执行力就可以发生作用。有关机关可以根据法律的规定依职权或者依申请采取措施，强制实现具体行政行为的权利、义务安排。C 说法错误。行政行为的生效一般应当具备行政主体告知和相对人受领两个条件。具体行政行为成立条件之一就是行政主体在程序上要按照法律规定的时间和方式进行送达，未经送达受领程序的具体行政行为，不发生法律约束力。D 说法错误。如果行政行为废止使当事人的合法权益受到严重损失，或者带来严重的社会不公正，行政机关应当给予受到损失的当事人以必要的补偿，而不是赔偿。E 说法正确。在实体法上，具体行政行为被撤销的效力可以溯及至该具体行政行为成立之日，但当事人在撤销决定作出之前一直要受该具体行政行为的约束。F 说法错误。被废止的具体行政行为，自废止之日起丧失效力。原则上，具体行政行为废止之前给予当事人的利益、好处不再收回。G 说法正确。具体行政行为为其设定专属权益或者义务的自然人死亡、法人或者其他组织不复存在的，具体行政行为的效力应当终止。H 说法错误。在程序法上，该具体行政行为致使其合法权益受到损害的公民、法人或者组织，可以在任何时候主张该具体行政行为无效，有权国家机关可在任何时候宣布该具体行政行为无效。据此可知，对无效具体行政行为，可以向法院起诉主张其无效的只能是合法权益受到损害的公民、法人或者组织，而不是任何人。

综上可知，本例中正确的说法当为 B、E、G。

案例：水行政行为的成立与生效

个体工商户陈某于 2005 年 10 月在水库移民安置区内开办了一家酒厂。2010 年群众举报该项目既未履行河道管理范围内建设项目审查同意手续，也未进行环境影响评价等相关工作，经相关职能部门调查，情况属实，环保和水务局都对酒厂违法行为作出了行政处罚。水务局责令该企业停止生产，进行防洪影响评价，拆除工厂阻水围墙，但《行政处罚决定书》中，未对陈某不服行政处罚申请行政复议或者提起行政诉讼的期限、途径等加以明示告知；在送达处罚决定书时，水务局送达人员未找到陈某本人，而将处罚决定书塞进工厂大门内，即视为送达。2011 年 1 月，酒厂附近农户因农田受酒厂污染，持《行政处罚决定书》起诉陈某，要求赔偿污染损失。陈某以不知情行政处罚决定和相关内容为由向人民法院提起行政诉讼。

问题：水务局对陈某作出的行政处罚行为是否有效？是否合法？

解析：作为一个完整的行政行为，包括三个关键内容：第一，行政行为成立，即行政主体已经完成了该行为，而不是在实施过程中；第二，行政行为的生效，行政行为的生效一般应当具备行政主体告知和相对人受领两个条件；第三，行政行为是否合法，生效的行政行为未必合法，因为只有合法的行政行为才是具有实质效力的行为，如果行政行为违法，即使其生效也可能最终导致其无效。

（1）根据行政行为的成立要件可知，行政行为应当具备以下要件才能成立：①主体要件。行政行为必然是行政主体的行为，也就是行政机关或法律、法规授权的组织作出的行为。非行政主体作出的行为，即便其实质内容是涉及公共事务或公共利益的，也不能认为是形成了一个行政行为。②权力要件。行政行为是行政主体行使行政权力的行为。行政权力是行政行为的核心要素。如果具备行政主体资格，但是没有行使行政权力，也不是行政行为。例如，行政机关购买办公大楼的行为是民事行为，而不是行政行为。③内容要件。行政行为是产生法律后果的行为，表现为赋予或限制、剥夺权利，科处或免除义务，以及证明或确立当事人的地位、水平或资格等法律地位的行政行为内容。本案中的行政处罚由作为行政主体的水务局作出，符合行政行为成立的主体要件，同时在形式上，该行为以行政处罚决定书的形式作出，内容上针对陈某的权利、义务作出了处分，并且向陈某送达了处罚决定书，因此该行政处罚行为符合行政行为的成立要件，行政行为成立。

（2）行政行为成立后，首先只能够对行政主体本身产生约束力，能否对相对人产生约束力，即发生法律效力（生效），还必须通过一定的程序和具备一定的条件。依据正当程序的原则，除强制措施或紧急处理行为等即时生效的行为外，一般行政行为对相对人产生效力，必须采取相应的方式使相对人知晓行政行为的内容才能够生效。行政行为的生效，一般应当具备告知和受领两个条件。本案中的行政处罚决定未告知相对人救济途径，也未经过相对人陈某受领，属于重大程序瑕疵，所以该行为无效。

综上可知，本案中水务局作出的行政处罚行为属于已经成立但并未生效，也并不合法的行政行为。

值得注意的是，行政行为的成立与生效是一个问题的两个方面，前者从客观事实角度对行政行为是否存在作出评价，而后者则侧重从行政行为的效力角度评价行政行为。行政行为一经成立立即生效，仅是基于行政行为的公定力而作出的推定。而行政行为是否成立与是否合法则是两个不同问题。后者是对一个已经成立的行政行为合法性的判断，是有权机关（法院或行政机关）对其是否具有实质性效力的一种法律评价。因此，只有依法成立的行政行为才谈得上生效与否，只有生效之后的行政行为才能评判其是否合法，只有合法的才是有效的行政行为。

九、行政行为的变更

行政行为的变更是指在行政行为作出以后消灭之前，法定机关按照法定程序改变不当行政行为内容的活动。

（一）行政行为变更发生的时间

行政行为的变更只能发生于行政行为作出之后，也就是在行政行为被相对人受领之后，以及在行政行为效力消灭之前。如果相对人尚未受领，或是出现如履行完毕、被撤销、客体消灭、权利义务主体消失等导致行政行为的效力消灭的情形，则不存在变更的可能性。

（二）行政行为变更的原因

导致行政行为变更的原因只能是行政行为的不适当，也就是行政主体运用裁量权不当而导致的行政行为出现瑕疵。羁束行政行为和超越裁量幅度的行政行为均不存在变更的问题，这两种行政行为如果不符合法律规定，就属于违法行政行为而被撤销。

（三）行政行为变更的范围

行政行为的可变范围仅仅局限于行政行为的处理结果。如出现事实不清，或认定事实不正确，以及适用法律法规等错误，则会构成违法行政行为而被撤销，存在变更问题。

（四）行政行为变更的程序

就变更程序而言，至少要与实施该行为的程序是统一的。

十、行政行为效力的消灭

以下情形可导致行政行为效力消灭。

（一）行政行为的撤回

行政行为的撤回是行政主体发现自己的行政行为违法或不当，主动纠错收回自己作出的行政行为。

撤回行政行为的法律后果，一般情况下应负责将相对人的权利、义务恢复原状，无法恢复并造成损失的，行政主体应予以赔偿；由于相对人的违法行为造成行政行为撤回的，还应当追缴相对人因此而获得的利益，并进一步追究其法律责任。

（二）行政行为的撤销

行政行为的撤销即有权机关针对违法或明显不当的行政行为，取消其效力的过程。不同于行政行为的撤回是行政主体自己发现错误后的主动纠错行为，行政行为的撤销主要是基于当事人的申请。

行政行为撤销的一般程序是：在行政复议中，由复议机关依行政复议法规定的程序予以撤销；在行政诉讼中，由法院依行政诉讼法所规定的程序予以撤销。

被撤销的行政行为自作出之日起为无效，即撤销是有溯及力的，无效的状态自行为实施之日起。

（三）行政行为的废止

行政行为的废止指行政主体作出行政行为后，由于客观情况的变化，或者法律、法规的修改以及公共利益的需要，使得该行政行为不再适应新的情况，依职权决定停止该行政行为的往后效力，或者行政行为所期望的法律效果已经实现，没有继续存在的必要。行政行为的废止，一般应当由行政主体依法定职权决定并宣布废止。行政行为的效力自废止之日起丧失。基于法律、法规修改或公共利益需要而废止行政行为，并因此而造成相对人损失的，行政主体应当根据信赖保护原则予以一定补偿。

（四）行政行为的失效

行政行为的失效是指因期限届满、相对人消亡、标的物灭失或履行完毕等事由，行政行为自然失去效力。其无须经过法定程序，无效状态自出现有关事由时即开始，没有溯及力。

第二章　行政许可

第一节　行政许可基本概念

一、行政许可的概念和分类

（一）行政许可的概念

行政许可是指行政机关根据公民、法人或者其他组织的申请，经依法审查，准予从事特定活动的具体行政行为。

行政许可具有以下特征：

（1）行政许可属于应申请的行政行为。

（2）行政许可属于羁束性的行政行为。

（3）行政许可属于外部行政行为。

（4）行政许可属于授益性行政行为。

（5）行政许可属于要式的行政行为。

《水行政许可实施办法》（2005 年水利部令第 23 号）第二条规定：本办法所称水行政许可，是指水行政许可实施机关根据公民、法人或者其他组织的申请，经依法审查，准予其从事特定水事活动的行为。

（二）行政许可的分类

与行政许可相关的概念有很多，如许可、认可、登记、证明、批准、备案、注册等，它们有的属于许可的范畴，有的与许可相关，有的不属于许可。根据《中华人民共和国行政许可法》的规定，行政许可分为五类：普通许可、特许、核准、登记和认可。

（1）普通许可。是指许可机关不需要特殊条件的一般许可。

（2）特许。是指许可机关在特别情况下向申请人发放的含有特别内容的许可。

（3）核准。是由行政机关对申请人是否达到规定的技术标准、技术规范等进行核对，申请人符合要求，即允许其从事某项活动。

（4）登记。是指行政机关通过形式审查确定个人、企业或者其他组织符合规定的条件。《中华人民共和国行政许可法》中规定的登记，主要是针对企业或者其他组织的设立等，需要确定主体资格的事项。

（5）认可。是由行政机关对申请人是否具备特定技能的认定，主要是用于提供公共服务并且直接关系公共利益的职业、行业，需要确定具备特殊信誉、特殊条件或者特殊技能等资格、资质的事项。常见的需要认可的资格、资质有建造师资格、会计师资格、监理工程师资格、建筑企业经营资质等。

二、行政许可的基本原则

（一）行政许可法定原则

（1）行政许可制度的设置必须有法律依据。

（2）许可申请人的资格和能力必须符合法定条件，其申请程序必须符合法定要求，申请内容必须符合法律规定及社会公共利益。

（3）被申请的机关必须是法律规定有权颁发许可证的主管机关。

（4）行政许可机关对行政许可过程中发生的各种纠纷应当依法予以解决。

（二）公开、公平、公正原则

公开原则是指行政许可的条件、依据和过程必须公开，法律规定涉及国家秘密、商业秘密，或者个人隐私的除外。

公平原则要求行政许可机关对于许可申请人给予平等的竞争机会，尤其是涉及国家对总量控制的行政许可事项，行政机关应该视申请人申请的先后顺序作出许可的决定。

公正原则要求行政许可必须符合法定目的，必须出于正当动机和相关的考虑，行政许可应当客观、公正、适度。

（三）效率原则和便民原则

效率原则要求行政许可机关严格遵守法定期限，合理划分和调整部门之间的职能，简化程序、强化服务。

便民原则要求在法律规定行政机关应当承担的义务之内，要尽可能为许可申请人提供方便，而在法律规定的许可申请人应承担的义务之外，不得以任何形式增加申请人的负担。

（四）保障公民、法人或者其他组织的陈述权、申辩权和提供法律救济的原则

（五）信赖保护原则

行政机关应当保护行政相对人对行政权力的正当合理信赖，不得擅自改变已生效的行政许可；确需改变行政许可的，由此给行政相对人造成的损失应当给予补偿。

（六）监督检查原则

对行政机关实施许可加强法治监督，对被许可人实施许可事项范围内的活动进行法律监督。

第二节　行政许可的设定

一、行政许可的设定原则

行政许可的设定，是指特定的国家机关，通过一定的形式，创设和规定行政许可事项的活动。行政许可的设定原则，是指特定的国家机关在创设和规定行政许可事项的过程中所必须遵循的基本行为准则及所要实现的目的。

（一）一般性指导原则

遵循经济和社会发展规律，有利于发挥公民法人和其他组织的积极性和主动性，维护公共利益和社会秩序，促进经济、社会和生态环境协调发展。

（二）可设定事项原则

《中华人民共和国行政许可法》第十二条规定了以下6个方面事项可以依法设定行政许可：

（1）直接涉及国家安全、公共安全、经济宏观调控、生态环境保护以及直接关系人身健康、生命财产安全等特定活动，需要按照法定条件予以批准的事项。

（2）有限自然资源开发利用、公共资源配置以及直接关系公共利益的特定行业的市场准入等，需要赋予特定权利的事项。

（3）提供公共服务并且直接关系公共利益的职业、行业，需要确定具备特殊信誉、特殊条件或者特殊技能等资格、资质的事项。

（4）直接关系公共安全、人身健康、生命财产安全的重要设备、设施、产品、物品，需要按照技术标准、技术规范，通过检验、检测、检疫等方式进行审定的事项。

（5）企业或者其他组织的设立等，需要确定主体资格的事项。

（6）法律、行政法规规定可以设定行政许可的其他事项。

（三）设定许可的优先原则

以下事项可以不设定行政许可：

（1）公民、法人或者其他组织能够自主决定的事项。

（2）市场竞争机制能够有效调节的事项。

（3）行业组织或者中介机构能够自律管理的事项。

（4）行政机关采取事后监督等其他管理方式能解决的事项。

二、行政许可的设定权限和形式

行政许可的设定权限，是根据行政许可法的规定，在相关国家机关中分配行政许可设定权的制度。

行政许可的设定形式，是指设定行政许可可以采用的文件形式，即只能采用法律、行政法规和地方性法规的形式，其他规范性文件一律不得设定行政许可。

（一）经常性行政许可的设定

经常性行政许可由全国人民代表大会及其常务委员会以法律、国务院以行政法规、有权地方人民代表大会及其常务委员会以地方性法规来设定。其设定权限如下：

（1）全国人民代表大会及其常务委员会的法律可以设定行政许可。

（2）国务院的行政法规可以设定行政许可。必要时，国务院可以采用发布决定的方式设定行政许可，实施后，除临时性许可外，应当提请全国人民代表大会及其常务委员会制定法律，或自行制定行政法规。

（3）地方性法规可以设定行政许可。但行政许可法对此有三个方面的限制：第一，不得设定应当由国家统一确定的公民、法人或者其他组织的资格、资质的行政许可；第二，不得设定企业或者其他组织的设立登记及其前置性行政许可；第三，其设定的行政许可，不得限制其他地区的个人或者企业到本地区从事生产经营和提供服务，不得限制其他地区的商品进入本地区市场。

（二）非常设性行政许可的设定

国务院可以以决定形式设定非经常性行政许可，而省、自治区和直辖市人民政府可以以规章形式设定非经常性行政许可。

国务院设定非常设性行政许可的条件是：尚未制定法律；在必要的时候。

省、自治区和直辖市人民政府设定非常设性行政许可的条件是：尚未制定法律、行政法规和地方性法规；因行政管理的需要，确需立即实施行政许可；实施满一年需要继续实施的，应当提请本级人民代表大会及其常务委员会制定地方性法规。

（三）实施行政许可具体规定的制定

行政法规、地方性法规和规章可以在上位法设定的行政许可事项范围内，对实施该行政许可作出具体规定。

制定具体规定的规则不得增设行政许可；对行政许可条件作出的具体规定，不得增设违反上位法的其他条件。

三、水行政许可的设定

（一）设定水行政许可的法律依据

设定水行政许可的法律依据有《中华人民共和国水法》《中华人民共和国防洪法》《中华人民共和国河道管理条例》《中华人民共和国水库大坝安全管理条例》《中华人民共和国防汛条例》《取水许可和水资源费征收管理条例》《河道管理范围内建设项目管理有关规定》《取水许可监督管理办法》《入河排污口监督管理办法》《水行政许可实施办法》等法律、法规。

（二）水行政许可设定项目

常见水行政许可设定的项目有水工程建设规划同意书审核、取水许可审批、非防洪建设项目洪水影响评价报告审批、河道管理范围内建设项目工程建设方案审批、河道管理范围内有关活动批准、河道采砂许可、入河排污口设置同意、建设项目水资源论证报告书审批等。

第三节　行政许可的实施机关

行政许可的实施机关是实施行政许可行为的主体，包括法定行政机关，受委托的行政机关，法律、法规授权的组织，行使集中许可权的行政机关，以及受理与办理行政许可的机构（部门）。

一、法定行政机关

依法享有行政许可职权的行政机关在其法定职权范围内实施行政许可行为。

二、受委托的行政机关

行政机关在其法定职权范围内，依照法律、法规、规章的规定，可以委托其他行政机关实施行政许可。

行政许可的委托必须符合以下条件：第一，行政机关委托其他行政机关实施行政许可，必须在其法定职权范围内，同时还必须依照法律、法规和规章的规定；第二，受委托者必须是行政机关，即一个行政机关对另一个行政机关的委托，不能将行政许可权委托行政机关以外的社会组织实施；第三，受委托行政机关在委托范围内，以委托行政机关名义实施行政许可，不得再委托其他组织或者个人实施行政许可；第四，委托行政机关对受委托行政机关实施行政许可的行为应负责监督，并对该行为的后果承担法律责任；第五，委托机关应当将受委托机关和受委托实施行政许可的内容予以公告。

三、法律、法规授权的组织

具有管理公共事务职能的组织，可以在法律、法规授权范围内以自己的名义实施行政许可。其必须符合下列条件：第一，职权来源依据必须是法律、法规，即法律、法规授权行政许可权；第二，接受授权的组织必须是具有管理公共事务职能的组织。

四、行使集中许可权的行政机关

经国务院批准，省、自治区、直辖市人民政府根据精简、统一、效能的原则，可以决定一个行政机关集中行使有关行政机关的行政许可权。

五、受理与办理行政许可的机构（部门）

行政许可需要行政机关内设的多个机构办理的，该行政机关应当确定一个机构统一受理行政许可申请，统一送达行政许可决定；行政许可依法由地方人民政府两个以上部门分别实施的，本级人民政府可以确定一个部门受理行政许可申请并转告有关部门分别提出意见后统一办理，或者组织有关部门联合办理、集中办理。

第四节 行政许可的实施程序

一、申请与受理

行政许可是一种依申请的行政行为，没有申请人的申请，行政机关不能主动实施行政许可。

行政机关对申请人提出的行政许可申请根据不同情况分别作出处理。

（一）受理

申请事项依法需要取得行政许可的；申请事项属于本机关职权范围的；申请材料齐全、符合法定形式或按要求补全申请材料的。

（二）不受理

依法不需要取得行政许可的；依法不属于本行政机关职权范围的。申请事项依法不属于本行政机关职权范围的，应当即时作出不予受理决定，并告知申请人向有关机关申请。

（三）补正

申请材料的错误允许当场更正。此外，申请材料不齐全或者不符合法定形式的，行政机关负有告知义务，即当场或5日内一次告知申请人需要补正的全部内容，逾期不告知的，视为自收到申请材料之日起已经受理。

行政机关受理或者不予受理行政许可申请，应当出具加盖本行政机关专用印章和注明日期的书面凭证。

二、审查与决定程序

（一）对申请人提交的申请材料要进行审查

第一，形式审查。申请人提交的申请材料齐全、符合法定形式，行政机关能够当场作出决定的，应当当场作出书面的行政许可决定。第二，实质审查。根据法定条件和程序，需要对申请材料的实质内容进行核实的，行政机关应指派两名以上工作人员进行核查。

（二）作出是否予以许可的决定

申请人的申请符合法定条件、标准的，行政机关应当依法作出准予行政许可的书面决定；行政机关依法作出不予行政许可的书面决定的，应当说明理由，并告知申请人享有依法申请行政复议或者提起行政机关诉讼的权利。

行政机关作出的准予行政许可决定，应当予以公开，公众有权查阅。行政许可的实施和结果，除涉及国家秘密、商业秘密或者个人隐私的外，应当公开。

三、期限

行政许可的期限，是指行政机关受理行政许可的申请至作出是否予以许可的决定的时限。

（一）普通决定期限

第一，一般期限。除可以当场作出行政许可决定的外，行政机关应当自受理行政许可申请之日起20日内作出行政许可决定。第二，期限延长。20日内不能作出决定的，经本行政机关负责人批准，可以延长10日，并应当将延长期限的理由告知申请人。第三，特别期限。法律、法规另有规定的，依照其规定。

（二）统一办理或者联合办理、集中办理行政许可的办理期限

第一，一般期限。行政许可采取统一办理或者联合办理、集中办理的，办理的时间不得超过45日。第二，延长期限。45日不能办结的，经本级人民政府负责人批准，可以延长15日，并应当将延长期限的理由告知申请人。

（三）下级机关的审查期限

依法应当经下级行政机关审查后上报上级行政机关决定的行政许可，下级行政机关应当自其受理行政许可申请之日起20日内审查完毕。但是法律、法规另有规定的，依照其规定。

（四）颁发、送达行政许可证件，或者加贴标签及加盖检验、检测、检疫印章的期限

行政机关作出准予行政许可的决定，应当自作出决定之日起10日内向申请人颁发、送达。

（五）期限扣除

行政机关作出行政许可决定，依法需要听证、招标、拍卖、检验、检测、检疫、鉴定和专家评审的，所需时间不计算在以上内容规定的期限内。行政机关应当将所需时间书面告知申请人。

《最高人民法院关于审理行政许可案件若干问题的规定》第六条规定：“行政机关受理行政许可申请后，在法定期限内不予答复，公民、法人或者其他组织向人民法

院起诉的，人民法院应当依法受理。前款‘法定期限’自行政许可申请受理之日起计算；以数据电文方式受理的，自数据电文进入行政机关指定的特定系统之日起计算；数据电文需要确认收讫的，自申请人收到行政机关的收讫确认之日起计算。”

案例：“大河生态园”项目不予批准

对于河道内建设项目审批是否同意，某省河务局规定履行两道手续，即首先通过专家技术审查，然后提交行政联席会议做最终决定。

某市距离省会近，地理位置优越，甲房地产开发有限公司拟在该市黄河滩区内开发建设“大河生态园”，包括会议中心、接待中心和休闲娱乐中心，建筑外观采用别墅等形式。该公司于2010年向河务部门申请。经河务部门形式审查，申报材料齐全，当场受理。后该项目的防洪影响评价经过专家技术评审同意。专家审查意见中对该项目提出有关技术控制指标：①占地350亩（1亩=1/15 hm^2，下同），建筑面积从原来申报时的8万余m^2压缩为近2万m^2，其中永久性建筑1.5万 m^2；②永久性建筑物一层保证架空，架空部分要确保透水性，不得填充或封闭，利于河道行洪，一层架空部分以上建筑原则控制在3层以下，项目容积率不得超过10%，项目区占据河道横断面总宽度不得超过河道断面宽度的10%。

该项目在专家技术评审同意后，按照程序和另外3个申请项目一起，被同时提交到行政许可联席会议研究。参加行政许可联席会议的人员是省河务局领导和有关部门行政负责人。会议上对该项目有人提出疑问和担心：一是是否容易与国家有关法律、法规的规定产生异议，《中华人民共和国防洪法》第二十二条第二款规定：“禁止在河道、湖泊管理范围内建设妨碍行洪的建筑物、构筑物，倾倒垃圾、渣土，从事影响河势稳定、危害河岸堤防安全和其他妨碍行洪的活动。”《中华人民共和国河道管理条例》第十六条规定：“城镇建设和发展不得占用河道滩地。”此项目内容包含永久性建筑物，是否妨碍行洪？可以有不同的理解。也不同于新农村建设，又有“城镇建设和发展”之嫌。二是已有“武汉外滩花园”等类似事项被《焦点访谈》《经济半小时》等栏目以“河道里建起商品房”和“清除河障”等醒目标题特别报道，是否会引起误读。三是该项目一旦获批，相当于允许一定条件下的永久性建筑物，其示范、带动作用不敢小视。四是一旦审批通过，项目申请人能否保障按要求做到或一直保持底层透水，令人担心，同时势必会增加基层单位的监督管理和执法难度。经过讨论，对该项目行政联席会议最终没有同意。

四、举行听证的许可事项和听证程序

（一）举行听证的许可事项

（1）法律、法规、规章规定实施行政许可应当听证的事项，或者行政机关认为需要听证的其他涉及公共利益的重大行政许可事项，行政机关应当向社会公告，并举行听证。

（2）行政许可直接涉及申请人与他人之间重大利益、申请人与利害关系人要求听证的事项。行政许可直接涉及申请人与他人之间重大利益关系的，行政机关在作出行政许可决定前，应当告知申请人、利害关系人，享有要求听证的权利；申请人、利害关系人在被告知听证权利之日起5日内提出听证申请的，行政机关应当在20日内组织听证。听证可以由行政机关主动举行，也可以依申请举行。

（二）听证程序

听证按照下列程序进行：

（1）行政机关应当于举行听证的7日前将举行听证的时间、地点通知申请人、利害关系人，必要时予以公告；听证应当公开举行。

（2）行政机关应当指定审查该行政许可申请的工作人员以外的人员为听证主持人，申请人、利害关系人认为主持人与该行政许可事项有直接利害关系的，有权申请回避。

（3）举行听证时，审查该行政许可申请的工作人员应当提供审查意见的证据、理由，申请人、利害关系人可以提出证据，并进行申辩和质证。

（4）听证应当制作笔录，听证笔录应当交听证参加人确认无误后签字或者盖章。行政机关应当根据听证笔录，作出行政许可决定。

案例：水行政许可听证

某国有农场经当地区人民政府确认，自1982年始一直享有对部分河滩土地的使用权。2008年4月，某公司根据有关规划和批复文件，向区人民政府批准新成立的滩区管理办公室提出生态农业建设用地申请。滩区管理办公室在审核后，认为某公司申报材料符合要求，同意第三人申请，核发了项目用地同意书。但某国有农场认为滩区管理办公室为某公司核发建设用地许可同意的具体行政行为侵犯了其原有的土地使用权，于是提出行政救济，请求撤销滩区管理办公室作出的项目用地同意书的具体行政行为。

问题：

（1）滩区管理办公室审核后未通知某国有农场听证的权利而向某公司核发项目用地同意书，是否合法？该行为效力如何？

（2）水行政许可听证需要注意哪些环节？

解析：（1）实践中，我国适用听证的事项，基本可以归为两大类：第一类，决定类。听证会的结果影响特定人的权利义务，包括行政处罚、行政许可、城市房屋拆迁许可等。第二类，决策类。听证会的结果影响不特定人的权利义务，包括行政立法、政府价格决策、城市规划等。两者的性质和对听证的需要是不一样的，适用的规则也应当有所不同。

根据《中华人民共和国行政许可法》第三十六条规定："行政机关对行政许可申请进行审查时，发现行政许可事项直接关系他人重大利益的，应当告知该利害关系人。"第四十七条规定："行政许可直接涉及申请人与他人之间重大利益关系的，行政机关在作出行政许可决定前，应当告知申请人、利害关系人享有要求听证的权利……"也就是行政许可事项"直接涉及申请人与他人之间重大利益关系的"，行政许可机关应当告知申请人、利害关系人享有要求听证的权利。

本案中，区人民政府于1982年确认某国有农场依法享有使用权的土地，在滩区管理办公室给某公司核发的项目用地同意书确定的土地范围内。滩区管理办公室应当就核发项目用地许可事项告知某国有农场听证权利，但没有告知，违背了法定程序，应予撤销。

（2）《中华人民共和国行政许可法》第四章"行政许可的实施程序"中，专门列出一节规定了听证程序。与《中华人民共和国行政处罚法》的列举式不同的是，该法第四十六条、第四十七条采用了概括式的方式加以规定，即"法律、法规、规章规定实施行政许可应当听证的事项，或者认为需要听证的其他涉及公共利益的重大行政许可事项"，以及"涉及申请人与他人之间重大利益关系的事项"，都可以适用听证程序。

水行政许可听证需要注意以下环节：

（1）行政听证的主体。

首先是听证主持人。《中华人民共和国行政许可法》规定，行政机关应当指定审查该行政许可申请的工作人员以外的人员为听证主持人。当然也要遵守行政回避制度的规定，即申请人、利害关系人认为主持人与该行政许可事项有直接利害关系的，有权申请回避。

其次是听证参加人。听证参加人包括当事人及其代理人、案件调查人员、证人、鉴定人员和翻译人员。我国行政许可中的听证当事人是指许可申请人和其他利害关系人。

（2）行政听证的程序。

行政听证的主要程序是：

第一，通知。通知是指行政机关在举行听证之前，将有关听证的事项依法定程序告知有关当事人的一种要式行为。通知的目的在于让行政相对人了解与听证有关的事项，为其及时、有效地行使听证权提供保障。

第二，质辩。质辩是在听证主持人的主持下，由行政机关的办事人员与当事人就行政许可案件的事实和法律问题展开质证和辩论的过程。

听证的主要目的是将拟定的行政决定交给当事人并听取他的意见。因此，行政机关首先应当向当事人举出该拟定的行政决定所依据的事实和法律规定，否则，听证将无法进行。

第三，决定。经过质辩后，听证主持人应作出一个行政许可决定，对于许可听证所涉及的事实和法律问题表明一个认识。

《水行政许可听证规定》(2006年5月24日水利部令第27号)第四条规定: 法律、法规、规章规定实施水行政许可应当听证的事项，水行政许可实施机关在作出水行政许可决定前，应当举行听证。

下列水行政许可事项，水行政许可实施机关在作出水行政许可决定前，认为涉及公共利益需要听证的，应当举行听证: ①涉及江河、湖泊和地下水资源配置的重大水行政许可事项; ②涉及水域水生态系统保护的重大水行政许可事项; ③涉及水工程安全的重大水行政许可事项; ④涉及防洪安全的重大水行政许可事项; ⑤涉及水土流失防治的重大水行政许可事项; ⑥涉及不同行政区域边界河段或者跨界河段的重大水行政许可事项; ⑦需要听证的其他涉及公共利益的重大水行政许可事项。

五、变更和延续程序

(一)变更程序

被许可人要求变更行政许可事项的，应当向作出行政许可决定的行政机关提出申请；符合法定条件、标准的，行政机关应当依法办理变更手续。

(二)延续程序

被许可人需要延续依法取得的行政许可的有效期的，应当在该行政许可有效期届满30日前向作出行政许可决定的行政机关提出申请，但是法律、法规、规章另有规定的，依照其规定。行政机关应当根据被许可人的申请，在该行政许可有效期届满前作出是否准予延续的决定；逾期未作决定的，视为准予延续。

六、特别程序

根据《中华人民共和国行政许可法》的规定，对于国务院实施行政许可的，特别许可的，赋予公民特定资格的，赋予法人或者其他组织特定资格、资质的，对重要设备、设施、产品、物品进行检验、检测、检疫的，有数量限制的行政许可等行政许可的实施，适用特别程序规定。

只有《中华人民共和国行政许可法》没有作出特别规定的，才适用普通程序的规定。

七、水行政许可受理审批实施中的一些问题

水利系统关于行政许可的制度、办法，大多是在2005年、2006年左右，在《中华人民共和国行政许可法》《水利部水行政许可实施办法》等法律、规章出台后制定的。近几年由于实施水行政许可的内外部环境发生了很大变化，但相关水法律、规范没有及时跟上，致使水行政许可实施程序中出现不少问题。以河道内建设项目审批为

例，新的时代背景下，一是国家出台了行政许可的新制度、新办法，行业主管部门的管理要求更加精细具体，并实行了严格的责任追究制度；二是社会公众提出了更高要求，对行政许可有了更深认识，要求更加透明、高效、便民；三是沿河地区经济社会蓬勃发展，旅游生态园区、新农村建设等大量涉河项目纷纷与河道“联姻”，出现许多新情况、新问题、新矛盾，河道主管机关尽管为适应新形势出台了一些针对性、操作性都很强的补充规定，但不能跟上形势发展要求；四是审批操作实践中，系统内部、部门之间经常出现矛盾、交叉，难以保证实行非常严格、规范、有效的行政许可管理；五是有的单位在形势发生变化的情况下，一个办法包打天下，不但对一系列热点、难点问题缺乏相应处理意见，而且对于行政许可事项、上下级审批权限、机关部门之间分工、许可报件、审批时限、公文流转、项目许可后监督、档案、备案等关键环节，都没有条款予以明确，很容易出现问题。

为保证水行政许可工作更加依法、合规、高效、便民，水利部门必须对这些问题采取有效的应对措施。

（一）应适时评价并修正本单位的行政许可工作制度

特定的行政许可是为适应经济社会的发展而设定和实施的，随着社会生活条件的发展变化，特定的许可制度设定的基础将发生变化乃至丧失，所以《中华人民共和国行政许可法》规定了对许可的评价程序：第一，行政许可的设定机关应当定期对其设定的行政许可进行评价，对已设定的行政许可，认为通过《中华人民共和国行政许可法》第十三条所列方式能够解决的，应当对设定该行政许可的规定及时予以修改或者废止；第二，行政许可的实施机关可以对已设定的行政许可的实施情况及存在的必要性适时进行评价，并将意见报告该行政许可的设定机关；第三，公民、法人或者其他组织可以向行政许可的设定机关和实施机关就行政许可的设定和实施提出意见和建议。

因此，在不断变化的时代背景下，适时评价并修正本单位的行政许可工作制度，特别是制定对外的行政许可实施细则，很有必要。

（1）要安排专人全面梳理最新的行政许可规章制度，特别是行业、上级新出规定，对比评价本单位的相关制度是否欠缺或存在瑕疵，有针对性地修正完善。

（2）要厘清并规范系统内部各级机构行政许可事项，包括新的法律、规范授权赋予应该增加的行政许可事项，取消没有授权的或超出授权设立的行政许可事项，以及已经被消灭或被取代的行政许可事项。有的河道，群众多年在滩区生产、生活，为实现更有效、规范的管理，可根据历史沿革实际情况，依法明确不需进行行政许可的事项。

（二）规范行政许可受理审批权限

目前有的单位行政审批管理机制还停留在“集中（部门）受理、分别审批、部门发送”阶段。应该改变为“对外一个窗口，对内分工负责”。

（1）应该明确一个部门统一负责单位行政许可事项的受理、督办和送达工作。

（2）必须同时对机关内部规划计划、建设管理、防汛办公室、监察等相关职能部门权力、责任进行明确细分。只有各自职责明确，才能防止“扯皮”现象发生。

（3）要统筹考虑，依法赋予下级受理审批权力，明确其义务，并考虑让基层单位同志参加关联行政许可程序中的审批工作，便于加强许可事项的后期监督检查，同时对其加强管理和业务指导，确保按照法定时限完成许可工作。

（4）对行政许可条件作出的具体规定，不得增设违反上位法的其他条件。

（三）严格行政许可审批程序

通过一些行政许可项目审批结果看，仅有专家技术审查就通过审批是不够的，有时容易带来一些法律隐患。审批过程中应该考虑通过两个审查：技术审查和行政审查。根据情况，可以考虑行政审查联席会议制度。

水行政机关在对河道内非防洪建设项目行政许可时，需要引起特别注意的是《中华人民共和国河道管理条例》第二十五条，即：“在河道管理范围内进行下列活动，必须报经河道主管机关批准；涉及其他部门的，由河道主管机关会同有关部门批准：（一）采砂、取土、淘金、弃置砂石或者淤泥；（二）爆破、钻探、挖筑鱼塘；（三）在河道滩地存放物料、修建厂房或者其他建筑设施；（四）在河道滩地开采地下资源及进行考古发掘。”要注意这一条中的“会同”，河道内许可项目涉及其他部门的，如果河道主管机关没有会同有关部门，一家进行审查和批准，一旦项目出现问题，河道主管机关实施行政许可的工作人员很可能会被追责。

（四）强化规范行政许可程序和文书

按照《中华人民共和国行政许可法》和《水行政许可实施办法》的要求，水行政机关实施行政许可活动涉及行政许可申请、受理、审查、决定、变更、撤回、延续、撤销、注销、听证、特别程序，以及检查监督等各道程序和环节。每个程序和环节，都需要格式化、规范化的水行政许可文书，既包括如《准予行政许可决定书》这样的实体类文书，也包括如《行政许可补正材料通知书》这样的程序类文书，还涉及如《行政许可文书送达回证》这样的具有证据作用的凭证类文书。

一些单位对行政许可事项受理材料组件、专家技术审查内容和审查会议程序、许可证件有效期限和档案管理等规定得还不够具体，管理比较粗放，应该博采众长，尽快规范、明确。

需要注意的是：有时在一些细部环节上，如果考虑不到位，也会严重影响审批时限和审批质量。如在专家技术审查意见出台后，有的设计咨询单位不按照专家意见积极配合整改报告，这时就应该考虑采取特别应对措施，专款规定“技术审查整改与视为放弃”，增加“整改核准程序”，彻底杜绝这类事情的发生。

（五）加强监督管理与竣工验收

很多单位存在“重行政许可审批，轻事后监督检查”的问题。一些项目因为没有明确建设期间项目法人和建后管理责任主体，使项目审批后陷入无人管理或多头管理状态，而且对应的防洪补救措施得不到落实，项目建成后河道内遗留大量废弃物也无人处理。因此，在单位行政许可管理办法中，必须加强并量化“监督管理与竣工验收”等方面的内容。

第五节　行政许可的费用和监督检查

一、禁止收费原则和法定收费例外

行政机关实施行政许可和对行政许可事项进行监督检查，禁止收取任何费用。

对于行政机关提供的行政许可申请书格式文本，也不得收费。

申请人、利害关系人不承担行政机关组织听证的费用。

行政机关实施行政许可和对行政许可事项进行监督检查收取费用的，必须由法律、行政法规作出特别规定，规章和地方性法规都无权规定。应当遵守以下规则：第一，按照公布的法定项目和标准收费；第二，所收取的费用必须全部上缴国库；第三，财政部门不得向行政机关返还或者变相返还实施行政许可所收取的费用。

根据《中华人民共和国行政许可法》第七十五条，行政机关实施行政许可，擅自收费或者不按照法定项目和标准收费的，由其上级行政机关或者监察机关责令退还非法收取的费用；对直接负责的主管人员和其他直接责任人员依法给予行政处分。截留、挪用、私分或者变相私分实施行政许可依法收取的费用的，予以追缴；对直接负责的主管人员和其他直接责任人员依法给予行政处分；构成犯罪的，依法追究刑事责任。

二、行政许可的监督检查

（一）对行政许可机关的监督检查

对行政许可机关的监督检查，是指上级行政机关对下级行政机关实施行政许可的监督检查，目的是及时纠正行政许可实施中的行政违法行为。对行政许可机关的监督检查内容，以水行政许可为例，可以具体分为以下几种：

（1）是否有违法设定建设项目行政许可和无法定依据实施建设项目行政许可。

（2）是否对被许可人从事建设项目活动进行监督管理。

（3）是否对违法从事建设项目活动的行为依法进行处理。

（4）实施建设项目行政许可的主体是否合法。

（5）是否将有关建设项目行政许可的依据、条件、数量、程序、期限以及需要提交的全部材料的目录等予以公示。

（6）收到建设项目申请后是否依法制作、出具法律文书，按程序办理和归档。

（7）是否在法定期限内实施了建设项目行政许可和将建设项目行政许可决定予以公示。

（8）是否超越法定权限作出建设项目行政许可决定。

（9）涉河建设项目防洪补偿工程项目法人是否落实了准予许可时确定的补救措施及其他要求。

（10）是否在实施建设项目行政许可过程中擅自收费，或者不按法定项目和标准收费的。

（二）对被许可人监督检查

对被许可人监督检查，是指行政许可机关实施准予许可行为之后，应当建立健全监督制度，通过核查反映被许可人从事行政许可事项活动情况的有关材料，履行监督责任。对被许可人的监督检查内容，以水行政许可为例，可以具体分为以下几种：

（1）被许可人从事许可事项的活动是否符合准予许可时所确定的条件、标准、地点、范围、期限、数量、方式等。

（2）被许可人是否存在影响防洪安全的行为。

（3）被许可人是否落实了准予许可时确定的补救措施及其他要求。

（4）被许可人是否落实了准予许可时确定的施工度汛方案，是否违反方案内容和要求，另外是否采取了影响防洪安全的其他行为。

（5）被许可人是否缴纳了应当缴纳的有关行政事业性收费。

（6）被许可人是否落实了安全警示标志和公示内容。

（7）被许可人是否履行了规定义务和法定义务。

（8）被许可人是否有其他违反水法律、法规的行为。

（9）被许可人涉及取用水资源的建设项目是否办理了取水许可手续。

（10）被许可人建设项目涉及其他部门的，是否办理了其他部门手续。

行政机关依法对被许可人从事行政许可事项的活动进行监督检查时，应当将监督检查的情况和处理结果予以记录，由监督检查人员签字后归档。

行政机关可以对被许可人生产经营的产品依法进行抽样检查、检验、检测，对其生产经营场所依法进行实地检查。

行政机关实施监督检查，不得妨碍被许可人正常的生产经营活动，不得索取或者收受被许可人的财物，不得谋取其他利益。

（三）被许可人的法定义务

被许可人的法定义务是指被许可人在实施特别许可事项，或者实施设计、建造、安装和使用直接关系公共安全和人身安全的重要设备和设施的许可事项时必须履行的法定义务。被许可人不履行法定义务的，行政机关应当责令限期改正，或者依法采取有效措施督促其履行义务。

（四）行政许可的撤销和注销

1. 行政许可的撤销

由于主、客观因素的影响，已经作出的行政许可行为存在违法的情形，作出行政许可决定的行政机关或者上级行政机关，根据利害关系人的请求或者依据职权，可以对行政许可予以撤销。

第一，行政机关及其工作人员违法实施的行政许可。行政机关工作人员滥用职权、玩忽职守作出准予行政许可决定的；超越法定职权作出准予行政许可决定的；违反法定程序作出准予行政许可决定的；对不具备申请资格或者不符合法定条件的申请人准予行政许可的；依法可以撤销行政许可的其他情形。依照以上情形撤销行政许可，被许可人的合法权益受到损害的，行政机关应依法给予赔偿。

第二，被许可人以欺骗、贿赂等不正当手段取得的行政许可。被许可人以欺骗、贿赂等不正当手段取得行政许可的，应当撤销。且被许可人基于该行政许可取得的利益不受保护。依照以上情形撤销行政许可，可能对公共利益造成重大损害的，不予撤销。

2. 行政许可的注销

行政许可的注销是指行政机关基于特定情况的出现，依法消灭已颁发的行政许可的效力的行为。

《中华人民共和国行政许可法》第七十条规定，有下列情形之一的，行政机关应当依法办理有关行政许可的注销手续：①行政许可有效期届满未延续的；②赋予公民特定资格的行政许可，该公民死亡或者丧失行为能力的；③法人或者其他组织依法终止的；④行政许可依法被撤销、撤回，或者行政许可证件依法被吊销的；⑤因不可抗力导致行政许可事项无法实施的；⑥法律、法规规定的应当注销行政许可的其他情形。

注销应当由作出行政许可的原行政机关办理注销手续。

第三章　行政处罚

第一节　行政处罚与行政处罚法

一、行政处罚

（一）行政处罚的概念

行政处罚是指行政机关依法对违反行政管理秩序的公民、法人或者其他组织，以减损权益或者增加义务的方式予以惩戒的行为。

行政处罚具有以下基本特征：

（1）行政处罚是国家行政机关行使国家惩罚权的活动。不具有国家行政职能的个人、企业事业单位和其他组织，为维护内部工作生活秩序，按照组织章程或群众公约所采取的处罚措施，不属于行政处罚。

（2）行政处罚是处理公民、法人或者其他组织违法行为的管理活动，不同于行政机关对行政机关工作人员的行政处分。

（3）行政处罚不同于惩罚犯罪的刑事处罚。行政处罚与刑事处罚都是维护国家公共利益和法律秩序的方法，但是刑事处罚是制裁犯罪的手段，是最严厉的国家制裁手段，刑事法律只能由司法机关适用；行政违法社会危害程度较犯罪低，行政处罚的严厉程度也较刑事处罚低，而且在立法和实施上有分层次和分部门的多样性。正确区别行政处罚与犯罪，对于实行刑事处罚优先，禁止以罚代刑，以维护国家公共利益有重要意义。

（二）行政处罚的基本原则

行政处罚的基本原则是指行政主体实施行政处罚时必须遵循的基本行为准则。

1. 处罚法定原则

为了克服行政处罚的随意性，防止和纠正对行政处罚的滥用，我国行政处罚实行法定原则。该原则有三方面含义：第一，公民、法人或者其他组织的行为，只有法律明文规定应予行政处罚的才受处罚，否则不受处罚；第二，行政处罚设定权只能由法律规定的国家机关在法定职权范围内行使；第三，行政处罚的适用，必须严格依照有关行政违法构成的实体法和适用行政处罚的程序法进行，否则行政处罚无效。

2. 公正公开的原则

公正公开原则的基本要求：一是公民、法人或者其他组织所应承担的违法责任与所受到的行政处罚相适应。行政处罚机关应当首先查明违法事实和情节，并对违法行为的性质和社会危害程度作出正确评价，然后依法给予行政处罚。任何畸轻畸重，违法责任与行政处罚失当的，都属于背离公正原则的行政处罚。二是关于行政处罚的有关规定必须向社会公开。未经公布的规定，不能作为行政处罚的依据。

3. 处罚与教育相结合原则

处罚与教育相结合原则的基本要求，是行政处罚的设定和实施要同时发挥其强制制裁与促进认识转变的作用。首先是必须给予惩罚；其次是通过处罚促使当事人变为守法者，使被处罚者不再危害社会和自觉守法，防止将行政处罚变为国家对违法行为简单机械的报复。任何放弃教育努力的处罚或者以罚代教的做法都不符合处罚与教育相结合的原则。

4. 保障当事人程序权利原则

保障当事人程序权利原则的基本要求，是正确处理惩罚与保护的相互关系，使无辜的人不受行政处罚，使违法行为人受到公正处理，使遭受违法处罚的人得到及时补救。通过保障当事人行使程序权利使行政处罚得到正确使用。当事人的程序权利有两类：一是在行政处罚决定过程中的陈述权、申辩权、被告知权和其他程序权；二是行政处罚决定作出后的申请复议权、提起诉讼权和请求国家赔偿权等救济权。

二、行政处罚法

《中华人民共和国行政处罚法》是国家关于设定和实施行政处罚的基本法律，于1996年3月17日第八届全国人民代表大会第四次会议通过，根据2009年8月27日第十一届全国人民代表大会常务委员会第十次会议《关于修改部分法律的决定》第一次修正，根据2017年9月1日第十二届全国人民代表大会常务委员会第二十九次会议《关于修改〈中华人民共和国法官法〉等八部法律的决定》第二次修正，2021年1月22日第十三届全国人民代表大会常务委员会第二十五次会议修订，自2021年7月15日起施行。

行政处罚法是国家关于设定和实施行政处罚法律规范的总称。所有调整行政处罚设定和实施中发生的社会关系的法律规范都属于行政处罚法的范畴。

行政处罚法的表现形式是法律、行政法规、地方性法规和行政规章。除上述形式外的其他规范性文件不得设定行政处罚。

第二节 行政处罚的种类与设定

一、行政处罚的种类

行政处罚法列举规定了六类行政处罚，并规定了其他行政处罚种类的设定办法。

这六类行政处罚分别是：①警告、通报批评；②罚款、没收违法所得、没收非法财物；③暂扣许可证件、降低资质等级、吊销许可证件；④限制开展生产经营活动、责令停产停业、责令关闭、限制从业；⑤行政拘留；⑥法律、行政法规规定的其他行政处罚。

（一）警告、通报批评

警告、通报批评是国家对行政违法行为人的谴责和告诫，是违法者承担的行政责任中最为轻微的一种。主要目的是通过对当事人形成心理压力、不利的社会舆论环境，使被处罚人认识其行为的违法性和对社会的危害，纠正违法行为并不再继续违法。

（二）罚款、没收违法所得、没收非法财物

罚款是有行政处罚权的行政机关对违法行为人强制收取一定数量货币，增加其财产上的给付义务的一种制裁方法。

没收违法所得和没收非法财物，是指行政机关将违法行为人通过违法途径和方法取得的财产或者通过非法途径和方式取得的财产和物品收归国家所有的制裁方法。比如，根据《中华人民共和国招标投标法》的规定，投标人相互串通投标或者与招标人串通投标的、投标人以向招标人或者评标委员会成员行贿的手段谋取中标的，中标无效，处中标项目金额 5‰ 以上 10‰ 以下的罚款，对单位直接负责的主管人员和其他直接责任人员处单位罚款数额 5%以上 10%以下的罚款；有违法所得的，并处没收违法所得。

（三）暂扣许可证件、降低资质等级、吊销许可证件

这是行政机关暂时或者永久地撤销行政违法行为人拥有的国家准许其享有某些权利或从事某些活动资格的文件，使其丧失权利和活动资格的制裁方法。主要适用于比较严重的违法行为。例如，根据《中华人民共和国安全生产法》（简称《安全生产法》）的规定，生产经营单位不具备《安全生产法》和其他有关法律、行政法规和国家标准或者行业标准规定的安全生产条件，经停产停业整顿仍不具备安全生产条件的，予以关闭；有关部门应当依法吊销其有关证照。

（四）限制开展生产经营活动、责令停产停业、责令关闭、限制从业

责令停产停业是行政机关强制命令行政违法行为人暂时或永久地停止生产经营和其他业务活动的制裁方法。责令停产停业有一定期限，指令违法企业在此期间整改。在违法企业整改并认识到自己的违法行为之后，应允许其恢复生产运营。

（五）行政拘留

行政拘留是治安行政管理机关（公安机关）对违反治安管理的人短期剥夺其人身自由的制裁方法。行政拘留的期限是 1 日以上 15 日以下。

（六）法律、行政法规规定的其他行政处罚

对于上述各种处罚以外的其他处罚种类的设定，只能由全国人民代表大会及其常务委员会制定公布的法律和国务院制定公布的行政法规规定。也就是说，行政处罚新

种类的创设权集中在全国人民代表大会和国务院，其他机关没有这种权力。

需要注意的是，行政许可的注销不属于行政处罚。如水利局对一企业有效期届满未申请延续的许可证件予以注销，是消灭行政许可法律关系的一种宣告，不具有惩罚性，不属于行政处罚。另外，要区分开行政强制措施和行政处罚，如代履行，是行政强制措施，也不是行政处罚。

二、水行政处罚的种类

（一）水行政处罚的项目

根据有关法律、法规和规章规定，水行政处罚的项目涉及水资源管理、河道管理、水工程管理、水文管理、水行政许可管理、水利建设质量管理、水利建设安全生产等多方面。具体包括未经批准在河道管理范围内新建、扩建、改建建设项目，未经批准设置取水口、排污口，违法采砂取土，破坏防洪工程及其附属设施，违法在水工程范围内从事打井、钻探、爆破、挖筑鱼塘、采石、取土等危害堤防安全的活动，违章种植阻水片林，违法操作涵闸闸门，违法围垦河道等。

（二）水行政处罚的种类

水利部《水行政处罚实施办法》第四条规定了我国水行政处罚的种类，即警告、通报批评，罚款、没收非法所得、没收非法财物，暂扣许可证件、降低资质等级、吊销许可证件，限制开展生产经营活动、责令停产停业、责令关闭、限制从业，行政法规规定的其他水行政处罚。

三、行政处罚的设定

设定行政处罚，是国家有权机关创设行政处罚、赋予行政机关行政处罚职权的立法活动。行政处罚法根据我国的立法体制，对不同法律文件规定行政处罚的权限划分作出了规定。

（一）法律

全国人民代表大会及其常务委员会制定的法律，可以设定各种行政处罚。限制人身自由的行政处罚，只能由法律设定。

（二）行政法规

行政法规分为它可以自主设定的处罚种类和同法律设定的行政处罚的关系两方面。一是设定权，国务院制定的行政法规可以设定除限制人身自由外的各种行政处罚；二是具体规定权，法律对违法行为已经作出行政处罚设定的、行政法规需要作出具体规定的，必须在法律规定的行政处罚的行为、种类和幅度的范围内作出具体规定。

（三）地方性法规

地方性法规分为它可以自主设定的处罚种类和同上位法律、行政法规设定的行政处罚的关系两方面。一是设定权，地方性法规可以设定除限制人身自由、吊销企业营业执照外的行政处罚；二是具体规定权，法律、行政法规对违法行为已经作出行政处罚设定的，地方性法规需要作出具体规定的，不得超出法律、行政法规规定的给予行政处罚的行为、种类和幅度的范围。

（四）部门规章

部门规章分为它可以自主设定的处罚种类和同上位法律、行政法规设定的行政处罚的关系两方面。国务院部门规章可以在法律、行政法规规定的给予行政处罚的行为、种类和幅度的范围内作出具体规定。尚未制定法律、行政法规的，可以设定警告或一定数量罚款的处罚，罚款的限额由国务院规定。

（五）地方规章

地方规章分为它可以自主设定的处罚种类和同上位法律、法规设定的行政处罚的关系两方面。地方规章可以在法律、法规规定的给予行政处罚的行为、种类和幅度的范围内作出具体规定。这里的法规包括行政法规和地方性法规。尚未制定法律、法规的，地方规章对违反行政管理秩序的行为，可以设定警告或一定数量罚款的行政处罚。罚款的限额由省、自治区、直辖市人民代表大会常务委员会规定。

行政处罚法规定，除法律、法规、规章外，其他规范性文件不得设定行政处罚。

第三节　行政处罚的实施机关与管辖、适用

一、行政处罚的实施机关

《中华人民共和国行政处罚法》第十七条规定，行政处罚由具有行政处罚权的行政机关在法定职权范围内实施。

行政处罚的实施机关，是指依法拥有行政处罚权，以自己的名义实施行政处罚，并且能独立地承担相应的法律责任的行政机关。具体分为以下几类。

（一）行政机关

行政机关是我国最主要的行政处罚实施主体，依法取得法律授权的国家行政机关才可以作为行政处罚的实施主体。

行政机关行使国家行政处罚权，应当符合法律的要求。第一，只有法律规定享有处罚权的行政机关才能行使行政处罚权；第二，具有行政处罚权的行政机关只能在法定的职权范围内实施行政处罚。如何划分行政机关对违法案件的权限分工，由管辖制度加以解决。

在行政管理实践中，往往需要将属于不同行政主管部门的处罚权集中于某一行政机关统一行使，以提高行政管理效率。针对这种情况，《行政处罚法》规定了国家在

城市管理、市场监管、生态环境、文化市场、交通运输、应急管理、农业等领域推行建立综合行政执法制度，相对集中行政处罚权。除限制人身自由的行政处罚权只能由公安机关和法律规定的其他机关行使外，国务院或者经国务院授权的省、自治区、直辖市人民政府可以决定一个行政机关行使有关行政机关的行政处罚权。

（二）法律、法规授权的组织

法律、法规授权的具有管理公共事务职能的组织可以在法定授权范围内实施行政处罚。

法律、法规授权的组织实施行政处罚的条件是：第一，该组织具有管理公共事务的职能；第二，法律、法规的明文授权；第三，在法定授权范围内行使行政处罚权。

法律、法规授权的组织实施行政处罚的法律特征是：第一，以自己的名义实施行政处罚；第二，以自己的名义参加行政复议或者行政诉讼，并承担相应的法律后果。

（三）行政机关委托的组织

行政机关委托的组织实施行政处罚的条件是：第一，具有法律、法规或者规章的依据；第二，委托事项必须在该行政机关的法定权限以内；第三，对被委托组织实施行政处罚的行为进行监督；第四，对被委托组织实施行政处罚的行为后果承担法律责任。

行政机关委托的组织实施行政处罚的条件是：第一，该组织是依法成立并具有管理公共事务职能；第二，该组织有熟悉有关法律、法规、规章和业务并取得行政执法资格的工作人员；第三，对违法行为需要进行技术检查或者技术鉴定的，应当有条件组织进行相应的技术检查或者技术鉴定。法律义务是：第一，以委托行政机关的名义实施行政处罚；第二，实施行政处罚不得超出委托范围；第三，不得再委托其他任何组织或者个人实施行政处罚。

（四）水行政处罚的实施机关和人员

《水行政处罚实施办法》对水行政处罚的实施机关和人员，作了以下规定：

（1）下列机关以自己的名义独立行使水行政处罚权：①县级以上人民政府水行政主管部门；②法律、法规授权的流域管理机构；③地方性法规授权的水利管理单位；④地方人民政府设立的水土保持机构；⑤法律、法规授权的其他组织。

（2）县级以上人民政府水行政主管部门可以在其法定权限内委托符合规定条件的水政监察专职执法队伍或者其他组织实施水行政处罚。

但委托实施水行政处罚，委托水行政主管部门必须公布。受委托组织实施水行政处罚，不得超越委托书载明的权限和期限；超越权限和期限进行处罚的，水行政处罚无效。受委托组织不得再委托其他组织或者个人实施水行政处罚。

（3）水政监察人员是水行政处罚机关和受委托组织实施水行政处罚的执法人员。

二、行政处罚的管辖

行政处罚的管辖是指拥有行政处罚权的行政机关受理和处理行政处罚案件上的权限和分工。

《行政处罚法》规定的管辖制度的主要内容如下所述。

（一）级别管辖

原则上，行政处罚案件由县级以上地方人民政府具有行政处罚权的行政机关管辖。这是说：第一，中央人民政府和乡级人民政府较少处理行政处罚案件；第二，县级以上地方人民政府的行政机关只有得到法律的明确授权才能处理行政处罚案件。所谓“原则上”，是说法律、行政法规另有规定的例外。

省、自治区、直辖市根据当地实际情况，可以决定将基层管理迫切需要的县级人民政府部门的行政处罚权交由能够有效承接的乡镇人民政府、街道办事处行使，并定期组织评估。决定应当公布。

（二）地域管辖

行政处罚案件由违法行为发生地的行政机关管辖，法律、行政法规、部门规章另有规定的，从其规定。如果法律、行政法规、部门规章规定可以由违法行为发现地、行为人居住地的有权行政机关管辖，应当遵从法律、行政法规、部门规章的规定。

《水行政处罚实施办法》规定，除法律、行政法规另有规定的外，水行政处罚由违法行为发生地的县级以上地方人民政府水行政主管部门管辖。上级水行政主管部门有权管辖下级水行政主管部门管辖的水行政处罚。

（三）指定管辖

两个以上行政机关都有管辖权的，由最先立案的行政机关管辖。

对管辖发生争议的，应当协商解决，协商不成的，报请共同的上一级行政机关指定管辖；也可以直接由共同的上一级行政机关指定管辖。

（四）行政机关和刑事司法机关对违反行政管理秩序应受处罚案件的权限划分

一些违反行政管理秩序的行为，依其情节严重程度，可能同时构成行政违法和刑事犯罪。《中华人民共和国防洪法》第六十条规定：“违反本法规定，破坏、侵占、毁损堤防、水闸、护岸、抽水站、排水渠系等防洪工程和水文、通信设施以及防汛备用的器材、物料的，责令停止违法行为，采取补救措施，可以处五万元以下的罚款；造成损坏的，依法承担民事责任；应当给予治安管理处罚的，依照治安管理处罚法的规定处罚；构成犯罪的，依法追究刑事责任。”

当违法行为涉嫌犯罪的，除应依法给予行政处罚外，行政机关应当及时将案件移送司法机关，依法追究刑事责任。对依法不需要追究刑事责任或者免予刑事处罚，但应当给予行政处罚的，司法机关应当及时将案件移送有关行政机关。行政处罚实施机关与司法机关之间应当加强协调配合，建立健全案件移送制度，加强证据材料移交、接收衔接，完善案件处理信息通报机制。

三、行政处罚的适用

行政处罚的适用是关于行政处罚实施机关对行政违法行为人，根据违法情节裁量决定科以行政处罚的制度。它一般涉及三个方面的内容：是否科以行政处罚；科以何种处罚；科以什么程度的处罚。

（一）责令改正

适用行政处罚必须能够有效制止违法行为对社会的危害。为了弥补某些行政处罚方法的不足，行政处罚法规定行政机关实施行政处罚时，应当责令当事人改正或者限期改正违法行为。

（二）一事不再罚

一事不再罚是指对违法行为人的同一个违法行为，只能给予一次行政处罚，不得以同一事实和同一依据给予两次或两次以上的行政处罚。

《行政处罚法》第二十九条规定：“对当事人的同一个违法行为，不得给予两次以上罚款的行政处罚。同一个违法行为违反多个法律规范应当给予罚款处罚的，按照罚款数额高的规定处罚。”这一规定，是一事不再罚原则的主要内容和组成部分。它既肯定了一事不再罚的精神，又考虑到了行政执法职权范围内几乎所有的行政处罚实施机关都具有罚款权力的实际情况，把一事不再罚的“罚”仅仅局限在“罚款”。

（三）裁量情节

裁量情节是指行政处罚机关决定是否给予、给予轻或者重以及免除处罚所依据的各种情况。

不予处罚的情节有：不满 14 周岁的人、有违法行为的精神病人在不能辨认或者不能控制自己行为时有违法行为的；违法行为轻微并及时纠正，没有造成危害后果的；当事人有证据足以证明没有主观过错的。初次违法且危害后果轻微并及时改正的，可以不予行政处罚。

从轻或减轻处罚的情节有：已满 14 周岁不满 18 周岁的人有违法行为的；主动消除或者减轻违法行为危害后果的；受他人胁迫或者诱骗实施违法行为的；主动供述行政机关尚未掌握的违法行为的；配合行政机关查处违法行为有立功表现的；法律、法规、规章规定其他应当从轻或者减轻行政处罚的。

（四）处罚的折抵

处罚的折抵是指行政处罚与刑事处罚双重适用的折抵。在一个行为同时构成行政违法和刑事犯罪，并受到行政处罚和刑罚的情况下，应当将行政拘留折抵相应刑期，将行政罚款折抵相应的刑罚罚金。行政机关尚未给予当事人罚款的，不再给予罚款。

就行政处罚与刑罚的具体种类而言，可能与行政处罚在内容上发生重叠或者说竞合的只有剥夺人身自由的拘役、有期徒刑和剥夺财产权的罚金。

拘役是短期剥夺犯罪分子的人身自由的刑罚，主要适用于罪行较轻，但又必须实行短期关押的犯罪分子，期限为15日以上6个月以下。有期徒刑是剥夺犯罪分子一定期限的人身自由的刑罚。在我国刑罚体系中，有期徒刑居于中心地位，有期徒刑的刑期上限与无期徒刑相接，下限与拘役相联，期限一般为6个月以上15年以下。罚金作为一种财产刑，主要适用于经济犯罪和贪利性质的犯罪，同时也适用于某些妨害社会管理秩序的犯罪，有可能出现行政罚款与罚金并用的情况。

（五）追究时效

追究时效是指行政机关追究当事人违法责任给予行政处罚的有效期限。

原则上行政违法行为在2年内未被发现的，不再给予行政处罚。但涉及公民生命健康安全、金融安全且有危害后果的，上述期限延长至5年。法律另有规定的除外。规定的期限从违法行为发生之日起计算；违法行为有连续或者继续状态的，从行为终了之日起计算。

第四节　行政处罚的程序

行政处罚的程序包括行政处罚的决定程序和行政处罚的执行程序。

一、行政处罚的决定程序

行政处罚法区别行政处罚的不同情况，规定了一般程序、简易程序和听证程序三种程序，并规定了两项适用于各种行政处罚决定程序的一般规则。

（一）一般规则

1. 必须首先查明违法事实才能给予行政处罚

其基本要求是：先查证，后处罚；有违法事实，但是事实不清、证据不足、尚有疑义的，不得给予行政处罚。所谓违法事实，是指客观存在的违法行为诸情况的总和。查清违法事实，是处罚决定程序的中心内容。

2. 保障当事人程序权利

当事人的程序权利主要指了解权、陈述申辩权、要求听证权和其他权利。尊重和保证当事人了解权和陈述申辩权，是行政处罚决定成立的法定要件之一。

（二）简易程序

1. 简易程序的概念

简易程序是为事实确凿并有法定依据、处罚较轻情形设置的，主要特点是当事人程序权利简单，执法人员可以当场决定给予处罚。

2. 适用简易程序必须满足的三个条件

（1）违法事实确凿。

（2）有法定依据。

（3）属于《行政处罚法》规定的处罚种类和幅度，即对公民处以二百元以下、对法人或者其他组织处以三千元以下罚款或者警告的行政处罚。

3. 水政监察人员在适用简易程序时，应当遵守的程序

（1）表明身份。向当事人出示水政监察证件。

（2）说明理由和告知权利。实施行政处罚的人员要当场指出违法行为事实，说明要给予行政处罚的理由及有关依据，并告知当事人有进行陈述和申辩的权利，同时听取当事人的陈述与申辩；对当事人提出的事实、理由和证据进行复核（当事人放弃陈述或者申辩权利的除外）。

（3）制作处罚决定书以及备案。填写预定格式、编有号码的行政处罚决定书，并当场交付当事人。当事人拒绝签收的，应当在《行政处罚决定书》上注明。

前款规定的《行政处罚决定书》应当载明当事人的违法行为，行政处罚的种类和依据、罚款数额、时间、地点，申请行政复议、提起行政诉讼的途径和期限以及行政机关名称，并由水政监察人员签名或者盖章，行政处罚决定书应当场交付被处罚人。在五日内（在水上当场处罚，自抵岸之日起五日内）将水行政处罚决定报所属行政机关备案。当场作出的行政处罚决定，应当报所属行政机关备案。

（三）听证程序

1. 听证程序的概念

听证程序是指行政机关在作出行政处罚决定之前，公开举行专门会议，由行政处罚机关调查人员提出指控、证据和处理建议，当事人进行申辩和质证的程序。

根据《行政处罚法》的规定，对作出较大数额罚款，没收较大数额违法所得、没收较大价值非法财物，降低资质等级、吊销许可证件，责令停产停业、责令关闭、限制从业，其他较重的行政处罚等行政处罚决定适用听证；经当事人依法提出听证要求，行政机关应该组织听证。

《水行政处罚实施办法》对“较大数额罚款”作了具体规定，即公民五千元以上，法人、组织五万元以上。

2. 听证程序的具体步骤

（1）告知听证权。如果属于听证适用范围的行政处罚，行政机关应当通过正式方式告知当事人有权要求听证。

（2）提出听证。当事人要求听证的，应当在行政机关告知后五日内提出。

（3）通知听证。行政机关应当在举行听证的七日前，通知当事人及有关人员听证的时间、地点，以便当事人为听证做充分的准备。

（4）举行听证会。听证由行政机关指定的非本案调查人员主持，当事人可以亲自参加听证，也可以委托 1 ～ 2 人代理。由调查人员提出当事人的违法事实、证据和行政处罚建议，再由当事人进行质证与申辩，经过调查人员与当事人的相互辩论后，当事人可以作最后的陈述。

（5）公开听证与回避。除涉及国家秘密、商业秘密或者个人隐私依法予以保密外，听证公开举行，接受社会的监督。此外，当事人如果认为听证主持人与本案有直接利害关系的，有权申请回避。当事人及其代理人无正当理由拒不出席听证或者未经许可中途退出听证的，视为放弃听证权利，行政机关终止听证。

（6）听证应当制作笔录。听证会的全部过程要制作听证笔录，笔录应当交当事人或者其代理人核对无误后签字或者盖章。当事人或者其代理人拒绝签字或者盖章的，由听证主持人在笔录中注明。

听证结束后，行政机关应当根据听证笔录，依照《行政处罚法》第五十七条的规定，作出决定。

（四）一般程序

一般程序又称为行政处罚的普通程序，是指行政机关对事实较为复杂、情节较为严重的违法行为给予法定的较重的行政处罚时所适用的行政处罚程序。

适用一般程序遵循的具体步骤如下所述。

1. 立案

有行政处罚权的行政机关通过各种渠道所悉知的相对人的违法行为，予以立案，做好查处违法行为的准备工作。

水行政处罚，除依法可以当场作出水行政处罚决定的外，公民、法人或者其他组织有符合下列条件的违法行为的，水行政处罚机关应当立案查处：①具有违反水法规事实的；②依照法律、法规、规章的规定应当给予水行政处罚的；③属水行政处罚机关管辖的；④违法行为未超过追究时效的。

发现行政违法行为一般有多个途径，比如例行检查、有关人员举报、媒体报道、领导批示等，在这种情况下，一般都会按照一定的程序办理立案查处手续，应该都会有立案审批表一类的东西，然后进行登记。实践中，有些行政机关处罚手续不完备，但只要行政机关向相关的管理相对人下达了书面的或者口头的违法处理通知，都应当认为是行政机关已经立案查处了。

2. 调查取证

行政机关必须进行全面、客观和公正的调查，收集有关证据。必要时，依照法律、法规的规定，可以进行检查。《行政处罚法》规定了行政调查和行政检查中行政机关及其执法人员的权利义务。主要有以下各项：

（1）调查或检查时的执法人员不得少于两人，并应向当事人和有关人员出示证件表明身份，调查人员与本案有直接利害关系的，应当回避。

（2）执法人员有要求当事人如实回答询问并协助调查或检查的权力。

（3）行政机关在收集证据时，可以采取抽样取证的方法；在证据可能灭失或者以后难以取得的情况下，经行政机关负责人批准，可以先行登记保存，并应当在七日内及时作出处理决定，在此期间，当事人或者有关人员不得销毁或者转移证据。

3. 说明理由及当事人陈述与申辩

在行政处罚决定作出之前，行政机关及其执法人员应向当事人说明作出处罚决定的事实、理由和依据，以及当事人依法享有的权利，保证当事人有权提出自己的意见，提出自己掌握的事实、所持理由和证据，并对行政机关的指控进行辩解，申明自己的主张。行政机关及其执法人员对于当事人合理的意见应予采纳。行政处罚机关不得因当事人申辩而加重处罚。

4. 作出行政处罚决定

行政机关应当自行政处罚案件立案之日起九十日内作出行政处罚决定。法律、法规、规章另有规定的，从其规定。

行政处罚决定由行政机关负责人在对调查结果进行审查后，视不同情况作出决定。《行政处罚法》规定了作出行政处罚决定的条件和决定的种类。对情节复杂或者重大违法行为给予较重的行政处罚，应由行政机关负责人集体讨论后作出。

《水行政处罚实施办法》规定：较重的水行政处罚是指对公民处以超过三千元罚款、对法人或者其他组织处以超过三万元罚款、吊销许可证等。

《行政处罚法》规定了《行政处罚决定书》的载明事项和制作送达方法。处罚决定应采用书面方式，《行政处罚决定书》应当载明下列事项：①当事人的姓名或者名称、地址；②违反法律、法规、规章的事实和证据；③行政处罚的种类和依据；④行政处罚的履行方式和期限；⑤申请行政复议、提起行政诉讼的途径和期限；⑥作出行政处罚决定的行政机关名称和作出决定的日期。《行政处罚决定书》必须盖有作出行政处罚决定的行政机关的印章。

案例：行政处罚文书找错

一、案例内容

某县河务局行政处罚决定书

（某县河务）罚字〔2017〕10号

被处罚人：张×× 住址：××县××街道××楼××号

经查实：你于2017年10月10日在黄河河道内弃置垃圾，违反了《河南省黄河河道管理办法》第二十三条规定，根据《河南省黄河河道管理办法》第四十三条规定，本机关决定对你处以 2000 元罚款。

如不服本处罚决定，可以在接到本处罚决定书之日起 15 日内向黄河水利委员会申请行政复议，也可以在接到本处罚决定书之日起 3 个月内依法向人民法院起诉。

××县河务局执法大队（印章）

二〇一七年十月二十五日

附：《河南省黄河河道管理办法》第二十三条　在黄河河道管理范围内，禁止下列活动：

（一）修建围堤、阻水渠道、阻水道路；

（二）种植高秆农作物、芦苇和片林（堤防防护林除外）；

（三）弃置矿渣、石渣、煤灰、泥土、垃圾等；

（四）在堤防和护堤地建房、开渠、打井、挖窖、建窑、葬坟、取土、放牧、违章垦植、堆放物料、开采地下资源、进行考古发掘以及开展集市贸易活动；

……

第四十三条　违反本办法规定，有下列行为之一的，由县级以上黄河河道主管机关责令其纠正违法行为、采取补救措施，并可以按照下列标准处以罚款：

（一）在河道管理范围内弃置矿渣、石渣、煤灰、泥土、垃圾等物料的，每立方米处二百元以上五百元以下罚款，但罚款金额最高不超过五万元；种植高秆农作物、芦苇和片林的，每亩处五十元以上二百元以下罚款，但罚款金额最高不超过五万元；修建围堤、阻水渠道、阻水道路的，处五千元以上三万元以下罚款；

（二）在堤防、护堤地建房、开渠、打井、挖窖、建窑、葬坟、取土的，处一千元以上五千元以下罚款；放牧、违章垦植、开展集市贸易活动的，处一百元以上三百元以下罚款；堆放物料、开采地下资源、进行考古发掘的，处一万元以上五万元以下罚款；

……

二、问题

请根据《行政处罚法》第五十九条的要求，找出本行政处罚决定书中存在哪些错误并简述理由。（至少找出 5 处）

三、解析

（1）缺证据的表述。应当表述当事人违反法律、法规和规章的事实及其依据。

（2）行政处罚依据引用不准确。应当表述为“第二十三条第（三）项”“第四十三条第（一）项”。

（3）在“本机关决定”之后，缺少“责令停止违法行为、限期清理”的表述。

（4）未告知罚款处罚的履行方式和期限。

（5）错误告知申请行政复议的期限。应当是六十日。

（6）告知的行政复议机关缺少一个。根据《中华人民共和国行政复议法》规定，还应当告知向该部门的本级人民政府申请行政复议。

（7）行政处罚主体错误。某县市政管理局执法大队不是行政处罚的主体。

（8）送达。

行政处罚决定书应当在宣告后当场交付当事人；当事人不在场的，行政机关应当在7日内依照《中华人民共和国民事诉讼法》（简称《民事诉讼法》）的有关规定，将行政处罚决定书送达当事人。

当事人同意并签订确认书的，行政机关可以采用传真、电子邮件等方式，将行政处罚决定书等送达当事人。

二、行政处罚的执行程序

行政处罚的执行程序，是指将行政处罚决定书所确定的行政处罚内容付诸实施的行为过程。

根据《行政处罚法》的规定，被处罚人应在法定期限内主动履行行政处罚决定规定的义务。当事人不服行政处罚决定而申请行政复议或者提起行政诉讼的，行政处罚不停止执行，法律另有规定的除外。

为体现行政处罚决定作为国家意志的象征，同时健全对行政处罚实施监督的制度，《行政处罚法》规定了以下执行程序。

（一）罚缴分离原则

罚款的收缴遵循行政处罚机关与收缴罚款的机构相分离的原则，罚款决定机关及其执法人员不得自行收缴罚款；当事人在自收到行政处罚决定书之日起15日内到指定的银行或者通过电子支付系统缴纳罚款。对于罚款、没收违法所得或者没收非法财物拍卖的款项，必须全部上缴国库。任何行政机关或者个人不得以任何形式私分、截留；财政部门不得以任何形式向行政处罚决定机关返还。

（二）当场收缴罚款的适用案件

（1）按照简易程序当场作出处罚决定的，数额在100元以下的罚款。

（2）按照简易程序当场作出处罚决定的，不当场收缴事后难以执行的罚款。

（3）在边远、水上、交通不便地区，行政机关依照简易程序作出罚款决定后，当事人到指定的银行或者通过电子支付系统缴纳罚款确有困难，经当事人提出，行政机关及其执法人员可以当场收缴罚款。

（三）当场收缴罚款规则

（1）行政机关及其执法人员当场收缴罚款的，必须向当事人出具国务院财政部门或者省、自治区、直辖市人民政府财政部门统一制发的专用票据；不出具财政部门统一制发的专用票据的，当事人有权拒绝缴纳罚款。

（2）执法人员当场收缴的罚款，应当自收缴罚款之日起2日内，交至行政机关；在水上当场收缴的罚款，应当自抵岸之日起2日内交至行政机关；行政机关应当在2日内将罚款缴付指定的银行。

（四）罚款的强制执行措施

除经申请和批准当事人可以暂缓或分期缴纳罚款的外，当事人逾期不履行行政处罚决定的，作出行政处罚决定的行政机关可以采取下列措施：

（1）到期不缴纳罚款的，每日按罚款数额的百分之三加处罚款，加处罚款的数额不得超出罚款的数额。

（2）根据法律规定，将查封、扣押的财物拍卖、依法处理或者将冻结的存款、汇款划拨抵缴罚款。

（3）根据法律规定，采取其他行政强制执行方式。

（4）依照《中华人民共和国行政强制法》（简称《行政强制法》）的规定申请人民法院强制执行。

行政机关批准延期、分期缴纳罚款的，申请人民法院强制执行的期限，自暂缓或者分期缴纳罚款期限结束之日起计算。

当事人对行政处罚决定不服，申请行政复议或者提起行政诉讼的，行政处罚不停止执行，法律另有规定的除外。

当事人申请行政复议或者提起行政诉讼的，加处罚款的数额在行政复议或者行政诉讼期间不予计算。

第四章　行政强制

第一节　行政强制概述

一、行政强制的概念

行政强制是指行政机关出于维护社会秩序或保护公民人身健康、安全的需要，为制止违法行为、危险状态或不利后果，或防止证据损毁、避免危害发生、控制危险扩大，根据公共利益的需要依法对相对方的人身或财产采取暂时性强制措施；或者行政机关和人民法院为了保障行政管理的顺利进行，通过依法强制拒不履行行政法义务的相对方履行义务或达到与履行义务相同的状态的行政活动的总称。

二、行政强制的种类

根据2011年6月30日第十一届全国人民代表大会常务委员会第二十一次会议通过，2012年1月1日实施的《中华人民共和国行政强制法》第二条规定，行政强制包括行政强制措施和行政强制执行。

三、行政强制与行政处罚的区别

（1）客体不同。行政强制的客体主要是可能危害公共利益或者公民合法权益的事实状态，如暴乱、瘟疫、危房等。行政处罚的客体是行政相对人的违法行为。

（2）形式不同。行政处罚表现为限制或者剥夺行政相对人合法权益的警告、罚款、没收违法所得、拘留等。而行政强制通常分为人身强制、物品强制和场所强制，具体表现形式多种多样，如扣押、查封、冻结、拆除违章建筑、强制搬出、扣留、盘问等。

（3）程序不同。行政处罚统一适用《行政处罚法》规定的一般程序、听证程序和简易程序。而行政强制适用特别法规定的不同程序。

（4）次数不同。行政处罚适用一事不再罚的原则，针对同一个违法行为，行政机关不得给予两次以上的行政处罚。而对同一个违法状态，行政机关可以反复适用行政强制措施，直到违法状态消除。

第二节 行政强制措施

一、行政强制措施的概念和分类

（一）行政强制措施的概念

行政强制措施是指行政机关在行政管理过程中，为制止违法行为、防止证据损毁、避免危害发生、控制危险扩大等情形，依法对公民的人身自由实施暂时性限制，或者对公民、法人或者其他组织的财物实施暂时性控制的行为。

（二）行政强制措施的分类

我国单行法律、法规规定的行政强制措施形式繁多，名称五花八门，据不完全统计，多达200多种。

行政强制措施以实施行政强制措施强制的目的的不同为标准，可以将其分为预防性行政强制措施、制止性行政强制措施和保障性行政强制措施；以行政强制措施是否需要立刻执行为标准，可以将其分为即时性行政强制措施和非即时性行政强制措施；以行政强制措施所限制的对象的不同为标准，可以将其分为限制人身自由的行政强制措施和限制财产流通的行政强制措施。

《中华人民共和国行政强制法》根据行政强制措施的不同性质、特点，将行政强制措施分为五类：①限制公民人身自由；②查封场所、设施或者财物；③扣押财物；④冻结存款、汇款；⑤其他行政强制措施。

这里也可以看出行政强制措施与行政处罚措施的区别，行政处罚的种类有6种，分别是：①警告、通报批评；②罚款、没收违法所得、没收非法财物；③暂扣许可证件、降低资质等级、吊销许可证件；④限制开展生产经营活动、责令停产停业、责令关闭、限制从业；⑤行政拘留；⑥法律、行政法规规定的其他行政处罚。行政强制措施主要是控制性措施，而行政处罚则是处分性措施。

1. 限制公民人身自由

限制公民人身自由是指行政机关依法对公民人身自由采取的暂时性限制措施，包括盘问、留置、约束、立即拘留、拘留审查、强制带离现场、强制戒毒、强制隔离、人身搜查、收容教养等。

与行政处罚、刑事强制措施不同，限制公民人身自由的强制措施的主要特点如下：

（1）具体手段多样。限制人身自由强制措施有盘问、留置、约束、拘留、收容等，限制人身自由的行政处罚限于行政拘留，刑事强制措施则有拘留、逮捕、拘传、取保候审、监视居住。

（2）实施主体多样化。限制人身自由的强制措施实施主体有戒严实施机关、公安机关、公安机关交通部门、海关、军事设施管理单位等，限制人身自由的行政处罚实施主体只能是公安机关，刑事强制措施的实施主体有公安机关、检察机关和人民法院。

（3）预防和保障性。限制公民人身自由的强制措施目的是制止违法行为、防止证据损毁、避免危害发生、控制危险扩大，而限制人身自由的行政处罚是对已经实施违法行为人的制裁。刑事强制措施目的是案件侦查、诉讼工作的顺利进行、防止证据损毁而采取的保障性措施。

2. 查封场所、设施或者财物

查封场所、设施或者财物是指行政机关为了保障行政决定有效作出或者保障行政决定得到有效执行，依法对行政相对人的场所、设施或者财物暂时封存的行为。在法律、法规的规定中，还有封存、加封、暂时封存、先行登记保存等。

查封场所、设施或者财物的实施主体主要有税务、监察、农业、卫生、质检、商务、工商、药品等监督管理部门。

3. 扣押财物

扣押财物是指行政机关为了预防制止违法行为、保障行政决定的执行，对行政相对人涉嫌违法的财物暂时扣留的行为。法律、法规中，属于扣押但名称不同的行政强制措施还有扣留、暂扣、暂时扣留等。

扣押财物的实施主体主要有公安、税务、农业、交通、工商等监督管理部门。

4. 冻结存款、汇款

冻结存款、汇款是指行政机关为防止当事人转移或者隐匿违法资金，损毁证据，或者为保障行政决定得到有效执行，对当事人的账户采取的停止支付、禁止转移资金的强制措施。

冻结存款、汇款的实施主体主要有证券监管机构、税务机关、反洗钱主管部门、海关。另外，可以申请司法机关采取冻结措施的主体有保险监管机构、银行业监管机构、证券监管机构、行政监察机关、审计机关、外汇管理机关、工商行政管理部门。

5. 其他行政强制措施

其他行政强制措施是一个兜底规定。上述 4 种行政强制措施不能涵盖现行法律、法规规定的所有行政强制措施种类。例如，进入场所进行检查、现场检查就是现行许多法律法规规定的，上述 4 种就不能包括。还有一些限制行为的行政强制措施，如《中华人民共和国防洪法》规定的“清除河道管理范围内倾倒的工业废渣、城市垃圾和其他废弃物”“清除在行洪河道内种植的阻碍行洪的林木和高秆作物”“禁止围湖造地、擅自围垦河道”；《中华人民共和国河道管理条例》规定的“在汛期，船舶的行驶和停靠必须遵守防汛指挥部的规定”“在汛期，河道主管机关有权对河道上的竹木和其他漂流物进行紧急处置”“清除河道管理范围内阻碍行洪的建筑物、构筑物”；《内河交通安全管理条例》规定的“责令驶向指定地点”；《城市节约用水管理规定》规定的“限制用水量”；《黄河水量调度条例》规定的“及时采取压减取水量直至关闭取水口、实施水库应急泄流方案、加强水文监测、对排污企业实行限产或者停产等处置措施”；《黄河下游浮桥建设管理办法》规定的“拆除浮桥”等，也不能包括在上述4种行政强制措施里。

二、实施行政强制措施应遵循的原则

（一）依法行政原则

要求行政强制措施设定符合法律规定以及实施行政强制措施的主体、内容和程序符合法律的规定。

（二）适当原则

包括设定行政强制适当和实施行政强制适当，采用非强制手段可以达到行政管理目的的，不得设定和实施行政强制，实施行政强制措施除有法律依据外，应选择对相对人权益损害最小的方式进行。

（三）说服教育和强制相结合的原则

尽管说服教育并不是行政强制的法定程序，但行政强制措施实施主体应当贯彻说服教育和强制相结合原则。如果经过教育，管理相对人已经纠正了违法行为，就已经达到了执法的目的，没有必要再实施行政强制措施。

（四）保障原则

应切实保护公民、法人或者其他组织的陈述权、申辩权、诉权等合法程序权利和实体权利。

（五）不得委托原则

行政强制措施由法律、法规规定的行政机关在法定职权范围内实施。行政强制措施权不得委托。行政强制措施应当由行政机关具备资格的行政执法人员实施，其他人员不得实施。

（六）不得谋私原则

行政机关及其工作人员不得利用行政强制权为单位或者个人谋取利益。

三、行政强制措施的实施程序

（一）实施行政强制措施的一般程序

依照《行政强制法》的规定，行政机关实施行政强制措施的一般程序如下所述：

（1）实施前须向行政机关负责人报告并经批准。

（2）确定实施人员，由两名以上行政执法人员实施。

（3）出示执法身份证件。

（4）通知当事人到场，当场告知当事人采取行政强制措施的理由、依据以及当事人依法享有的权利、救济途径。

（5）听取当事人的陈述和申辩。

（6）制作现场笔录。现场笔录由当事人和行政执法人员签名或者盖章，当事人拒绝的，在笔录中予以注明；当事人不到场的，邀请见证人到场，由见证人和行政执法人员在现场笔录上签名或者盖章。

（7）法律、法规规定的其他程序。

（二）一般程序之外的特殊程序

（1）依照法律规定实施限制公民人身自由的行政强制措施，除应当履行上述一般程序外，还应当遵守下列规定：

①当场告知或者实施行政强制措施后立即通知当事人家属实施行政强制措施的行政机关、地点和期限。

②在紧急情况下当场实施行政强制措施的，在返回行政机关后，立即向行政机关负责人报告并补办批准手续。

③实施限制人身自由的行政强制措施不得超过法定期限。实施行政强制措施的目的已经达到或者条件已经消失，应当立即解除。

（2）行政主体在采取查封、扣押这种行政强制措施时，除需要遵守一般程序外，还应当遵守一些特殊程序：

①行政主体在实施查封、扣押时需要对查封、扣押的财物妥善保管，不得使用或损毁，除不可抗力外，对所造成的损失应当履行赔偿义务。

②行政机关在实施查封、扣押后，应当及时查清事实，在法定期间作出处理决定。对违法事实清楚，依法应当没收的非法财物，将查封、扣押的财物没收；法律、行政法规规定应当销毁的，依法销毁。对没有违法行为或者不再需要采取查封、扣押措施的，应当在作出处理决定后立即解除查封或者退还被查封、扣押的财物；已将鲜活物品或者其他不易保管的财物拍卖或者变卖的，退还拍卖或者变卖所得。变卖价格明显低于市场价格，对当事人造成损失的，当事人可以要求补偿。行政机关逾期未作决定的，被查封的物品视为解除查封；当事人要求退还被扣押的物品的，行政机关应当立即退还。

（3）行政主体在采取冻结这种行政强制措施时也需要遵守一般程序之外的特殊程序：

①采取冻结决定的行政强制措施的主体应当是特别法授权的行政主体，后者不能委托其他组织作出冻结存款的决定。

②采取冻结决定的行政强制措施的主体应当书面通知金融机构，金融机构接到行

政机关依法作出冻结的决定后，应当立即冻结存款，不得拖延，不得在冻结前通知当事人。

③行政机关应当在法定期限内向当事人交付符合法定格式和内容要求的冻结决定书。

④对当事人不再需要采取冻结存款的措施时，由决定冻结存款的行政机关作出解除冻结存款的决定，并及时通知金融机构。行政机关逾期未作出处理决定或者解除冻结存款决定的，金融机构应当解除冻结的存款。

四、即时强制

即时强制是指国家行政机关在遇有重大灾害或事故，以及其他严重影响国家、社会、集体或者公民利益的紧急情况下，依照法定职权直接采取的强制措施。

行政强制措施往往带有即时性，很多情况下事前无法预料执法检查中会发生必须现场实施强制措施的情况，无法及时办理审批手续。因此，《行政强制法》第十九条专门规定："情况紧急，需要当场实施行政强制措施的，行政执法人员应当在二十四小时内向行政机关负责人报告，并补办批准手续。行政机关负责人认为不应当采取行政强制措施的，应当立即解除。"

即时强制多数是在情况紧急的状态下采取的，因而很难遵循一般的程序，但一般也要履行事先报批、出示执法证件、告知当事人权利、制作现场笔录、有关人员签字盖章等基本程序。如根据《中华人民共和国水污染防治法》相关规定，在生活饮用水源受到严重污染，威胁供水安全等紧急情况下，环境保护部门应当报请同级人民政府批准，采取强制性应急措施，包括责令有关企业事业单位减少或者停止排放污染物。

2010 年 7 月 5 日下午，黄河下游正处在调水调沙期，小浪底水库高含沙水流冲击下一座长 360 米、宽 20 米、18 节、约 1 200 吨重的钢结构浮桥被水流卷入黄河下游，浮桥顺流而下，拦腰撞在郑州黄河公铁两用桥施工栈桥的两排钢架桥桩上，向东漂移后前半部分搁浅在沙洲上。为确保黄河小浪底水库调水调沙和黄河公铁两用桥施工安全顺利进行，有关部门采取了即时强制措施。实践中，一般执法人员都是在现场实施行政强制措施前，电话请示行政机关负责人，对于情况十分紧急来不及请示的，一般都在实施后马上电话向其汇报，并经其同意。如果行政机关负责人认为不需要采取行政强制措施的，行政执法人员立即当场解除强制措施，并做好有关记录；认为需要现场采取强制措施的，在采取措施回到行政机关后，在二十四小时内再向行政机关负责人详细报告，并补办批准手续，填写有关法律文书。

第三节 行政强制执行

一、行政强制执行的基本概念和实施原则

（一）行政强制执行的基本概念

行政强制执行是指行政机关或者行政机关申请人民法院，对不履行行政决定的公民、法人或者其他组织，依法强制履行义务的行为。

从《行政强制法》对行政强制执行所下的这个定义可以看出，行政强制执行具有以下特点：

（1）行政强制执行以公民、法人或其他组织不履行行政义务为前提。不履行行政义务有两种情况：一种是从事法律所禁止的行为，如未经批准在河道管理范围内新建、扩建、改建建设项目，即违反了不作为义务；另一种是不履行规定必须履行的义务，如应纳税而不纳。

（2）行政强制执行的目的在于强迫公民、法人或其他组织履行行政义务。因此，强制执行应以行政义务为限，不能超过当事人所承担的行政义务范围。

（3）行政强制执行的依据仅限于行政决定，不再以法律规定为直接依据。

（4）行政强制执行的主体。我国现行行政强制执行的实施，实行以行政机关申请人民法院实施为主，由行政机关依法律、法规授权独立实施为辅的制度。

（二）实施行政强制执行应遵循的原则

1. 先动员后强制的原则

在强制执行前，行政机关应当进行督促教育，动员义务人自己履行。当事人履行了行政法义务的，就不再实施行政强制执行。这是一个确定强制必要性的重要程序规则。

2. 优先选择轻微方式的原则

如果有两个以上强制措施可供选择，行政机关不得首先使用最严厉的措施，而应当遵循由弱到强的使用顺序。

（三）行政强制执行与民事强制执行的区别

行政强制执行与民事强制执行作为强制执行，二者有许多共同之处，主要区别在于：

（1）从执行主体看，行政强制执行的主体在一般情况下为人民法院，但在法律规定的情况下，也可以是行政机关。而民事强制执行的主体只能是司法机关。

（2）从执行依据看，行政强制执行的依据是行政决定，即使在由司法机关强制执行的情况下，其执行依据也是行政决定。而民事强制执行的依据是已经生效的人民

法院的判决、裁定或调解书，仲裁机关的裁决书、调解书，有执行力的公证债权文书等法律文书。

（3）从执行对象看，行政强制执行的对象比较广泛，可以是物，也可以是行为和人身。而民事强制执行的对象仅限于物。

（4）从执行结果看，行政强制执行不存在执行和解，只能强迫义务人履行义务；民事强制执行则可以执行和解。

二、行政强制执行的种类

（一）行政强制执行的分类

行政强制执行分为直接执行和间接执行。

直接执行措施是直接对执行标的采取执行行为，如将财产查封、拍卖或直接交付给债权人等。

间接执行措施是不直接对执行标的采取执行行为，而是通过对债权人给予处罚的方式迫使其履行义务。间接强制包括代履行和执行罚。如某单位拒绝拆除违章建筑，水行政机关委托某工程队拆除该违章建筑就是代履行；某公司拖欠罚款，水行政机关决定每日按罚款数额的3%加处罚款就是执行罚。

《行政强制法》结合我国行政强制执行立法和实践，列举了行政机关强制执行常见的五种形式，分别是：①代履行；②加处罚款或者滞纳金；③划拨存款、汇款；④拍卖或者依法处理查封、扣押的场所、设施或者财物；⑤排除妨碍、恢复原状。

（二）代履行

1. 代履行的定义

代履行是指当事人逾期不履行法定义务或者行政决定确定的义务时，行政机关或者第三人代替当事人履行义务，并向当事人收取必要费用的执行方式。某单位拒绝拆除河道内违章建筑，水行政主管部门依照规定委托某工程队拆除该违章建筑，这种行为就是代履行。

2. 代履行与直接强制执行的区别

（1）能够适用代履行的义务必须是可以由他人代替履行的作为义务，如排除障碍、强制拆除等。对不能代替履行的义务，如对限制人身自由的行政拘留以及缴纳罚款等金钱给付义务，不能实施代履行。

（2）代履行既可以由行政机关，也可以由行政机关委托第三人实施，而直接强制执行只能由行政机关自己实施。

代履行是一种相对柔性使用比较广泛的间接行政强制执行方法，一般情况下，代履行要优先于直接强制适用。但是，考虑到有的义务即使可以代替，也不适宜代履行的方式执行，《行政强制法》又对代履行作了适当限制。比如，2011年1月出台的《国有土地上房屋征收与补偿条例》规定：被征收人在法定期限内不申请行政复议或者不提起行政诉讼，在补偿决定规定的期限内又不搬迁的，由作出房屋征收决定的市、县级人民政府申请人民法院强制执行。但是2012年2月最高人民法院接着出台了《关于办理申请人民法院强制执行国有土地上房屋征收补偿决定案件若干问题的规定》，在第九条又规定，人民法院裁定准予执行的，一般由作出征收补偿决定的市、县级人民政府组织实施，也可以由人民法院执行。2013年3月25日最高人民法院审判委员会第1572次会议通过《最高人民法院关于违法的建筑物、构筑物、设施等强制拆除问题的批复》，其中规定，根据行政强制法和城乡规划法有关规定精神，对涉及违反城乡规划法的违法建筑物、构筑物、设施等的强制拆除，法律已经授予行政机关强制执行权，人民法院不受理行政机关提出的非诉行政执行申请。

3. 代履行的依据

《行政强制法》对行政机关代履行作了普遍授权，即只要是当事人逾期不履行行政机关依法作出的行政决定中规定的义务，经催告仍不履行的，并且其后果已经或者将危害交通安全、造成环境污染或者破坏自然资源的，行政机关都可以代履行。

水利方面，我国的《中华人民共和国防洪法》、《中华人民共和国黄河保护法》（简称《黄河保护法》）等法律、法规明确规定了代履行。如《中华人民共和国防洪法》第五十六条规定，违反本法第十五条第二款、第二十三条规定，围海造地、围湖造地、围垦河道的，责令停止违法行为，恢复原状或者采取其他补救措施，可以处五万元以下的罚款；既不恢复原状也不采取其他补救措施的，代为恢复原状或者采取其他补救措施，所需费用由违法者承担。《黄河保护法》第一百一十条第二款规定："违反本法规定，在黄河流域损坏、擅自占用淤地坝的，由县级以上地方人民政府水行政主管部门或者黄河流域管理机构及其所属管理机构责令停止违法行为，限期治理或者采取补救措施，处十万元以上一百万元以下罚款；逾期不治理或者不采取补救措施的，代为治理或者采取补救措施，所需费用由违法者承担。"第一百一十八条规定："违反本法规定，有下列行为之一的，由县级以上地方人民政府水行政主管部门或者黄河流域管理机构及其所属管理机构责令停止违法行为，限期拆除违法建筑物、构筑物或者恢复原状，处五万元以上五十万元以下罚款；逾期不拆除或者不恢复原状的，强制拆除或者代为恢复原状，所需费用由违法者承担：（一）在河道、湖泊管理范围内建设妨碍行洪的建筑物、构筑物或者从事影响河势稳定、危害河岸堤防安全和其他妨碍河道行洪的活动；（二）违法利用、占用黄河流域河道、湖泊水域和岸线；（三）建设跨河、穿河、穿堤、临河的工程设施，降低行洪和调蓄能力或者缩小水域面积，未建设等效替代工程或者采取其他功能补救措施；（四）侵占黄河备用入海流路。"《河南省黄河工程管理条例》第十三条规定："在堤防工程管理范围内进行非防洪工程建设活动，造成工程损坏的，由建设单位按照原设计标准予以加固、修复、改建；建设单位不能或者不能按时加固、修复、改建的，由黄河河务部门组织加固、修复、改建，所需费用由建设单位承担。”《中华人民共和国水土保持法》第五十六条规定：“违反本法规定，开办生产建设项目或者从事其他生产建设活动造成水土流失，不进行治理的，由县级以上人民政府水行政主管部门责令限期治理；逾期仍不治理的，县级以上人民政府水行政主管部门可以指定有治理能力的单位代为治理，所需费用由违法行为人承担。”

4. 代履行的程序

（1）签订委托书。委托第三人代履行时，行政机关要与当事人签订委托书，明确权利、义务关系。

（2）送达代履行决定书。代履行决定书应当载明当事人的姓名或者名称、地址，代履行的理由和依据、方式和时间、标的、费用预算以及代履行人。

（3）催告当事人履行。在实施代履行的3日前，行政机关应当再次催告当事人履行义务。如果当事人同意履行的，停止代履行。

（4）代为履行义务。委托没有利害关系的当事人代履行时，作出决定的行政机关应当派员到场监督，指导第三人按照约定如实履行义务。

（5）签名或者盖章。代履行完毕，行政机关到场监督的工作人员、代履行人和当事人或者见证人应当在执行文书上签名或者盖章。

5. 代履行的费用及承担

（1）代履行的费用按照成本合理确定。代履行允许有一定利润空间，特别是在委托第三人代履行的情况下，但利润一定要合理，不能成为暴利性行业。

（2）代履行的费用要在决定书中列明，明确告知当事人。当事人在知晓代履行费用后，经过权衡，也可能决定由自己履行。

（3）除法律另有规定的外，代履行费用由当事人承担。

（4）费用的支付方式。行政机关自己代履行时，当事人应当把费用支付给行政机关。第三人代履行时，应当由当事人向行政机关缴纳费用，再由行政机关转交第三人。这是因为，行政机关与第三人之间是一种公法上的委托关系，第三人与当事人之间没有法律上的权利、义务关系。当事人拒绝支付费用的，应当由委托代履行的行政机关依法追索。追缴的方式适用金钱给付义务的强制执行。

当事人对代履行费用有争议的，可以申请行政复议或者提起行政诉讼。

6. 代履行的方式

代履行不得采用暴力、胁迫以及其他非法方式。

在履行过程中，作出决定的行政机关必须派员到场监督。行政机关工作人员发现第三人采用非法手段实施代履行的，必须制止。对因第三人采用非法手段实施代履行给当事人造成损失的，应当由行政机关承担责任，当事人可以申请行政复议或者提起行政诉讼，要求赔偿损失。行政机关承担责任后，可以向第三人追索。

7. 立即实施代履行

立即实施代履行，是指在紧急情况下，行政机关可以不按照严格的代履行程序决定实施代履行。

《行政强制法》第五十二条规定："需要立即清除道路、河道、航道或者公共场所的遗洒物、障碍物或者污染物，当事人不能清除的，行政机关可以决定立即实施代履行；当事人不在场的，行政机关应当在事后立即通知当事人，并依法作出处理。"可见，行政机关决定立即实施代履行，应当具备以下两个条件：

（1）需要立即清除道路、河道、航道或者公共场所的遗洒物、障碍物或者污染物，不立即清除可能危害交通安全、造成环境污染或者破坏自然资源的。

（2）当事人不能清除的。当事人不能清除，有可能是当事人主观上不愿意清除，也可能是没有能力清除，也可能是当事人不在场。

立即实施代履行是代履行的简易程序。决定方式可以简化，不必须采取书面形式作出决定，可以口头告知当事人；当事人不在场的，可以事后通知；催告程序也可以简化，不需要履行单独的催告程序，实施代履行的决定和催告可以合二为一。

立即实施代履行，可以由行政机关代履行，也可以由第三人代履行，费用仍然应当由当事人承担。

（三）执行罚

1. 执行罚的概念

执行罚是指法定义务人逾期不履行其应当履行的义务时，行政机关或行政机关申请人民法院对义务人在一定期限内课以新的持续不断的金钱给付义务，以促使其履行义务的行政强制执行方式。

执行罚主要适用于当事人不履行不作为义务、不可由他人替代的义务，如金钱给付义务的强制执行，主要包括加处罚款或者滞纳金，划拨存款、汇款，拍卖或者依法处理查封、扣押的场所、设施或者财物。

对于加收罚款或滞纳金，《行政强制法》第四十五条规定，行政机关依法作出金钱给付义务的行政决定，当事人逾期不履行的，行政机关可以依法加处罚款或者滞纳金。《行政处罚法》第七十二条也规定，当事人到期不缴纳罚款的，每日按罚款数额的百分之三加处罚款。有关水利法律规范，如《河道管理条例》《黄河水量调度条例》《河南省黄河河道管理办法》等对此也作了类似规定。

2. 执行罚的程序

执行罚的程序大致与代履行一样，必须事先告诫，并附有期限，在义务人履行义务后，执行罚应立即停止。

3. 执行罚与行政处罚中罚款的区别

虽然执行罚和行政处罚中的罚款都是使当事人向行政机关缴纳金钱，但是两者的性质、目的、原则不同。

（1）性质不同。行政罚款是对过去已经发生的行政违法行为的制裁和惩罚，执行罚是促使当事人履行应当履行尚未履行的行政法义务的手段。

（2）目的不同。行政处罚的目的在于制裁，通过制裁使当事人以后不再违法，着眼点在于过去的违法行为；执行罚的目的在于促使义务人履行义务或实现与履行义务相同的状态，其着眼点在于将来义务内容的实现。

（3）原则不同。制裁性法律责任一般都以“一事不再罚”为原则，一次违法行为惩罚一次；强制性法律责任最终目的在于义务的履行，因而执行罚可以多次适用，直至义务人履行义务。

（四）直接强制

1. 直接强制的定义和分类

直接强制是行政机关直接对义务人的人身或财产采取强制措施，以实现行政法义务的制度。

直接强制执行大致可按其内容分为对人身的强制、对行为的强制和对财物的强制。

2. 直接强制的适用条件

直接强制的适用条件，是使用间接强制难以达到义务履行目的、无法采取或没有必要采取间接强制的情形。

采取直接行政强制执行必须具备三个条件：

（1）采取直接行政强制执行的义务不能是可以代履行的义务，否则就不能也不可能采取直接强制执行。

（2）采取直接行政强制执行的义务是无法采取执行罚的，否则先予执行罚。

（3）必须是实行执行罚期限已过仍然不能达到目的的才能采取直接强制执行。在执行罚期限内也不能采取直接强制执行的方法。

涉及人身自由和使用武器的直接强制，应当由执行警察职能的法定机关实施。对财产的强制主要有强制划拨存款、强制扣押财产、强制收缴财物和强制拆除建筑物等，具体执行权限由法律、法规分别情况作出规定。

3. 排除妨碍、恢复原状

排除妨碍、恢复原状，是指行政机关对不履行行为义务的当事人，强制其履行义务，排除因其自身违法行为对行政管理秩序造成的障碍，或者恢复到违法行为发生前的状态。

排除妨碍、恢复原状属于直接强制，由行政机关或者当事人自己排除妨碍、恢复原状。

现行不少水利法律、法规规定了这种强制执行方式。如《中华人民共和国防洪法》第四十二条规定，对河道、湖泊范围内阻碍行洪的障碍物，按照“谁设障、谁清除”的原则，由防汛指挥机构责令限期清除；逾期不清除的，由防汛指挥机构组织强行清除，所需费用由设障者承担。《中华人民共和国河道管理条例》第三十六条规定，对河道管理范围内的阻水障碍物，按照“谁设障，谁清除”的原则，由河道主管机关提出清障计划和实施方案，由防汛指挥部责令设障者在规定的期限内清除。逾期不清除的，由防汛指挥部组织强行清除，并由设障者负担全部清障费用。

三、行政强制执行的基本制度

（一）行政强制执行的基本制度概述

我国行政强制执行的基本制度是：以申请人民法院强制执行为原则，以行政机关强制执行为例外。

对此作出明确规定的法律是《中华人民共和国行政诉讼法》，该法第九十七条规定，“公民、法人或其他组织对行政行为在法定期限内不提起诉讼又不履行的，行政机关可以申请人民法院强制执行，或者依法强制执行”。这条规定包含两个意思：一是凡属行政机关所作具体行政行为，公民、法人或其他组织既不履行义务又不起诉的，行政机关就可以申请人民法院强制执行，无须以法律、法规规定为限，至于能否执行，还需人民法院审查，但已经不存在申请执行必须有法律、法规规定的限制；二是在行政机关强制执行前有“依法”两字，说明行政机关的强制执行权只有法律特别授予时才具有。《行政强制法》第十三条进一步强调了行政机关要“依法”执行，即法律没有规定行政机关强制执行的，作出行政决定的行政机关应当申请人民法院强制执行。

案例：湖北省某县水利局申请强制执行肖某河道违法建设处罚决定监督案（检例第59号）

【基本案情】 2011年9月，湖北省某县村民肖某未经许可，擅自在某水库库区（河道）管理范围内316国道某大桥下建房（房基）5间，占地面积289.8 m²。2011年11月3日，某县水利局根据《中华人民共和国水法》（简称《水法》）第六十五条作出行政处罚决定书，要求肖某立即停止在桥下建房的违法行为，限7日内拆除所建房屋，恢复原貌；罚款5万元；告知肖某不服处罚决定申请复议和提起诉讼的期限，注明期满不申请复议、不起诉又不履行处罚决定，将依法申请人民法院强制执行。肖某在规定的期限内未履行该处罚决定，亦未申请复议或提起行政诉讼。2012年3月29日，县水利局向人民法院申请强制执行。2012年4月23日，县人民法院作出行政裁定书，裁定准予执行行政处罚决定，责令肖某履行处罚决定书确定的义务。但肖某未停止违法建设，截至2017年4月，肖某已在河道区域违法建成四层房屋，建筑面积约520 m²。

【检察机关监督情况】 线索发现。县人民检察院于2017年4月通过某日报《“踢皮球”执法现象何时休？》的报道发现案件线索，依职权启动监督程序。检察机关经调查发现，肖某在河道内违法建设的行为持续多年，违反了国家河道管理规定，违法建筑物严重影响行洪、防洪安全。水利局和法院对违法建筑物未被强制拆除的原因则各执一词。法院认为，对违反《水法》的建筑物，水利局是法律明确授予强制执行权的行政机关，法院不能作为该案强制执行主体。但水利局认为，其没有强制执行手段，应当由法院强制执行。

监督意见。检察机关审查认为，法律没有赋予水利局采取查封、扣押、冻结、划拨财产等强制执行措施的权力，对于不缴纳罚款的，水利局可以向法院申请强制执行；但根据《行政强制法》和《水法》等相关规定，水利局对于河道违法建筑物具有强行拆除的权力，不应当向法院申请强制执行。因此，水利局向法院申请执行行政处罚决定中的拆除违法建筑物部分，法院不应当受理而受理并裁定准予执行，违反法律规定。县人民检察院于2017年5月向县水利局提出检察建议，建议其依法强制拆除违法建筑物；同年8月向县人民法院提出检察建议，建议其依法履职、规范行政非诉执行案件受理等工作。

监督结果。县水利局收到检察建议后，立即向当地党委、政府作工作报告。在县委、县政府的大力支持下，河道违法建筑物被依法拆除。县人民法院收到检察建议后，回复表示今后要加强案件审查，对行政机关具有强制执行权而向法院申请强制执行的案件裁定不予受理。

【指导意义】 （1）人民检察院办理行政非诉执行监督案件，应当依法查明行政机关对相关事项是否具有直接强制执行权。我国《行政强制法》规定的行政强制执行，包括行政机关直接强制执行和行政机关申请人民法院强制执行两种类型。法律赋予某些行政机关以直接强制执行权的主要目的是提高行政效率，及时执行行政决定。如果行政机关有直接强制执行权，又向人民法院申请执行，不但浪费司法资源，而且容易引起相互推诿，降低行政效率。人民检察院办理行政非诉执行监督案件，应当查明行政机关是否具有直接强制执行权，对具有直接强制执行权的行政机关向人民法院申请强制执行，人民法院不应当受理而受理的，应当依法进行监督。《中华人民共和国水法》第六十五条第一款规定，“在河道管理范围内建设妨碍行洪的建筑物、构筑物，或者从事影响河势稳定、危害河岸堤防安全和其他妨碍河道行洪的活动的，由县级以上人民政府水行政主管部门或者流域管理机构依据职权，责令停止违法行为，限期拆除违法建筑物、构筑物，恢复原状；逾期不拆除、不恢复原状的，强行拆除……”根据上述规定，对河道管理范围内妨碍行洪的建筑物、构筑物，水行政主管部门具有直接强行拆除的权力。但在本案中，水利局本应直接强制执行，却向人民法院申请执行，人民法院不应当受理而受理、不应当裁定准予执行而裁定准予执行，致使两个单位相互推诿，河道安全隐患长期得不到消除，人民检察院依法提出检察建议，促进了问题的解决。

（2）人民检察院在履行行政非诉执行监督职责中，发现行政机关的行政行为存在违法或不当履职情形的，可以向行政机关提出检察建议。《人民检察院检察建议工作规定》第十一条规定，“人民检察院在办理案件中发现社会治理工作存在下列情形之一的，可以向有关单位和部门提出改进工作、完善治理的检察建议：……（四）相关单位或者部门不依法及时履行职责，致使个人或者组织合法权益受到损害或者存在损害危险，需要及时整改消除的……”根据上述规定，检察机关发现行政机关向人民法院提出强制执行申请存在不当，怠于履行法定职责的，应当向行政机关提出检察建议。对由于行政机关违法行为致使损害持续存在甚至继续扩大的，应当更加重视，优先快速办理，促进行政执行效率提高，及时消除损害、减少损失，维护人民群众的合法权益。本案中，检察机关针对水利局怠于履职行为，依法提出检察建议，促使河道违法建筑物被拆除，保障了行洪、泄洪安全，保护了当地人民群众的生命财产安全。

（二）间接强制执行的方式

对于执行罚或代履行等间接强制执行的方式，法律一般都授权给行政机关实施。例如，对于代履行，《行政强制法》第五十条规定：“行政机关依法作出要求当事人履行排除妨碍、恢复原状等义务的行政决定，当事人逾期不履行，经催告仍不履行，其后果已经或者将危害交通安全、造成环境污染或者破坏自然资源的，行政机关可以代履行，或者委托没有利害关系的第三人代履行。”

需要注意的是，在金钱给付义务的执行程序中，行政机关加处执行罚后当事人不履行行政决定的，没有直接强制执行权的行政机关仍应当申请人民法院强制执行；在作为义务的执行程序中，如果行政决定确定的义务无法代履行，没有直接强制执行权的行政机关也应当申请人民法院强制执行。

（三）直接强制执行的方式

对于划拨存款、汇款，拍卖或者依法处理查封、扣押的场所、设施或者财物等直接强制执行的方式，法律则根据不同情况，或授权行政机关依法强制执行；或在授权行政机关依法强制执行的同时，规定行政机关可以申请人民法院强制执行；或规定行政机关必须申请人民法院强制执行。

1. 授权行政机关依法强制执行

《中华人民共和国水法》第六十五条规定：“在河道管理范围内建设妨碍行洪的建筑物、构筑物，或者从事影响河势稳定、危害河岸堤防安全和其他妨碍河道行洪的活动的，由县级以上人民政府水行政主管部门或者流域管理机构依据职权，责令停止违法行为，限期拆除违法建筑物、构筑物，恢复原状；逾期不拆除、不恢复原状的，强行拆除，所需费用由违法单位或者个人负担，并处一万元以上十万元以下的罚款。”

还有对涉及违反城乡规划法的违法建筑物、构筑物、设施等的强制拆除，2013 年

3 月 25 日最高人民法院司法解释规定：法律已经授予行政机关强制执行权，人民法院不受理行政机关提出的非诉行政执行申请。

2. 在授权行政机关依法强制执行的同时，规定行政机关可以申请人民法院强制执行

例如，《中华人民共和国税收征收管理法》第八十八条第三款规定："当事人对税务机关的处罚决定逾期不申请行政复议也不向人民法院起诉、又不履行的，作出处罚决定的税务机关可以采取本法第四十条规定的强制执行措施，或者申请人民法院强制执行。"

3. 规定行政机关必须申请人民法院强制执行

《中华人民共和国河道管理条例》第四十六条规定："当事人对行政处罚决定不服的，可以在接到处罚通知之日起 15 日内，向作出处罚决定的机关的上一级机关申请复议，对复议决定不服的，可以在接到复议决定之日起 15 日内，向人民法院起诉。当事人也可以在接到处罚通知之日起 15 日内，直接向人民法院起诉。当事人逾期不申请复议或者不向人民法院起诉又不履行处罚决定的，由作出处罚决定的机关申请人民法院强制执行。"

四、行政机关强制执行程序

（一）行政机关强制执行的概念

行政机关强制执行程序，是依照法律规定具有行政强制执行权的行政机关，在实施行政强制执行过程中所应遵循的步骤、方式和时限。

这一制度的主要特征如下所述：

（1）行政机关实施行政强制执行必须以法律、法规的具体授权为根据。行政机关独立实施的行政强制执行，以单行法律、法规的逐一授权为根据，没有法律特别规定的，行政机关就不享有行政强制执行权。

（2）当事人没有充分及时履行行政法义务是行政机关实施行政强制执行的前提条件。充分及时的含义是：义务人已超过履行期限未能及时履行；或者虽已开始履行，但在期限到来时未能履行完毕，处于不完全不充分的状态。

（3）行政强制执行的目的是迫使义务人履行义务或者达到义务被履行的同一状态。

过去，法律在规定由行政机关自行强制执行时，一般只规定执行的内容，没有规定执行程序，执行中做法比较混乱，《行政强制法》实施之后，对行政机关自行强制执行程序作了较为详细的规定，对于规范行政强制执行具有重要的现实意义。

（二）行政机关强制执行的一般程序

1. 行政机关启动强制执行程序的条件

行政机关启动强制执行程序的条件，是指行政机关依照《行政强制法》有关规定，对行政相对人实施强制执行程序所应达到的法定要求。

行政强制执行的方式包括加处罚款或者滞纳金，划拨存款、汇款，拍卖或者依法处理查封、扣押的场所、设施或者财物，排除妨碍、恢复原状，代履行，其他强制执行方式等六种。行政机关启动强制执行程序的条件，是适用于这六种方式的一般条件，也就是说，如果不符合启动条件，行政机关就不得对行政相对人采取这六种强制执行方式中的任何一种。

行政机关启动强制执行程序的条件主要包括以下三个方面：

（1）行政机关依法作出行政决定，对行政相对人科以义务。

在我国的法律、行政法规中，《行政强制法》首次使用了“行政决定”的概念。《行政强制法》第三十四条所称的行政决定，专指行政机关依照法律、法规、规章的规定，为特定的行政相对人设定了明确义务的行政行为，主要包括行政处罚决定（如行政处罚决定书）、行政征收决定、行政征用决定、行政命令（如责令改正违法行为）等。

（2）行政相对人逾期不履行义务。

（3）法律授权行政机关就该事项实施强制执行。

这里所指的“法律”，是指全国人民代表大会及其常务委员会制定的法律，当然也包括《行政强制法》在内。《行政强制法》本身有一些授权行政机关实施强制执行的规定，包括第四十四条授权行政机关对违法建筑物、构筑物、设施依法强制拆除，第四十五条授权行政机关对逾期不履行金钱给付义务的行政相对人依法加处罚款或者滞纳金，第四十六条授权行政机关将已经查封、扣押的财物依法拍卖，第五十条授权行政机关就要求当事人履行排除妨碍、恢复原状等义务的行政决定实施代履行，等等。在其他法律中，也有授权，如《中华人民共和国治安管理处罚法》关于人身权的强制传唤、强制拘留，授权给了公安机关；《防洪法》第四十二条明确规定了防汛指挥机构的强制清障执行权等。

在决定实施强制执行前，行政主管机关应当充分行使监督检查权，以确定义务履行状况及其法律性质，为确定实施行政强制执行提供必要根据。如果发现义务人在义务履行期限到来前可能隐藏、转移、变卖、毁损强制执行标的物或以其他方法规避履行义务的，行政机关可以责令义务人提供担保，或者采取扣押、查封财产、暂停支付等保全措施。

2. 催告程序

行政机关强制执行程序中的催告，是指行政机关在强制执行程序启动后，向根据行政决定负有未履行义务的行政相对人发出通知，催促行政相对人在一定期限内履行义务，并就不履行义务的后果作出警告。根据《行政强制法》第三十五条的规定，行政机关作出强制执行决定前，应当事先催告当事人履行义务。

正确理解和执行这一规定，应当注意以下三点：

（1）关于催告的形式。催告是一种行政法上的要式行为，必须以书面形式作出。

（2）关于催告的内容。催告的内容应包括五个方面：①指出催告所依据的行政决定；②说明行政机关启动强制执行程序的理由；③重申行政相对人应当履行的义务，并规定履行义务的期限和方式；④提出行政相对人逾期不履行义务的后果；⑤告知当事人依法享有的陈述、申辩权。

（3）关于催告的适用。一般来说，催告程序是行政机关强制执行的必经程序、前置程序，否则，就构成程序违法。但也有例外。《行政强制法》第五十二条规定："需要立即清除道路、河道、航道或者公共场所的遗洒物、障碍物或者污染物，当事人不能清除的，行政机关可以决定立即实施代履行；当事人不在场的，行政机关应当在事后立即通知当事人，并依法作出处理。"据此，在这种情况下，行政机关即可以不经过催告程序，直接作出强制执行的决定并予以实施。

此外，关于催告的送达，《行政强制法》第三十八条规定，催告书应当直接送达当事人，当事人拒绝接收或者无法直接送达当事人的，应当依照《中华人民共和国民事诉讼法》的有关规定送达。按照这一规定，行政机关向行政相对人送达催告书，可以采取直接送达、留置送达、委托送达、邮寄送达、转交送达、公告送达等六种送达方式。

3. 陈述和申辩程序

行政机关强制执行程序中当事人的陈述和申辩，是指行政相对人、相关第三方向实施强制执行的行政机关，就行政机关强制执行行为以及其所依据的行政决定，提出主张、说明理由、提供证据的活动。

根据《行政强制法》第三十六条的规定，当事人收到催告书后有权进行陈述和申辩。行政机关应当充分听取当事人的意见，对当事人提出的事实、理由和证据，应当进行记录、复核。当事人提出的事实、理由或者证据成立的，行政机关应当采纳。

关于行政机关对陈述和申辩的处理。对于就行政决定的效力、救济等问题所作的陈述和申辩，行政机关应当根据《中华人民共和国行政诉讼法》《中华人民共和国行政复议法》等法律、行政法规的规定，分类予以处理；对仍在行政诉讼时效期间、行政复议申请期间的行政决定，行政机关工作人员可以告知当事人提起行政诉讼、行政复议的途径和方式；对已经超过时效期间的行政决定，可以向当事人说明有关情况，教育和引导当事人服从行政决定。对于就强制执行活动提出的陈述和申辩，行政机关应当在作出强制执行决定、决定中止执行、决定终结执行、达成执行协议、实施强制手段时加以认真考虑；当事人提出的事实和理由确属合法、合理的，应当予以采纳并向当事人说明采纳情况；对当事人提出的事实和理由不予采纳的，应当以适当方式向当事人说明不予采纳的理由，教育和引导当事人及时履行义务，尽量避免强制手段的运用。

4. 作出强制执行决定

行政机关强制执行决定，是指在行政机关强制执行程序中，在行政相对人经催告仍不履行义务的情况下，行政机关依照《行政强制法》有关规定作出的采取强制手段、迫使行政相对人履行义务的行政决定。

《行政强制法》第三十七条对强制执行决定作了规定。根据其规定，行政机关作出强制执行决定应当遵循以下两点：

（1）关于作出强制执行决定的条件。

《行政强制法》第三十七条第一款规定，经催告，当事人逾期仍不履行行政决定，且无正当理由的，行政机关可以作出强制执行决定。根据这一规定，行政机关作出强制执行决定应具备三个条件：一是行政机关依照《行政强制法》有关规定启动了行政机关强制执行程序，并已经向行政相对人进行了催告；二是行政相对人在催告书确定的履行期限内没有履行义务或者仅部分履行义务；三是行政相对人没有履行义务或者仅部分履行义务的做法缺乏正当理由。

但是，在催告期间，对有证据证明有转移或者隐匿财物迹象的，行政机关可以立即作出强制执行决定，无须等到催告书确定的期限届满再作出强制执行决定。《行政强制法》第三十七条第三款对此作了明确规定。

（2）关于强制执行决定的形式和内容。

强制执行决定应当以书面形式作出，有行政机关的名称、印章和制作日期，并载明下列四个方面的内容：一是当事人的姓名或者名称、地址。二是强制执行的理由和依据，包括待执行行政决定的情况，行政决定为行政相对人设定的义务，在行政决定规定的期限内行政相对人没有履行义务或者仅部分履行义务的情况，行政机关享有行政强制执行权的法律依据，行政机关对行政相对人作出催告的情况，以及在催告书没有履行或部分履行义务的情况，等等。三是强制执行的方式和时间。例如，加处罚款或者滞纳金的，应当载明罚款或者滞纳金的计算方式、缴纳方法、缴纳期限；实行代履行的，应当载明代履行的行政机关或者第三人的名称、代履行的方式、费用预算、缴费方式和期限，等等。总之，对强制执行方式和时间的规定必须明确、具体，具有可操作性，便于行政相对人理解和执行。四是行政相对人对强制执行决定不服时申请行政复议或者提起行政诉讼的途径和期限。

5. 中止执行

行政机关强制执行程序中的中止执行，是指在行政机关作出强制执行决定后，因发生某些特殊情况（如当事人履行行政决定确有困难、第三人对执行标的主张权利且确有理由、执行可能造成难以弥补的损失且中止执行不损害公共利益的等），行政机关作出决定，将强制执行程序暂时停止，即暂缓采取强制执行决定规定的强制措施，待特殊情况消失后，再继续进行强制执行程序。

在行政机关作出强制执行决定前，行政机关强制执行程序虽已启动，但尚不可能对行政相对人采取强制手段，因而没有中止执行的必要。

《行政强制法》第三十九条对中止执行作了规定。

6. 终结执行

行政强制执行程序中的终结执行，是指在行政机关作出强制执行决定后，因发生某些特殊情况（如公民死亡、法人终止、执行标的灭失、据以执行的行政决定被撤销等），行政机关作出决定，永久性地停止执行活动。

《行政强制法》第四十条对终结执行作了规定。

终结执行与中止执行，都是对行政机关强制执行活动的阻却。在中止执行的情况下，行政机关强制执行程序的停止是暂时性的，一旦阻却情形消失，强制执行程序就应当恢复。在终结执行的情况下，行政机关强制执行程序的停止是永久性的，强制执行程序不会再恢复。

7. 执行回转

行政强制执行程序中的执行回转，是指行政机关已经采取强制手段，部分或者全部实现行政相对人的义务后，所执行的行政决定被撤销、变更或者执行行为本身存在错误，为了纠正错误，行政机关重新采取措施，尽可能恢复到执行前的状况。

《行政强制法》第四十一条对执行回转作了规定。

8. 执行和解

行政强制执行程序中的执行和解，是指在行政机关强制执行过程中，行政机关与行政相对人达成执行协议，就行政相对人履行义务的时间、方式作出约定，行政机关决定中止执行的，暂时听由行政相对人自行依约履行义务。

《行政强制法》第四十二条对执行和解作了规定。

9. 不得实施行政机关强制执行的时间和方式

行政机关不得在夜间或者法定节假日实施行政强制执行，但是情况紧急的除外（如在需要立即实施强制执行，以免发生行政相对人转移财产、公共利益遭受重大损失等情况下）。行政机关不得对居民生活采取停止供水、供电、供热、供燃气等方式迫使当事人履行相关行政决定。但是，如果行政决定为行政相对人设定的义务本身是停止供水、供电、供热、供燃气，行政机关依照法律实施强制执行的，不受该款的影响。

《行政强制法》第四十三条对此作了规定。

10. 对违法的建筑物、构筑物、设施等的强制拆除

强制拆除违法的建筑物、构筑物、设施等，除了要严格执行行政强制执行的催告、

听取意见和申辩、作出强制拆除决定书、送达等一般程序，还要遵守《行政强制法》第四十四条对行政机关强制拆除违法的建筑物、构筑物、设施等所作的规定，其中规定了以下两个专门程序：

（1）专门程序是行政机关公告，限期当事人自行拆除。需要注意的是，这里的公告是针对行政机关强制拆除违法的建筑物、构筑物、设施等而提出的特殊程序要求。如果当事人在公告发布后坚持不履行自行拆除的义务，行政机关在作出行政强制决定之前，还应当根据《行政强制法》第三十五条的规定以书面形式予以催告，不能因为发布了公告就不再履行催告程序。

（2）专门程序是当事人在法定期限内不申请行政复议或者提起行政诉讼，又不拆除的，行政机关可以依法强制拆除。而对于那些认定起来有争议的建筑物、构筑物、设施等，行政机关可以依法采取查封等措施使当事人停止施工，待行政复议或行政诉讼结果出来之后再决定是否强制拆除。

五、行政机关申请人民法院强制执行程序

行政机关申请人民法院强制执行，是当事人在法定期限内不申请行政复议或者提起行政诉讼，又不履行行政决定的，没有行政强制执行权的行政机关可以在法定期限内向人民法院提出强制执行的申请，由人民法院进行审查并作出是否执行的裁定，从而实现行政决定所确定义务的制度。

在我国，行政机关申请人民法院强制执行的案件包括两类：一是行政诉讼案件判决或裁定的执行，即公民、法人或者其他组织拒绝履行人民法院生效的判决、裁定的，行政机关可以向人民法院申请强制执行；二是公民、法人或者其他组织拒不履行行政机关作出的行政决定，在法定权限内又不申请行政复议或者提起行政诉讼的，行政机关可以依照法律规定申请人民法院强制执行。由于后者的强制执行并非因行政审判而发生，因而被称为行政非诉执行或非诉行政执行。对于行政判决、裁定，行政机关可以直接申请人民法院强制执行。而对行政机关申请的强制执行，尚需经过法院的审查，不仅要作形式审查，还要作实质性审查。

（一）行政机关的申请

1. 申请执行的条件

《行政强制法》第十三条规定："行政强制执行由法律设定。法律没有规定行政机关强制执行的，作出行政决定的行政机关应当申请人民法院强制执行。"第五十三条规定："当事人在法定期限内不申请行政复议或者提起行政诉讼，又不履行行政决定的，没有行政强制执行权的行政机关可以自期限届满之日起三个月内，依照本章规定申请人民法院强制执行。"

根据《最高人民法院关于执行〈中华人民共和国行政诉讼法〉若干问题的解释》（简

称《行诉法解释》）第八十六条的规定，行政机关根据《行政诉讼法》第六十六条的规定申请执行其具体行政行为，还应当具备以下条件：

（1）具体行政行为已经生效并具有可执行内容。所谓具有可执行内容，是指具体行政行为有确定的执行标的，否则，人民法院也没法执行，当然也就不会受理。比如，《防洪法》第五十四条、第五十五条均有“责令停止违法行为”的行政决定，就属于没有可执行的内容，人民法院不会立案执行。

（2）申请人是作出该具体行政行为的行政机关或者法律、法规、规章授权的组织。

（3）被申请人是该具体行政行为所确定的义务人。

（4）被申请人在具体行政行为确定的期限内或者行政机关另行指定的期限内未履行义务。

（5）申请人在法定期限内提出申请。

（6）被申请执行的行政案件属于受理申请执行的人民法院管辖。

2. 申请强制执行的期限

申请强制执行的期限，是行政机关有权请求人民法院依法审理其强制执行申请的时间阶段。

（1）如果法律规定当事人可以选择行政复议或者提起行政诉讼，当事人获知行政决定后，在法律期限内没有申请行政复议或者提起行政诉讼，又不履行行政决定的，没有行政强制执行权的行政机关可以在法定期限届满后申请人民法院强制执行。这种情况下的时间计算方法是，以当事人知道作出具体行政行为之日起的3个月为期满之日，以期满之日的次日为起点开始的3个月内，没有行政强制执行权的行政机关可以申请人民法院强制执行。

（2）如果行政机关作出具体行政行为时，未告知诉权或者起诉期限的，应以当事人在知道或者应当知道诉权或者起诉期限之日起的3个月为期满之日，以期满之日的次日为起点开始的3个月内，没有行政强制执行权的行政机关可以申请人民法院强制执行。当然，当事人必须在从知道或者应当知道具体行政行为内容之日起的2年内行使诉权。

（3）如果当事人不知道行政机关作出的具体行政行为内容的，应以当事人在知道或者应当知道诉权或者起诉期限之日起的3个月为期满之日，以期满之日的次日为起点开始的3个月内，没有行政强制执行权的行政机关可以申请人民法院强制执行。当事人行使诉权的时间限制是，对涉及不动产的具体行政行为从作出之日起不超过20年，其他具体行政行为从作出之日起不超过5年。

（4）如果由于不属于当事人自身的原因超过起诉期限的，被耽误的时间不计算在起诉期间内。因人身自由受到限制而不能提起诉讼的，被限制人身自由的时间不计算在起诉期间内。在这种情况下，应以当事人不属于其自身原因消除或恢复人身自由之日起的3个月为期满之日，以期满之日的次日为起点开始的3个月内，没有行政强制执行权的行政机关可以申请人民法院强制执行。

（5）如果法律规定行政复议是最终的救济程序，而当事人在法定的60日期限内又没有申请行政复议的，这种情况下的时间计算方法是，以当事人知道作出具体行政行为之日起的60日为期满之日，以期满之日的次日为起点开始的3个月内，没有行政强制执行权的行政机关可以申请人民法院强制执行，超过3个月的，人民法院依法不予受理。

3. 催告

催告，是行政机关在申请人民法院强制执行前，应当先向在法定期限内不申请行政复议或者提起行政诉讼，又不履行行政决定的当事人发出通知，要求和督促其自觉履行行政决定的程序。催告程序是申请强制执行的前置程序，没有经过催告的，人民法院不予受理。

《行政强制法》第三十五条、第三十六条、第五十四条对催告形式、内容等进行了规定。催告书送达10日后当事人仍未履行义务的，行政机关可以向人民法院申请强制执行。

4. 提出申请

没有行政强制执行权的行政机关向人民法院提出强制执行的申请，是人民法院受理和审查程序的启动环节。人民法院只有在收到行政机关的申请以后，才能启动强制执行的审查程序，并裁定是否执行。

《行政强制法》第五十五条对行政机关向人民法院提交的材料，在形式和内容上都作了更为细致的要求。应当提供的材料有：强制执行申请书；行政决定书及作出决定的事实、理由和依据；当事人的意见及行政机关催告情况；申请强制执行标的情况；法律、行政法规规定的其他材料。法律同时要求，强制执行申请书应当由行政机关负责人签名，加盖行政机关的印章，并注明日期。

5. 申请强制执行的费用

依照《行政强制法》第六十条的规定，行政机关申请人民法院强制执行，不缴纳申请费。强制执行的费用由被执行人承担。

（二）人民法院的审理

行政机关向人民法院提出强制执行授权后，强制执行案件就进入人民法院的审理程序。

1. 管辖

行政机关申请人民法院强制执行其具体行政行为，由申请人所在地的基层人民法院受理；执行对象为不动产的，由不动产所在地的基层人民法院受理。基层人民法院认为执行确有困难的，可以报请上级人民法院执行；上级人民法院可以决定由其执行，也可以决定由下级人民法院执行。

2. 受理

人民法院接到行政机关强制执行的申请后，要对行政机关申请立案的材料是否齐全、是否属于受案人民法院管辖等进行审查，应当在 5 日内作出是否受理的裁定。对于不属于本院管辖的强制执行申请，可以裁定不予受理。

《行政强制法》实施后，不论是在形式审查阶段还是实质审查阶段，对不予受理和不予执行两种情况，都提供了行政机关可以向上一级人民法院申请复议的救济途径。比如《行政强制法》第五十六条、第五十八条规定，行政机关对法院不予受理强制执行申请的裁定和不予执行的裁定有异议的，可以在 15 日内向上一级法院申请复议，对不予受理执行申请复议案，上一级法院应当自收到复议申请之日起 15 日内作出是否受理的裁定，对不予执行裁定申请复议案，上一级法院应当自收到复议申请之日起 30 日内作出是否执行的裁定。《行政强制法》创设非诉行政执行案件复议程序，赋予行政机关对不予受理裁定和不予执行裁定的救济权，增加行政决定等具体行政行为获得司法认可支持的可能性，充分发挥行政强制执行的作用。

3. 审查

人民法院裁定受理行政机关强制执行的申请后，案件进入审查程序。《行政强制法》对人民法院的审查环节规定了两类程序，即形式审查和实质审查。在审查方式上，实行“以形式审查为原则，实质审查为例外”的模式。

1）形式审查

《行政强制法》第五十七条规定：“人民法院对行政机关强制执行的申请进行书面审查，对符合本法第五十五条规定，且行政决定具备法定执行效力的，除本法第五十八条规定的情形外，人民法院应当自受理之日起七日内作出执行裁定。”这里的书面审查相当于形式审查，审查的主要内容有以下几种：

（1）审查行政机关是否依法提供了完整齐全的申请材料。《行政强制法》第五十五条规定：“行政机关向人民法院申请强制执行，应当提供下列材料：（一）强制执行申请书；（二）行政决定书及作出决定的事实、理由和依据；（三）当事人的意见及行政机关催告情况；（四）申请强制执行标的情况；（五）法律、行政法规规定的其他材料。强制执行申请书应当由行政机关负责人签名，加盖行政机关的印章，并注明日期。”人民法院在行政机关提供符合法律规定材料的基础上，才对申请予以审查，并作出是否执行的裁定。

（2）审查行政机关所作出的行政决定是否具备法定执行效力。这里的“具备法定执行效力”，主要是行政机关作出的行政决定已经发生法律效力，当事人在法定期限内没有申请行政复议或者提起行政诉讼，又不自觉履行。行政机关所作出的行政决定只有发生了法律效力，才具有执行效力，才有可能进入实施程序。

（3）审查行政机关所作出的行政决定是否存在《行政强制法》第五十八条规定的“明显缺乏事实根据的，明显缺乏法律、法规依据的，其他明显违法并损害被执行人合法权益的”法定情形。如果存在这三项情形之一，人民法院就要听取被执行人和行政机关的意见，而不能仅仅实行书面审查就作出裁定。

如果上述内容符合法律规定，人民法院应当自受理之日起 7 日内作出执行裁定。

2）实质审查

根据《行政强制法》，人民法院在形式审查过程中，发现行政决定存在明显缺乏事实根据，明显缺乏法律、法规依据，或者其他明显违法并损害被执行人合法权益的情形，要予以实质审查，即《行政强制法》第五十八条第一款和第二款规定：“人民法院发现有下列情形之一的，在作出裁定前可以听取被执行人和行政机关的意见：（一）明显缺乏事实根据的；（二）明显缺乏法律、法规依据的；（三）其他明显违法并损害被执行人合法权益的。人民法院应当自受理之日起三十日内作出是否执行的裁定。裁定不予执行的，应当说明理由，并在五日内将不予执行的裁定送达行政机关。”

4. 裁定

行政机关申请人民法院强制执行程序中的裁定，是人民法院在依照法定的权限和程序对行政机关强制执行的申请进行审查后，就是否强制执行行政决定所作出的决定。

人民法院作出裁定后，可能发生的法律程序有两种：如果人民法院裁定准予执行行政决定，案件进入强制执行的实施程序；如果裁定不予执行，人民法院应当说明理由，并在 5 日内将不予执行的裁定送达行政机关。

对于人民法院不予执行的裁定，行政机关如有异议的，法律赋予了其提起复议的权力，即《行政强制法》第五十八条第三款规定：“行政机关对人民法院不予执行的裁定有异议的，可以自收到裁定之日起十五日内向上一级人民法院申请复议，上一级人民法院应当自收到复议申请之日起三十日内作出是否执行的裁定。”据此，上一级人民法院收到行政机关的复议申请后，如果作出的是执行裁定，那么案件就进入执行的实施阶段；如果作出的是维持下级人民法院不予执行的裁定，那么意味着该案件正式终结。

（三）强制执行裁定的执行

人民法院作出准予执行的裁定以后，行政机关申请强制执行的案件就进入执行程序。

1. 强制执行裁定的执行主体

强制执行裁定的执行主体，涉及的是人民法院在作出强制执行的裁定后，由谁负责组织实施的问题。

《行政强制法》没有就人民法院强制执行裁定的实施主体问题作出明确规定。在实践中，行政机关授权人民法院强制执行的案件，既可以由人民法院组织实施，也可以由行政机关组织实施。

2. 强制执行裁定的执行期限

强制执行裁定的执行期限，是人民法院作出强制执行的裁定后，在一定时间阶段内完成执行行为，从而实现行政决定所确定的义务的时间阶段。

《行政强制法》没有就人民法院实施强制执行的一般期限作出明确规定。只是在第五十九条规定："因情况紧急，为保障公共安全，行政机关可以申请人民法院立即执行。经人民法院院长批准，人民法院应当自作出执行裁定之日起五日内执行。"但这并不意味着人民法院实施强制执行可以不受时限的约束。这里可以适用《最高人民法院关于人民法院办理执行案件若干期限的规定》（法发〔2006〕35号）第一条的规定，即"非讼执行案件一般应当在立案之日起3个月内终结。有特殊情况须延长执行期限的，应当报请本院院长或副院长批准。申请延长执行期限的，应当在期限届满前5日内提出"。

3. 强制执行裁定执行过程中的执行协议

《行政强制法》没有明确规定行政机关申请人民法院执行的案件可以适用执行协议，但有观点认为，在强制执行裁定的实施过程中，可以参照《行政强制法》第四十二条的规定，允许执行机关与当事人在不损害公共利益和他人合法权益的前提下，达成执行协议。

案例：水务局对相对人不履行义务申请法院强制执行

某直辖市水务局以某公司的房屋在河道内违章建筑为由，作出限期拆除决定，要求某公司自收到决定之日起10日内自行拆除。但某公司逾期未拆除，亦未在法定期限内提起诉讼，某直辖市水务局申请法院强制执行。

问题：

（1）若法律、法规赋予某直辖市水务局有自行强制执行权，法院是否即应不受理其申请？

（2）某直辖市水务局应当向哪里的法院申请强制执行？

（3）申请法院执行有哪些程序？

解析：

（1）我国行政强制执行的基本制度是：以申请人民法院强制执行为原则，以行政机关强制执行为例外。《行政诉讼法》第九十七条规定，公民、法人或其他组织对行政行为在法定期限内不提起诉讼又不履行的，行政机关可以申请人民法院强制执行，或者依法强制执行。《最高人民法院关于执行〈中华人民共和国行政诉讼法〉若干问题的解释》第八十七条规定，法律、法规没有赋予行政机关强制执行权，行政机关申请人民法院强制执行的，人民法院应当依法受理。法律、法规规定既可以由行政机关依法强制执行，也可以申请人民法院强制执行，行政机关申请人民法院强制执行的，人民法院可以依法受理。可见，对于有强制执行权的行政机关，既可以由行政机关依法强制执行，也可以申请人民法院强制执行，行政机关申请人民法院强制执行的，人民法院可以依法受理。如果法律、法规赋予某直辖市水务局有自行强制执行权，法院也可以受理其申请。

（2）《最高人民法院关于执行〈中华人民共和国行政诉讼法〉若干问题的解释》第八十九条规定，行政机关申请人民法院强制执行其具体行政行为，由申请人所在地的基层人民法院受理；执行对象为不动产的，由不动产所在地的基层人民法院受理。基层人民法院认为执行确有困难的，可以报请上级人民法院执行；上级人民法院可以决定由其执行，也可以决定由下级人民法院执行。本题中的执行对象是某公司的房屋，是不动产，所以不是向某直辖市水务局所在地法院申请强制执行，而是向某公司房屋所在地的基层人民法院申请。

（3）至于申请人民法院强制执行有哪些程序，前面章节已有详细描述，不再赘述。

案例：区水利局不履行法院判决

某公司向区水利局申请项目许可证件，遭拒后向法院提起诉讼，法院判决区水利局在判决生效后30日内对该公司申请进行重新处理。判决生效后，区水利局逾期拒不履行，某公司申请法院强制执行。

问题：法院可以采取哪些执行措施？可以对区水利局直接责任人予以司法拘留吗？

解析：根据《行政诉讼法》第九十六条的规定，行政机关拒绝履行判决、裁定、调解书的，第一审人民法院可以采取下列措施：

（1）对应当归还的罚款或者应当给付的款额，通知银行从区水利局的账户内划拨。

（2）在规定期限内不履行的，从期满之日起，对区水利局的主要负责人按日处50～100元的罚款。

（3）将区水利局拒绝履行的情况予以公告。

（4）向监察机关或者区水利局的上一级行政机关提出司法建议。接受司法建议的机关，根据有关规定进行处理，并将处理情况告知人民法院。

（5）拒不履行判决、裁定、调解书，社会影响恶劣的，可以对区水利局直接负责的主管人员和其他直接责任人员予以拘留；情节严重，构成犯罪的，依法追究刑事责任。

附录：相关法律重要法条

《行政强制法》

第十三条　行政强制执行由法律设定。法律没有规定行政机关强制执行的，作出行政决定的行政机关应当申请人民法院强制执行。

第五十二条　需要立即清除道路、河道、航道或者公共场所的遗洒物、障碍物或者污染物，当事人不能清除的，行政机关可以决定立即实施代履行；当事人不在场的，行政机关应当在事后立即通知当事人，并依法作出处理。

第五十三条　当事人在法定期限内不申请行政复议或者提起行政诉讼，又不履行行政决定的，没有行政强制执行权的行政机关可以自期限届满之日起三个月内，依照本章规定申请人民法院强制执行。

第五十五条　行政机关向人民法院申请强制执行，应当提供下列材料：（一）强制执行申请书；（二）行政决定书及作出决定的事实、理由和依据；（三）当事人的意见及行政机关催告情况；（四）申请强制执行标的情况；（五）法律、行政法规规定的其他材料。

强制执行申请书应当由行政机关负责人签名，加盖行政机关的印章，并注明日期。

第七十条　法律、行政法规授权的具有管理公共事务职能的组织在法定授权范围内，以自己的名义实施行政强制，适用本法有关行政机关的规定。

第五章　行政征收与行政征用

第一节　行政征收

一、行政征收基本概念

（一）行政征收的概念

行政征收是指行政主体为了公共利益的需要，依法向相对人强制取得财产所有权的具体行政行为。

行政征收的概念包括下列含义：

（1）行政征收的主体必须是法定的行政主体。行政征收的主体应当是依法成立和获得授权、具有行政主体资格的组织；必须是法律明确规定享有征收权的行政主体。没有征收权的行政主体实施行政征收是违法的。

（2）行政征收的标的是财产的所有权。

这里所说的“财产”包括了金钱和其他财物，其具体范围需要结合法律、规范确认。

（3）行政征收的目的是公共利益的需要。

行政征收必须是为了满足公共利益的需要，行政主体必须严格按照法律的规定判断公共利益，在此前提下才能实施行政征收行为。

（二）行政征收的分类

行政征收可以分为行政征税、行政征费、其他公益性征收。

行政征税是指为了公共利益的需要，行政主体依据税收方面的法律、法规向相对人征收一定税收的具体行政行为。

行政征费是为了公共利益，由行政主体依法向相对人征收一定钱币的具体行政行为。

其他公益性征收是指行政主体为了公共利益的需要，依法征收金钱以外的其他财物的行政征收。

行政征收可以是无偿的，例如征收个人所得税；也可以是有偿的，如对土地的征收。

全国各地情况不同，可征收的费用种类有多有少，而且在变化之中，应根据规定征收。

二、行政征收与行政处罚的区别

行政征收与行政处罚中的罚款和没收都是行政主体强制取得相对人财产的行为，比较容易混淆。两者之间的区别在于：

（1）前提不同。行政征收是以相对人对国家承担相应的法定义务为前提对相对人财产的强制取得，没有法律根据，就不得实行征收。行政处罚中的罚款和没收则以相对人违反法定义务为前提，没有违法，就没有处罚。

（2）目的不同。罚款和没收的目的是制裁，是惩处作出了违法行为的相对人，行政征收的目的是满足公共利益的需要

第二节　行政征用

一、行政征用基本概念

（一）行政征用的概念

行政征用是行政主体依法有偿强制地征购或者使用相对人财产或劳务的具体行政行为。

（二）行政征用的分类

根据不同的标准，可以对行政征用进行不同的分类。

（1）以行政征用是否适用于紧急状态时期为标准，可以将其分为正常征用和紧急征用。

正常征用属于行政机关在正常社会管理状态下的征用，应当有明确的法律依据，遵循严格的法定权限和程序。

紧急征用则属于行政机关在紧急状态下的征用，可以依据行政命令强制实施。

（2）以行政征用的对象不同，可以将其分为财物征用和劳务征用。

财物征用是指行政主体为了公共利益的需要，按照法律、法规规定，以国家强制力为后盾，获取相对人财产使用权并给予公平补偿的具体行政行为。如私人财产征用、土地征用和城市房屋征用等。

劳务征用是指行政主体为了公共利益的需要，依照法律、法规，征集、调用相对人劳务并给予公平补偿的具体行政行为。如紧急时刻的征用劳力和农村劳务的征用等。

二、行政征用与行政征收的区别

行政征用和行政征收既有联系，也有区别。两者的区别主要表现为：

（1）行政主体对标的的处分权限不同。行政征收处分的是财产的“所有权”，

行政征用处分的则是“使用权”。

（2）行政征收和行政征用的标的种类不同。行政征收限于财产，不包括劳务。劳务不能成为行政征收的对象。行政征用的标的既有财产，也有劳务。

（3）行政征用有许多情形适用于国防、公共安全和自然灾害等非常时期，它是政府应对紧急情况的一项紧急权力。因此，在许多情况下，它具有紧急性和刻不容缓性特征。而行政征收如征税和征费等不具有这些特征。

（4）两者的补偿情况不同。行政征用是有偿地使用相对人的财产和劳务，行政主体会补偿相对人付出的财产或劳动。行政征收则既可能是有偿的，也可能是无偿的。

案例：防汛抢险征用劳务

2021 年 9 月，H 省黄河上来了一场多年未遇的大洪水，致使多年不上水的高滩区漫水，某县由于多处防洪工程出现险情，县防汛指挥部决定立即征用沿黄社会力量投入紧急抢险。

问题：县防汛指挥部决定征用社会劳力的行为属于什么行为?

解析：县防汛指挥部决定征用社会劳力的行为属于行政征用。具体讲，是紧急征用，劳务征用。

第六章　行政确认与行政裁决

第一节　行政确认

一、行政确认的基本概念

行政确认是指行政机关对特定的法律事实、法律关系或者法律状态作出具有法律效力认定并且予以证明的具体行政行为。

行政确认根据不同的标准，可以作出不同的分类。按确认内容的不同，可以分为对法律地位的确认、对法律关系的确认和对法律事实的确认。对法律地位的确认，如身份证对于公民身份的确认；对法律关系的确认，如房屋产权证对于房产权属的确认；对法律事实的确认，如学历、学位证书对于知识和能力的确认。

二、行政确认的特征和形式

（一）行政确认的特征

行政确认具有以下特征：

（1）行政确认的主体是行政主体，包括行政机关和法律、法规授权的组织。

（2）行政确认的内容是对与行政相对人有关的法律地位、法律关系和法律事实作出肯定性认定或者否定性认定。

（3）行政确认是依申请的行政行为。行政主体须在行政相对人提出申请时才可以实施行政确认。

（4）行政确认是要式行政行为。行政主体在进行行政确认宣告时应当采用书面形式。

（5）行政确认是羁束行政行为。行政确认所要认定的法律地位、法律关系和法律事实是否存在，是由客观事实和法律规范所决定的，行政主体不享有自由裁量余地。

（二）行政确认的形式

行政确认一般具有以下几种主要形式：

（1）确定。确定是指行政机关对行政相对人的法律地位、权利义务和法律事实的确定。如颁布土地使用证。

（2）证明。证明是指行政机关向其他人明确肯定行政相对人的法律地位、法律关系和法律事实。如学历、学位证明。

（3）登记。登记是指行政主体应行政相对人的申请，在政府有关登记簿册中记载行政相对人的某些情况和事实。如房屋产权登记。

（4）认定。认定是指行政主体对行政相对人的法律地位、法律关系和有关事实是否符合法律要求所进行的承认和肯定。如交通事故责任认定、自然保护区确认。

（5）鉴证。鉴证是指行政主体对与行政相对人有关的法律关系的合法性进行审查后，确认或者证明其效力的行为。如对劳动合同的鉴证。

第二节　行政裁决

一、行政裁决的基本概念

（一）行政裁决的概念

行政裁决是指行政机关对平等主体之间发生的与公共行政密切相关的民事纠纷作出的具有法律效力的处理。

行政裁决包括：①人身侵权赔偿裁决；②征收补偿裁决；③土地、森林、草原、矿产、滩涂以及水源等自然资源所有权或使用权的裁决；④商标权和专利权的权属裁决。

（二）行政裁决的特征

行政裁决具有以下主要特征：

（1）行政裁决的主体是法律、法规授权的行政机关。行政机关行政裁决权的取得，应当由法律、法规予以明确授权。行政机关享有一般意义上的行政管理权并不意味着享有行政裁决权。我国的行政裁决权一般是由单行法律、法规加以授权的，如《中华人民共和国土地管理法》《中华人民共和国森林法》《中华人民共和国草原法》等。

（2）行政裁决的对象是作为平等主体的当事人之间发生的、与行政管理活动密切相关的、非合同性的特定民事纠纷。

（3）行政裁决是行政机关解决民事纠纷的活动，在性质上具有准司法性。行政裁决程序的启动要依当事人的申请，行政机关不得自行启动裁决程序。在裁决过程中，行政机关以中立者的身份出现，对当事人之间的民事纠纷进行居间裁决。因此，从程序上看，行政裁决具有准司法的特性。

二、行政裁决的程序

行政裁决的程序是行政机关依法作出行政裁决时所遵循的步骤、顺序、方式和时限的总和。

我国对于行政裁决程序没有统一的规定，各种行政裁决程序散见于各种单行法律、法规。根据我国现行法律、法规的规定和行政裁决的实践，行政裁决程序大致包括以下几个环节。

（一）申请与受理

当事人必须首先向有关行政机关提出申请。当事人的申请是启动行政裁决程序的前提条件。

行政裁决申请须符合一定的条件：

（1）申请人是权益争议的当事人或其法定代理人、监护人；

（2）有明确的被申请人；

（3）应向有裁决权的行政机关提出申请；

（4）必须在法定期间提出申请；

（5）一般应当采用书面形式提出申请。

行政机关收到当事人的申请后，应当对申请进行审查。申请符合条件的，行政机关应当及时受理；裁决申请不符合条件的，行政机关应当依法不予受理，并向当事人说明不予受理的理由。

（二）审查

行政机关受理当事人的行政裁决申请后．应当对民事纠纷的有关事实和证据进行审查。必要时，行政机关可以进行调查取证。

在听取双方当事人的陈述和答辩后，行政机关可以组织调解。调解达成协议的，应制作调解协议书；调解不成或当事人不愿意调解的，行政机关应及时作出裁决。

（三）裁决

行政机关经过审查后，应当及时作出裁决，并制作裁决决定书。当事人不服行政裁决的，可以依法提起行政复议或行政诉讼。

案例：土地权属争议裁决

1982年某石料厂购买到位于某县甲村的一座矿山。2003年，石料厂与甲村村民委员会因开采石窝范围产生争议，发生纠纷，石料厂将甲村村民委员会诉至法院，要求甲村村民委员会停止侵权行为，并赔偿其经济损失。甲村村民委员会则辩称：村民委员会发包给他人的开采地点属于村民委员会所有，是石料厂具有侵权行为，该纠纷应属土地权属之争，拒绝石料厂的诉讼请求。

问题：如果政府作出土地权属确权，其行为属于行政确认还是行政裁决？

解析：如果政府作出土地权属确权，其行为属于行政裁决。

行政裁决与行政确认的区别在于，行政确认是指行政机关对特定的法律事实、法律关系或者法律状态作出具有法律效力认定并且予以证明的具体行政行为，行政确认不以发生争议为前提，其一般是行政裁决的前提；而行政裁决是为了解决当事人之间的民事纠纷，依当事人的申请，由行政机关依法作出的处理。

第七章　行政合同与行政给付

第一节　行政合同

一、行政合同基本概念

（一）行政合同的概念

行政合同是指行政机关为实现行政职能，同公民、法人和其他组织经过协商设立、变更和终止双方行政法上权利、义务的协议。

行政机关之间的工作协作协议和行政机关内部管理协议，也有被称为行政合同的情形，但不是这里所说的范围。

行政机关设立、变更和终止公民、法人或者其他组织的权利、义务，不仅可以通过行政机关单方命令，还可以以合同方式通过双方协商一致来进行。

行政机关利用合同方式实现行政职能，既可以是完全的民事合同，也可以是行政合同。民事合同的订立、履行和法律责任机制，在许多情形下不能为行政机关所代表的国家公共利益提供充分的保障，也不能解决行政机关职权行为问题。因此，需要在法律上设立一些专门制度，解决行政机关利用合同机制实现行政职能的特殊问题，行政合同制度在很大程度上就是为满足这种需要而产生并发挥作用的。

行政合同事项的法律适用，一般是首先适用行政合同的专门规则，行政合同专门规则没有规定的适用民事合同规则。

（二）行政合同的特征

一般而言，行政合同有一些普通民事合同所不具备的特征：

（1）行政合同当事人必须有一方是行政主体是行政合同的主体特征。

行政合同双方当事人中，有一方必定是行政主体。行政主体既可能是行政机关，也可能是法律、法规授权的组织。公民、法人或者其他组织之间缔结的合同一般不属于行政合同，只是在特定情况下才将合同内容的行政性质作为确定行政合同的标志，排除行政机关这一主体要件。

（2）对行政当事人自由的限制、行政公益权与经济补偿的平衡是行政合同的内容特征。

①行政合同双方地位不平等。

行政合同中行政主体的权利主要包括：选择相对人、确定合同中的共同性的条款、审查有关价金、要求相对人亲自履行义务、对合同履行具有监督和指挥权、单方面变更或解除合同权、对不适当履行合同义务的相对人有制裁权。义务主要包括：依法缔结并履行义务、按照合同约定给予另一方当事人以优惠或照顾的义务、补偿另一方当事人损失、按照合同约定支付报酬、提供服务、实现承诺的义务。

相对人的权利主要包括：取得报酬、获得优惠照顾、获得行政主体服务或承诺的权利、损失请求补偿或赔偿请求权、因不可预见的困难造成损失时的补偿请求权。义务主要包括：按照合同规定的条件和期限及其他要求履行义务，认真履行合同；接受行政主体的监督指挥；对于符合法定事由的合同变更、解除或终止请求，予以同意和配合。

②对于行政合同的履行、变更和解除，行政主体享有民事合同主体不享有的行政优益权。

第一，行政主体认为合同的继续履行不利于社会公共利益发展时，有权依法单方变更或解除合同；第二，行政主体对行政合同的履行具有监督和指挥权，在必要时可以对相对人采取强制或制裁措施；第三，相对人为了公共利益往往不得不作出牺牲或让步，只能通过补偿、赔偿、复议、诉讼等方式获得救济。

（3）行政合同双方当事人承担更多的公法责任。

①行政合同的目的特殊。

行政合同虽然有相对人意思和意志的参与，并要考虑相对人的私益，但其目的是实现由法律、法规和国家计划确定的行政管理目标，而不是为了自身的经济利益。如为了修建道路、桥梁、机场等公共设施，行政主体与企业签订的共同投资建设合同等。

②行政合同涉及国家公共利益和公共安全，合同当事人不仅享有行政合同带来的利益，而且要承担专门的行政合同责任。

这种合同责任不仅有普通的违约责任，而且要根据法律规定承担必要的行政处罚责任。

③行政合同对合法性的要求要远强于民事合同。

这是因为，行政合同双方对合同内容的选择余地受更大限制，如果不以合法性原则加强对行政主体的控制，就会出现滥用合同，进而出现违法处理职权的情况。

行政合同的合法性要求做到：合同的形成以法律、法规为依据，合同内容如何确定要符合法律、法规的要求；在合同履行过程中，行政主体只有在合同订立后出现了由于公共利益的需要或法律政策的重大调整，必须变更或解除时，才能行使单方变更和解除行政合同的权利，由此造成相对人合法权益损害的，要予以补偿。

④行政合同双方当事人因为履行行政合同发生争议，受行政法调整。

通过行政复议和行政诉讼等方式对行政主体进行充分的监督，防止其滥用职权，对于相对人则给予补偿、复议、诉讼和赔偿等多种救济方法。

二、行政合同的种类

行政合同的本质是利用协商机制和市场机制实现行政职能。在被称为行政合同的协议中，总是会同时存在民事因素和行政因素，因为合同中行政因素的种类和作用程度的差异，所以就有不同意义和不同结构的行政合同。

（一）财产性行政合同和管理性行政合同

关于行政合同的种类，大致可以分为财产性行政合同和管理性行政合同两大类。

财产性行政合同，是指行政机关为了提高国有资产的使用效益及所需货物和服务的采购效益而订立的合同。前者的典型形态是国有土地的出让合同，后者的典型形态是国家订货合同，国家订货的重要情形是为了保证国防重点建设以及国家战略储备等需要进行的订货。

管理性行政合同，是指规定行政管理职权的行使为内容的合同。它的典型形态是政府特许权协议，是行政机关以合同方式授予当事人独占性权利。除此之外，地方政府为吸引投资、吸引人才，以提供优越行政条件为目的，同企业、事业单位或者个人订立的关于减免税收、简化行政程序等内容的合同，也属于管理性行政合同。

（二）目前我国重要的行政合同

目前我国重要的行政合同主要有以下几种：

（1）国有土地使用合同。这是行政机关代表国家与相对人签订的将国有土地使用权在一定期限内出让给相对人，相对人支付出让金并按合同的规定开发利用国有土地的合同。

（2）公用征收补偿合同。这是指行政主体为了社会公共利益，征用相对人的财产并给予补偿的行政合同。公用征收补偿合同中，关于征收部分属于单方行政行为，即征收是行政主体的单方决定；但是行政补偿部分是行政合同的范畴，即如何补偿以及补偿数额的确定等，必须经过与相对人协商后达成一致。

这类合同目前广泛运用于城市建设、交通铁路、水利设施等基础建设领域。

（3）公共工程承包合同。这是行政主体为了公共利益的需要，就建造某项公共设施与建筑公司等企业之间，协商达成一致而订立的合同。如修建大型供水、供电等工程合同。

案例：工程承包合同

2002 年 10 月 13 日，乙市水利局（被告）委托招标代理公司就防洪工程项目对外发布招标公告，甲水利建筑工程公司（原告）与 ×× 水建公司等三家单位参与了投标。2002 年 10 月 28 日开标评标，开标现场公布了标底为 1 440 万元。甲水利建筑工程公司总得分 110 分，在三个投标单位中最高。此时，另一投标单位提出被告提供的工程量清单中土方计算有误，被告宣布待复核后再确定中标单位，评委及公证员均在评分表上签了名。2002 年 10 月 30 日，被告向投标单位宣布原公布的标底中，土方误差 8 万 m^3，标底应当增加 120 万元；按修改后的标底计算，原告的报价低于被告评标办法中设定的标底范围下限 7%，应为废标。乙市水利局同时宣布 ×× 水建公司中标，在场的公证员拒绝发表公证词。

问题：本案招标过程中发生了情势变更，乙市水利局作出了与原中标结果不同的新的中标决定，请问：乙市水利局是否有权单方变更中标结果？作出的新决定是否合法？

解析：本案中乙市水利局防洪工程项目的招标活动属于行政合同中的公共工程承包合同，行政合同的缔结方式主要有招标、拍卖和直接磋商等几种。《中华人民共和国招标投标法》（简称《招标投标法》）中规定：大型基础设施、公用事业等关系社会公共利益、公众安全的项目；全部或者部分使用国有资金投资或者国家融资的项目；使用国际组织或者外国政府贷款、援助资金的项目都必须进行招标。本案中采取招标方式是符合法律规定的。

行政合同是行政权力和契约关系的结合。行政合同在具有契约性的同时也赋予了行政主体以行政优益权，行政主体拥有对合同履行的监督权、指挥权、单方变更权和解除权。但法律对行政主体的优益权加之以诸多限制，行政主体只有在合同订立后出现了由于公共利益的需要或法律政策的重大调整，必须变更或解除时，才能行使单方变更权、解除权。由此造成相对人合法权益损害的，要予以补偿。本案中，行政合同仍在订立过程中，乙市水利局变更中标结果的行为并非在行使行政优益权。

我国的《招标投标法》对招标过程有着严格的规定。本案在招标过程中，依照招标程序公布了标底，评出了投标单位的得分，评委和公证员均在评分表上签了名，其结果应是合法、公正的。

乙市水利局根据一投标单位的要求随意变动误差值在允许范围内的标底，是不慎重的，侵犯了甲水利建筑工程公司的合法利益，违反了作为订立行政合同的一方当事人的法定义务；在公证员拒绝对复评结果进行公证的情况下宣布中标决定，程序上也是不合法的。因此，乙市水利局依据变动后的标底所作的中标决定无效，应予撤销。

（4）国有企业承包合同、租赁合同。

（5）国家所有和集体所有的荒林、荒山、荒地等其他自然资源经营承包合同。

（6）粮食、棉花等国家订购合同。

（7）政府采购合同。它是指采购人与供应商就政府需要的物品或其他事项达成的具有法律效力的合同。《中华人民共和国政府采购法》第二条规定：本法所称政府采购，是指各级国家机关、事业单位和团体组织，使用财政性资金采购依法制定的集中采购目录以内的或者采购限额标准以上的货物、工程和服务的行为。

（8）BOT（build-operate-transfer）合同。BOT 合同，即政府特许经营合同，是

政府与社会投资者之间签订的，由政府提供政策等方面的保证，由投资者建设、经营、维护（或者由投资者受让已建设施进行经营、维护）公用基础设施，并在合同期满后将该基础设施无偿移交给政府的合同。

（9）其他合同。如国家科研合同、农村土地承包合同、人事聘用合同等。

三、行政合同的订立和效力

（一）行政机关的缔约能力

行政机关的缔约能力，是指行政当事人缔结行政合同应当具有相应的权利能力和行为能力。主要内容是行政机关是否可以缔结行政合同和缔结什么种类的行政合同，包括行政管理权限和财产债务清偿能力。例如，缔结政府特许权合同的行政机关需要有法律赋予的行政特许权，缔结国有土地出让合同的行政机关享有土地管理权限，缔结国家订货合同的行政机关有相应的财政预算。

（二）行政合同的形式

行政合同的形式应当依法决定，基本排除当事人之间的自由约定。原则上应当采用书面形式，法律、法规另有规定的除外。

（三）行政合同的内容

行政合同的内容，由当事人约定。一个重要的原则是，行政当事人缔结行政合同不得超越权限，对方当事人有对此给予特别注意的义务。超越权限缔约会导致非常严重的消极法律后果。行政合同的主要条款，除遵循民事合同法的规定外，国家行政主管部门可以依法作出规定。

（四）订立方式

行政合同的订立遵守要约、承诺规则，原则上应当依法采用招标或者其他竞争性方式。

1. 招标

招标是行政合同中最常见的缔结方式，它是由行政主体事先设定行政合同的标准和条件，相对人根据预定的程序进行竞标，行政主体从中择优订立行政合同。《中华人民共和国招标投标法》规定，在中国境内进行下列工程建设项目包括项目的勘察、设计、施工、监理以及与工程建设有关的重要设备、材料等的采购，必须进行招标：①大型基础设施、公用事业等关系社会公共利益、公众安全的项目；②全部或者部分使用国有资金投资或者国家融资的项目；③使用国际组织或者外国政府贷款、援助资金的项目。

2. 拍卖

拍卖是指以公开竞价的方式，将特定物品或者财产权利转让给最高应价者的买卖方式。拍卖主要适用于国有资产的出让。

3. 直接磋商

直接磋商是指行政主体在某些特殊情况下，直接与其他组织或个人进行磋商签订合同。在此种方式下，行政主体的自由裁量权最大，因此应当受到严格的法律、法规限制。直接磋商只适用于：①研究、实验和试验合同；②招标和邀请发价没有取得结果的合同；③情况紧急的合同；④需要保密的合同；⑤需要利用特殊的专业技术的合同。

不采用竞争方式订立合同的，应当符合法律、法规、规章规定的条件。

行政合同的订立程序和条件，必须由行政机关和其他公共机构在订立合同以前的合理时间内公布。

（五）合同的效力

关于行政合同的生效，依法成立的行政合同自成立时生效。法律、行政法规规定应当办理批准、登记、备案等手续生效的，应当依照其规定。

关于行政合同的无效，有《中华人民共和国合同法》（简称《合同法》）第五十二条规定情形之一的行政合同无效，行政机关超越法定职权订立的行政合同应当无效，依据无效的具体行政决定订立的行政合同无效，法律、行政法规规定的行政合同无效的其他情形。

四、行政合同的履行

（一）行政合同履行应当遵循的原则

1. 实际履行原则

合同当事人不能任意变更标的或用违约金和赔偿损失的方法代替合同的履行。

2. 本人亲自履行原则

行政合同签订后，非经行政主体的同意，相对人不得任意更换，或者委托他人代为履行。

3. 全面、适当履行原则

合同当事人必须严格按照合同规定的内容完整、全面、正确、及时地履行合同，包括履行主体、标的、时间、地点、方式等。

4. 诚实信用原则

诚实信用原则是民法的基本原则，同样适用于行政合同。相对人不能只追求个人利益，损害公共利益；行政机关不能因其处于管理者地位，随意变更或解除合同。

（二）行政指导和监督

行政合同应当规定关于行政指导和监督的条款，该条款应当包括行政指导和监督的范围、方式、时间、费用等必要事项。

行政机关当事人可以依照法律的规定或者行政合同的约定，对另外一方当事人正确及时履行行政合同的情况进行指导和监督。行政指导和监督时可以要求对方当事人提供反映实际履行状况的资料和说明，可以提出告诫和整改意见。

行政机关的指导和监督活动违反法律规定和行政合同约定造成对方当事人损失的，应当承担赔偿责任。

（三）行政合同的变更、解除和终止

行政合同应当规定行政机关提出变更或者终止行政合同的条款。该条款应写明变更、解除或者终止的条件、程序和补偿等事项。

1. 行政合同变更、解除的条件

在以下情形下，行政合同可以变更、解除：

（1）相对人提出变更或解除合同的意思表示，不损害公共利益，行政机关同意的。

（2）国家的法律、政策发生重大调整，使原合同的履行需要作重大调整或不可能再履行的，行政机关可单方变更或解除合同。

（3）相对人由于经营不善亏损等原因确实无法履行合同的。

（4）由于不可抗力等原因致使合同无法履行时。

（5）由于一方违约，致使合同的履行成为不必要的，变更或解除合同。如果是相对人违约，行政机关有权单方变更或解除合同，同时对相对人进行制裁；如果是行政机关违约，相对人可要求变更或解除合同，并可要求行政机关赔偿其所受的损害。

2. 行政合同变更和解除的法律后果

合同变更后，当事人不再按照原来的合同履行，应按照变更后的合同履行。合同解除后，当事人原来约定的权利、义务关系消灭，彼此不再享有原来约定的权利，也不负担相应的义务。

行政机关由于公共利益的需要单方变更、解除合同的，要对由此造成的损失予以补偿；行政机关由于过错导致变更或解除合同的，要赔偿因此给相对人造成的损失。

3. 行政合同的终止

导致行政合同终止的情形主要有：①合同履行完毕；②双方当事人同意解除；③行政机关为了公共利益的需要而单方解除合同；④因相对人有过错，行政机关解除合同加以制裁；⑤因发生不可抗力导致合同不能履行，或履行不再必要；⑥因一方或双方的过错，有权机关决定或人民法院根据申请判决解除合同。

第二节　行政给付

一、行政给付基本概念

（一）行政给付的概念

行政给付是指行政主体在特定情况下，依法向符合条件的申请人提供物质利益或

赋予其与物质利益有关的权益的行为。

（二）行政给付的特征

（1）行政给付是行政主体向相对人给付金钱或者实物的授益性行政行为。

（2）行政给付法定。给付的主体法定，给付的条件、形式等设定法定，给付的实体法定，行政主体作出行政给付行为应当符合职权法定原则、法律优先原则、法律保留原则和正当法律程序原则等的要求。

（3）行政给付是应申请的行为，行政主体平等对待、合理审查和决定行政给付申请。

绝大多数的行政给付以相对人的申请为要件，甚至是整个程序启动的要件。即使是在遭遇自然灾害、紧急状态的情况下，行政主体实施的行政给付有时也要求履行一定的申请手续。

（4）行政给付的对象是符合特定条件的行政相对人。如救灾物资及款项发放给灾民等。

二、行政给付的形式

目前，在我国行政给付的种类中，主要是行政物质和资金帮助。直接的物质、资金支持，一是向公民提供生活物质保障和防范风险保障，包括城市居民最低生活保障金、农村的五保户救济金、遭遇自然灾害的生活救济金以及国家承担的社会保险费用等。二是为促进社会和经济发展向个人或者企业提供的特定物质支持，包括对企业科技开发的财政支持费用、对大学生自主创业的财政支持费用等。

（一）抚恤金

抚恤金是公民因公或者因病致残、死亡时，由国家发给本人或者家属用以维持本人或家属日常生活的费用。抚恤金包括伤、残抚恤和死亡人员遗属抚恤。抚恤的对象包括伤残军人、因公致残的职工及其他人员，以及革命烈士、牺牲人员的遗属等。

（二）最低生活保障费

最低生活保障费是国家发给收入低于一定水平的困难家庭，用以维持最低生活标准的费用。根据国务院《城市居民最低生活保障条例》的规定，持有非农业户口的城市居民，凡共同生活的家庭成员人均收入低于当地城市居民最低生活保障标准的，均有从当地人民政府获得基本生活物资帮助的权利。这里的收入，是指共同生活的家庭成员的全部货币收入和实物收入，包括法定赡养人、扶养人或者抚养人应当给付的赡养费、扶养费或抚养费，但不包括优抚对象按照国家享受的抚恤金、补助金。

（三）社会保险金

社会保险金是公民根据法律、法规规定，在其出现年老、疾病、失业、工伤和其他法定事由时，由国家发给本人用以承担养老、医疗、维持家庭生活等必要生活支出的费用。

（四）自然灾害救济金及救济物资

此项行政给付主要包括：

（1）生活救济费和救济物资，即用于解决灾民吃、穿、住及治病等困难，适当扶持灾民自救的经费和物资。

（2）安置抢救转移费及物资援助，即用于发生特大自然灾害，紧急状态下临时安置、抢救、转移灾民的费用支出及物资援助。

上述行政给付职能主要由民政、劳动和社会保障、科学技术等行政部门承担，分别由相应的部门行政法规范。

三、行政给付的程序

行政给付的程序由法律、法规规定。一般先由相对人本人或其所属单位提出申请，由主管机关对其是否符合给付条件进行审查，符合条件的予以批准，然后直接发给行政相对人或经有关基层组织分发。

行政给付的金钱有定期性的，如抚恤金、最低生活保障费等通常是按月发放的；也有一次性的，如军人安置费等。

行政给付一般采用书面形式，对于行政给付的标的是财物的，在程序上还要办理财务手续和物品登记交接手续。

第八章　行政检查与行政指导

第一节　行政检查

一、行政检查基本概念

（一）行政检查的概念

行政检查是指行政主体根据行政职权，对行政相对人遵守法律、法规和规章以及执行行政主体命令、决定等情况进行的单方面强制了解的行为。

（二）行政检查的特征

（1）行政检查的主体是行政主体，包括行政机关和法律、法规授权组织。

（2）行政检查的对象是行政相对人。

（3）行政检查的内容是行政相对人是否遵守法律、法规和规章，以及是否执行行政主体的命令、决定。

（4）行政检查是一种事实行为。

行政检查不对行政相对人的权利、义务产生直接影响，且缺乏法律效果意义上的意思表示，因此属于事实行为。但行政检查可能作为行政主体作出行政决定的基础和依据。因行政检查而引起的损害，行政相对人可以请求国家赔偿。

根据《行政复议法》第二条和《行政诉讼法》第五条的规定，行政复议与行政诉讼审查的对象只能是具体行政行为，行政复议机关和行政诉讼机关对于事实行为没有审查权。因此，行政检查不能通过行政复议和行政诉讼得到法律救济。

二、行政检查的分类

（一）专门行政检查和业务行政检查

根据行政检查主体的不同，可以分为专门行政检查和业务行政检查。

专门行政检查是指专门从事监督检查职能而无其他行政管理任务的行政主体依法所进行的检查。

业务行政检查是指承担一般行政管理职能的行政主体履行其监督检查职责而进行的检查。

（二）一般行政检查和特定行政检查

根据行政检查对象的不同，可以分为一般行政检查和特定行政检查。

一般行政检查是指行政主体针对不特定的一般行政相对人所进行的行政检查。

特定行政检查是指行政主体针对特定的行政相对人所进行的行政检查。

（三）守法行政检查和执行行政检查

根据行政检查内容的不同，可以分为守法行政检查和执行行政检查。

守法行政检查是指行政主体依法对行政相对人遵守法律、法规和规章情况的检查。

执行行政检查是指行政主体依法对行政相对人执行有关行政命令和行政决定情况的检查。

（四）事前行政检查、事中行政检查和事后行政检查

根据行政检查时间的不同，可以分为事前行政检查、事中行政检查和事后行政检查。

事前行政检查是指行政主体在行政相对人从事某一活动之前所进行的行政检查。

事中行政检查是指行政主体在行政相对人从事某一活动的过程中所进行的行政检查。

事后行政检查是指行政主体在行政相对人从事某一活动之后所进行的行政检查。

（五）定期行政检查和临时行政检查

根据行政检查的频度不同，可以分为定期行政检查和临时行政检查。

定期行政检查是指行政主体在一定期限经过后对行政相对人进行的固定的、多频度的行政检查。

临时行政检查是指行政主体对行政相对人进行的突然的、一次性的行政检查。

三、行政检查的形式和程序

（一）行政检查的形式

行政检查的形式主要包括：①实地检查；②书面检查；③搜查。

行政检查的各种形式可以单独使用，也可以合并使用。

（二）行政检查的程序

行政检查一般包括以下程序：①表明身份；②说明理由；③提取证据；④告知结果；⑤告知权利。

第二节　行政指导

一、行政指导的概念和特征

（一）行政指导的概念

行政指导是指行政主体在其权限范围内，为了实现一定行政目的，基于法律、法

规和政策的规定，通过建议、劝告等非强制性的方式引导行政相对人自愿地采取一定的作为或者不作为的行为。

行政指导不具有强制力，其实施不产生直接的法律效果。

（二）行政指导的特征

（1）行政指导不具有强制性。

与具有强制性的具体行政行为（如行政处罚、行政强制）不同，行政指导不具有强制性。行政指导主要以建议、劝告、引导、鼓励等非强制性的方式加以实施，通过对行政相对人施加影响，或者使行政相对人获得一定利益，促使其为或不为一定的行为。

（2）行政指导不产生直接的法律效果。

行政指导实施不会对行政相对人的权利或义务产生直接影响。但行政指导对于作为实施主体的行政主体具有约束力。行政指导一经作出，非经法定程序，行政主体不得撤销。“不具有强制力的行政指导行为”不属于行政诉讼受案范围。

（3）行政指导实施具有自愿性。

由于行政指导不具有强制性，因此行政指导的内容能否实现取决于行政相对人的协作，行政相对人可以自愿选择接受或者拒绝行政指导。对于行政指导，行政相对人没有服从的义务；行政主体也不得因为行政相对人的不服从而对其采取不利益的行为。

二、行政指导的种类

（一）促成性行政指导与限制性行政指导

以行政指导的作用为标准，可以分为促成性行政指导与限制性行政指导。

促成性行政指导是指行政主体通过采取鼓励性的措施促使行政相对人积极作为的行政指导。

限制性行政指导是指行政主体建议行政相对人不为一定行为的行政指导。

（二）个别行政指导和普遍行政指导

以行政指导的对象是否特定为标准，可以分为个别行政指导和普遍行政指导。

个别行政指导是指行政主体针对特定的对象实施的行政指导。

普遍行政指导是指行政主体针对不特定的多数对象实施的行政指导。

（三）有法律根据的行政指导和无法律根据的行政指导

以行政指导有无法律根据为标准，可以分为有法律根据的行政指导和无法律根据的行政指导。

有法律根据的行政指导是指行政指导的实施有法律、法规的明确规定。

无法律根据的行政指导是指行政指导的实施没有法律、法规的规定，行政主体在其事务范围内作出。

（四）环境行政指导、水利行政指导等

以行政指导作用的领域为标准，可以分为环境行政指导、水利行政指导、教育行政指导、公安行政指导、工商行政指导等。

三、行政指导的形式

行政指导的实施具有较大的裁量性，其形式由行政主体根据实际需要灵活采用，因此行政指导的具体形式是多种多样的。以下是几种比较有代表性的形式。

（一）建议

行政主体根据行政管理的需要，利用自己在信息掌握方面的优势，向行政相对人就有关问题提供建议，通过行政相对人的响应来实现行政管理目标。

（二）宣传

行政主体通过电视、广播等大众传媒，向不特定的行政相对人传播其具有倾向性的行政意见的指导形式。如水法宣传。

（三）鼓励

行政主体通过给予一定的物质或精神鼓励的方式，引导行政相对人实施有助于实现行政管理目标行为的指导形式。

（四）劝告

行政主体通过陈情述理，希望行政相对人授受行政指导的形式。

四、行政指导的作用

行政指导在行政管理过程中能够产生以下作用。

（一）对法律具有补充作用

由于立法周期的限制以及成文法所固有的局限性，立法活动不可能完全满足社会发展的实际需要，这就要求行政主体运用有效的行政管理方式来满足社会需求。囿于“无法律便无行政”原则的限制，行政主体在运用强制性手段时受到了诸多限制，这就为行政指导的实施提供了可能。通过运用非强制性的行政指导，在行政相对人的协助下，行政主体可以较为灵活地填补“法律真空”。

（二）预防和抑制作用

行政主体通过行政指导的实施，可以及时预防和抑制实践中妨害社会公共利益或者个人合法权益的行为，起到防患于未然的效果。

（三）引导和促进作用

行政主体可以利用信息掌握上的优势，通过实施行政指导来引导和影响行政相对人的行为选择，从而起到引导和促进的效果，避免风险的扩大化，保证社会、经济的健康有序发展。

案例：政府对河道滩区内开发项目行政指导

某市政府制发了《关于鼓励在滩区开发推广高效渔业的若干意见》，鼓励企业和个人在河道滩区内开发建设渔业养殖项目，并承诺实施适度的财政补助。数家企业受政策鼓励，积极实施。甲公司投入200万元后，因未经河道主管机关审批，被勒令停止，经济损失惨重，为此，该企业以某市政府为被告向人民法院提起行政诉讼。

问题：某市政府制发《关于鼓励在滩区开发推广高效渔业的若干意见》的行为属于什么行为？该行为是否属于行政诉讼受案范围？

解析：某市政府制发《关于鼓励在滩区开发推广高效渔业的若干意见》的行为属于行政指导行为。所谓行政指导，是指行政主体在其权限范围内，为了实现一定行政目的，基于法律、法规和政策的规定，通过建议、劝告等非强制性的方式引导行政相对人自愿地采取一定的作为或者不作为的行为。对于行政指导，行政相对人没有服从的义务；行政主体也不得因为行政相对人的不服从而对其采取不利益的行为。

行政指导行为不属于具体行政行为，因此不属于《行政复议法》和《行政诉讼法》的审查对象，行政指导行为不属于人民法院行政诉讼受案范围。值得注意的是，在行政指导行为前增加“不具有强制力”这一定语，并不意味着存在“具有强制力的行政指导行为”与“不具有强制力的行政指导行为”之分，而是为了进一步强调行政指导的性质，即行政指导行为是不具有强制力的。

从我国的实践来看，行政指导同样不适用国家赔偿。这是因为行政指导行为的接受与否完全取决于行政相对人的自愿，与行政机关无关。

第九章 水事纠纷预防与调处

第一节 水事纠纷基本概念

一、水事纠纷的概念

水事纠纷是指在开发、利用、节约、保护、管理水资源和防治水害活动中，各方参与人由于权利和义务关系因水事而引起的争执。

二、水事纠纷的类型

依据不同的标准可对水事纠纷作出不同的划分。

（1）从引起水事纠纷的原因看，可以将水事纠纷分为因开发、利用水环境资源而发生的水纠纷，因保护治理水环境而发生的水纠纷，因管理水环境资源而发生的水纠纷。具体有引水纠纷、排水纠纷、蓄水纠纷、治水纠纷、水污染纠纷、水量分配纠纷、水工程纠纷、水环境资源保护纠纷等类型。

（2）从引起水纠纷当事人角度看，可以将水纠纷分为地区与地区之间的水纠纷、个人与个人之间的水纠纷、集体与集体之间的水纠纷、个人与集体之间的水纠纷等类型。

（3）从纠纷的法律性质看，可以将水事纠纷分为水行政纠纷和水民事纠纷。

我国《中华人民共和国水法》第五十六条规定："不同行政区域之间发生水事纠纷的，应当协商处理；协商不成的，由上一级人民政府裁决，有关各方必须遵照执行。在水事纠纷解决前，未经各方达成协议或者共同的上一级人民政府批准，在行政区域交界线两侧一定范围内，任何一方不得修建排水、阻水、取水和截（蓄）水工程，不得单方面改变水的现状。"这说明我国对地区间的水事行政纠纷调处机制以协商为主、行政处理为辅，行政处理为最终处理，必须执行。

根据全国人民代表大会常务委员会法制工作委员会（简称全国人大法工委）有关人员解释，《水法》修订时对地区间的水事纠纷没有规定向人民法院起诉，主要因为考虑到：第一，水资源属于国家所有，人民政府及其水行政主管部门作为国家所有权的代表，有权按照统筹兼顾的原则依法对水事权益进行处分，也就是说，这类纠纷原则上属于行政争议，而不是一般的民事纠纷；第二，调处地区间的水事纠纷，常常涉及水资源的调配、江河治理、水利规划和建设，很多纠纷需要采取工程措施和大量资金投入，只有政府和水行政主管部门才能胜任。

而对于单位之间、个人之间、单位与个人之间发生的水事纠纷，《水法》第五十七条规定：“单位之间、个人之间、单位与个人之间发生的水事纠纷，应当协商解决；当事人不愿协商或者协商不成的，可以申请县级以上地方人民政府或者其授权的部门调解，也可以直接向人民法院提起民事诉讼。县级以上地方人民政府或者其授权的部门调解不成的，当事人可以向人民法院提起民事诉讼。在水事纠纷解决前，当事人不得单方面改变现状。”显而易见，与地区间的水事纠纷调处是不一样的。

（4）从地域角度看，可以将水事纠纷分为国际水纠纷和国内水纠纷。在国际水纠纷中，可以分为两国水纠纷和多国水纠纷；在国内水纠纷中，可以分为一个行政区域内的水纠纷和跨行政区域的水纠纷，一个流域内的水纠纷和跨流域的水纠纷等类型。

三、水事纠纷产生的原因

水事纠纷产生的具体原因大致有以下几个：

（1）河道的防洪除涝标准低，治理资金缺乏，水利设施老化，缺乏统一规划和有效治理，容易发生的洪涝等灾害，导致水事矛盾多发。

（2）水土资源分布不均，在防洪、除涝、灌溉、排水、供水、水运、水能利用、水环境保护等多项涉水事务中，各地从不同的需求出发，存在相互关联的利害关系。有的是为了争夺水源；有的是为了抢占河滩岸地；有的是为了保护本方的土地、村落和其他财产而修建不利于对方的永久性工程；有的是为了保护本方土地、村落和其他财产而强行拆除对方的永久性工程；有的则是为了个人利益人为破坏泵站、涵闸等水利工程设施，造成水利工程的人为破坏；有的则是水污染和自然条件变化及农业种植结构调整而引起水冲突事件。随着社会经济的发展，社会平均生活水平的提高，对水资源的需求不断增加，水资源供求矛盾突出，加剧了水事纠纷的产生。

（3）边界河道水系复杂、界线不清，群众对土地、水资源的依赖性强，对水事利害关系的变化敏感。而且水事矛盾多和社会、经济、文化等矛盾互相交织，互相作用，在触及不同行政区域群体利益时，法律意识不是很强的利益相关方更容易使用原始的武力方法解决争端。

对于水事纠纷的危害，大家都很清楚。从小处说可以引起人与人之间的感情伤害和隔阂，从大处说可能引起激烈的群体性械斗等恶性事件，甚至造成人身伤亡和财产损失。一些不法分子还可能利用水事纠纷乘机作乱，扩大事态，造成更大的社会恶果，成为影响水利发展和社会稳定的重要因素。在此，不再赘述。

四、水事纠纷与水事案件的区别

（一）水事纠纷和水事案件是两个完全不同的概念

水事纠纷是在分享水利、防治水害或其他水事活动中发生的权益争端，直接影响他人的利益引起的一种纠纷，一般发生在水行政管理的薄弱环节，处理不好会形成严重的群体事件和社会问题，但水事纠纷不一定会形成违法行为。

水事案件则是水行政管理相对人违反水法规的行为而受到水行政主管部门查处的案件，通过查处，追究当事人的行政责任、民事责任，甚至刑事责任。比如，当事人未经批准擅自修建涉水建筑物或人为破坏各类水利工程，已经违反了《水法》《防洪法》等水利法律规范的规定，应当承担一定的法律责任。

（二）水事纠纷和水事案件的共同点

（1）水事违法案件和边界水事纠纷案件都是违反了水法规的有关规定，或未经审批，或未按规定建设工程，或在河道内从事影响河势稳定、危害堤防安全和妨碍河道行洪的活动，或违反规定设置排污口和不按规定取水等，而且都会产生不利的后果。

（2）这两类案件都要由水行政主管部门立案、调查、处理。

（三）水事纠纷和水事案件的不同点

（1）当事人的主观意愿和违法活动所侵害的对象不同。

水事违法案件的违法行为所侵害的一般不是特定的对象，其危害后果并不是当事人所期望产生的，有时侵害的是公共利益或部分地区的群众利益，但一般不会引发群体事件；边界水事纠纷案件则是由当事人蓄意策划，有计划、有预谋，针对的是特定的对象，有主观上的故意。有时是双方的权益之争，有时争议双方互为加害者和受害者，但是最终都是受害者。由于牵涉到一定范围的群众利益，极易引起危害当地社会稳定的群体事件，甚至有的当事人不惜采用扩大事态、激化矛盾的手段借此引起高层领导的重视，以达到个人和小团体的目的。

（2）案件发生的原因不同。

水事违法案件的产生一般没有历史上的原因，是由于当事人利益的驱动或源于对有关的法规规定的审批程序不了解。边界水事纠纷案件则是由于双方的权益之争，当事人或为了保护己方的利益（有时是合法权益，有时是既得利益），或以给对方造成损害为出发点。有的水事纠纷历史渊源长久，双方你来我往，互相利用工程设施进行对抗，这些工程大部分是未经审批的违章工程，也有部分是打着合法工程的幌子，实际上是以危害对方利益为目的的违法工程。

（3）适用法规条款不同。

水事违法案件适用《水法》第七章有关规定，由各级水行政主管部门按照职权，责令停止违法行为，对当事人以行政处罚和行政强制执行；给他人造成损失的，要承担民事赔偿责任，情节严重的还要承担治安行政责任和刑事责任。

边界水事纠纷案件则是适用《水法》第六章的有关规定，涉及地区之间的纠纷案件，如果双方协商不成，由上一级人民政府裁决；涉及单位之间、个人之间、单位与个人之间的，如果双方协商不成，可以申请地方人民政府或者授权的部门调解。这里的裁决和调解是由地方人民政府及其水行政主管部门对水事纠纷案件进行处理。由于有的边界水事纠纷涉及边界双方的切身利益，所以必须由双方的共同上级来受理和调处。例如，省内的水事纠纷由其共同的上一级人民政府处理，省际水事纠纷则由国务院的水行政主管部门——水利部处理。

（4）救济途径不同。

所谓的救济途径，就是当事人的合法权益受到违法行政行为的侵害时，依照国家设立的法律制度寻求保护的途径。对于水事违法案件，目前有行政救济和司法救济两种途径。当事人对行政机关的处罚决定不服的，可以根据《行政复议法》的规定向行政机关提出行政复议申请，也可以按照《行政诉讼法》的规定向人民法院提起行政诉讼。

对于边界水事纠纷案件，按照《水法》第五十六条的规定处理，因为涉及的当事人是代表本方利益的地方政府及其有关部门，因此规定在双方协商不成时，由上一级政府裁决，有关方面必须遵照执行。如果当事人不服裁决，也要按照下级服从上级的原则执行，同时可按照地方各级人民政府组织法的规定，向作出裁决的上一级人民政府申请审查并改变和撤销不适当的裁决。

第二节　水事纠纷调处

一、水事纠纷调处的概念和意义

水事纠纷调处是政府及其水行政主管部门或其他被授权（委托）机关对水事纠纷的调解、裁决和处理。

做好水事纠纷调处工作有以下四个方面的意义：

（1）做好水事纠纷调处工作是促进人水和谐的必然要求。

水事纠纷影响经济发展和社会稳定，在任何时期，做好水事纠纷调处工作都是检验地方政府和当地水行政主管部门化解社会矛盾能力的重要标志，是水利突发公共事件应急管理的重要内容，是促进人与人和谐、人与自然和谐和人与水和谐的必然要求。

（2）做好水事件纠纷调处工作是维护人民群众根本利益的必然要求。

水事纠纷的实质是权益争端，涉及人民群众的切身利益。在水事纠纷中，受害最直接、最严重的是纠纷各方的人民群众。维护人民群众的根本利益是水事纠纷调处工作必须遵循的重要原则。例如，海委漳河上游局在解决晋冀豫漳河上游水事纠纷中，针对该地区人多地少水缺的主要矛盾，积极帮助群众修建护村护地坝工程，发展节水灌溉，解决了群众饮水困难。

（3）做好水事纠纷调处工作是保障水利事业又好又快发展的必然要求。

一个地区、一个流域的水资源的治理开发是一个系统工程，上下游互为一体，左右岸唇齿相依，兴利除害相辅相成，只有全面规划，统筹兼顾，标本兼治，综合治理，加快水利发展，才能维护和谐的水事秩序。多年的经验表明，凡是规划比较合理并能按照规划实施的工程项目，效益都比较好，纠纷也比较少；凡是缺乏统一规划，或者虽有规划但调控措施不力，往往带来难以处理的后遗症，容易造成水事纠纷，既影响社会稳定，也会极大地妨碍水利事业的发展。

（4）做好水事纠纷调处工作是依法行政、依法治水的必然要求。

国务院颁发的《全面推进依法行政实施纲要》强调：要大力开展矛盾纠纷排查调处工作，建立健全相应的制度，要积极探索预防和解决社会矛盾的新路子，对矛盾纠纷依法妥善解决。调处水事纠纷和矛盾是地方政府和各级水行政主管部门的一项重要社会管理职能和工作职责。

二、目前水事纠纷调处的主要做法

（1）坚持预防为主、预防调处相结合的原则。

任何矛盾和纠纷都有起源、有苗头、有进程。水事纠纷往往是因为在水资源的开发利用过程中有权益争端，由于双方各自为了地方利益或个人利益，一时得不到很好的解决和沟通，时间一长，他们就会通过非法途径和过激手段达到主张自己权利和保护自己利益的目的。地方政府和水行政主管部门对这种行为要提前介入，做好水事纠纷排查工作，做到底数清、情况明、早发现、早处理，加大从源头上预防和化解水事纠纷，预防事态的扩大和事件的恶化，并通过行政措施、经济措施、法律措施以及工程措施等多管齐下，使水事纠纷得到根本解决。

（2）建立健全两个机制。

一是建立健全以地方为主，条块结合的水事纠纷调处机制。

有的边界地区联合建立了以“例会交流、边界农田水利基本建设监督管理、协商处理水事矛盾”为主要内容的边界协调制度，纠纷相关方成立边界水事协调工作联络小组，共同签定水事协调工作规约，取得了很好的效果。维护一方平安是地方党委、政府的重要责任。《水法》规定，不同行政区域发生水事纠纷的，应当协商处理，协商不成的，由上一级人民政府裁决，有关各方必须遵照执行。多年实践证明，政府负责、部门配合，齐抓共管，形成合力，是做好水事纠纷调处工作行之有效的方法。

二是完善水事纠纷调处的内部协调机制。

水事纠纷调处是一项政策性、法律性和技术性很强的工作，水事纠纷调处涉及规划计划、水资源管理、水利工程建设等多个方面，没有相关各方的协同配合，仅靠水政机构一家是难以解决问题的。各级水行政主管部门要建立健全归口管理、分工明确、措施到位、密切配合的水事纠纷调处工作机制，使化解水事纠纷的各项工作真正落到实处。

水事纠纷调处应该建立健全责任制，要强化督查，落实奖惩，对不能及时、妥善调处水事纠纷，导致矛盾激化升级，引发群体性事件，影响社会稳定的，要严肃追究有关责任人的责任。《水法》第七章是法律责任，其中第七十四条规定：在水事纠纷发生及其处理过程中煽动闹事、结伙斗殴、抢夺或者损坏公私财物、非法限制他人人身自由，构成犯罪的，依照刑法的有关规定追究刑事责任；尚不够刑事处罚的，由公安机关依法给予治安管理处罚。第七十五条规定：不同行政区域之间发生水事纠纷，有下列行为之一的，对负有责任的主管人员和其他直接责任人员依法给予行政处分：①拒不执行水量分配方案和水量调度预案的；②拒不服从水量统一调度的；③拒不执行上一级人民政府的裁决的；④在水事纠纷解决前，未经各方达成协议或者上一级人民政府批准，单方面违反本法规定改变水的现状的。

（3）建立重大水事纠纷应急处置预案。

研究编制切合实际的重大水事纠纷预案，组建水事纠纷调处的工作机构、指挥机构，确定应急保障部门，按先期处置、预案启动、应急措施、纠纷处理等程序进行运作，确保一旦出现重大水事纠纷时，信息准确，果断决策，快速反应，协调配合，迅速处置，防止事态扩大，最大限度地减少因水事纠纷冲突导致的危害性和影响性。

（4）编制水事矛盾焦点地区的水利规划，为预防和处理水事纠纷提供依据和准则。

如漳河上游水事纠纷、荆紫关水事纠纷等反反复复几十年，一个很重要的原因就是没有编制统一的水利规划。

（5）建立稳定的水事纠纷调处工程建设投资渠道。

调处水事纠纷，需要综合运用行政、法律、经济、技术、工程等多种手段，既要做深入细致的协调工作，又要根据实际需要，投入必要的财力、物力，力求从根本上解决问题。对一些需要采取工程措施或采取临时处置措施才能解决的水事纠纷，要按照中央和地方的事权划分，落实中央和地方投资。例如，在漳河上游水事纠纷调处过程中，从 2000—2006 年三期实施了治理工程，中央共投资近 6 000 万元，完成了治导线埋桩、违章丁坝拆除、分水控制、渠道改造等工程的建设，为实施统一分水，解决争水、争地问题提供了工程基础。

（6）加大执法力度，联合开展边界河道调查和专项执法检查活动，重点打击边界地区水事违法活动，消除水事纠纷发生的根源。

洪汝河位于淮河流域西南部，是淮河北岸的主要支流之一。依次流经河南、安徽两省 13 个县（市），其下游大洪河是以河道中心线为界的豫皖淮滨、阜南省界河段。

近年来，非法采砂者唯利是图，疯狂采挖，严重威胁防洪和涉河公共设施安全。豫皖两省水行政主管部门曾各自多次采取措施进行打击，由于是省际边界河道，一省单独打击时，非法采砂船就向另一省逃窜，造成非法采砂屡禁不止，也成为影响当地社会稳定的不利因素。最后，淮河水利委员会联合豫皖两省水利厅和有关地方人民政府联合执法，使洪汝河非法采砂行为得到有效控制。

（7）加大水法规宣传力度，加强调处人员自身建设。

水法规宣传教育可以营造遵守法律、崇尚法律、依法办事的社会环境，是实施依法治水、依法管水的基础性、长期性工作。现阶段一些地方的水事纠纷事件，呈现出合理诉求和违法行为交织、多数人的合理要求与少数人的无理取闹交织、现实问题与历史遗留问题交织的复杂状况。从发生水事纠纷的地方来看，群众对水法规的了解还不够，有的甚至是法盲，可以看出水法规的宣传还有死角。因此，要加强法治宣传教育，增强领导和广大干部群众的法治观念和遵守水法规的自觉性，引导群众以理性合法的形式表达利益诉求、解决利益矛盾。

水事纠纷的突发性、复杂性和调处工作中的政策性，要求调处水事纠纷的工作人员必须具有较高的素质，不但要有责任感、懂政策、守纪律、敢于负责，创造性地工作，还要熟悉法律，能够依法办事，不能乱拍胸脯、乱许愿、乱表态，更不要无故挑起事端，扩大矛盾。

三、水事纠纷预防调处依据的法律规范

对水事纠纷预防调处依据的法律规范可以分四个层次：一是水法，国家的法律；二是2004年出台的水利部规章——《省际水事纠纷预防和处理办法》；三是流域管理机构的相关文件，如《黄河流域省际水事纠纷预防调处预案（试行）》及《黄河流域省际边界水事协调工作规约》；四是省水行政主管部门下发的水事纠纷预防和处理工作办法，如《甘肃省水事纠纷预防和处理工作暂行办法》。

（一）水法

水法涉及水事纠纷调处的法条有以下几个：

（1）不同行政区域之间发生水事纠纷的，应当协商处理；协商不成的，由上一级人民政府裁决，有关各方必须遵照执行。在水事纠纷解决前，未经各方达成协议或者共同的上一级人民政府批准，在行政区域交界线两侧一定范围内，任何一方不得修建排水、阻水、取水和截（蓄）水工程，不得单方面改变水的现状。

（2）单位之间、个人之间、单位与个人之间发生的水事纠纷，应当协商解决；当事人不愿协商或者协商不成的，可以申请县级以上地方人民政府或者其授权的部门调解，也可以直接向人民法院提起民事诉讼。县级以上地方人民政府或者其授权的部门调解不成的，当事人可以向人民法院提起民事诉讼。

在水事纠纷解决前，当事人不得单方面改变现状。

（3）县级以上人民政府或者其授权的部门在处理水事纠纷时，有权采取临时处置措施，有关各方或者当事人必须服从。

（4）不同行政区域之间发生水事纠纷，有下列行为之一的，对负有责任的主管人员和其他直接责任人员依法给予行政处分：①拒不执行水量分配方案和水量调度预案的；②拒不服从水量统一调度的；③拒不执行上一级人民政府的裁决的；④在水事纠纷解决前，未经各方达成协议或者上一级人民政府批准，单方面违反本法规定改变水的现状的。

（二）水利部规章——《省际水事纠纷预防和处理办法》

水利部2004年向各流域管理机构，各省（自治区、直辖市）水利（水务）厅（局）印发了《省际水事纠纷预防和处理办法》，该办法2004年10月1日起施行。

《省际水事纠纷预防和处理办法》中有以下主要内容：

（1）办法所称省际水事纠纷，是指省、自治区、直辖市在开发、利用、节约和保护水资源、防治水害过程中因权益纠纷而引起的行政争端。

（2）处理省际水事纠纷，应当贯彻预防为主、预防与处理相结合的方针，按照有利于边界地区的社会稳定和经济发展，有利于水资源可持续利用的原则，由纠纷各方本着互谅互让、团结治水的精神，尊重历史，面对现实，公平合理地协商解决。经纠纷各方协商未达成协议的，由水利部或水利部所属流域管理机构（简称流域管理机构）处理。必要时，报国务院裁决。

处理省际水事纠纷，可运用工程与非工程相结合的措施。

（3）处理省际水事纠纷的依据是：①有关的法律、行政法规和部门规章；②国务院、水利部有关处理省际水事纠纷的文件；③流域规划和水功能区划；④水量分配方案和调度方案以及旱情紧急情况下的水量调度预案；⑤防御洪水方案和洪水调度方案；⑥省际边界河流的水利规划和省际边界地区的地下水开发利用规划；⑦有关各省（自治区、直辖市）、市（地）、县（市）人民政府或水行政主管部门之间达成的省际水事协议。前款第④项所称省际边界河流是指省、自治区、直辖市界河、界湖（水库）或跨省、自治区、直辖市的河流、河段、湖泊（水库）；所称水利规划包括省际边界河流的水资源规划、防洪规划、规划治导线以及有关的专业或专项规划。

（4）水利部负责组织、监督、指导省际水事纠纷的处理工作，并负责处理国务院交办的省际水事纠纷。流域管理机构负责管辖范围内省际水事纠纷的处理工作。

（5）在省际水事纠纷的预防和处理工作中，流域管理机构的主要职责是：①会同有关省、自治区、直辖市人民政府水行政主管部门编制、拟定省际边界河流水利规划、水量分配方案和调度方案以及旱情紧急情况下的水量调度预案，并在批准后负责组织或监督执行；②监督检查省际边界地区的水事活动；③组织建立省际水事协商制度；

④负责重大省际水事纠纷的上报；⑤处理水利部交办的或省、自治区、直辖市人民政府水行政主管部门提请处理的省际水事纠纷；⑥监督检查国务院有关省际水事纠纷的裁决、水利部或流域管理机构有关省际水事纠纷的处理意见的执行情况，督促落实纠纷各方达成的省际水事协议。

（6）在省际水事纠纷的预防和处理工作中，省、自治区、直辖市人民政府水行政主管部门的主要职责是：①监督检查本省（自治区、直辖市）边界地区的水事活动，维护边界地区的水事秩序，预防省际水事纠纷的发生；②配合流域管理机构编制省际边界河流水利规划、水量分配方案和调度方案以及旱情紧急情况下的水量调度预案，并在批准后负责组织执行；③配合流域管理机构建立省际水事协商制度；④负责重大省际水事纠纷的上报；⑤配合水利部和流域管理机构处理省际水事纠纷；⑥根据省、自治区、直辖市人民政府的授权，负责与有关各方协商解决省际水事纠纷；⑦负责执行国务院有关省际水事纠纷的裁决、水利部或流域管理机构有关省际水事纠纷的处理意见和纠纷，各方达成的省际水事协议。

（三）流域管理机构的相关文件

《黄河流域省际水事纠纷预防调处预案（试行）》中有以下主要内容：

（1）预案适用于：①省、自治区人民政府或其水行政主管部门提请黄河水利委员会调处或应急上报的，以及水利部交黄委处理的黄河流域省际水事纠纷；②黄河干支流跨省、自治区河段和省、自治区边界河段。

（2）省际水事纠纷调处工作应坚持以下原则：①依法处置、科学公正；②流域与区域管理相结合；③预防为主、防处并重；④分级管理、逐级协商。经省级人民政府或其水行政主管部门协商不成的，可提请黄委处理。

（3）职责划分。

黄委负责：①指导委属管理机构开展直管省际边界河道的日常监督管理工作；②组织开展重大水事纠纷应急调查处置和一般水事纠纷调处工作；③组织对水事纠纷处理意见的落实情况进行督查和验收，负责有关情况的上报和通报。

黄委所属管理机构负责：①负责黄委直管的省际边界河道日常监督管理工作；②组织开展非直管的省际边界河道水行政联合执法检查；③配合开展省际水事纠纷现场调查，参加黄委组织的协调工作，组织或参加现场巡查监督，及时报告动态情况。

省级水行政主管部门负责：①指导市、县（区）级水行政主管部门开展非黄委直管的省际边界河道的日常监督管理工作。②指导市、县（区）级水行政主管部门开展重大水事违法案件查处工作。③组织开展重大水事纠纷调查，责令停止引发纠纷的水事活动。④督促指导市、县（区）级水行政主管部门的协商工作；开展本行政区域的现场调查，根据需要，与对方省级水行政主管部门进行协商。⑤配合黄委组织的现场调查、相关技术分析论证和协调工作。⑥指导县（区）级人民政府编制纠纷处理意见的执行方案，并对落实情况监督检查。

市、县（区）级水行政主管部门负责：①负责本行政区域内非黄委直管的省际边界河道的日常监督管理以及水事违法活动的查处工作；②按规定及时向本级人民政府和上级水行政主管部门报告本行政区域内发生的重大水事纠纷；③开展本行政区域的现场调查，负责与对方同级水行政主管部门进行协商，及时向本级人民政府和上级水行政主管部门报告有关情况；④在地方人民政府的领导下，参与编制纠纷处理意见执行方案，并负责执行方案落实过程中的技术指导。

当地人民政府负责：①负责做好群众工作，维持现场秩序，采取有效措施防止事态扩大；②负责编制纠纷处理意见的执行方案，并组织实施；③负责与对方同级人民政府进行协商；④按规定及时向上级人民政府报告有关情况。

（4）预防措施：①普法宣传；②会同有关省、自治区人民政府水行政主管部门做好省际边界河道水利规划、水量分配等工作，有效预防水事纠纷发生，同时为水事纠纷调处工作提供依据；③加强河道巡查，及时发现和纠正可能引发水事纠纷的各种水事行为；④加大水行政执法力度，依法及时制止并查处省际边界河道内出现的水事违法案件。

（5）重大水事纠纷发生后，迅速启动应急处置预案。

一般水事纠纷或重大水事纠纷经应急处置事态得到控制后，启动一般调处预案：①黄委组织现场调查工作组，开展现场调查；必要时，成立由相关专家组成的专家工作组，进行分析论证。②重大水事纠纷经应急处置事态得到控制后，纠纷双方各级人民政府及其水行政主管部门应积极开展协商，达成一致意见的签订协议并报黄委备案；省级人民政府及其水行政主管部门达不成一致意见的，提出各自的解决方案，连同协商情况及时报送黄委。③黄委接到省级人民政府或其水行政主管部门提请调处的纠纷后，组织纠纷双方人民政府及其水行政主管部门开展协调工作，在沟通协调的基础上，提出处理意见；处理意见涉及拆除违章工程的，县（区）级人民政府应按照要求编制具体的执行方案，并组织实施。④涉及违章工程拆除的执行方案完成后，省级水行政主管部门组织进行初验，提出初验报告，报请黄委验收。黄委组成联合验收工作组，通过实地勘测，开展验收。

黄河流域省际边界水事协调工作规约文件中有以下主要内容：①规约由黄河水利委员会与流域内青海、四川、甘肃、宁夏、内蒙古、山西、陕西、河南、山东九省（自治区）共同制定。②在黄河流域省际边界河道管理范围内，新建、改建、扩建的建设项目，包括跨河、穿河、穿堤、临河的桥梁、码头、道路、渡口、管道、缆线、取水、排水工程，开发水利水电、防治水害、整治河道以及工业与民用建筑等各类工程，必须遵循《水法》《防洪法》《河道管理条例》等法律、法规，兼顾上下游、左右岸的关系，按照流域统一规划进行。建设单位须按照《河道管理范围内建设项目管理有关规定》

和《黄河流域河道管理范围内建设项目管理实施办法》的规定，并向建设项目可能影响到的有关地区或部门征求意见后，申请办理审查同意手续。③建立省际边界各方之间相互交流、共同规划、谋求互利的边界水事协商机制。边界地区相互之间应及时通报边界水事情况。对易发生水事纠纷的省际边界河道，在统一规划的基础上，逐步建立和完善规范化的边界水利契约，共同维护边界地区的水事秩序。④在水事纠纷解决之前，双方应停止引起纠纷的各种水事活动；未经双方达成协议或黄委同意，在纠纷河段河道管理范围内，任何一方不得单方面改变水、水域和水工程现状。⑤黄委负责受理经过边界双方省级水行政主管部门协商不成并由省级水行政主管部门提请黄委调处的水事纠纷；对未经双方省级水行政主管部门协商处理的省际水事纠纷，将不予受理。⑥经黄委调解当事双方达成一致意见后所作出的处理决定，双方应共同遵照执行；对不执行处理决定的，依照有关法律法规追究有关单位和责任人的责任。

经黄委调解难以达成一致意见的水事纠纷，黄委将报请国务院水行政主管部门处理。

（四）省水行政主管部门下发的水事纠纷预防和处理工作办法

如《甘肃省水事纠纷预防和处理工作暂行办法》，共6章，分为总则、预警和信息报告、纠纷处置、宣传教育和制度落实、奖惩与责任、附则等。该办法详细规定了水事纠纷预警、上报、处置、监督、责任承担等，规定明确，内容具体，可操作性较强。

案例：黄河渭河干流凤阁岭河段陕甘省际水事纠纷调处

黄河干流全长5 464 km，其中省际边界河段就有12处，长约1 500 km，占黄河干流的27.5%。近年来，黄河流域省际水事纠纷时有发生，黄河水利委员会先后调处了黄河晋陕府（谷）保（德）、泾河陕甘长（武）宁（县）、渭河凤阁岭河段陕甘省际水事纠纷和黄河晋蒙河（曲）准（格尔）水事纠纷等多起水事纠纷。2004年以来，黄委每年组织召开一次黄河流域（片）水政工作座谈会，使流域机构与流域内各省（自治区）水行政主管部门之间有了一个交流平台，加强相互间的工作联系和交流，共同维护边界地区正常稳定和谐的水事秩序。通过调处纠纷，化解矛盾，维护了社会和谐稳定，促进了流域经济社会协调、可持续发展。

2009年3月上旬，在渭河干流陕西、甘肃两省交界凤阁岭河段，陕西省宝鸡市陈仓区凤阁岭镇通关河村在未征得有关方面同意和共同上级水行政主管部门批准的情况下，擅自在陕甘省交界河段违规修建河堤工程，引发两岸水事纠纷。黄委接报后，采取了以下措施：

（1）迅即派出现场调查组，并向陕西、甘肃两省水利厅发出紧急通知，要求采取有力措施，立即停止违规建设，稳定群众情绪，加强协商沟通。

（2）在第一时间安排下属单位黄河上中游局派员进驻现场，做好说服教育工作，防止事态进一步扩大和升级，并对修建工程和影响范围进行了详细查勘，为决策提供可靠的基础技术依据。

（3）在黄河上中游管理局配合下，先后两次联合陕西、甘肃两省水利厅积极协商、广泛沟通，形成了《渭河干流凤阁岭河段陕甘省际水事纠纷处理意见》，要求：通关河村停止施工，撤离全部施工人员和机械，在双方未协商一致的情况下不得动工；通关河村在修建河堤的同时，必须对渭河南岸吴寨村河滩耕地及G310国道路基修建堤防进行保护；建设方应委托具有相应资质的单位进行工程设计，待设计完成并征得对方同意后，报黄委审批；双方做好各自群众工作，防止上访、械斗等群体性事件发生。

（4）2009年10月25日，黄委在郑州组织召开了《渭河陈仓区凤阁岭镇通关河村河堤工程建设方案》审查会议，形成了《渭河陈仓区凤阁岭通关河村河堤工程建设方案审查意见》。同意陕西方在旧河堤基础上进行加高加固方案，同时要求对河道内已建堤防工程全部拆除。

按照文件精神，采取的主要措施有：

（1）2010年3月，黄河上中游管理局、黄河上中游管理局直属天水水政监察支队会同陕、甘各级水行政主管部门，在陕西省宝鸡市陈仓区凤阁岭镇通关河村河堤工程现场进行施工放线。

（2）施工放线结束后召开专题会议，要求凤阁岭镇必须严格执行黄委批复的通关河村河堤建设方案及其优化后的工程设计，并按照陕西、甘肃两省水利厅及有关单位代表本次共同确定的堤线布置组织施工，保证2010年5月底前完成工程建设，同时施工废渣不得在河道内堆积。

（3）组成现场巡查监督组，施工期间由陕西省水利厅负责监督，黄河上中游管理局进行巡查。

（4）工程完工后，由黄河上中游管理局天水支队组织两区水利局、设计单位和乡镇、村两级代表参加进行初验。

2010年7月27日，黄河上中游管理局会同甘肃、陕西两省水利厅及当地水行政主管部门30余人组成联合验收组，对渭河干流陕甘边界河段凤阁岭镇通关河村河堤清障及建设工程进行验收。至此，历时近1年半的渭河干流陕甘边界河段凤阁岭水事纠纷得到了圆满解决。

第十章　政府信息公开制度

一、政府信息公开制度的概念

政府信息公开指公民、组织对行政机关在行使行政职权的过程中掌握或控制的信息拥有知情权，除法律明确规定的不予公开事项外，行政机关应当根据职权或者行政相对人请求，通过有效方式向公众和当事人公开。

政府信息公开制度是有关政府信息公开的运作及保证政府信息公开切实落实的制度，它包括政府信息公开的范围、公开方式和程序、监督与救济等内容。

《中华人民共和国政府信息公开条例》（简称《政府信息公开条例》），于2007年国务院第165次常务会议通过，2008年5月1日起实施。修订后的《政府信息公开条例》，自2019年5月15日起施行。

"阳光是最好的防腐剂"。政府信息公开，对于建设公开透明的政府、保障公众知情权和监督权，具有深刻影响。

二、政府信息公开制度的主要内容

（一）《政府信息公开条例》的适用范围

《政府信息公开条例》的适用范围包括如何确定政府信息和哪些主体应受条例规范。

1. 政府信息的确定

《政府信息公开条例》所规定的政府信息是指行政机关在履行行政管理职能过程中制作或者获取的，以一定形式记录、保存的信息。

理解这一规定时需要注意以下方面：

（1）不能把信息等同于文件。一个文件中可能包含多个信息，《政府信息公开条例》强调公开的是信息，而非文件。

（2）虽然信息必须以一定形式记录和保存，但与存储形式无关，只要信息能以有效可读的方式存储即可。

（3）与信息来源、价值无关。政府信息既可由行政机关自身制定而形成，也可以通过其他机关或他人提供而成为政府信息，而且这些信息的价值大小不影响其公开与否，关键要看是否为行政机关所持有。

2. 政府信息公开的主体

政府信息公开的主体主要是行政机关和法律、法规授权的具有管理公共事务职能的组织。这两类主体是政府信息的拥有者，也是政府信息公开义务的承担者。

《政府信息公开条例》要求各级人民政府及县级以上人民政府部门建立健全本行政机关的政府信息公开工作制度，并指定机构作为政府信息公开工作机构，负责本行政机关政府信息公开的日常工作。政府信息公开工作机构的具体职责是：①办理本行政机关的政府信息公开事宜；②维护和更新本行政机关公开的政府信息；③组织编制本行政机关的政府信息公开指南、政府信息公开目录和政府信息公开工作年度报告；④组织开展对拟公开政府信息的审查；⑤本行政机关规定的与政府信息公开有关的其他职能。监督本行政机关的政府信息公开工作不属于政府信息公开工作机构的职责。

教育、供水、供电、供气、供热、环保、医疗卫生、计划生育、公共交通等与群众利益密切相关的公共企事业单位在提供社会公共服务过程中也制作、获取了大量的社会公共信息。公开这些与人民群众的生产、生活密切相关的社会公共信息，有利于更好地保障广大人民群众获取信息、利用信息的合法权益。为此，《政府信息公开条例》也将这部分公共企事业单位作为信息公开的主体，纳入调整范围。同时考虑到这些公共企事业单位不是行政机关，特别规定，上述机构应当参照《政府信息公开条例》，公开其在提供社会公共服务过程中制作、获取的信息。

（二）公开的基本要求

1. 公正、公平、便民

行政机关公开政府信息，应当遵循公正、公平、便民的原则。公民、组织享有平等获取政府信息的权利，不能成为少数人的特权，行政机关在公开政府信息时应当公正、平等地对待申请人，不应当歧视和存有偏见。在公开信息时，应当方便公众，通过建立健全管理制度，提高办理效率，为公众获取政府信息提供便利。

2. 及时、准确

行政机关公开政府信息应当及时、准确，不仅要在恰当时机公开相关信息，遵守公开的法定期限，而且要保证所公开的信息真实可信、准确无误。一旦发现影响或者可能影响社会稳定、扰乱社会管理秩序的虚假或者不完整信息的，行政机关应当在其职责范围内发布准确的政府信息予以澄清。

3. 正确处理公开与保密的关系

公开与保密是一对矛盾。政府信息公开既要保证公民、法人和其他组织及时、准确地获取政府信息，又要防止出现因公开不当导致失密、泄密而损害国家安全、公共安全、经济安全，影响社会稳定和侵犯公民、法人或者其他组织的合法权益。这就要求行政机关能正确处理公开与保密的关系。

（1）除法定的不予公开事项外，政府信息均应公开。

（2）行政机关公开政府信息，不得危及国家安全、公共安全、经济安全和社会稳定。

（3）要建立政府信息公开保密审查机制。

行政机关在公开政府信息前应当依照《中华人民共和国保守国家秘密法》以及其他法律、法规和国家有关规定对拟公开的政府信息进行审查。行政机关对政府信息不能确定是否可以公开时，应当依照法律、法规和国家有关规定报有关主管部门或者同级保密工作部门确定。行政机关不得公开涉及国家秘密、商业秘密、个人隐私的政府信息。但是，经权利人同意或者行政机关认为不公开可能对公共利益造成重大影响的涉及商业秘密、个人隐私的政府信息，可以予以公开。

（三）公开的范围

政府信息公开的范围，关系哪些政府信息应当公开，哪些信息不应当公开，是信息公开立法中的重点，也是难点。

《政府信息公开条例》以公开为原则，以法定不公开为例外，从不予公开、主动公开、依申请公开三个方面对政府信息公开的范围作了规定。

1. 不予公开的信息

《政府信息公开条例》第十四条规定："依法确定为国家秘密的政府信息，法律、行政法规禁止公开的政府信息，以及公开后可能危及国家安全、公共安全、经济安全、社会稳定的政府信息，不予公开。"第十五条规定："涉及商业秘密、个人隐私等公开会对第三方合法权益造成损害的政府信息，行政机关不得公开。但是，第三方同意公开或者行政机关认为不公开会对公共利益造成重大影响的，予以公开。"第十六条规定："行政机关的内部事务信息，包括人事管理、后勤管理、内部工作流程等方面的信息，可以不予公开。行政机关在履行行政管理职能过程中形成的讨论记录、过程稿、磋商信函、请示报告等过程性信息以及行政执法案卷信息，可以不予公开。法律、法规、规章规定上述信息应当公开的，从其规定。"

2. 主动公开的信息

《政府信息公开条例》第十三条规定了应当主动公开的信息："除本条例第十四条、第十五条、第十六条规定的政府信息外，政府信息应当公开。行政机关公开政府信息，采取主动公开和依申请公开的方式。"

《政府信息公开条例》第十九条规定："对涉及公众利益调整、需要公众广泛知晓或者需要公众参与决策的政府信息，行政机关应当主动公开。"第二十条规定："行政机关应当依照本条例第十九条的规定，主动公开本行政机关的下列政府信息：（一）行政法规、规章和规范性文件；（二）机关职能、机构设置、办公地址、办公时间、联系方式、负责人姓名；（三）国民经济和社会发展规划、专项规划、区域规划及相关政策；（四）国民经济和社会发展统计信息；（五）办理行政许可和其他对外管理服务事项的依据、条件、程序以及办理结果；（六）实施行政处罚、行政强制的依据、条件、程序以及本行政机关认为具有一定社会影响的行政处罚决定；（七）财政预算、决算信息；（八）行政事业性收费项目及其依据、标准；（九）政府集中采购项目的目录、标准及实施情况；（十）重大建设项目的批准和实施情况；（十一）扶贫、教育、医疗、社会保障、促进就业等方面的政策、措施及其实施情况；（十二）突发公共事件的应急预案、预警信息及应对情况；（十三）环境保护、公共卫生、安全生产、食品药品、产品质量的监督检查情况；（十四）公务员招考的职位、名额、报考条件等事项以及录用结果；（十五）法律、法规、规章和国家有关规定应当主动公开的其他政府信息。”第二十一条规定：“除本条例第二十条规定的政府信息外，设区的市级、县级人民政府及其部门还应当根据本地方的具体情况，主动公开涉及市政建设、公共服务、公益事业、土地征收、房屋征收、治安管理、社会救助等方面的政府信息；乡（镇）人民政府还应当根据本地方的具体情况，主动公开贯彻落实农业农村政策、农田水利工程建设运营、农村土地承包经营权流转、宅基地使用情况审核、土地征收、房屋征收、筹资筹劳、社会救助等方面的政府信息。”

3. 依申请公开的信息

除行政机关主动公开的政府信息外，公民、法人或者其他组织还可以根据自身需要，向行政机关申请获取相关政府信息。

（四）公开的方式和程序

1. 行政机关公开的分工

行政机关制作的政府信息，由制作该政府信息的行政机关负责公开；行政机关从公民、法人或者其他组织获取的政府信息，由保存该政府信息的行政机关负责公开。法律、法规对政府信息公开的权限另有规定的，从其规定。

2. 信息公开的方式和程序

信息公开的方式可分为主动公开和依申请公开两种方式。

1）主动公开的方式和程序

行政机关应当将主动公开的政府信息通过政府公报、政府网站或者其他互联网政务媒体、新闻发布会以及报刊、广播、电视等途径予以公开。如我国国务院制定的行政法规的法定公布刊物是《国务院公报》和在全国范围内发行的报纸。而国务院部门制定的规章的法定公布刊物是部门公报或者《国务院公报》和在全国范围内发行的有关报纸。

各级人民政府应当利用统一的政府信息公开平台集中发布主动公开的政府信息，在国家档案馆、公共图书馆、政务服务场所设置政府信息查阅场所，并配备相应的设施、设备，为公民、法人和其他组织获取政府信息提供便利。行政机关可以根据需要设立公共查阅室、资料索取点、信息公告栏、电子信息屏等场所、设施，公开政府信息。

属于主动公开范围的政府信息，应当自该政府信息形成或者变更之日起 20 个工作日内及时公开。法律、法规对政府信息公开的期限另有规定的，从其规定。

2）依申请公开的方式和程序

第一步，编制信息公开指南和目录。

行政机关应当编制、公布政府信息公开指南和政府信息公开目录，并及时更新，为当事人申请公开提供条件。政府信息公开指南，应当包括政府信息的分类、编排体系、获取方式，政府信息公开工作机构的名称、办公地址、办公时间、联系电话、传真号码、电子邮箱等内容。政府信息公开目录，应当包括政府信息的索引、名称、内容概述、生成日期等内容。

第二步，当事人申请。

当事人申请是启动公开程序的前提。当事人提出申请原则上应当采用书面形式（包括信件、数据电文形式），采用书面形式确有困难的，申请人可以口头提出，由受理该申请的行政机关代为填写政府信息公开申请。政府信息公开申请应当包括的内容有：申请人的姓名或者名称、身份证明、联系方式，申请公开的政府信息的名称、文号或者便于行政机关查询的其他特征性描述，申请公开的政府信息的形式要求，包括获取信息的方式、途径。

第三步，申请时间确定。

行政机关收到政府信息公开申请的时间，按照下列规定确定：①申请人当面提交政府信息公开申请的，以提交之日为收到申请之日。②申请人以邮寄方式提交政府信息公开申请的，以行政机关签收之日为收到申请之日；以平常信函等无需签收的邮寄方式提交政府信息公开申请的，政府信息公开工作机构应当于收到申请的当日与申请人确认，确认之日为收到申请之日。③申请人通过互联网渠道或者政府信息公开工作机构的传真提交政府信息公开申请的，以双方确认之日为收到申请之日。

第四步，征求第三方的意见。

依申请公开的政府信息公开会损害第三方合法权益的，行政机关应当书面征求第三方的意见。第三方应当自收到征求意见书之日起 15 个工作日内提出意见。第三方逾期未提出意见的，由行政机关依照本条例的规定决定是否公开。第三方不同意公开且有合理理由的，行政机关不予公开。行政机关认为不公开可能对公共利益造成重大影响的，可以决定予以公开，并将决定公开的政府信息内容和理由书面告知第三方。

第五步，答复期限。

行政机关收到政府信息公开申请，能够当场答复的，应当当场予以答复。行政机关不能当场答复的，应当自收到申请之日起 20 个工作日内予以答复；需要延长答复期限的，应当经政府信息公开工作机构负责人同意并告知申请人，延长的期限最长不得超过 20 个工作日。行政机关征求第三方和其他机关意见所需时间不计算在前款规定的期限内。

（五）费用

行政机关依申请提供政府信息，不收取费用。但是，申请人申请公开政府信息的数量、频次明显超过合理范围的，行政机关可以收取信息处理费。

行政机关收取信息处理费的具体办法由国务院价格主管部门会同国务院财政部门、全国政府信息公开工作主管部门制定。

（六）监督与救济

《政府信息公开条例》根据我国的实际情况规定了以下制度。

1. 对政府信息公开的考核、评议

各级人民政府应当把政府信息公开列入考核制度、社会评议制度和责任追究制度，定期对政府信息公开工作进行考核、评议。政府信息公开工作主管部门应当加强对政府信息公开工作的日常指导和监督检查，对行政机关未按照要求开展政府信息公开工作的，予以督促整改或者通报批评；需要对负有责任的领导人员和直接责任人员追究责任的，依法向有权机关提出处理建议。公民、法人或者其他组织认为行政机关未按照要求主动公开政府信息或者对政府信息公开申请不依法答复处理的，可以向政府信息公开工作主管部门提出。政府信息公开工作主管部门查证属实的，应当予以督促整改或者通报批评。

2. 年度报告

县级以上人民政府部门应当在每年 1 月 31 日前向本级政府信息公开工作主管部门提交本行政机关上一年度政府信息公开工作年度报告并向社会公布。县级以上地方人民政府的政府信息公开工作主管部门应当在每年 3 月 31 日前向社会公布本级政府上一年度政府信息公开工作年度报告。

政府信息公开工作年度报告应当包括下列内容：

（1）行政机关主动公开政府信息的情况；

（2）行政机关收到和处理政府信息公开申请的情况；

（3）因政府信息公开工作被申请行政复议、提起行政诉讼的情况；

（4）政府信息公开工作存在的主要问题及改进情况，各级人民政府的政府信息公开工作年度报告还应当包括工作考核、社会评议和责任追究结果情况；

（5）其他需要报告的事项。

全国政府信息公开工作主管部门应当公布政府信息公开工作年度报告统一格式，并适时更新。

3. 公民、组织的申诉、复议与诉讼

公民、法人或者其他组织认为行政机关在政府信息公开工作中侵犯其合法权益的，可以向上一级行政机关或者政府信息公开工作主管部门投诉、举报，也可以依法申请行政复议或者提起行政诉讼。

案例：工程占地赔偿信息公开

随着国家加大水利投资力度，某县准备建设好几处大型水利工程，都需要征村里的土地。县水利局对国家规定的赔偿标准对村民进行了宣传和解释，但某村年逾古稀的村民张某不相信，认为给的补偿太少，口头要求县水利局提供国家的批复文件。县水利局认为国家批复文件属于秘密，张某口头申请无效，应予拒绝。

问题：县水利局的看法正确吗?

解析：县水利局的看法不正确。土地补偿的标准属于政府信息公开项目，县国土局应该公告，村民有权知道。

《政府信息公开条例》遵循了国际上通行的“公开是原则，不公开是例外”的原则。本案国家批复文件属于《政府信息公开条例》第二十条规定的行政机关应当主动公开的政府信息。《政府信息公开条例》第二十九条规定，公民、法人或者其他组织申请获取政府信息的，应当向行政机关的政府信息公开工作机构提出，并采用包括信件、数据电文在内的书面形式；采用书面形式确有困难的，申请人可以口头提出，由受理该申请的政府信息公开工作机构代为填写政府信息公开申请。因此，村民张某可以口头申请县水利局提供赔偿批复文件。

第十一章　行政复议

第一节　行政复议概述

一、行政复议的基本概念

（一）行政复议的概念

行政复议是指行政机关根据上级行政机关对下级行政机关的监督权，在当事人的申请和参加下，按照行政复议程序对具体行政行为进行合法性和适当性审查，并作出裁决解决行政侵权争议的活动。

（二）我国复议制度的建立

我国现行的复议制度是作为行政诉讼的配套制度于1990年建立的。1990年12月24日国务院发布了《行政复议条例》，1994年10月9日国务院发布了关于修正该条例的决定。

《中华人民共和国行政复议法》是为了防止和纠正违法的或者不当的具体行政行为，保护公民、法人和其他组织的合法权益等而制定的。1999年4月29日，第九届全国人民代表大会常务委员会第九次会议通过，1999年4月29日中华人民共和国主席令第十六号公布，自1999年10月1日起施行。《中华人民共和国行政复议法》的颁布，使行政复议脱离行政诉讼配套制度框架，建立起独立的国家行政复议制度。《中华人民共和国行政复议法》根据2009年8月27日第十一届全国人民代表大会常务委员会第十次会议《关于修改部分法律的决定》第一次修正；根据2017年9月1日第十二届全国人民代表大会常务委员会第二十九次会议《关于修改〈中华人民共和国法官法〉等八部法律的决定》第二次修正。最新《中华人民共和国行政复议法》全文包括总则、行政复议申请、行政复议受理、行政复议审理、行政复议决定、法律责任、附则共七章。

2007年5月国务院制定的《中华人民共和国行政复议法实施条例》（简称《行政复议法实施条例》），对行政复议法的相关规定进行了细化，增加了这部法律的可操作性，进一步完善了现行行政复议制度。

（三）行政复议的特征

（1）行政复议是权利救济制度。行政复议的内容和目的，是通过处理行政争议对受到行政侵害的公民、法人和其他组织合法的权益提供法律救济。

（2）行政复议是行政监督制度。行政复议的根据是上级行政机关对下级行政机关的层级监督权。这种层级监督权具有维持、撤销或者改变下级行政机关决定的内容。

（3）行政复议是一种行政行为制度。行政复议是行政机关行使行政管理权的单方职权行为，可以直接规定公民、法人或者其他组织的权利义务。因此，行政机关的复议行为应当遵守行政活动的基本制度，应当具备具体行政行为的成立条件和合法条件。

（4）行政复议是行政裁判制度。行政复议的活动方式是处理行政争议，应当遵守保证公正处理的复议程序。

二、行政复议的基本原则

（一）合法原则

合法原则是处理复议活动与法律相互关系的基本准则，它要求复议活动对法律的服从，不仅应当依据实体法判断行政行为是否合法与适当，还应当依据程序法实施复议，具有与法律的一致性。合法原则是其他基本原则的基础，没有合法原则，公开、公正、及时、便民等原则就失去根据。

（二）公开原则

公开原则是对行政复议方式的基本规定，它从原则上否定了行政秘密。行政复议活动应当为公众所了解，接受当事人和公众的监督。

（三）公正原则

公正原则是对行政复议活动过程和结果的基本要求，是评价行政复议正当性的重要准则。它要求禁止对任何一方当事人的偏私袒护，平等对待申请人和被申请人，无论是在程序权利上还是在对实体权利的处理上。

（四）及时原则

及时原则是处理行政复议与行政效率相互关系的基本准则，是效率原则，其基本含义是指行政复议机关处理案件应当尽量程序简单、时间短暂，以使行政争议较快得到解决，行政关系得到较快确定，行政秩序得到较快恢复。

（五）便民原则

便民原则是指行政复议应当将减少当事人的讼累和支出作为基本活动准则。行政复议应当尽量使当事人在复议中以最少的付出获得最有效的权利救济。例如，不收费、当事人选择复议机关、结案时间比较短等都是这一原则的体现。

第二节　行政复议范围

确定行政复议范围有两个方面：第一是可以受理的事项，第二是行政复议的排除事项。

一、可以申请行政复议的事项

（一）行政复议保护的行政相关人合法权益

《行政复议法》将公民、法人和其他组织的合法权益都纳入保护范围，不再限于人身权和财产权。在此之前的行政复议主要保护公民、法人和其他组织的人身权和财产权。

（二）受到行政复议审查的侵权行政行为

行政机关的许多行为都可能侵害公民、法人和其他组织的合法权益，行政复议所针对的主要是具体行政行为，还有一部分抽象行政行为。

对公民、法人和其他组织合法权益造成侵害的具体行政行为，都可以在行政复议中受到审查。

根据《行政复议法》第六条规定，有下列情形之一的，公民、法人或者其他组织可以依照本法申请行政复议：

（1）对行政机关作出的警告、罚款、没收违法所得、没收非法财物、责令停产停业、暂扣或者吊销许可证、暂扣或者吊销执照、行政拘留等行政处罚决定不服的；

（2）对行政机关作出的限制人身自由或者查封、扣押、冻结财产等行政强制措施决定不服的；

（3）对行政机关作出的有关许可证、执照、资质证、资格证等证书变更、中止、撤销的决定不服的；

（4）对行政机关作出的关于确认土地、矿藏、水流、森林、山岭、草原、荒地、滩涂、海域等自然资源的所有权或者使用权的决定不服的；

（5）认为行政机关侵犯合法的经营自主权的；

（6）认为行政机关变更或者废止农业承包合同，侵犯其合法权益的；

（7）认为行政机关违法集资、征收财物、摊派费用或者违法要求履行其他义务的；

（8）认为符合法定条件，申请行政机关颁发许可证、执照、资质证、资格证等证书，或者申请行政机关审批、登记有关事项，行政机关没有依法办理的；

（9）申请行政机关履行保护人身权利、财产权利、受教育权利的法定职责，行政机关没有依法履行的；

（10）申请行政机关依法发放抚恤金、社会保险金或者最低生活保障费，行政机关没有依法发放的；

（11）认为行政机关的其他具体行政行为侵犯其合法权益的。

行政复议的申请人，在提起对具体行政行为进行复议的同时，可以对该具体行政行为所依据的行政规定，提出进行审查的请求。

根据《行政复议法》第七条规定，公民、法人或者其他组织认为行政机关的具体行政行为所依据的下列规定不合法，在对具体行政行为申请行政复议时，可以一并向行政复议机关提出对该规定的审查申请：①国务院部门的规定；②县级以上地方各级人民政府及其工作部门的规定；③乡、镇人民政府的规定。前款所列规定不含国务院部、委员会规章和地方人民政府规章。规章的审查依照法律、行政法规办理。

二、行政复议的排除事项

行政复议的排除事项仅仅限于以下两个方面：

（1）行政机关作出的行政处分或者其他人事处理决定。

对这些决定引起的争议，依照法律、行政法规的规定提出申诉。这里所说的法律、法规主要是指《中华人民共和国公务员法》等。

（2）行政机关对民事纠纷作出的调解或者其他处理。

对这些处理引起的争议，当事人可以依法申请仲裁或者向人民法院提起诉讼。行政机关处理的民事纠纷，包括乡政府和城镇街道办事处的司法助理员、民政助理员主持的调解，劳动部门对劳动争议的调解，公安部门对治安争议的调解等。

第三节　行政复议参加人和行政复议机关

一、行政复议申请人

行政复议申请人是依法申请行政复议的公民、法人或者其他组织。这个概念有两层意思：第一，享有行政复议申请权的只能是公民、法人或者其他组织，行使国家权力的机关不能作为行政复议的申请人；第二，申请人必须是认为自身合法权益受到侵害，并依法提出复议申请的公民、法人或者其他组织。

有权申请行政复议的公民死亡的，其近亲属可以申请行政复议。有权申请行政复议的公民为无民事行为能力人或者限制民事行为能力人的，其法定代理人可以代为申请行政复议。有权申请行政复议的法人或者其他组织终止的，承受其权利的法人或者其他组织可以申请行政复议。

（一）合伙企业行政复议申请人

合伙企业申请行政复议的，应当以核准登记的企业为申请人，由执行合伙事务的合伙人代表该企业参加行政复议；其他合伙组织申请行政复议的，由合伙人共同申请行政复议。合伙企业之外不具备法人资格的其他组织申请行政复议的，由该组织的主要负责人代表该组织参加行政复议；没有主要负责人的，由共同推选的其他成员代表该组织参加行政复议。

（二）股份制企业行政复议申请人

对于股份制企业，并非只有法定代表人有权以企业名义申请复议，股份制企业的股东大会、股东代表大会、董事会认为行政机关作出的具体行政行为侵犯企业合法权益的，也可以以企业的名义申请行政复议，事实上赋予了股份制企业的股东大会、股东代表大会、董事会行使申请行政复议权利的地位。

（三）行政复议申请权的转移与承受

关于行政复议申请权的转移与承受：第一，公民死亡引起的申请权转移，由其近亲属承受；第二，法人或者其他组织终止引起的申请权转移，由承受其权利的法人或者其他组织申请。

（四）法定代理人申请行政复议

有权申请行政复议的公民为无民事行为能力人或者限制民事行为能力人的，由其法定代理人代为申请行政复议。

（五）委托代理人申请行政复议

申请人可以委托代理人代为参加行政复议。根据《行政复议法实施条例》的规定，申请人、第三人可以委托 1 ～ 2 名代理人参加行政复议。申请人、第三人委托代理人的，应当向行政复议机构提交授权委托书。授权委托书应当载明委托事项、权限和期限。公民在特殊情况下无法书面委托的，可以口头委托。口头委托的，行政复议机构应当核实并记录在卷。申请人、第三人解除或者变更委托的，应当书面报告行政复议机构。

（六）外国人申请行政复议

外国人、无国籍人、外国组织在中华人民共和国境内申请行政复议，应当享有与中国公民、法人或者其他组织相同的申请权。

二、行政复议被申请人

行政复议被申请人，是作出被申请复议的具体行政行为的行政机关。行政机关与被申请复议的具体行政行为之间的直接关系是确定被申请人的根据，它符合行政活动职权与职责相一致的原则。

作出具体行政行为的行政组织有多种形态，所以行政复议的被申请人也有多种。

（一）独立被申请人

作出具体行政行为的一级人民政府及其工作部门是独立被申请人。

（二）共同被申请人

若干行政机关以共同名义作出具体行政行为的，共同作出具体行政行为的行政机关为共同被申请人；行政机关与法律、法规授权的组织以共同的名义作出具体行政行为的，行政机关和法律、法规授权的组织为共同被申请人。但是，如果行政机关与其他组织以共同名义作出具体行政行为的，其他组织不能成为被申请人，只有行政机关是被申请人。

（三）继续行使被撤销行政机关权限的被申请人

作出被申请具体行政行为的行政机关在申请提出时已经被撤销，继续行使其权限的行政机关是被申请人。

（四）法定授权的组织作为被申请人

法律、法规授权的组织作出具体行政行为，公民、法人或者其他组织不服提出行政复议，该法定授权组织为被申请人。

（五）批准机关为被申请人

下级行政机关依照法律、法规、规章规定，经上级行政机关批准作出具体行政行为的，批准机关为被申请人。

（六）实施委托的行政机关为被申请人

行政机关委托其他组织和个人实施具体行政行为的，实施委托的行政机关为被申请人。

（七）派出机关、派出机构、内设机构作为被申请人

行政机关的派出机关，以及经法律、法规授权的行政机关设立的派出机构、内设机构或者其他组织对外以自己的名义作出具体行政行为的，该派出机关、派出机构和内设机构为被申请人。而行政机关设立的派出机构、内设机构或者其他组织，未经法律、法规授权，对外以自己的名义作出具体行政行为的，则该行政机关为被申请人。

三、行政复议第三人

行政复议第三人，是同被申请的具体行政行为有利害关系，参加行政复议的其他公民、法人或者其他组织。

行政复议第三人具备以下特征：

（1）在主体上，第三人是申请人以外的其他公民、法人或者其他组织。

（2）在实体权利义务上，第三人同被申请行政复议的具体行政行为有利害关系。具体行政行为对第三人的合法权益产生直接影响，第三人参加行政复议是为了维护自己的合法权益。

（3）在程序上，第三人在行政复议开始后终结前，经过申请或者复议机关决定参加行政复议。第三人可以委托 1 ～ 2 名代理人代为参加行政复议，委托的要求与申请人相同。

（4）法律设置第三人制度的目的，是使同被申请行政复议的具体行政行为有关的法律争议得到统一解决，使合法权益受到侵害的公民、法人或者其他组织得到法律救济。根据《行政复议法实施条例》的规定，行政复议期间，行政复议机构认为申请人以外的公民、法人或者其他组织与被审查的具体行政行为有利害关系的，可以通知其作为第三人参加行政复议；申请人以外的公民、法人或者其他组织与被审查的具体行政行为有利害关系的，可以向行政复议机构申请作为第三人参加行政复议。

（5）第三人不参加行政复议，不影响行政复议案件的审理。

四、行政复议机关

（一）县级以上地方人民政府部门作为被申请人的行政复议机关

这类行政部门的行政复议机关有本级人民政府和上一级人民政府主管部门两类，从而出现选择管辖。法律规定这种情形下的行政复议机关，由申请人进行选择。

例外的是，对实行垂直领导的行政机关和国家安全机关的行政复议机关确定，不完全适用上述规则。根据行政复议法及其实施条例的规定，对海关、金融、国税、外汇管理等实行垂直领导的行政机关和国家安全机关的具体行政行为不服的，向上一级主管部门申请行政复议。这是因为在行政体制上或者行政业务内容上，本级人民政府不适宜作为行政复议机关。而对于经国务院批准实行省级以下垂直领导的部门，如食品药品和工商质量技术监督管理局作出的具体行政行为不服的，可以选择向该部门的本级人民政府或者上一级主管部门申请行政复议；省、自治区、直辖市另有规定的，依照省、自治区、直辖市的规定办理。

（二）省级以下地方各级人民政府作为被申请人时的行政复议机关

对省、自治区、直辖市人民政府以外的地方各级人民政府的具体行政行为不服，上一级地方人民政府是行政复议机关。例如，对乡、民族乡、镇政府作出的具体行政行为不服的，应当向县、自治县、市辖区、不设区的市的人民政府申请行政复议，但是不能向上级政府的主管部门或者更上一级人民政府申请复议。

有一个例外，省、自治区人民政府依法设立的派出机关所属的县级人民政府作为被申请人时的行政复议机关，应当是省、自治区人民政府依法设立的该派出机关。例如，省人民政府依法设立的行政公署所属的县级人民政府作出的具体行政行为被申请行政复议，复议机关应当是该行政公署。

（三）国务院部门或者省、自治区、直辖市人民政府作为被申请人时的行政复议机关

国务院部门或者省、自治区、直辖市人民政府作为被申请人时的行政复议机关，是作出该具体行政行为的国务院部门或者省、自治区、直辖市人民政府。

（1）被申请人为国务院职能部门和省、自治区、直辖市人民政府的，当事人如果申请复议，应当以国务院职能部门和省、自治区、直辖市人民政府为复议机关。

（2）国务院职能部门和省、自治区、直辖市人民政府作出的具体行政行为，如

果不属于法律、法规规定的“复议前置”的情形，当事人可以不经复议直接起诉。

（3）国务院职能部门和省、自治区、直辖市人民政府作出的具体行政行为，当事人不服申请行政复议，但对该复议决定仍不服的，依法可以向人民法院提起行政诉讼；也可以向国务院申请裁决，国务院依照本法的规定作出最终裁决，当事人不得对国务院的最终裁决提起行政诉讼。

（四）其他情形下的行政复议机关

（1）县级以上地方人民政府依法设立的派出机关作为被申请人时，由设立该派出机关的人民政府作为行政复议机关。

派出机关包括行政公署、区公所和街道办事处。对行政公署所作的具体行政行为不服的，设立该行政公署的省、自治区人民政府为复议机关；对区公所的具体行政行为不服的，设立该区公所的县、自治县人民政府为复议机关；对街道办事处的具体行政行为不服的，设立该街道办事处的市辖区、不设区的市人民政府为复议机关。

（2）政府工作部门依法设立的派出机构依照法律、法规或者规章规定，以自己的名义作出的具体行政行为，作为被申请人时，设立该派出机构的部门或者该部门的本级地方人民政府作为行政复议机关。

（3）法律、法规授权的组织作为被申请人时，由直接管理该组织的地方人民政府、地方人民政府工作部门或者国务院部门作为行政复议机关。

（4）两个或者两个以上的行政机关作为共同被申请人时，由它们的共同上一级行政机关作为行政复议机关。

（5）继续行使被撤销行政机关职权的行政机关作为被申请人时，由继续行使职权的行政机关的上一级行政机关作为行政复议机关。

（五）行政复议机构

行政复议机构是行政复议机关中具体办理行政复议事项的机构。行政复议机构没有作出行政复议决定的职权，有权作出行政复议决定的是行政复议机关。行政复议机关负责法治工作的机构具体办理行政复议事项，履行下列职责：

（1）受理行政复议申请。

（2）向有关组织和人员调查取证，查阅文件和资料。

（3）审查申请行政复议的具体行政行为是否合法与适当，拟订行政复议决定。

（4）处理或者转送对《行政复议法》第七条所列有关规定的审查申请。

（5）对行政机关违反本法规定的行为依照规定的权限和程序提出处理建议。

（6）办理因不服行政复议决定提起行政诉讼的应诉事项。

（7）法律、法规规定的其他职责。

行政机关中初次从事行政复议的人员，应当通过国家统一法律职业资格考试取得法律职业资格。

第四节　行政复议的申请与受理

一、行政复议的申请

（一）申请时间

申请行政复议的时间有以下三方面内容。

1. 申请期限

《行政复议法》规定可以在六十日内申请行政复议，但是法律规定的申请期限超过六十日的除外。

2. 申请期限的起算

《行政复议法》规定，申请期限应当从申请人知道该具体行政行为之日起算。所谓知道之日，通常指了解具体行政行为内容之时。由于实际情况非常复杂，《行政复议法实施条例》对不同情况下“知道”的确定作出了具体规定：

（1）当场作出决定。行政机关当场作出具体行政行为的，自具体行政行为作出之日起计算。

（2）送达。行政机关作出的具体行政行为的书面决定事后送达的，自送达日期之日起计算。如果载明具体行政行为的法律文书直接送达的，自受送达人签收之日起计算；如果载明具体行政行为的法律文书邮寄送达的，自受送达人在邮件签收单上签收之日起计算。没有邮件签收单的，自受送达人在送达回执上签名之日起计算；具体行政行为依法通过公告形式告知受送达人的，自公告规定的期限届满之日起计算。

（3）未制作、未送达决定书。行政机关作出具体行政行为，依法应当向有关公民、法人或者其他组织送达法律文书而未送达的，视为该公民、法人或者其他组织不知道该具体行政行为。被申请人能够证明公民、法人或者其他组织知道具体行政行为的，自证据材料证明其知道具体行政行为之日起计算。同时，行政机关作出具体行政行为时未告知公民、法人或者其他组织，事后补充告知的，自该公民、法人或者其他组织收到行政机关补充告知的通知之日起计算。

（4）行政机关未履行法定职责。申请人申请行政机关履行法定职责，行政机关未履行的，行政复议申请期限计算分三种情形：①有履行期限规定的，自履行期限届满之日起计算；②没有履行期限规定的，自行政机关收到申请满六十日起计算；③在紧急情况下请求行政机关履行保护人身权、财产权的法定职责，行政机关不履行的，行政复议申请期限不受前款规定的限制。

3. 法定期限的耽搁

法定期限的耽搁有两种情况：一种是不可抗力。它指不能预见、不能避免并不能克服的客观情况的出现致使在法定期限内不能申请行政复议。另一种是其他正当理由，如申请人病重。

因不可抗力或者其他正当理由耽误法定申请期限的，申请期限自障碍消除之日起继续计算。

（二）申请形式

申请人表达申请意愿的形式，可以是书面申请的，也可以是口头申请的。

（1）申请人书面申请行政复议的，可以采取当面递交、邮寄或者传真等方式提出行政复议申请。行政复议机构接受以电子邮件形式提出的，申请人也可采用电子邮件形式提出。

书面申请应当载明申请人的基本情况，被申请人的名称，行政复议请求、主要事实和理由，申请人的签名或者盖章和申请日期。

（2）申请人口头申请行政复议的，行政复议机构应当作出记录，记录内容与书面申请应当载明的事项相同，同时当场制作行政复议申请笔录交申请人核对或者向申请人宣读，并由申请人签字确认。

二、对行政复议申请的受理

（一）受理和受理的期限

（1）行政复议机关应当在收到行政复议申请后的五日内，对申请进行审查并作出有关受理的决定。

（2）审查范围包括：

①审查其是否符合申请的形式要件。

②审查其是否超过法定的申请时效。如果复议申请超过申请时效，又无正当理由申请延长期限，复议机关不予受理。

③审查是否重复申请。对复议机关已经处理过的行政复议案件，正在审理的行政复议案件，或者在行政复议决定作出前自愿撤回行政复议申请的，申请人不能再就同一事实和理由向复议机关申请复议。

④审查是否已经起诉。公民、法人或其他组织已经向人民法院提起行政诉讼的，不得再向行政机关申请复议。

（3）受理的决定形式有：

①对不符合法律规定的申请决定不予受理，并书面告知申请人。

②对符合法律规定但是不属于本机关受理的行政复议申请，应当告知申请人向有关行政机关提出。

③行政复议申请材料不齐全或者表述不清楚的，行政复议机构可以自收到该行政复议申请之日起五日内书面通知申请人补正。补正通知应当载明需要补正的事项和合

理的补正期限。无正当理由逾期不补正的，视为申请人放弃行政复议申请。补正申请材料所用时间不计入行政复议审理期限。

除前面三种情形外，行政复议申请自行政复议机关负责法制工作的机构收到之日起即为受理。

（4）行政复议机关受理行政复议申请，不得向申请人收取任何费用。行政复议活动所需经费，应当列入本机关的行政经费，由本级财政予以保障。

（二）对行政复议机关无理拒绝受理的处理

公民、法人或者其他组织依法提出行政复议申请，行政复议机关无正当理由不予受理的，有两个处理办法：一是由上级行政机关责令该行政复议机关受理；二是在必要时，由上级行政机关直接受理。

上级行政机关具体的处理程序是：上级行政机关认为行政复议机关不予受理行政复议申请的理由不成立的，可以先行督促其受理；经督促仍不受理的，应当责令其限期受理，必要时也可以直接受理。同时，值得注意的是，如果上级机关认为申请人的复议申请确实不符合法定受理条件，不存在行政复议机关无正当理由不予受理的情形的，应当告知申请人。

（三）行政复议申请的移转

1. 移转的义务和情形

县级地方人民政府收到属于其他行政复议机关受理的行政复议申请，有义务转送有关行政复议机关。

2. 移转的期限

移转是法定程序，应当执行法定期限。移转的法定期限是收到该行政复议申请后的 7 日内。移转时应当同时告知行政复议申请人。

3. 接受移转的处理

接受移送的行政复议机关应当根据关于受理的规定，在法定期限内作出有关受理的决定。但是接受转送的受理时间，应当从收到移送之日起计算。

三、行政复议与行政诉讼的关系

（一）行政复议与行政诉讼的处理原则

1. 行政相对人自由选择

根据行政诉讼法，除非法律、法规规定必须先申请行政复议的，行政争议当事人可以自由选择是申请行政复议还是提起行政诉讼。

行政复议已经被依法受理的，当事人在法定复议期限以内不得提起诉讼；行政诉讼已经被依法受理的，则不得再申请行政复议。

法律、法规规定应当首先向行政复议机关申请行政复议，对行政复议决定不服再向人民法院提起行政诉讼的，行政复议机关不予受理或者受理后超过行政复议期限不做答复的，公民、法人或者其他组织可以自收到不予受理决定书之日起或者行政复议期满之日起 15 日内，依法向人民法院起诉。

2. 行政复议前置

《行政复议法》规定，对于侵犯已经依法取得的自然资源的所有权或者使用权的具体行政行为，必须首先进行行政复议。对行政复议决定不服再向人民法院提起行政诉讼的，行政复议机关不予受理或受理后超过期限不予答复的，公民、法人或者其他组织可以自收到不予受理决定书之日起或者行政复议期满之日起 15 日内，依法向人民法院提起行政诉讼。

3. 行政复议终局决定

法律规定行政复议机关作出的终局行政复议决定，当事人不得提起行政诉讼。

《行政复议法》规定的终局行政复议决定有两个：一是《行政复议法》第十四条规定的国务院的裁决；二是《行政复议法》第三十条关于省、自治区、直辖市人民政府对确认自然资源所有权或者使用权的复议决定。

对于土地、矿藏、水流、森林、山岭、草原、荒地、滩涂、海域等自然资源所有权和使用权的救济途径，行政复议法作出了如下专门规定：

（1）对于侵犯已经依法取得的自然资源的所有权或者使用权的具体行政行为，必须首先进行行政复议。对行政复议决定不服的，可以依法向人民法院提起行政诉讼。

（2）根据国务院或者省、自治区、直辖市人民政府对行政区划的勘定、调整或者征收土地的决定，省、自治区、直辖市人民政府确认土地、矿藏、水流、森林、山岭、草原、荒地、滩涂、海域等自然资源的所有权或者使用权的行政复议决定为最终裁决，不得提起行政诉讼。

这种终局裁决的主要理由是：行政区划的勘定和调整确定，是《中华人民共和国宪法》规定的国务院或者省、自治区、直辖市人民政府的职权，应当由行政机关作出终局的决定。

（二）行政复议与行政诉讼的异同点

1. 行政复议与行政诉讼的相同之处

（1）都是由行政争议双方之外的第三方对争议进行审理并作出裁决。

（2）两者的程序启动都具有被动性，都由行政相对人提起，相对人的申请或起诉是行政复议和行政诉讼的前提。

（3）行政复议和行政诉讼的审理对象都是行政争议。

（4）适用的程序具有相似性。

按照《行政复议法》的规定，行政复议适用复议活动特有的程序，包括行政复议的申请、受理、审理、决定、送达等，相对于其他具体行政行为的程序而言，行政复议程序更为严格、规范，与行政诉讼程序相当接近，具有准司法的性质。

（5）两者的基本目的相同。都在于维护公民、法人和其他组织的合法权益，在其受到行政机关的具体行政行为的侵害时予以相应的救济。

2. 行政复议与行政诉讼的不同之处

（1）性质不同。从制度的根本性质而言，行政复议是行政活动的一种，属于行政法所规范的制度；而行政诉讼则是一种司法性质的制度。

（2）审理机关不同。审理行政复议案件的机关是行政机关，而审理行政诉讼案件的机关则是人民法院。

（3）审理的范围和标准不同。在行政复议中，既可以审查具体行政行为，也可以附带审查的方式一并审查特定的抽象行政行为；既可以审查具体行政行为的合法性，也可以审查具体行政行为的合理性；既可以撤销违法的行政行为，也可以变更不当的行政行为。

而在行政诉讼中，人民法院只能审查具体行政行为而不能审查抽象的行政行为，只能审查具体行政行为的合法性并撤销违法的具体行政行为，一般情况下不能审查具体行政行为的合理性。

（4）审理方式不同。行政复议以书面审查为原则，以其他方式审查为例外。而行政诉讼以公开开庭审理为原则。

（5）审级制度和法律效力不同。一般而言，行政复议采取一级复议制度，申请人不服行政复议决定的，根据《行政诉讼法》的规定向人民法院提起行政诉讼。行政诉讼则采取二审终审制，当事人对一审判决不服的，可以在法定期限内向上一级人民法院提起上诉，由上级法院作出终审判决。

（6）行政复议机关受理行政复议申请，不得向申请人收取任何费用；行政诉讼则根据《行政诉讼法》的规定，人民法院受理行政案件，应当收取诉讼费用。

四、具体行政行为在行政复议期间的执行力

行政复议申请被行政复议机关接受以后，就开始计算行政复议期间。在这一期间具体行政行为是否还有执行效力呢？

（1）原则上，在行政复议期间具体行政行为不停止执行。

实行不停止执行制度的原因之一，是及时制止违法行为对社会的危害。多数行政复议案件涉及对行政机关规定义务的或者给予制裁性的决定，这些决定又往往是针对当事人违法行为作出的。在申请行政复议时，有些违法行为已经完成，但是也有些违法行为还处于持续状态，有待于处理。例如，危害环境的、危害公众身体健康或者生命安全的违法行为，如果相关行为在被申请行政复议后就停止执行，那么违法行为就有可能继续危害环境和公众的健康与生命。

（2）在行政复议期间不需要维持执行力的具体行政行为。

并不是所有的具体行政行为都需要在行政复议期间维持其执行力。至于哪些具体行政行为不需要维持执行力的，需要由有关国家机关根据公共利益和执行法律的需要在其权限范围内，作出具体行政行为可以停止执行的决定。《行政复议法》第二十一条规定了可以停止执行的四种情形：

①被申请人认为需要停止执行的。

②行政复议机关认为需要停止执行的。

③申请人申请停止执行，行政复议机关认为其要求合理，决定停止执行的。

④法律规定停止执行的。

第五节　行政复议的审理、决定和执行

一、行政复议的审理

（一）审查方式

（1）行政复议机关审查行政复议案件，应当由2名以上行政复议人员参加，原则上实行书面方式。

书面方式，就是行政复议机关根据书面材料查清案件事实并作出行政复议决定的方式。当事人以书面形式提出自己的申请意见和答辩意见，以书面形式提交和运用证据。书面审理的基本特点，是排除申请人的言词辩论。实行书面审理方式的主要理由，是应当采用符合行政效率原则的审理方式，迅速地查清事实并作出复议决定，不必将程序完全司法化。

（2）原则上实行书面审理方式，并不能排除行政复议机关根据需要选择书面方式以外的其他适当方式进行审理。

（3）至于具体形式视案件而定，可以向有关组织和人员调查情况，听取申请人、被申请人和第三人的意见，实地调查核实证据，也可以给予当事人向行政复议机关口头陈述有关事实的机会，或者使被申请人与申请人进行辩论以查清案件事实。采用书面审理以外方式的条件，既可以由申请人提出要求，也可以由行政复议机关负责法制工作的机构认为有必要时依职权决定。《行政复议法实施条例》明确规定，对重大、复杂的案件，申请人提出要求或者行政复议机构认为必要时，可以采取听证的方式审理。

（4）行政复议人员向有关组织和人员调查取证时，可以查阅、复制、调取有关文件和资料，向有关人员询问。调查取证时，行政复议人员不得少于2人，并应当向当事人或者有关人员出示证件。被调查单位和人员应配合行政复议人员的工作，不得拒绝或阻挠。

（二）举证责任

1. 被申请人举证责任

提交证据证明具体行政机关合法适当的责任，由被申请人负担。履行这一义务的内容，是提交当初作出具体行政行为的证据、依据和其他有关材料，对申请人的申请提出书面答复。根据行政复议的审查方式，被申请人的举证责任在复议程序开始阶段对申请人申请的答复程序中履行。不过，申请原级行政复议的案件略有特殊，由原承办具体行政行为有关事项的部门或者机构提出书面答复，并提交作出具体行政行为的证据、依据和其他有关材料。

2. 申请人举证责任

在行政复议中，并非所有的证据都由被申请人负担。在下列两种情况下，申请人应当提供证明材料：一是认为被申请人不履行法定职责的，提供曾经要求被申请人履行法定职责而被申请人未履行的证明材料；二是申请行政复议时一并提出行政赔偿请求的，提供受具体行政行为侵害而造成损害的证明材料。

3. 申请答复程序

行政复议机关负责法制工作的机构应当自行政复议申请受理之日起 7 日内，将行政复议申请书副本或者行政复议申请笔录复印件发送给被申请人。被申请人应当自收到申请书副本或者申请笔录复印件之日起 10 日内，提出书面答复，并提交当初作出具体行政行为的证据、依据和其他有关材料。

被申请人不履行这一义务的法律后果，是具体行政行为被撤销。被申请人不按照申请答复程序要求提出书面答复、提交当初作出具体行政行为的证据、依据和其他有关材料的，视为该具体行政行为没有证据、依据，行政复议机关可以决定撤销该具体行政行为。而且直接负责的主管人员和其他直接责任人员还将受到警告、记过、记大过的行政处分，构成犯罪的，将被依法追究刑事责任。

（三）查阅材料

《行政复议法》规定了查阅被申请人提供资料的制度，这是执行行政公开原则的重要制度，为申请人有效主张和维护其法律权利提供了条件。为方便申请人和第三人行使权利，《行政复议法实施条例》明确规定，行政复议机关应当为申请人、第三人查阅有关材料提供必要条件。

申请人和第三人查阅资料的内容，是被申请人提出的书面答复和其他有关材料；查阅资料的例外，是涉及国家秘密、商业秘密或者个人隐私的材料。除了法定例外事项，禁止行政机关设置其他理由拒绝申请人和第三人行使查阅权。

（四）证据收集

法律规定了限制被申请人在行政复议过程中证据收集权的制度。

（1）只是被申请人的证据收集权受到限制。申请人和第三人不受这种限制，他们有权在行政复议过程中收集证据。

（2）限制的内容是被申请人不得自行向申请人和其他有关组织和个人收集证据。如果被申请人向复议机关提出取证要求，复议机关认为有必要时可以作出调查取证的决定。

（3）限制的时间是行政复议的过程。这一过程开始于行政复议机关对复议申请的受理，结束于行政复议决定的执行完毕。

（五）撤回申请

因为申请人撤回申请会对行政复议秩序带来重要影响，法律需要设置一些必要的撤回条件，以规范申请人的申请撤回行为。

（1）撤回的条件，是提出撤回的申请并说明理由。撤回必须出自申请人的意愿。如果发现撤回申请有强迫、动员等违背人真实意愿的情形，行政复议机关可以不准许撤回申请。

（2）撤回的时间，是申请被受理以后和复议决定作出以前。

（3）撤回的效果，是终止正在进行的行政复议。

行政复议机关可以采用制作裁决书或者记录在案的方法，予以同意并终结行政复议。申请人撤回行政复议申请的，不得再以同一事实和理由提出行政复议申请。但是，申请人能够证明撤回行政复议申请违背其真实意思表示的除外。

案例：行政复议申请的撤回

2006 年 5 月 9 日，某县水利局以甲在河道内违法种植片林为由，向其送达 1 000 元罚款的处罚决定书。甲不服，于同月 19 日向某市水利局申请行政复议。6 月 8 日，复议机关同意甲撤回复议申请。

问题：如果甲能够证明撤回复议申请违背其真实意思表示，是否可以就同一事实和理由再次对该处罚决定提出复议申请？

解析：《行政复议法实施条例》第三十八条第二款规定，申请人撤回行政复议申请的，不得再以同一事实和理由提出行政复议申请。但是，申请人能够证明撤回行政复议申请违背其真实意思表示的除外。因此，如果甲能够证明撤回复议申请违背其真实意思表示，可以就同一事实和理由再次对该处罚决定提出复议申请。

（六）原具体行政行为的改变与行政复议中的和解和调解

1. 行政复议期间被申请人改变原具体行政行为

为促使行政争议的尽快解决，在行政复议期间被申请人可以改变原具体行政行为。如果接受被申请人改变原具体行政行为的后果，撤回行政复议申请并获得行政复议机关的同意，行政复议程序结束。但是，如果申请人不提出撤回复议申请或者虽提出申请而未获得准许，不影响行政复议案件的审理，行政复议机关应当继续就原具体行政行为进行审查，并根据不同情况依法作出决定。

2. 行政复议中的和解和调解

《行政复议法实施条例》规定，在行政复议期间，符合一定条件的案件，申请人和被申请人可以进行和解，行政复议机关可以进行调解。

（1）在行政复议期间，申请人和被申请人进行和解的具体要求有：

①对行政机关行使法律、法规规定的自由裁量权作出的具体行政行为，对行政赔偿和行政补偿事项，应属于可以和解事项。

②和解应当出于双方自愿，并签订书面和解协议。

③申请人与被申请人应当在行政复议决定作出前达成和解。

④和解内容不得损害社会公共利益和他人合法权益。

⑤应当向行政复议机构提交书面和解协议，并获得行政复议机构准许。

（2）行政复议机关在行政复议期间进行调解的要求和程序有：

①所能调解的事项包括因行政机关行使法律、法规规定的自由裁量权作出的具体行政行为引起的行政复议案件，当事人之间的行政赔偿纠纷，当事人之间的行政补偿纠纷。

②行政复议机关应当依据自愿、合法的原则进行调解。

③当事人经调解达成协议的，行政复议机关应当制作行政复议调解书。行政复议调解书应当载明行政复议请求、事实、理由和调解结果，并加盖行政复议机关印章。行政复议调解书经双方当事人签字，即具有法律效力。调解未达成协议或者调解书生效前一方反悔的，行政复议机关应当及时作出行政复议决定。

二、行政复议的决定

行政复议机关应当自受理申请之日起60日内作出行政复议决定，但是法律规定的行政复议期限少于60日的除外。情况复杂，不能在规定期限内作出行政复议决定的，经行政复议机关的负责人批准，可以适当延长，并告知申请人和被申请人，但是延长期限最多不超过30日。

（一）行政复议的撤销

（1）下级行政机关制定发布的，应当责令下级行政机关限期撤销和修改，也可以由行政复议机关直接作出决定予以撤销；复议机关制定发布的，由行政复议机关直接予以撤销。

（2）对该规定无权处理的，行政复议机关应当在7日内按照法定程序转送有权处理的行政机关依法处理。

（3）对行政规定的处理期间，应当中止对具体行政行为的审查。中止对具体行政行为的审查，应当记录在案，并通知当事人。

（二）决定程序和行政复议决定的种类

1. 决定程序

决定程序是行政复议机关内作出有关具体行政行为复议决定的工作程序，分为两个阶段：首先是行政复议机关负责法制工作的机构，对具体行政行为进行审查，提出审查处理意见；其次是行政复议机关的负责人员作出行政复议决定。

根据行政机关首长负责制，行政复议机关负责人有对复议决定的决定权。分为负责人的同意和负责人集体讨论决定两种情形。如果行政复议案件情节简单，事实和法律问题清楚，就可以由行政复议机关的负责人对法制机构的处理意见作出同意的表示，形成最终的行政复议决定；如果复议案件情节复杂，事实和法律问题比较多，就应当由行政复议机关的负责人集体讨论后作出决定。

2. 行政复议决定的种类

行政复议机关可以作出以下行政复议决定：

（1）具体行政行为认定事实清楚，证据确凿，适用依据正确，程序合法，内容适当的，决定维持。

（2）被申请人不履行法定职责的，决定其在一定期限内履行。

（3）具体行政行为有下列情形之一的，决定撤销、变更或者确认该具体行政行为违法；决定撤销或者确认该具体行政行为违法的，可以责令被申请人在一定期限内重新作出具体行政行为：①主要事实不清、证据不足的；②适用依据错误的；③违反法定程序的；④超越或者滥用职权的；⑤具体行政行为明显不当的。

（4）被申请人不按照《行政复议法》第二十三条的规定提出书面答复、提交当初作出具体行政行为的证据、依据和其他有关材料的，视为该具体行政行为没有证据、依据，决定撤销该具体行政行为。

行政复议机关责令被申请人重新作出具体行政行为的，被申请人不得以同一事实和理由作出与原具体行政行为相同或者基本相同的具体行政行为。

3. 驳回行政复议申请的决定

驳回申请决定是《行政复议法实施条例》适应实践要求而规定的决定形式，适用于以下两种情形：一是申请人认为行政机关不履行法定职责申请行政复议，行政复议机关受理后发现该行政机关没有相应法定职责或者在受理前已经履行法定职责的；二是受理行政复议申请后，发现该行政复议申请不符合行政复议法及其实施条例规定的受理条件的。不过，如果上级行政机关认为行政复议机关驳回行政复议申请的理由不成立的，应当责令其恢复审理。

4. 行政赔偿决定

行政复议机关作出行政复议决定，可以依法同时决定行政赔偿的问题。这里有两种情形：一种是申请人提出赔偿请求的，另一种是申请人没有提出赔偿请求的。

依申请作出的赔偿决定，是申请人在申请行政复议时一并提出了行政赔偿请求，行政复议机关对符合《中华人民共和国国家赔偿法》（简称《国家赔偿法》）的有关规定应当给予赔偿的，在决定撤销、变更具体行政行为或者确认具体行政行为违法时，应当同时决定被申请人依法给予赔偿。根据《国家赔偿法》第九条第二款，申请国家赔偿可以先向赔偿义务机关提出，也可以在申请行政复议时一并提出。如果对不予赔偿或者赔偿数额有异议，申请人当事人可以将复议机关和赔偿人一并作为共同被告提起行政诉讼。

依职权作出的赔偿决定，是申请人在申请行政复议时没有提出行政赔偿损失请求，但是行政复议机关可以在法定情形下直接作出赔偿决定。法定情形是指行政复议机关依法决定撤销或者变更罚款、撤销违法集资、没收财物、征收财物、摊派费用以及对财产的查封、扣押、冻结等具体行政行为时，同时责令被申请人返还财产，解除对财产的查封、扣押、冻结措施，或者赔偿相应的价款。

5. 行政复议调解书

根据《行政复议法实施条例》第五十条规定，行政复议机关可以对符合法定情形的行政纠纷进行调解：一是申请人对行政机关行使自由裁量权实施的具体行政行为不服申请行政复议的；二是当事人之间的行政赔偿或者行政补偿纠纷。当事人经调解达成协议的，行政复议机关应当制作行政复议调解书。调解未达成协议或者调解书生效前一方反悔的，行政复议机关应及时作出行政复议决定。

三、行政复议决定的执行

行政复议决定的执行，是有关国家机关依法采取措施强制实现行政复议决定规定内容的行为。

行政复议决定的执行需要具备以下法定条件。

（一）行政复议决定的生效

（1）依法在法定期限内作出行政复议决定。超过复议决定期限的，会产生当事人依法提起行政诉讼的法律后果。

（2）依法制作行政复议决定书。行政复议机关作出行政复议决定后，应当制作书面文件，即行政复议决定书。该决定书应当加盖行政复议机关的印章。

（3）依法送达行政复议决定书。送达是行政复议决定书发生法律效力的条件之一。一旦送达，行政复议决定可以立即生效。送达时间，可以是行政复议决定开始发生法律效力的起始时间，从那时起当事人就产生了履行义务。行政复议决定书的送达，依照《民事诉讼法》关于送达的规定执行。

（二）被申请人不履行义务及其执行措施

被申请人有义务履行已经生效的行政复议决定。不履行有两种情形：一种是完全不履行，另一种是无正当理由不及时履行。

有权采取执行措施的是行政复议机关或者有关上级机关，采取的执行措施是责令被申请人限期履行。

（三）申请人不履行义务及其执行措施

申请人不履行义务及其执行措施，比被申请人的情形要复杂一些。

被申请人不履行或者无正当理由拖延履行行政复议决定的，行政复议机关或者有关上级行政机关应当责令其限期履行。申请人逾期不起诉又不履行行政复议决定的，或者不履行最终裁决的行政复议决定的，按照下列规定分别处理：

（1）维持具体行政行为的行政复议决定，由作出具体行政行为的行政机关依法强制执行，或者申请人民法院强制执行。

（2）变更具体行政行为的行政复议决定，由行政复议机关依法强制执行，或者申请人民法院强制执行。

四、行政复议指导和监督

《行政复议法实施条例》规定的主要措施包括：

（1）县级以上地方各级人民政府应当建立健全行政复议工作责任制，将行政复议工作纳入本级政府目标责任制。

（2）县级以上地方各级人民政府应当按照职责权限，通过定期组织检查、抽查等方式，对所属工作部门和下级人民政府行政复议工作进行检查，并及时向有关方面反馈检查结果。

（3）行政复议期间行政复议机关发现被申请人或者其他下级行政机关的相关行政行为违法或者需要做好善后工作的，可以制作行政复议意见书。有关机关应当自收到行政复议意见书之日起 60 日内将纠正相关行政违法行为或者做好善后工作的情况通报行政复议机构。行政复议期间行政复议机构发现法律、法规、规章实施中带有普遍性的问题，可以制作行政复议建议书，向有关机关提出完善制度和改进行政执法的建议。

（4）县级以上各级人民政府行政复议机构应当定期向本级人民政府提交行政复议工作状况分析报告。

（5）下级行政复议机关应当及时将重大行政复议决定报上级行政复议机关备案。

案例：行政复议答复书

甲县四海密封材料厂在河道内建设厂房，甲县水务局 2020 年 10 月 27 日对其作出甲水罚责改〔2020〕第 60 号《责令（限期）改正通知书》，四海密封材料厂不服，认为自己的项目在河道滩区，但不在河道管理范围内，水务局无权管辖，于是向甲县人民政府申请行政复议，要求撤销甲县水务局对其下达的责改文书。

问题：甲县水务局怎么写行政复议答复书？

解析：

行政复议答复书

答复人：甲县水务局，地址：×× 省 ×× 市甲县 ×× 镇 ×× 路 ×× 号

法定代表人：李 ××，职务：局长

被答复人：甲县四海密封材料厂

负责人：马 ××

因被答复人甲县四海密封材料厂不服答复人 2020 年 10 月 27 日作出的甲水罚责改〔2020〕第 60 号《责令（限期）改正通知书》，向甲县人民政府申请行政复议，现答复如下：

答复人作出《责令（限期）改正通知书》违法事实认定清楚，适用法律正确，且履行了合法程序。

一、被答复人修建的建筑物处于甲县河道管理范围内。

根据《中华人民共和国防洪法》第二十一条第三款“有堤防的河道、湖泊，其管理范围为两岸堤防之间的水域、沙洲、滩地、行洪区和堤防及护堤地；无堤防的河道、湖泊，其管理范围为历史最高洪水位或者设计洪水位之间的水域、沙洲、滩地和行洪区”规定，甲县人民政府《甲县人民政府关于界定河道管理范围的通知》（甲政〔1999〕33 号）和《关于划定甲县河道和水利工程管理范围与水利工程保护范围的通告》，明确了甲县河道管理范围。

2020 年 10 月 27 日，答复人的水政监察人员对甲县四海密封材料厂进行了现场勘验，勘验地点位于 ×× 大道与 ×× 路交叉口东 250 m、×× 路往南 260 m 处路西（东经 ×× º3′ 38.98″ 、北纬 ×× º52′ 35.76″ ），确定被答复人修建的建筑物所处位置属于甲县河道管理范围内。

二、答复人有权对管理范围内的违法行为作出责令改正的行政行为。

根据《中华人民共和国防洪法》第六十三条“除本法第五十九条的规定外，本章规定的行政处罚和行政措施，由县级以上人民政府水行政主管部门决定，或者由流域管理机构按照国务院水行政主管部门规定的权限决定。但是，本法第六十条、第六十一条规定的治安管理处罚的决定机关，按照治安管理处罚法的规定执行”规定，水利部《关于流域管理机构决定〈防洪法〉规定的行政处罚和行政措施权限的通知》（水政法〔1999〕231 号），答复人有权对管理范围内的违法行为作出责令改正的行政行为。

三、被答复人在河道管理范围内修建建筑物违法事实清楚，答复人下达的《责令（限期）改正通知书》适用法律正确。

经勘验，被答复人在河道管理范围内（×× 大道与 ×× 路交叉口东 250 m、×× 路往南 260 m 处路西）修建的建筑物，占地面积为 5 797.40 m^2，建筑面积为 2 108.84 m^2，

分为砖混和彩钢瓦两种结构。该行为违反了《中华人民共和国防洪法》第二十二条第二款规定，违法事实清楚。答复人根据《中华人民共和国防洪法》第五十五条第一项规定下达了《责令（限期）改正通知书》，适用法律正确。

《中华人民共和国防洪法》第二十二条第二款：禁止在河道、湖泊管理范围内建设妨碍行洪的建筑物、构筑物，倾倒垃圾、渣土，从事影响河势稳定、危害河岸堤防安全和其他妨碍河道行洪的活动。

第五十五条　违反本法第二十二条第二款、第三款规定，有下列行为之一的，责令停止违法行为，排除阻碍或者采取其他补救措施，可以处五万元以下的罚款：

（一）在河道、湖泊管理范围内建设妨碍行洪的建筑物、构筑物的；

……

被答复人修建的建筑物处于河道管理范围内，在进行项目建设及有关活动时，必须符合《中华人民共和国水法》《中华人民共和国防洪法》等法律、法规，经河道主管机关批准，方能建设。

综上所述，答复人下达的甲水罚责改〔2020〕第60号《责令（限期）改正通知书》，是依职权作出的合法行为，履行了必要的法定程序。因此，恳请甲县人民政府驳回被答复人的诉请，依法维持答复人作出的《责令（限期）改正通知书》。

此致

甲县人民政府

2020年11月10日

附：证据目录

第一组证据：①单位法人证书复印件一份；②法定代表人身份证明书一份；③法定代表人身份证复印件一份。

证据目的：该组证据证明答复人的主体资格。

第二组证据：①现场勘验图；②现场检查（勘验）影像证据。

证据目的：该组证据证明被答复人的违法事实。

第三组证据：水利部《关于流域管理机构决定〈防洪法〉规定的行政处罚和行政措施权限的通知》（水政法〔1999〕231号）。

证据目的：该组证据证明甲县水务局有权作出责令改正的行政行为。

第四组证据：①《甲县人民政府关于界定河道管理范围的通知》（甲政〔1999〕33号）；②《关于划定甲县河道和水利工程管理范围与水利工程保护范围的通告》政府网站截图。

证据目的：该组证据证明甲县河道管理范围。

第五组证据：①《责令（限期）改正通知书》一份；②现场送达照片一张。

证据目的：该组证据证明答复人已有效送达。

第十二章 行政诉讼

第一节 行政诉讼概述

一、行政诉讼基本概念

（一）行政诉讼的概念

行政诉讼是法院应公民、法人或者其他组织的请求，通过审查行政行为合法性的方式，解决特定范围内行政争议的活动。

在我国，行政诉讼与刑事诉讼、民事诉讼并称为三大诉讼，是国家诉讼制度的基本形式之一。

（二）行政诉讼的特征

（1）行政诉讼是法院通过审判方式进行的一种司法活动。

之所以称为司法活动，是因为解决行政争议的方式和途径不止司法一种，有行政复议机关的复议活动，也有行政申诉处理活动，还有权力机关的监督处理活动。行政诉讼专指法院动用诉讼程序解决行政争议的活动。根据我国《宪法》规定，各级人民法院是国家的审判机关，法院是通过审判方式解决行政争议的唯一机关。

（2）行政诉讼是通过审查行政行为合法性的方式解决行政争议的活动。

行政诉讼以审查行政行为为核心内容。行政诉讼的审理形式及裁判形式都不同于民事诉讼和刑事诉讼。例如，被诉行政行为的合法性审查不适用调解；行政诉讼的裁判以确认、撤销、维持判决为主要形式等。

（3）行政诉讼是解决特定范围内行政争议的活动。

行政争议是行政机关行使职权实施公务活动时引发的纠纷。此类争议形式多样、种类繁多，既有行政机关与行政机关之间、行政机关与公务人员之间的内部争议，也有行政机关与公民、法人或者其他组织之间的外部争议；既有因行政机关实施抽象行政行为引发的争议，也有行政机关实施具体行政行为引发的争议；既有行政机关实施法律行为引起的争议，也有行政机关实施事实行为引起的争议。并非所有的行政争议都能够通过法院的诉讼活动得到解决，法院解决的行政争议是特定范围内的争议。按照《行政诉讼法》的规定，法院只解决行政机关实施行政行为时与公民、法人或者其他组织发生的争议。《行政诉讼法》第二条规定，公民、法人或者其他组织认为行政机关和行政机关工作人员的行政行为侵犯其合法权益，有权依照本法向人民法院提起诉讼。《行政诉讼法》第十三条规定的排除范围内的行政争议不属于行政诉讼解决的争议，由另外的救济途径解决。

（4）行政诉讼当事人的地位具有特殊性。

一方面，行政诉讼的原告恒定为作为行政管理相对一方的公民、法人或者其他组织；行政诉讼的被告恒定为作为行政主体的行政机关和法律、法规授权的组织。当行政机关与法律、法规授权的组织不是作为行政主体，而是作为管理相对人时，也可以成为行政诉讼原告。行政诉讼当事人的恒定是由行政管理活动的特点决定的。因为在我国，行政机关享有国家法律赋予的命令权、强制权等，行政机关完全可通过自身享有的这些权力迫使当事人服从行政命令，履行行政义务，行政机关无须通过向法院起诉的方式达到行政目标。作为行政管理相对一方的公民、法人或者其他组织则不然，他们有义务服从行政管理，不得直接与行政机关相对抗。另一方面，行政诉讼当事人的权利、义务具有特定性。行政诉讼原告享有起诉权、撤诉权，而被告不享有起诉权和反诉权，同时对具体行政行为合法性承担举证责任。

二、行政诉讼的基本原则

行政诉讼的基本原则是指行政诉讼法规定的，贯穿于行政诉讼的主要过程，对行政诉讼活动起支配作用的基本行为准则。

行政诉讼的基本原则不同于行政诉讼的具体规则，按照适用范围的标准可将其分为共有原则和特有原则。共有原则包括：人民法院依法独立行使审判权原则；以事实为根据、以法律为准绳原则；合议、回避、公开审判和两审终审原则；当事人诉讼法律地位平等原则、使用民族语言文字原则；当事人有权辩论原则；人民检察院实行法律监督原则。行政诉讼法所特有的原则，是具体行政行为合法性审查原则。

（一）人民法院依法独立行使行政审判权原则

人民法院依法独立行使审判权，是我国宪法规定的一项重要原则。《行政诉讼法》第四条规定，人民法院依法对行政案件独立行使审判权，不受行政机关、社会团体和个人的干涉。

该原则包含以下内容：

（1）行政审判权由人民法院统一行使。

首先，行政审判权是我国的司法主权不可分割的组成部分，只能由人民法院代表国家行使，任何外国政府和机关不能干涉或者分割。其次，人民法院有权依法定程序确定自己对某一个行政案件是否享有管辖权，对此，其他国家机关、社会团体或者个人都不得干涉。最后，人民法院统一行使行政审判权必须符合法律规定。人民法院审理行政案件的全部过程，从最初对起诉的受理，到对具体行政行为的实质性审查，再到判决执行都要严格依法进行。行政审判权，既包含羁束的权力，也包含自由裁量的权力。当人民法院行使自由裁量权时，还须公正合理，不得滥用权力。

（2）案件审判独立。

人民法院作为一个整体独立，不受外界的任何非法影响。行政审判独立的首要一环是人民法院作为一个整体独立于行政机关、社会团体和个人。不能把法官个人的独立等同于行政审判独立，法院集体独立是我国行政审判独立的实质。

（3）合议庭审判独立。

合议庭在具体办理和审判行政案件的过程中非依法定程序不受来自法院内部和外部的各种影响。行政诉讼实行合议制，在一般案件中，合议庭的裁判即视为人民法院的裁判。因此，人民法院独立行使行政审判权原则的第二层次的内容是合议庭独立进行审判，既不受行政机关、社会团体和个人的干涉，也不受审判委员会、院长或庭长的干涉。对于重大复杂的行政案件，如果合议庭经开庭审判不能作出判决，应当通过法定程序提交审判委员会决定。

（4）审判人员独立。

审判人员参加合议庭审判和审判委员会议决时，不受来自法院内部和外部的干涉或者指使，独立进行判断，发表自己的意见，并完全按照自己的意志表决。法官的个人独立是人民法院独立审判的必要条件。

（5）人民法院行使行政审判权，不受行政机关、社会团体和个人的干涉。

由于行政诉讼的一方当事人是行政机关，而行政机关与人民法院同为国家机关，并有着密切的联系，因而，行政审判必须排除来自行政机关的干扰。同样，为保证行政审判的独立和公正，也要排除社会团体和其他个人的干涉。此外，虽然行政审判要接受国家权力机关和新闻舆论的监督，但为确保行政审判的独立，国家权力机关的监督和新闻舆论的监督也必须依法进行。

（二）以事实为根据、以法律为准绳原则

1. 以事实为根据

人民法院审理行政案件应当查明下列事实：

（1）行政机关调查认定的事实。依照行政程序法理，行政机关在作出具体行政行为之前就必须调查收集到足够的证据，在被起诉后不能也无须补充收集证据。因此，查明行政机关所调查认定的事实就成为作出正确判决的关键所在。

（2）与本案有关的其他事实。人民法院在必要时还应当进一步查明行政案卷没有真实反映或者遗漏的有关案件情况。人民法院此时可以自行收集证据，采取询问证人、勘验检查、调取书证和物证、鉴定以及证据保全等措施，也可以要求原告或者其他诉讼参加人提供证据，甚至指令行政机关补充提供证据。

（3）行政诉讼程序事实。人民法院作出裁判，不仅要实体合法，而且要程序合法。

2. 以法律为准绳

人民法院审理行政案件，应当正确适用法律，对行政行为合法性进行判断。具体来说，应当依据下面三类法律规定：

（1）行政实体法。包括有关行政机关设立和职权的行政组织法，有关行政机关行使职权的单行的部门行政法律、法规，以及有关公民、法人或者其他组织具体权利义务的法律、法规。

（2）行政程序法。包括有关行政机关行使职权的程序法和规定公民、法人或者其他组织程序上的权利义务的程序法。

（3）行政诉讼法。人民法院审理行政案件还必须遵守行政诉讼法。违反行政诉讼法规定的裁判无效。

人民法院适用法律必须遵守《行政诉讼法》第六十三条的规定，即以法律、行政法规、地方性法规和自治条例、单行条例为依据，参照行政规章，在遇到法律冲突时，还应当遵守有关的法律冲突选择适用规则。《行政诉讼法》第六十四条规定，人民法院在审理行政案件中，经审查认为本法第五十三条规定的规范性文件不合法的，不作为认定行政行为合法的依据，并向制定机关提出处理建议。

（三）合议、回避、公开审判和两审终审原则

人民法院审理行政案件，依法实行合议、回避、公开审判和两审终审原则。

1. 合议原则

合议原则是指人民法院对行政案件的审理，由审判员或审判员与陪审员依照法定人数和组织形式组成合议庭进行。

2. 回避原则

回避原则是指承办行政案件的审判人员和其他有关人员遇有法律规定应当回避的情形时，应当经过法定程序退出行政诉讼活动。回避适用于审判人员、书记员、勘验人、鉴定人和翻译人员。回避的条件是审判人员或其他有关人员与本案有利害关系或者有其他关系可能影响公正审判。回避分为自行回避和申请回避两种。当事人申请回避，应在案件开始审理时提出。回避事由在案件开始审理后知道的，也可以在法庭辩论终结前提出。申请回避，可以口头提出，也可以书面提出。院长担任审判长时的回避，由审判委员会决定；审判人员的回避，由院长决定；其他人员的回避，由审判长决定。当事人对决定不服的，可以申请复议一次。被申请回避的人员在人民法院作出是否回避的决定前，应当暂停参与本案的工作，但案件需要采取紧急措施的除外。

3. 公开审判原则

在行政诉讼中，公开审判原则是指人民法院审理行政案件，除法律规定的特殊情况外，一律公开进行。《行政诉讼法》第五十四条规定，人民法院公开审理行政案件，但涉及国家秘密、个人隐私和法律另有规定的除外。涉及商业秘密的案件，当事人申

请不公开审理的，可以不公开审理。

4. 两审终审原则

在行政诉讼中，两审终审原则是指行政案件经过两级人民法院的审理即告终结。即：当事人对第一审行政判决、裁定不服的，可以向上一级人民法院提起上诉，启动第二审程序。第二审人民法院的判决、裁定是终局判决、裁定，对此，当事人不得再提起上诉。另外，最高人民法院是国家最高审判机关，最高人民法院作出的一审判决、裁定，当事人不得上诉。

（四）当事人法律地位平等原则

在行政管理过程中，行政机关是行政主体，其地位明显优越于行政管理相对人。在行政诉讼中，这种情况发生了转变，行政机关与公民、法人或者其他组织一样都是行政诉讼的当事人，没有高低贵贱之分，也没有法外特权，享有同等的机会阐述意见和辨明是非。公民、法人或者其他组织依法享有起诉权，行政机关不但没有这项权利，也没有反诉权，相反却受到很多限制，如对具体行政行为的合法性承担举证责任，诉讼期间不得自行向原告、证人调查取证等，这些限制科学反映了行政诉讼的特殊要求。另外，人民法院保障当事人平等地享有参与行政诉讼的机会，在适用法律上对当事人一律平等，防止行政机关给公民、法人或者其他组织施加压力，同时应当防止原告滥诉，无理纠缠。

（五）使用民族语言文字原则

各民族公民都有用本民族语言、文字进行行政诉讼的权利。

在少数民族聚居或者多民族共同居住的地区，人民法院应当用当地民族通用的语言、文字进行审理和发布法律文书。

人民法院应当对不通晓当地民族通用的语言、文字的诉讼参与人提供翻译。

（六）当事人有权辩论原则

《行政诉讼法》第十条规定，当事人在行政诉讼中有权进行辩论。所谓辩论，是指当事人在法院的主持下，就案件的事实和法律问题各自陈述主张和意见，互相反驳，进一步辨明真伪和是非。

辩论权是当事人的基本诉讼权。原告、被告、共同诉讼人和第三人都享有辩论权，在第一审程序、第二审程序、审判监督程序和执行程序中进行辩论。

（七）人民检察院实行法律监督原则

（1）人民检察院有权对行政诉讼实行法律监督。

《行政诉讼法》第十一条规定，人民检察院有权对行政诉讼实行法律监督。

首先，人民检察院对行政诉讼活动的合法性有权进行监督。

其次，人民检察院对人民法院和行政诉讼参与人都有权进行法律监督。

在行政诉讼中，人民检察院对人民法院审判活动和执行活动是否合法进行监督。

同时，人民检察院有权监督行政诉讼参与人，可以向违法行为人直接提出纠正意见，也可以要求人民法院采取纠正措施。当然，人民检察院不能直接对违法行为人采取措施。

最后，人民检察院有权对行政诉讼的整个过程实行法律监督。

行政诉讼可以分为审判和执行两个阶段。审判包括第一审程序、第二审程序和再审程序，每一个审判程序大体包括起诉、受理、审理、判决和送达等阶段。人民检察院有权对上述程序和阶段实行监督。

（2）人民检察院实行法律监督的主要方式是抗诉。

最高人民检察院对各级人民法院已经发生法律效力的行政判决、裁定，上级人民检察院对下级人民法院已经发生法律效力的行政判决、裁定，发现违反法律、法规规定的，应当按照审判监督程序提出抗诉。地方各级人民检察院对同级人民法院已经发生法律效力的行政判决、裁定，发现违反法律、法规规定的，应当建议上级人民检察院提出抗诉。人民检察院提出抗诉的案件，应当派员出庭，对诉讼活动是否合法进行监督。

抗诉应当符合两个原则：一是同级抗诉原则。受理抗诉的人民法院应当与提出抗诉的人民检察院的级别相同。受理抗诉的人民法院指定下级人民法院审判的，人民检察院也应当通过下级人民检察院进行抗诉。二是抗诉必须受理原则。人民法院对人民检察院提出的抗诉必须受理并要开庭审判。人民检察院的抗诉是行使国家检察权的行为，具有法律效力，人民法院应当接受抗诉行为的约束力。人民检察院可以参加行政案件的审判和执行，发现违法情况的，可以提出纠正意见。

（八）行政行为合法性审查原则

与刑事诉讼和民事诉讼相比，行政行为合法性审查原则是行政诉讼最有特色的基本原则。

根据《行政诉讼法》第十二条和第十三条有关行政诉讼受案范围的规定，对于受案范围之外的具体行政行为引起的争议，人民法院不能受理，当然也就不能审查。从内容来看，人民法院以审查行政行为的合法性为原则，以审查行政行为的合理性为例外。

人民法院审查具体行政行为合法性的具体内容包括：

（1）行政机关是否享有作出行政行为的权限，是否超越法定的职责权限以及是否依法享有事务管辖权、级别管辖权和地域管辖权。

（2）行政行为的证据是否确凿充分、事实是否清楚，证据是否具有合法性、客观性和相关性。

（3）行政行为适用法律依据是否正确。

（4）行政行为程序是否合法。

（5）行政行为的目的是否合法。行政机关不得借用合法的形式，实现非法的目的。

在法定例外情况下，人民法院也可以审查具体行政行为的合理性。《行政诉讼法》

第七十七条规定，行政处罚明显不当，或者其他行政行为涉及对款额的确定、认定确有错误的，人民法院可以判决变更。据此，如果行政处罚的轻重与案件的事实和情节明显不相适应，法院可以判决变更。所谓“可以”，是指法院有权判决变更，这要根据案件的具体情况而定。

三、行政诉讼与民事诉讼、刑事诉讼的关系

（一）行政诉讼与民事诉讼的关系

1.两者的区别

两者的区别表现在：

（1）诉讼客体和诉讼目的不同。

行政诉讼的客体是行政争议，其目的是审查行政行为的合法性，为公民、法人或者其他组织提供法律救济；而民事诉讼的客体是民事争议，其目的是解决民事纠纷，保障当事人民事权益的实现。行政诉讼有时需以行政复议前置为前提，即有些案件需要经过行政复议才能提起行政诉讼，在民事诉讼中不存在类似的限制。

（2）诉讼主体不同。

虽然行政诉讼和民事诉讼都是在法院主持下解决争议的活动，但诉讼当事人法律地位不同。行政诉讼主体具有恒定性，被告只能是国家行政机关或法律、法规授权的组织，一般的公民、法人或者其他组织不能做行政诉讼的被告。民事诉讼就没有上述限制，当事人的诉讼地位没有恒定性，被告既可以是公民、法人，也可以是行政机关，行政机关在民事诉讼中，既可以做原告，也可以做被告。

（3）当事人的诉讼权利、义务不同。

行政诉讼中，当事人双方的权利、义务不完全对等。例如，公民、法人或者其他组织享有起诉权，而作为执行公务行使职权的行政机关就没有起诉权，也没有反诉权，并不像民事诉讼中，双方当事人都具有控告对方的权利，被诉方可以对诉讼方进行反诉。在举证责任上，被告行政机关对行政行为的合法性负有举证责任，而原告并不承担此项举证责任，但在民事诉讼中，普遍适用“谁主张，谁举证”原则，双方当事人享有的诉讼权利和承担的诉讼义务完全对等，当事人都对自己的主张负有举证义务。

（4）可否适用调解不同。

行政诉讼中，《行政诉讼法》第六十条规定人民法院审理行政案件，不适用调解。但是，行政赔偿、补偿以及行政机关行使法律、法规规定的自由裁量权的案件可以调解。在民事诉讼中，调解是一项重要原则，法院既可以调解的方式进行审理，也可以调解的方式结案。

（5）判决和执行方式不同。

在行政诉讼中，法院审理的重点是被诉具体行政行为的合法性，法院有权对具体

行政行为作出维持、撤销、变更、履行等判决，但通常不对当事人在行政法上的权利、义务直接作出判决，所以行政诉讼的判决形式较单一。而民事诉讼审理的是民事争议，法院有权作出确认判决、给付判决和变更判决，可以直接决定当事人的民事权利、义务。此外，行政诉讼判决的执行措施也不同于民事诉讼。法律对原被告规定了不同的执行措施，且被告行政机关依法享有对部分判决的直接强制执行手段。民事诉讼判决裁定的强制执行，则全部要由法院进行，而且强制执行措施普遍适用于民事诉讼原被告。

2. 两者的联系

两者的联系多种多样，主要形态有：

（1）附带关系。

行政诉讼解决的相当一部分行政争议与民事争议交织在一起，解决行政争议成为解决民事争议的前提条件。法院通过行政诉讼处理行政争议时，有可能也有必要一并解决与此相关的民事争议，这就是行政附带民事诉讼。它体现了诉讼经济原则，便于当事人双方解决争议，也可以避免出现一事多判的矛盾结果。

（2）先后关系。

《行政诉讼法》第六十一条规定，在涉及行政许可、登记、征收、征用和行政机关对民事争议所作的裁决的行政诉讼中，当事人申请一并解决相关民事争议的，人民法院可以一并审理。在行政诉讼中，人民法院认为行政案件的审理须以民事诉讼的裁判为依据的，可以裁定中止行政诉讼。

在民事诉讼过程中，如果出现行政争议的先决性或行政行为合法性的审查问题，通常情况下，民事诉讼应当中止，等待行政诉讼的判决结果。

（3）参照关系。

当事人因不服行政违法侵权行为提起的赔偿诉讼，既有行政诉讼的特点，也兼具民事诉讼的特点，法院处理赔偿案件和行政争议时，在不与行政诉讼的性质本身发生冲突的情况下，可以参照《民事诉讼法》的有关规定，采用民事诉讼规则进行。

（4）互补关系。

行政诉讼和民事诉讼应当相互衔接，构成给当事人提供法律救济的完整体系。在行政争议与民事纠纷难以区分的情况下，如果当事人不可能通过民事诉讼解决争端，人民法院则应当为当事人提供行政诉讼的救济。

（5）排斥关系。

针对同一争议，行政机关已经作出处理或者人民法院已经作出行政裁判的，当事人不得再提起民事诉讼。

（二）行政诉讼与刑事诉讼之间的关系

1. 两者的区别

（1）诉讼目的不同。

行政诉讼的目的是保护公民的合法权益，维护和监督行政机关依法行使行政职权。刑事诉讼的目的是打击犯罪和保障人权。

（2）诉讼主体不同。

行政诉讼的提出主体为不服行政机关违法行政行为的行政相对人或相关人，而刑事诉讼一般只能由人民检察院代表国家提起公诉，或由自诉案件中的被害人向人民法院提起。行政诉讼主体包括法院和原告、被告、第三人等当事人；而刑事诉讼主体比较复杂，包括公安机关、检察机关、法院、犯罪嫌疑人、自诉人、刑事被告人、刑事被害人等。

（3）诉讼程序不同。

行政诉讼程序包括第一审程序、第二审程序、审判监督程序和执行程序，而刑事诉讼除上述程序外，还有侦查程序、公诉审查程序、死刑复核程序等。

（4）法律依据不同。

行政诉讼的法律依据是行政实体法、行政程序法和行政诉讼法，而刑事诉讼的法律依据是刑法和刑事诉讼法。

2. 两者间的联系

（1）移送关系。

人民法院在审理行政案件过程中发现本案涉及犯罪需要追究刑事责任的，如果刑事责任涉及的案件事实与行政争议涉及的案件事实之间没有法律上的关联性，即犯罪事实构成另案事实的，应当将有关案件材料移交公安司法机关处理。

（2）先后关系。

根据《行政诉讼法》第六十六条的规定，人民法院在审理行政案件中，认为行政机关的主管人员、直接责任人员违法违纪的，应当将有关材料移送监察机关、该行政机关或者其上一级行政机关；认为有犯罪行为的，应当将有关材料移送公安、检察机关。人民法院对被告经传票传唤无正当理由拒不到庭，或者未经法庭许可中途退庭的，可以将被告拒不到庭或者中途退庭的情况予以公告，并可以向监察机关或者被告的上一级行政机关提出依法给予其主要负责人或者直接责任人员处分的司法建议。

人民法院在审理行政案件过程中发现涉及犯罪事实与本案事实具有法律上的关联性，公安司法机关有关犯罪事实的处理影响本案事实认定或者法律适用的，应当裁定中止行政诉讼，将有关案件材料移交公安司法机关，待公安司法机关作出最终生效裁判后，继续进行行政诉讼。

（3）排斥关系。

刑事诉讼和行政诉讼可能发生冲突的，原则上不同时进行，当事人也不得同时提起。

第二节　行政诉讼法基本知识

一、行政诉讼法

《中华人民共和国行政诉讼法》，于1989年4月4日第七届全国人民代表大会第二次会议通过，根据2014年11月1日第十二届全国人民代表大会常务委员会第十一次会议《关于修改〈中华人民共和国行政诉讼法〉的决定》第一次修正，根据2017年6月27日第十二届全国人民代表大会常务委员会第二十八次会议《关于修改〈中华人民共和国民事诉讼法〉和〈中华人民共和国行政诉讼法〉的决定》第二次修正。

行政诉讼法是有关行政诉讼的法律规范的总和。它是规定人民法院、诉讼当事人和其他参与人的诉讼活动程序，规范各种行政诉讼行为，调整行政诉讼关系的法律规范，是我国法律体系中的一个重要法律部门。

首先，行政诉讼法是规定行政诉讼活动程序的法律规范。行政诉讼是法院在当事人及其他诉讼参与人参加下解决行政争议的活动，法院、当事人及其他诉讼参与人实施诉讼行为，发生诉讼关系的步骤、方法、形式、顺序、时限均要由法律明确规定。行政诉讼法就是规定上述程序的法律规范。

其次，行政诉讼法调整的对象是诉讼行为和诉讼关系。行政诉讼法以诉讼行为和诉讼关系为调整对象。所谓诉讼行为，是指行政诉讼中法院、当事人及其他诉讼参与人在诉讼过程中实施的各种行为，如起诉、答辩、送达、裁判、妨碍诉讼、拒不执行判决等。行政诉讼法调整诉讼行为的基本方式是创设行为模式，明确规定各个诉讼主体实施行为的条件、标准及法律后果。所谓诉讼关系，是指行政诉讼过程中各方诉讼主体之间形成的特定的诉讼事实与后果之间的关系。

再次，行政诉讼法的主要内容是规定行政诉讼主体的权利与义务。行政诉讼法规定法院、诉讼当事人及其他诉讼参与人在诉讼活动中的职责、权利和义务。例如，人民法院享有行政争议案件的主管权与管辖权，对于符合法定条件的行政案件，法院不仅有受理的权力，而且有必须受理的职责。法院享有主持案件审理、指挥庭审的权力，法官遇有与案件有利害关系情形时有回避的义务。当事人有起诉的权利，也有接受终审裁判、执行法院裁判的义务。

最后，行政诉讼法是有关行政诉讼的法律规范的总和。行政诉讼法有广义、狭义之分。狭义的行政诉讼法也称形式意义上的行政诉讼法律规范，专指《中华人民共和国行政诉讼法》。广义的行政诉讼法也称实质意义的行政诉讼法律、规范，除行政诉讼法外，还包括一切有关行政诉讼的法律、规范，它们分散在各种法律、法规及立法、司法解释中。

二、行政诉讼受案范围

（一）应予受理的案件

根据《行政诉讼法》，人民法院受理公民、法人或者其他组织提起的下列诉讼：

（1）对行政拘留、暂扣或者吊销许可证和执照、责令停产停业、没收违法所得、没收非法财物、罚款、警告等行政处罚不服的。

（2）对限制人身自由或者对财产的查封、扣押、冻结等行政强制措施和行政强制执行不服的。

（3）申请行政许可，行政机关拒绝或者在法定期限内不予答复，或者对行政机关作出的有关行政许可的其他决定不服的。

（4）对行政机关作出的关于确认土地、矿藏、水流、森林、山岭、草原、荒地、滩涂、海域等自然资源的所有权或者使用权的决定不服的。

（5）对征收、征用决定及其补偿决定不服的。

（6）申请行政机关履行保护人身权、财产权等合法权益的法定职责，行政机关拒绝履行或者不予答复的。

（7）认为行政机关侵犯其经营自主权或者农村土地承包经营权、农村土地经营权的。

（8）认为行政机关滥用行政权力排除或者限制竞争的。

（9）认为行政机关违法集资、摊派费用或者违法要求履行其他义务的。

（10）认为行政机关没有依法支付抚恤金、最低生活保障待遇或者社会保险待遇的。

（11）认为行政机关不依法履行、未按照约定履行或者违法变更、解除政府特许经营协议、土地房屋征收补偿协议等协议的。

（12）认为行政机关侵犯其他人身权、财产权等合法权益的。

除前款规定外，人民法院受理法律、法规规定可以提起诉讼的其他行政案件。

可以通过以下两类案件具体解读。

1. 行政处罚案件

（1）人身罚。即以公民人身权的限制或者剥夺为内容的行政处罚。主要包括警告、通报批评和行政拘留三种。其中，行政拘留只能由承担警察职能的行政机关采取。

（2）财产罚。即以剥夺或者限制公民的财产权为内容的行政处罚，包括：

第一，罚款。行政机关依法强制违法公民在一定期限内向国家交纳一定数量的货币的处罚形式。在认定罚款这种处罚形式时，需要注意区分作为行政强制执行措施的罚款与行政处罚的罚款。如《行政处罚法》第七十二条规定，“当事人逾期不履行行政处罚决定的，作出行政处罚决定的行政机关可以采取下列措施：（一）到期不缴纳罚款的，每日按罚款数额的百分之三加处罚款……”这一条文规定的“百分之三加处罚款”，虽然也使用了“罚款”一词，但属于执行罚，而不是行政处罚。

第二，没收违法所得、没收非法财物。这里的关键问题有两个：一是违法所得和非法财物的认定。违法所得是指当事人通过法律禁止的途径、手段或者方法取得的任何财产权益。非法财物是指当事人用于非法目的或者用来从事违法犯罪行为的物品。二是没收的范围。并非所有的非法所得或者非法财物都可以没收。行政机关在适用没收的处罚时，需要注意公民基本生存权保障、处罚与违法行为相适应等原则，还需要注意有些财物，即使非法了，也不可能适用没收。例如，两村未经法定程序交易的土地。

第三，资格罚。即以剥夺或者限制公民从事特定行为的资格为内容的行政处罚。其主要形式是吊销或者暂扣许可证和执照。对许可证和执照应当做广义的理解，凡是行政机关颁发的具有许可性质的文书都应当视为许可证或者执照的范畴。行政许可的表现形式多种多样，常见的有许可证、执照、批准书或文件、登记证、签证等。

第四，行为罚。即责令公民为或者不为一定行为的处罚形式，如“责令停产停业”，即行政机关依法命令企业在一定的期限内停止生产经营活动。行政机关可以通过附条件或者附期限两种方式实施责令停产停业的处罚。所谓附期限，是指行政主管机关命令受处罚人在一定的期限内治理、整顿，达到法定的生产经营条件和标准的，可以在期限届满以后恢复生产经营。所谓附条件，是指行政机关命令企业停产停业，而不明示期限，由行政机关视其治理、整顿情况，重新作出准予开始生产经营的决定。

2. 行政许可案件

需要注意的是，认定行政许可的标准是内在特征而不是名称。行政许可涉及公安、卫生、土地、城建、取用水、开采矿等各行各业，立法分散，名称不统一，如认可、登记、证明、批准、同意、执照、许可、检验、准许、特许、注册、备案、审核、检定等。因此，在认定行政机关的一个行为是否属于行政许可时，应当着眼于内容和内在的特征，而不是名称。

（二）不予受理的案件

根据《行政诉讼法》第十三条，人民法院不受理公民、法人或者其他组织对下列事项提起的诉讼：

（1）国防、外交等国家行为。

（2）行政法规、规章或者行政机关制定、发布的具有普遍约束力的决定、命令。

（3）行政机关对行政机关工作人员的奖惩、任免等决定。

（4）法律规定由行政机关最终裁决的行政行为。

《最高人民法院关于适用〈中华人民共和国行政诉讼法〉的解释》（法释

〔2018〕1 号）第一条规定，下列行为不属于人民法院行政诉讼的受案范围：

（1）公安、国家安全等机关依照刑事诉讼法的明确授权实施的行为。

（2）调解行为以及法律规定的仲裁行为。

（3）行政指导行为。

（4）驳回当事人对行政行为提起申诉的重复处理行为。

（5）行政机关作出的不产生外部法律效力的行为。

（6）行政机关为作出行政行为而实施的准备、论证、研究、层报、咨询等过程性行为。

（7）行政机关根据人民法院的生效裁判、协助执行通知书作出的执行行为，但行政机关扩大执行范围或者采取违法方式实施的除外。

（8）上级行政机关基于内部层级监督关系对下级行政机关作出的听取报告、执法检查、督促履责等行为。

（9）行政机关针对信访事项作出的登记、受理、交办、转送、复查、复核意见等行为。

（10）对公民、法人或者其他组织权利、义务不产生实际影响的行为。

1. 国家行为

国家行为是指国务院、中央军事委员会、国防部、外交部等根据宪法和法律的授权，以国家的名义实施的有关国防和外交事务的行为，以及经宪法和法律授权的国家机关宣布紧急状态等行为。

国家行为区别于一般行政行为的突出特点是：

（1）政治性。国家行为涉及国家的整体利益和重大利益，往往是中央政府协调各种冲突，对国家重大利益和整体利益作出选择和安排的行为。国家行为往往涉及国家政治制度的整体，如人民代表大会制度、职能分工制度等。政治性是国家行为与一般的行政行为的根本区别所在。

（2）灵活性。国家行为主权性和政治性决定了它必须具有灵活性。为了确保国家的安定和利益，中央国家机关必须根据具体情况作出具体的判断，不能也没有必要事先设定可供选择的方案。

（3）秘密性。出于国家安全的考虑，许多国家行为都秘密进行，不向社会公布。

2. 抽象行政行为

抽象行政行为是指行政机关制定行政法规、行政规章和发布具有普遍约束力的决定、命令的行为。“具有普遍约束力的决定、命令”，是指行政机关针对不特定对象发布的能反复适用的规范性文件。

行政诉讼法没有将抽象行政行为纳入受案范围的原因是：

（1）抽象行政行为可以通过人民代表大会和上级行政机关监督的方式确保其合

法性。

（2）抽象行政行为的对象范围大、不确定，其合法性问题不适合通过诉讼途径解决。

3. 行政机关对其工作人员的奖惩、任免等决定

对行政机关工作人员的奖惩、任免等决定，是指行政机关作出的涉及行政机关工作人员公务员权利、义务的决定，是行政机关作出的、涉及公务员权利义务的各类决定的统称。除奖惩、任免决定外，行政机关的内部人事管理行为还包括行政机关对其工作人员作出的培训、考核、离退休、工资、休假等方面的决定。

《最高人民法院关于监察机关作出的开除处分行为是否属于人民法院行政诉讼受案范围的答复》（2000 年 11 月 1 日）将监察机关作出的开除处分决定排除在受案范围之外。

行政诉讼法没有将这类内部行为纳入行政诉讼受案范围的主要原因是这类行为往往涉及高度经验性的判断。例如，机关领导对工作人员日常工作态度和水平的印象，需要靠日积月累形成，人民法院没有这方面的条件。

4. 法律规定由行政机关最终裁决的具体行政行为

这里所说的“法律”指限于全国人民代表大会及其常务委员会制定、通过的规范性文件。

（1）行政复议法规定的最终裁决。

《行政复议法》第二十六条规定，对国务院部门或者省、自治区、直辖市人民政府的具体行政行为不服的，向作出该具体行政行为的国务院部门或者省、自治区、直辖市人民政府申请行政复议。对行政复议决定不服的，可以向人民法院提起行政诉讼；也可以向国务院申请裁决，国务院依照本法的规定作出最终裁决。

（2）出入境管理法规定上级公安机关的复议决定为最终裁决。

《中华人民共和国外国人入境出境管理法》第二十九条第二款规定，受公安机关罚款或者拘留处罚的外国人，对处罚不服的，在接到通知之日起十五日内，可以向上一级公安机关提出申诉，由上一级公安机关作出最后的裁决，也可以直接向当地人民法院提起诉讼。

5. 公安、国家安全等机关依照刑事诉讼法的明确授权实施的行为

公安、国家安全等国家机关具有行政机关和侦查机关的双重身份，可以对刑事犯罪嫌疑人实施刑事强制措施，也可以对公民实施行政处罚、行政强制措施。

从主体上讲，这类行为只能是公安、国家安全、海关、军队保卫部门、监狱具有侦查职能的机关，并且通常由其内部专门负责刑事侦查的机构和工作人员具体实施。

从时间上讲，刑事诉讼行为必须在刑事立案之后在侦查犯罪行为的过程中实施，公安、安全机关在刑事立案之前实施的行为一般应当认为是行政行为。

从依据上讲，该类行为必须在刑事诉讼法的明确授权范围之内。从刑事诉讼法的规定来看，公安、国家安全等机关能实施的刑事诉讼行为包括讯问刑事犯罪嫌疑人、询问证人，检查、搜查、扣押物品（物证、书证），冻结存款、汇款，通缉、拘传、取保候审、保外就医、监视居住、刑事拘留、执行逮捕等。公安、国家安全等机关在上述刑事诉讼法授权范围之外所实施的行为，均不在此类行为之列。例如，没收财产或实施罚款等不在刑事诉讼法明确授权的范围之列。这里需要注意的是，刑法授权不属于“刑事诉讼法的明确授权”。例如，《刑法》第十七条规定：因不满十六周岁不予刑事处罚的，责令其父母或者其他监护人加以管教；在必要的时候，依法进行专门矫治教育。政府作出的矫治教育行为不属于刑事诉讼法授权的行为，公民对其不服的，可以起诉。

从对象上讲，该类行为必须针对刑事诉讼法规定的对象。公安、国家安全等机关只能对刑事犯罪嫌疑人等对象实施刑事强制措施。如果公安、国家安全等机关对与侦查犯罪行为无关的公民采取强制措施的，是对刑事诉讼法授权范围的超越。在这种情况下，尽管它们具有“刑事强制措施”的名义，实际上仍是具体行政行为。公民起诉的，人民法院应当受理。

最高人民法院发布的司法解释对如下情形作了特殊规定：

（1）公安机关作出的监视居住决定及其执行违法的，不属于行政诉讼受案范围。

《最高人民法院行政审判庭关于对公安机关采取监视居住行为不服提起诉讼法院应否受理问题的电话答复》（1991 年 5 月 25 日）的意见是，公安机关为了防止被告逃避侦查而作出监视居住决定，限制其活动区域和住所，是刑事侦查措施，不属于行政诉讼法受案范围所列行为，公民对此不服坚持起诉，法院应裁定不予受理。公安机关将监视居住对象关押在派出所、拘留所等场所的做法，是刑事侦查过程中的违法行为，不属于行政诉讼法受案范围。当事人可向上级公安部门及有关单位反映。

（2）公安机关在侦查过程中采取的搜查措施。

《最高人民法院行政审判庭关于公安机关未具法定立案搜查手续对公民进行住宅人身搜查被搜查人提起诉讼人民法院可否按行政案件受理问题的电话答复》（1991 年 6 月 18 日）规定，公安机关在侦破刑事案件中，对公民的住宅、人身进行搜查，属于刑事侦查措施，不属于行政诉讼调整范围。如果公安机关在采取上述措施时违反法定程序，当事人可以向该公安机关或其上级机关及有关部门反映解决，人民法院不应作为行政案件受理。

6. 行政机关的调解行为和仲裁行为

行政调解指行政机关劝导发生民事争议的当事人自愿达成协议的一种行政活动。行政调解针对的是发生了民事权益争议的当事人，没有强制性。也就是说，行政调解的最终结果是纠纷当事人自愿达成调解协议。由于行政调解没有公权力的强制属性，对当事人没有法律约束力，因此没有可诉性。例外情形是：①行政机关借调解之名，违背当事人的意志作出具有强制性的决定；②行政机关为了实施调解或者在调解过程中实施了行政行为，例如采取了强制措施。在这两种情形下，公民可以针对强制性决定或者强制措施起诉。

行政机关下设的仲裁机构以中立身份按照法定程序对平等主体之间的民事纠纷作出有法律拘束力的裁决的，当事人一方不服裁决，应当依法提起民事诉讼。

7. 不具有强制力的行政指导行为

行政指导行为是行政机关以倡导、示范、建议、咨询等方式，引导公民自愿配合而达到行政管理目的的行为，属于非权力行政方式。其特点是自愿性、灵活性、简便性和经济性。公民是否遵从行政指导，完全取决于自己的意愿。因此，司法解释将其排除在受案范围之外。

这里需要注意的是“没有强制力”这一限定语，如果行政机关在实施行政指导时通过利益引诱、反复说服教育甚至威胁等方式强迫行政相对人服从的，这种行政指导实际上是行政行为，公民可以起诉。

8. 驳回当事人对行政行为提起申诉的重复处理行为

重复处理行为是指以行政机关根据公民的申请或者申诉，对原有的生效行政行为作出的没有任何改变的二次决定。重复处理行为实质上是对原已生效的行政行为的简单重复，并没有新形成事实或者权利义务状态。

这里需要注意的问题是，引起重复处理行为的条件是当事人对原行政行为不服而提出了申诉，并且这里的“申诉”行为不是申请复议行为，而是指当事人在超过复议申请期限和起诉期限的情况下，对已经生效的行政行为不服而向有关行政机关提出的申诉。

人民法院不受理重复处理行为的主要原因是维护公共行政的稳定性和效率。如果驳回申诉的重复处理行为具有可诉性，任何公民都可以不遵守复议和起诉期限，都可以用最简单的申诉启动诉讼程序，法律规定的救济期限也就失去了意义。

9. 对公民、法人或其他组织的权利、义务不产生实际影响的行为

主要是指行政机关在作出行政行为之前实施的各种准备行为，例如行政机关开会讨论、征求意见等。由于行政行为尚未作出，最终的法律结论没有形成，起诉的客体没有形成。

这里需要注意“实际影响”是指使公民、法人或者其他组织的权利、义务发生了变化，如限制、减少权利，增加、免除、减少义务等。“实际影响”包括有利影响与不利影响。“没有实际影响”意味着行政活动没有使公民权利、义务发生实际的变动。

10. 司法解释规定的其他案件

不少司法解释针对具体情形从不同的角度作了特殊规定，如劳动部门作出的劳动

监察指令书。《最高人民法院关于如何处理〈劳动监察指令书〉问题批复》（1998年7月27日发布实施）规定，劳动行政部门作出责令用人单位支付劳动者工资报酬、经济补偿和赔偿金的《劳动监察指令书》，不属于可申请人民法院强制执行的具体行政行为，人民法院对此类案件不予受理。劳动行政部门作出责令用人单位支付劳动者工资报酬、经济补偿和赔偿金的行政处理决定书，当事人既不履行又不申请复议或者起诉的，劳动行政部门可以依法申请人民法院强制执行。

案例：水行政诉讼受案范围

案件1：某区水务局向甲公司颁发了项目同意书，乙公司以此项目同意书办理程序不合法为由要求该局撤销项目同意书被拒绝。后乙公司又致函该局要求撤销项目同意书，水务局作出“项目同意书有效，不予撤销”的书面答复。乙公司向法院起诉要求撤销书面答复。

案件2：某市审计局对丙水利局的法定代表人进行离任审计过程中，对丙水利局担任项目法人负责的某水利工程的财务收支情况进行了审计，后向丙水利局发出了包含数项具体内容的改正通知。丙水利局对通知不服向法院提起诉讼。

案件3：某省河务局下属有多家水利施工企业，为加强对企业的指导和管理，局里专门设立了一个正处级管理单位——企业经济发展局。2009年，根据A公司的申请，企业经济发展局作出鉴于B公司自愿放弃其在某合营公司的股权，退出合营公司，恢复A公司在合营公司的股东地位的批复。B公司不服，向法院提起诉讼。

案件4：2001年5月某市公安局对甲进行刑事立案侦查。公安局将甲带至局内留置盘问48小时，搜查了甲的住处，扣押了搜出的现金10万元，冻结了搜出的20万元银行存款。次年1月，公安局决定没收非法所得10万元，解除冻结。甲向法院提起行政诉讼。

案件5：某局水政执法人员在下班后接到市民报案并称自己财产受到损害，而予以拒绝处理。

问题：上述案件中，属于行政诉讼受案范围的有哪些？

解析：

案件1：属于《最高人民法院关于执行〈中华人民共和国行政诉讼法〉若干问题的解释》第一条第二款第五项规定的“重复处理行为”，不属于行政诉讼受案范围。

案件2：《中华人民共和国审计法实施条例》第五十三条规定，被审计单位对审计机关作出的其他审计决定不服的，可以依法申请行政复议或者提起行政诉讼。故案件2属于行政诉讼范围。

案件3：经济发展局的批复，对B公司权利、义务产生实际影响，具有可诉性，属于行政诉讼范围。

案件4：公安局没收非法所得10万元的行为属于《行政诉讼法》第十二条规定的

行政诉讼范围；而留置盘问、搜查住处、扣押现金、冻结银行存款的行为，是公安机关依照《刑事诉讼法》的明确授权实施的行为，都不属于行政诉讼范围。

案件5：行政机关工作人员在非工作时间接到公民保护申请而予以拒绝或不予答复的，是否构成不履行法定职责？为此，需要区分一般情况和例外情况。一般情况下，法定职责应当在上班时间履行，行政工作人员在工作时间之内和之外具有不同的身份：在工作时间之内是国家工作人员，在工作时间之外是普通公民。公民引起行政工作人员在非工作时间履行保护法定职责，属于保护请求不合法，不属于行政机关不履行职责。但是，下列情况例外：第一，对具有应急职责的行政机关而言，工作人员实际上随时处于待命上岗状态。第二，任何行政工作人员，无论是在工作时间之内或之外，只要身着标志其身份的国家行政机关制服，其就是代表着行政机关并处于在岗状态，对公民要求履行保护职责的申请予以拒绝或者不予答复的，都属于职务行为。因此，本案某局水政执法人员在下班后接到市民报案而予以拒绝处理的行为，并不必然构成不履行法定职责，是否属于行政诉讼的受案范围，应该在区分一般情况和例外情况后决定。

三、行政诉讼管辖

行政诉讼管辖是指关于不同级别和地方的人民法院之间受理第一审行政案件的权限分工问题。

（1）基层人民法院的管辖。《行政诉讼法》第十四条规定：基层人民法院管辖第一审行政案件。这里需要注意的问题是：①第十四条规定是硬性规定，凡不属于其他级别法院管辖的案件，基层人民法院必须受理；②第十四条规定并不排除裁定管辖。在发生基层人民法院因利害关系、管辖权争议等客观原因不能行使管辖权的情况下，共同的上级人民法院可以指定管辖。

（2）中级人民法院的管辖。根据《行政诉讼法》第十五条规定，中级人民法院管辖的第一审行政案件有：①对国务院部门或者县级以上地方人民政府所作的行政行为提起诉讼的案件；②海关处理的案件；③本辖区内重大、复杂的案件；④其他法律规定由中级人民法院管辖的案件。

最高人民法院《关于行政案件管辖若干问题的规定》第一条规定重大复杂的案件是指以下情形：

①被告为县级以上人民政府，但以县级人民政府名义办理不动产物权登记的案件可以除外。这里需要注意的是：第一，被告须是人民政府而不是人民政府的职能部门；第二，被告须是县级以上人民政府，即县人民政府、不设区的市的市政府、市辖区的区政府，以及县级以上的市政府；第三，被告为县级以上人民政府的案件均属于中级人民法院管辖的第一审案件，不能附加案件影响重大或基层人民法院不宜审理等条件；

第四，虽然以县级人民政府名义办理不动产物权登记的案件可以排除中级人民法院管辖，但不意味着所有以县级人民政府名义办理不动产物权登记的案件均由基层人民法院管辖。如果这类案件属于重大、复杂案件，可以由中级人民法院管辖。

②社会影响重大的共同诉讼、集团诉讼案件。集团诉讼是共同诉讼的一种特殊形式，其当事人一方或双方至少为5人。这类诉讼主要是农村土地承包案件、土地征用案件、城市规划拆迁案件。

③重大涉外行政案件。涉外行政案件必须是案件的当事人、依据、客体或者执行涉及其他国家或者国际组织。具体而言，包括：第一，原告是外国的公民、法人或者其他组织；第二，案件的审理涉及国际条约的适用；第三，案件的客体是涉及国际关系协调的事项；第四，裁判的执行需要外国法院承认；第五，国际贸易、反倾销、反补贴等行政案件。

这里所说的“重大”，是指影响重大，即可能对国际关系造成严重影响。

④涉及我国香港、澳门特别行政区和台湾地区的行政案件。

⑤其他重大、复杂案件。这是人民法院裁定管辖的情形，即基层人民法院认为案件重大，不适合由自己管辖的，可以请求中级人民法院移转管辖。

（3）高级人民法院的管辖。《行政诉讼法》第十六条规定，高级人民法院管辖本辖区内重大、复杂的第一审行政案件。

（4）最高人民法院的管辖。《行政诉讼法》第十七条规定，最高人民法院管辖全国范围内重大、复杂的第一审行政案件。

（5）行政案件由最初作出行政行为的行政机关所在地人民法院管辖。经复议的案件，也可以由复议机关所在地人民法院管辖。经最高人民法院批准，高级人民法院可以根据审判工作的实际情况，确定若干人民法院跨行政区域管辖行政案件。

（6）对限制人身自由的行政强制措施不服提起的诉讼，由被告所在地或者原告所在地人民法院管辖。原告所在地，包括原告的户籍所在地、经常居住地和被限制人身自由地。

对行政机关基于同一事实，既采取限制公民人身自由的行政强制措施，又采取其他行政强制措施或者行政处罚不服的，由被告所在地或者原告所在地的人民法院管辖。

（7）因不动产提起的行政诉讼，由不动产所在地人民法院管辖。“因不动产提起的行政诉讼”是指因行政行为导致不动产物权变动而提起的诉讼。不动产已登记的，以不动产登记簿记载的所在地为不动产所在地；不动产未登记的，以不动产实际所在地为不动产所在地。

所谓不动产，是指形体上不可移动或者移动就会损失其经济价值的财产，如土地、建筑物、滩涂、山林、草原等。《行政诉讼法》所称的不动产，应当是指不动产权，而不是不动产物；也就是说，属于不可移动或者移动即损失其价值的物权。具体包括不动产所有权、使用权案件，建筑物的拆除、改建案件，不动产污染案件，自然权属征收案件，自然资源采伐许可案件等。

（8）共同管辖。两个以上人民法院都有管辖权的案件，原告可以选择其中一个人民法院提起诉讼。原告向两个以上有管辖权的人民法院提起诉讼的，由最先立案的人民法院管辖。

（9）移送管辖。人民法院发现受理的案件不属于本院管辖的，应当移送有管辖权的人民法院，受移送的人民法院应当受理。受移送的人民法院认为受移送的案件按照规定不属于本院管辖的，应当报请上级人民法院指定管辖，不得再自行移送。

（10）指定管辖。有管辖权的人民法院由于特殊原因不能行使管辖权的，由上级人民法院指定管辖。人民法院对管辖权发生争议，由争议双方协商解决。协商不成的，报它们的共同上级人民法院指定管辖。

（11）上级人民法院有权审理下级人民法院管辖的第一审行政案件。下级人民法院对其管辖的第一审行政案件，认为需要由上级人民法院审理或者指定管辖的，可以报请上级人民法院决定。

（12）管辖权异议。管辖权异议是指当事人认为受诉人民法院对已受理的案件无管辖权，提出不服该受诉法院管辖的意见。

①人民法院受理案件后，被告提出管辖异议的，应当在收到起诉状副本之日起 15 日内提出。

②对当事人提出的管辖异议，人民法院应当进行审查。异议成立的，裁定将案件移送有管辖权的人民法院；异议不成立的，裁定驳回。

③人民法院对管辖异议审查后确定有管辖权的，不因当事人增加或者变更诉讼请求等改变管辖，但违反级别管辖、专属管辖规定的除外。

④有下列情形之一的，人民法院不予审查：人民法院发回重审或者按第一审程序再审的案件，当事人提出管辖异议的；当事人在第一审程序中未按照法律规定的期限和形式提出管辖异议，在第二审程序中提出的。

案例：对限制人身自由不服案件的法院管辖

刘某是甲市 A 区人，在 B 区居住，一直在从事货运经营。6 月 18 日，刘某开车运载自乙市购得的黏土砖从丙市 C 区防洪大堤上经过，被丙市 C 区水务局、公安局和国土局三行政机关工作人员组成的执法队扣押。刘某被带至丙市 D 区派出所关押至下午 6 时才被带到丙市 C 区公安局（位于丙市 C 区），总计被羁押约 6 小时。6 月 25 日，丙市 C 区公安局以刘某无证违法运输为由，根据相关法律对其罚款 2 万元。刘某不服，向丙市 C 区人民法院提起行政诉讼，认为三行政机关限制其人身自由约 6 小时不合法，请求法院判决撤销三行政机关的具体行政行为并赔偿损失。

问题：行政机关将刘某关押约 6 小时的行为是什么行政行为？对限制人身自由的

行政强制措施不服的案件，应如何确定管辖？对基于同一事实侵犯财产权和人身权的案件，刘某可以向哪些法院提起行政诉讼？丙市D区法院是否具有管辖权？

解析：现行行政诉讼法确定的管辖主要遵循以下几个原则：第一，便于当事人进行诉讼。第二，便于法院正确、公正、有效地行使审判权。第三，法院负担均衡，保证对案件的及时审理和判决。第四，原则性和灵活性相结合。《行政诉讼法》第十九条规定，对限制人身自由的行政强制措施不服提起的诉讼，由被告所在地或者原告所在地人民法院管辖。《最高人民法院关于适用〈中华人民共和国行政诉讼法〉的解释》（法释〔2018〕1号）第八条规定，原告所在地包括原告的户籍所在地、经常居住地和被限制人身自由地。对行政机关基于同一事实，既采取限制公民人身自由的行政强制措施，又采取其他行政强制措施或者行政处罚不服的，由被告所在地或者原告所在地的人民法院管辖。因此，以上几个有关法院对同一个行政案件都有管辖权。法院管辖权取决于起诉人的选择。若起诉人向有管辖权的法院都起诉，则由最初立案的人民法院管辖。限制人身自由的案件之所以作为特殊案件，按照特殊标准来确定地域管辖，主要是考虑到被限制人身自由的公民本身具有流动性，其经常居住地、被限制人身自由地与其户籍所在地以及被告所在地之间常不一致，如果严格按一般地域管辖的规则来确定管辖，往往会给起诉人造成不便。加之此时原告处于极为不利的地位，如果严格限定原告只能在被告所在地法院起诉，不利于甚至可能因此而剥夺了原告的诉权。

本案中行政机关将刘某关押约6小时的行为是限制人身自由的行政强制措施。因此，刘某的户籍所在地甲市A区、经常居住地甲市B区、三行政机关所在地丙市C区均有管辖权，刘某可以选择其中的一个提起诉讼。如果刘某向三个法院都提交了起诉状，根据《行政诉讼法》第二十一条的规定，由最先立案的人民法院管辖。

但是本案中刘某选择的是丙市D区人民法院，其认为丙市D区人民法院是被限制人身自由地，故应有管辖权。而刘某虽被丙市D区派出所关押，但却是丙市C区公安局作出的决定，并将他暂时关押在丙市D区派出所。丙市D区人民法院对本案是否拥有管辖权？被限制人身自由地和行政机关所在地不重合时应如何确定被限制人身自由地呢？刘某被位于丙市C区的公安局限制人身自由，但是这一行政强制措施的主要部分却是在丙市D区派出所完成的，根据立法原则，丙市D区应可视为“被限制人身自由所在地”。这样有利于实现诉讼管辖的目的，方便法院进行案件的审理。故本案刘某向丙市D区人民法院提起行政诉讼，是正确的。

另外，本案还涉及行政罚款，如果刘某不服，则也可以在上述法院中选择管辖的法院，即原告可选择原告所在地或被告所在地法院管辖。这是因为立法对人身权的特别保护，使得这类财产案件（实际上也是人身权案件）同时获得如同人身权保护的优遇。

综上，刘某如果既对三行政机关限制其人身自由的行为不服，也对罚款行为不服，作为限制人身自由地的丙市D区人民法院应当对原告不服限制人身自由和罚款的行为一并管辖。

四、行政诉讼参加人

（一）行政诉讼当事人与参加人

行政诉讼当事人是指因具体行政行为发生争议，以自己的名义进行诉讼，并受人民法院裁判拘束的主体。行政诉讼的当事人从行政程序演变而来，并且在不同的审理程序有不同的称谓和地位。在行政程序中，一审原告称为行政相对人、申请人等，被告称为行政机关、行政复议机关等，行政机关作为行政主体成为管理一方时，不享有原告资格。在二审程序中，他们称为上诉人和被上诉人。在执行程序中，又称为申请执行人与被申请执行人。当事人的称谓不同，表明在不同诉讼阶段承受不同的权利和义务。

行政诉讼参加人是指在整个或部分诉讼过程中参加行政诉讼，享有诉讼权利、承担诉讼义务，并且与诉讼案件或诉讼结果有利害关系的人。包括行政诉讼当事人和诉讼代理人。

行政诉讼参与人不同于诉讼参加人，行政诉讼参与人的范围更宽，除诉讼参加人外，还包括证人、鉴定人、翻译人、勘验人等。这类诉讼参与人在法律上与案件没有利害关系，但是他们在诉讼中享有特殊的诉讼地位。

《行政诉讼法》第二十五条规定，行政行为的相对人以及其他与行政行为有利害关系的公民、法人或者其他组织，有权提起诉讼。有权提起诉讼的公民死亡，其近亲属可以提起诉讼。有权提起诉讼的法人或者其他组织终止，承受其权利的法人或者其他组织可以提起诉讼。人民检察院在履行职责中发现生态环境和资源保护、食品药品安全、国有财产保护、国有土地使用权出让等领域负有监督管理职责的行政机关违法行使职权或者不作为，致使国家利益或者社会公共利益受到侵害的，应当向行政机关提出检察建议，督促其依法履行职责。行政机关不依法履行职责的，人民检察院依法向人民法院提起诉讼。

近亲属包括配偶、父母、子女、兄弟姐妹、祖父母、外祖父母、孙子女、外孙子女和其他具有扶养、赡养关系的亲属。

（二）行政诉讼被告

行政诉讼被告是指由原告指控其具体行政行为违法，经人民法院通知应诉的行政机关或法律法规授权的组织。

（1）公民、法人或者其他组织直接向人民法院提起诉讼的，作出行政行为的行政机关是被告。

（2）经复议的案件，复议机关决定维持原行政行为的，作出原行政行为的行政机关和复议机关是共同被告；复议机关改变原行政行为的，复议机关是被告。

（3）复议机关在法定期限内未作出复议决定，公民、法人或者其他组织起诉原行政行为的，作出原行政行为的行政机关是被告；起诉复议机关不作为的，复议机关是被告。

（4）两个以上行政机关作出同一行政行为的，共同作出行政行为的行政机关是共同被告。

（5）行政机关委托的组织所作的行政行为，委托的行政机关是被告。

行政机关被撤销或者职权变更的，继续行使其职权的行政机关是被告。

（三）行政诉讼第三人

《行政诉讼法》第二十九条规定，公民、法人或者其他组织同被诉行政行为有利害关系但没有提起诉讼，或者同案件处理结果有利害关系的，可以作为第三人申请参加诉讼，或者由人民法院通知参加诉讼。人民法院判决第三人承担义务或者减损第三人权益的，第三人有权依法提起上诉。

行政诉讼的第三人是指因与被提起行政诉讼的具体行政行为有利害关系，通过申请或法院通知形式，参加到诉讼中来的当事人。

（1）第三人是参加到他人诉讼中的公民、法人或者其他组织。第三人并非原来就不可能成为原告，只是没有作为原告起诉。第三人参加行政诉讼，须在原告、被告的诉讼程序已开始，判决未作出以前，是在他人开始诉讼之后，认为有必要参加诉讼的，才申请参加诉讼或者被法院通知参加诉讼。这个参加诉讼的时间差是第三人与原告的重要区别。

（2）第三人有独立的诉讼地位。第三人参加诉讼是为了保护自己的权益，在这个方面，第三人独立于原告、被告，即使其诉讼主张与原告或者被告可能一致或者部分一致。但是，第三人为了维护自己的合法权益，他既不会依附原告也不会依附被告，可以提出自己的请求，对第一审判决不服有权提出上诉。

（3）第三人总体上可以分为原告型第三人、被告型第三人和证人型第三人。所谓原告型第三人，是指享有诉权的公民没有在法定期限内起诉，而是参加他人提起的行政诉讼的第三人。所谓被告型第三人，是指应当作为被告参加诉讼，但因原告不指控，而被法院作为第三人通知参加诉讼的行政机关。例如，若干行政机关共同作出具体行政行为的，原告坚持起诉其中的一个，其他没有被诉的行政机关则作为第三人参加诉讼。所谓证人型第三人，是指在案件审理过程中主要作用是协助法院查明案件事实的第三人。具体而言，第三人主要有以下几种：①行政处罚案件中的受害人或加害人；②行政处罚案件中的共同被处罚人；③行政裁决案件的当事人；④两个以上行政机关作出相互矛盾的具体行政行为，非被告的行政机关可以是第三人；⑤与行政机关共同署名作出处理决定的非行政组织；⑥应当追加被告而原告不同意追加的，法院应通知其作为第三人参加诉讼。如果只有一个被告而原告指控又不正确的，法院应要求原告变更为正确的被告。原告如不同意变更的，则驳回起诉。但是，如果应当有两个和两个以上的正确被告，而原告只诉其中部分被告，不同意诉其他具有被告资格的行政机关的，这些行政机关作为第三人参加诉讼。

案例：水利部门成为行政诉讼第三人

2010 年 2 月，某县河务局对工程保护区内的 2 000 棵杨树欲在植树节前砍伐更新，于是自行组织招标拍卖，当地村民张某高价中标。张某按照河务局要求对指定树木进行了砍伐。该县林业局发现后，以原告未办理采伐证为由，对原告作出罚款 5 000 元的处罚决定。张某不服，向某县政府申请复议。县政府经复议认为，县林业局认定事实正确，适用法律适当，作出维持复议裁决。张某对县人民政府的复议决定不服，以县林业局为被告向县人民法院提起诉讼。

问题：该县河务局能否作为第三人参加诉讼？

解析：行政诉讼的第三人是指因与被提起行政诉讼的具体行政行为有利害关系，通过申请或法院通知形式，参加到诉讼中来的当事人。

所谓利害关系，是与具体行政行为有法律上利害关系。这种利害关系既包括与被诉行政行为的利害关系，也包括与诉讼结果的利害关系。不仅包括直接的利害关系，也包括间接的利害关系。直接的利害关系是指其权益必然受具体行政行为影响的人。包括具体行政行为使其获得某种法律权利、减少法律义务，或者使其丧失某种权利、增加某种义务，或者对其权益造成不利影响。间接的利害关系是指权益受到具体行政行为波及。

本案中，该县林业局的行政行为虽然没有直接认定河务局的行为违法，河务局与林业局的处罚决定没有直接的利害关系，但如果人民法院判决林业局决定合法，张某就可能向批准其伐树的河务局提出赔偿损失的要求，河务局的权益肯定会受到影响。因此，该县河务局可以作为第三人参加诉讼。

（四）共同诉讼人

当事人一方或者双方为两人以上，因同一行政行为发生的行政案件，或者因同类行政行为发生的行政案件、人民法院认为可以合并审理并经当事人同意的，为共同诉讼。

当事人一方人数众多的共同诉讼，可以由当事人推选代表人进行诉讼。代表人的诉讼行为对其所代表的当事人发生效力，但代表人变更、放弃诉讼请求或者承认对方当事人的诉讼请求，应当经被代表的当事人同意。

共同诉讼人是指原告或被告一方为两个以上，诉讼客体相同，并且诉讼主张一致。所谓相同，是指同一或者同类两种情况。所谓一致，是指共同诉讼人之间的诉讼主张之间没有根本冲突或者实质性的差异，并不是指诉讼主张完全相同。

1. 必要共同诉讼人

必要共同诉讼人是指当事人一方或双方为两人以上，诉讼标的是同一具体行政行为的诉讼。在这种共同诉讼中的当事人即为必要共同诉讼人。

（1）必要共同诉讼的标准是诉讼标的同一，诉讼客体是同一个具体行政行为。

所谓同一个具体行政行为，是指行政机关以一个意思表示为目的，作出了一个处理决定，不论作出的行政机关有几个或者行政相对人有几个。换句话说，被诉行政行为本身是一个独立、完整的具体行政行为，该行为或者是由两个以上行政机关共同作出，或者是一个具体行政行为处理两个以上公民、法人或者其他组织。

（2）必要共同诉讼人因同一具体行政行为而发生了不可分割的法律或者事实联系。

其实质是一个案件，一个具体行政行为，只是诉讼当事人为多数。任何一人的诉讼行为都会影响其他人的权益，任何一人都无权代替整体，不能分案审理。因此，共同诉讼人必须共同参加诉讼。如果有遗漏，人民法院应当通知参加诉讼。如果是共同被告，则应当在征求原告同意的基础上追加，被追加的被告无权拒绝。如果是共同原告，法院有义务通知未起诉的其他共同原告参加诉讼。如果这些人仍然不愿参加诉讼，法院则不能强行追加，但可以通知他们以第三人参加诉讼。

（3）都是独立的法律主体，有独立的诉讼法律地位，一个人的行为对其他共同诉讼人没有法律上的约束力。共同诉讼人各自以自己的名义参加诉讼，并对各自的行为负责，各自可以提出自己的诉讼请求。

（4）共同诉讼人的主要情形：两个以上的当事人，因共同违法而被一个行政机关在一个处罚决定书中分别予以处罚；法人或组织因违法而被处罚，该法人或组织的负责人或直接行为人同时被一个处罚决定处罚；两个以上共同受害人，对行政机关的同一行政行为均表示不服而诉诸法院，这些起诉的共同受害人就成为共同原告人；两个以上行政机关以一个共同行政决定形式，处理或处罚了一个或若干个当事人。

2. 普通共同诉讼人

普通共同诉讼人是指诉讼标的是同样的具体行政行为，法院决定合并审理，两人以上参加诉讼的当事人。

所谓同样的具体行政行为，是指两个以上的处理同类事实、适用相同法律的具体行政行为。例如，某水利管理部门以违反采砂管理条例的规定为由，对毗邻的 6 家采砂企业分别处以罚款，对这 6 家企业的 6 个处罚行为分别是同样的具体行政行为，如果这 6 家企业均不服，或有两家以上的企业不服，分别以自己的名义在几乎相同的时间里向人民法院提起诉讼，人民法院认为可以合并审理，分别裁决。可以看出，同样具体行政行为发生的是几个案件而非一个案件，共同诉讼人之间在事实上或法律上并无当然的不可分割的联系，仅仅因为诉讼标的属于同一种类，即被诉具体行政行为有相同、相类似的性质，所以在程序上被统一起来，法院认为宜于合并审理并实行合并审理。

需要注意的是，普通共同诉讼并不是必须要合并，关键在于能否达到并案审理简化诉讼的目的。普通共同诉讼，可以由共同诉讼的当事人向法院提出申请，要求并案审理，然后由法院审查，认为可以合并的才能实行合并；也可以由法院主动审查，认为宜于并案的，则依职权进行并案审理。

（五）诉讼代理人

诉讼代理人是指以当事人名义，在代理权限内，代理当事人进行诉讼活动的人。

行政诉讼代理人以行政诉讼当事人的名义进入诉讼程序。行政诉讼代理人不能以自己的名义进行诉讼，否则他就不是代理人而是当事人了。其他诉讼参与人，如证人、鉴定人、勘验人等均非诉讼代理人。而且，此种代理人是代理进行行政诉讼，这与其他代理制度有所不同。

代理人在代理权限以内的诉讼行为的法律后果归属于被代理人。代理诉讼是基于代理权而产生的，只要代理人的诉讼行为是在代理权限以内，就对被代理人产生法律后果。

代理人参加行政诉讼的目的在于维护被代理人的合法权益。诉讼代理人只能在一个案件中代理一方当事人。

行政诉讼代理人分为以下三种：

（1）法定代理人。是指依法直接享有代理权限，代替无诉讼行为能力的公民进行行政诉讼的人。这种代理权直接根据法律设定而产生，不以被代理人的意志为转移。法定代理是全权代理。法定代理人在诉讼中与当事人居于同等地位，可以代理当事人的一切诉讼行为，包括处分实体权利的行为。但是，法定代理人毕竟不是当事人，不是诉讼主体。实体权利和义务的承担者是当事人，而不是法定代理人。

（2）指定代理人。是指由人民法院指定代理无诉讼行为能力的当事人进行行政诉讼的人。对于指定代理人的代理权限，一般认为，指定代理人如属法定代理人，则其权限就是原法定代理人的权限；如属于法定代理人以外的人，法院在指定时应予明确。指定代理人代理权限消灭的情形是：案件终结；当事人产生或恢复行为能力；当事人的法定代理人可以行使代理权等。

（3）委托代理人。受当事人、法定代理人委托，代为进行行政诉讼的人就是委托代理人。委托代理权是在委托人与受托人双方意思表示一致的基础上并由委托人授权委托而产生的，既非源于法律，也非单方指定行为。委托人须向法院提交自己授权的授权委托书。有关代理权限的事宜，应在委托书中载明。

《行政诉讼法》第三十条规定：没有诉讼行为能力的公民，由其法定代理人代为诉讼。法定代理人互相推诿代理责任的，由人民法院指定其中一人代为诉讼。第三十一条规定：当事人、法定代理人，可以委托一至二人作为诉讼代理人。下列人员可以被委托为诉讼代理人：（一）律师、基层法律服务工作者；（二）当事人的近亲属或者工作人员；（三）当事人所在社区、单位以及有关社会团体推荐的公民。第三十二条规定：代理诉讼的律师，有权按照规定查阅、复制本案有关材料，有权向有关组织和公民调查，收集与本案有关的证据。对涉及国家秘密、商业秘密和个人隐私的材料，应当依照法律规定保密。当事人和其他诉讼代理人有权按照规定查阅、复制本案庭审材料，但涉及国家秘密、商业秘密和个人隐私的内容除外。

五、行政诉讼证据

（一）行政诉讼证据的概念

行政诉讼证据，是指在行政诉讼过程中，一切用来证明案件事实情况的材料。它既包括当事人向人民法院提交的证据，也包括人民法院在必要情况下依法收集的证据。

行政诉讼证据，绝大多数与刑事诉讼、民事诉讼的证据种类相同，而其中属于行政诉讼特殊证据种类的是现场笔录。现场笔录，是指行政机关及其工作人员在执行行政职务的过程中，在实施具体行政行为时，对某些事项当场所作的书面记录。

（二）行政诉讼证据种类

行政诉讼证据包括书证、物证、视听资料、电子数据、证人证言、当事人的陈述、鉴定结论、勘验笔录、现场笔录。以上证据经法庭审查属实，才能作为认定案件事实的根据。

1. 书证

书证是指以文字、符号、图形所记载或表示的内容、含义来证明案件事实的证据。书证一般应当符合下列要求：

（1）原则上应提供书证的原件，在提供原件确有困难时，可以提供与原件核对无误的复印件、照片、节录本。按照规定，原本、正本和副本均属于书证的原件。

（2）提供由有关部门保管的书证原件的复制件、影印件或者抄录件的，应当注明出处，经该部门核对无异后加盖其印章。

（3）当事人提供报表、图纸、会计账册、专业技术资料、科技文献等书证的，应当附有说明材料。

（4）被告提供的被诉具体行政行为所依据的询问、陈述、谈话类笔录，应当有行政执法人员、被询问人、陈述人、谈话人签名或者盖章。

值得注意的是，当事人向人民法院提供外文书证，应当附有由具有翻译资质的机构翻译的或者其他翻译准确的中文译本，并由翻译机构盖章或者翻译人员签名。

2. 物证

物证是指以自己的存在、形状、质量等外部特征和物质属性，证明案件事实的物品。

与书证相比，物证相对直观和简单，在形式上和手续上一般无特别要求，因此对物证的要求相对较少。当事人向人民法院提供物证的，原则上应当提供原物，在提供原物确有困难时，可以提供与原物核对无误的复制件或者证明该物证的照片、录像等其他证据；当原物为数量较多的种类物时，当事人应当提供其中的一部分。

3. 视听资料

视听资料是利用现代科技手段记载法律事件和法律行为的证据，具有较强的准确性和逼真性。

不过，视听资料又容易用剪接后复制等手段伪造或变造，因此对当事人提供的视听资料应进行严格要求。当事人向人民法院所提供的计算机数据或者录音、录像等视听资料，应当符合下列要求：

（1）当事人应向法院提供有关资料的原始载体，在提供原始载体确有困难时，可以提供复制件。

（2）当事人应注明制作方法、制作时间、制作人和证明对象等。

（3）声音资料应当附有该声音内容的文字记录。

对于当事人向人民法院提供的外国语视听资料，当事人应同时附有由具有翻译资质的机构翻译的或者其他翻译准确的中文译本，并由翻译机构盖章或者翻译人员签名。

4. 证人证言

证人证言是指证人就自己了解的案件事实向法院所作的陈述，它一般是以口头形式表现出来的，当事人可以向人民法院提供书面证人证言。

当事人向人民法院提供证人证言应当符合下列要求：

（1）载明证人的姓名、年龄、性别、职业、住址等基本情况。

（2）需有证人的签名。如果证人不能签名的，应当以盖章等方式证明。

（3）应注明证人出具证言的日期。

（4）应附有居民身份证复印件等证明证人身份的文件。

5. 鉴定结论

鉴定结论是指鉴定人运用自己的专业知识，利用专门的设备和材料，对某些专门问题所作的结论性意见。

行政诉讼中的鉴定结论主要包括两类：一类是人民法院依当事人申请或在必要情况下依职权提交鉴定人进行的鉴定；另一类是被告行政机关向人民法院提供的在行政程序中采用的鉴定结论。

提交给法院的后一类鉴定结论应当符合下列条件：

（1）应当载明委托人和委托鉴定的事项。

（2）应有向鉴定部门提交的相关材料。

（3）应有鉴定的依据和使用的科学技术手段。

（4）应有鉴定部门和鉴定人鉴定资格的说明。

（5）应有鉴定人的签名和鉴定部门的盖章。对于通过分析获得的鉴定结论，还应当说明分析过程。

6. 现场笔录

现场笔录是行政诉讼特有的证据种类，由行政机关在行政程序中当场制作而成。

被告行政机关向人民法院提供的现场笔录，除法律、法规和规章对现场笔录的制作形式有特别规定外，一般应当载明制作现场笔录的时间、地点和事件等内容，并由执法人员和当事人签名。当事人拒绝签名或者不能签名的，应当注明原因。

当事人向人民法院提供证据时，除应注意以上各类证据的要求外，还要注意以下方面：

（1）如果当事人向人民法院提供的证据是在中华人民共和国领域外形成的证据，应当说明证据来源，经所在国公证机关证明，并经中华人民共和国驻该国使领馆认证，或者履行中华人民共和国与证据所在国订立的有关条约中规定的证明手续。当事人提供的在中华人民共和国香港特别行政区、澳门特别行政区和台湾地区内形成的证据，应当具有按照有关规定办理的证明手续。

（2）当事人所提供的证据涉及国家秘密、商业秘密或者个人隐私的，提供人应当作出明确标注，并向法庭说明，法庭予以审查确认。

（3）当事人对其向人民法院提交的证据材料应当予以分类编号，并对证据材料的来源、证明对象和内容作简要说明，签名或者盖章，注明提交日期。而人民法院在收到当事人提交的证据材料时，应当向当事人出具收据，注明证据的名称、份数、页数、件数、种类以及收到的时间，由经办人员签名或者盖章。

（三）举证责任的分配

举证责任是指承担举证责任的当事人应当举出证据证明自己的主张是成立的，否则将承担败诉的不利后果。

（1）行政机关在行政诉讼中承担主要举证责任。

《行政诉讼法》第三十四条规定：被告对作出的行政行为负有举证责任，应当提供作出该行政行为的证据和所依据的规范性文件。被告不提供或者无正当理由逾期提供证据，视为没有相应证据。但是，被诉行政行为涉及第三人合法权益，第三人提供证据的除外。《行政诉讼法》第三十五条规定：在诉讼过程中，被告及其诉讼代理人不得自行向原告、第三人和证人收集证据。《行政诉讼法》第三十六条规定：被告在作出行政行为时已经收集了证据，但因不可抗力等正当事由不能提供的，经人民法院准许，可以延期提供。原告或者第三人提出了其在行政处理程序中没有提出的理由或者证据的，经人民法院准许，被告可以补充证据。《行政诉讼法》第三十七条规定：原告可以提供证明行政行为违法的证据。原告提供的证据不成立的，不免除被告的举证责任。

可见，在我国，《行政诉讼法》确立了被告行政机关在行政诉讼中承担主要举证责任的基本原则，这使行政诉讼举证责任的分配明显区别于民事诉讼“谁主张，谁举证”的举证责任分配规则。

（2）原告提供证据的情形。

虽然行政诉讼中被告对具体行政行为承担举证责任，但不排除在特定情况下由原告提供证据的可能。《行政诉讼法》第三十八条规定：“在起诉被告不履行法定职责的案件中，原告应当提供其向被告提出申请的证据。但有下列情形之一的除外：（一）被告应当依职权主动履行法定职责的；（二）原告因正当理由不能提供证据的。在行政赔偿、补偿的案件中，原告应当对行政行为造成的损害提供证据。因被告的原因导致原告无法举证的，由被告承担举证责任。”

（四）调取和保全证据

当事人举证和人民法院调取证据，是我国诉讼证据的两个来源。在行政诉讼中，当事人举证是行政诉讼证据的主要来源，法院调取证据应限定于少数特定情形。

人民法院调取证据可分为依职权主动调取和依申请调取证据两种情形。不论属哪种情形，人民法院皆不得为证明被诉具体行政行为的合法性，调取被告在作出具体行政行为时未收集的证据。

《行政诉讼法》规定：人民法院有权要求当事人提供或者补充证据。人民法院有权向有关行政机关以及其他组织、公民调取证据。但是，不得为证明行政行为的合法性调取被告作出行政行为时未收集的证据。

与本案有关的下列证据，原告或者第三人不能自行收集的，可以申请人民法院调取：①由国家机关保存而须由人民法院调取的证据；②涉及国家秘密、商业秘密和个人隐私的证据；③确因客观原因不能自行收集的其他证据。

在证据可能灭失或者以后难以取得的情况下，诉讼参加人可以向人民法院申请保全证据，人民法院也可以主动采取保全措施。

（五）证据的对质辨认和核实

证据应当在法庭上出示，并由当事人互相质证。对涉及国家秘密、商业秘密和个人隐私的证据，不得在公开开庭时出示。

人民法院应当按照法定程序，全面、客观地审查核实证据。对未采纳的证据应当在裁判文书中说明理由。

以非法手段取得的证据，不得作为认定案件事实的根据。

在对证据进行对质和辨认过程中，经法庭准许，当事人及其代理人可以就证据问题相互发问，也可以向证人、鉴定人或者勘验人发问。但当事人及其代理人相互发问，或者向证人、鉴定人、勘验人发问时，发问的内容应当与案件事实有关联，不得采用引诱、威胁、侮辱等语言或者方式。

六、行政诉讼程序

行政诉讼程序包括起诉、受理、第一审程序、第二审程序、再审程序等程序。

起诉与受理是行政诉讼开始必经的两个环节，二者共同作用构成了行政诉讼程序的开始。

（一）起诉

起诉是指公民、法人或者其他组织认为具体行政行为侵犯其合法权益，依法请求人民法院行使国家审判权给予其救济的诉讼行为。

行政诉讼与民事诉讼一样，采用不告不理原则，即人民法院不能主动开始行政诉讼，而必须先由公民、法人或者其他组织提出诉讼，起诉是行政诉讼开始的前提条件。

根据《行政诉讼法》的规定，提起行政诉讼必须符合起诉的一般条件、时间条件和程序条件。

1. 起诉的一般条件

提起诉讼应当符合下列条件：①原告是符合《行政诉讼法》第二十五条规定的公民、法人或者其他组织；②有明确的被告；③有具体的诉讼请求和事实根据；④属于人民法院受案范围和受诉人民法院管辖。

公民、法人或者其他组织提起诉讼时应当提交以下起诉材料：①原告的身份证明材料以及有效联系方式；②被诉行政行为或者不作为存在的材料；③原告与被诉行政行为具有利害关系的材料；④人民法院认为需要提交的其他材料。由法定代理人或者委托代理人代为起诉的，还应当在起诉状中写明或者在口头起诉时向人民法院说明法定代理人或者委托代理人的基本情况，并提交法定代理人或者委托代理人的身份证明和代理权限证明等材料。

有具体的诉讼请求是指：①请求判决撤销或者变更行政行为；②请求判决行政机关履行特定法定职责或者给付义务；③请求判决确认行政行为违法；④请求判决确认行政行为无效；⑤请求判决行政机关予以赔偿或者补偿；⑥请求解决行政协议争议；⑦请求一并审查规章以下规范性文件；⑧请求一并解决相关民事争议；⑨其他诉讼请求。

当事人单独或者一并提起行政赔偿、补偿诉讼的，应当有具体的赔偿、补偿事项以及数额；请求一并审查规章以下规范性文件的，应当提供明确的文件名称或者审查对象；请求一并解决相关民事争议的，应当有具体的民事诉讼请求。

2. 起诉的时间条件

起诉的时间条件是指行政相对人提起行政诉讼必须在法律规定的期限内提起，超过法定期限的，人民法院有权拒绝受理。

《行政诉讼法》第四十五条规定：公民、法人或者其他组织不服复议决定的，可以在收到复议决定书之日起十五日内向人民法院提起诉讼。复议机关逾期不作决定的，申请人可以在复议期满之日起十五日内向人民法院提起诉讼。法律另有规定的除外。

《行政诉讼法》第四十六条规定：公民、法人或者其他组织直接向人民法院提起诉讼的，应当自知道或者应当知道作出行政行为之日起六个月内提出。法律另有规定的除外。因不动产提起诉讼的案件自行政行为作出之日起超过二十年，其他案件自行政行为作出之日起超过五年提起诉讼的，人民法院不予受理。

如何判断公民、法人或者其他组织知道具体行政行为作出时间，对计算起诉期限至关重要。根据《最高人民法院关于适用〈中华人民共和国行政诉讼法〉的解释》的规定，行政机关作出行政行为时，没有告知公民、法人或者其他组织诉权或起诉期限的，起诉期限从其知道或者应当知道诉权或者起诉期限之日起计算，但从知道或者应当知道具体行政行为内容之日起最长不得超过 1 年。复议决定未告知公民、法人或者其他组织起诉期限的，适用前款规定。值得注意的是，这里 1 年、5 年和 20 年最长期限的起算点，不是公民、法人或者其他组织知道或应当知道诉权或起诉期限之日，而是其知道或者应当知道行政行为内容之日。

《行政诉讼法》第四十七条规定：公民、法人或者其他组织申请行政机关履行保护其人身权、财产权等合法权益的法定职责，行政机关在接到申请之日起两个月内不履行的，公民、法人或者其他组织可以向人民法院提起诉讼。法律、法规对行政机关履行职责的期限另有规定的，从其规定。公民、法人或者其他组织在紧急情况下请求行政机关履行保护其人身权、财产权等合法权益的法定职责，行政机关不履行的，提起诉讼不受前款规定期限的限制。

《行政诉讼法》第四十八条规定：公民、法人或者其他组织因不可抗力或者其他不属于其自身的原因耽误起诉期限的，被耽误的时间不计算在起诉期限内。公民、法人或者其他组织因前款规定以外的其他特殊情况耽误起诉期限的，在障碍消除后十日内，可以申请延长期限，是否准许由人民法院决定。

3. 起诉的程序条件

起诉的程序条件是关于复议和诉讼选择的条件。

（二）受理

受理是指人民法院对公民、法人或者其他组织的起诉进行审查，对符合法定条件的起诉决定立案审理，从而引起诉讼程序开始的职权行为。

1. 对起诉的审查

人民法院在接到公民、法人或者其他组织的起诉状后，应当组成合议庭，对起诉的内容和形式进行审查。审查内容主要是前述起诉的一般条件、时间条件和程序条件，除此之外，人民法院还要查明下列情况：

（1）起诉人是否重复起诉。

下列两种情形属重复起诉，人民法院不予受理：一是起诉人已经撤诉或经人民法院作出裁判，但其以同一事实和理由再次向法院起诉；二是起诉人已经向人民法院起诉，人民法院受理后，该起诉人又再次向人民法院起诉。

（2）诉讼标的是否为生效裁判效力所拘束。

即被诉具体行政行为是否已在其他生效的行政判决中被确认。如果被确认，当事人再对此起诉的，人民法院不应受理。

（3）起诉状是否符合形式要求。

按照《行政诉讼法》规定，行政诉讼起诉应以书面形式，起诉状应载明起诉人、被告的有关情况、诉讼请求、起诉事由等内容。

2. 审查的结果

起诉应当向人民法院递交起诉状，并按照被告人数提出副本。书写起诉状确有困难的，可以口头起诉，由人民法院记入笔录，出具注明日期的书面凭证，并告知对方当事人。

人民法院对起诉进行审查后，应根据审查结果作出受理或者不予受理的裁定：

（1）人民法院在接到起诉状时对符合本法规定的起诉条件的，应当登记立案。

对当场不能判定是否符合本法规定的起诉条件的，应当接收起诉状，出具注明收到日期的书面凭证，并在 7 日内决定是否立案。不符合起诉条件的，作出不予立案的裁定。裁定书应当载明不予立案的理由。原告对裁定不服的，可以提起上诉。

起诉状内容欠缺或者有其他错误的，应当给予指导和释明，并一次性告知当事人需要补正的内容。不得未经指导和释明即以起诉不符合条件为由不接收起诉状。

对于不接收起诉状、接收起诉状后不出具书面凭证，以及不一次性告知当事人需要补正的起诉状内容的，当事人可以向上级人民法院投诉，上级人民法院应当责令改正，并对直接负责的主管人员和其他直接责任人员依法给予处分。

（2）人民法院既不立案，又不作出不予立案裁定的，当事人可以向上级人民法院起诉。上一级人民法院认为符合起诉条件的，应当立案、审理，也可以指定其他下级人民法院立案、审理。

（3）公民、法人或者其他组织认为行政行为所依据的国务院部门和地方人民政府及其部门制定的规范性文件不合法，在对行政行为提起诉讼时，可以一并请求对该规范性文件进行审查。前款规定的规范性文件不含规章。

这里涉及一个概念“裁定”。什么是裁定？行政诉讼的裁定，是指人民法院在审理行政案件过程中或者执行案件的过程中，就程序问题所作出的判定。

行政诉讼中的裁定主要适用于下列事项：不予受理；驳回起诉；管辖异议；终结诉讼；中止诉讼；移送或者指定管辖；诉讼期间停止具体行政行为的执行或者驳回停止执行的申请；财产保全；先予执行；准许或者不准许撤诉补正裁判文书中的笔误；

中止或者终结执行；提审、指令再审或者发回重审；准许或者不准许执行行政机关的具体行政行为；其他需要裁定的事项。

行政诉讼的裁定和行政诉讼的判决有以下不同：

第一，行政诉讼的判决解决的是行政案件的实体问题，而行政诉讼的裁定解决的是行政案件审理过程或者是案件执行过程中的程序问题。

第二，行政诉讼的判决一般是在行政案件审理的最后阶段作出的，而行政诉讼的裁定在行政诉讼的任何阶段都可能作出。通常一个法院在一个审理程序中只能作出一个判决，而人民法院在一个审理程序中可能作出多个裁定。

第三，行政诉讼判决依据的是行政实体法和行政程序法，而行政诉讼裁定依据的是行政诉讼法。

第四，行政诉讼判决是要式行为，必须采用书面形式；而行政诉讼裁定则既可以是书面形式，也可以是口头形式。

第五，当事人对一审判决不服均可以提出上诉，而当事人对第一审程序中的行政裁定并非都可以提出上诉，而只能对部分裁定有权提出上诉。

行政诉讼裁定的法律效力有两种情况：一种是对一审人民法院作出的不予受理裁定、驳回起诉裁定和管辖权异议裁定，当事人可以在一审法院作出裁定之日起10日内向上一级人民法院提出上诉，逾期不提出上诉的，一审人民法院的裁定即发生法律效力。另一种是对于除以上三类裁定外的其他所有裁定，当事人无权提出上诉，一经宣布或者送达，即发生法律效力。

七、审理和判决

（一）一般规定

（1）人民法院公开审理行政案件，但涉及国家秘密、个人隐私和法律另有规定的除外。涉及商业秘密的案件，当事人申请不公开审理的，可以不公开审理。

（2）当事人认为审判人员与本案有利害关系或者有其他关系可能影响公正审判，有权申请审判人员回避。审判人员、书记员、翻译人员、鉴定人、勘验人认为自己与本案有利害关系或者有其他关系，应当申请回避。

院长担任审判长时的回避，由审判委员会决定；审判人员的回避，由院长决定；其他人员的回避，由审判长决定。当事人对决定不服的，可以申请复议一次。

（3）诉讼期间，不停止行政行为的执行。但有下列情形之一的，裁定停止执行：①被告认为需要停止执行的；②原告或者利害关系人申请停止执行，人民法院认为该行政行为的执行会造成难以弥补的损失，并且停止执行不损害国家利益、社会公共利益的；③人民法院认为该行政行为的执行会给国家利益、社会公共利益造成重大损害的；④法律、法规规定停止执行的。

当事人对停止执行或者不停止执行的裁定不服的，可以申请复议一次。

（4）人民法院对起诉行政机关没有依法支付抚恤金、最低生活保障金和工伤、医疗社会保险金的案件，权利义务关系明确、不先予执行将严重影响原告生活的，可以根据原告的申请，裁定先予执行。

当事人对先予执行裁定不服的，可以申请复议一次。复议期间不停止裁定的执行。

（5）经人民法院传票传唤，原告无正当理由拒不到庭，或者未经法庭许可中途退庭的，可以按照撤诉处理；被告无正当理由拒不到庭，或者未经法庭许可中途退庭的，可以缺席判决。

（6）诉讼参与人或者其他人有下列行为之一的，人民法院可以根据情节轻重，予以训诫、责令具结悔过或者处一万元以下的罚款、十五日以下的拘留；构成犯罪的，依法追究刑事责任：①有义务协助调查、执行的人，对人民法院的协助调查决定、协助执行通知书，无故推拖、拒绝或者妨碍调查、执行的；②伪造、隐藏、毁灭证据或者提供虚假证明材料，妨碍人民法院审理案件的；③指使、贿买、胁迫他人作伪证或者威胁、阻止证人作证的；④隐藏、转移、变卖、毁损已被查封、扣押、冻结的财产的；⑤以欺骗、胁迫等非法手段使原告撤诉的；⑥以暴力、威胁或者其他方法阻碍人民法院工作人员执行职务，或者以哄闹、冲击法庭等方法扰乱人民法院工作秩序的；⑦对人民法院审判人员或者其他工作人员、诉讼参与人、协助调查和执行的人员恐吓、侮辱、诽谤、诬陷、殴打、围攻或者打击报复的。

人民法院对有前款规定的行为之一的单位，可以对其主要负责人或者直接责任人员依照前款规定予以罚款、拘留；构成犯罪的，依法追究刑事责任。

罚款、拘留须经人民法院院长批准。当事人不服的，可以向上一级人民法院申请复议一次。复议期间不停止执行。

（7）人民法院审理行政案件，不适用调解。但是，行政赔偿、补偿以及行政机关行使法律、法规规定的自由裁量权的案件可以调解。调解应当遵循自愿、合法原则，不得损害国家利益、社会公共利益和他人合法权益。

（8）涉及行政许可、登记、征收、征用和行政机关对民事争议所作的裁决的行政诉讼中，当事人申请一并解决相关民事争议的，人民法院可以一并审理。

在行政诉讼中，人民法院认为行政案件的审理需以民事诉讼的裁判为依据的，可以裁定中止行政诉讼。

（9）人民法院对行政案件宣告判决或者裁定前，原告申请撤诉的，或者被告改变其所作的行政行为，原告同意并申请撤诉的，是否准许，由人民法院裁定。

（10）人民法院审理行政案件，以法律和行政法规、地方性法规为依据。地方性法规适用于本行政区域内发生的行政案件。

人民法院审理民族自治地方的行政案件，并以该民族自治地方的自治条例和单行条例为依据。人民法院审理行政案件，参照规章。

（11）人民法院在审理行政案件中，经审查认为《行政诉讼法》第五十三条规定的规范性文件不合法的，不作为认定行政行为合法的依据，并向制定机关提出处理建议。

（12）人民法院应当公开发生法律效力的判决书、裁定书，供公众查阅，但涉及国家秘密、商业秘密和个人隐私的内容除外。

（13）人民法院在审理行政案件中，认为行政机关的主管人员、直接责任人员违法违纪的，应当将有关材料移送监察机关、该行政机关或者其上一级行政机关；认为有犯罪行为的，应当将有关材料移送公安、检察机关。

人民法院对被告经传票传唤无正当理由拒不到庭，或者未经法庭许可中途退庭的，可以将被告拒不到庭或者中途退庭的情况予以公告，并可以向监察机关或者被告的上一级行政机关提出依法给予其主要负责人或者直接责任人员处分的司法建议。

（二）第一审普通程序

行政诉讼第一审普通程序，是指人民法院自立案至作出第一审判决的诉讼程序。

由于我国行政审判制度实行两审终审原则，因此第一审程序是所有行政案件必经的基本程序。

1. 审理前的准备

审理前的准备，是指人民法院在受理案件后至开庭审理前，为保证庭审工作的顺利进行，由审判人员依法所进行的一系列准备工作的总称。审理前准备主要包括下列内容：

（1）组成合议庭。与民事诉讼不同，合议庭是人民法院审理行政案件唯一的组织形式。人民法院审理第一审行政案件，由审判员或审判员、陪审员组成合议庭。合议庭成员应是 3 人以上的单数。

（2）交换诉状。交换诉状主要是向被告和原告发送有关文书。一方面，人民法院应在立案之日起 5 日内，将起诉状副本和应诉通知书发送被告，通知被告应诉。另一方面，人民法院应在收到被告答辩状之日起 5 日内，将答辩状副本发送原告。答辩状是被告对原告起诉的回应和反驳。被告应当在收到起诉状副本之日起 10 日内提交答辩状，并提供作出具体行政行为的证据和依据。不过，提交答辩状是被告的一项权利，被告不提交答辩状不影响人民法院的审理。但被告在法定时间内，不提交或者没有正当理由逾期提供作出具体行政行为的证据和依据的，应当认定该具体行政行为没有证据和依据，判决被告败诉。

（3）处理管辖异议。当事人对受诉人民法院的管辖，有权提出异议。当事人提出管辖异议，应在收到人民法院应诉通知书之日起 10 日内以书面形式提出。对当事人提出的管辖异议，人民法院应当进行审查。异议成立的，受诉人民法院应裁定将案件移送有管辖权的人民法院；异议不成立的，则应裁定驳回。

（4）审查诉讼文书和调查收集证据。这是审理前准备的中心内容。通过审查，人民法院可以全面了解案情，熟悉原告的诉讼请求和理由、被告的答辩理由及案件的争议点。人民法院如果发现当事人双方材料或证据不全，应当通知当事人补充；对当事人不能收集的材料和证据，人民法院可以根据需要主动调查收集证据。对于案情比较复杂或者证据数量较多的案件，人民法院可以组织当事人向对方出示或者交换证据，并将交换证据的情况记录在卷。

（5）审查其他内容。在了解案情的基础上，人民法院还要根据具体情况审查和决定下列事项：更换和追加当事人；决定或通知第三人参加诉讼；决定诉讼的合并与分离；确定审理的形式；决定开庭审理的时间、地点等。

2. 庭审程序

1）庭审方式

庭审是受诉人民法院在双方当事人及其他诉讼参与人的参加下，依照法定程序，在法庭上对行政案件进行审理的诉讼活动。

庭审是行政诉讼第一审程序中最基本、最重要的诉讼阶段。庭审的主要任务是，通过法庭调查和法庭辩论，审查核实证据，查明案件事实，适用法律、法规，以确认当事人之间的权利、义务关系。

2）庭审程序

人民法院开庭审理程序一般分为以下六个阶段：

（1）开庭准备。人民法院应在开庭前3日传唤、通知当事人、诉讼参与人按时出庭参加诉讼。对于公开审理的案件，应当张贴公告，载明开庭时间、地点、案由等。

（2）开庭审理。开庭审理时，审判长要核对当事人、诉讼代理人、第三人，宣布合议庭组成人员，告知当事人的诉讼权利和义务，询问当事人是否申请回避等。

（3）法庭调查。法庭调查是庭审的重要阶段，主要任务是通过当事人陈述和证人作证，出示书证、物证和视听资料，宣读现场笔录、鉴定结论和勘验笔录，来查明案件事实，审查核实证据，为法庭辩论奠定基础。

法庭调查的基本顺序是：①询问当事人和当事人的陈述；②通知证人到庭作证，告知证人的权利和义务，询问证人，宣读未到庭证人的证人证言；③通知鉴定人到庭，告知其权利和义务，询问鉴定人，宣读鉴定结论；④出示书证、物证和视听资料；⑤通知勘验人到庭，告知其权利和义务，宣读勘验笔录。

（4）法庭辩论。法庭辩论是指在合议庭主持下，各方当事人就本案事实和证据及被诉具体行政行为的法律依据，阐明自己的观点，论述自己的意见，反驳对方的主张，进行言词辩论的诉讼活动。

法庭辩论的顺序是：①原告及其诉讼代理人发言；②被告及其诉讼代理人答辩；③第三人及其诉讼代理人发言或答辩；④互相辩论。在法庭辩论中，审判人员始终处于指挥者和组织者的地位，应引导当事人围绕争议焦点进行辩论；同时，审判人员应为各方当事人及其诉讼代理人提供平等的辩论机会，保障并便利他们充分行使辩论权。

（5）合议庭评议。法庭辩论结束后，合议庭休庭，由全体成员对案件进行评议。评议不对外公开，采取少数服从多数原则。评议应当制定笔录，对不同意见也必须如实记入笔录，评议笔录由合议庭全体成员及书记员签名。

（6）宣读判决。合议庭评议后，审判长应宣布继续开庭并宣读判决。如果不能当庭宣判，审判长应宣布另定日期宣判。

对于行政诉讼第一审普通程序，《行政诉讼法》具体规定如下：

（1）人民法院应当在立案之日起 5 日内，将起诉状副本发送被告。被告应当在收到起诉状副本之日起 15 日内向人民法院提交作出行政行为的证据和所依据的规范性文件，并提出答辩状。人民法院应当在收到答辩状之日起 5 日内，将答辩状副本发送原告。被告不提出答辩状的，不影响人民法院审理。

（2）人民法院审理行政案件，由审判员组成合议庭，或者由审判员、陪审员组成合议庭。合议庭的成员，应当是 3 人以上的单数。

（3）行政行为证据确凿，适用法律、法规正确，符合法定程序的，或者原告申请被告履行法定职责或者给付义务理由不成立的，人民法院判决驳回原告的诉讼请求。

（4）行政行为有下列情形之一的，人民法院判决撤销或者部分撤销，并可以判决被告重新作出行政行为：①主要证据不足的；②适用法律、法规错误的；③违反法定程序的；④超越职权的；⑤滥用职权的；⑥明显不当的。

（5）人民法院判决被告重新作出行政行为的，被告不得以同一的事实和理由作出与原行政行为基本相同的行政行为。

（6）人民法院经过审理，查明被告不履行法定职责的，判决被告在一定期限内履行。

（7）人民法院经过审理，查明被告依法负有给付义务的，判决被告履行给付义务。

（8）行政行为有下列情形之一的，人民法院判决确认违法，但不撤销行政行为：①行政行为依法应当撤销，但撤销会给国家利益、社会公共利益造成重大损害的；②行政行为程序轻微违法，但对原告权利不产生实际影响的。

行政行为有下列情形之一，不需要撤销或者判决履行的，人民法院判决确认违法：①行政行为违法，但不具有可撤销内容的；②被告改变原违法行政行为，原告仍要求确认原行政行为违法的；③被告不履行或者拖延履行法定职责，判决履行没有意义的。

（9）行政行为有实施主体不具有行政主体资格或者没有依据等重大且明显违法情形，原告申请确认行政行为无效的，人民法院判决确认无效。

（10）人民法院判决确认违法或者无效的，可以同时判决责令被告采取补救措施；给原告造成损失的，依法判决被告承担赔偿责任。

（11）行政处罚明显不当，或者其他行政行为涉及对款额的确定、认定确有错误的，人民法院可以判决变更。

人民法院判决变更，不得加重原告的义务或者减损原告的权益。但利害关系人同为原告，且诉讼请求相反的除外。

（12）被告不依法履行、未按照约定履行或者违法变更、解除本法第十二条第一款第十一项规定的协议的，人民法院判决被告承担继续履行、采取补救措施或者赔偿损失等责任。

被告变更、解除《行政诉讼法》第十二条第一款第十一项规定的协议合法，但未依法给予补偿的，人民法院判决给予补偿。

（13）复议机关与作出原行政行为的行政机关为共同被告的案件，人民法院应当对复议决定和原行政行为一并作出裁判。

（14）人民法院对公开审理和不公开审理的案件，一律公开宣告判决。

当庭宣判的，应当在10日内发送判决书；定期宣判的，宣判后立即发给判决书。宣告判决时，必须告知当事人上诉权利、上诉期限和上诉的人民法院。

（15）人民法院应当在立案之日起6个月内作出第一审判决。有特殊情况需要延长的，由高级人民法院批准，高级人民法院审理第一审案件需要延长的，由最高人民法院批准。

（三）简易程序

对于简易程序，《行政诉讼法》具体规定如下：

（1）人民法院审理下列第一审行政案件，认为事实清楚、权利与义务关系明确、争议不大的，可以适用简易程序：①被诉行政行为是依法当场作出的；②案件涉及款额二千元以下的；③属于政府信息公开案件的。

除前款规定外的第一审行政案件，当事人各方同意适用简易程序的，可以适用简易程序。

发回重审、按照审判监督程序再审的案件不适用简易程序。

（2）适用简易程序审理的行政案件，由审判员一人独任审理，并应当在立案之日起45日内审结。

（3）人民法院在审理过程中，发现案件不宜适用简易程序的，裁定转为普通程序。

（四）第二审程序

行政诉讼第二审程序，是指当事人不服地方各级人民法院尚未生效的第一审判决或裁定，依法向上一级人民法院提起上诉，上一级人民法院据此对案件进行再次审理所适用的程序。

我国行政诉讼实行两审终审制度，除最高人民法院所作出的一审判决、裁定外，当事人不服地方各级人民法院作出的一审判决和部分裁定，依法有权向上一级人民法院提出上诉，行政诉讼由此进入第二审程序。

和第一审程序不同，第二审程序虽不是每一起案件必经的程序，但却是一种独立的程序，其存在可以为当事人提供更多的救济机会，有助于上级人民法院对第一审程序进行检查和监督，可以及时发现偏差，纠正错误，从而有助于保护当事人的合法权益。

对于行政诉讼第二审普通程序，《行政诉讼法》具体规定如下：

（1）当事人不服人民法院第一审判决的，有权在判决书送达之日起15日内向上一级人民法院提起上诉。当事人不服人民法院第一审裁定的，有权在裁定书送达之日起10日内向上一级人民法院提起上诉。逾期不提起上诉的，人民法院的第一审判决或者裁定发生法律效力。

（2）人民法院对上诉案件，应当组成合议庭，开庭审理。经过阅卷、调查和询问当事人，对没有提出新的事实、证据或者理由，合议庭认为不需要开庭审理的，也可以不开庭审理。

（3）人民法院审理上诉案件，应当对原审人民法院的判决、裁定和被诉行政行为进行全面审查。

（4）人民法院审理上诉案件，应当在收到上诉状之日起3个月内作出终审判决。有特殊情况需要延长的，由高级人民法院批准，高级人民法院审理上诉案件需要延长的，由最高人民法院批准。

（5）人民法院审理上诉案件，按照下列情形，分别处理：①原判决、裁定认定事实清楚，适用法律、法规正确的，判决或者裁定驳回上诉，维持原判决、裁定；②原判决、裁定认定事实错误或者适用法律、法规错误的，依法改判、撤销或者变更；③原判决认定基本事实不清、证据不足的，发回原审人民法院重审，或者查清事实后改判；④原判决遗漏当事人或者违法缺席判决等严重违反法定程序的，裁定撤销原判决，发回原审人民法院重审。

原审人民法院对发回重审的案件作出判决后，当事人提起上诉的，第二审人民法院不得再次发回重审。

人民法院审理上诉案件，需要改变原审判决的，应当同时对被诉行政行为作出判决。

（五）审判监督程序

审判监督程序，是指人民法院发现已经发生法律效力的判决、裁定违反法律、法规规定，依法对案件再次进行审理的程序，也称为再审程序。

审判监督程序虽与第二审程序一样具有救济作用，但与第二审程序不同，它所针对的对象是已生效的判决、裁定，属于事后救济手段。

审判监督程序并非每起行政案件所必经的程序，也不是第二审程序的继续，只有在生效裁判确有错误，需要进行再审时，才能适用审判监督程序。

审判监督程序这一特殊程序的存在，目的在于贯彻审判工作实事求是、有错必纠的原则，及时纠正错案，保证人民法院的办案质量，切实保护当事人的合法权益。

对于审判监督程序，《行政诉讼法》具体规定如下：

（1）当事人对已经发生法律效力的判决、裁定，认为确有错误的，可以向上一级人民法院申请再审，但判决、裁定不停止执行。

（2）《行政诉讼法》第九十一条规定："当事人的申请符合下列情形之一的，人民法院应当再审：（一）不予立案或者驳回起诉确有错误的；（二）有新的证据，足以推翻原判决、裁定的；（三）原判决、裁定认定事实的主要证据不足、未经质证或者系伪造的；（四）原判决、裁定适用法律、法规确有错误的；（五）违反法律规定的诉讼程序，可能影响公正审判的；（六）原判决、裁定遗漏诉讼请求的；（七）据以作出原判决、裁定的法律文书被撤销或者变更的；（八）审判人员在审理该案件时有贪污受贿、徇私舞弊、枉法裁判行为的。"

（3）各级人民法院院长对本院已经发生法律效力的判决、裁定，发现有《行政诉讼法》第九十一条规定情形之一，或者发现调解违反自愿原则或者调解书内容违法，认为需要再审的，应当提交审判委员会讨论决定。

最高人民法院对地方各级人民法院已经发生法律效力的判决、裁定，上级人民法院对下级人民法院已经发生法律效力的判决、裁定，发现有《行政诉讼法》第九十一条规定情形之一，或者发现调解违反自愿原则或者调解书内容违法的，有权提审或者指令下级人民法院再审。

（4）最高人民检察院对各级人民法院已经发生法律效力的判决、裁定，上级人民检察院对下级人民法院已经发生法律效力的判决、裁定，发现有《行政诉讼法》第九十一条规定情形之一，或者发现调解书损害国家利益、社会公共利益的，应当提出抗诉。

地方各级人民检察院对同级人民法院已经发生法律效力的判决、裁定，发现有《行政诉讼法》第九十一条规定情形之一，或者发现调解书损害国家利益、社会公共利益的，可以向同级人民法院提出检察建议，并报上级人民检察院备案；也可以提请上级人民检察院向同级人民法院提出抗诉。

各级人民检察院对审判监督程序以外的其他审判程序中审判人员的违法行为，有权向同级人民法院提出检察建议。

（六）执行

对于执行，《行政诉讼法》有以下具体规定：

（1）当事人必须履行人民法院发生法律效力的判决、裁定、调解书。

（2）公民、法人或者其他组织拒绝履行判决、裁定、调解书的，行政机关或者第三人可以向第一审人民法院申请强制执行，或者由行政机关依法强制执行。

（3）行政机关拒绝履行判决、裁定、调解书的，第一审人民法院可以采取下列措施：①对应当归还的罚款或者应当给付的款额，通知银行从该行政机关的账户内划拨。②在规定期限内不履行的，从期满之日起，对该行政机关负责人按日处五十元至一百元的罚款。③将行政机关拒绝履行的情况予以公告。④向监察机关或者该行政机关的上一级行政机关提出司法建议。接受司法建议的机关，根据有关规定进行处理，并将处理情况告知人民法院。⑤拒不履行判决、裁定、调解书，社会影响恶劣的，可以对该行政机关直接负责的主管人员和其他直接责任人员予以拘留；情节严重，构成犯罪的，依法追究刑事责任。

（4）公民、法人或者其他组织对行政行为在法定期限内不提起诉讼又不履行的，行政机关可以申请人民法院强制执行，或者依法强制执行。

（七）行政案件审理中的几个特殊制度

1. 撤诉

行政诉讼中的撤诉，是指原告或上诉人（或再审原告或原审上诉人）自立案至人民法院作出裁判前，向人民法院撤回自己的诉讼请求，不再要求人民法院对案件进行审理的行为。

根据撤诉所处的审级不同，撤诉可分为撤回起诉、撤回上诉和撤回再审申请三类，其主体分别为原告、上诉人和再审原告或原审上诉人。

根据撤诉是否由当事人提出，可将撤诉分为申请撤诉和视为申请撤诉两类。前者指当事人主动向受诉人民法院提出撤诉申请，不再要求受诉人民法院对案件继续进行审理，是当事人对自己诉讼权利的积极处分；后者指当事人拒绝履行法定诉讼义务，视为其申请撤诉的情形，是当事人对自己诉讼权利的消极处分。

申请撤诉和视为申请撤诉的条件有所不同。

1）申请撤诉的条件

（1）撤诉申请人必须是原告（一审）、上诉人（二审）、再审原告或原审上诉人以及经他们特别授权的代理人。被告或第三人和被上诉人以及再原告和原审上诉人均不得提出撤诉申请。

（2）申请撤诉必须基于当事人自己真实的意思表示，出于当事人自愿。原告或上诉人（或再审原告或原审上诉人）申请撤诉包括两种情形：一种情形是被诉具体行政行为没有任何变化，但申请撤诉；另一种情形是被诉行政机关在诉讼过程中改变被诉具体行政行为，起诉该行为者同意并申请撤诉。

（3）撤诉必须符合法律规定，不得规避法律，也不能损害公共利益和他人利益。

（4）撤诉申请必须在人民法院宣判前作出。

（5）撤诉必须经人民法院准许。

除此之外，因被告改变被诉行政行为，原告申请撤诉的，还同时需要符合以下条件：对被诉行政机关改变被诉行政行为，不违反法律、法规的禁止性规定，不超越或者放弃职权，不损害公共利益和他人合法权益；被诉行政机关已经改变或者决定改变被诉行政行为，并书面告知人民法院；第三人无异议。

通常而言，人民法院应当对撤诉申请进行审查，申请符合条件的，裁定准予撤诉，案件审理终结。不过，对于因被诉具体行政行为改变而申请撤诉的，如果有履行内容且履行完毕的，人民法院可以裁定准许撤诉。而对不能即时或者一次性履行的，人民法院可以裁定准许撤诉，也可以裁定中止审理。为保护撤诉人的权利，人民法院在准许撤诉裁定可以载明被诉行政机关改变被诉具体行政行为的主要内容及履行情况，并可以根据案件具体情况，在裁定理由中明确被诉具体行政行为全部或者部分不再执行。

申请撤诉不符合法定条件，或者被诉行政机关改变被诉具体行政行为后当事人不撤诉的，人民法院应当及时作出裁判。

2）视为申请撤诉的条件

（1）原告或上诉人经合法传唤，无正当理由拒不到庭，可以按撤诉处理。

（2）原告或上诉人未经法庭许可中途退庭，可以按撤诉处理。

（3）原告或上诉人未按规定的期限预交案件受理费，又不提出缓交、减交、免交申请，或者提出申请未获批准的，按自动撤诉处理。

3）撤诉的法律后果

就一审的撤诉而言，撤诉具有两方面的法律后果：其一，无论是原告申请撤诉得到法院裁定准予撤诉，还是按撤诉处理，其直接的法律后果都是导致诉讼程序的终结；其二，人民法院裁定准许原告撤诉后，原告以同一事实和理由重新起诉的，人民法院不予受理。

这一点与民事诉讼不同。在民事诉讼中，原告的撤诉经法院准许后，视为自始即未起诉，原告仍有权提起诉讼；原告或者上诉人未按规定的期限预交案件受理费而按自动撤诉处理的，原告如果在法定期限内再次起诉或者上诉，并依法解决诉讼费预交问题的，人民法院应予受理。

准予撤诉的裁定确有错误，原告申请再审的，人民法院应当通过审判监督程序撤销原准予撤诉的裁定，重新对案件进行审理。

2. 缺席判决

缺席判决，是指人民法院在开庭审理时，在一方当事人或双方当事人未到庭陈述、辩论的情况下，合议庭经审理所作的判决。

行政诉讼中的缺席判决主要包括两种情形：一是经人民法院两次合法传唤，被告无正当理由拒不到庭，可以缺席判决。二是原告或者上诉人申请撤诉，人民法院裁定不予准许的，原告或者上诉人经合法传唤无正当理由拒不到庭，或者未经法庭许可而中途退庭的，人民法院可以缺席判决。

3. 财产保全与先予执行

行政诉讼财产保全，是指人民法院在因一方当事人的行为或者其他原因，可能使行政行为或者人民法院生效裁判不能或者难以执行的情况下，根据对方当事人的申请或者依职权对有关财产加以保护的措施。

与民事诉讼先予执行明显不同的是，行政诉讼中的先予执行除包括对判决的先予执行，还存在对被诉行政行为的先予执行。对判决的先予执行，是指为解决当事人一方生活或生产的紧迫需要，如抚恤金、社会保险金、最低生活保障费等，根据其申请，裁定另一方当事人给付申请人一定的钱物，或者实施或停止某种行为的制度。由于行政诉讼被告是国家行政机关，一般不存在此种情形，所以行政诉讼中判决的先予执行，主要体现为对原告的保护。

对被诉行政行为的先予执行，是指在诉讼过程中，为避免可能给国家利益、公共利益或者他人合法权益造成不可弥补的损失，根据被告或相关权利人的申请，对被诉行政行为的先予执行。在诉讼过程中，被诉行政行为的合法性尚处于法院审查阶段，对被诉行政行为先予执行并不正当也不合理。但如果被诉行政行为不及时执行可能给国家利益、公共利益或者他人合法权益造成不可弥补的损失，人民法院先予执行就具有合理性。

4. 审理程序的延阻

审理程序的延阻，是指因特殊原因使诉讼活动不能按正常程序进行，而出现的程序中断、中止和延期审理等情形。

1）延期审理

延期审理指人民法院把已定的审理日期或正在进行的审理推迟至另一日期审理的制度。

行政诉讼法未对延期审理问题作具体规定，参照民事诉讼法的规定，行政诉讼中的延期审理主要包括以下几种情形：

（1）必须到庭的当事人和其他诉讼参与人没有到庭。

（2）当事人申请回避，人民法院因客观原因不能立即作出是否回避的决定。

（3）需要通知新的证人到庭，调取新的证据，重新鉴定、勘验，或者需要补充调查的。

（4）其他应当延期的情形。

2）诉讼中止

诉讼中止是指在诉讼过程中，因出现某种原因而诉讼暂时停止，待原因消除后诉讼继续进行的制度。

行政诉讼中的诉讼中止主要包括有以下情形：

（1）原告死亡，须等待其近亲属表明是否参加诉讼的。

（2）原告丧失诉讼行为能力，尚未确定法定代理人的。

（3）作为一方当事人的行政机关、法人或者其他组织终止，尚未确定权利、义务承受人的。

（4）一方当事人因不可抗力的事由不能参加诉讼的。

（5）案件涉及法律适用问题，需要送请有权机关作出解释或者确认的。

（6）案件的审判须以相关民事、刑事或者其他行政案件的审理结果为依据，而相关案件尚未审结的。

（7）其他应当中止诉讼的情形。

3）诉讼终结

诉讼终结是指在诉讼开始后，出现了使诉讼不可能进行或进行下去已无必要的情形，由法院决定结束对案件审理的制度。

诉讼终结仅限于以下法定事由：

（1）原告死亡，没有近亲属或者近亲属放弃诉讼权利的。

（2）作为原告的法人或者其他组织终止后，其权利、义务的承受人放弃诉讼权利的。

（3）因原告死亡须等待其近亲属表明是否参加诉讼，或者原告丧失诉讼行为能力尚未确定法定代理人，或者作为一方当事人的行政机关、法人或者其他组织终止，尚未确定权利、义务承受人这三种原因，使诉讼中止满90日仍无人继续诉讼，但有特殊情况的除外。

5. 被诉行政机关在诉讼中改变被诉具体行政行为的处理

具体行政行为一旦被诉，作为行政诉讼的审理对象，它应当是确定的，不容被告随意改变，所以在行政诉讼过程中，不允许被告任意改变被诉具体行政行为。不过，为给被告行政机关提供主动纠正错误的机会，我国行政诉讼法及《最高人民法院关于适用〈中华人民共和国行政诉讼法〉的解释》允许被诉行政机关改变被诉具体行政行为，并对因被诉行政机关改变被诉具体行政行为而引起的程序变化作出了以下规定：

（1）被诉行政机关既可以在第一审期间也可以在第二审期间和再审期间改变被诉具体行政行为。

（2）被诉行政机关改变被诉具体行政行为或者决定改变被诉具体行政行为，应当书面告知人民法院。

（3）根据《行政诉讼法》的规定，改变后的具体行政行为的效力及由此产生的结果一定程度上取决于另一方当事人的态度。

①如果另一方当事人同意被诉行政机关对被诉具体行政行为的改变，并提出撤诉申请，经人民法院准许，诉讼结束。

②如果另一方当事人不同意被诉行政机关对被诉具体行政行为的改变，不提出撤

诉申请，人民法院应当继续对原具体行政行为进行审理，并就原具体行政行为作出裁判。不过，因被诉行政机关曾对原具体行政行为进行过改变，在判决时法院应注意判决形式。在一审中，人民法院经审查认为原具体行政行为违法的，应当作出确认其违法的判决，而非撤销判决；认为原具体行政行为合法的，应当判决驳回原告的诉讼请求，而不是作出维持判决。

③如果原告或者第三人对改变后的行为不服提起诉讼的，人民法院应当就改变后的具体行政行为进行审理。在第二审和再审中，应当予以参照。

（4）当事人起诉被告不作为，在诉讼中被诉行政机关作出具体行政行为，当事人不撤诉的，人民法院应继续审查被诉行政机关不作为是否合法。

（八）涉外行政诉讼

涉外行政诉讼，是指具有涉外因素的行政诉讼，在我国是指外国人、无国籍人、外国组织认为我国国家行政机关及其工作人员所作的具体行政行为侵犯其合法权益，依法向人民法院提起行政诉讼，由人民法院对具体行政行为进行审查并作出裁判的活动。

对于涉外行政诉讼，《行政诉讼法》有以下具体规定：

（1）外国人、无国籍人、外国组织在中华人民共和国进行行政诉讼，适用《中华人民共和国行政诉讼法》。法律另有规定的除外。

（2）外国人、无国籍人、外国组织在中华人民共和国进行行政诉讼，同中华人民共和国公民、组织有同等的诉讼权利和义务。

外国法院对中华人民共和国公民、组织的行政诉讼权利加以限制的，人民法院对该国公民、组织的行政诉讼权利，实行对等原则。

（3）外国人、无国籍人、外国组织在中华人民共和国进行行政诉讼，委托律师代理诉讼的，应当委托中华人民共和国律师机构的律师。

案例：行政诉讼参加人与行政诉讼程序

因某市对 70 千米防洪大堤进行加高加固建设，县人民政府作出《关于做好防洪大堤建设拆迁补偿安置工作的通知》，王某等 205 户被拆迁户对该通知不服，向县人民政府申请行政复议，要求撤销该通知。县人民政府作出《行政复议告知书》，告知王某等被拆迁户向市政府申请复议。市人民政府作出《行政复议决定书》，认为该通知是抽象行政行为，裁定不予受理复议申请。王某等 205 户被拆迁户不服市人民政府不予受理复议申请的决定，向法院提起诉讼。一审法院认为，在非复议前置前提下，当事人对复议机关不予受理决定不服而起诉，要求法院立案受理缺乏法律依据，裁定驳回原告起诉。

问题：（1）本案是否需要确定诉讼代表人？如何确定？

（2）行政诉讼中以复议机关为被告的情形主要包括哪些？

（3）若本案原告不服一审裁定，提起上诉的主要理由是什么？

（4）如果二审法院认为复议机关不予受理行政复议申请的理由不成立，应当如何判决？

（5）本案一、二审法院审理的对象是什么？为什么？

（6）若本案原告不服一审裁定提起上诉，在二审期间市政府会同区政府调整了补偿标准，上诉人申请撤回上诉，法院是否应予准许？理由是什么？

解析：（1）按照《最高人民法院关于执行〈中华人民共和国行政诉讼法〉若干问题的解释》第二十九条规定，本案同案原告205户，为10人以上，属于“人数众多”，应当推选2 ~ 5名诉讼代表人参加诉讼，在指定期限内未选定的，人民法院可以依职权指定。

（2）行政诉讼中以复议机关为被告的情形主要包括：①复议机关改变原行政行为，原告不服复议决定的；②复议机关在复议期限内未作出复议决定，原告不服的；③复议机关拒绝受理复议申请或者不予答复，原告不服的。

（3）若本案原告不服一审裁定，提起上诉的主要理由：复议机关不受理复议申请的行为是行政机关的一项行政行为，无论是否属于行政复议前置的情形，只要原告不服该复议决定，均可以起诉，法院应予受理。

（4）如果二审法院认为复议机关不予受理行政复议申请的理由不成立，应当作出撤销《不予受理决定书》，判令复议机关受理复议申请。

（5）根据《行政诉讼法》第六条的规定，行政诉讼的审查对象是具体行政行为的合法性问题。具体到本案，一、二审法院审理的对象是市人民政府不予受理复议申请的决定。因为原告起诉要求撤销的就是该决定，故法院应当以该决定作为合法性审查的对象。

（6）《行政诉讼撤诉规定》允许行政诉讼被告在第二审程序期间有条件地改变被诉具体行政行为。根据《行政诉讼撤诉规定》第二条的规定，被告改变被诉具体行政行为，原告申请撤诉，符合下列条件的，人民法院应当裁定准许：申请撤诉是当事人真实意思表示；不违反法律、法规的禁止性规定，不超越或者放弃职权，不损害公共利益和他人合法权益；被告已经改变或者决定改变被诉具体行政行为，并书面告知人民法院；第三人无异议。

若本案原告上诉后市人民政府会同区人民政府调整了安置方案，上诉人可以申请撤回上诉，法院经审查，若认为该市、区人民政府调整安置方案的行为不违反法律、法规的禁止性规定，不超越或放弃职权，不损害公共利益和他人合法权益，申请撤回上诉是上诉人的真实意思表示，第三人无异议的，法院应予准许。

案例：行政诉讼中证据认定

在某法院受理的县水利局一起水事处罚案件中，被告提供了当事人万某违法的现场笔录。该现场笔录载明了万某违法的时间、地点和拒绝签名的情况，没有万某的签名，也没有其他证人签名。万某诉至法院，主张自己当时不在现场，没有违法，并有一朋友叶某为其出庭作证。县水利局提供了证人华某出庭作证。

问题：（1）县水利局申请华某出庭作证，是否应当在开庭前提出？

（2）华某的证言的证明效力是否优于叶某的证言？如果被告没有证人，只有叶某的证言，叶某的证言是否单独作为定案依据？

（3）根据原、被告双方提供的证据，法院是直接认定万某水事违法，还是无法认定，或者是需进一步调查后再作认定？

（4）若华某、叶某二人的证言相互矛盾，法庭应如何判决？

（5）若一审法庭未通知必须参加诉讼的当事人邱某参加诉讼，二审法院是否应将案件发回重审？

解析：（1）《最高人民法院关于行政诉讼证据若干问题的规定》第四十三条规定："当事人申请证人出庭作证的，应当在举证期限届满前提出，并经人民法院许可。人民法院准许证人出庭作证的，应当在开庭审理前通知证人出庭作证。当事人在庭审过程中要求证人出庭作证的，法庭可以根据审理案件的具体情况，决定是否准许以及是否延期审理。"因此，县水利局申请华某出庭作证，不应当在开庭前提出，而应在举证期限届满前提出，并经人民法院许可。

（2）《最高人民法院关于行政诉讼证据若干问题的规定》第六十三条规定："证明同一事实的数个证据，其证明效力一般可以按照下列情形分别认定：……（七）其他证人证言优于与当事人有亲属关系或者其他密切关系的证人提供的对该当事人有利的证言。"因此，华某的证言的证明效力优于叶某的证言。

根据《最高人民法院关于行政诉讼证据若干问题的规定》第七十一条第二项的规定，与一方当事人有亲属关系或者其他密切关系的证人所作的对该当事人有利的证言不能单独作为定案依据。因此，如果被告没有证人，只有原告朋友叶某的证言，叶某的证言不具有证据效力。

（3）《最高人民法院关于行政诉讼证据若干问题的规定》第十五条规定："根据行政诉讼法第三十一条第一款第（七）项的规定，被告向人民法院提供的现场笔录，应当载明时间、地点和事件等内容，并由执法人员和当事人签名。当事人拒绝签名或者不能签名的，应当注明原因。有其他人在现场的，可由其他人签名。法律、法规和规章对现场笔录的制作形式另有规定的，从其规定。"本案中的现场笔录尽管没有当事人或证人的签名，但并不影响其证据的效力。如果原、被告双方提供的证据具有真实性、关联性和合法性，法院可以认定万某是否水事违法；否则还需进一步调查后再确定。

（4）主要证据不足意味着行政机关在查清案件基本情况或在没有充分证据证明

的情况下就作出具体行政行为，具体行政行为缺乏事实基础，人民法院有权予以撤销。因此，若华某、叶某二人的证言相互矛盾，法庭应判决撤销某县公安局的处罚决定。

（5）《最高人民法院关于适用〈中华人民共和国行政诉讼法〉的解释》第一百零九条第三款规定，原审判决遗漏了必须参加诉讼的当事人或者诉讼请求的，第二审人民法院应当裁定撤销原审判决，发回重审。因此，若一审法庭未通知邱某参加诉讼，二审法院应将案件发回重审。

第十三章　行政执法文书与行政诉讼文书

第一节　行政执法文书

一、水行政执法文书基本概念

（一）法律文书的概念

法律文书是指一切在法律上有效的或具有法律意义的文件、文书、公文的总称。法律文书包括规范性法律文书和非规范性法律文书。

规范性法律文书是由国家机关制定的，要求人们普遍遵守的行为准则的文书，它是法律规范的表现形式，具有普遍约束力，它包括宪法、法律、法规，其中包括国家立法、地方立法。

非规范性法律文书是指国家司法、行政等机关在其职权范围内制作的有关办理刑事、民事、经济纠纷等案件和非诉讼事件的各种文书。它不是普遍的行为规范，而仅是对某一案件所涉及的当事人的法律规范，因而只对特定的案件当事人有效，是一种法律事实，是适用法律的结果。

（二）水行政执法文书的概念

水行政执法文书是水行政执法主体应用水法律、法规和规范性文件，处理水事违法案件过程中制作的具有法律效力或法律意义的文书。它包含以下几层含义：

（1）水行政执法文书的制作主体是水行政主体。这里的水行政主体不仅是指各级水行政主管部门，还包括法律、法规授权的组织。

（2）水行政执法文书的适用范围是在具体的水行政执法活动中。这里的水行政执法活动范围很广，既包括行政处罚，又包括行政许可、行政强制、行政征收、行政给付、行政确认等。

（3）水行政执法文书的制作遵循国家法律、法规规定的文书格式和要求。这方面《中华人民共和国行政处罚法》专门对行政处罚文书有规定。

（4）水行政执法文书必须具有法律效力或法律意义。法律效力和法律意义是两个不同的概念。具有法律效力，一定具有法律意义；反之，只具有法律意义，却并不一定具有法律效力。如行政处罚决定书，具有法律效力，亦即具有法律意义上的约束力，受国家法律规范强制性作用的指引；而听证申请书、送达回证等，则只具有一定法律意义，即提出或证明某种要求的法律意义。

（三）水行政执法文书的作用

水行政执法文书的根本作用在于保证法律、法规的具体实施。

（1）水行政执法文书是实施法律的重要手段。

行政机关或法律法规授权的组织通过在具体的行政执法活动中，依法制作相应的执法文书，把法律规定适用于具体案件，是具体实施法律。执法文书是具体实施法律不可或缺的工具。例如，水行政处罚决定书具体地反映水资源、防洪等管理法规规定，确认行政相对人的违法性行为，制裁违法行为，维护正常水事管理秩序。

（2）水行政执法文书是办案活动的记录和凭证。

执法人员在办理各种具体案件中，每一个步骤或环节都要制作相应的执法文书，如实地记录办案活动。例如，适用一般程序的水行政处罚案件从立案、调查取证、听证、决定处罚到决定、执行，每一个环节都有相应的执法文书。它既是对本阶段执法活动的忠实记录，又是进行下一步执法活动的文字依据和前提条件。

（3）水行政执法文书是考察执法人员素质的重要尺度。

水行政执法文书可以反映执法人员办案质量的优劣，而办案质量又是执法人员素质的真实反映。执法人员的素质包括法律知识、专业知识、道德品质、文化修养等方面。执法文书的质量问题绝不仅是一个语言文字水平问题，而是执法人员业务水平、工作作风的直接反映。

（4）水行政执法文书是法治宣传教育的生动教材。

行政执法机关及其工作人员具体执法活动中制作的水行政执法文书，具体生动，使人印象深刻，是生动活泼的法治宣传教育的活教材。

（5）水行政执法文书是重要档案。

水行政执法文书是反映社会的一面镜子，是反映水事活动关系的一面镜子，它真实地反映了当时的各种社会关系、国家政策法律执行情况等。案件档案能够具体地反映案件查处的全部过程的真实面貌，水行政执法文书应作为重要档案保存。

二、水行政执法文书的分类

（1）按用途分为内部文书和外部文书。

内部文书是指在水行政执法活动过程中执法机关制作的在行政机关内部运转的书面文件，如立案审批表、案件处理意见书、听证会报告书、结案报告等。而外部文书是指水行政执法机关在具体执法活动中制作的涉及当事人权利、义务关系或调查、取证过程中有行政机关以外的人员、组织参与的文书，如询问笔录、行政处罚决定书、勘验检查笔录等。

（2）按形式可分为填空式执法文书、表格式执法文书、笔录式执法文书和文字叙述式执法文书。

填空式执法文书是事先就印制好的文书，只将空白处根据实际情况填写而成，包括表格式执法文书，主要形式就是填空，如行政处罚（当场）决定书、立案审批表、抽样取证凭证、鉴定意见书、证据登记保存清单、案件处理意见书、违法行为处理通知书、行政处罚听证会通知书、行政处罚听证会报告书、处罚文书送达回证、行政处罚结案报告、案件移送函、强制执行申请书等。

笔录式执法文书事先只印笔录头部，其余均为横格，使用时只记录问答内容，如询问笔录、勘验检查笔录。

文字叙述式文书又称书写式执法文书，主要是以有叙有议为内容的文书，主要有普通程序中适用的行政处罚决定书、执法机关制作的行罚决定书，要根据规定的格式，拟出文稿后，由执法机关负责人审核后，经过打印校对而成。

（3）按性质可分为立案类文书、调查取证类文书、告知类文书、行政强制措施类文书、决定类文书、执行类文书、结案类文书、工作类文书、许可及许可检查类文书等类别。

①立案类文书。包括立案审批表、请求指定管辖报告。

②调查取证类文书。包括调查询问笔录及附页纸、现场检查笔录、现场勘验图、取证照片、调查询问通知书、法定代表人（负责人）身份证明、委托书、证据材料接收单、协助提供材料函、先行登记保存审批表、先行登记保存通知书及登记保存物品清单、解除登记保存通知书及解除登记保存物品清单。

③告知类文书。包括案件调查终结审批表、行政处罚事先告知书、行政处罚听证告知书、行政处罚听证通知书、行政处罚不予听证通知书、延期听证通知书、行政处罚听证公告、陈述和申辩笔录及附页纸、听证笔录及附页纸。

④行政强制措施类文书。包括责令停止违法行为决定书、责令改正决定书、查封（扣押）物品审批表、查封（扣押）物品决定书及查封（扣押）物品清单、解除查封（扣押）物品决定书及解除查封（扣押）物品清单。

⑤决定类文书。包括案件审理终结审批表、当场处罚决定书、行政处罚决定书、行政复议答复书、行政复议和解书、没收非法财物清单。

⑥执行类文书。包括延期（分期）缴纳罚款审批表、延期（分期）缴纳罚款批准书、罚款催缴通知书、采取强制措施审批表、强制执行申请书。

⑦结案类文书。包括结案审批表、案件移送审批表、案件移送函及案件资料移送清单、发放举报奖金审批表及举报奖金签收单。

⑧工作类文书。包括执法巡查工作记录表、举报处理表、行政建议函、工作记录、送达回证、卷宗封面、卷宗目录、备考表等。

⑨许可及许可检查类文书。包括：行政许可申请书。程序类文书：行政许可补正

材料通知书、行政许可受理通知书、行政许可不予受理通知书、行政许可延期通知书、行政许可特别程序告知书、行政许可听证公告、行政许可听证告知书、行政许可听证通知书。实体类文书：准予行政许可决定书、不予行政许可决定书、变更行政许可决定书、准予变更行政许可决定书、不予变更行政许可决定书、准予延续行政许可决定书、不予延续行政许可决定书、撤销行政许可决定书、注销行政许可决定书、撤回行政许可决定书、吊销行政许可证件决定书、撤销行政许可赔偿决定书、变更（撤回）行政许可补偿决定书。凭证类文书：行政许可申请材料接收凭证、行政许可文书送达回证。检查类文书：行政许可事项监督检查记录表、行政许可事项书面检查通知书、行政许可事项实地检查通知书、行政许可事项实施情况陈述笔录及附页纸、行政许可事项实施现场检查笔录及附页纸、行政许可事项实施现场检查勘验图、行政许可事项实施现场情况照片。

三、水行政执法文书的特点

（一）制作程序合法

制作程序合法即必须按法律、法规规定的文种、时限、步骤、方法等要求来制作。如《水行政处罚实施办法》第二十条规定："水行政处罚机关在作出水行政处罚决定之前，应当书面告知当事人拟作出的水行政处罚内容及事实、理由、依据，并告知当事人依法享有陈述、申辩要求听证等权利。不得限制当事人享有的陈述权、申辩权。"按照该条规定，制作《水行政处罚事先告知书》告知当事人的权利，程序合法；否则，不告知就是程序不合法，当事人可以申请撤销处罚决定。

（二）内容体现法律规定

水行政执法文书内容所反映和体现的是国家法律、法规规定，具体地体现实体法律规范所确定的权利、义务关系和程序法律规范所规定的行为人享有权利、履行义务的方式、方法、步骤等。执法文书是形式，是外壳；法律规范才是内容，是内核。

（三）形式规范化

水行政执法文书是一种高度程式化的书面文件，其形式结构、内容要素都有严格要求。

（1）结构固定。每种执法文书的结构都分为首部、正文、尾部等三个部分，对每一部分都有各自的要求。首部一般应写明以下内容：水行政执法机关名称、执法文书种类名称、文书编号、当事人的身份事项等；正文主要包括案件事实、理由和处理结果；尾部一般应有水行政执法机关及其工作人员署名、盖章、文书制作的时间等。有的执法文书还有附项，如鉴定意见、行政处罚结案报告。有的执法文书尽管在形式上没有严格地划分为以上三个部分，但其具体内容一般都包括上述三部分内容。

（2）事项固定。不同种类的执法文书具体事项有不同的规定和要求，并且固定不变，甚至有的事项的每一个要素数量不能任意增减，顺序不能随意颠倒。例如，当事人的身份事项一栏，对自然人，一般要求写明姓名、性别、年龄、民族、籍贯、职业、住址；对法人或其他组织，则要求写明单位名称、法定代表人或单位负责人、住址等事项。

（3）用语固定。如行政处罚决定书中交待救济权利，均书写为"如不服本处罚决定的，可在接到本决定书之日起六十日内向上级主管部门或者同级人民政府申请复议；也可在接到本决定书之日起三个月内直接向人民法院提起行政诉讼，当事人逾期不申请复议或起诉，也不履行义务的，本机关将申请人民法院强制执行或依法强制执行"。

（四）语言表达力求准确

水行政执法文书在语言文字的运用上，必须严格要求，不能模棱两可、似是而非，任意夸大或缩小事实真相。它要求用词准确、精炼、言简意赅、通俗易懂，不能用方言、土语、俚语，不用冷僻古奥难懂词语，不得随意简化汉字，不得有错别字；遣词造句要规范，句子结构完整，不得随意简省；文风鲜明朴实，平易严肃；专业术语准确、完整；标点正确等。

在执法文书中，一是绝对排斥"大概""也许""可能"之类的词语。二是专业术语要确切，力戒生造。三是称谓要恰当。四是执法文书里的数量词要确切，避免含混不清。在执法文书中，切忌出现"若干""左右""余"等词语，对数字的个、十、百、千、万甚至小数点后的数都要写清楚、写确切；对量词要使用普通话中通用的量词，且前后要一致。

（五）具有法律上的确定力

水行政执法文书一经制作完毕并送达到当事人，非经法定程序不得变更或撤销。水行政执法文书执行由国家强制力保证，如果要改变或撤销，只能依照法定程序进行，任何机关、团体或个人都无权擅自予以认定和变更或撤销它。目前，可以变更、撤销具体行为的，一是行政复议，二是行政诉讼。

四、水行政处罚文书

水行政处罚文书是水行政执法中应用最多的文书。

（一）常见水行政处罚文书

常见水行政处罚文书有水政监察人员巡查发现案件登记表、举报（投诉）案件登记表、水事违法案件立案审批表、调查（询问）通知书、询问笔录、勘验笔录现场勘验图、现场（检查）笔录、责令停止水事违法行为通知书、责令改正通知书、鉴定委托书、先行登记保存证据审批表、先行登记保存证据通知书、先行登记保存证据物品清单、解除登记保存证据物品通知书、先行登记保存证据物品处理清单、水行政处罚事先告知书、陈述（申辩）笔录、水行政处罚听证告知书、水行政处罚听证通知书、听证公告、水行政处罚听证会笔录、听证报告、重大复杂案件集体讨论笔录、案件调查终结报告、水行政处罚审批表、案件移送函、移送案件涉案物品清单、不予水行政处罚决定书、水行政处罚决定书、送达回证、水行政处罚强制执行催告书、水行政处罚强制执行申请书、当场处罚决定书、水事违法案件结案报告、水事违法案件结案审批表。

（二）水行政处罚文书制作要求

水行政处罚文书一般有以下制作和归档管理要求。

1. 应当按照规定的格式印制后填写

（1）各种文书格式的边线和字体一律印成黑色，标题用 2 号宋体，其他文字用 5 号宋体。文书填写应当使用黑色水笔，也可以按照规定的格式打印。

（2）文书设定的栏目，应当逐项填写，签名必须是手写，签名和日期不得遗漏和随意修改。确因错误需要进行修改的，可以用杠线划去修改处，在其上方或者接下处写上正确内容，并在改动处加盖印章，或者由当事人签名、盖章或按指印确认；无须填写的，应当用斜线划去。文书中除编号和面积、数量、技术数据等必须使用阿拉伯数字的外，应当使用汉字。

（3）文书中“案件名称”填写为“违法行为定性＋案”，例如违法采砂案、违法取土案、违法挖筑鱼塘案、违法施工案等，其中在立案和调查取证阶段文书中“案由”应当填写为“涉嫌违法行为定性＋案”，例如涉嫌违法采砂案、涉嫌违法取土案。

（4）下列法律文书应当编注案号：当场处罚决定书、行政处罚立案审批表、行政处罚告知书、行政处罚决定书。当场处罚决定书“案号”为“行政区划简称＋处罚机关简称＋执法类别＋简罚＋年份＋序号”。行政处罚立案审批表、行政处罚告知书、行政处罚决定书“案号”统一为“本级行政区划简称＋处罚机关简称＋执法类别＋年份＋序号”。同一案件中，所有文书编注案号的序号必须一致。

（5）执法文书首页不够记录时，可以附纸记录，但应当注明页码，由相关人员签名并注明日期。

文书中执法机构、处罚机关的审核或审批意见应表述明确，没有歧义。注明加盖处罚机关印章的地方必须加盖印章，加盖印章应当清晰、端正，要“骑年盖月”，居中下压成文时间。

2. 询问笔录、现场检查（勘验）笔录、听证笔录等笔录文书制作要求

1）询问笔录

询问笔录是执法人员为了收集证据，向当事人或者案件的有关人员进行询问时使用的文书，是认定案件事实的重要证据之一。

在使用询问笔录时，必须将被询问人的姓名、地址等基本情况写准确，并记录被询问人提供的与案件有关的全部情况，包括案件发生的时间、地点、情形、事实经过、

因果关系及后果等。询问时应当有两名以上执法人员在场，并做到一个被询问人一份笔录，一问一答。询问人提出的问题，如被询问人不回答或者拒绝回答的，应当写明被询问人的态度，如“不回答”或者“沉默”等，并用括号标记。记录有遗漏或者有差错的，可以补充和修改，并由当事人在改动处签章或捺指印确认。询问笔录应当场交当事人阅读或者向当事人宣读，并由当事人逐页签字或盖章确认，被询问人因不识字等原因不能签字的，应要求被询问人按手印。当事人拒绝签字盖章或拒不到场的，执法人员应当在笔录中注明，并可以邀请在场的其他人员签字。

2）现场检查（勘验）笔录

现场检查（勘验）笔录是指执法人员对与涉嫌违法行为有关的占用水域情况、毁损情况、作案工具等进行检查或者勘验的文字图形记载和描述。对现场绘制的勘验图、拍摄的照片和摄像、录音等资料应当在笔录中注明。

3）听证笔录

听证笔录是指记录听证过程和内容的文书。

“听证主持人”“听证员”“书记员”栏填写上述人员的姓名、工作单位及职务。听证笔录应当写明案件调查人员提出的违法事实、证据和处罚意见，当事人陈述、申辩的理由以及是否提供新的证据，证人证言、质证过程等内容。案件调查人员、当事人或其委托代理人应当在笔录上逐页签名并在尾页注明日期；证人应当在记录其证言之页签名。

3. 当场处罚决定书、行政处罚立案审批表、责令改正通知书、行政处罚事先告知书、行政处罚决定书等文书制作要求

1）当场处罚决定书

当场处罚决定书是指水行政处罚机关适用简易程序，现场作出处罚决定的文书。“违法事实”栏应当写明违法行为发生的时间、地点、违法行为的情节、性质、手段及危害后果等情况；“处罚依据及内容”栏应当写明作出处罚所依据的法律、法规的全称并具体到条、款、项、目，处罚内容应当具体、明确。

2）行政处罚立案审批表

行政处罚立案审批表是指水行政处罚机关在办理一般程序案件中，用以履行报批立案手续的文书。

行政处罚立案审批表由执法人员案件情况报告和行政机关负责人审批意见两大部分组成。报告人必须写明当事人情况和基本的违法事实。立案时间以行政机关负责人在报告中签署立案意见的时间为准。文书中“案件来源”分为巡查发现、群众举报、上级督办、部门移交、媒体曝光五类。

3）责令改正通知书

责令改正通知书是指水行政处罚机关依据有关法律、法规的规定，责令违法行为

人立即或在一定期限内纠正违法行为的文书。责令改正通知书应当写明具体的法律依据和责令改正违法行为的时限。

4）行政处罚事先告知书

行政处罚事先告知书是指水行政处罚机关在作出行政处罚决定前，告知当事人拟作出的行政处罚决定的事实、理由、依据以及当事人依法享有的权利的文书。处罚机关应当根据案件是否符合听证条件，决定适用一般案件文书或听证案件文书。

行政处罚事先告知书应当写明当事人的违法事实、违反的法律条款、拟作出行政处罚的法律依据种类、处罚裁量幅度，并告知当事人享有的陈述和申辩的权利、要求举行听证的权利及法定期限，并注明联系人、联系电话和行政处罚机关地址等。

5）行政处罚听证会通知书

行政处罚听证会通知书是指水行政处罚机关决定举行听证会并向当事人告知听证会事项的文书。

行政处罚听证会通知书中应当告知当事人举行听证会的时间、地点、方式（公开或不公开）、主持人的姓名、工作单位及职务以及可以申请回避和委托代理人等事项。

6）行政处罚听证会报告书

行政处罚听证会报告书是指听证会结束后，听证主持人向处罚机关负责人报告听证会情况并提出案件处理意见的文书。“听证基本情况摘要”栏应当填写听证会的时间、地点、案由、听证参加人的基本情况、听证认定的事实、证据；“听证结论及处理意见”栏应当由听证人员根据听证情况，对拟作出的行政处罚决定的事实、理由、依据作出评判并提出倾向性处理意见。听证主持人向处罚机关负责人提交报告书时，应当附听证笔录。

7）行政处罚决定书

行政处罚决定书是指水行政处罚机关依法适用一般程序，对当事人作出行政处罚决定时使用的文书。

对违法事实的描述应当全面、客观，阐明违法行为的基本事实，即何时、何地、何人、采取何种方式或手段、产生何种行为后果等；列举证据应当注意证据的证明力，对证据的作用和证据之间的关系进行说明。应当对当事人陈述申辩意见的采纳情况及理由予以说明；对经过听证程序的，文书中应当载明。作出处罚决定所依据的法律、法规、规章应当写明全称，列明适用的条、款、项、目。有从轻或者减轻情节，依据行政处罚裁量幅度依法予以从轻或者减轻处罚的，应当写明。

8）送达回证

送达回证是指水行政处罚机关将各种执法文书送达当事人的回执证明文书。

水行政执法文书送达完毕，应由受送达人在送达回证上签字后，由行政机关保存。受送达人不在时，可将文书交其成年家属或所在单位负责人代收，在“受送达人”栏内签章，并在“代收人与当事人关系”栏中写明与受送达人关系及代收理由。送达回执，应写明受送达人、送达机关、送达文件名称及文号、送达地点等内容。在发生拒收情况时，其他人员在场证明情况，留下送达文件即为送达，但经办人应在“备注”栏说明有关情况，并邀请见证人签字并注明日期。送达单位指处罚机关；送达人指处罚机关的执法人员；受送达人指案件当事人；收件人不是当事人时，应当在“备注”栏中注明其身份和与当事人的关系。

9）行政处罚强制执行申请书

行政处罚强制执行申请书是处罚机关向人民法院提请行政强制执行时填写的文书。“申请执行内容”栏应当写明申请执行的事项，包括罚款数额、强制执行内容等；“文书”栏应当分项列明作为执行依据的行政处罚决定书、送达回执等，以及法院认为需要提供的其他相关材料。

10）行政处罚结案报告

行政处罚结案报告是指案件终结后，执法人员报请处罚机关负责人批准结案的文书。

结案报告应当对案件的办理情况进行总结，对给予行政处罚的，写明处罚决定的内容及执行情况；不予行政处罚的，应当写明理由；予以撤销案件的，写明撤销的理由。

（三）水行政处罚文书归档与管理要求

1. 行政案卷的基本概念

行政案卷是有关案件事实的证据、调查或者听证记录等案件材料的总和。行政案卷制度是关于行政决定只能以行政案卷体现的事实作为根据的行政程序制度。

行政决定只能以行政案卷体现的事实为根据，不得以行政案卷以外的、没有经过法定程序认定的事实为根据。根据 2002 年 7 月公布的《最高人民法院关于行政诉讼证据若干问题的规定》第六十条规定，以下三种证据不能作为认定被诉具体行政行为合法的依据：

（1）被告及其诉讼代理人在作出具体行政行为后或者在诉讼程序中自行收集的证据。

（2）被告在行政程序中非法剥夺公民、法人或者其他组织依法享有的陈述、申辩或者听证权利所采用的证据。

（3）原告或者第三人在诉讼程序中提供的、被告在行政诉讼中未作为具体行政行为依据的证据。

2. 行政案卷必须具备的条件

（1）案卷的材料必须与案件有关。凡是与案件有关的材料必须是通过合法手段获得的，对行政相对人不利的证据必须已在行政程序中质证过。

（2）行政主体凡是在行政程序结束之后调取的证据或者其他书面材料，不得成为案卷的一部分。但不作为行政行为依据的，可以例外。

（3）案卷形成于行政程序结束之后，且案卷一旦形成便具有了封闭性的特点。

3. 案件材料整理归档要求

一般程序案件应当按照一案一卷进行组卷；材料过多的，可一案多卷。卷内文书材料应当齐全完整，无重份或多余材料。简易程序案件可以多案合并组卷。

水行政机关在受理案件后，办案人员应立即开始收集有关本案的各种行政执法文书，着手立卷工作。归档的行政执法文书材料，必须是真实、准确、法律手续完备的原件。在案件办结后，要认真检查全案的文书材料是否收集齐全，发现法律手续不完备的，应及时补齐或补证，剔除与本案无关的材料。超过复议和诉讼期限的，或复议、诉讼后的行政处罚卷宗，一个月内进行立卷归档。

卷内行政执法文书材料，一般只保存一份（有领导批示的除外），重份的文书材料一律剔除。照片要写好文字说明，随纸质文件一起立卷。

4. 案卷应当制作的封面、卷内目录和备考表要求

封面题名应当由当事人和违法行为定性两部分组成，如“关于 ××× 无采砂许可证采砂案”。卷内目录应当包括序号、题名、页号和备注等内容，按卷内文书材料排列顺序逐件填写。备考表应当填写卷中需要说明的情况，并由立卷人、检查人签名。卷宗封面所列的各个项目，都要用毛笔、钢笔逐项填写齐全，书写要工整。其中，封面的第一行，填写水行政执法机关的全称；“自年月至年月”栏填写立案日期和正式执罚结束日期；“归档号”栏填写执法机构给本卷宗的归档时保管序号。

5. 案例执法文书材料编号

一个案件的行政执法文书材料经过系统排列后，要逐张编页号，两面有文字的两面都编号。一本卷宗编一个流水页号。卷宗封面、卷内文件目录、卷内备考表、卷底不编页码。页码一律使用阿拉伯数字，用铅笔书写在右上角和背面的左上角。大张材料折叠后应当在有字迹页面的右上角编写页号；A4 横印材料应当字头朝装订线摆放好后再编页号。

6. 装订前要做好的行政执法文书材料的检查

对破损或褪色的材料，应当进行修补和复制。装订部位过窄或有字迹的材料，要用纸加衬边。纸面过小的书写材料，应当用 A4 纸托底粘贴。纸张大于卷面的材料，要按卷宗大小折叠整齐。对字迹难以辨认的材料，应当附上抄件。需要附卷的信封要打开平放，不要撕掉邮票。材料上的全部金属物都要剔除干净。

装订以后，应首先检查文件材料有无漏订现象，然后在卷底装订线上贴上封纸，并将经办人员名章加盖于骑缝处。卷宗归档前由案件主要负责人负责卷宗质量检查并签字。凡不符合要求的，由原办案人负责重新整理。卷宗装订用线绳三眼一线装订牢固，不要漏订。

7. 不能随文书装订立卷的录音、录像等证据材料管理

不能随文书装订立卷的录音、录像等证据材料应当放入证据袋中，应在每盘上注明当事人的姓名、案由、归档号、承办单位、录制人、录制时间、录制内容，并按形成顺序，逐盘登记造册归档。

归档的证物，凡是能够附卷保存的，应装订入卷或装入证物袋，在证物袋上写明名称、数量、特征、来源。易腐、易爆、易燃、有毒的证物；不适于保存的，可拍成照片附卷，经领导批准销毁或另作处理。

录音、录像带和证物（单独装袋的）材料，应与卷宗（文字材料）统一排列编号存放（特殊的单独存放），统一划分保管期限。

8. 水行政处罚文书的归档顺序

行政执法文书材料排列总的要求是，按照执法程序的客观进程形成文书的时间自然顺序进行排列。其一般排列顺序为：①卷宗封面；②卷内文件目录；③举报材料；④现场检查记录；⑤立案审批表；⑥调查笔录；⑦现场勘验记录；⑧现场照片；⑨抽样取证凭证；⑩登记保存通知书；⑪行政处罚审批表；⑫集体讨论记录；⑬解除登记保存通知书；⑭行政处罚事先告知书；⑮当事人陈述申辩笔录；⑯行政处罚听证告知书；⑰行政处罚听证通知书；⑱听证委托书；⑲行政处罚听证笔录；⑳听证报告；㉑行政处罚决定书；㉒行政复议或行政诉讼有关文书材料；㉓强制执行申请书；㉔延期缴纳罚款审批表；㉕罚款票据粘贴页；㉖送达回证；㉗结案报告；㉘案件移送报告；㉙卷内备考表。

9. 水行政处罚文书档案管理

卷宗检查合格后，由执法机构指定专人临时保管。临时保管期间，要按办案人上交卷宗的顺序编归档号，进行登记造册。年末由保管人员统一向本机关档案部门移交，与本机关文书档案统一排列，集中保管。任何个人和机构不得据为己有或拒绝归档。移交时要办理交接手续。如果方便，执法机构也可以不设临时保管，由办案人随时立卷，直接向本机关档案部门移交归档。

已归档的行政执法卷宗，不得从卷内抽取材料。需要增添文书材料时，必须征得原办案人和档案人员同意，并经行政机关负责人批准，按立卷要求办理，以保证卷宗的质量。

适用简易程序的行政执法卷宗保管期为 15 年，一般程序的行政执法卷宗保管期为 50 年，重大行政执法卷宗保管期为永久。

借阅、调阅行政执法卷宗，应由行政机关负责人批准，并履行借阅登记手续。

第二节　行政诉讼文书

一、行政诉讼文书的基本概念

行政诉讼文书是指在行政案件中当事人为维护自己的合法权利，向人民法院提起诉讼或复议，人民法院作出裁决或处理决定的法律文书。

行政诉讼文书包括行政赔偿调解书（一审行政赔偿案件用）、行政判决书、行政裁定书、行政诉讼答辩书、行政申诉书、行政上诉书、行政赔偿申请书、行政复议申请书、行政答辩状、强制执行申请书、申请复议书、行政诉讼起诉书。

其中，行政判决书分一审行政案件、再审行政案件、二审维持原判或改判用的四种情况下的行政判决书。

行政裁定书分准许或不准许撤诉、停止执行具体行政行为或驳回申请、提起再审、二审准许或不准撤回上诉、二审维持或撤销一审裁定、不予受理起诉、驳回起诉等情况下的行政裁定书。

二、行政诉讼文书格式式样

行政诉讼文书格式式样以行政诉讼行政机关答辩状为例。

行政诉讼答辩状

答辩人：__________

名称：__________ 地址：__________ 电话：__________

法定代表人：姓名：__________ 职务：__________

委托代理人：姓名：__________ 性别：_____ 年龄：_____

民族：______ 职务：_________ 工作单位：_______________

住所：______________________ 电话：__________

因 __________________________ 诉我单位 __________ 一案，兹答辩如下：

根据《中华人民共和国行政诉讼法》第 ___ 条之规定，律师事务所接受本案当事人的委托，并指派我担任本案当事人的诉讼代理人。接受委托之后，本诉讼代理人进行了阅卷并进行了全面调查，今天又参加了庭审，对于该案有了较为全面的了解。

根据法律和事实，本诉讼代理人发表如下代理意见，请合议庭在合议时能予以考虑：

一、权限合法

1. 被告具有独立的主管行政主体资格：

法律依据：

____

____

2. 本案中被告具有具体管辖权法律依据：

事实依据：

____

____

二、事实清楚，适用法律法规正确

法律依据：

____

____

三、金额计算准确

事实依据：

____

____

四、原告的起诉已过法定的起诉期间：

____

____

综上：代理人认为，当事人（被告）做出的关于行政处理决定一案程序合法，事实清楚，适用法律法规正确。请求人民法院依法驳回原告诉讼请求，维护正常的行政秩序。

以上意见供合议庭参考，望采纳。

此致

×××× 人民法院

答辩人：__________（盖章）

法定代表人：__________（签章）

__________ 年 _____ 月 _____ 日

附：

答辩书副本 _____ 份。其他文件 _____ 份。

案例：行政上诉答辩状

答辩人（被上诉人）：×× 县黄河河务局

地址：×× 县 ×× 镇 ×× 路 ×× 号

法定代表人：×××，职务：局长

被答辩人（上诉人）：××× 厂

地址：×× 县 ×× 街道 ×× 号

投资人：×××

答辩人因被答辩人 ××× 厂提起行政诉讼请求确认答辩人拆除其位于 ×× 县 ×× 街道 ×× 号路南的建筑物（厂房）的行为违法，根据事实、法律依据，答辩如下：

一、原告在 ×× 县工商行政管理局登记，取得 ×× 县国土资源局出具的证明和 ×× 县发展和改革委员会出具的项目备案确认书，均不是行政许可，也不具有替代河道主管机关监督管理职责的效力，不能推翻原告行为的违法性。

1.×× 县工商行政管理局登记是原告的企业进行市场经营的一种注册行为，主要是对企业经济性质进行核定，并不是确认原告所建厂房的合法性。

×× 县国土资源局给原告出具的是项目区土地符合新建区规划，只是从大的方面对项目区土地性质的一个证明；×× 县 ×× 街道办事处出具的是与乡镇区域发展规划相符的证明，两者均不是对具体项目的确认，更不是允许该项目建设的行政许可。

×× 县发展和改革委员会给原告出具的是备案确认书，只是一个程序性的备案，也不是同意该项目的行政许可，更不是替代国家有关法律、法规授权的河道主管机关对该项目的行政审批。

因此，×× 县工商行政管理局登记、×× 县国土资源局和 ×× 县发展和改革委员会给原告出具的用地证明与项目备案确认书、×× 县 ×× 街道办事处出具的证明，不能证明原告的厂房建设符合 ×× 县人民政府土地利用总体规划，也不能证明原告不存在违法占地、违法建筑的行为。

2. 原告修建的厂房处于黄河河道管理范围内，按照《中华人民共和国水法》《中华人民共和国防洪法》等法律、法规，原告在进行项目建设及有关活动时，应当经河道主管机关批准后，才能开工建设，使项目建设具有合法性。也就是说，即使退一步讲，原告所建厂房符合 ×× 县人民政府土地利用总体规划及 ×× 县 ×× 街道办的发展规划，上述两规划也不能排除相关行政机关依法监督管理职责的效力；原告厂房建设既要符合相关规划，更要依法征得具有监督管理职责的河道主管机关的许可。

二、答辩人作出《责令（限期）改正通知书》适用法律正确，认定原告违法事实清楚，证据充分，且履行了合法程序。

1. 原告项目区域位于 ×× 县黄河河道管理范围内。1999 年 ×× 县人民政府下发了《×× 县人民政府关于界定黄河无堤防河道管理范围的通知》（×× 政〔1999〕33 号），并在 ×× 县人民政府网站上发布了《×× 县人民政府关于划定 ×× 县黄河河道和水利工程管理范围与水利工程保护范围的通告》，依法明确划定了 ×× 县黄（沁）河河道管理范围。

原告厂房位置为××（GPS坐标为东经：　°　′　″，北纬：　°　′　″），经答辩人现场勘验，确定该项目区域位于××县黄河河道管理范围内。

2. 原告违法事实清楚。根据《中华人民共和国防洪法》第二十二条第二款的规定："禁止在河道、湖泊管理范围内建设妨碍行洪的建筑物、构筑物，倾倒垃圾、渣土，从事影响河势稳定、危害河岸堤防安全和其他妨碍河道行洪的活动。"原告厂房建筑面积为2 108.84平方米，房屋建筑为砖混与彩钢瓦一层结构，占地面积5 797.4平方米，属于《防洪法》禁止建设的妨碍行洪建筑物，是违法建筑无疑。

3. 答辩人有权对原告的违法行为作出责令改正通知。水利部印发的《关于流域管理机构决定〈防洪法〉规定的行政处罚和行政措施权限的通知》（简称《权限通知》）中明确规定流域管理机构有权决定防洪法第七章规定的行政处罚和行政措施，《权限通知》附件一中明确列出××县黄河河务局具有实施防洪法规定的行政处罚和行政措施的权限。同时，根据上级《关于印发××县黄河河务局主要职责的通知》（××文号），明确××县黄河河务局有"负责《水法》《防洪法》《河道管理条例》等有关法律、法规的实施和监督检查；负责辖区内水政监察和水行政执法工作，查处水事违法行为"主要职责。因此，答辩人有权针对原告的违法行为依法作出"××黄罚责改〔2020〕60号"责令（限期）改正通知。

4. 答辩人适用法律正确。《防洪法》第五十五条第一项"违反本法第二十二条第二款、第三款规定，有下列行为之一的，责令停止违法行为，排除阻碍或者采取其他补救措施，可以处五万元以下的罚款：（一）在河道、湖泊管理范围内建设妨碍行洪的建筑物、构筑物的"，针对原告在黄河河道管理范围内建设妨碍行洪的建筑物这一违法行为，答辩人依据《防洪法》第五十五条规定对原告下达了"××黄罚责改〔2020〕60号"责令（限期）改正通知"责令停止违法行为，排除障碍或者采取其他补救措施，自行拆除建筑物并将所拆除建筑垃圾清除出黄河河道管理范围"。适用法律正确。

5. 答辩人执法符合法定程序。发现原告违建厂房后，答辩人执法人员秉持全面、客观、公正的态度依法进行现场检查（勘验），有现场检查（勘验）笔录、现场勘验图、检查影像证据证明。2020年10月27日答辩人在见证人见证下依法送达"××黄罚责改〔2020〕60号"责令（限期）改正通知，有通知副本和现场送达照片证明。答辩人全程执法符合法律规定。

三、答辩人未对原告的厂房进行强行拆除，不是本案的适格被告。

1. 答辩人××黄河河务局是水利部黄河水利委员会所属管理机构，主要担负着辖区内防汛抢险、水政水资源管理、工程建设与管理等任务，按照授权依法行使水行政管理职责，为具有行政职能的事业单位。不具有行政强制权。

2. 本案中对原告厂房进行强制拆除的具体行政行为不是由答辩人作出的。2020年

7月，按照全省河长述职会及河南省第2号总河长令，黄河流域河湖“清四乱”歼灭战全面拉开，各级河长办牵头负责“清四乱”工作。原告项目进入地方政府主导的“清四乱”整改台账，原告违建厂房属于黄河滩区“四乱”中的“乱建”问题。答辩人虽然是对原告作出过“××黄罚责改〔2020〕60号”责令（限期）改正通知，但并没有对该项目实施拆除。原告诉的是拆除行为，不是答辩人责令改正行为。答辩人未实施对原告厂房的拆除，不是本案的适格被告。

四、原告对答辩人告知的权利进行了偷换概念。

答辩人在作出“××黄罚责改〔2020〕60号”责令（限期）改正通知时，告知原告“你单位如不服本决定，可以在六十日内申请行政复议，也可以在六个月内直接向人民法院起诉”，是答辩人依法履行告知当事人正当权利的行为，针对的是所作出的“××黄罚责改〔2020〕60号”责令（限期）改正通知，不是原告诉求的“强制拆除”的行政行为。也就是说，答辩人告知的是，不服“××黄罚责改〔2020〕60号”责令（限期）改正通知可以起诉，并不是认可强制拆除行为属于人民法院受理行政诉讼案件范围，原告把彼行为作为此行为，对答辩人告知的诉讼权利和行政措施实施主体进行了偷换概念。

综上所述，答辩人针对原告违法行为所采取的行政措施，事实认定清楚，法律依据正确，证据充足，程序合法，充分履行了自己的法定职责。答辩人未对原告厂房进行强拆，不是本案的适格被告，恳请贵院依法驳回原告诉讼请求，维持一审判决。

此致

郑州铁路运输中级法院

答辩人：××县黄河河务局

2021年4月20日

第十四章　水行政机关与公务人员法律责任

第一节　法律责任概述

一、法律责任的概念

法律责任是指法律关系中的主体由于其违法行为，按照法律规定必须承担的消极法律后果。

行政许可、行政处罚、行政强制、行政复议等执法行为都可以引起法律责任。

二、法律责任的种类

法律责任可以分为刑事责任、民事责任、行政责任三种。

（一）刑事责任

刑事责任是指犯罪主体因违反刑法的规定，实施了犯罪行为时所应承担的法律责任。它是法律责任中最为严厉的，只能由国家审判机关依法予以追究。

例如，《防洪法》第六十二条规定：截留、挪用防洪、救灾资金和物资，构成犯罪的，依法追究刑事责任；尚不构成犯罪的，给予行政处分。

案例：受贿罪

某省水利系统曾发生过这样几件事：

（1）甲系水利局局长，1998 年向王某借钱 3 万元。2003 年王某所办企业希望免除罚款 5 万元，得到甲批准，王某当时就对甲说：“上次借给你的钱就不用还了，算我给你的感谢费。”但甲始终不置可否。2008 年 5 月甲因其他罪被抓获时，主动交代了借钱不还的事实。

（2）丙为河道内建设项目得到批准，送给水利局负责人李某 5 万元，希望在审批时多多关照。李某收过钱，点了点头。但事后，在局长办公会上，由于其他领导极力反对，丙项目未获批准。

（3）戊通过基层领导刘某向其上级主管处长高某送 2 万元，希望高某按照国家规定处理自己的许可申请。

问题：上述行为哪些构成受贿罪？

解析：

（1）受贿罪是国家工作人员利用职务上的便利，索取他人财物或者非法收受他人财物，为他人谋取利益的行为。甲利用职务便利非法收受他人财物，为他人谋取利益的行为构成受贿罪。

（2）为他人谋取利益是否正当，所谋取利益是否实现，不影响受贿罪的成立。李某收受他人财物后，虽然没有为他人谋取到利益，但仍然构成受贿罪。

（3）介绍贿赂罪是指向国家工作人员介绍贿赂，情节严重的行为；斡旋受贿罪是国家工作人员利用本人职权或者地位形成的便利条件，通过其他国家工作人员职务上的行为，为请托人谋取不正当利益，索取请托人财物或者收受请托人财物的行为。戊只是要求高某按照法律办事，并不期求任何不合理的利益，不属于"不正当利益"，戊不构成行贿罪，但刘某构成斡旋受贿罪，高某构成受贿罪。

（二）民事责任

民事责任是指行为人违反民事法律上的约定或者法定义务所应承担的对其不利的法律后果，其目的主要是恢复受害人的权利和补偿权利人的损失。《中华人民共和国民法通则》根据民事责任承担的原因将民事责任划分为两类，即侵权的民事责任（侵权责任）和违反合同的民事责任（违约责任）。

案例：2015年5月，某河务局机关服务中心在单位高层家属楼门口贴了一则公告，要求楼上所有住户清理窗外搁置的花盆、杂物等，以防坠落造成他人损害。

解析：生活中因为多层或者高层楼房花盆、杂物等坠落伤人打官司的案件屡见不鲜，服务中心张贴公告提醒得好，是避免单位和大楼所有住户承担相关责任的一项预防措施。这件事情就涉及法律上的"侵权责任"承担问题，我国对此有专门法律规定：

（1）《中华人民共和国民法通则》及相关司法解释规定：建筑物或者其他设施以及建筑物上的搁置物、悬挂物发生倒塌、脱落、坠落造成他人损害的，其所有人或者管理人应当承担民事责任，但能够证明自己没有过错的除外。

（2）《中华人民共和国侵权责任法》（简称《侵权责任法》）第八十五条规定："建筑物、构筑物或者其他设施及其搁置物、悬挂物发生脱落、坠落造成他人损害，所有人、管理人或者使用人不能证明自己没有过错的，应当承担侵权责任。所有人、管理人或者使用人赔偿后，有其他责任人的，有权向其他责任人追偿。"

《侵权责任法》第十条规定："二人以上实施危及他人人身、财产安全的行为，其中一人或者数人的行为造成他人损害，能够确定具体侵权人的，由侵权人承担责任；不能确定具体侵权人的，行为人承担连带责任。"

（三）行政责任

行政责任又称行政法律责任，是指因违反行政法律规范的规定，所应承担的一种行政法律后果。

根据追究的机关不同，行政责任主要包括处分、行政赔偿和行政处罚等。

这里的处分是指国家行政机关按行政隶属关系对有违法失职行为的行政机关公务员给予的惩处。行政赔偿是指国家行政机关及其工作人员在行使职权时，违法侵犯公民、法人或其他组织的合法权益并造成损害，由国家行政机关依法承担赔偿责任。行政处罚是指因公民、法人或其他组织违反行政管理秩序，行政机关对其财产或人身依法给予的制裁。

行政处罚和处分尽管都属于行政责任，但二者截然不同。其差异主要表现在：第一，性质不同。行政处罚属于外部行政行为，处分属于内部行政行为。第二，决定机关不同。行政处罚是由具有行政处罚权的行政执法机关作出，而处分是由与被处分者有职务从属关系的行政机关或监察机关作出。第三，对象不同。行政处罚的对象是实施了违法行为的行政管理相对人，处分的对象则是行政机关工作人员。第四，形式不同。行政处罚主要包括警告、罚款、没收违法所得、没收非法财物、责令停产停业、暂扣或吊销许可证、暂扣或吊销执照、行政拘留等形式，处分主要采取警告、记过、记大过、降级、撤职、开除等形式。第五，救济途径不同。对行政处罚不服可以采取行政复议或行政诉讼救济，对处分不服，只能通过行政申诉救济。

案例：酒驾与醉驾危害

我国现在对于酒驾和醉驾处罚规定比较严格。根据国家质量监督检验检疫局发布的《车辆驾驶人员血液、呼气酒精含量阈值与检验》（GB 19522—2024）规定：100 mL血液中酒精含量达到 20 ~ 79 mg 的驾驶员即为酒后驾车；100 mL 血液中酒精含量达到 80 mg 以上认定为醉酒驾车。有人大致算了一下，大约喝半两白酒，或半瓶啤酒，或不到 2 两葡萄酒，就构成酒驾；大约喝 2 两白酒，或 2 瓶啤酒，或半瓶葡萄酒，则构成醉驾。

对酒驾国家处罚措施严厉：酒后肇事终生禁驾；酒驾罚款 1 000 元以上 2 000 元以下，暂扣驾驶证 6 个月；再次酒驾拘留 10 日和罚款 2 000 元，吊销驾驶证；机动车驾驶人有饮酒后驾驶机动车的一次记 12 分。对醉驾处理更是严厉，新的《中华人民共和国道路交通安全法》出台前，醉驾只是拘留，但 2011 年 5 月 1 日起，醉驾就是犯罪。新的《中华人民共和国刑法修正案（九）》将醉驾行为入罪为拘役。如果因醉驾被判处 1 ~ 6 个月的拘役，等于是被判刑罚，当事人的工作、前程、家庭等各方面都会受到严重影响。

（1）根据《中华人民共和国劳动法》规定，被依法追究刑事责任的，用人单位可以解除劳动合同。

（2）《行政机关公务员处分条例》规定，公务员依法被判处刑罚的，给予开除处分。受过刑事处罚的人员和曾被开除公职的人员不得报考公务员。

（3）《中国共产党纪律处分条例》规定，因故意犯罪被判处《中华人民共和国刑法》规定的主刑的，应当给予开除党籍处分。

（4）很多国家签证的时候，需要无犯罪记录的证明，一旦有案底，办理出国护照很可能被拒签。

（5）公安部交通管理局《关于在公安交通管理行政处罚法律文书中增加被处罚人有关信息采集项目的通知》明确，2016年7月1日起，十类交通违法处罚将记录政治面貌和职业信息，涉及中共党员和国家工作人员的将被公安交管部门通报纪检监察机关。

（四）行政赔偿责任与民事赔偿责任的不同

（1）主体不同。行政赔偿是国家向公民个人承担的赔偿责任，形成的是国家与公民之间的法律关系；而民事赔偿是公民个人向公民个人承担的赔偿责任，形成的是公民与公民之间的法律关系。

（2）原因不同。行政赔偿的原因是行政侵权行为，而民事赔偿的原因是民事侵权行为。民事侵权行为既没有“行政机关及其工作人员”主体方面的限制，也没有“行使职权过程中”这一限制。

（3）范围不同。民事赔偿的范围大于行政赔偿的范围。国家并不对所有的侵权行为都承担赔偿责任，也不对行政侵权行为所造成的所有损害都要赔偿，而只赔偿行政侵权行为对人身权和财产权造成的最低限度的直接损害。民事赔偿则存在于所有的民事侵权行为，民事侵权行为人不但要全额赔偿给受害人的各种合法权益造成的直接损害，而且要赔偿一定的可得利益的损失即赔偿间接损失。

（4）程序不同。解决民事赔偿纠纷的程序是仲裁、民事诉讼；而解决行政赔偿争议的程序是行政处理程序、行政复议程序和行政诉讼程序。

（5）依据不同。行政赔偿是公法上的法律责任，其法律依据是行政诉讼法、国家赔偿法等公法法律规范；而民事赔偿是私法上的法律责任，其依据是《中华人民共和国民法通则》等私法法律规范。

表14-1归纳总结了三种责任的承担方式。

表14-1　三种责任承担方式对比

民事责任	行政责任	刑事责任
停止侵害	行政处罚	主刑
排除妨碍	警告	管制
消除危险	罚款	拘役
返还财产	没收违法所得、没收非法财物	有期徒刑
恢复原状	责令停产停业	无期徒刑
修理、重做、更换	暂扣或吊销许可证和执照	死刑
继续履行	行政处分	附加刑
赔偿损失	警告	罚金
支付违约金	记过	剥夺政治权利
消除影响、恢复名誉	记大过	没收财产
赔礼道歉	降级	
	撤职	
	开除	

第二节　行政机关及其工作人员的法律责任简述

一、行政机关及其工作人员的法律责任基本概念

行政机关及其工作人员的法律责任，是指行政机关及其工作人员因违法实施行政权力而依法需要承担的法律责任。

这里的行政机关工作人员是法律责任的承担主体，既包括国家行政机关和行政机关工作人员，也包括法律、行政法规授权行使行政权力的组织及其参照《中华人民共和国公务员法》管理行使行政权力的工作人员。

根据《公务员法》规定，公务员既有执行公务权、身份保障权、参加培训权、批评建议权、申诉控告权、辞职申请权等基本权利，也有模范遵守宪法和法律、遵守社会公德、维护国家安全、保守国家秘密和工作秘密、忠于职守、遵守纪律、依法履责、清正廉洁、接受监督的义务。

国家对公务员的保护分为防止公务员受到来自他人的侵害和来自行政机关的侵害两个方面：

（1）防止来自他人的侵害。如刑法、民法上的保护表现在公务员执行职务所发生的侵权行为，只在公务员有严重过错时才承担责任；在行政法律关系中，不管是行政复议被申请人，还是行政诉讼的被告，都是行政机关，而不是公务员个人。

（2）防止行政机关的侵害。根据《公务员法》的规定，公务员享有非因法定事由、非经法定程序，不被免职、降职、辞退或者处分，获得工资报酬，享受福利、保险待遇，参加培训权等多项权利。公务员因内部行政法律关系发生争议，认为行政机关的决定侵犯其权利或利益，可以向监察机关提出申诉，由有权机关按照《中华人民共和国监察法》等行政法律规范进行处理。

（3）反对上级错误权。包括公务员对错误决定命令的建议权和执行明显违法决定命令的法律责任。

这里，提醒注意《公务员法》第六十条规定，公务员在执行公务时，认为上级的决定或者命令有错误的，可以向上级提出改正或者撤销该决定或者命令的意见；上级不改变该决定或者命令，或者要求立即执行的，公务员应当执行该决定或者命令，执行的后果由上级负责，公务员不承担责任；但是，公务员执行情况明显违法的决定或者命令的，应当依法承担相应的责任。

二、《水法》《防洪法》等关于法律责任的规定

行政机关及其工作人员承担的法律责任，在行政许可、行政处分、行政强制等方

面都有具体表现，在《水法》《防洪法》等法律、法规中也有明确条文规定。

（一）《水法》关于法律责任的规定

《水法》第六十四条规定，水行政主管部门或者其他有关部门以及水工程管理单位及其工作人员，利用职务上的便利收取他人财物、其他好处或者玩忽职守，对不符合法定条件的单位或者个人核发许可证、签署审查同意意见，不按照水量分配方案分配水量，不按照国家有关规定收取水资源费，不履行监督职责，或者发现违法行为不予查处，造成严重后果，构成犯罪的，对负有责任的主管人员和其他直接责任人员依照刑法的有关规定追究刑事责任；尚不够刑事处罚的，依法给予行政处分。

（二）《防洪法》关于法律责任的规定

《防洪法》第六十四条规定："国家工作人员，有下列行为之一，构成犯罪的，依法追究刑事责任；尚不构成犯罪的，给予行政处分：（一）违反本法第十七条、第十九条、第二十二条第二款、第二十二条第三款、第二十七条或者第三十四条规定，严重影响防洪的；（二）滥用职权，玩忽职守，徇私舞弊，致使防汛抗洪工作遭受重大损失的；（三）拒不执行防御洪水方案、防汛抢险指令或者蓄滞洪方案、措施、汛期调度运用计划等防汛调度方案的；（四）违反本法规定，导致或者加重毗邻地区或者其他单位洪灾损失的。"

法条链接：

第十七条　在江河、湖泊上建设防洪工程和其他水工程、水电站等，应当符合防洪规划的要求；水库应当按照防洪规划的要求留足防洪库容。

前款规定的防洪工程和其他水工程、水电站未取得有关水行政主管部门签署的符合防洪规划要求的规划同意书的，建设单位不得开工建设。

第十九条　整治河道和修建控制引导河水流向、保护堤岸等工程，应当兼顾上下游、左右岸的关系，按照规划治导线实施，不得任意改变河水流向。

国家确定的重要江河的规划治导线由流域管理机构拟定，报国务院水行政主管部门批准。

其他江河、河段的规划治导线由县级以上地方人民政府水行政主管部门拟定，报本级人民政府批准；跨省、自治区、直辖市的江河、河段和省、自治区、直辖市之间的省界河道的规划治导线由有关流域管理机构组织江河、河段所在地的省、自治区、直辖市人民政府水行政主管部门拟定，经有关省、自治区、直辖市人民政府审查提出意见后，报国务院水行政主管部门批准。

第二十二条第二款　禁止在河道、湖泊管理范围内建设妨碍行洪的建筑物、构筑物，倾倒垃圾、渣土，从事影响河势稳定、危害河岸堤防安全和其他妨碍河道行洪的活动。

第二十二条第三款　禁止在行洪河道内种植阻碍行洪的林木和高秆作物。

第二十七条　建设跨河、穿河、穿堤、临河的桥梁、码头、道路、渡口、管道、缆线、取水、排水等工程设施，应当符合防洪标准、岸线规划、航运要求和其他技术要求，不得危害堤防安全，影响河势稳定、妨碍行洪畅通；其可行性研究报告按照国家规定的基本建设程序报请批准前，其中的工程建设方案应当经有关水行政主管部门根据前述防洪要求审查同意。

前款工程设施需要占用河道、湖泊管理范围内土地，跨越河道、湖泊空间或者穿越河床的，建设单位应当经有关水行政主管部门对该工程设施建设的位置和界限审查批准后，方可依法办理开工手续；安排施工时，应当按照水行政主管部门审查批准的位置和界限进行。

第三十四条 大中城市，重要的铁路、公路干线，大型骨干企业，应当列为防洪重点，确保安全。

受洪水威胁的城市、经济开发区、工矿区和国家重要的农业生产基地等，应当重点保护，建设必要的防洪工程设施。

城市建设不得擅自填堵原有河道沟汊、贮水湖塘洼淀和废除原有防洪围堤。确需填堵或者废除的，应当经城市人民政府批准。

（三）《河道管理条例》关于法律责任的规定

《河道管理条例》第四十八条规定，河道主管机关的工作人员以及河道监理人员玩忽职守、滥用职权、徇私舞弊的，由其所在单位或者上级主管机关给予行政处分；对公共财产、国家和人民利益造成重大损失的，依法追究刑事责任。

（四）《行政许可法》关于法律责任的规定

《行政许可法》第七十一条至第七十七条，对行政机关及其工作人员违反行政许可法的规定有以下行为的，明确了责令改正、给予行政处分、给予赔偿、依法追究刑事责任等法律责任。

（1）规范性文件违法设定行政许可。

（2）违反法定的程序实施行政许可，包括对符合法定条件的行政许可申请不予受理；不在办公场所公示依法应当公示的材料；在受理、审查、决定行政许可过程中，未向申请人、利害关系人履行法定告知义务；申请人提交的申请材料不齐全、不符合法定形式时，行政机关不一次告知申请人必须补正的全部内容；未依法说明不受理行政许可申请或者不予行政许可的理由和依据；依法应当举行听证而不举行听证。

（3）违反法定的条件实施行政许可，包括对不符合法定条件的申请人准予行政许可或者超越法定职权作出准予行政许可决定；对符合条件的申请人不予行政许可或者不在法定期限范围内作出准予行政许可决定；依法应当根据招标、拍卖结果或者考试成绩择优作出行政许可决定，未经招标、拍卖或者考试，或者不根据招标、拍卖结果或者考试成绩择优作出准予行政许可决定；行政许可实施机关实施行政许可擅自收费或者不按照法定项目和标准收费；行政机关违法实施行政许可，给当事人的合法权益造成损失；行政机关不依法履行监督职责或者监督不力；行政机关工作人员办理行政许可、实施监督检查，索取或者收受他人财物或者谋取其他利益的行为等。

（五）《中华人民共和国行政处罚法》关于法律责任的规定

《行政处罚法》第五十五条至第六十二条，对行政机关及其工作人员违反行政处罚法的规定，有以下行为的，明确了责令改正、给予行政处分、依法追究刑事责任等法律责任。

（1）违法设定行政处罚。

（2）违法实施行政处罚（包括：没有法定的行政处罚依据的；擅自改变行政处罚种类、依据的；违反法定的行政处罚程序的）。

（3）违反《行政处罚法》第十八条关于委托处罚规定的。

（4）不使用罚没财物单据或者使用非法罚没财物单据；非法自行收缴罚款，非法返还罚款或者拍卖款项。

（5）非法撤离罚款、没收的违法所得或财物。

（6）使用或者损毁扣押的财物并给当事人造成损失。

（7）违法实施检查和执行措施并给公民人身或者财产造成损害、给法人或者其他组织造成损失。

（六）《中华人民共和国行政强制法》关于法律责任的规定

《行政强制法》第六十一条至第六十六条，对行政机关及其工作人员违反行政强制法的规定，有以下行为的，明确了责令改正、给予行政处分、依法追究刑事责任等法律责任。

（1）违法实施行政强制。主要包括六种情形：没有法律、法规依据的；改变行政强制对象、条件、方式的；违反法定程序实施行政强制的；违反行政强制法规定，在夜间或者法定节假日实施行政强制执行的；对居民生活采取停止供水、供电、供热、供燃气等方式迫使当事人履行行政决定的；其他违法实施行政强制情形的。

（2）违法实施查封、扣押、冻结等行政强制措施。

（3）截留、处分或者变相私分查封、扣押的财物或者划拨的存款、汇款以及依法处理所得的款项。

（4）行政机关工作人员将查封、扣押的场所、设施或者财物据为己有。

（5）行政机关及其工作人员利用行政强制权为单位或者个人谋取利益。

（6）行政机关指令金融机构将款项划入国库或者财政专户以外的其他账户。

（七）《中华人民共和国政府信息公开条例》关于法律责任的规定

根据《政府信息公开条例》第五十二条，行政机关违反本条例的规定，未建立健全政府信息公开有关制度、机制的，由上一级行政机关责令改正；情节严重的，对负有责任的领导人员和直接责任人员依法给予处分。根据《政府信息公开条例》第五十三条，行政机关违反本条例的规定，有下列情形之一的，由上一级行政机关责令改正；情节严重的，对负有责任的领导人员和直接责任人员依法给予处分；构成犯罪的，依法追究刑事责任：

（一）不依法履行政府信息公开职能；

（二）不及时更新公开的政府信息内容、政府信息公开指南和政府信息公开目录；

（三）违反本条例规定的其他情形。

三、行政机关及其工作人员法律责任的监督追责主体

国家权力机关、国家司法机关、专门行政监督机关及社会公众，依法对行政主体和公务员行使职权行为和遵纪守法行为进行监督。

（一）国家权力机关监督

各级国家权力机关对行政的监督主要是对抽象行政行为的监督，如人大、人大常委会对各级人民政府组成人员的监督，国家权力机关如发现政府组成人员有渎职、失职行为，可以通过法定程序罢免。

（二）国家司法机关监督

国家司法机关包括人民法院和人民检察院。人民法院和人民检察院是依据《中华人民共和国宪法》设立的司法机关，分别依法独立行使审判权和检察权，不受行政机关、社会团体和个人的干涉。人民法院作为监督主体，主要是通过行政诉讼方式实现其监督职能；人民检察院主要担负着依法追究刑事犯罪、公益诉讼、预防职务犯罪、代表国家向人民法院提起公诉等职能。人民检察院、人民法院对侦查、审判案件过程中发现引发职务犯罪的重要问题，也会及时向有关部门和单位提出检察建议和司法建议。

（三）专门行政监督机关监督

专门行政监督机关主要是指行政监察机关和国家审计机关。行政监察机关主要是对公务员遵纪守法情况实施监督；国家审计机关主要是对各级人民政府及其工作部门的财政收支行为进行监督。

如《中华人民共和国监察法》第十一条规定，监察委员会依照本法和有关法律规定履行监督、调查、处置职责，对违法的公职人员依法作出政务处分决定；对履行职责不力、失职失责的领导人员进行问责；对涉嫌职务犯罪的，将调查结果移送人民检察院依法审查、提起公诉；向监察对象所在单位提出监察建议。

2018 年 4 月 16 日，中央纪律检查委、国家监察委员会发布了《公职人员政务处分暂行规定》，明确了政务处分的对象是所有行使公权力的公职人员。政务处分实施的机关是监察机关，是特定的，其他机关不能对公职人员作出政务处分。

（四）上级行政机关监督

一些法律规定了上级机关可以依法追究责任。

如《行政强制法》第六十一条、第六十二条、第六十三条、第六十四条规定了上级行政机关和有关部门可以进行责任追究。《行政强制法》第六十四条规定：行政机关及其工作人员利用行政强制权为单位或者个人谋取利益的，由上级行政机关或者有关部门责令改正，对直接负责的主管人员和其他直接责任人员依法给予处分。

（五）行政复议机关监督

根据《行政复议法》相关规定，被申请人不履行法定职责的，行政复议机关可以决定其在一定期限内履行。具体行政行为有下列情形之一的，行政复议机关可以决定撤销或者部分撤销该行政行为，并可以责令被申请人在一定期限内重新作出行政行为：①主要事实不清、证据不足；②违反法定程序；③适用的依据不合法；④超越职权或者滥用职权。被申请人不按照规定提出书面答复、提交作出行政行为的证据、依据和其他有关材料的，视为该行政行为没有证据、依据，行政复议机关决定撤销、部分撤销该行政行为。

（六）社会公众监督

社会公众可以通过向有权国家机关检举、起诉，也可以通过报刊、杂志等媒体实施其监督行为。

第三节　行政法律责任

行政法律责任是指行政主体及其工作人员因违反行政法规范而依法必须承担的法律责任，主要是行政违法引起的法律后果。

行政法律责任的种类分两种：一是制裁性责任，包括通报批评，没收、追缴或责令退赔违法所得，行政处分；二是补救性责任，包括赔礼道歉、恢复名誉、返还权益、履行职责、撤销违法决定、行政赔偿。

一、处分

处分是指公务员因违法违纪而依法承担的法律责任。具体分为警告、记过、记大过、降级、撤职和开除。

根据《公务员法》第五十九条的规定，公务员违反纪律，应当接受处分的行为包括：

（1）散布有损宪法权威、中国共产党和国家声誉的言论，组织或者参加旨在反对宪法、中国共产党领导和国家的集会、游行、示威等活动。

（2）组织或者参加非法组织，组织或者参加罢工。

（3）挑拨、破坏民族关系，参加民族分裂活动或者组织、利用宗教活动破坏民族团结和社会稳定。

（4）不担当，不作为，玩忽职守，贻误工作。

（5）拒绝执行上级依法作出的决定和命令。

（6）对批评、申诉、控告、检举进行压制或者打击报复。

（7）弄虚作假，误导、欺骗领导和公众。

（8）贪污贿赂，利用职务之便为自己或者他人谋取私利。

（9）违反财经纪律，浪费国家资财。

（10）滥用职权，侵害公民、法人或者其他组织的合法权益。

（11）泄露国家秘密或者工作秘密。

（12）在对外交往中损害国家荣誉和利益。

（13）参与或者支持色情、吸毒、赌博、迷信等活动。

（14）违反职业道德、社会公德和家庭美德。

（15）违反有关规定参与禁止的网络传播行为或者网络活动。

（16）违反有关规定从事或者参与营利性活动，在企业或者其他营利性组织中兼任职务。

（17）旷工或者因公外出、请假期满无正当理由逾期不归。

（18）违纪违法的其他行为。

对公务员给予行政处分，由任免机关或者监察机关承担，处分的权限根据管理权限确定。

这里，非常有必要说明，中共中央2023年修订，自2024年1月1日起施行《中国共产党纪律处分条例》。特别是身为党员干部的公务员，更有必要逐条学习掌握。该条例共一百五十八条，具体规定了对党组织和党员违反政治纪律行为、违反组织纪律行为、违反廉洁纪律行为、违反群众纪律行为、违反工作纪律行为、违反生活纪律行为的处分。全是日常工作、生活中可能会遇到的，近期媒体曝光及身边发生的公务人员受处分案例都能从中找到出处。

二、国家赔偿和行政赔偿

（一）国家赔偿

1. 国家赔偿的基本概念

国家赔偿是指国家对国家机关及其工作人员违法行使职权造成的损害给予受害人赔偿的活动。

国家赔偿包括行政赔偿和司法赔偿两部分。

对于国家赔偿，可以作如下理解：

（1）国家赔偿是由国家承担的法律责任。虽然侵权行为是由不同的国家机关或机关工作人员实施的，但是，承担责任的主体不是这些机关或工作人员，而是国家。

国家对受害人给予的赔偿来自国库。

（2）国家赔偿是对国家机关及其工作人员的行为承担的责任。

（3）国家赔偿是对前述机关及其人员行使职权的行为承担的责任。行使职权的行为不同于国家机关的民事行为，也不同于国家机关工作人员的个人行为。对国家机关及其工作人员的民事和个人行为，国家不承担赔偿责任。

（4）国家赔偿是对违法行为承担的赔偿责任。所谓“违法”，不仅指违反法律、法规，而且包括违反具有法律效力的各种规范性文件和法的基本原则、法的精神。对于国家机关及其工作人员的合法行为造成的损失，国家不承担赔偿责任。

2. 国家赔偿责任的特征

（1）国家承担责任，机关履行赔偿义务。

国家是抽象主体，不可能履行具体的赔偿义务，一般由具体的国家机关承担赔偿义务，因此形成了“国家责任，机关赔偿”的特殊形式。如《行政许可法》第七十六条规定，行政机关违法实施行政许可，给当事人的合法权益造成损害的，应当依照国家赔偿法的规定给予赔偿。

（2）赔偿范围有限。

国家赔偿是对国家机关及其工作人员违法行使职权造成的损害给予的赔偿，属于国家责任的一种形式。从赔偿范围来看，国家只对国家机关及其工作人员一部分违法侵权行为承担赔偿责任。国家对何种行为负责赔偿、适用什么赔偿方式及程序，均须由法律明确规定。没有法律规定应赔偿的，即使有损失也不赔偿。这种法律规定，既可以是统一的国家赔偿法，也可以是特别法、判例法。在我国，国家承担行政赔偿责任的法律依据有国家赔偿法、行政诉讼法、民法通则、治安管理处罚法、海关法及大量的最高法院的司法解释、国务院及各部委发布的行政法规和规章等，受害人依照以上规定才能获得赔偿请求权。因此，国家赔偿属于民事赔偿，属于有限赔偿责任。

3. 赔偿方式和标准法定化

与民事赔偿有所不同，国家赔偿的方式和标准是法定的。我国 1994 年 5 月 12 日第八届全国人民代表大会常务委员会第七次会议通过的《中华人民共和国国家赔偿法》是专门规定国家赔偿内容的法典。该法根据 2010 年 4 月 29 日第十一届全国人民代表大会常务委员会第十四次会议通过，2010 年 4 月 29 日中华人民共和国主席令第 29 号公布，自 2010 年 12 月 1 日起施行的《全国人民代表大会常务委员会关于修改〈中华人民共和国国家赔偿法〉的决定》第一次修正，根据 2012 年 10 月 26 日第十一届全国人民代表大会常务委员会第二十九次会议通过，2012 年 10 月 26 日中华人民共和国主席令第 68 号公布，自 2013 年 1 月 1 日起施行的《全国人民代表大会常务委员会关于修改〈中华人民共和国国家赔偿法〉的决定》第二次修正。国家赔偿法规定了具体的赔偿方式和标准。最高人民法院 2011 年出台了《关于适用〈中华人民共和国国家赔偿法〉若干问题的解释（一）》的司法解释。

4. 国家承担赔偿责任的情形

1）侵犯人身权的行为

根据《中华人民共和国国家赔偿法》第三条规定，侵犯人身权的行为包括：

（1）违法拘留或者违法采取限制公民人身自由的行政强制措施的。

（2）非法拘禁或者以其他方法非法剥夺公民人身自由的。

（3）以殴打、虐待等行为或者唆使、放纵他人以殴打、虐待等行为造成公民身体伤害或者死亡的。

（4）违法使用武器、警械造成公民身体伤害或者死亡的。

（5）造成公民身体伤害或者死亡的其他违法行为。

2）侵犯财产权的行为

根据《国家赔偿法》第四条规定，侵害财产权的行为有：

（1）违法实施罚款、吊销许可证和执照、责令停产停业、没收财物等行政处罚的。

（2）违法对财产采取查封、扣押、冻结等行政强制措施的。

（3）违法征收、征用财产的。

（4）造成财产损害的其他违法行为。

3）国家不承担赔偿责任的情形

根据《国家赔偿法》第五条规定，属于下列情形之一的，国家不承担赔偿责任：①行政机关工作人员与行使职权无关的个人行为；②因公民、法人和其他组织自己的行为致使损害发生的；③法律规定的其他情形。

（1）当行政机关工作人员以普通公民的身份，而不是以公务员身份从事活动时，行使的是其民事权利或者其他公民权利，并不是行政职权；其目的是个人的权益，而不是国家利益；其意思表示是自由的，不受行政法规则的约束；而且，也不具备法律规定的表现形式。因此，公务员以公民身份实施的行为应当视为其个人的行为，由此而造成损害引起的赔偿责任应当由个人负责。

（2）受害人自己的行为致使损害发生或者扩大的，是对自己的侵权，过错在于本人，后果应当由其个人承担。

（3）国家不承担赔偿责任的其他情形：①不可抗力。不可抗力是指不能预见、不能避免并不能克服的客观情况。根据《国家赔偿法》第二条规定的违法原则，确定国家是否承担赔偿责任的最终原因是行政机关及其工作人员在行使职权过程中实施的行为是否违法，而不是不可抗力，故国家对不可抗力不承担赔偿责任。②第三人过错。因第三人过错致使损害发生的，法律上的侵权行为的主体是第三人，而不是行政机关及其工作人员，更不是国家。在第三人过错是损害发生的直接原因或者主要原因的情况下，不具备国家赔偿责任的构成要件，不产生国家赔偿问题。如果损害的发生，第三人有过错，行政机关及其工作人员也有过错或违法行为，则应当根据违法行为对损害发生所起的作用的大小，确定国家的赔偿责任。

（二）行政赔偿

行政赔偿，和刑事赔偿一样，都是国家赔偿的一种形式。

1. 行政赔偿的概念

行政赔偿是指行政机关及其工作人员在行使职权过程中违法侵犯公民、法人或其他组织的合法权益并造成损害，国家对此承担的赔偿责任。

“行政机关或者行政机关工作人员作出的最新具体行政行为侵犯公民、法人或者其他组织的合法权益造成损害的，由该行政机关或者该行政机关工作人员所在的行政机关负责赔偿。”这就是《行政诉讼法》规定的行政侵权赔偿责任。构成行政赔偿责任需具备以下四个条件：

（1）必须是违法的具体行政行为。只有违法的具体行政行为造成的损害，才能申请行政赔偿。

（2）必须有造成损害的事实。若没有造成损害的事实，赔偿则无从谈起。

（3）违法的行政行为和损害的事实之间有因果关系，就是说，行政行为的原因，才造成了损害的事实结果。

（4）行政机关或者行政机关工作人员在作出具体行政行为时确有过错（包括故意和过失错误）。

行政赔偿的责任主体是国家，而不是行政机关及其工作人员。

这是由国家与行政机关及其工作人员之间的法律关系所决定的。行政机关及其工作人员与国家之间存在委托代理关系，虽然行政机关实施行政管理活动时往往以自己的名义进行，行政机关工作人员实施行政管理活动时也都以所属行政机关的名义进行，但是在法律上都是代表国家实施的，无论是合法还是违法，其法律后果都归属于国家。国家作为赔偿主体的主要表现是赔偿费用由国库支出。

2. 行政赔偿与行政补偿的不同

（1）原因不同。两者都是国家对行政机关及其工作人员在行政管理过程中损害公民、法人或者其他组织合法权益所采取的补救措施，但是，行政赔偿所针对的损害是行政机关及其工作人员的违法行为，而行政补偿针对的是合法行为。

（2）范围不同。行政赔偿的范围小于行政补偿的范围。行政赔偿受国家赔偿法的限制，国家并非对所有的行政侵权行为都承担赔偿责任，如对国防、外交等国家行为，一般认为实行国家豁免，国家对给公民、法人或者其他组织所造成的损害不承担赔偿责任。行政补偿的原因行为除合法性这一限制外，没有其他的限制。

（3）程度不同。行政赔偿对公民、法人或者其他组织合法权益的补救程度不如行政补偿充分。《国家赔偿法》针对的损害限于人身权和财产权的损害，而行政补偿没有这种限制，行政补偿采取补偿实际损失的原则。而且，对《国家赔偿法》规定范围之内的行政侵权行为所造成的损害，国家也并非全部赔偿，而是限于最低限度的直接损失。《国家赔偿法》规定“计算标准”的作用之一为了限制赔偿的数额。从损害这一点来看，行政赔偿着眼于赔偿的最高数额；而行政补偿着眼于损害的特定性，没有数额的限制。

（4）程序不同。行政补偿可能是在损害发生之前由行政机关与公民协商解决，也可能是在损害发生之后由行政机关与之协商解决。行政赔偿只能发生在侵权行为发生之后，由行政机关与公民协商解决。行政补偿和行政赔偿都可以适用调解，但是，公民因与行政机关对行政补偿不能达成协议而起诉的，适用一般的行政诉讼程序；与行政赔偿义务机关对行政赔偿不能达成协议而起诉的，适用行政侵权赔偿诉讼程序。

（5）性质不同。行政赔偿性质上属于行政法律责任，而行政补偿性质上属于具体行政行为。行政赔偿是国家对行政机关及其工作人员违法行使职权的行为而承担的一种法律责任，具有否定和谴责的含义；而行政补偿是国家对行政机关及其工作人员合法行为所造成的损害而采取的补救措施，属于具体行政行为。

（6）依据不同。行政补偿的法律依据是有关的单行的部门法律法规，而行政赔偿的法律依据是《行政诉讼法》和《国家赔偿法》。

3. 行政赔偿请求人和行政赔偿义务机关

1）行政赔偿请求人

行政赔偿请求人是依法以自己的名义请求赔偿义务机关履行国家赔偿责任的公民、法人或者其他组织。即使行政机关及其工作人员行使职权的行为不是直接针对公民、法人或者其他组织，但其合法权益客观上遭受侵害的公民、法人或者其他组织是暗示的行政相对人，也可以成为行政赔偿请求人。代表他人或以他人名义请求国家赔偿的，是代理人而不是行政赔偿请求人。虽然享有取得国家赔偿的权利，但是没有依法提出赔偿请求或者丧失赔偿请求权的公民、法人或者其他组织，也不是赔偿请求人。

关于行政赔偿请求人，《国家赔偿法》第六条规定：受害的公民、法人或者其他组织有权要求赔偿。受害的公民死亡，其继承人和其他有扶养关系的亲属有权要求赔偿。受害的法人或者其他组织终止的，其权利承受人有权要求赔偿。根据本条规定，行政赔偿请求人分为公民、法人或者其他组织三种。

（1）公民。公民是指具有特定国家国籍的自然人，包括中国公民和外国公民。

根据《国家赔偿法》的规定，公民作为行政赔偿请求人，分为三种情况：一是受害的公民本人；二是受害公民死亡的，其继承人和其他有抚养关系的亲属，可以成为赔偿请求人；三是受害公民为限制行为能力或者无行为能力人的，其法定代理人可以代为行使行政赔偿请求权。

（2）法人。根据《国家赔偿法》的规定，法人作为行政赔偿请求人，有两种情况：

一是受害的法人，即其合法权益遭受行政侵权行为直接侵害的法人；二是受害的法人终止的，承受其权利的法人或者其他组织是赔偿请求人。

（3）其他组织。其他组织是指合法成立、有一定的组织机构和财产，但又不具备法人资格的组织。包括：①依法登记领取营业执照的私营独资企业、合伙组织、合伙型联营企业，其中合伙型联营企业申请赔偿的，应当以核准登记的字号为申请人；②依法登记领取我国营业执照的中外合作经营企业、外资企业；③经民政部门核准登记领取社会团体登记证的社会团体；④法人依法设立并领取营业执照的分支机构，包括中国人民银行、各专业银行设在各地的分支机构，中国人民保险公司设在各地的分支机构；⑤经核准登记领取营业执照的乡镇、街道、村办企业。其他组织终止的，承受其权利的法人或者其他组织可以作为行政赔偿请求人。

2）行政赔偿义务机关

行政赔偿义务机关是指代表国家处理赔偿请求、支付赔偿费用、参加赔偿诉讼的行政机关。

行政赔偿义务机关与行政侵权行为人是两个不同的概念。在我国，行政侵权行为人为国家行政机关及工作人员，行政赔偿义务机关只为行政机关。确认行政赔偿义务机关的具体情形有以下几种：

（1）单独的赔偿义务机关。行政机关及其工作人员行使行政职权侵犯公民、法人和其他组织的合法权益造成损害的，该行政机关为赔偿义务机关，这是确认行政赔偿义务机关的一般情况。

行政机关是指依照宪法和行政组织法的规定而设置的行使国家行政职能的国家机关。就范围而言，行政机关包括上至中央人民政府国务院，下至基层人民政府乡镇政府的各级各类行政组织，不仅包括各级人民政府及其所属部门和机构，也包括非常设机构和临时机构。

（2）共同赔偿义务机关。两个以上行政机关共同行使行政职权时侵犯公民、法人和其他组织的合法权益造成损害的，为共同赔偿义务机关。需要注意的是：第一，作为赔偿义务机关的两个以上行政机关必须都是具有独立主体资格的行政机关。第二，两个以上的工作人员分属不同的行政机关，在其共同行使职权时侵犯公民、法人和其他组织的合法权益造成损害的，应当以工作人员所在的行政机关为共同赔偿义务机关。第三，两个以上的行政机关进行联合执法的，所有参与联合执法的行政机关为共同赔偿义务机关。第四，共同赔偿义务机关之间负连带责任，受害人可以向共同赔偿义务机关中的任何一个赔偿义务机关要求赔偿，该赔偿义务机关应当先予赔偿，然后要求其他行政机关负担部分赔偿费用。如果引起行政赔偿诉讼，共同赔偿义务机关为共同被告。共同赔偿义务机关各自按其所在侵权损害中所起的作用承担责任。

（3）法律、法规授权的组织。法律法规授权的组织在行使行政职权时侵犯公民、法人和其他组织的合法权益造成损害的，该组织为赔偿义务机关。法律、法规授权组织是根据单行的部门法律、法规的具体授权履行特定的行政管理职能的行政机构或者社会组织，是国家行政机关之外的另一大类执法机关。法律、法规授权组织的范围通常很广，包括社会组织、团体、企事业组织和基层群众性自治组织。法律、法规授权的组织行使的特定职权是具体法律、法规授予的，而非行政组织法授予的，法律、法规的授权通常限于某种具体领域和事项。值得注意的是，这里所说的法律、法规授权，必须是法律、法规明文规定的授权。规章以下的规范性文件授权的视为委托，发生赔偿问题，由委托的行政机关作为赔偿义务机关。

（4）行政机关委托的组织。行政机关委托的组织和个人是指受行政机关的委托行使一定行政职权的非国家机关的组织和非国家公务员的个人。受行政机关委托的组织或者个人在行使受委托职权时侵犯公民、法人和其他组织的合法权益造成损害的，委托的行政机关为赔偿义务机关。但是，委托机关并不是对受委托组织和个人的所有行为承担责任，如果受托人按自己意愿从事与职务无任何关联的行为造成损害，国家不负责任。

（5）行政机关撤销时的赔偿义务机关。赔偿义务机关被撤销的，继续行使职权的行政机关为赔偿义务机关；没有继续行使其职权的行政机关，撤销该赔偿义务机关的行政机关为赔偿义务机关。

（6）经过行政复议的赔偿义务机关。经复议机关复议，最初造成侵权行为的行政机关为赔偿义务机关，但复议机关的复议决定加重损害的，复议机关对加重的部分履行赔偿义务。

需要注意的是，复议机关与原侵权机关不是共同赔偿义务机关，不负连带责任，而是各自对自己侵权造成的损害承担责任。

（7）派出机关作为赔偿义务机关。派出机关是行政机关根据行政管理特殊地域的需要，按照法定程序设立独立执行行政任务的行政机关。派出机关在法律、法规、规章的授权范围内行使职权时侵犯公民、法人或者其他组织的合法权益造成损害的，视为自己的侵权行为，自己作为赔偿义务机关；派出机关执行设立机关交办的任务时侵害公民、法人或者其他组织合法权益的，应当视为受委托实施的侵权行为，由设立机关即委托的行政机关作为赔偿义务机关。

4. 行政赔偿程序

行政赔偿程序是指受害人依法取得国家赔偿权利、行政机关或者人民法院依法办理行政赔偿事务应当遵守的方式、步骤、顺序、时限等手续的总称。

《国家赔偿法》规定：

（1）赔偿请求人要求赔偿应当先向赔偿义务机关提出，也可以在申请行政复议或者提起行政诉讼时一并提出。

（2）赔偿义务机关应当自收到申请之日起2个月内，作出是否赔偿的决定。赔偿义务机关作出赔偿决定，应当充分听取赔偿请求人的意见，并可以与赔偿请求人就赔偿方式、赔偿项目和赔偿数额依照本法第四章的规定进行协商。

赔偿义务机关决定赔偿的，应当制作赔偿决定书，并自作出决定之日起10日内送达赔偿请求人。

赔偿义务机关决定不予赔偿的，应当自作出决定之日起10日内书面通知赔偿请求人，并说明不予赔偿的理由。

（3）赔偿义务机关在规定期限内未作出是否赔偿的决定，赔偿请求人可以自期限届满之日起3个月内，向人民法院提起诉讼。

赔偿请求人对赔偿的方式、项目、数额有异议的，或者赔偿义务机关作出不予赔偿决定的，赔偿请求人可以自赔偿义务机关作出赔偿或者不予赔偿决定之日起3个月内，向人民法院提起诉讼。

5. 赔偿方式和计算标准

《国家赔偿法》规定：

（1）行政赔偿以支付赔偿金为主要方式。能够返还财产或者恢复原状的，予以返还财产或者恢复原状。

（2）侵犯公民人身自由的，每日赔偿金按照国家上年度职工日平均工资计算。

（3）侵犯公民生命健康权的，赔偿金按照下列规定计算：①造成身体伤害的，应当支付医疗费、护理费，以及赔偿因误工减少的收入。减少的收入每日的赔偿金按照国家上年度职工日平均工资计算，最高额为国家上年度职工年平均工资的5倍。②造成部分或者全部丧失劳动能力的，应当支付医疗费、护理费、残疾生活辅助具费、康复费等因残疾而增加的必要支出和继续治疗所必需的费用，以及残疾赔偿金。残疾赔偿金根据丧失劳动能力的程度，按照国家规定的伤残等级确定，最高不超过国家上年度职工年平均工资的20倍。造成全部丧失劳动能力的，对其扶养的无劳动能力的人，还应当支付生活费。③造成死亡的，应当支付死亡赔偿金、丧葬费，总额为国家上年度职工年平均工资的20倍。对死者生前扶养的无劳动能力的人，还应当支付生活费。前款第二项、第三项规定的生活费的发放标准，参照当地最低生活保障标准执行。被扶养的人是未成年人的，生活费给付至十八周岁止；其他无劳动能力的人，生活费给付至死亡时止。

（4）有本法第三条或者第十七条规定情形之一，致人精神损害的，应当在侵权行为影响的范围内，为受害人消除影响，恢复名誉，赔礼道歉；造成严重后果的，应当支付相应的精神损害抚慰金。

（5）侵犯公民、法人和其他组织的财产权造成损害的，按照下列规定处理：①处罚款、罚金、追缴、没收财产或者违法征收、征用财产的，返还财产；②查封、扣押、冻结财产的，解除对财产的查封、扣押、冻结，造成财产损坏或者灭失的，依照本条第三项、第四项的规定赔偿；③应当返还的财产损坏的，能够恢复原状的恢复原状，不能恢复原状的，按照损害程度给付相应的赔偿金；④应当返还的财产灭失的，给付相应的赔偿金；⑤财产已经拍卖或者变卖的，给付拍卖或者变卖所得的价款；变卖的价款明显低于财产价值的，应当支付相应的赔偿金；⑥吊销许可证和执照、责令停产停业的，赔偿停产停业期间必要的经常性费用开支；⑦返还执行的罚款或者罚金、追缴或者没收的金钱，解除冻结的存款或者汇款的，应当支付银行同期存款利息；⑧对财产权造成其他损害的，按照直接损失给予赔偿。

（6）赔偿费用列入各级财政预算。赔偿请求人凭生效的判决书、复议决定书、赔偿决定书或者调解书，向赔偿义务机关申请支付赔偿金。

赔偿义务机关应当自收到支付赔偿金申请之日起 7 日内，依照预算管理权限向有关的财政部门提出支付申请。财政部门应当自收到支付申请之日起15日内支付赔偿金。

赔偿费用预算与支付管理的具体办法由国务院规定。

6. 时效规定

赔偿请求人请求国家赔偿的时效为 2 年，自其知道或者应当知道国家机关及其工作人员行使职权时的行为侵犯其人身权、财产权之日起计算，但被羁押等限制人身自由期间不计算在内。在申请行政复议或者提起行政诉讼时一并提出赔偿请求的，适用行政复议法、行政诉讼法有关时效的规定。

赔偿请求人在赔偿请求时效的最后 6 个月内，因不可抗力或者其他障碍不能行使请求权的，时效中止。从中止时效的原因消除之日起，赔偿请求时效期间继续计算。

案例：行政赔偿

某县水务局以某公司在河道内未批先建项目为由，经领导审批同意，向某公司发出证据先行登记保存通知书，扣押该公司施工设备 1 台。该公司不服，向法院起诉要求撤销某县水务局的证据先行登记保存通知书，并提出下列赔偿要求：①返还扣押财物；②赔偿该公司不能履行合同损失 100 万元；③该公司名誉损失；④因扣押财物造成该公司停产损失 100 万元。后法院认定某县水务局的扣押行为没有制作先行登记保存物品清单，也没有在 7 日内及时作出处理决定，在超出规定时限后，没有及时解除登记保存证据，程序违法。

问题：该公司提出的四种请求事项哪些不属于国家赔偿的范围？

解析：我国原《国家赔偿法》规定国家赔偿的范围只包括直接损失，不包括间接损失和可得利益的损失，也不包括精神损害的赔偿。2012 年修订的《中华人民共和国国家赔偿法》第三十五条规定，有本法第三条或者第十七条规定情形之一，致人精神损害的，应当在侵权行为影响的范围内，为受害人消除影响，恢复名誉，赔礼道歉；造成严重后果的，应当支付相应的精神损害抚慰金。因此，对符合以上条件的国家赔偿案件赔偿项目包括对当事人的精神损害赔偿。名誉损失属于精神损害的范围，但本案不符合精神损害赔偿的条件。

对于某县水务局的违法扣押行为，某公司可以要求返还扣押的财产，属于国家赔偿的范围。

不能履行合同的损失属于可得利润的损失，不属于国家赔偿的范围。

至于停产损失，只在被吊销许可证和执照、责令停产停业时适用，而且只赔偿停产停业期间必要的经常性费用开支。某公司并未被吊销许可证和执照或责令停产停业，也并不确定停产的100万元是否属于经常性、必要的费用开支，因此某公司停产损失100万元也不属于国家赔偿的范围。

综上所述，某公司不能履行合同损失100万元、名誉损失和因扣押财物造成该公司停产损失100万元，都不应由国家赔偿。

（三）行政追偿

对于公务员在执行国家公务过程中所造成的损失，行政机关应当承担赔偿责任。但行政机关保有对公务员的追偿权，即可以要求有重大过失或故意造成损害的公务员承担部分或全部赔偿费用。行政强制中对行政机关工作人员进行行政追偿应满足两个前提条件：一是作出违法行政强制行为的赔偿义务机关已经向受到损害的公民、法人或者其他组织支付了赔偿金；二是行政赔偿义务机关的工作人员，对违法行为负有过错，即主观上存在故意或重大过失。这两个前提条件缺一不可。

这样，行政机关工作人员违法实施行政强制引起的行政赔偿责任的最终承担，就存在两种情况：一是在行政机关工作人员本人有故意或重大过失的情况下，赔偿责任最终由存在过错的行政机关工作人员全部承担；二是在行政机关工作人员本人没有过错，或者仅仅存在一般过失的情况下，行政赔偿责任最终完全由行政机关承担。

（四）责令改正

关于责令改正，《行政处罚法》和《行政强制法》都规定了行政机关违反有关规定实施行政权力时，“由上级行政机关或者有关部门责令改正”。

责令改正的目的是纠正行政执法过程中的违法或者不当现象，不同于旨在监督行政权行使的行政复议和行政诉讼。实践中，责令改正的处理结果可能是在行政复议和行政诉讼审查过程中作出的，也可能是上级行政机关或者有关部门对行政执法工作进行日常监督检查过程中发现的，还可能是基于社会主体的舆论、监督、反馈等情况作出的。

责令改正尽管不是独立的法律责任形式，但也属于一种独立的监督形式，具有特殊的内容和用途，具有不可替代的独特作用。责令改正可以并且经常和有关法律责任一起共存，共同发挥作用，而不是简单包含在其他的法律责任之中，同时，责令改正并不能替代或者折抵法律责任形式的承担。

案例：国家对水行政公务员的追责

案件起因是一场“机场融资骗局”。大致在2002年初，有一个自称广西某机场筹备处施工项目负责人的王某找到姜某和李某，姜某是某县水利局局长，兼任局属国有工程公司董事长，李某是具体分管公司的副局长。王某说广西某地要建一机场，自己在该项目上有权确定施工单位，但因项目还在审批过程中，资金到位晚，施工单位需要先支付“保证金”，并垫资建设。姜某、李某等在王某精心设计的圈套下，尽管实地查看了现场，但还是轻信了王某该机场项目利润高、资金有保障的承诺，拍板让县局工程公司与王某签订了合同，并在开工前，将400余万元“保证金”从公司账户打到王某提供的账户。骗局很快暴露，待发现受骗后，有官方立即想办法通过各种途径包括法律途径追讨，但效果不佳，被骗400余万元始终没能追回。2003年当地检察院以“签订、履行合同失职被骗罪”对姜某、李某提起公诉，检察机关认为姜某等作为单位直接负责的领导，没有正确、认真地履行自己在合同签订、履行过程中应当履行的职责，不严格审查对方的主体资格、资信情况、履行能力，盲目轻信对方的意思表示，严重不负责任并被诈骗，造成国家直接经济损失数额巨大，符合《最高人民检察院、公安部关于经济犯罪案件追诉标准的规定》对签订、履行合同失职被骗案的司法解释，应予追诉。姜某等提出自己不是故意的，没有抱希望或放任结果发生的心理态度，是由于过失造成的。检察机关认为这些理由不影响罪名成立。该案经过人民法院二审判决，认为姜某、李某犯“签订、履行合同失职被骗罪”（国有公司、企业、事业单位直接负责的主管人员，在签订、履行合同过程中，因严重不负责任被诈骗，致使国家利益遭受重大损失的，处三年以下有期徒刑或者拘役；致使国家利益遭受特别重大损失的，处三年以上七年以下有期徒刑），判处二人各有期徒刑二年且缓期三年执行。法院判决前李某退休。

问题：对姜某、李某应该作出何种行政处分？

解析：国家对公务员设定了职业纪律和职务要求。对于公务员违反这些要求，行政机关进行处理的方式有以下三种：

（1）行政处分。是行政机关内部对公务员实施的惩戒措施，所针对的对象主要是职务关系，即对职务关系变更、消灭。行政处分包括警告、记过、记大过、降职、降级、撤职、开除公职。受撤职处分的，按照规定降低级别。受行政处分期间，不得晋升职务和级别；其中受到除警告外的行政处分的，不得晋升工资档次。

（2）追偿权。对于公务员在执行国家公务过程中所造成的损失，行政机关应当承担赔偿责任。但行政机关保有对公务员的追偿权，即可以要求有重大过失或故意造成损害的公务员承担部分或全部赔偿费用。

（3）追究刑事责任。公务员在执行职务的过程中如果有以下违法行为，并且情节严重构成犯罪的，国家依法追究其刑事责任：一是因不履行法定的作为义务而构成的行政失职、渎职；二是在行使职权过程中因超越权限而形成的行政越权；三是因滥用行政自由裁量权并达到一定程度而造成的滥用职权；四是因违反法定程序而构成的程序违法。

对退休公职人员违法违纪行为的处理，《行政机关公务员处分条例》第十七条规定，行政机关公务员依法被判处刑罚的，给予开除处分。第五十二条规定，有违法违纪行为应当受到处分的行政机关公务员，在处分决定机关作出处分决定前已经退休的，不再给予处分；但是，依法应当给予降级、撤职、开除处分的，应当按照规定相应降低或者取消其享受的待遇。《事业单位工作人员处分暂行规定》第四十四条规定，已经退休的事业单位工作人员有违法违纪行为应当受到处分的，不再作出处分决定。但是，应当给予降低岗位等级或者撤职以上处分的，相应降低或者取消其享受的待遇。可见，《行政机关公务员处分条例》《事业单位工作人员处分暂行规定》对已退休的行政机关公务员、事业单位工作人员的处分或者处理，作出了明确规定，但均未明确监察机关可以立案调查。结合本案可见，仅被判刑罚这一条理由就足以给予姜某、李某开除处分。2018 年 4 月 16 日，中央纪律检查委员会、国家监察委员会发布的《公职人员政务处分暂行规定》第十八条第一款、第二款对退休公职人员、辞职公职人员、已去世的公职人员违纪行为处理，作出了监察机关可以立案调查的明确规定，对其违法取得的财物和用于违法的财物，依照规定处理。

本案当年实际处理结果如下：

（1）姜某的任免机关在检察院立案后，省局认为姜某不宜继续履行职责，根据《行政机关公务员处分条例》第三十八条规定，暂停了姜某的工作，并指派 2 名监察部门人员对涉嫌违法违纪的姜某进行调查；后经任免机关领导成员集体讨论，作出了对姜某给予免职、开除处分，拒绝了姜某希望保留公务员身份的要求；姜某所在单位与姜某解除了人事关系；姜某在处分后，在一家企业找到了新工作，其本人档案转交由新工作单位管理。

（2）在检察院立案后，暂停了李某的工作；鉴于李某在作出处分决定之前已办理退休手续，按照当时规定不再给予其处分，但取消了其享受的待遇。

第四节 刑事法律责任

一、刑罚的一些基本知识

根据刑法规定，我国刑罚分为主刑和附加刑。其中，主刑的种类包括管制、拘役、有期徒刑、无期徒刑、死刑；附加刑的种类包括罚金、剥夺政治权利、没收财产。附加刑可以与主刑合并适用，也可以独立适用。

（一）主刑

1. 管制

管制是对罪犯不予关押，但限制其一定自由，由公安机关执行和群众监督改造的刑罚方法。管制的期限为3个月以上2年以下。被判处管制的犯罪分子，由公安机关执行。

被判处管制的犯罪分子，在执行期间，未经执行机关批准，不得行使言论、出版、集会、结社、游行、示威自由的权利；应当按照执行机关规定报告自己的活动情况；离开所居住的市、县或者迁居，应当报经执行机关批准。

管制的刑期，从判决执行之日起计算；判决执行以前先行羁押的，羁押1日折抵刑期2日。被判处管制的犯罪分子，管制期满，执行机关应立即向本人和其所在单位或者居住地的群众宣布解除管制。

2. 拘役

拘役是短期剥夺犯罪人自由，就近实行劳动的刑罚方法。拘役的期限为1个月以上6个月以下，数罪并罚时不得超过1年。被判处拘役的犯罪分子，由公安机关就近执行。在执行期间，被判处拘役的犯罪分子每月可以回家1～2天；参加劳动的，可以酌量发给报酬。

拘役的刑期，从判决执行之日起计算；判决执行以前先行羁押的，羁押1日折抵刑期1日。

3. 有期徒刑、无期徒刑

有期徒刑是剥夺犯罪人一定期限的自由，实行强制劳动改造的刑罚方法。有期徒刑的期限，除《刑法》第五十条、第六十九条规定外，为6个月以上15年以下。数罪并罚时不得超过20年。

被判处有期徒刑、无期徒刑的犯罪分子，在监狱或者其他执行场所执行；凡有劳动能力的，都应当参加劳动，接受教育和改造。

有期徒刑的刑期，从判决执行之日起计算；判决执行以前先行羁押的，羁押1日折抵刑期1日。所谓“判决执行之日”，是指人民法院签发执行通知书之日。

无期徒刑，是剥夺犯罪人终身自由，实行强迫劳动改造的刑罚方法。对于被判处无期徒刑的犯罪分子，应当附加剥夺政治权利终身。而对于被判处管制、拘役、有期徒刑的犯罪分子，不是必须附加剥夺政治权利。

4. 死刑

死刑是剥夺犯罪人生命的刑罚方法，包括立即执行与缓期二年执行两种情况。死刑只适用于罪行极其严重的犯罪分子。对于应当判处死刑的犯罪分子，如果不是必须立即执行的，可以判处死刑同时宣告缓期二年执行。死刑除依法由最高人民法院判决的外，都应当报请最高人民法院核准。死刑缓期执行的，可以由高级人民法院判决或者核准。

犯罪的时候不满十八周岁的人和审判的时候怀孕的妇女，不适用死刑。审判的时候已满七十五周岁的人，不适用死刑，但以特别残忍手段致人死亡的除外。

判处死刑缓期执行的，在死刑缓期执行期间，如果没有故意犯罪，二年期满以后，减为无期徒刑；如果确有重大立功表现，二年期满以后，减为15年以上20年以下有期徒刑；如果故意犯罪，查证属实的，由最高人民法院核准，执行死刑。

（二）附加刑

1. 罚金

判处罚金应当根据犯罪情节决定罚金数额。罚金在判决指定的期限内一次或者分期缴纳。期满不缴纳的，强制缴纳。对于不能全部缴纳罚金的，人民法院在任何时候发现被执行人有可以执行的财产，应当随时追缴。如果由于遭遇不能抗拒的灾祸缴纳确实有困难的，可以酌情减少或者免除。

2. 剥夺政治权利

剥夺政治权利是剥夺下列权利：①选举权和被选举权；②言论、出版、集会、结社、游行、示威自由的权利；③担任国家机关职务的权利；④担任国有公司、企业、事业单位和人民团体领导职务的权利。

剥夺政治权利的期限，除《刑法》第五十七条规定外，为1年以上5年以下。判处管制附加剥夺政治权利的，剥夺政治权利的期限与管制的期限相等，同时执行。对于危害国家安全的犯罪分子，应当附加剥夺政治权利；对于故意杀人、强奸、放火、爆炸、投毒、抢劫等严重破坏社会秩序的犯罪分子，可以附加剥夺政治权利。对于被判处死刑、无期徒刑的犯罪分子，应当剥夺政治权利终身。

附加剥夺政治权利的刑期，从徒刑、拘役执行完毕之日或者从假释之日起计算；剥夺政治权利的效力当然施用于主刑执行期间。

3. 没收财产

没收财产是没收犯罪分子个人所有财产的一部分或者全部。没收全部财产的，应当对犯罪分子个人及其扶养的家属保留必需的生活费用。在判处没收财产的时候，不得没收属于犯罪分子家属所有或者应有的财产。

对于犯罪情节轻微不需要判处刑罚的，可以免予刑事处罚，但是可以根据案件的不同情况，予以训诫或者责令具结悔过、赔礼道歉、赔偿损失，或者由主管部门予以行政处罚或者行政处分。如对贪污犯可以给予开除公职的行政处分等。

（三）自首与立功

1. 自首

犯罪以后自动投案，如实供述自己的罪行的，是自首。

对于自首的犯罪分子，可以从轻或者减轻处罚。其中犯罪较轻的，可以免除处罚。

被采取强制措施的犯罪嫌疑人、被告人和正在服刑的罪犯，如实供述司法机关还未掌握的本人其他罪行的，以自首论。

犯罪嫌疑人虽不具有前两款规定的自首情节，但是如实供述自己罪行的，可以从轻处罚；因其如实供述自己罪行，避免特别严重后果发生的，可以减轻处罚。

1）关于自首的认定和处理

对于自首如何认定和处理，最高人民法院、最高人民检察院出台了《关于办理职务犯罪案件认定自首、立功等量刑情节若干问题的意见》。意见中明确：成立自首需同时具备自动投案和如实供述自己的罪行两个要件。犯罪事实或者犯罪分子未被办案机关掌握，或者虽被掌握，但犯罪分子尚未受到调查谈话、讯问，或者未被宣布采取调查措施或者强制措施时，向办案机关投案的，是自动投案。在此期间如实交代自己的主要犯罪事实的，应当认定为自首。犯罪分子向所在单位等办案机关以外的单位、组织或者有关负责人员投案的，应当视为自动投案。

没有自动投案，但具有以下情形之一的，以自首论：①犯罪分子如实交代办案机关未掌握的罪行，与办案机关已掌握的罪行属不同种罪行的；②办案机关所掌握线索针对的犯罪事实不成立，在此范围外犯罪分子交代同种罪行的。

对于具有自首情节的犯罪分子，应当根据犯罪的事实、性质、情节和对于社会的危害程度，结合自动投案的动机、阶段、客观环境，交代犯罪事实的完整性、稳定性以及悔罪表现等具体情节，依法决定是否从轻、减轻或者免除处罚以及从轻、减轻处罚的幅度。

2）关于如实交代犯罪事实的认定和处理

没有自动投案，在办案机关调查谈话、讯问、采取调查措施或者强制措施期间，犯罪分子如实交代办案机关掌握的线索所针对的事实的，不能认定为自首。

犯罪分子依法不成立自首，但如实交代犯罪事实，有下列情形之一的，可以酌情从轻处罚：①办案机关掌握部分犯罪事实，犯罪分子交代了同种其他犯罪事实的；②办案机关掌握的证据不充分，犯罪分子如实交代有助于收集定案证据的。

犯罪分子如实交代犯罪事实，有下列情形之一的，一般应当从轻处罚：①办案机关仅掌握小部分犯罪事实，犯罪分子交代了大部分未被掌握的同种犯罪事实的；②如实交代对于定案证据的收集有重要作用的。

2. 立功

犯罪分子有揭发他人犯罪行为，查证属实的，或者提供重要线索，从而得以侦破其他案件等立功表现的，可以从轻或者减轻处罚；有重大立功表现的，可以减轻或者免除处罚。

1）关于立功的认定和处理

“两高”司法解释中明确，立功必须是犯罪分子本人实施的行为。为使犯罪分子得到从轻处理，犯罪分子的亲友直接向有关机关揭发他人犯罪行为，提供侦破其他案件的重要线索，或者协助司法机关抓捕其他犯罪嫌疑人的，不应当认定为犯罪分子的立功表现。

据以立功的线索、材料来源有下列情形之一的，不能认定为立功：①本人通过非法手段或者非法途径获取的；②本人因原担任的查禁犯罪等职务获取的；③他人违反监管规定向犯罪分子提供的；④负有查禁犯罪活动职责的国家机关工作人员或者其他国家工作人员利用职务便利提供的。

犯罪分子检举、揭发的他人犯罪，提供侦破其他案件的重要线索，阻止他人的犯罪活动，或者协助司法机关抓捕的其他犯罪嫌疑人，犯罪嫌疑人、被告人依法可能被判处无期徒刑以上刑罚的，应当认定为有重大立功表现。其中，可能被判处无期徒刑以上刑罚，是指根据犯罪行为的事实、情节可能判处无期徒刑以上刑罚。案件已经判决的，以实际判处的刑罚为准。但是，根据犯罪行为的事实、情节应当判处无期徒刑以上刑罚，因被判刑人有法定情节经依法从轻、减轻处罚后判处有期徒刑的，应当认定为重大立功。

2）关于赃款赃物追缴等情形的处理

贪污案件中赃款赃物全部或者大部分追缴的，一般应当考虑从轻处罚。受贿案件中赃款赃物全部或者大部分追缴的，视具体情况可以酌定从轻处罚。

犯罪分子及其亲友主动退赃或者在办案机关追缴赃款赃物过程中积极配合的，在量刑时应当与办案机关查办案件过程中依职权追缴赃款赃物的有所区别。

职务犯罪案件立案后，犯罪分子及其亲友自行挽回的经济损失，司法机关或者犯罪分子所在单位及其上级主管部门挽回的经济损失，或者因客观原因减少的经济损失，不予扣减，但可以作为酌情从轻处罚的情节。

二、水行政机关及其工作人员被追究刑事责任的情形

水行政机关及其工作人员在执行职务的过程中如果有以下违法行为，并且情节严重构成犯罪的，国家依法追究其刑事责任：①因不履行法定的作为义务而构成的行政失职、渎职；②在行使职权过程中因超越权限而形成的行政越权；③因滥用行政自由裁量权并达到一定程度而造成的滥用职权；④因违反法定程序而构成的程序违法。

结合《行政许可法》《行政处罚法》《行政强制法》的规定，构成犯罪的，水行政机关及其工作人员被追究刑事责任的情形主要有以下几点。

（一）行政许可方面

（1）行政机关工作人员办理行政许可、实施监督检查，索取或者收受他人财物或者谋取其他利益，构成犯罪的。

（2）行政许可实施机关截留、挪用、私分或者变相私分实施行政许可依法收取的费用，构成犯罪的。

（3）行政机关工作人员实施行政许可滥用职权、玩忽职守，构成犯罪的。

（二）行政处罚方面

（1）行政机关将罚款、没收的违法所得或者财物截留、私分或者变相私分，且情节严重构成犯罪的。

（2）执法人员利用职务上的便利，索取或者收受他人财物或者谋取其他利益，构成犯罪的。

（3）行政机关违法实行检查措施或者执行措施，给公民人身或者财产造成损害、给法人或者其他组织造成损失，情节严重构成犯罪的。

（4）行政机关为谋取本单位私利，对应当依法移交司法机关追究刑事责任的不移交，以行政处罚代替刑罚，徇私舞弊、包庇纵容违法行为的。

（5）执法人员玩忽职守，对应当予以制止和处罚的违法行为不予制止、处罚，致使公民、法人或者其他组织的合法权益、公共利益和社会秩序遭受损害的，情节严重构成犯罪的。

（三）行政强制方面

（1）侵占、窃取、骗取或者以其他手段非法占有查封、扣押的场所、设施或者财物。

（2）强制索取他人财物或者非法收受他人财物，为他人谋取利益。

（3）滥用职权、玩忽职守。

以上这些情形分别构成贪污罪、挪用公款罪、受贿罪、滥用职权罪、玩忽职守罪，是水行政执法人员最容易触犯的刑法罪名。

三、水行政公务人员常见刑事犯罪

水行政公务人员常见刑事犯罪有贪污罪、挪用公款罪、受贿罪、滥用职权罪、玩忽职守罪等。

（一）贪污罪

贪污罪是国家工作人员利用职务上的便利，侵吞、窃取、骗取或者以其他手段非法占有公共财物的行为。

构成贪污罪必须具备以下四个要件：

（1）主体是国家工作人员，这里所说的国家工作人员包括在国家机关中从事公务的国家工作人员，在国有公司、企事业单位和人民团体中从事公务的人员，受国有单位委派到非国有单位中从事公务的人员，其他依照法律从事公务的人员。

（2）客体是国家工作人员职务行为的廉洁性和公共财产。

（3）主观方面是具有非法占有公共财物的目的。

（4）客观方面表现为利用职务上的便利，侵吞、窃取、骗取或者以其他手段非法占有公共财物。

（二）挪用公款罪

挪用公款罪是指国家工作人员利用职务上的便利，挪用公款归个人使用，进行非法活动的，或者挪用公款数额较大、进行营利活动的，或者挪用数额较大、超过3个月未还的行为。

本罪的主体是特殊主体，即国家工作人员，这里所说的国家工作人员与前述贪污罪中国家工作人员的内涵、外延基本相同，同样具有特定性和公务（职务）性。构成挪用公款罪的国家工作人员包括在国家机关中从事公务的国家工作人员，在国有公司、企事业单位和人民团体中从事公务的人员，受国有单位委派到非国有单位中从事公务的人员，其他依照法律从事公务的人员。

《刑法》规定犯本罪的，处五年以下有期徒刑或者拘役；情节严重（挪用公款数额巨大，或者数额虽未达到巨大，但挪用公款手段恶劣；多次挪用公款；因挪用公款严重影响生产、经营，造成严重损失等情形）的，处五年以上有期徒刑。挪用公款数额巨大（挪用公款十五万元至二十万元为数额巨大的起点）不退还的，处十年以上有期徒刑或者无期徒刑。挪用用于救灾、抢险、防汛、优抚、扶贫、移民、救济款物归个人使用的，从重处罚。

根据最高人民法院发布的《关于审理挪用公款案件具体应用法律若干问题的解释》（1998年5月9日施行）的规定，法院对挪用公款案量刑时会注意以下问题：

（1）挪用公款归个人使用，包括挪用者本人使用或者给他人使用。挪用公款给私有公司、私有企业使用的，属于挪用公款归个人使用。

（2）挪用正在生息或者需要支付利息的公款归个人使用，数额较大，超过3个月但在案发前全部归还本金的，可以从轻处罚或者免除处罚。给国家、集体造成的利息损失应予追缴。挪用公款数额巨大，超过3个月，案发前全部归还的，可以酌情从轻处罚。

（3）挪用公款数额较大，归个人进行营利活动的，构成挪用公款罪，不受挪用时间和是否归还的限制，典型的如挪用公款用于注册公司、企业等。在案发前部分或者全部归还本息的，可以从轻处罚；情节轻微的，可以免除处罚。挪用公款存入银行，用于集资，购买股票、国债等，属于挪用公款进行营利活动。所获取的利息、收益等违法所得，应当追缴，但不计入挪用公款的数额。

（4）挪用公款归个人使用，进行赌博、走私等非法活动的，构成挪用公款罪，不受数额较大和挪用时间的限制。

（5）挪用公款归个人使用，“数额较大、进行营利活动的”，或者“数额较大、超过3个月未还的”，以挪用公款1万元至3万元为“数额较大”的起点，以挪用公款15万元至20万元为“数额巨大”的起点。挪用公款“情节严重”，是指挪用公款数额巨大，或者数额虽未达到巨大，但挪用公款手段恶劣；多次挪用公款；因挪用公款严重影响生产、经营，造成严重损失等情形。“挪用公款归个人使用，进行非法活动的”，以挪用公款 5 000 元至 1 万元为追究刑事责任的数额起点。挪用公款 5 万元至 10 万元以上的，属于挪用公款归个人使用，进行非法活动“情节严重”的情形之一。这里的“未还”，是指案发前未还。如果挪用公款时间没有超过 3 个月，且不属于挪用公款进行非法或者营利活动的情形，就不构成挪用公款罪。

（三）受贿罪

1. 定义

受贿罪是指国家工作人员利用职务上的便利，索取他人财物，或者非法收受他人财物并为他人谋取利益的行为。

对犯受贿罪的行政机关工作人员，根据受贿所得数额及情节，依照《中华人民共和国刑法》第三百八十三条的规定处罚。索贿的从重处罚。

2. 贪污受贿罪量刑标准

《中华人民共和国刑法修正案（九）》（简称《刑法修正案（九）》）于 2015 年 11 月 1 日起施行。《刑法修正案（九）》施行前，构成受贿罪必须具备的一个要件是索贿、受贿所得数额在 5 000 元以上，或者索贿、受贿所得数额不到 5 000 元但情节严重的。《刑法修正案（九）》施行后，起点 5 000 元的受贿罪量刑标准成为历史。《刑法修正案（九）》中并没有很明确地写出关于对受贿罪量刑的修改内容，但是却有关于贪污罪量刑方面的内容。根据《刑法》第三百八十六条的规定，对犯受贿罪的，根据受贿所得数额及情节，依照本法第三百八十三条的规定处罚。索贿的从重处罚。而《刑法》第三百八十三条的内容是对贪污罪量刑的规定。所以，《刑法》中对贪污罪量刑修改，也就是对受贿罪量刑作出了修改。

《刑法修正案（九）》将《刑法》第三百八十三条修改为：“对犯贪污罪的，根据情节轻重，分别依照下列规定处罚：（一）贪污数额较大或者有其他较重情节的，处三年以下有期徒刑或者拘役，并处罚金。（二）贪污数额巨大或者有其他严重情节的，处三年以上十年以下有期徒刑，并处罚金或者没收财产。（三）贪污数额特别巨大或者有其他特别严重情节的，处十年以上有期徒刑或者无期徒刑，并处罚金或者没收财产；数额特别巨大，并使国家和人民利益遭受特别重大损失的，处无期徒刑或者死刑，并处没收财产。对多次贪污未经处理的，按照累计贪污数额处罚。犯第一款罪，在提起公诉前如实供述自己罪行、真诚悔罪、积极退赃，避免、减少损害结果的发生，有第一项规定情形的，可以从轻、减轻或者免除处罚；有第二项、第三项规定情形的，可以从轻处罚。犯第一款罪，有第三项规定情形被判处死刑缓期执行的，人民法院根据犯罪情节等情况可以同时决定在其死刑缓期执行二年期满依法减为无期徒刑后，终身监禁，不得减刑、假释。”

3. 受贿罪量刑数额标准

2016 年 4 月 18 日起开始实施的《最高人民法院、最高人民检察院关于办理贪污贿赂刑事案件适用法律若干问题的解释》，对贪污罪、受贿罪的相关量刑数额作出了进一步规定：

（1）受贿罪数额较大标准，30 000 ～ 200 000 元。

（2）受贿罪数额巨大标准，200 000 ～ 3 000 000 元。

（3）受贿罪数额特别巨大标准，3 000 000 元以上。

4. 受贿罪情节认定标准

1）较重情节

贪污数额在 10 000 元以上不满 30 000 元，同时具有以下情节：

（1）贪污救灾、抢险、防汛、优抚、扶贫、移民、救济、防疫、社会捐助等特定款物的。

（2）曾因贪污、受贿、挪用公款受过党纪、行政处分的。

（3）曾因故意犯罪受过刑事追究的。

（4）赃款赃物用于非法活动的。

（5）拒不交代赃款赃物去向或者拒不配合追缴工作，致使无法追缴的。

（6）造成恶劣影响或者其他严重后果的。

受贿数额在 10 000 元以上不满 30 000 元，具有前款第二项至第六项规定的情形之一，或者具有下列情形之一的，应当认定为《刑法》第三百八十三条第一款规定的“其他较重情节”，依法判处三年以下有期徒刑或者拘役，并处罚金：

（1）多次索贿的。

（2）为他人谋取不正当利益，致使公共财产、国家和人民利益遭受损失的。

（3）为他人谋取职务提拔、调整的。

2）严重情节

贪污数额在 100 000 元以上不满 200 000 元，具有上述规定的六种情形之一的；受贿数额在 100 000 元以上不满 200 000 元，具有上述规定的三种情形之一的。

3）特别严重情节

贪污数额在 1 500 000 元以上不满 3 000 000 元，具有上述规定的六种情形之一的；受贿数额在 1 500 000 元以上不满 3 000 000 元，具有上述规定的三种情形之一的。

国家机关工作人员实施渎职犯罪并收受贿赂，同时构成受贿罪的，除《刑法》另有规定外，以渎职犯罪和受贿罪数罪并罚。

（四）滥用职权罪

1. 定义

滥用职权罪是指国家机关工作人员违反职责要求，任意行使职权或者超越权限行使职权，致使公共财产、国家和人民利益遭受重大损失的行为。

构成滥用职权罪必须具备以下四个基本要件：

（1）主体是国家机关工作人员，单位不能构成本罪的主体。

（2）客体是公务职责的公正、勤勉性和国家机关的正常职能活动。

（3）主观方面是故意。

（4）客观方面表现为滥用职权致使公共财产、国家和人民利益遭受重大损失的行为。

2. 滥用职权罪立案标准

对于滥用职权罪的立案标准，《最高人民法院、最高人民检察院关于办理渎职刑事案件适用法律若干问题的解释（一）》中有明确规定。

（1）国家机关工作人员滥用职权或者玩忽职守，具有下列情形之一的，应当认定为《刑法》第三百九十七条规定的“致使公共财产、国家和人民利益遭受重大损失”：①造成死亡 1 人以上，或者重伤 3 人以上，或者轻伤 9 人以上，或者重伤 2 人、轻伤 3 人以上，或者重伤 1 人、轻伤 6 人以上的；②造成经济损失 30 万元以上的；③造成恶劣社会影响的；④其他致使公共财产、国家和人民利益遭受重大损失的情形。

（2）具有下列情形之一的，应当认定为《刑法》第三百九十七条规定的“情节特别严重”：①造成伤亡达到前款第①项规定人数 3 倍以上的；②造成经济损失 150 万元以上的；③造成前款规定的损失后果，不报、迟报、谎报或者授意、指使、强令他人不报、迟报、谎报事故情况，致使损失后果持续、扩大或者抢救工作延误的；④造成特别恶劣社会影响的；⑤其他特别严重的情节。

（3）本解释规定的“经济损失”，是指渎职犯罪或者与渎职犯罪相关联的犯罪立案时已经实际造成的财产损失，包括为挽回渎职犯罪所造成损失而支付的各种开支、费用等。立案后至提起公诉前持续发生的经济损失，应一并计入渎职犯罪造成的经济损失。

渎职犯罪或者与渎职犯罪相关联的犯罪立案后，犯罪分子及其亲友自行挽回的经济损失，司法机关或者犯罪分子所在单位及其上级主管部门挽回的经济损失，或者因客观原因减少的经济损失，不予扣减，但可以作为酌定从轻处罚的情节。

（五）玩忽职守罪

玩忽职守罪是指国家机关工作人员严重不负责任，不履行职责或者不正确履行职责，致使公共财产、国家和人民利益遭受重大损失的行为。

构成玩忽职守罪必须具备以下四个基本要件：

（1）主体是国家机关工作人员，单位不能构成本罪的主体。

（2）客体是公务职责的公正、勤勉性和国家机关的正常职能活动。

（3）主观方面是过失，即行为人应当预见到自己的行为会导致公共财产、国家和人民利益遭受重大损失，却由于疏忽大意没有预见到或者虽然预见到但自信能够避免。

（4）客观方面表现为不履行、不正确履行或者放弃履行职责，致使公共财产、国家和人民利益遭受重大损失的行为。

玩忽职守罪与滥用职权罪均适用《中华人民共和国刑法》第三百九十七条规定，即“国家机关工作人员滥用职权或者玩忽职守，致使公共财产、国家和人民利益遭受重大损失的，处三年以下有期徒刑或者拘役；情节特别严重的，处三年以上七年以下有期徒刑。本法另有规定的，依照规定。国家机关工作人员徇私舞弊，犯前款罪的，处五年以下有期徒刑或者拘役；情节特别严重的，处五年以上十年以下有期徒刑。本法另有规定的，依照规定。”

案例：被判缓刑是否要开除公职

2016年立秋，某县水利局3名职工因故意犯罪被刑事处罚，其中1名是公务员，被法院判处缓刑；1名是事业单位人员，也被判处缓刑；另外1名为公务员，被法院判处有罪但免于刑事处罚。水利局接到法院判决后，对于如何处理他们，领导集体开会研究。焦点问题集中在：①缓刑是不是刑？②公务员被判处缓刑的是否要开除？③事业单位人员被判处缓刑后是否要开除？④免于刑事处罚是否要开除？

解析：

1. 缓刑是刑，是有条件的刑。

（1）缓刑的适用条件是：只有被判处拘役、3年以下有期徒刑的犯罪分子才可能被宣告缓刑。对于被判处拘役、3年以下有期徒刑的犯罪分子，同时符合下列条件的，可以宣告缓刑，对其中不满18周岁的人、怀孕的妇女和已满75周岁的人，应当宣告缓刑：①犯罪情节较轻；②有悔罪表现；③没有再犯罪的危险；④宣告缓刑对所居住社区没有重大不良影响。

对于累犯和犯罪集团的首要分子，不适用缓刑。

（2）缓刑的考验期限：拘役的缓刑考验期限为原判刑期以上1年以下，但是不能少于2个月。有期徒刑的缓刑考验期限为原判刑期以上5年以下，但是不能少于1年。缓刑考验期限，从判决确定之日起计算。

（3）缓刑犯应遵守的规定：①遵守法律、行政法规，服从监督；②按照考察机关的规定报告自己的活动情况；③遵守考察机关关于会客的规定；④离开所居住的市、县或者迁居，应当报经考察机关批准。

（4）缓刑的考验及其后果。

第一，对宣告缓刑的犯罪分子，在缓刑考验期限内，依法实行社区矫正，如果没有《刑法》第七十七条规定的情形，缓刑考验期满，原判的刑罚就不再执行，并公开予以宣告。

第二，被宣告缓刑的犯罪分子，在缓刑考验期限内犯新罪或者发现判决宣告以前还有其他罪没有判决的，应当撤销缓刑，对新犯的罪或者新发现的罪作出判决，把前罪和后罪所判处的刑罚，依照《刑法》第六十九条的规定，决定执行的刑罚。

第三，被宣告缓刑的犯罪分子，在缓刑考验期限内，违反法律、行政法规或者国务院有关部门关于缓刑的监督管理规定，或者违反人民法院判决中的禁止令，情节严重的，撤销缓刑，执行原判刑罚。

2. 被判处缓刑的是否要开除公职?

（1）关于行政处分的几个法律文件规定。

第一，《公务员法》《行政机关公务员处分条例》《中华人民共和国公职人员政务处分法》，均规定了对行政机关公务员（公职人员）的开除处分。开除是对违法违纪公务员（公职人员）最为严重的一种处分形式。给予公务员开除处分，自处分之日起，解除其与机关的人事关系或劳动关系。

《事业单位工作人员处分暂行规定》规定了对事业单位工作人员处分种类为：①警告；②记过；③降低岗位等级或者撤职；④开除。其中，撤职处分适用于行政机关任命的事业单位工作人员。

第二，2007年6月1日《行政机关公务员处分条例》施行，2007年12月19日人事部、监察部下发了《关于行政机关任命的事业单位工作人员参照执行《行政机关公务员处分条例》的通知》，对于行政机关任命的事业单位工作人员处分能否适用《行政机关公务员处分条例》的问题，有以下意见："目前，在国务院对事业单位及其工作人员的专门管理规定未出台前，给予违法违纪的行政机关任命的事业单位工作人员处分可以参照处分条例执行。"该通知下发后，各地理解和执行标准、严格程度不一，也产生了事业人员同样被判缓刑条件下有的被开除、有的不被开除的现象。

第三，2012年8月22日，人力资源和社会保障部与监察部公布了《事业单位工作人员处分暂行规定》，该规定自2012年9月1日起施行。规定中明确了事业单位不同身份人员如何适用法律的问题：①对法律、法规授权的具有公共事务管理职能的事业单位中经批准参照《公务员法》管理的工作人员给予处分，参照《行政机关公务员处分条例》的有关规定办理。②对行政机关任命的事业单位工作人员，法律、法规授权的具有公共事务管理职能的事业单位中不参照《公务员法》管理的工作人员，国家行政机关依法委托从事公共事务管理活动的事业单位工作人员给予处分，适用本规定。③对机关工勤人员给予处分，参照本规定执行。同时，规定在第二十二条、第四十四条明确了对在职人员和退休人员不同的处分意见：①事业单位工作人员被依法判处刑罚的，给予降低岗位等级或者撤职以上处分。其中，被依法判处有期徒刑以上刑罚的，给予开除处分。行政机关任命的事业单位工作人员，被依法判处刑罚的，给予开除处分。②已经退休的事业单位工作人员有违法违纪行为应当受到处分的，不再作出处分决定。但是，应当给予降低岗位等级或者撤职以上处分的，相应降低或者取

消其享受的待遇。（备注：政务处分法规定对退休的公职人员可以给予立案调查）

第四，2020 年 6 月 20 日第十三届全国人民代表大会常务委员会第十九次会议通过的《中华人民共和国公职人员政务处分法》第十四条规定："公职人员犯罪，有下列情形之一的，予以开除：（一）因故意犯罪被判处管制、拘役或者有期徒刑以上刑罚（含宣告缓刑）的；（二）因过失犯罪被判处有期徒刑，刑期超过三年的；（三）因犯罪被单处或者并处剥夺政治权利的。

因过失犯罪被判处管制、拘役或者三年以下有期徒刑的，一般应当予以开除；案件情况特殊，予以撤职更为适当的，可以不予开除，但是应当报请上一级机关批准。

公职人员因犯罪被单处罚金，或者犯罪情节轻微，人民检察院依法作出不起诉决定或者人民法院依法免予刑事处罚的，予以撤职；造成不良影响的，予以开除。"

这里所称公职人员是指《中华人民共和国监察法》第十五条规定的人员。《监察法》第十五条规定："监察机关对下列公职人员和有关人员进行监察：（一）中国共产党机关、人民代表大会及其常务委员会机关、人民政府、监察委员会、人民法院、人民检察院、中国人民政治协商会议各级委员会机关、民主党派机关和工商业联合会机关的公务员，以及参照《中华人民共和国公务员法》管理的人员；（二）法律、法规授权或者受国家机关依法委托管理公共事务的组织中从事公务的人员；（三）国有企业管理人员；（四）公办的教育、科研、文化、医疗卫生、体育等单位中从事管理的人员；（五）基层群众性自治组织中从事管理的人员；（六）其他依法履行公职的人员。"

因此，对被判处缓刑的人是否开除公职问题，首先要弄清楚被判处刑罚的人员是何种身份。

（2）被判处刑罚缓刑的人员是公务员的，应当开除公职。

法律依据是《行政机关公务员处分条例》第十七条第二款："行政机关公务员依法被判处刑罚的，给予开除处分。"这意味着，不论行政机关的公务员实施的是故意犯罪，还是过失犯罪，只要被依法判处刑罚——不管是被判处管制、拘役、有期徒刑、无期徒刑、死刑等主刑，还是被单独判处罚金、剥夺政治权利、没收财产等附加刑，或者被判处有期徒刑宣告缓刑，一律给予开除处分。

（3）参照公务员管理的事业单位工作人员被判缓刑应当开除公职。

法律依据是：《行政机关公务员处分条例》第十七条第二款（内容见上）；《中华人民共和国公职人员政务处分法》第十四条规定（内容见上）；《行政机关公务员处分条例》第五十四条："对法律、法规授权的具有公共事务管理职能的事业单位中经批准参照《中华人民共和国公务员法》管理的工作人员给予处分，参照本条例的有关规定办理。"第二十条规定，公务员对救灾、抢险、防汛、防疫、优抚、扶贫、移民、救济、社会保险、征地补偿等专项款物疏于管理，致使款物被贪污、挪用，或者毁损、灭失的；或者有其他玩忽职守、贻误工作行为的，给予记过、记大过处分；

情节较重的，给予降级或者撤职处分；情节严重的，给予开除处分。

（4）其他不属于参照公务员管理的事业单位的在编职工被判缓刑是否解除劳动合同（开除公职）由单位决定。

被判处刑罚缓刑的人员是其他不属于参照公务员管理的事业单位的在编职工并签订了劳动合同的，应当适用《中华人民共和国劳动法》，是否解除劳动合同（开除公职）由单位决定。

法律依据是2018年修正后的《中华人民共和国劳动法》第二十五条："劳动者有下列情形之一的，用人单位可以解除劳动合同：……（四）被依法追究刑事责任的。"劳动法只规定被依法追究刑事责任的用人单位可以解除劳动合同，而不是必须解除劳动合同。

本条中"被依法追究刑事责任"，具体包括：①被人民检察院免予起诉的；②被人民法院判处刑罚的（包括主刑和附加刑）；③被人民法院依据《中华人民共和国刑法》第三十二条免予刑事处分的。

从《中华人民共和国公司法》第一百条规定（因贪污、贿赂、侵占财产、挪用财产或者破坏社会主义市场经济秩序，被判处刑罚，或者因犯罪被剥夺政治权利，执行期满未逾五年，被宣告缓刑的，自缓刑考验期满之日起未逾二年，不得担任公司的董事、监事、高级管理人员）也可以看出，法律并没有要求上市公司与被判刑罚的员工必须解除劳动合同。缓刑考验期间不是执行期满，上市公司为了公司的信誉和减少股民的风险，依法不应续聘缓刑人员任上述职务，可安排非职务或技术性的临时工作。

3. 被法院判决免予刑事处罚的人是否会被开除公职？

（1）从刑法方面看，免予刑事处罚虽然触犯了《中华人民共和国刑法》的规定，但是没有被判处刑罚而追究刑事责任，《中华人民共和国刑法》没有对免予刑事处罚的公务人员必须开除公职的规定。

（2）从党规党纪方面看，根据《中国共产党纪律处分条例》第三十三条、第三十四条规定，党员犯罪情节轻微，人民检察院依法作出不起诉决定的，或者人民法院依法作出有罪判决并免予刑事处罚的，应当给予撤销党内职务、留党察看或者开除党籍处分。对于党员因故意犯罪被依法判处刑法规定的主刑（含宣告缓刑）的，应当给予开除党籍处分。对于应当受到撤销党内职务处分，但是本人没有担任党内职务的，应当给予其严重警告处分。同时，在党外组织担任职务的，应当建议党外组织撤销其党外职务。党员受到撤销党内职务处分，或者依照前款规定受到严重警告处分的，二年内不得在党内担任和向党外组织推荐担任与其原任职务相当或者高于其原任职务的职务。党员受到留党察看处分，其党内职务自然撤销。党员受留党察看处分期间，没有表决权、选举权和被选举权。对于在党外组织担任职务的，应当建议党外组织依照规定作出相应处理。受到留党察看处分的党员，恢复党员权利后二年内，不得在党内担任和向党外组织推荐担任与其原任职务相当或高于其原任职务的职务。党员受到开除党籍处分，五年内不得重新入党，也不得推荐担任与其原任职务相当或者高于其原任职务的党外职务。另外，《中华人民共和国公职人员政务处分法》也有相应规定。

从以上规定看，对于身为共产党员的公务人员，在人民检察院依法作出不起诉决定，人民法院依法作出有罪判决并免予刑事处罚的，应当给予撤销党内职务、留党察看或者开除党籍处分。但是对于一般公务人员，并没有开除公职的规定。怎么处理，要结合实际案例，具体研究相适应的有关处分规定。

小结：敬畏法度者最幸福。

当前，水利行业存在着少数执法人员收了管理费不管事，或者对一些违反规定和程序的事情采取“睁只眼闭只眼”的态度，抱着侥幸心态，认为不会有事，即使有事也不害怕，因为领导知道，自己也没有从中得到什么好处。殊不知，一旦追责程序启动，处理的一般都是分管领导和直接责任人，很难置身事外、独善其身。因此，作为水行政执法人员，必须保持清醒的意识，要想远离法律风险，在原则面前，规矩是一定要讲的，一定要保证依法合规、程序完备。

在现在大有可为的中国，人们观念受到最大的一个冲击不是道德，是法律。“以事实为根据，以法律为准绳”是大家熟知的一句话，但这里的“事实”是绝对意义上的“客观事实”吗？不见得，只有证据充分支持的“事实”才是“法律事实”。

现实中，不少水行政执法人员是搞业务出身的，法学理论底蕴差一些，对民事、行政、刑事等各类法律风险缺乏认知，有的人在长期的工作和生活实践中形成了自己相对固定的思维方式和工作方式，坚持认为在中国办事情，主要还是要靠“行政”“人治”“开会”“惯例”解决问题。工作中，会听到一些执法人员的下列说法：“我们单位一直就是这么干的，这是惯例，没事儿。”“咱们的事情特殊。”“这事儿，可都是为了给大家发工资，我自己从中可没有拿一分钱，出事了我不该有责任。”“这事是领导安排的，和我没关系。”“我说的句句是真。”这些说法或者认知，实际都是没有反思新形势下自己单位体制、机制上与法律、与国家政策对接上是否存在问题，都是不契合法律和潮流的误知、误判，与国家全面依法治国的大气候、水利行业正在全面践行的“依法治河”“规范管理、加快发展”理念都是背道而驰的。

《吕氏春秋·察今》中记述了一则“刻舟求剑”的寓言。说有个楚国人，坐船渡河时不慎把剑掉入河中，他在船上用刀刻下记号，说这是我的剑掉下去的地方，一会儿到岸的时候我就在这跳下去找剑。当船停下时，他沿着记号跳入河中找剑，遍寻不获。古人因此感叹：“舟已行矣，而剑不行，求剑若此，不亦惑乎？”该寓言比喻人的眼光未必与客观世界的发展变化同步，劝勉为政者要明白世事在变，若不知改革，就无法治国。目前，水行政执法管理所处的大环境已经发生了很大变化，涉河利益关系复杂、水事矛盾凸显，在新常态下，法律浸透水行政执法人员工作、生活的各个方面，水利行业工程建设、维修养护、前期赔偿、石料采购、招标投标、人事任命、水行政许可、水行政处罚等方面都潜在刑事法律风险。血的教训告诉我们，要避开暗礁稳健前行，领导、关系不是撑天大树，可以依靠的只能是法律规范和程序规则。水行政执法人员在诸多“刑事法律风险+”，需要站高望远，顺应全面依法治国时代潮流，要坚信解决棘手矛盾的最优之道就是提高法治思维和运用法治手段能力。

名医扁鹊兄弟三人，都精于医术。魏文王曾问扁鹊说：“你们兄弟三人到底哪一位医术最好呢？”扁鹊答曰：“大哥最好，二哥次之，我最差。”魏文王再问：“那么为什么你最出名呢？”扁鹊答曰：“我大哥治病，是治病于病情发作之前。由于一般人不知道他事先能铲除病因，所以他的名气无法传出去，只有我们家里人才知道。我二哥治病，是治病于病情刚刚发作之时。一般人以为他只能治轻微的小病，所以他只在我们的村子里才小有名气。而我扁鹊治病，是治病于病情严重之时。一般人看见的都是我在经脉上穿针管来放血、在皮肤上敷药等大手术，所以他们以为我的医术最高明，因此名气响遍全国。”这个典故对于黄河人而言，就是刑事法律风险最好的防控是在事前，次之是事中，最差的才是事后补救。也正如清代著名理学家、教育家朱用纯所云：“宜未雨而绸缪，毋临渴而掘井。”

历史上明太祖朱元璋治吏最有名，老臣万钢有句名言：“畏法度者最快乐。”

前事不忘后事之师。每一条河流都流淌在法律的门前，敬畏法度者才能最幸福！

第五节 民事法律责任

一、民法典的基本规定

（一）民法典简介

《中华人民共和国民法典》（简称《民法典》）是为了保护民事主体的合法权益，调整民事关系，维护社会和经济秩序，适应中国特色社会主义发展要求，弘扬社会主义核心价值观，根据宪法制定的法律，被称为“社会生活的百科全书”，是中华人民共和国第一部以法典命名的法律，在法律体系中居于基础性地位，也是市场经济的基本法。

《民法典》共 7 编 1 260 条，各编依次为总则、物权、合同、人格权、婚姻家庭、继承、侵权责任，以及附则。对公民的人身权、财产权、人格权等作出明确翔实的规定，并规定侵权责任，明确权利受到削弱、减损、侵害时的请求权和救济权等，体现了对人民权利的充分保障，被誉为“新时代人民权利的宣言书”。

2020 年 5 月 28 日，第十三届全国人民代表大会三次会议表决通过了《中华人民共和国民法典》，自 2021 年 1 月 1 日起施行。婚姻法、继承法、民法通则、收养法、担保法、合同法、物权法、侵权责任法、民法总则同时废止。

（二）基本规定

（1）民法调整平等主体的自然人、法人和非法人组织之间的人身关系和财产关系。

（2）民事主体的人身权利、财产权利以及其他合法权益受法律保护，任何组织或者个人不得侵犯。

（3）民事主体在民事活动中的法律地位一律平等。

（4）民事主体从事民事活动，应当遵循自愿原则，按照自己的意思设立、变更、终止民事法律关系；应当遵循公平原则，合理确定各方的权利和义务；应当遵循诚信原则，秉持诚实，恪守承诺。

（5）民事主体从事民事活动，应当有利于节约资源、保护生态环境；不得违反法律，不得违背公序良俗。

（6）处理民事纠纷，应当依照法律；法律没有规定的，可以适用习惯，但是不得违背公序良俗。

（7）其他法律对民事关系有特别规定的，依照其规定。

二、民事主体

民事主体包括自然人、法人和非法人组织。

法人包括营利法人、非营利法人和特别法人。行政机关属于特别法人。

（一）自然人

自然人不仅包括公民，还包括外国人和无国籍人。《中华人民共和国宪法》规定，凡具有中华人民共和国国籍的人都是中华人民共和国公民。不具有中华人民共和国国籍的人不是我国的公民，但是依然属于自然人的范畴。

自然人作为民事主体的一种，从出生时起到死亡时止，具有民事权利能力，依法享有民事权利，承担民事义务。自然人的民事权利能力一律平等。

自然人能否通过自己的行为取得民事权利、承担民事义务，取决于其是否具有民事行为能力。所谓民事行为能力，是指民事主体通过自己的行为取得民事权利、承担民事义务的资格。民事行为能力分为完全民事行为能力、限制民事行为能力和无民事行为能力三种。

1. 完全民事行为能力人

18 周岁以上的自然人为成年人。不满 18 周岁的自然人为未成年人。

成年人为完全民事行为能力人，可以独立实施民事法律行为。

16 周岁以上的未成年人，以自己的劳动收入为主要生活来源的，视为完全民事行为能力人。

2. 限制民事行为能力人

8 周岁以上的未成年人为限制民事行为能力人，实施民事法律行为由其法定代理人代理或者经其法定代理人同意、追认；但是，可以独立实施纯获利益的民事法律行为或者与其年龄、智力相适应的民事法律行为。

不能完全辨认自己行为的成年人为限制民事行为能力人，实施民事法律行为由其法定代理人代理或者经其法定代理人同意、追认；但是，可以独立实施纯获利益的民事法律行为或者与其智力、精神健康状况相适应的民事法律行为。

3. 无民事行为能力人

不满 8 周岁的未成年人为无民事行为能力人，由其法定代理人代理实施民事法律行为。

不能辨认自己行为的成年人为无民事行为能力人，由其法定代理人代理实施民事法律行为。

8 周岁以上的未成年人不能辨认自己行为的，适用前款规定。

无民事行为能力人、限制民事行为能力人的监护人是其法定代理人。

（二）法人

1. 一般规定

（1）法人是具有民事权利能力和民事行为能力，依法独立享有民事权利和承担民事义务的组织。

法人的民事权利能力和民事行为能力，从法人成立时产生，到法人终止时消灭。

法人以其全部财产独立承担民事责任。

（2）依照法律或者法人章程的规定，代表法人从事民事活动的负责人，为法人的法定代表人。

法定代表人以法人名义从事的民事活动，其法律后果由法人承受。法人章程或者法人权力机构对法定代表人代表权的限制，不得对抗善意相对人。

法定代表人因执行职务造成他人损害的，由法人承担民事责任。法人承担民事责任后，依照法律或者法人章程的规定，可以向有过错的法定代表人追偿。

（3）法人以其主要办事机构所在地为住所。依法需要办理法人登记的，应当将主要办事机构所在地登记为住所。

法人存续期间登记事项发生变化的，应当依法向登记机关申请变更登记。

法人的实际情况与登记的事项不一致的，不得对抗善意相对人。登记机关应当依法及时公示法人登记的有关信息。

（4）法人合并的，其权利和义务由合并后的法人享有和承担。法人分立的，其权利和义务由分立后的法人享有连带债权，承担连带债务，但是债权人和债务人另有约定的除外。

（5）有下列原因之一并依法完成清算、注销登记的，法人终止：①法人解散；②法人被宣告破产；③法律规定的其他原因。法人终止，法律、行政法规规定须经有关机关批准的，依照其规定。

（6）有下列情形之一的，法人解散：①法人章程规定的存续期间届满或者法人章程规定的其他解散事由出现；②法人的权力机构决议解散；③因法人合并或者分立需要解散；④法人依法被吊销营业执照、登记证书，被责令关闭或者被撤销；⑤法律规定的其他情形。

（7）法人解散的，除合并或者分立的情形外，清算义务人应当及时组成清算组进行清算。

清算期间法人存续，但是不得从事与清算无关的活动。

清算结束并完成法人注销登记时，法人终止；依法不需要办理法人登记的，清算结束时，法人终止。

（8）法人被宣告破产的，依法进行破产清算并完成法人注销登记时，法人终止。

（9）法人可以依法设立分支机构。法律、行政法规规定分支机构应当登记的，依照其规定。分支机构以自己的名义从事民事活动，产生的民事责任由法人承担；也可以先以该分支机构管理的财产承担，不足以承担的，由法人承担。

（10）设立人为设立法人从事的民事活动，其法律后果由法人承受；法人未成立的，其法律后果由设立人承受，设立人为二人以上的，享有连带债权，承担连带债务。

设立人为设立法人以自己的名义从事民事活动产生的民事责任，第三人有权选择请求法人或者设立人承担。

2. 营利法人

（1）以取得利润并分配给股东等出资人为目的成立的法人，为营利法人。

营利法人包括有限责任公司、股份有限公司和其他企业法人等。

（2）营利法人经依法登记成立。依法设立的营利法人，由登记机关发给营利法人营业执照。营业执照签发日期为营利法人的成立日期。

（3）设立营利法人应当依法制定法人章程。

（4）营利法人应当设权力机构。权力机构行使修改法人章程，选举或者更换执行机构、监督机构成员，以及法人章程规定的其他职权。

（5）营利法人应当设执行机构。执行机构行使召集权力机构会议，决定法人的经营计划和投资方案，决定法人内部管理机构的设置，以及法人章程规定的其他职权。执行机构为董事会或者执行董事的，董事长、执行董事或者经理按照法人章程的规定担任法定代表人；未设董事会或者执行董事的，法人章程规定的主要负责人为其执行机构和法定代表人。

（6）营利法人设监事会或者监事等监督机构的，监督机构依法行使检查法人财务，监督执行机构成员、高级管理人员执行法人职务的行为，以及法人章程规定的其他职权。

（7）营利法人从事经营活动，应当遵守商业道德，维护交易安全，接受政府和社会的监督，承担社会责任。

3. 非营利法人

（1）为公益目的或者其他非营利目的成立，不向出资人、设立人或者会员分配所取得利润的法人，为非营利法人。

非营利法人包括事业单位、社会团体、基金会、社会服务机构等。

（2）具备法人条件，为适应经济社会发展需要，提供公益服务设立的事业单位，经依法登记成立，取得事业单位法人资格；依法不需要办理法人登记的，从成立之日起，具有事业单位法人资格。

（3）事业单位法人设理事会的，除法律另有规定外，理事会为其决策机构。事业单位法人的法定代表人依照法律、行政法规或者法人章程的规定产生。

（4）具备法人条件，基于会员共同意愿，为公益目的或者会员共同利益等非营利目的设立的社会团体，经依法登记成立，取得社会团体法人资格；依法不需要办理法人登记的，从成立之日起，具有社会团体法人资格。设立社会团体法人应当依法制定法人章程。

社会团体法人应当设会员大会或者会员代表大会等权力机构。社会团体法人应当设理事会等执行机构。理事长或者会长等负责人按照法人章程的规定担任法定代表人。

（5）具备法人条件，为公益目的以捐助财产设立的基金会、社会服务机构等，经依法登记成立，取得捐助法人资格。

依法设立的宗教活动场所，具备法人条件的，可以申请法人登记，取得捐助法人资格。法律、行政法规对宗教活动场所有规定的，依照其规定。

捐助法人应当依法制定法人章程设立。捐助法人应当设理事会、民主管理组织等决策机构，并设执行机构。理事长等负责人按照法人章程的规定担任法定代表人。捐助法人应当设监事会等监督机构。

捐助人有权向捐助法人查询捐助财产的使用、管理情况，并提出意见和建议，捐助法人应当及时、如实答复。

（6）为公益目的成立的非营利法人终止时，不得向出资人、设立人或者会员分配剩余财产。剩余财产应当按照法人章程的规定或者权力机构的决议用于公益目的；无法按照法人章程的规定或者权力机构的决议处理的，由主管机关主持转给宗旨相同或者相近的法人，并向社会公告。

4. 特别法人

以下机关法人、农村集体经济组织法人、城镇农村的合作经济组织法人、基层群众性自治组织法人，为特别法人。

（1）有独立经费的机关和承担行政职能的法定机构从成立之日起，具有机关法人资格，可以从事为履行职能所需要的民事活动。

机关法人被撤销的，法人终止，其民事权利和义务由继任的机关法人享有和承担；没有继任的机关法人的，由作出撤销决定的机关法人享有和承担。

案例：某水利局决定将原有的办公楼修葺一新，并购置一些办公家具，于是与某家具公司签订了一份关于购买办公家具的合同。合同签订后，某家具公司按照合同规定送货上门。水利局认为该批家具质量不够好，便以此为由要求降低价格，某家具公司认为家具完全符合合同约定，不肯降价，双方争执不下，水利局不肯付款。

问题：本案中水利局购买家具时的身份是行政主体，还是民事主体？

解析：判断行政机关的身份是行政主体还是民事主体，应视其行为是行政行为还是民事行为。如果是行政机关在行使行政权，对公共事务进行管理，并且行为能造成处分相对人的法律后果，则可以判定此时行政机关的身份属于行政主体。本案中水利局签订家具购买合同后拒绝按合同价格支付货款的行为，从事的是民事活动，并非作为行政主体行使行政权，不发生行政法上的效力，其身份是机关法人，或者说是以民事主体的身份出现。

（2）农村集体经济组织依法取得法人资格。法律、行政法规对农村集体经济组织有规定的，依照其规定。

（3）城镇农村的合作经济组织依法取得法人资格。法律、行政法规对城镇农村的合作经济组织有规定的，依照其规定。

（4）居民委员会、村民委员会具有基层群众性自治组织法人资格，可以从事为履行职能所需要的民事活动。未设立村集体经济组织的，村民委员会可以依法代行村集体经济组织的职能。

（三）非法人组织

（1）非法人组织是不具有法人资格，但是能够依法以自己的名义从事民事活动的组织。

非法人组织包括个人独资企业、合伙企业、不具有法人资格的专业服务机构等。

（2）非法人组织应当依照法律的规定登记。设立非法人组织，法律、行政法规规定须经有关机关批准的，依照其规定。

（3）非法人组织的财产不足以清偿债务的，其出资人或者设立人承担无限责任。法律另有规定的，依照其规定。

（4）非法人组织可以确定一人或者数人代表该组织从事民事活动。

（5）有下列情形之一的，非法人组织解散：①章程规定的存续期间届满或者章程规定的其他解散事由出现；②出资人或者设立人决定解散；③法律规定的其他情形。

（6）非法人组织解散的，应当依法进行清算。

三、民事权利

（一）自然人的人身自由、人格尊严受法律保护，自然人依法享有继承权

（1）自然人享有生命权、身体权、健康权、姓名权、肖像权、名誉权、荣誉权、隐私权、婚姻自主权等权利。

法人、非法人组织享有名称权、名誉权和荣誉权。

（2）自然人的个人信息受法律保护。任何组织或者个人需要获取他人个人信息的，应当依法取得并确保信息安全，不得非法收集、使用、加工、传输他人个人信息，不得非法买卖、提供或者公开他人个人信息。

（3）自然人因婚姻家庭关系等产生的人身权利受法律保护。

（4）自然人依法享有继承权。自然人合法的私有财产，可以依法继承。

（二）民事主体的财产权利受法律平等保护

（1）民事主体依法享有物权。

物权是权利人依法对特定的物享有直接支配和排他的权利，包括所有权、用益物权和担保物权。

物包括不动产和动产。法律规定权利作为物权客体的，依照其规定。

物权的种类和内容，由法律规定。

为了公共利益的需要，依照法律规定的权限和程序征收、征用不动产或者动产的，应当给予公平、合理的补偿。

（2）民事主体依法享有债权。

债权是因合同、侵权行为、无因管理、不当得利以及法律的其他规定，权利人请求特定义务人为或者不为一定行为的权利。

①合同基本知识。

第一，合同是平等主体的自然人、法人和非法人组织之间设立、变更、终止民事权利义务关系的协议。当事人之间通过订立合同设立的以债权债务为内容的民事法律关系，称为合同之债。如在建设工程合同关系中，承包人有请求发包人按照合同约定支付工程价款的权利，而发包人则相应地有按照合同约定向承包人支付工程价款的义务。依法成立的合同，对当事人具有法律约束力。

第二，《民法典》（第三编合同第一分编通则）中分别对合同的订立、合同的效力、合同的履行、合同的保全、合同的变更和转让、合同的权利义务终止、违约责任作出了一般规定，并在分编中对以下 25 种典型合同作了详细规定：买卖合同，供用电、水、气、热力合同，赠与合同，借款合同，保证合同，租赁合同，融资租赁合同，保理合同，承揽合同，建设工程合同，运输合同，客运合同，货运合同，多式联运合同，技术合同，

技术开发合同，技术转让合同和技术许可合同，技术咨询合同和技术服务合同，保管合同，仓储合同，委托合同，物业服务合同，行纪合同，中介合同，合伙合同。

第三，合同分类。依合同当事人之间是否互负义务，合同可以分为双务合同与单务合同。双务合同是当事人之间互相承担义务，或者说，当事人均承担义务的合同。例如，买卖合同。单务合同是只有一方当事人承担给付义务，另一方不承担义务只享有权利的合同。例如，赠与合同。

依合同当事人之间权利、义务是否存在对价关系，可以将合同分为有偿合同与无偿合同。有偿合同，是当事人一方享有合同规定的权益，须向另一方付出相应代价的合同。有偿合同是常见的合同形式，诸如买卖、租赁、运输、承揽等，水利、交通建设工程施工合同属于有偿合同。无偿合同，是一方当事人享有合同规定权益，但无须向另一方付出相应对价的合同。例如，无偿借用合同。

根据法律是否赋予特定合同名称并设有专门规范，合同可以分为有名合同与无名合同。有名合同也称典型合同，是法律对某类合同赋予专门名称，并设定专门规范的合同，如民法典分则所规定的25类合同。无名合同也称非典型合同，是法律上未规定专门名称和专门规则的合同。根据合同自由原则，只要不违反法律、行政法规强制性规定，不违背社会公共利益和公德，不侵害他人利益，允许当事人根据自身意愿订立任何形式合同。无名合同是合同实践的常态。区分有名合同和无名合同的意义，主要在于适用的法律规则不同。对于有名合同，除适用合同法一般规则外，还应直接适用该类合同的专门规定；对于无名合同，就适用合同法一般规则。

第四，合同的要约和承诺。当事人订立合同，可以采取要约、承诺或者其他方式。

要约是希望与他人订立合同的意思表示，该意思表示应当符合下列条件：内容具体确定；表明经受要约人承诺，要约人即受该意思表示约束。

内容不明确的要约不能称得上是要约，而仅能视为要约邀请。要约邀请是希望他人向自己发出要约的表示。拍卖公告、招标公告、招股说明书、债券募集办法、基金招募说明书、商业广告和宣传、寄送的价目表等为要约邀请。商业广告和宣传的内容符合要约条件的，构成要约。

案例：某钢厂向多家水利施工企业发出了一份本厂所生产的各种型号钢筋的广告。该广告是要约还是要约邀请？

解析：需要看具体的条件确定。如果该广告上仅仅写明了各种型号钢筋的价格而没有其他的内容，则该广告属于要约邀请。而如果该广告的内容不仅包含各种型号的钢筋的性能，同时包括合同的一般条款，也即只要水利施工企业同意，双方就可以按照该广告上面的内容完成钢筋的采购，则该广告就不再视为要约邀请了，而要视为要约。

承诺是受要约人同意要约的意思表示。承诺应当以通知的方式作出，但根据交易习惯或者要约表明可以通过行为作出承诺的除外。承诺的内容必须与要约的内容一致。

若受要约人对要约的内容作实质性变更，则承诺不为承诺，而视为新要约。实质性变更指包括合同标的、质量、数量、价款或酬金、履行期限、履行地点和方式、违约责任和争议解决办法等的变更。

第五，合同的形式。当事人订立合同，可以采用书面形式、口头形式或者其他形式。

书面形式是合同书、信件、电报、电传、传真等可以有形地表现所载内容的形式。

以电子数据交换、电子邮件等方式能够有形地表现所载内容，并可以随时调取查用的数据电文，视为书面形式。其他形式是指口头形式、书面形式之外的合同形式，即行为推定形式。

第六，合同的内容。合同的内容由当事人约定，一般包括下列条款：当事人的姓名或者名称和住所，标的，数量，质量，价款或者报酬，履行期限、地点和方式。

②侵权行为。

民事权益受到侵害的，被侵权人有权请求侵权人承担侵权责任。因侵权行为而产生的债，称为侵权行为之债。

③无因管理。

无因管理是指没有法定的或者约定的义务，为避免他人利益受损失而进行管理的行为。无因管理发生后，管理人依法有权要求受益人偿付因其实施无因管理而支付的必要费用。由于无因管理而产生的债，称为无因管理之债。

对于无因管理，《民法典》有以下规定：

第一，管理人没有法定的或者约定的义务，为避免他人利益受损失而管理他人事务的，可以请求受益人偿还因管理事务而支出的必要费用；管理人因管理事务受到损失的，可以请求受益人给予适当补偿。

管理事务不符合受益人真实意思的，管理人不享有前款规定的权利；但是，受益人的真实意思违反法律或者违背公序良俗的除外。

第二，管理人管理事务不属于前条规定的情形，但是受益人享有管理利益的，受益人应当在其获得的利益范围内向管理人承担前条第一款规定的义务。

第三，管理人管理他人事务，应当采取有利于受益人的方法。中断管理对受益人不利的，无正当理由不得中断。

第四，管理人管理他人事务，能够通知受益人的，应当及时通知受益人。管理的事务不需要紧急处理的，应当等待受益人的指示。

第五，管理结束后，管理人应当向受益人报告管理事务的情况。管理人管理事务取得的财产，应当及时转交给受益人。

第六，管理人管理事务经受益人事后追认的，从管理事务开始时起，适用委托合同的有关规定，但是管理人另有意思表示的除外。

④不当得利。

不当得利是指他人没有法律根据，取得不当利益，受损失的人有权请求其返还不当利益，不当得利人则依法负有返还义务。因不当得利所发生的债，称为不当得利之债。

对于不当得利无因管理，《民法典》有以下规定：

第一，得利人没有法律根据取得不当利益的，受损失的人可以请求得利人返还取得的利益，但是有下列情形之一的除外：为履行道德义务进行的给付；债务到期之前的清偿；明知无给付义务而进行的债务清偿。

第二，得利人不知道且不应当知道取得的利益没有法律根据，取得的利益已经不存在的，不承担返还该利益的义务。

第三，得利人知道或者应当知道取得的利益没有法律根据的，受损失的人可以请求得利人返还其取得的利益并依法赔偿损失。

第四，得利人已经将取得的利益无偿转让给第三人的，受损失的人可以请求第三人在相应范围内承担返还义务。

案例：某砂石料场将应该发给某建筑公司的砂石料发到了某水利局（院内），时隔1个月后砂石料场发现，向该水利局索取这批砂石料。水利局以砂石料场要支付这些天的保管费用为归还砂石料的前提。

问题：水利局的要求合理吗？

解析：合理。水利局基于不当得利对砂石料场产生债务，应该将所得的石料归还给砂石料场；砂石料场基于水利局无因管理对其产生债务，应该向水利局支付砂石料的保管费用。

（3）民事主体依法享有知识产权。

知识产权是权利人依法就下列客体享有的专有的权利：①作品；②发明、实用新型、外观设计；③商标；④地理标志；⑤商业秘密；⑥集成电路布图设计；⑦植物新品种；⑧法律规定的其他客体。

（4）民事主体依法享有股权和其他投资性权利。

（5）民事主体享有法律规定的其他民事权利和利益。

（6）法律对数据、网络虚拟财产的保护有规定的，依照其规定。

（7）法律对未成年人、老年人、残疾人、妇女、消费者等的民事权利保护有特别规定的，依照其规定。

（8）民事权利可以依据民事法律行为、事实行为、法律规定的事件或者法律规定的其他方式取得。

（9）民事主体按照自己的意愿依法行使民事权利，不受干涉。民事主体行使权利时，应当履行法律规定的和当事人约定的义务。民事主体不得滥用民事权利损害国家利益、社会公共利益或者他人合法权益。

四、民事责任

（一）民事责任的概念

民事责任是指行为人违反民事法律上的约定或者法定义务所应承担的对其不利的法律后果，其目的主要是恢复受害人的权利和补偿权利人的损失。《民法典》第一百七十六条规定：“民事主体依照法律规定或者按照当事人约定，履行民事义务，承担民事责任。”

根据民事责任的承担原因将民事责任主要划分为两类，即侵权的民事责任（侵权责任）和违反合同（违约责任）的民事责任。

违约责任与侵权责任的主要区别是：①侵权行为违反的是法定义务，违约行为违反的是约定义务；②侵权行为侵犯的是绝对权，违约行为侵犯的是相对权；③侵权行为的法律责任包括财产责任和非财产责任，违约行为的责任仅限于财产责任。违约责任实行严格责任原则。不管合同当事人主观上有无故意或过失，只要有违约行为即构成违约责任，只有存在法定或约定的免责事由的时候才可以免除违约责任。

（二）侵权责任

侵权责任是指行为人不法侵害社会公共财产或者他人财产、人身权利而应承担的民事责任。

《民法典》第一千一百六十五条规定：行为人因过错侵害他人民事权益造成损害的，应当承担侵权责任。依照法律规定推定行为人有过错，其不能证明自己没有过错的，应当承担侵权责任。第一千一百六十六条规定：行为人造成他人民事权益损害，不论行为人有无过错，法律规定应当承担侵权责任的，依照其规定。

侵权责任包括：①产品责任；②机动车交通事故责任；③医疗损害责任；④环境污染和生态破坏责任；⑤高度危险责任；⑥饲养动物损害责任；⑦建筑物和物件损害责任。《民法典》对此都作了详细规定。

比如，对于建筑物和物件损害责任，《民法典》第一千二百五十二条至第一千二百五十八条有以下规定：

（1）建筑物、构筑物或者其他设施倒塌、塌陷造成他人损害的，由建设单位与施工单位承担连带责任，但是建设单位与施工单位能够证明不存在质量缺陷的除外。建设单位、施工单位赔偿后，有其他责任人的，有权向其他责任人追偿。

因所有人、管理人、使用人或者第三人的原因，建筑物、构筑物或者其他设施倒塌、塌陷造成他人损害的，由所有人、管理人、使用人或者第三人承担侵权责任。

（2）建筑物、构筑物或者其他设施及其搁置物、悬挂物发生脱落、坠落造成他人损害，所有人、管理人或者使用人不能证明自己没有过错的，应当承担侵权责任。所有人、管理人或者使用人赔偿后，有其他责任人的，有权向其他责任人追偿。

（3）禁止从建筑物中抛掷物品。从建筑物中抛掷物品或者从建筑物上坠落的物品造成他人损害的，由侵权人依法承担侵权责任；经调查难以确定具体侵权人的，除能够证明自己不是侵权人的外，由可能加害的建筑物使用人给予补偿。可能加害的建筑物使用人补偿后，有权向侵权人追偿。

物业服务企业等建筑物管理人应当采取必要的安全保障措施防止前款规定情形的发生；未采取必要的安全保障措施的，应当依法承担未履行安全保障义务的侵权责任。

发生本条第一款规定的情形的，公安等机关应当依法及时调查，查清责任人。

（4）堆放物倒塌、滚落或者滑落造成他人损害，堆放人不能证明自己没有过错的，应当承担侵权责任。

（5）在公共道路上堆放、倾倒、遗撒妨碍通行的物品造成他人损害的，由行为人承担侵权责任。公共道路管理人不能证明已经尽到清理、防护、警示等义务的，应当承担相应的责任。

（6）因林木折断、倾倒或者果实坠落等造成他人损害，林木的所有人或者管理人不能证明自己没有过错的，应当承担侵权责任。

（7）在公共场所或者道路上挖掘、修缮安装地下设施等造成他人损害，施工人不能证明已经设置明显标志和采取安全措施的，应当承担侵权责任。

窨井等地下设施造成他人损害，管理人不能证明尽到管理职责的，应当承担侵权责任。

案例：一个人骑车回家经过一个正在施工的大马路时，掉入一个没有设置明显标志和采取安全措施的坑中，造成骨折。他要找谁要求赔偿呢？是道路建设的发包人，还是承包人？

解析：根据《民法典》第一千二百五十八条规定：在公共场所或者道路上挖掘、修缮安装地下设施等造成他人损害，施工人不能证明已经设置明显标志和采取安全措施的，应当承担侵权责任。窨井等地下设施造成他人损害，管理人不能证明尽到管理职责的，应当承担侵权责任。

按照此规定，在道路上挖坑、修缮安装地下设施，没有设置明显标志和采取安全措施造成他人损害的，施工人应当承担民事责任。结合本案情况，他应该让施工人承担民事赔偿责任。

（三）违约责任

1. 违约责任的概念

违约责任是指当事人一方不履行合同义务或者履行合同义务不符合约定的，应当承担继续履行、采取补救措施或者赔偿损失等民事责任。

当事人一方明确表示或者以自己的行为表明不履行合同义务的，对方可以在履行期限届满前请求其承担违约责任。

合同法律责任可以分为合同签订的法律责任、合同履行的法律责任和合同解除的法律责任。

合同签订的法律责任包括合同无效的法律责任、未依法审查合同主体的法律责任、合同形式选择方面的法律责任、合同条款的法律责任；合同履行的法律责任包括合同履行过程中的法律责任、合同变更中的法律责任；合同解除的法律责任包括合同未适当约定解除条件的法律责任、合同解除不当的法律责任、合同解除后续事项约定不明的法律责任等。下面简述两种责任：合同签订的法律责任和合同担保的法律责任。

1）合同签订的法律责任

（1）缔约过失责任。

缔约过失责任是指在订立合同过程中，一方因违背诚实信用原则所要求的义务而致使另一方信赖利益遭受损失，依法应承担的民事责任。《民法典》第五百条规定了缔约过失责任的三种情形：①假借订立合同，恶意进行磋商。恶意磋商是在缺乏订立合同真实意愿情况下以订立合同为名目与他人磋商。其真实目的可能是破坏对方与第三方订立合同，也可能是贻误竞争对手商机等。②故意隐瞒与订立合同有关的重要事实或者提供虚假情况。依诚实信用原则，缔约当事人负有如实告知义务，主要包括：告知自身财务状况和履约能力；告知标的物真实状况（包括瑕疵、性能、使用方法等）。若违反此项义务，即构成欺诈；若因此致对方受到损害，应负缔约过失责任。③有其他违背诚实信用原则的行为。主要情形有：违反有效要约和要约邀请；违反初步协议；未尽保护、照顾、通知、保密等附随义务；违反强制缔约义务。

案例：某水利局对防洪工程施工项目招标，要求参加投标企业必须是水利水电一级企业。某水利施工企业是水利水电二级资质，借用了一家资质条件合格企业的资质，并以后者名义参加投标，按照招标文件要求的时间、地点递交了投标保证金。在评标期间，评标委员会发现了该情况，即以违反招标文件相关规定为依据，没收了该投标人的投标保证金。该企业行为就属于故意隐瞒与订立合同有关的重要事实或者提供虚假情况，其投标保证金被没收属于承担缔约过失责任。

（2）未依法审查合同主体的法律责任。

在签订合同时，必须对合同交易主体的真实身份有准确的了解，审查确认其真实性、有效性。法律和规范性文件对一些行业、一些承包商的市场准入规定了特别的资质或者准入条件，比如政府采购等，行政机关应该到进入名录的厂家采购商品；否则，与不能从事相关经营活动的商家签订合同，就会引起纠纷或麻烦。此外，还要明确在合同上签字的人是不是单位的法定代表人或授权代表，如果与个人签订合同，还需要明确该人是当事人本人还是受当事人委托的代理人，并要求其出示由委托人签字的授权委托书；否则，会由于对方主体不适格而使得合同无效或效力方面存在瑕疵，造成单位的损失或被动。

（3）合同条款的法律责任。

条款不合法会被认定为无效；而条款不完备、不准确，使得合同方履行合同没有一个明确的标准，从而产生纠纷。以合同价款合同为例，如合同中双方谈定的价格比市场价格优惠很大比例，但合同中约定不明确，依据《民法典》第五百一十一条规定，将会按照订立合同时履行地的市场价格履行，对付款一方而言将会支付较高的价格，单位无疑会受到损失。

2）合同担保的法律责任

保证是指保证人和债权人约定，当债务人不履行债务时，保证人按照约定履行债务或者承担责任的行为。

保证担保的范围包括主债权及利息、违约金、损害赔偿金和实现债权的费用。保证合同另有约定的，按照约定。当事人对保证担保的范围没有约定或者约定不明确的，保证人应当对全部债务承担责任。保证人承担保证责任后，有权向债务人追偿。

国家对保证人的资格条件做了限制，行政机关是不能当保证人的。《民法典》第六百八十三条规定：机关法人不得为保证人，但是经国务院批准为使用外国政府或者国际经济组织贷款进行转贷的除外。以公益为目的的非营利法人、非法人组织不得为保证人。

2. 违约责任的承担方式

（1）继续履行。

继续履行是指在某合同当事人违反合同后，非违约方有权要求其依照合同约定继续履行合同，也称强制实际履行。

继续履行必须建立在能够并应该实际履行的基础上。《民法典》第五百七十九条规定：当事人一方未支付价款、报酬、租金、利息，或者不履行其他金钱债务的，对方可以请求其支付。第五百八十条规定：当事人一方不履行非金钱债务或者履行非金钱债务不符合约定的，对方可以请求履行，但是有下列情形之一的除外：①法律上或者事实上不能履行；②债务的标的不适于强制履行或者履行费用过高；③债权人在合理期限内未请求履行。有前款规定的除外情形之一，致使不能实现合同目的的，人民法院或者仲裁机构可以根据当事人的请求终止合同权利义务关系，但是不影响违约责任的承担。第五百八十一条规定：当事人一方不履行债务或者履行债务不符合约定，根据债务的性质不得强制履行的，对方可以请求其负担由第三人替代履行的费用。

（2）采取补救措施。

《民法典》第五百八十二条规定：履行不符合约定的，应当按照当事人的约定承担违约责任。对违约责任没有约定或者约定不明确，依据本法第五百一十条的规定仍不能确定的，受损害方根据标的的性质以及损失的大小，可以合理选择请求对方承担修理、重作、更换、退货、减少价款或者报酬等违约责任。

（3）赔偿损失。

《民法典》第五百八十三条规定：当事人一方不履行合同义务或者履行合同义务不符合约定的，在履行义务或者采取补救措施后，对方还有其他损失的，应当赔偿损失。

《民法典》第五百八十四条规定：当事人一方不履行合同义务或者履行合同义务不符合约定，造成对方损失的，损失赔偿额应当相当于因违约所造成的损失，包括合同履行后可以获得的利益；但是，不得超过违约一方订立合同时预见到或者应当预见到的因违约可能造成的损失。

《民法典》第五百八十五条规定：当事人可以约定一方违约时应当根据违约情况向对方支付一定数额的违约金，也可以约定因违约产生的损失赔偿额的计算方法。约定的违约金低于造成的损失的，人民法院或者仲裁机构可以根据当事人的请求予以增加；约定的违约金过分高于造成的损失的，人民法院或者仲裁机构可以根据当事人的请求予以适当减少。当事人就迟延履行约定违约金的，违约方支付违约金后，还应当履行债务。

《民法典》第五百八十六条规定：当事人可以约定一方向对方给付定金作为债权的担保。定金合同自实际交付定金时成立。定金的数额由当事人约定；但是，不得超过主合同标的额的百分之二十，超过部分不产生定金的效力。实际交付的定金数额多于或者少于约定数额的，视为变更约定的定金数额。

《民法典》第五百八十七条规定：债务人履行债务的，定金应当抵作价款或者收回。给付定金的一方不履行债务或者履行债务不符合约定，致使不能实现合同目的的，无权请求返还定金；收受定金的一方不履行债务或者履行债务不符合约定，致使不能实现合同目的的，应当双倍返还定金。

《民法典》第五百八十八条规定：当事人既约定违约金，又约定定金的，一方违约时，对方可以选择适用违约金或者定金条款。定金不足以弥补一方违约造成的损失的，对方可以请求赔偿超过定金数额的损失。

《民法典》第五百八十九条规定：债务人按照约定履行债务，债权人无正当理由拒绝受领的，债务人可以请求债权人赔偿增加的费用。在债权人受领迟延期间，债务人无须支付利息。

3. 不可抗力及违约责任的免除

（1）不可抗力。《民法典》第五百九十条规定：当事人一方因不可抗力不能履行合同的，根据不可抗力的影响，部分或者全部免除责任，但是法律另有规定的除外。因不可抗力不能履行合同的，应当及时通知对方，以减轻可能给对方造成的损失，并应当在合理期限内提供证明。当事人迟延履行后发生不可抗力的，不免除其违约责任。

（2）违约责任的免除。《民法典》第五百九十一条规定：当事人一方违约后，对方应当采取适当措施防止损失的扩大；没有采取适当措施致使损失扩大的，不得就扩大的损失请求赔偿。当事人因防止损失扩大而支出的合理费用，由违约方负担。第五百九十二条规定：当事人都违反合同的，应当各自承担相应的责任。当事人一方违约造成对方损失，对方对损失的发生有过错的，可以减少相应的损失赔偿额。第五百九十三条规定：当事人一方因第三人的原因造成违约的，应当依法向对方承担违约责任。当事人一方和第三人之间的纠纷，依照法律规定或者按照约定处理。

案例：2008年汶川某施工单位与建设单位签订了一个施工承包合同，合同中约定2008年10月31日竣工。2008年5月12日，汶川发生地震，使得在建的工程坍塌，导致施工单位没能按时交付工程。

问题：这种情况下，施工单位没能按时交付工程是不是违约？是不是可以免除责任？

解析：违约。尽管发生地震不是施工单位的过错，但是由于这个施工单位没能够按照合同的约定按时交付工程，即客观上存在违约的事实，即构成违约。但由于这个违约行为是不可抗力导致的，施工单位可以申请免除责任或者部分免除责任。免除其违约责任并不意味着它没有违约，因为只有首先确定为违约，确定为应该承担违约责任，才能谈得到违约责任的免除问题。

五、民事责任的承担

（一）二人以上承担按份责任和连带责任

（1）二人以上依法承担按份责任，能够确定责任大小的，各自承担相应的责任；难以确定责任大小的，平均承担责任。

（2）二人以上依法承担连带责任的，权利人有权请求部分或者全部连带责任人承担责任。

连带责任人的责任份额根据各自责任大小确定；难以确定责任大小的，平均承担责任。实际承担责任超过自己责任份额的连带责任人，有权向其他连带责任人追偿。

连带责任，由法律规定或者当事人约定。

（二）承担民事责任的方式

承担民事责任的方式主要有：①停止侵害；②排除妨碍；③消除危险；④返还财产；⑤恢复原状；⑥修理、重作、更换；⑦继续履行；⑧赔偿损失；⑨支付违约金；⑩消除影响、恢复名誉；⑪赔礼道歉。法律规定惩罚性赔偿的，依照其规定。

停止侵害是侵害人终止其正在进行或者延续的损害他人合法权益的行为。排除妨碍是侵害人排除由其行为引起的妨碍他人权利正常行使和利益实现的客观事实状态。消除危险侵害人消除由其行为对他人的人身、财产安全造成的潜在威胁。返还财产是侵害人将其非法占有或者获得的财产转移给所有人或者权利人。返还的财产包括三种情形：①因不当得利所获得的财产；②民事行为被确认无效或者被撤销而应当返还的财产；③非法侵占他人的财产。恢复原状是指使受害人的财产恢复到受侵害之前的状态。两个前提条件是财产恢复的可能性与财产恢复的必要性。修理、重作、更换主要适用于违反合同质量条款的民事责任形式。修理是指使受损害的财产或者不符合合同约定质量的标的物具有应当具备的功能、质量。重作是指重新加工、制作标的物。更换是指以符合质量要求的标的物替代已交付的质量不符合要求的标的物。赔偿损失是指行为人因违反民事义务致人损害，应以财产赔偿受害人所受的损失。对于违约责任，赔偿额应当相当于对方因违约造成的损失。对于侵权责任，包括对财产损失和精神损失的赔偿。支付违约金是指当事人完全不履行或不适当履行债务时，必须按约定给付对方的一定数额的金钱或者金钱以外的其他财产。消除影响是指加害人在其不良影响所及范围内消除对受害人不利后果的民事责任。恢复名誉是指加害人在其侵权后果所及范围内使受害人的名誉恢复到未曾受损害的状态。赔礼道歉是指加害人以口头或者书面的方式向受害人承认过错、表示歉意。赔礼道歉一般应当公开进行，否则不足以消除影响。但是，受害人不要求公开进行的，也可以秘密进行。由法院判决加害人承担赔礼道歉责任的，赔礼道歉的内容应经法院审查同意。

以上承担民事责任的方式，可以单独适用，也可以合并适用。

在上述 11 种民事责任承担方式中，除修理、重作、更换，继续履行和支付违约金仅适用于违约责任外，其余 8 种均可适用于侵权责任。此外，法院在审理民事案件时，还可以予以训诫、责令具结悔过、收缴进行非法活动的财物和非法所得，并可以依法处以罚款和拘留。

（三）不承担民事责任的情形

1. 不可抗力

因不可抗力不能履行民事义务的，不承担民事责任。法律另有规定的，依照其规定。不可抗力是不能预见、不能避免且不能克服的客观情况。

2. 正当防卫

因正当防卫造成损害的，不承担民事责任。但正当防卫超过必要的限度，造成不应有的损害的，正当防卫人应当承担适当的民事责任。

3. 紧急避险

因紧急避险造成损害的，由引起险情发生的人承担民事责任。

危险由自然原因引起的，紧急避险人不承担民事责任，可以给予适当补偿。

紧急避险采取措施不当或者超过必要的限度，造成不应有的损害的，紧急避险人应当承担适当的民事责任。

4. 紧急救助

因自愿实施紧急救助行为造成受助人损害的，救助人不承担民事责任。

（四）民事责任其他规定

（1）因保护他人民事权益使自己受到损害的，由侵权人承担民事责任，受益人可以给予适当补偿。没有侵权人、侵权人逃逸或者无力承担民事责任，受害人请求补偿的，受益人应当给予适当补偿。

（2）侵害英雄烈士等的姓名、肖像、名誉、荣誉，损害社会公共利益的，应当承担民事责任。

（3）因当事人一方的违约行为，损害对方人身权益、财产权益的，受损害方有权选择请求其承担违约责任或者侵权责任。

（4）民事主体因同一行为应当承担民事责任、行政责任和刑事责任的，承担行政责任或者刑事责任不影响承担民事责任；民事主体的财产不足以支付的，优先用于承担民事责任。

六、诉讼时效

诉讼时效是指权利人在法定期间内，不行使权利即丧失请求人民法院保护的权利。有一句格言："法律只帮助警醒的人。"阐述的就是诉讼时效制度的法律思维，意思是当事人应当积极主动地保护自己的权利，不能懈怠，否则要承担对自己不利的后果。

（一）四类诉讼时效期间

1. 普通诉讼时效

向人民法院请求保护民事权利的诉讼时效期间为 3 年。法律另有规定的，依照其规定。

诉讼时效期间自权利人知道或者应当知道权利受到损害以及义务人之日起计算。法律另有规定的，依照其规定。但是，自权利受到损害之日起超过 20 年的，人民法院不予保护，有特殊情况的，人民法院可以根据权利人的申请决定延长。

当事人约定同一债务分期履行的，诉讼时效期间自最后一期履行期限届满之日起计算。

无民事行为能力人或者限制民事行为能力人对其法定代理人的请求权的诉讼时效期间，自该法定代理终止之日起计算。

未成年人遭受性侵害的损害赔偿请求权的诉讼时效期间，自受害人年满十八周岁之日起计算。

2. 短期诉讼时效

下列诉讼时效期间为 1 年：身体受到伤害要求赔偿的；延付或拒付租金的；出售质量不合格的商品未声明的；寄存财物被丢失或损毁的。

3. 特殊诉讼时效

特殊诉讼时效不是由民法规定的，而是由特别法规定的诉讼时效。例如，《民法典》

规定国际货物买卖合同和技术进出口合同争议的时效为4年。《中华人民共和国海商法》第二百五十七条规定，就海上货物运输向承运人要求赔偿的请求权，时效期间为1年。《劳动争议仲裁调解法》规定，劳动争议案件申请仲裁的时效为1年。

4. 权利的最长保护期限

诉讼时效期间从知道或应当知道权利被侵害时起计算。但是，从权利被侵害之日起超过20年的，人民法院不予保护，除非有特殊情况。

《民法典》第一百九十二条规定：诉讼时效期间届满的，义务人可以提出不履行义务的抗辩。诉讼时效期间届满后，义务人同意履行的，不得以诉讼时效期间届满为由抗辩；义务人已经自愿履行的，不得请求返还。

诉讼时效制度有一个特征，叫“告诉才处理”。超过诉讼时效期间，在法律上发生的效力是权利人的胜诉权消灭，即丧失请求法院保护的权利。超过诉讼时效期间权利人起诉，如果符合民事诉讼法规定的起诉条件，法院仍然应当受理。但是，如果法院经受理后查明无中止、中断、延长事由的，判决驳回诉讼请求。

应注意的是，超过诉讼时效期间，权利人虽然丧失胜诉权，但是实体权利本身并不消灭。超过诉讼时效期间，当事人自愿履行的，不受诉讼时效限制。过了诉讼时效期间，义务人履行义务后又以超过诉讼时效为由反悔的，不予支持。

（二）诉讼时效的中止和中断

1. 诉讼时效中止

在诉讼时效期间的最后6个月内，因下列障碍，不能行使请求权的，诉讼时效中止：

（1）不可抗力。

（2）无民事行为能力人或者限制民事行为能力人没有法定代理人，或者法定代理人死亡、丧失民事行为能力、丧失代理权。

（3）继承开始后未确定继承人或者遗产管理人。

（4）权利人被义务人或者其他人控制。

（5）其他导致权利人不能行使请求权的障碍。

从中止时效的原因消除之日起，诉讼时效期间继续计算。自中止时效的原因消除之日起满6个月，诉讼时效期间届满。

2. 诉讼时效中断

有下列情形之一的，诉讼时效中断，从中断、有关程序终结时起，诉讼时效期间重新计算：

（1）权利人向义务人提出履行请求。

（2）义务人同意履行义务。

（3）权利人提起诉讼或者申请仲裁。

（4）与提起诉讼或者申请仲裁具有同等效力的其他情形。

（三）不适用诉讼时效的规定

下列请求权不适用诉讼时效的规定：

（1）请求停止侵害、排除妨碍、消除危险。

（2）不动产物权和登记的动产物权的权利人请求返还财产。

（3）请求支付抚养费、赡养费或者扶养费。

（4）依法不适用诉讼时效的其他请求权。

诉讼时效的期间、计算方法以及中止、中断的事由由法律规定，当事人约定无效。

当事人对诉讼时效利益的预先放弃无效。

法律对仲裁时效有规定的，依照其规定；没有规定的，适用诉讼时效的规定。

法律规定或者当事人约定的撤销权、解除权等权利的存续期间，除法律另有规定外，自权利人知道或者应当知道权利产生之日起计算，不适用有关诉讼时效中止、中断和延长的规定。存续期间届满，撤销权、解除权等权利消灭。

七、期间计算

（1）民法所称的期间按照公历年、月、日、小时计算。按照年、月、日计算期间的，开始的当日不计入，自下一日开始计算。按照小时计算期间的，自法律规定或者当事人约定的时间开始计算。

（2）按照年、月计算期间的，到期月的对应日为期间的最后一日；没有对应日的，月末日为期间的最后一日。期间的最后一日是法定休假日的，以法定休假日结束的次日为期间的最后一日。期间的最后一日的截止时间为二十四时；有业务时间的，停止业务活动的时间为截止时间。

（3）期间的计算方法依照本法的规定，但是法律另有规定或者当事人另有约定的除外。

案例：民事诉讼中常见的 17 种诉讼风险

日常工作和生活中，民事争议的解决方式，除诉讼、仲裁外，还有双方协商、向消费者协会投诉、请求有关部门或人员调解等多种方式。解决纠纷时，应优先选择协商、调解等非诉讼方式，相对简单，有时更便于快速解决问题。诉讼和仲裁虽然有国家强制力保障，但一般是解决纠纷的最后救济手段。

为了方便当事人避免常见的诉讼风险，减少不必要的损失，2003 年 12 月 24 日最高人民法院印发了《人民法院民事诉讼风险提示书》，对于当事人在民事诉讼中常见的 17 种诉讼风险进行了总结归纳，以提示当事人尽量避免诉讼中存在的风险。

（一）起诉不符合条件

起诉不符合条件是指：①当事人起诉不符合法律规定条件的，人民法院不予受理，即使受理也会驳回起诉；②当事人起诉不符合管辖规定的，案件将会被移送到有权管辖的人民法院审理。

根据《民事诉讼法》的有关规定，起诉必须符合这些条件：①原告是与本案有直接利害关系的公民、法人和其他组织；②有明确的被告；③有具体的诉讼请求和事实、理由；④属于人民法院受理民事诉讼的范围和受诉人民法院管辖。起诉只有同时符合了上述四个条件，法院才会予以受理，否则就会不予受理或受理后依法驳回其起诉。

这里谈一下我们国家的立案制。2015年为从制度上、源头上、根本上解决“立案难”问题，中央全面深化改革领导小组第十一次会议审议通过《关于人民法院推行立案登记制改革的意见》。2015年4月15日，最高人民法院发布了该意见，意见自5月1日起施行。意见要求各级人民法院案件受理制度由立案审查制变为立案登记制。改立案审查制为立案登记制后，法院不再对起诉进行主体资格、法律关系、诉讼请求和证据等诉讼要件实质审查，而是仅对起诉的形式要件进行一般性核对，对符合法律规定的起诉、自诉和申请，一律接收诉状，当场登记立案。禁止法院“不收材料、不予答复、不出具法律文书”。意味着不管立案是否成功，当事人都会得到书面答复，不满意就可以凭着书面答复向上级法院申诉，可以防止案件的“久拖不立”。

但法院也不是逢案必立，有两点需要注意：第一，登记立案针对的是初始案件，包括民事起诉、行政起诉、刑事自诉、强制执行和国家赔偿申请。对上诉、申请再审、申诉等，法律另有规定，不适用登记立案的规定。第二，有下列情形之一的，不予登记立案：①违法起诉或者不符合法定起诉条件的；②诉讼已经终结的；③涉及危害国家主权和领土完整、危害国家安全、破坏国家统一和民族团结、破坏国家宗教政策的；④其他不属于人民法院主管的所诉事项。

（二）诉讼请求不适当

当事人提出的诉讼请求应明确、具体、完整，对未提出的诉讼请求人民法院不会审理。

当事人提出的诉讼请求要适当，不要随意扩大诉讼请求范围；无根据的诉讼请求，除得不到人民法院支持外，当事人还要负担相应的诉讼费用。

（三）逾期改变诉讼请求

当事人增加、变更诉讼请求或者提出反诉，超过人民法院许可或者指定期限的，可能不被审理。

（四）超过诉讼时效

当事人请求人民法院保护民事权利的期间一般为2年（注：《民法典》新规定为3年，特殊的为1年和4年）。原告向人民法院起诉后，被告提出原告的起诉已超过法律保护期间的，如果原告没有对超过法律保护期间的事实提供证据证明，其诉讼请求不会得到人民法院的支持。

（五）授权不明

当事人委托诉讼代理人代为承认、放弃、变更诉讼请求，进行和解，提起反诉或者上诉等事项的，应在授权委托书中特别注明。没有在授权委托书中明确、具体记明特别授权事项的，诉讼代理人就上述特别授权事项发表的意见不具有法律效力。

（六）不按时交纳诉讼费用

当事人起诉或者上诉，不按时预交诉讼费用，或者提出缓交、减交、免交诉讼费用申请未获批准仍不交纳诉讼费用的，人民法院将会裁定按自动撤回起诉、上诉处理。

当事人提出反诉，不按规定预交相应的案件受理费的，人民法院将不予审理。

（七）申请财产保全不符合规定

当事人申请财产保全，应当按规定交纳保全费用而没有交纳的，人民法院不会对申请保全的财产采取保全措施。

当事人提出财产保全申请，未按人民法院要求提供相应财产担保的，人民法院将依法驳回其申请。

申请人申请财产保全有错误的，将要赔偿被申请人因财产保全所受到的损失。

（八）不提供或者不充分提供证据

除法律和司法解释规定不需要提供证据证明外，当事人提出诉讼请求或者反驳对方的诉讼请求，应提供证据证明。不能提供相应的证据或者提供的证据证明不了有关事实的，可能面临不利的裁判后果。

（九）超过举证时限提供证据

当事人向人民法院提交的证据，应当在当事人协商一致并经人民法院认可或者人民法院指定的期限内完成。超过上述期限提交的，人民法院可能视其放弃了举证的权利，但属于法律和司法解释规定的新的证据除外。

（十）不提供原始证据

当事人向人民法院提供证据，应当提供原件或者原物，特殊情况下也可以提供经人民法院核对无异的复制件或者复制品。提供的证据不符合上述条件的，可能影响证据的证明力，甚至可能不被采信。

应注意下列证据不能单独作为定案的依据：

（1）未成年人所作的与其年龄和智力水平不相当的证言。

（2）与一方当事人有亲属关系的证人出具的对该当事人有利的证言。

（3）没有其他证据印证并有疑点的视听资料。

（4）无法与原件、原物核对的复印件、复制品。

（十一）证人不出庭作证

除属于法律和司法解释规定的证人确有困难不能出庭的特殊情况外，当事人提供证人证言的，证人应当出庭作证并接受质询。如果证人不出庭作证，可能影响该证人证言的证据效力，甚至不被采信。

对庭审笔录，需要提醒一点，庭审笔录要核对后再签字。当事人有权阅读法庭笔录，认为对自己陈述记录有遗漏或者有差错，有权申请补正。审理时书记员会记录审理过程。审理结束后，会要求当事人在笔录上签字。很多人觉得法庭上记得不会有错，不看就签字，这是不对的。一定要核对，俗话说“一字入公门，九牛拔不出”，就是说这很重要。书记员记录的笔录有时记得不太全，有时需要措辞上的调整，个别时候出现过笔录内容可能与表达本意不符，必须提出来要求更正。

（十二）不按规定申请审计、评估、鉴定

申请审计、评估、鉴定是在诉讼中法官对某些难以判断的专业性问题进行鉴定的手段。当事人申请审计、评估、鉴定，未在人民法院指定期限内提出申请或者不预交审计、评估、鉴定费用，或者不提供相关材料，致使争议的事实无法通过审计、评估、鉴定结论予以认定的，可能对申请人产生不利的裁判后果。

值得注意的是，即使按照规定做了鉴定，仍然可能因为不懂相关技术和业务而得不到支持。

案例：某堤防加固工程实际施工人李××（原告）因工程工程量、单价、合价、工程款、质保金等问题与项目业主某市水务局（被告）达不成协议，向法院提起诉讼。诉讼过程中，原告李××向法院申请对工程量和工程价款进行司法鉴定。在法院主持下，原告、被告共同确认了××省××公司作为工程造价司法鉴定机构。××省××造价公司依据设计图纸和定额标准进行了造价鉴定。针对造价公司所作鉴定结论，被告方代理律师提出了完全不接受的书面意见，被一、二审法院认可。意见主要内容如下。

（1）造价鉴定依据法律错误，应当依据合同约定鉴定。

①鉴定的核心问题是鉴定的依据、范围、方法和标准。本次鉴定机构司法鉴定所作结论，依据的是《最高人民法院关于审理建设工程施工合同纠纷案件适用法律问题的解释》（简称《建设工程解释》）第十六条“当事人对建设工程的计价标准或者计价方法有约定的，按照约定结算工程价款。因设计变更导致建设工程的工程量或者质量标准发生变化，当事人对该部分工程价款不能协商一致的，可以参照签订建设工程施工合同时当地建设行政主管部门发布的计价方法或者计价标准结算工程价款。

②本案所涉项目为××堤防加固一标一单元。作为当事人的被告××××建设工程有限公司与申××之间，申××与原告李××之间，对建设工程的工程量、单价、合价等计价标准或者计价方法，有明确约定，前后呼应，一脉相承，都是双方真实意思表示。并且各方实践中也是这么做的，一直按照约定的计价标准或者计价方法结算工程价款，结算单上各方的签字盖章真实有效，不存在争议。

③鉴定机构片面理解最高人民法院《建设工程解释》第十六条规定，错误认为当事人对建设工程的计价标准或者计价方法没有约定，依此进行造价鉴定，显然是依据

法律错误。

④鉴定机构应当依据《建设工程解释》第十六条中的“当事人对建设工程的计价标准或者计价方法有约定的，按照约定结算工程价款”规定，按照合同约定进行鉴定。

（2）鉴定机构应仅对有争议的事实进行鉴定，对全部事实进行造价鉴定是错误的。

《建设工程解释》第十九条规定：“当事人对工程量有争议的，按照施工过程中形成的签证等书面文件确认。承包人能够证明发包人同意其施工，但未能提供签证文件证明工程量发生的，可以按照当事人提供的其他证据确认实际发生的工程量。”第二十三条规定：“当事人对部分案件事实有争议的，仅对有争议的事实进行鉴定，但争议事实范围不能确定，或者双方当事人请求对全部事实鉴定的除外。”

本案中，当事人之间争议事实范围是明确的，原告除对剩余工程款和回填土方工程量增加有异议外，其他与被告并无争议。本案中的土方工程量是有测量资质的开封××信息工程有限公司依据现场实际情况测量并提供的测量成果，已经得到原告的甲方申××确认并签订了相关施工协议。鉴定机构司法鉴定中以设计单位的图纸计算土方工程量，认定的土方工程量超出当事人争议事实范围，不但与事实明显不符，而且大大超出了原告李××自身的相关诉求。

（3）以定额标准进行造价鉴定是错误的。

①定额是在合理的劳动组织和合理地使用材料和机械的条件下，预先完成单位合格产品的消耗的资源数量的标准，它反映了一定时期的社会生产力水平的高低。2003年以前，我国实行的工程造价管理制度是以定额制度为基础的概预算定额管理体系，定额具有法律的强制性，只要没有合同约定或者合同约定无效，工程造价基本都是按照定额进行结算。2003年建设部颁布了《建设工程工程量清单计价规范》，改变了概预算定额的法律属性。从效力上讲，目前的工程定额已不具备法律的强制性。

施工合同当事人之间的合同价款是双方通过市场机制或协商确定的，基本都是在定额标准的基础上有较大幅度的下降，这就是按照定额鉴定的造价与按照合同结算的造价有较大差距的原因。

②定额计费包含着利润以及工程类别及企业取费的不同标准，完全适用定额必须有一个前提：合同本身是合法有效的。由于鉴定机构只对案件涉及技术性的专门问题作鉴定，不能就合同或者具体条款是否合法作出有效的判断，因此工程造价的司法鉴定必须遵循合法原则。所谓合法原则，一是被鉴定的合同或条款不违背法律法规的强制性规定；二是被鉴定的工程质量已被确认合格。在本案件处理时，如××法院已对合法性确认的，鉴定结构应在法庭确定的合法性前提下进行鉴定；如法庭尚未确认合法性或有待庭审后确认的，鉴定机构应在合法性尚未确定的前提下出具不同的计价原则和鉴定结论供法庭酌情采信。

本案中，鉴定机构“以鉴代审”，不问合同是否有效，直接套用施工定额和引用设计图纸计算造价，违背了合法原则。

（4）鉴定机构鉴定不符合《建设工程司法鉴定程序规范》的规定。

《建设工程司法鉴定程序规范》强制性条文规定，建设工程造价鉴定应遵循从约原则、取舍原则和证据原则。

①受建设工程合同法律关系的约束，工程造价纠纷首先是一个合同问题。一个具体建设工程项目约定的合同造价，是当事人经过深思熟虑、利害权衡、谈判竞价等博弈方式所达成的特定的工程价格，而不是某一工程合同的市场平均价格或公允价格。这是在市场经济制度下维护公平正义与效率所应遵循的司法原则。在建设工程合同造价诉讼案件中，有些当事人在工程合同或者在施工签证中作出特别的约定，有些约定是明显高于或低于定额计价标准或市场价格的。根据合同法的自愿和诚实信用原则，只要发包人和承包人的约定不违反法规的强制性规定，不管发包人和承包人签订的合同或具体条款是否合理，鉴定人均无权自行选择鉴定依据或否定发包人和承包人之间有效的合同或补充协议的约定内容。这就是工程造价鉴定中必须遵循的从约原则。

②在鉴定过程中，由于合同双方当事人提供的证据有两种以上的不同标准，或者因案情的复杂性和特殊性，或者遇到需要质证方可判定，或者现有证据相互矛盾难以作出确定判断，致使工程造价鉴定难以得出确定性的鉴定意见时，鉴定人应结合案情按不同的证据标准，根据各自证据成立与否出具不同的鉴定意见，供人民法院合议庭根据开庭情况和评议对其进行取舍。如果工程造价鉴定人根据自己的意愿，径自认定一种证据材料，甚至认定合同无效违法，然后据此作出鉴定意见，这实质上是代行了审判权。鉴定人应提供是否按约定计价的两个鉴定意见供司法机关判定。这是工程造价鉴定必须遵循的取舍原则。

③工程造价鉴定还必须遵循证据原则。本次工程造价司法鉴定中，被告提供了大量能够证明事实的证据，但都没有被鉴定机构采纳。

本案中，鉴定机构造价鉴定没有遵循从约原则、取舍原则和证据原则的规定。鉴定过程中没有使用、借鉴被告提交的材料，造价审定依据错误、标准错误，引用法律条文错误，不符合《建设工程司法鉴定程序规范》规定，致使出具的鉴定结论严重背离事实，造成了司法鉴定的不公正。

注：依据《民事诉讼法》第七十八条规定，当事人对鉴定意见有异议或者人民法院认为鉴定人有必要出庭的，鉴定人应当出庭作证。经人民法院通知，鉴定人拒不出庭作证的，鉴定意见不得作为认定事实的根据；支付鉴定费用的当事人可以要求返还鉴定费用。本案可以申请鉴定人出庭。考虑到法院赞成被告立场，被告未向主审法官提出鉴定人出庭要求。

（十三）不按时出庭或者中途退出法庭

原告经传票传唤，无正当理由拒不到庭，或者未经法庭许可中途退出法庭的，人民法院将按自动撤回起诉处理；被告反诉的，人民法院将对反诉的内容缺席审判。被告经传票传唤，无正当理由拒不到庭，或者未经法庭许可中途退出法庭的，人民法院将缺席判决。

这里提醒一点，要签收判决书并注意签收日期。首先，对判决不服，拒绝签收绝对是错误的。拒绝签收的后果是可能拿不到判决书，不好依据判决书准备上诉。其次，判决书上的日期可能与发放日期不同，要注意按收到判决书的日期签收，这决定着上诉期限，对民事判决不服上诉期为 15 天，对裁定不服的上诉期为 10 天，在判决和裁定的最后一部分内容中会有相应的提示。从领取相应文书的次日起算，这很重要。

（十四）不准确提供送达地址

适用简易程序审理的案件，人民法院按照当事人自己提供的送达地址送达诉讼文书时，因当事人提供的送达地址不准确，或者送达地址变更未及时告知人民法院，致使人民法院无法送达，造成诉讼文书被退回的，诉讼文书也视为送达。

（十五）超过期限申请强制执行

向人民法院申请强制执行的期限，双方或者一方当事人是公民的为 1 年，双方是法人或者其他组织的为 6 个月。期限自生效法律文书确定的履行义务期限届满之日起算。超过上述期限申请的，人民法院不予受理。

（十六）无财产或者无足够财产可供执行

被执行人无财产或者无足够财产履行生效法律文书确定义务的，人民法院可能对未履行的部分裁定中止执行，申请执行人的财产权益将可能暂时无法实现或者不能完全实现。

（十七）不履行生效法律文书确定义务

被执行人未按生效法律文书指定期间履行给付金钱义务的，将要支付迟延履行期间的双倍债务利息。被执行人未按生效法律文书指定期间履行其他义务的，将要支付迟延履行金。

第十五章　行政立法与“八五”普法规划

第一节　行政立法与一般规范性文件制定

一、行政立法

（一）行政立法的基本概念

1. 行政立法的概念

行政立法是指特定的国家行政机关根据法定权限和程序，制定和发布有关行政管理的规范性法文件的活动。

我国的行政立法主要表现为行政法规和规章，包括：①国务院制定的行政法规；②国务院各部委、直属机构制定的部门规章；③省、自治区、直辖市人民政府及设区的市的人民政府制定的地方政府规章。

2. 行政立法的主体

行政立法的主体是指根据宪法或宪法性法律，可以依职权或授权制定行政法规或规章的国家行政机关。

行政立法属于一种抽象行政行为，从这种意义上来说，它与具体行政行为的主体不同。具体行政行为的主体可以是任何行政主体，包括授权行政主体。行政立法的主体仅限于行政机关而不包括授权行政主体，授权行政主体不能进行行政立法，而且每一类行政立法主体均有各自的立法权行使范围，即立法权限。行政立法主体应当也只能在其立法权限范围内行使行政立法权，而不能越权立法。

行政立法的主体是国家行政机关，而不是国家权力机关、国家司法机关或其他组织。国家权力机关自然能立行政法，可以制定调整行政关系的法律和法规，但不是这里所说的行政立法。

行政立法的主体限于高层行政机关。具体行政行为的主体多为基层行政主体，而行政立法的主体限于高层行政机关。我国实行的是五级政府管理体制，显然，不是各级、所有城市都有行政立法权。

根据《中华人民共和国宪法》第八十九条、九十条，《中华人民共和国国务院组织法》第十条，《中华人民共和国地方各级人民代表大会和地方各级人民政府组织法》第六十条和《中华人民共和国立法法》第八条、六十五条、八十条、八十一条、八十二条的规定，只有下列行政机关才能进行行政立法：

（1）国务院。国务院制定的行政法规可以称条例、规定、办法。根据内容需要，行政立法可以分章、节、条、款、项、目。

（2）国务院各部、委员会、中国人民银行、审计署、具有行政管理职能的直属机构。国务院各部、各委员会和直属机构制定的规章可以称规定、办法，不得称条例。

（3）特定的地方人民政府。包括省、自治区、直辖市和设区的市、自治州的人民政府。省、自治区、直辖市和设区的市、自治州的人民政府制定的规章可以称规定、办法，不得称条例。

3. 行政立法的分类

1）职权立法和授权立法

根据行政立法权的来源不同，可以分为职权立法和授权立法。职权立法是指行政机关依据宪法和组织法所规定的行政立法职权，就其职权管理范围内的行政事项所进行的行政立法。授权立法是指行政机关依据特定法律、法规的授权或最高国家权力机关的特别授权所进行的立法。

2）中央行政立法与地方行政立法

根据行政立法主体地位及效力范围的不同，可以分为中央行政立法与地方行政立法。中央行政立法是指中央行政机关制定、发布行政法规和规章的行为。在我国，中央行政机关是指国务院和国务院所属的部、委、行、署和直属机构。中央行政立法包括国务院制定行政法规和国务院所属部门制定行政规章的行为。地方行政立法是指特定的地方人民政府制定地方政府规章的行为。《立法法》第八十二条规定，省、自治区、直辖市和设区的市、自治州的人民政府，可以根据法律、行政法规和本省、自治区、直辖市的地方性法规，制定规章。

3）执行性立法、创制性立法和补充性立法

根据行政立法的内容及功能的不同，可以分为执行性立法、创制性立法和补充性立法。

执行性立法是指行政机关为了执行法律、法规而进行的立法活动。执行性立法可以依授权进行，表现为一般授权立法；也可以依职权进行，表现为职权立法。但它不能创设新的权利和义务，不得增减法律、法规的内容。执行性立法所制定的行政法规、规章通常称为实施条例、实施细则或实施办法，如《水行政许可实施办法》。

创制性立法是指行政立法主体根据宪法或组织法规定的职权或特别法律、法规的授权，就法律、法规尚未做出规定的事项而创制新的法律规范的活动。创制性立法以产生新的权利和义务为内容。其中，行政立法主体在自身行政管理职权范围内进行的创制性立法是一种职权立法。

补充性立法一般称为补充规定，是行政机关为了补充已经颁布的法律、法规而进行的行政立法活动。由于法律、法规对于某些情况不能预见或不便详细规定，需要行政机关根据实际情况予以适当补充。补充性立法一般也需要创设新的权利、义务内容，应当得到法律、法规的明确授权。

4. 行政立法与国家权力机关立法的区别

（1）立法主体不同。权力机关立法的主体是人民代表大会及其常务委员会，而行政立法的主体是行政机关。

（2）立法权的来源不同。权力机关的立法权直接来源于宪法；而行政立法权则部分来自宪法，部分来自法律、法规的授权或最高国家权力机关的特别授权。

（3）立法的内容不同。权力机关的立法着重于确立国家的基本制度和重大问题，而行政立法通常涉及国家有关行政事务的管理内容，目的是执行权力机关所立之法，是后者的具体化。

（4）立法的效力等级不同。行政立法具有从属性，这是由行政机关从属于权力机关的法律地位所决定的。行政立法以权力机关所立之法为依据，行政立法的效力等级要低于宪法和法律，行政法规不得与法律相抵触，规章不得与法律和行政法规相抵触。

（5）立法的程序不同。权力机关的立法程序要比行政立法程序更为严格，更注重民主程序的设置。而行政立法程序相对比较简便，更关注效率。

（6）司法适用不同。权力机关的立法在司法活动中具有完全的适用力；而行政立法中的一部分并不具备完全的司法适用力，如规章在行政诉讼中只能参照适用。

（二）法律保留与法律优先

确立行政立法权限必须严格遵循法律保留和法律优先的原则。

1. 法律保留

所谓法律保留，是指只能由法律规定（法律的绝对保留），或者必须在法律明确授权（法律的相对保留）的情况下，行政机关才有权作出规定。

根据《立法法》的规定，以下事项属于法律保留：国家主权的事项；各级人民代表大会、人民政府、人民法院和人民检察院的产生、组织和职权；基本经济制度以及财政、税收、海关、金融和外贸的基本制度；民族区域自治制度、特别行政区制度、基层群众自治制度；对非国有财产的征收；民事基本制度；仲裁制度；司法制度；犯罪和刑罚；对公民政治权利的剥夺、限制人身自由的强制措施和处罚；必须由全国人民代表大会及其常务委员会制定法律的其他事项。其中，犯罪和刑罚、对公民政治权利的剥夺和限制人身自由的强制措施和处罚、司法制度等事项，禁止授权国务院先行制定行政法规，属于法律绝对保留的事项，行政机关不得代为规定。

2. 法律优先

所谓法律优先，从狭义上说，是指法律在效力上高于任何其他法律规范；从广义上说，是指上一层次的法律规范的效力高于下一层次的法律规范的效力。法律优先在于保证国家法制内部的统一与和谐。

法律优先具体包括两个方面内容：一是在已有法律规定的情况下，任何其他法律规范包括行政法规、地方性法规和规章都不得与法律相抵触；二是在法律尚未规定，其他法律规范作了规定时，一旦法律就此事项作出规定，法律优先，其他法律规范必须服从法律。

（三）行政立法的程序

我国现行立法程序的规定主要有《立法法》《行政法规制定程序条例》《规章制定程序条例》《法规规章备案条例》。根据规定，我国行政立法的具体程序如下。

1. 立项

立项是行政立法程序的第一个环节。国务院于每年年初编制本年度的立法工作计划。年度立法工作计划在执行中可以根据实际情况予以调整。

国务院有关部门认为需要制定行政法规的，应当于每年年初编制国务院年度立法工作计划前，向国务院报请立项。

国务院部门内设机构或者其他机构认为需要制定部门规章的，应当向该部门报请立项。

省、自治区、直辖市和较大的市的人民政府所属工作部门或者下级人民政府认为需要制定地方政府规章的，应当向该省、自治区、直辖市或者较大的市的人民政府报请立项。

2. 起草

行政法规由国务院组织起草。既可以由国务院的一个部门或者几个部门具体负责起草，也可由国务院法制机构起草或者组织起草。

部门规章由国务院部门组织起草。国务院部门可以确定规章由其一个或者几个内设机构具体负责起草工作，也可以由其法制机构起草或者组织起草。

地方政府规章由省、自治区、直辖市和设区的市、自治州的人民政府组织起草。省、自治区、直辖市和设区的市、自治州的人民政府可以确定规章由其一个部门或者几个部门具体负责起草工作，也可以确定由其法制机构起草或者组织起草。

起草规章可以邀请有关专家或组织参加，也可以委托有关专家或组织起草。

起草规章中送审稿形成后，起草单位应当将规章送审稿及其说明、对规章送审稿主要问题的不同意见和其他有关材料，按规定报送审查。其中，有关材料主要包括汇总的意见、听证会笔录、调研报告、名词解释、国内外有关立法资料等。

3. 征求意见和协调意见

行政法规在起草过程中，可以采取召开座谈会、论证会、听证会等多种形式，广泛听取有关机关、组织和公民的意见。

4. 审查

1）审查部门

审查是对送审稿进行修改形成部门规章草案的程序。国务院法制机构、部门法制机构、地方政府法制机构对行政法规、规章送审稿进行审查，并可以缓办或者退回起草单位。

2）审查内容

（1）是否符合宪法、法律的规定和国家的方针政策。

（2）是否符合起草要求。

（3）是否与有关行政法规协调、衔接。

（4）是否正确处理有关机关、组织和公民对送审稿主要问题的意见。

（5）其他需要审查的内容。

3）听取意见

在审查阶段，需要听取建议和协调。对行政法规、规章送审稿中涉及重大疑难问题的，可以召开座谈会、论证会，必要时可召开听证会、向社会公布，以听取意见、研究论证，解决法规中可能存在的不合法、不科学、不规范、不适应、不一致、不协调等问题。

4）形成规章草案部门建议

法制机构应当认真研究各方面的意见，与起草单位协商后，对规章送审稿进行修改，形成规章草案和对草案的说明，并提出本部门有关会议审议的建议。

5. 决定

决定是审议部门规章草案并作出最终决定的决策程序。

行政法规草案由国务院常务会议审议，或者由国务院审批。

部门规章应当经部务会议或者委员会会议决定。

地方政府规章应当经政府常务会议或者全体会议决定。

6. 公布和生效

行政立法应由行政立法主体的行政首长签署后予以公布。

行政法规、规章应在公布之日起30日后施行；但是，涉及国家安全、外汇汇率、货币政策的确定以及公布后不立即施行将有碍行政法规、规章施行的，可以自公布之日起施行。

7. 解释

行政法规解释权属于国务院，规章解释权属于规章制定机关。

行政法规条文本身需要进一步明确界限或者作出补充规定的，由国务院解释。

规章解释的对象是：对于规章的规定需要进一步明确具体含义的；规章制定后出现新的情况，需要明确适用规章依据的。

8. 备案审查

备案是指将制定出来的行政立法文本报送相应的有权机关登记审查的制度。

国务院法制机构负责报国务院备案的规章的日常清理工作，履行备案审查监督职责。

9. 清理与汇编

1）清理

国务院部门，省、自治区、直辖市和设区的市、自治州的人民政府，应当经常对规章进行清理，发现规章与新公布的法律、行政法规或者其他上位法的规定不一致的，或者与法律、行政法规或者其他上位法相抵触的，应当及时修改或者废止。

2）汇编

根据《法规汇编编辑出版管理规定》，法律汇编由全国人民代表大会常务委员会法制工作委员会编辑；行政法规由国务院法制机构编辑：军事法规汇编由中央军事委员会法制局编辑；部门规章汇编由国务院依照该部门职责范围编辑；地方性法规和地方政府规章汇编，由具有地方性法规和地方政府规章制定权的地方各级人民代表大会常务委员会和地方各级人民政府指定的机构编辑。

案例：《黄河水量调度条例》立法

《黄河水量调度条例》（以下简称《条例》）是我国关于黄河治理开发出台的第一部行政法规，也是我国第一部关于大江大河流域水量调度管理的立法。

《条例》立法历时 4 年，是一次成功的立法活动。其立法过程简述如下。

（1）准备工作。

因连续数年黄河发生断流等，在水利部支持下，2003 年初黄河水利委员会决定将《条例》立法工作列为年度重点工作之一，成立《条例》起草工作领导小组和起草工作组，邀请有关专家参加。6 月底前完成《条例》大纲、具体条文和征求意见等基础工作后，上报水利部。

2003 年 9 月 12 日，在水利部、发展和改革委员会主持下，在北京组织召开《条例》专家审查会，经修改完善，形成《条例》（征求意见稿）。11 月 4 日，水利部办公厅以办函〔2003〕354 号文征求国务院有关部委、有关省（自治区、直辖市）和国家电力总公司对《条例》（征求意见稿）的意见。

（2）立项。

2003 年底，水利部按照有关规定向国务院法制办报请立项，建议将《条例》列入 2004 年国务院立法计划。

水利部在向国务院法制办报送的《关于报送 2004 年立法计划的函》中，详细阐述了《条例》立法的必要性、解决的主要问题及规定的主要制度，并报告了该《条例》已于 2003 年 11 月完成了征求涉及的省级人民政府和国务院有关部门意见的工作。

（3）起草。

《条例》由水利部组织起草，黄河水利委员会具体负责。

（4）征求意见和协调意见。

《条例》起草过程中，起草单位召开了多次《条例》立法座谈会以及专家论证会，完成了20多个相关的专题报告，充分征求和吸收了各方面意见。对征求到的27类201条意见进行了研究处理。对经过充分协商不能取得一致意见的，起草单位在上报简称规章送审稿时说明了情况和理由。2004年6月，《条例》通过水利部部务会议审议。2004年9月，报请国务院审批《条例》（送审稿）。

（5）审查。

国务院法制办公室收到《条例》（送审稿）后，至2006年3月，先后4次征求了农业部、环保总局、水利部、国家发展和改革委员会等国务院有关部门以及黄河流域9个省（自治区）和河北、天津两个省（直辖市）的意见，并赴山东、河南进行了调研。审查《条例》是否符合宪法、法律的规定和国家的方针政策；是否符合起草要求；是否与有关行政法规协调、衔接；是否正确处理有关机关、组织和公民对送审稿主要问题的意见；其他需要审查的内容。国务院法制办公室认真研究了各方面的意见，与起草单位协商后，对《条例》（送审稿）进行修改，形成部门意见。

（6）决定。

2006年7月5日，《条例》经国务院第142次常务会议审议通过。

（7）公布和生效。

温家宝总理签署第472号国务院令予以颁布，《条例》于2006年8月1日起正式实施。

（8）2008年、2011年黄河水利委员会按照水利部安排，对《条例》立法进行后评估。

（四）行政立法的效力等级与法律适用冲突

1. 行政立法的效力等级

我国行政法表现形式多样，由不同位阶的法律规范构成，《立法法》从我国的实际出发，明确了不同法律规范效力等级的一般原则，即宪法具有最高的法律效力；法律的效力高于行政法规、地方性法规、行政规章；行政法规的效力高于地方性法规、行政规章；地方性法规的效力高于本级和下级地方政府规章；省、自治区、直辖市的人民政府制定的规章的效力高于本行政区域内设区的市、自治州的人民政府制定的规章；部门规章与部门规章、部门规章与地方政府规章具有同等效力，在各自的权限范围内施行。

2. 法律适用冲突

1）法律适用的基本原则

《立法法》在明确不同法律规范的效力等级的基础上，对如何依据适用各种法律规范规定了三大基本原则，即“上位法优于下位法，同位法在各自的权限范围内适用”“特别法优于一般法”“新法优于旧法”的原则，同时明确了“法律规范不溯及既往”的基本原则。

2）法律适用冲突的裁决机制

目前，法律适用中存在横向冲突和纵向冲突问题。横向冲突是上下位阶法律规范之间“相抵触”的问题，纵向冲突是相同位阶法律规范之间的“不一致”问题。

对于这些冲突，《立法法》在第九十五条中确立了法律适用冲突的裁决机制，明确了处理权限和程序。

（1）同一机关制定的新的一般规定与旧的特别规定不一致时，由制定机关裁决。

（2）地方性法规与部门规章之间对同一事项的规定不一致，不能确定如何适用时，由国务院提出意见，国务院认为应当适用地方性法规的，应当决定在该地方适用地方性法规的规定；认为应当适用部门规章的，应当提请全国人民代表大会常务委员会裁决。

（3）部门规章之间、部门规章与地方政府规章之间对同一事项的规定不一致时，由国务院裁决。

3）下位法不符合上位法的常见情形

《最高人民法院关于印发〈关于审理行政案件适用法律规范问题的座谈会纪要〉的通知》明确了下位法不符合上位法的常见情形：

（1）下位法缩小上位法规定的权利主体范围，或者违反上位法立法目的扩大上位法规定的权利主体范围。

（2）下位法限制或者剥夺上位法规定的权利，或者违反上位法立法目的扩大上位法规定的权利范围。

（3）下位法扩大行政主体或其职权范围。

（4）下位法延长上位法规定的履行法定职责期限。

（5）下位法以参照、准用等方式扩大或者限缩上位法规定的义务或者义务主体的范围、性质或者条件。

（6）下位法增设或者限缩违反上位法规定的适用条件。

（7）下位法扩大或者限缩上位法规定的给予行政处罚的行为、种类和幅度的范围。

（8）下位法改变上位法已规定的违法行为的性质。

（9）下位法超出上位法规定的强制措施的适用范围、种类和方式，以及增设或者限缩其适用条件。

（10）法规、规章或者其他规范文件设定不符合行政许可法规定的行政许可，或者增设违反上位法的行政许可条件。

（11）其他相抵触的情形。

（五）行政立法的监督

对行政立法的监督，根据监督机关的不同，可以分为国家权力机关的监督、行政机关的监督和司法机关的监督。

1. 国家权力机关的监督

1）全国人民代表大会常务委员会监督政府工作

《中华人民共和国宪法》第六十七条第六项规定全国人民代表大会常务委员会监督国务院的工作；第七项则规定全国人民代表大会常务委员会可以撤销国务院制定的同宪法、法律相抵触的行政法规、决定和命令。《立法法》第一百零八条规定，全国人民代表大会常务委员会有权撤销同宪法和法律相抵触的行政法规，有权撤销同宪法、法律和行政法规相抵触的地方性法规，有权撤销省、自治区、直辖市的人民代表大会常务委员会批准的违背宪法和本法第八十五条第二款规定的自治条例和单行条例。

2）备案

备案也是一种监督手段。根据《立法法》有关规定，行政法规公布30日内，报全国人民代表大会常务委员会备案；部门规章和地方政府规章报国务院备案；地方政府规章应当同时报本级人民代表大会常务委员会备案；设区的市、自治州的人民政府制定的规章应当同时报省、自治区的人民代表大会常务委员会和人民政府备案。《立法法》还规定了行政机关内部部门规章和地方政府规章的备案程序。

2. 行政机关的监督

《立法法》第一百零八条规定：国务院有权改变或者撤销不适当的部门规章和地方政府规章；省、自治区、直辖市的人民代表大会有权改变或者撤销它的常务委员会制定的和批准的不适当的地方性法规；地方人民代表大会常务委员会有权撤销本级人民政府制定的不适当的规章；省、自治区的人民政府有权改变或者撤销下一级人民政府制定的不适当的规章。

3. 司法机关的监督

司法机关对于行政立法的监督，主要体现在诉讼过程中。在行政诉讼中，人民法院如果发现行政法规或规章与宪法、法律相抵触，可以不予适用，并可以向相应行政机关或其上级行政机关，或者人民代表大会提出撤销或改变的建议，以实现对行政立法的有效监督。根据《行政诉讼法》的规定，法律、行政法规和地方性法规、规章都是人民法院审理行政案件的依据。《行政诉讼法》第五十三条规定，公民、法人或者其他组织认为行政行为所依据的国务院部门和地方人民政府及其部门制定的规范性文件不合法，在对行政行为提起诉讼时，可以一并请求对该规范性文件进行审查。前款规定的规范性文件不含规章。

二、一般规范性文件制定

（一）一般规范性文件的概念

对于规范性文件的概念和含义并无统一的界定。

《行政处罚法》第十四条、《行政许可法》第十七条称之为其他规范性文件，其含义是指除法律、行政法规、地方性法规、规章外的规范性文件的总称。可以认为，一般规范性文件是指依法行使行政管理权的行政主体为了执行法律、法规、规章，有效实施行政管理，依据法定职权或法律、法规授权而制定的，涉及公民、法人和其他组织权利、义务，具有普遍约束力，可以反复适用的除行政法规和规章外的行政文件。

《水利部规范性文件审查与备案管理办法》第二条规定：本办法所称规范性文件，是指除水利部规章外，水利部或者其直属流域管理机构依据法定职权和程序制定的，能够反复适用，涉及、影响公民、法人或者其他组织权利义务，具有普遍约束力的公文。第三条规定：规范性文件的起草、修改、审查、公布和备案，适用本办法。机关内部公文和关于具体行政行为的法律文书，不适用本办法。第五条规定：规范性文件不得设定下列内容：①行政许可事项；②行政处罚事项；③行政强制措施；④行政事业性收费事项；⑤其他应当由法律、法规、规章设定的事项。

工作实践中，有人以“国家政策”名义执法。那么，司法上是如何界定“国家政策”的呢？在《最高人民法院司法观点集成》一书中，有这样一个描述：“国务院有关部委颁发的贯彻配套规定等规范性文件，属于国家政策。”

（二）一般规范性文件制定主体

一般规范性文件制定主体，包括各级人民政府、县级以上人民政府所属工作部门、行政机关的派出机关和派出机构，以及依照法律、法规授权可以依法独立行使行政管理权的机关。

但是，行政机关的内设机构，各类领导小组等议事协调机构，各类指挥部等临时机构，不具有行政管理权的事业单位，不具有规范性文件制定主体资格，不得发布规范性文件。

（三）一般规范性文件的分类

一般规范性文件以制定主体为分类标准，可以分为有行政立法权的行政主体制定的一般规范性文件和无行政立法权的行政主体制定的一般规范性文件。

有行政立法权的行政主体既有权制定行政法规或规章，也可制定一般规范性文件。

无行政立法权的行政主体在其法定的行政职权范围内均能依法制定一般规范性文件。

以法律效果为分类标准，一般规范性文件可以分为裁量基准、解释基准、规范具体化规则、指导纲要、组织规则等。

1. 裁量基准

在行政活动实践中，由于立法机关不可能为行政机关的裁量行为提供详细标准，因此上级行政机关常常就裁量的事项，以执法手册、工作指南、纲要等方式，制定统一的标准，作为执法人员行使裁量权的依据，使得执法人员遇到相同或类似事项作相同或类似的处理，实现行政裁量权的自我约束。这类规定可被称为裁量基准。

2. 解释基准

解释基准是指为了防止进行某种行政活动时作出各不相同的对待，确保其统一性，而由上级行政主体对下级行政主体发布的法令解释的基准。在我国，行政机关的解释基准事实上得到了广泛应用，包括对法律的解释、对行政法规的解释、对部门规章的解释、对地方性法规的解释以及对地方政府规章的解释。

3. 规范具体化规则

主要是对上位法的规定予以具体化，以强化其可操作性。如工程质量标准、环境标准等大量技术标准。

4. 指导纲要

如国务院《全面推进依法行政实施纲要》。这类纲要性文件不具有法律上的拘束力，通常是行政工作的内部指南或训令，但现实中政府的有关行政活动要依照实施，实际产生了外部的法律效果。

5. 组织规则

这类规则用于调整行政机关的内部机构及其业务活动，仅限于内部事务，对外不产生法律效果。

（四）一般规范性文件与行政立法的关系

一般规范性文件与行政立法有着密不可分的联系，两者都是行政机关在法定职权范围内制定行政规范的行为，它们都要以法律为依据。作为一般规范性文件来说，还要以行政法规、行政规章作为依据，并对行政立法起着有效的执行作用。而且，两者都对普遍的对象有约束力，都具有规范性、效力的持久性和重复适用性等。但两者之间仍存在着以下区别：

（1）制定主体范围不同。行政立法的主体是特定的，仅限于宪法和法律所规定的特定行政机关，不是所有的行政机关都享有行政立法权。而一般规范性文件的制定主体则较为广泛，各级、各类行政主体一般都可以制定规范性文件，对管理本行政区域内的行政事务发布决定和命令。

（2）效力等级的层次不同。行政法规、规章的效力等级高于一般规范性文件。一般规范性文件是一种行政性公文，不能与行政法规、行政规章相抵触，否则无效。

（3）做出规范的内容不同。由于一般规范性文件不属于行政立法体系，因此两者之间最重要的区别在于一般规范性文件只能是为了执行行政立法规范，而不能进行公民、法人或者其他组织权利义务的创设。

（4）规范制定的程序不同。一般规范性文件制定的程序相对于行政立法则较为简单和灵活，而行政立法则要遵循较为严格、正式的行政立法程序。

（5）监督手段不同。根据《行政复议法》规定，行政复议机关在行政复议过程中，可以根据申请人的申请或依职权对行政决定进行审查。但行政立法行为则不能在行政复议中作为审查的对象。

（五）一般规范性文件制定程序

我国目前尚缺乏制定一般规范性文件的统一程序。根据国务院办公厅《国家行政机关公文处理办法》的规定，各级国家行政机关发布的公文，由机关领导人签发，重要的或涉及面广的，由正职领导人或主持日常工作的副职领导人签发。有的公文，可由秘书长或办公厅（室）主任根据授权签发。

一般来说，制定一般规范性文件应当遵循如下程序规则：

（1）起草。由行政机关的法制工作机构组织专门人员进行起草。

（2）协商协调。草案要经过协商协调，如内容涉及几个部门职权职责的，应与这些部门协商，取得一致意见。

（3）征求听取意见。应当在一定范围内征求有关人员和专家的意见，对于合理的建议应当予以采纳。

（4）审核。草案完成后，经协商、协调和征求意见并进行修改后，应由单位法制部门、分管负责人进行审核。

（5）签发。审核结束后，由行政机关负责人签发。

（6）公告、备案。

（六）对一般规范性文件的监督

1. 权力机关的监督

根据我国《宪法》和《地方组织法》的规定，全国人民代表大会常务委员会有权撤销国务院制定的同宪法、法律相抵触的行政法规、决定和命令；县级以上地方各级人民代表大会及其常务委员会有权撤销本级人民政府不适当的决定和命令。此外，各级人民代表大会及其常务委员会还有权对政府的工作进行监督，其中也包含了对政府制定一般规范性文件工作的监督。

2. 行政机关的监督

（1）上级监督。《宪法》第一百零八条规定，县级以上的地方各级人民政府领导所属各工作部门和下级人民政府的工作，有权改变或者撤销所属各工作部门和下级人民政府的不适当的决定。

（2）备案审查制度。这是一种上级行政主体对一般规范性文件的专门监督方式。

（3）行政复议制度。《行政复议法》第十三条规定，公民、法人或者其他组织认为行政机关的具体行政行为所依据的下列规范性文件不合法，在对行政行为申请行政复议时，可以一并向行政复议机关提出对该规范性文件的附带审查申请：①国务院部门的规范性文件；②县级以上地方各级人民政府及其工作部门的规范性文件；③乡、镇人民政府的规范性文件；④法律、法规、规章授权的组织的规范性文件。前款所列规范性文件不含规章。规章的审查依照法律、行政法规办理。第五十六条规定了对“规定”进行审理的最为基本的处理程序，即行政复议机关对该“规定”有权处理的，应在三十日内依法处理；无权处理的，应当在七日内按照法定程序转送有权处理的行政机关依法处理。可以认为行政复议制度是对规范性文件的间接附带审查制度。

根据《行政诉讼法》的规定，公民、法人或者其他组织不能对抽象行政行为提起行政诉讼。但在《最高人民法院关于适用〈中华人民共和国行政诉讼法〉的解释》（法释〔2018〕1号）第一百四十九条中规定：“人民法院经审查认为行政行为所依据的规范性文件合法的，应当作为认定行政行为合法的依据；经审查认为规范性文件不合法的，不作为人民法院认定行政行为合法的依据，并在裁判理由中予以阐明。”这表明，对具体行政行为提起诉讼的过程中，人民法院可对该具体行政行为所依据的规范性文件进行评价、判断，对合法有效的一般规范性文件予以适用；如发现一般规范性文件违法则不予肯定，从而使其失去继续适用的效力，并可通过建议的形式要求行政机关对违法的一般规范性文件予以撤销或改变。因此，也可认为我国司法机关隐含有对一般规范性文件的间接审查权。

案例：提高水价文件被撤销

2018年6月10日，某县物价局出台了一份关于某价字〔2018〕29号文件《关于调整县城城市居民生活用水收费标准的通知》，将县城城市居民生活用水收费由原来的每立方米1.8元提高至2.5元，引起了广大县城居民的强烈反响。7月22日，王某等10人联名向县人民政府提交了一份《要求撤销县物价局提高县城城市居民生活用水收费标准的文件的申请》。申请理由有以下两点：①县物价局提高县城城市居民生活用水收费标准，没有依照《中华人民共和国价格法》的有关规定举行听证会，征求各方面的意见。②县物价局将县城城市居民生活用水收费由原来的每立方米1.8元提高至2.5元，违反了某省人民政府《某省城市居民生活用水收费管理办法》第七条的规定“县城城市居民生活用水收费原则上每立方米不应超过2.3元”。

问题：某县人民政府对此案将如何处理？

解析：一般规范性文件不属于行政立法的范畴，但属于抽象行政行为。一般规范性文件必须接受有权机关的行政监督和司法监督，各级人民政府发现其所属工作部门或其下级人民政府制定的一般规范性文件的内容与行政法规或规章相抵触时，有权改变或撤销。

本案中，某县物价局出台的某价字〔2018〕29号文件《关于调整县城城市居民生活用水收费标准的通知》，在性质上属于一般规范性文件。物价局作为行政主体，其有权制定一般规范性文件。但该文件设定的城市居民生活用水收费标准与某省人民政府制定的地方政府规章的内容相抵触，对公民的权利、义务进行了创设，显然有违法制统一原则。依据《中华人民共和国地方各级人民代表大会和地方各级人民政府组织法》第五十一条第三项的规定，某县人民政府作为某县物价局的上级机关，有权改变或撤销所属工作部门作出的不适当的命令、指示。因此，对于本案中县物价局制定的违法的一般规范性文件，某县人民政府可以作出改变或撤销的处理。

第二节　“八五”普法规划

2021年6月，中共中央、国务院转发了《中央宣传部、司法部关于开展法治宣传教育的第八个五年规划（2021—2025年）》，并发出通知，要求各地区各部门结合实际认真贯彻落实。

全民普法是全面依法治国的长期基础性工作。在习近平新时代中国特色社会主义思想特别是习近平法治思想的科学指引下，在党中央、国务院正确领导下，全国第七个五年法治宣传教育规划（2016—2020年）顺利实施完成，取得重要成果。以宪法为核心的中国特色社会主义法律体系学习宣传深入开展，“谁执法谁普法”等普法责任制广泛实行，法治文化蓬勃发展，全社会法治观念明显增强，社会治理法治化水平明显提高。

我国开启全面建设社会主义现代化国家新征程，进入新发展阶段，迫切要求进一步提升公民法治素养，推动全社会尊法学法守法用法。为深入学习宣传贯彻习近平法治思想，做好第八个五年法治宣传教育工作，进一步加大全民普法力度，制定本规划。

一、以习近平法治思想引领全民普法工作

习近平法治思想是顺应实现中华民族伟大复兴时代要求应运而生的重大理论创新成果，是马克思主义法治理论中国化最新成果，是习近平新时代中国特色社会主义思想的重要组成部分，是全面依法治国的根本遵循和行动指南。必须用习近平法治思想武装头脑、指导实践，推动普法工作守正创新、提质增效、全面发展。

（一）指导思想

坚持以马克思列宁主义、毛泽东思想、邓小平理论、“三个代表”重要思想、科学发展观、习近平新时代中国特色社会主义思想为指导，全面贯彻党的十九大和十九届二中、三中、四中、五中全会精神，深入贯彻习近平法治思想，增强“四个意识”、

坚定“四个自信”、做到“两个维护”，坚定不移走中国特色社会主义法治道路，紧紧围绕服务“十四五”时期经济社会发展，以使法治成为社会共识和基本准则为目标，以持续提升公民法治素养为重点，以提高普法针对性和实效性为工作着力点，完善和落实“谁执法谁普法”等普法责任制，促进提高社会文明程度，为全面建设社会主义现代化国家营造良好法治环境。

（二）主要目标

到 2025 年，公民法治素养和社会治理法治化水平显著提升，全民普法工作体系更加健全。公民对法律、法规的知晓度、法治精神的认同度、法治实践的参与度显著提高，全社会尊法学法守法用法的自觉性和主动性显著增强。多层次多领域依法治理深入推进，全社会办事依法、遇事找法、解决问题用法、化解矛盾靠法的法治环境显著改善。全民普法制度完备、实施精准、评价科学、责任落实的工作体系基本形成。

（三）工作原则

（1）坚持党的全面领导。把党的领导贯彻到全民普法全过程各方面，始终坚持正确政治方向。

（2）坚持以人民为中心。树立以人民为中心的普法理念和工作导向，做到普法为了人民、依靠人民、服务人民，依法保障人民权益，促进人民高品质生活，夯实全面依法治国的社会基础。

（3）坚持服务大局。紧紧围绕党和国家中心工作，有针对性地组织开展普法，促进依法维护社会公平正义，促进在法治轨道上推进国家治理体系和治理能力现代化。

（4）坚持与法治实践深度融合。坚持全民普法与科学立法、严格执法、公正司法一体推进，坚持依法治国与以德治国相结合，弘扬社会主义核心价值观，把普法融入法治实践、融入基层治理、融入日常生活，融入全面依法治国全过程。

二、明确普法重点内容

（一）突出学习宣传习近平法治思想

深入学习宣传习近平法治思想的重大意义、丰富内涵、精神实质和实践要求，引导全社会坚定不移走中国特色社会主义法治道路。把习近平法治思想作为党委（党组）理论学习中心组学习重点内容，列入党校（行政学院）和干部学院重点课程，推动领导干部带头学习、模范践行。把习近平法治思想融入学校教育，纳入高校法治理论教学体系，做好进教材、进课堂、进头脑工作。通过多种形式，运用各类媒体和平台，发挥好各类基层普法阵地作用，推动习近平法治思想入脑入心、走深走实。

（二）突出宣传宪法

在全社会深入持久开展宪法宣传教育活动，阐释好“中国之治”的制度基础，阐释好新时代依宪治国、依宪执政的内涵和意义，阐释好宪法精神。加强国旗法、国歌法等宪法相关法的学习宣传，强化国家认同。全面落实宪法宣誓制度。加强宪法实施案例宣传。结合“12・4”国家宪法日，开展“宪法宣传周”集中宣传活动。加强宪法理论研究，推动宪法类教材和图书的编写、修订、出版。在新市民仪式、青少年成人仪式、学生毕业仪式等活动中设置礼敬宪法环节，大力弘扬宪法精神。在“五四宪法”历史资料陈列馆基础上建设国家宪法宣传教育馆。

（三）突出宣传民法典

广泛开展民法典普法工作，阐释好民法典中国特色社会主义的特质，阐释好民法典关于民事活动平等、自愿、公平、诚信等基本原则，阐释好民法典关于坚持主体平等、保护财产权利、便利交易流转、维护人格尊严、促进家庭和谐、追究侵权责任等基本要求，阐释好民法典一系列新规定、新概念、新精神。推动各级党和国家机关带头学习宣传民法典，推动领导干部做学习、遵守、维护民法典的表率，提高运用民法典维护人民权益、化解矛盾纠纷、促进社会和谐稳定的能力和水平。把民法典纳入国民教育体系，加强对青少年民法典教育。以“美好生活・民法典相伴”为主题，组织开展民法典主题宣传，让民法典走到群众身边、走进群众心里。

专栏 1　“美好生活・民法典相伴”主题宣传
1. 组织编写民法典通俗读物，创作民法典公益广告、短视频等优质普法产品。 2. 成立民法典宣讲团，面向基层开展宣讲。 3. 充分利用全媒体、运用案例宣传民法典，开展民法典知识竞赛。 4. 鼓励有条件的地方建设民法典公园。

（四）深入宣传与推动高质量发展密切相关的法律、法规

继续把宣传中国特色社会主义法律体系作为基本任务，大力宣传国家基本法律，强化“十四五”期间制定和修改的法律、法规宣传教育。适应立足新发展阶段、贯彻新发展理念、构建新发展格局需要，大力宣传有关平等保护、公平竞争、激发市场主体活力、防范风险的法律、法规，推动建设市场化法治化国际化营商环境。适应实施创新驱动发展战略需要，大力宣传知识产权保护、科技成果转化等方面法律、法规，促进科技强国建设。适应统筹推进国内法治和涉外法治需要，大力宣传我国涉外法律、法规，促进依法维护国家主权、安全、发展利益。围绕国家发展战略和区域重大战略，组织开展专项法治宣传教育，加强区域性普法与依法治理合作。

（五）深入宣传与社会治理现代化密切相关的法律、法规

适应统筹发展和安全的需要，大力宣传总体国家安全观和国家安全法、反分裂国家法、国防法、反恐怖主义法、生物安全法、网络安全法等，组织开展“4・15”全民国家安全教育日普法宣传活动，推动全社会增强国家安全意识和风险防控能力。适

应更高水平的平安中国建设需要，继续加强刑法、刑事诉讼法、治安管理处罚法等宣传教育，促进依法惩治和预防犯罪。围绕生态文明建设、食品药品安全、扫黑除恶、毒品预防、社区管理服务、构建和谐劳动关系、防治家庭暴力、个人信息保护等人民群众关心关注的问题，开展经常性法治宣传教育，依法保障社会稳定和人民安宁。

（六）深入宣传党内法规

以党章、准则、条例等为重点，深入学习宣传党内法规，注重党内法规宣传同国家法律宣传的衔接协调。突出学习宣传党章，教育广大党员以党章为根本遵循，尊崇党章、遵守党章、贯彻党章、维护党章。把学习掌握党内法规作为合格党员的基本要求，列入党组织“三会一课”内容，在考核党员、干部时注意了解相关情况，促进党内法规学习宣传常态化、制度化。

三、持续提升公民法治素养

（一）加强教育引导

实行公民终身法治教育制度，把法治教育纳入干部教育体系、国民教育体系、社会教育体系。

加强国家工作人员法治教育。落实国家工作人员学法用法制度，引导国家工作人员牢固树立宪法法律至上、法律面前人人平等、权由法定、权依法使等基本法治观念。重点抓好“关键少数”，提高各级领导干部运用法治思维和法治方式深化改革、推动发展、化解矛盾、维护稳定、应对风险能力。建立领导干部应知应会法律、法规清单制度，分级分类明确领导干部履职应当学习掌握的法律、法规和党内法规，完善配套制度，促使知行合一。把法治素养和依法履职情况纳入考核评价干部的重要内容，让尊法、学法、守法、用法成为领导干部自觉行为和必备素质。

加强青少年法治教育。全面落实《青少年法治教育大纲》，教育引导青少年从小养成尊法守法习惯。充实完善法治教育教材相关内容，增加法治知识在中考、高考中的内容占比。推进教师网络法治教育培训，5 年内对所有道德与法治课教师进行 1 次轮训。探索设立“法学 + 教育学”双学士学位人才培养等项目，加强法治教育师资培养。持续举办全国学生“学宪法讲宪法”、国家宪法日“宪法晨读”、全国青少年网上学法用法等活动。推进青少年法治教育实践基地建设，推广法治实践教学和案例教学。深入开展未成年人保护法、预防未成年人犯罪法等学习宣传。进一步完善政府、司法机关、学校、社会、家庭共同参与的青少年法治教育新格局。

分层分类开展法治教育。加强基层组织负责人学法用法工作，开展村（社区）“两委”干部法治培训，提高基层干部依法办事意识和依法治理能力。加强基层行政执法人员法治培训，提升依法行政能力。加强对非公有制经济组织、社会组织管理和从业人员法治教育，促进依法诚信经营管理。加强对媒体从业人员法治教育，将法治素养作为从业资格考评的重要内容，提高其运用法治思维和法治方式解读社会问题、引导社会舆论的能力。根据妇女、残疾人、老年人、农民工等群体特点，开展有针对性的法治宣传教育活动，提高其依法维护权益的意识和能力。

（二）推动实践养成

把提升公民法治素养与推进依法治理等实践活动有机结合，把公民法治素养基本要求融入市民公约、乡规民约、学生守则、行业规章、团体章程等社会规范，融入文明创建、法治示范创建和平安建设活动。从遵守交通规则、培养垃圾分类习惯、制止餐饮浪费等日常生活行为抓起，提高规则意识，让人民群众在实践中养成守法习惯。通过严格执法、公正司法，让人民群众感受到正义可期待、权利有保障、义务须履行，引导全社会树立权利与义务、个人自由与社会责任相统一的观念，纠正法不责众、滥用权利、讲“蛮”不讲法、遇事找关系等思想和行为。

（三）完善制度保障

建立健全对守法行为的正向激励和对违法行为的惩戒制度，把公民法治素养与诚信建设相衔接，健全信用奖惩和信用修复机制。大力宣传崇法向善、坚守法治的模范人物，选树群众身边先进典型。完善激励制约机制，形成好人好报、德者有得的正向效应，形成守法光荣、违法可耻的社会风尚。

实施公民法治素养提升行动，分步骤、有重点地持续推进，不断提升全体公民法治意识和法治素养，推进全民守法。

四、加强社会主义法治文化建设

（一）推进法治文化阵地建设

扩大法治文化阵地覆盖面，提高使用率。把法治文化阵地建设纳入城乡规划，在公共设施建设和公共空间利用时体现法治元素，推动法治文化与传统文化、红色文化、地方文化、行业文化、企业文化融合发展。把法治元素融入长城、大运河、长征、黄河等国家文化公园建设，形成一批深受人民群众喜爱的区域性法治文化集群。利用好新时代文明实践中心（所、站）等场所，因地制宜建设法治文化阵地。加强边疆地区法治文化阵地建设，支持边疆法治文化长廊建设和普法教育实践基地建设。着力提升市县法治文化阵地建设质量，推动从有形覆盖向有效覆盖转变。基本实现每个村（社区）至少有一个法治文化阵地。法治文化阵地内容上要准确传播社会主义法治精神，功能上要便于群众学习理解法律、便于开展法治实践活动。加强全国法治宣传教育基地的命名、管理，发挥其在法治文化阵地建设中的引领和示范作用。

（二）繁荣发展社会主义法治文艺

把社会效益放在首位，组织创作一批法治文化精品，创建一批法治文化传播品牌栏目、节目和工作室。继续组织开展全国法治动漫微视频征集展播活动，扩大影响力。

建设网上法治文化产品资料库。加大法治文化惠民力度，广泛开展群众性法治文化活动，组织青年普法志愿者、法治文艺团体开展法治文化基层行活动，推动社会主义法治精神深入人心。

（三）推动中华优秀传统法律文化创造性转化、创新性发展

传承中华法系的优秀思想和理念，挖掘民为邦本、礼法并用、以和为贵、明德慎罚、执法如山等中华传统法律文化精华，根据时代精神加以转化，使中华优秀传统法律文化焕发出新的生命力。加强对我国法律文化历史遗迹和文物的保护，宣传代表性人物的事迹和精神。弘扬善良风俗、家规家训等优秀传统文化中的法治内涵，把不违反法律、不违背公序良俗作为家风家教的重要内容，让社会主义法治精神在家庭中生根。

（四）加强红色法治文化保护、宣传、传承

注重发掘、总结党在革命时期领导人民进行法治建设的光荣历史和成功实践，大力弘扬红色法治文化。探索建立红色法治文化遗存目录，明确保护责任，修缮相关设施，完善展陈内容。组织开展红色法治文化研究阐发、展示利用、宣传普及、传播交流等活动。建设一批以红色法治文化为主题的法治宣传教育基地。讲好红色法治故事，传承红色法治基因，教育引导全社会增强走中国特色社会主义法治道路的自信和自觉。

（五）加强法治文化国际传播和国际交流

以讲好中国法治故事为着力点，突出对外宣传中国特色社会主义法治优越性、新时代法治建设实践成果和中华优秀传统法律文化。讲好中国遵循国际法故事，对外宣示我国积极维护国际法治、捍卫国际公平与正义的立场主张。注重在共建“一带一路”中发挥法治作用。编写涉外案例资料，对我国境外企业、机构和人员加强当地法律宣传。建立涉外工作法务制度，加强对我国法域外适用研究，推动海外法律服务高质量发展。举办法治国际论坛，宣介好习近平法治思想，开展与世界各国法治文化对话。坚持贴近中国实际、贴近国际关切、贴近国外受众，加强法治文化国际传播能力建设。积极对来华、在华外国人开展法治宣传，引导其遵守我国法律，保障其合法权益。

五、推进普法与依法治理有机融合

（一）加强基层依法治理

深化法治乡村（社区）建设。加大乡村（社区）普法力度，实施乡村（社区）“法律明白人”培养工程。完善和落实“一村（社区）一法律顾问”制度。开展面向家庭的普法主题实践活动，培育农村学法用法示范户，建设尊老爱幼、男女平等、夫妻和睦的模范守法家庭，注重发挥家庭家教家风在基层社会治理中的重要作用。健全党组织领导的自治、法治、德治相结合的城乡基层治理体系，加强乡村（社区）依法治理，探索实行积分制，因地制宜推广村民评理说事点、社区“法律之家”等做法，打造基层普法和依法治理有效阵地。坚持和发展新时代“枫桥经验”，完善社会矛盾纠纷多元预防调处化解综合机制，做到“小事不出村、大事不出乡、矛盾不上交”。深入开展“民主法治示范村（社区）”创建，加强动态管理，提高创建质量，促进乡村社会既充满活力又和谐有序，推动全面依法治国各项措施在城乡基层落地生根。

专栏2　乡村（社区）“法律明白人”培养工程
1. 以村干部、村妇联执委、人民调解员、网格员、村民小组长、退役军人等为重点，加快培育“法律明白人”。 2. 制定乡村（社区）“法律明白人”培养工作规范。 3. 加强培训、考核和动态管理。 4. 建立健全激励制约机制。

深化依法治校。深化“法律进学校”，推动各级各类学校健全依法治理制度体系，加强学校法治文化建设，切实提升依法办学、依法执教的意识和能力。落实“法治副校长”、法治辅导员制度，有针对性地开展防范校园欺凌、性侵害等方面法治教育，深化学校及周边环境依法治理。

深化依法治企。深化“法律进企业”，落实经营管理人员学法用法制度。加强企业法治文化建设，提高经营管理人员依法经营、依法管理能力。推动企业合规建设，防范法律风险，提升企业管理法治化水平。

专栏3　企业合规建设
1. 将法治作为企业学习重要内容，组织开展对企业主要负责人的法治培训，增强依法诚信经营意识与合规理念。 2. 完善合规管理体系，推动企业将合规管理融入业务工作全流程各环节。 3. 引导企业加强境外经营合规管理，提高法律风险防范意识。 4. 加强企业合规人才队伍建设。

（二）深化行业依法治理

引导和支持各行业依法制定规约、章程，发挥行业自律和专业服务功能，实现行业自我约束、自我管理，依法维护成员合法权益。推进业务标准程序完善、合法合规审查到位、防范化解风险及时、法律监督有效的法治化行业治理。

深化“法律进网络”，加强对网络企业管理和从业人员法治教育，推动网络企业自觉履行责任，做到依法依规经营。完善网络管理制度规范，培育符合互联网发展规律、体现公序良俗的网络伦理、网络规则。加强网络安全教育，提高网民法治意识，引导广大网民崇德守法、文明互动、理性表达。

（三）开展专项依法治理

加强社会应急状态下专项依法治理，开展公共卫生安全、传染病防治、防灾减灾救灾、突发事件应急管理等方面法治宣传教育，促进全社会在应急状态下依法行动、依法办事，依法维护社会秩序。

坚持依法治理与系统治理、综合治理、源头治理有机结合，深入开展多层次、多形式法治创建活动，加强对县（市、区、旗）、乡（镇、街道）、村（社区）等区域治理中法治状况的研究评估工作，大力提高社会治理法治化水平。

六、着力提高普法针对性、实效性

（一）在立法、执法、司法过程中开展实时普法

把普法融入立法过程。在法律、法规制定、修改过程中，通过公开征求意见、听证会、论证会、基层立法联系点等形式扩大社会参与。通过立法机关新闻发言人等机制解读法律问题，回应社会关切。在司法解释制定过程中，加强相关普法工作。法律、法规正式公布时，一般应当同步进行解读。

把普法融入执法、司法过程。制定执法、司法办案中开展普法的工作指引，加强行政许可、行政处罚、行政强制、行政复议、行政诉讼等相关法律规范的普法宣传，把向行政相对人、案件当事人和社会公众的普法融入执法、司法办案程序中，实现执法办案的全员普法、全程普法。在落实行政执法公示、执法全过程记录、重大执法决定法制审核制度中，加强普法宣传。在行政复议工作中，利用受理、审理、决定等各环节实时普法，引导教育申请人依法维权、表达诉求。充分运用公开开庭、巡回审判、庭审现场直播、生效法律文书统一上网和公开查询等生动直观的形式宣讲法律，释法说理。

把普法融入法律服务过程。法律服务工作者在为当事人提供法律服务、调处矛盾纠纷、参与涉法涉诉信访案件处理时，加强释法析理，引导当事人和社会公众依法办事。加快公共法律服务体系建设，在人民群众需要法律的时候，能够及时得到法治宣传和法律服务，让人民群众感受到法律的温暖和力量。

加大以案普法力度。落实法官、检察官、行政复议人员、行政执法人员、律师等以案释法制度和典型案例发布制度，健全以案普法长效机制，使广大法治工作者成为弘扬社会主义法治精神、传播社会主义法治理念的普法者。培育以案普法品牌，针对人民群众日常生活遇到的具体法律问题及时开展普法。充分利用典型案事件向公众进行法律解读，使典型案事件依法解决的过程成为全民普法的公开课。

（二）充分运用社会力量开展公益普法

壮大社会普法力量。发挥群团组织和社会组织在普法中的作用，畅通和规范市场主体、新社会阶层、社会工作者和志愿者等参与普法的途径，发展和规范公益性普法组织。加强普法讲师团建设，充分发挥法律实务工作者、法学教师的作用。加强普法志愿队伍建设，组织、支持退休法官检察官、老党员、老干部、老教师等开展普法志愿服务。

健全社会普法教育机制。加强对社会力量开展普法的管理服务、组织引导和政策、资金、项目扶持，完善政府购买、社会投入、公益赞助等相结合的社会普法机制。健全嘉许制度，推动普法志愿服务常态化、制度化。

（三）充分运用新技术新媒体开展精准普法

创新普法内容。适应人民群众对法治的需求从“有没有”向“好不好”的转变，提高普法质量，形成法治需求与普法供给之间更高水平的动态平衡。注重运用新技术分析各类人群不同的法治需求，提高普法产品供给的精准性和有效性。走好全媒体时代群众路线，鼓励公众创作个性化普法产品，加强对优秀自媒体制作普法作品的引导。加大音视频普法内容供给，注重短视频在普法中的运用。

拓展普法网络平台。以互联网思维和全媒体视角深耕智慧普法。强化全国智慧普法平台功能，推动与中国庭审公开网、中国裁判文书网等网络平台的信息共享。建立全国新媒体普法集群和矩阵，发挥“学习强国”等平台优势，形成多级互动传播。建设全国统一的法律、法规、规章、行政规范性文件、司法解释和党内法规信息平台，及时更新数据，免费向公众开放。

创新普法方法手段。坚持效果导向，在充分利用传统有效的普法方式基础上，促进单向式传播向互动式、服务式、场景式传播转变，增强受众参与感、体验感、获得感，使普法更接地气，更为群众喜闻乐见。建设融“报、网、端、微、屏”于一体的全媒体法治传播体系，使互联网变成普法创新发展的最大增量。

专栏4　全国智慧普法平台建设
1. 建设全国智慧普法统一平台，积极与中央政法机关法治宣传网络平台、县以上地方新媒体普法平台对接，实现互联互通。 2. 强化法律、法规和党内法规查询、法律问题咨询、典型案例解读等服务功能，实时满足用户法治需求。 3. 加强全国智慧普法平台推广应用，使之成为普法工作的“好帮手”，成为公民学法重要渠道。

七、加强组织实施

（一）加强组织领导

各级党委和政府要更加注重系统观念、法治思维，把推进全民普法和守法摆上重要工作日程，推动更多法治力量向引导和疏导端用力，科学制定本地区本系统五年规划，认真组织实施。把普法工作纳入本地区本系统法治建设总体部署，纳入综合绩效考核、平安建设、文明创建等考核评价内容，定期听取汇报，研究解决普法工作中的难题。各级党政主要负责人要严格按照推进法治建设第一责任人职责的要求，认真履行普法领导责任，建立健全党政机关法律顾问制度。

（二）加强制度建设

健全党委领导、政府主导、人大监督、政协支持、部门各负其责、社会广泛参与、人民群众为主体的法治宣传教育领导体制和工作机制，形成大普法工作格局。全面依法治国（省、市、县）委员会守法普法协调小组和各级法治宣传教育工作领导小组要加强对本规划实施的组织领导和统筹协调。各级普法办事机构要充分发挥职能作用，组织推动、督促指导各项任务落到实处。推动制定法治宣传教育法，推动及时制定、修改地方法治宣传教育条例，为全民普法工作提供法律依据和制度支撑。

（三）全面落实普法责任制

强化“谁执法谁普法”普法责任制。完善国家机关普法责任清单制度，细化普法内容、措施标准和责任。全面推行“谁执法谁普法”责任单位年度履职报告评议制度，提高评议质量。进一步发挥落实普法责任制联席会议的作用。逐步形成清单管理、跟踪提示、督促指导、评估反馈的管理模式，压实各责任单位普法责任。推行“谁管理谁普法”“谁服务谁普法”，促进各社会团体、企事业单位以及其他组织加强本系统本行业本单位人员学法用法，加大对管理服务对象普法力度，落实普法责任。

落实媒体公益普法责任。广播电视、报纸期刊、互联网等大众传媒承担公益普法责任，积极利用国家宪法日、全民国家安全教育日、国家网络安全宣传周、消费者权益保护日、知识产权宣传周等重要时间节点，在重要版面、重要频道、重要时段设置普法专栏专题，针对社会热点和典型案事件及时开展权威准确的法律解读。把法治类公益广告纳入媒体公益广告内容，促进媒体公益普法常态化、制度化。

（四）强化基层基础工作

推进重心下移。突出抓基层、强基础、固基本的工作导向，为基层开展普法和依法治理创造更好的条件。加强基层建设，激发基层活力，强化政策、制度、机制保障，从人员配备数量、待遇、经费、装备等方面，切实向普法基层一线倾斜，推动各类资源向基层下沉。

加强能力建设。强化对各级普法主管部门工作人员的系统培训，5 年内省级普法主管部门对县级以上普法办人员轮训 1 次。加大对基层司法所开展普法工作的指导和支持力度，提升司法所普法工作水平，将具有法律职业资格的人员充实到普法工作一线。

加强理论研究。加强法治传播规律和全民守法规律的基础理论研究，加强新时代全民普法工作的应用性、对策性研究。完善法治宣传教育专家咨询制度。加强法治传播、法治文化等学科建设和人才培养。

落实经费保障。强化各级财政对规划实施的保障作用，把普法工作经费列入本级预算。按规定把普法列入政府购买服务指导性目录，加大对欠发达地区普法经费的支持力度。鼓励引导社会资金参与支持普法工作，加强规范和管理。

（五）加强评估检查

健全普法工作评估指标体系。对普法工作开展情况、工作成效以及公民法治素养提升效果开展综合评估，从实际出发设定评估参数，健全评估指标体系，提升评估的科学性和准确性。

开展中期评估和总结验收。加强规划实施中的动态监测，开展规划实施情况中期评估，重在发现问题，推动解决问题，并对工作突出的进行通报表扬。开展终期总结验收，加强评估结果运用。按规定表彰和奖励全国普法工作先进单位、先进个人和依法治理创建活动先进单位。

加强日常指导和监督。尊重群众首创精神，鼓励地方和基层聚焦问题开展差异化探索，及时发现、总结、推广经验，推动全民普法实践创新、制度创新、理论创新。注重清单化管理、项目化推进、责任化落实，防止形式主义、官僚主义，确保普法工作有声有色、有力有效开展。对重视不够、措施不力、落实普法责任制不到位的，普法主管部门应当发出普法提示函或建议书，必要时进行约谈，提出整改要求；对造成严重后果的，进行通报批评，依规依法处理。支持各级人民代表大会加强对全民普法工作的监督和专项检查。

军队的第八个五年法治宣传教育工作，参照本规划进行安排部署。

下　篇

水行政执法实务

行政法理论与水行政执法实务全面对接

精选水事案例深度解析方法引路

第一部分　水行政执法管理典型案例

一　行政许可

案例一：河道里建起商品房

这个来自长江的案例非常著名，对全国的水行政许可与执法管理都产生了较深远的影响。全国各地不同程度地存在类似的违法案例，最后的结果都是拆除。

武汉市长江江段是长江中下游最狭窄的江段之一，武汉市也因此屡屡遭到洪水的困扰，1954 年和 1998 年的两场大洪水期间，洪水的水位都比市区要高出了许多。1998 年的大洪水退后，清理河道、加固江堤成了武汉市上上下下的共识。可是从 2000 年开始有人在河道里面的江滩上盖起了一大片商品楼房——外滩花园，外滩花园以“我把长江送给你”的广告口号响彻武汉市，虽然是当时武汉市房价最贵的房地产，但是由于独特景色，不少武汉市民纷纷购买。

外滩花园小区商品楼虽然在河道里建设，但是开发商取得了立项批文、施工许可证、防汛部门批文等各类合法手续，有杂志曾详细披露了外滩花园的审批链条：区防汛办 → 区政府 → 市防汛办 → 市规划局 → 市计委 → 市规划局、土地管理局 → 省政府 → 市防汛办 → 区人大常委会 → 市规划局、土地管理局 → 市防汛办 → 市水利局、防汛办 → 省水利厅。可以说，从行政审批角度上讲，报批程序环环相扣，基本一应俱全。经过层层审批的外滩花园建成后，好评如潮，被誉为“美化江滩，建设山水园林城市的又一重大成果”“探索出了以堤养堤，把防汛当作产业来抓的新路子”“拉开了武汉市建设上海外滩、浦东陆家嘴的序幕”等。但是更让外滩花园闻名全国的，是中央电视台《焦点访谈》《经济半小时》栏目以“河道里建起商品房”和“清除河障”等醒目标题对它的特别报道。在中央电视台《焦点访谈》报道中，可以看到记者采访了有关部门，追问这些部门是如何遵守《中华人民共和国防洪法》第二十二条规定“禁止在河道、湖泊管理范围内建设妨碍行洪的建筑物、构筑物”的？有关部门不能自圆其说。在节目的结尾，《焦点访谈》记者说：“不管地方经济的发展对长江河道滩地有多么强烈的开发要求，但谁都没有权力违反国家的有关法律，把长江河道的土地胡乱送人。”

《焦点访谈》：河道里建起商品房

主持人：在电视画面上的一排排商品房盖得很不错，您猜它盖在什么地方呢？竟然是武汉市长江江段最狭窄的河道里，武汉市长江江段是长江中下游最狭窄的江段之一，武汉市也因此屡屡遭到洪水的困扰。1998 年的大洪水退后，清理河道、加固江堤成了武汉市上上下下的共识，可是谁也没有想到，从去年开始有人在河道里盖起了楼房。

“我把长江送给你”是湖北省武汉市一家今年才落成的住宅小区——外滩花园的广告词。走进外滩花园的销售部，你还可以看到其他颇能打动人心的广告，比如“我家就在岸上住，近水楼台先得鱼”。这些广告可不是吹牛，外滩花园的每一个住户，如果你打开窗户的话，都能看到美丽的长江景色。所以，虽然这里的房价每平方米达 3 000 多元，是武汉市最贵的房地产，可是细心的人们发现，这个小区的位置似乎有点怪，小区的大门怎么是切开长江的防洪墙建成的。而小区的住宅楼更是与众不同了，别的楼都盖在防洪墙外面的市区内，而它们却盖在防洪墙里面的长江河道上，长江原来是这样送给小区的业主的。

水利部长江水利委员会工程师陈敏：武汉市防洪墙是我们长江干堤，是国家一级堤防。它保护着武汉城区里面的汉阳防洪区。它这个建筑物就建到河道里面的江滩上，建在河道内。大家都看到我们的防洪堤比我们的房屋，就是比第一层楼的高程还能高个两三米。也就是说，在大洪水来的时候，那我们的防洪堤是要挡水的。也就是说，这个小区的一楼是要被淹没的，要过流的。江滩上这些建筑物就会起阻水的作用，就会影响防洪。对我们的防洪大堤有一定的影响。

对于武汉人来说，1954 年和 1998 年的两场大洪水都是难以忘怀的，两次洪水期间，洪水的水位都比市区要高出了许多。可以说是靠了全体军民日夜奋战坚守，才使武汉市免除了灭顶之灾。可是 1998 年大洪水才过了两年，在武汉市长江大桥这段江面最狭窄的河道上，就盖起这么一大片商品楼，这商品楼有合法的手续吗？

记者采访武汉市鸿亚集团总经理助理张立军。

记者：可以在这个地方建房，所有合法文件都有吗？

张立军：对，对。所有都有。像这样一个地带，没有一个合法的文件，肯定是不能建房。

记者看到了开发商施工许可证等。

记者：从开发商那里，我们看到，不仅基本建设需要的立项批文、施工许可证他们一应俱全，就连武汉市防汛部门的批文他们也都具备了。可以说，从行政审批角度上讲，开发商已经具备了开工建设的资格。据了解，小区的主要建筑群是去年动工，今年完工的。可是 1998 年就颁布的《中华人民共和国防洪法》第二十二条明确规定，禁止在河道里建设妨碍行洪的建筑物。如果说有的行政部门不知道防洪法，没准批错了，但是水利防汛部门应该知道防洪法，这样批准建房，他们有法律依据吗？

记者采访了武汉市水务局河道管理处处长邓楚和。

邓楚和：是这样，按照以前武汉市的河道堤防管理条例，按照武汉市条例规定，由市防汛指挥部审查防洪的审批意见，送市规划局，由市规划局报市政府审批后来进行办理。

根据武汉市这个地区性法规，只要河道管理部门和武汉市政府部门批准，在河道里面就可以搭盖房屋。但是有了这样的地方性法规，就可以不执行国家的防洪法了吗？

记者：1985 年一个地方性法规？

邓楚和：1984 年。

记者：1984 年的。你能否定了省里面和国家这种大法吗？能不能起法律效力？

邓楚和：这个我们也请示了。因为这个是人大批准的，非要经过人大来进行废止。

记者：武汉市人大批的？

邓楚和：省人大批的。

记者：但是这个《防洪法》，都是全国人大批的。这个写得很明显，武汉市一旦地方性法规和国家大法冲突的话，按照国家大法来执行。

邓楚和：对，对。有冲突按大法执行这很明确。

记者：现在算不算冲突呢？

邓楚和：1997 年颁布《防洪法》以后，我们对这个事情很慎重。因为我们武汉市的地方性法规与这个《防洪法》有冲突以后，我们要服从大法。出现这个问题后，我们专门就这个事情，请示省水利厅和省防汛总指挥部办公室。将这个事情向上面来进行请示。

记者：批示有回复吗？

邓楚和：有回复。刚才不是给你看了嘛。

记者：可以建。

邓楚和：这是他们批的。

武汉市水利部门虽然依据 1984 年颁布地方性法规，批准在长江上建房。但是他们也知道，这个地方性法规和最新颁布的国法冲突，所以报请湖北省水利厅批准。那么湖北省水利厅又凭什么样的法律、法规批准他们在长江河道上建立商品房小区呢？

记者采访湖北省水利厅水政处处长李树东。

李树东：省里的这个《河道管理实施办法》就明确规定，我们根据这个条例制定办法，这个办法适用于长江、汉江流经我省的江段。那么这个江段的管理，由省水利主管部门负责全省河道管理，这是第三条规定。这个管理不是抽象的。包括审批管理，审批管理是管理当中一个重要环节。

原来湖北省水利厅这样做，也有一个地方性法规可以依据，这就是他们依据的《湖北省河道管理实施办法》，办法赋予了湖北省水利厅有行政管理权。但是我们发现，这个管理权有着明确的限制。

记者：第十五条，城镇建立和发展不得占用河道滩地，小区在河道滩地里面，又属于城镇建设的范畴，它不允许这样建设。

李树东：这个条款从前到后都是贯通的，法规定了对一般性的问题，做原则性的规定。都是通用的。比如你刚才说的，禁止河道内修建阻水建筑物，但同时对特别的情况又有条款做限制规定。比如十一条就这规定，修建港口码头或进行其他活动，所谓其他活动，也包括建设项目不得随意扩占岸线。因特殊情况确实需扩占的，报经有审批权的县以上水行政主管部门或河道主管机关批准，也可以。

记者：这个小区有什么特别情况？我想问。

李树东：那就武汉市，从它的整体的经济发展来考虑，我就不知道武汉市意图。

记者：你们作为湖北省水利管理部门，你们认为它有什么特殊意义或者说具有特殊意义的价值，你们才审批的，因为你们最后审批了，你们认为它的特殊意义在什么地方？

湖北省水利厅最终也没能说明这个外滩小区有什么特殊用途，但是他们还是依据特殊用途这一条给予了外滩小区建在长江上的特权。外滩花园取得了关键性水利部门的许可，也取得了武汉市其他行政部门的许可。外滩花园建起来了，别的开发商也把眼光纷纷盯在了长江河道上。这样的趋势，让不少有识之士焦急万分。

记者采访武汉市人大常委会委员曾仁端。

曾仁端：汉阳有这个例子，其他的地区，就有一个要求。他可以建我为什么不能建？因此，武昌区、青山区、汉口区，同样去江内到堤内去搞一些建筑群。这样把我们长江武汉段就变窄了，变窄了对疏通洪水肯定是没有好处的。

记者：面对这样的事实，人们不禁要问，湖北省水利厅这样审批长江河道的建设项目，真的是合法的吗？我们决定去水利部长江水利委员会咨询此事。长江水利委员会是水利部授权管理长江全流域的机构，他们应该最有发言权。

记者采访水利部长江水利委员会江务局局长王生福。

记者：按照现行的法律、法规，这样的生活小区能建在这个位置上吗？

王生福：不能。

记者：不可以建？

王生福：不可以建。按照《河道管理条例》和《防洪法》的规定，长江外滩要用的话，一般是不允许盖建筑物的。

记者：在长江水利委员会，我们还了解到，早在1995年，水利部就明确颁发了文件，规定在长江主干道上修建大中型建设工程，必须经过长江水利委员会审核批准。

王生福：按照审批程序，可以说它还是不符合程序的。

我们还了解到，早在今年年初，长江水利委员会曾经发文制止湖北省水利厅这种越权审批行为，要求外滩花园停止建设。

记者：结果呢？

水利部长江水利委员会工程师陈敏：结果他们没有报上来。

记者：也没有理你们？

陈敏：哎。没有报上来，这个工程也没有停止。

其实在河道上建房隐患重重，除洪水一来，小区底层被淹外，即使没有洪水，也有很大隐患。

陈敏：长江河势非常复杂，有一句话就是说：三十年河东，三十年河西。尽管现在的主流贴到武昌那边，在我们长江的南岸。但是，过若干年以后，河水也可能返回到北岸来。到那个时候，我们这边的江滩就要受到冲刷，如果在守护不力的情况下，可能这整片滩地都要崩到江里面去，那么就会影响到小区的安全。

更令人担忧的是，一旦百年不遇的大洪水来临，这片堵水的建筑物、这扒开防洪墙修建的小区大门，又会给堤外的城区带来什么样危害？如果长江沿岸都这么做的话，长江这条母亲河又会是什么样呢？

主持人：城市的发展的确需要用地，但是不管这种需要多么迫切，也不应该去打长江河道滩地的主意。谁都没有权力把长江河道的土地胡乱送人。更何况这种做法违反国家的有关法律，对今后的防洪抗洪也会带来非常不利的影响。

据悉，《焦点访谈》报道后，时任国务院总理的朱镕基安排国务院组成专项调查组赴武汉调查，调查组调查后认为事实成立，回京后向朱镕基总理汇报，有专家提出是否再组织专家做一下防洪影响评价。朱总理当时问了一个很普通的问题：“这么大的东西立在长江主河道里，对防洪有没有影响，还需要专家再次论证吗？”2002年3月，随着阵阵爆炸声，7万多平方米建筑、2亿多元投资灰飞烟灭。

案例二：河道内水行政许可“负面清单”

随着经济社会的发展，河道滩区成为建设开发热点，涉河建设活动越来越多，项目类型也呈现出多样化特点，除桥梁、穿河管道、跨河输电线路等项目外，生态景观、休闲旅游等项目不断新增。“河道内哪些项目能干？哪些项目不能干？”“哪些项目能批？哪些项目不能批？”这些问题成为沿河两岸政府和社会公众最关注的河道问题之一，也成为各级水利部门，特别是基层水利部门必须直面回答的难题。

要探索建立河道内许可项目“负面清单”，必须执行水利部的最新规定，同时还要梳理出与河道管理有交集的土地、自然保护区、湿地、畜牧、基本农田、水源地、公路、桥梁、管道等多个涉河法律禁止性或限制性条款。河道管理范围内，下列活动应该属于禁止事项，不予水行政许可：

（1）建设妨碍行洪的建筑物、构筑物，围垦河道，倾倒矿渣、石渣、煤灰、泥土、垃圾等废弃物。

（2）采淘铁砂，在河道禁采区、禁采期采砂。

（3）将河道滩区规划为城市建设用地、商业房地产开发用地和工厂、企业成片开发区。

（4）在滩区建设光伏发电项目、黏土墙材企业、污染工矿企业、污染水质的化工厂，设置尾矿库、永久渣场。

（5）在河道主河槽、控导（护滩）工程护坝地、堤防工程安全保护区内建设开发项目。

（6）修建围堤、阻水渠道、阻水道路，种植阻碍行洪的林木和高秆农作物（堤防防护林除外），设置拦河渔具，堆放、倾倒、掩埋污染水体的物体；在堤防和护堤地建房、开渠、打井、挖窑、葬坟、存放物料、开采地下资源、进行考古发掘及开展集市贸易活动。

（7）在自然保护区内进行开垦、开矿、采石、挖沙等活动（法律、行政法规另有规定的除外）。

（8）在湿地保护区域内建设居民点、厂房、仓库、餐饮娱乐等设施，或者从事其他非防洪防汛和湿地保护的建设活动。

（9）在畜禽养殖禁养区、生活饮用水的水源保护区、风景名胜区、自然保护区的核心区和缓冲区、城镇居民区、文化教育科学研究区以及法律、法规规定的其他禁养区域内建设畜禽养殖场、养殖小区。

（10）占用耕地建坟、建窑，在基本农田保护区内建窑、建房、建坟、挖砂、采石、取土、堆放固体废弃物或者进行其他破坏基本农田的活动；占用基本农田发展林果业和挖塘养鱼。

（11）在风景名胜区内进行采石、开矿、开荒、修坟立碑等破坏景观、植被和地形地貌的活动，修建储存爆炸性、易燃性、放射性、毒害性、腐蚀性物品的设施，设立各类开发区和在核心景区内建设宾馆、招待所、培训中心、疗养院，以及与风景名胜资源保护无关的其他建筑物。

（12）在特大型公路桥梁跨越的河道上游 500 m、下游 3 000 m，大型公路桥梁跨越的河道上游 500 m、下游 2 000 m，中小型公路桥梁跨越的河道上游 500 m、下游 1 000 m 范围内采砂；在国道、省道、县道的公路用地外缘起向外 100 m，乡道的公路用地外缘起向外 50 m，公路渡口和中型以上公路桥梁周围 200 m，公路隧道上方和洞口外 100 m 范围内从事采矿、采石、取土、爆破作业活动；在公路用地外缘起向外 100 m，公路渡口和中型以上公路桥梁周围 200 m，公路隧道上方和洞口外

100 m范围内设立生产、储存、销售易燃、易爆、剧毒、放射性等危险物品的场所、设施（按照国家有关规定设立的为车辆补充燃料的场所、设施除外）；利用公路桥梁（含桥下空间）、公路隧道、涵洞堆放物品，搭建设施，以及铺设高压电线和输送易燃、易爆或者其他有毒有害气体、液体的管道；在公路建筑控制区内修建建筑物和地面构筑物（公路保护需要除外）；在公路、公路用地范围内堆放物品、设置障碍、挖沟引水、种植作物、放养牲畜、采石、取土。

（13）在饮用水地表水源一级保护区内建设与供水设施和保护水源无关的建设项目，设置与供水需要无关的码头，设置油库，从事种植、放养畜禽和网箱养殖活动，以及可能污染水源的旅游活动和其他活动；在饮用水地表水源二级保护区内建设排放污染物的建设项目；在饮用水地表水源准保护区内建设对水体污染严重的建设项目；在饮用水地下水源一级保护区内建设与取水设施无关的建筑物，从事农牧业活动，输送污水的渠道、管道及输油管道通过本区，建设油库，修建墓地；在饮用水地下水源二级保护区内建设化工、电镀、皮革、造纸、制浆、冶炼、放射性、印染、染料、炼焦、炼油及其他有严重污染的企业，设置城市垃圾、粪便和易溶、有毒有害废弃物堆放场和转运站。

（14）建设蹦极塔、滑索、玻璃栈道等设施。

（15）其他有关法律、法规禁止的活动。

需要指出的是，除了以上规定，《黄河保护法》中也规定了一些明令禁止的行为：

（1）禁止违反国家有关规定、未经国务院批准，占用永久基本农田。（第二十五条第三款）

（2）禁止擅自占用耕地进行非农业建设，严格控制耕地转为林地、草地、园地等其他农用地。（第二十五条第三款）

（3）禁止在黄河干支流岸线管控范围内新建、扩建化工园区和化工项目。（第二十六条第二款）

（4）禁止在黄河干流岸线和重要支流岸线的管控范围内新建、改建、扩建尾矿库；但是以提升安全水平、生态环境保护水平为目的的改建除外。（第二十六条第二款）

（5）禁止在黄河上游约古宗列曲、扎陵湖、鄂陵湖、玛多河湖群等河道、湖泊管理范围内从事采矿、采砂、渔猎等活动，维持河道、湖泊天然状态。（第三十条第二款）

（6）禁止在二十五度以上陡坡地开垦种植农作物。黄河流域省级人民政府根据本行政区域的实际情况，可以规定小于二十五度的禁止开垦坡度。禁止开垦的陡坡地范围由所在地县级人民政府划定并公布。（第三十二条第二款）

（7）禁止损坏、擅自占用淤地坝。（第三十四条第三款）

（8）禁止在黄河流域水土流失严重、生态脆弱区域开展可能造成水土流失的生产建设活动。确因国家发展战略和国计民生需要建设的，应当进行科学论证，并依法办理审批手续。（第三十五条第一款）

（9）禁止侵占刁口河等黄河备用入海流路。（第三十六条第三款）

（10）禁止在黄河流域开放水域养殖、投放外来物种和其他非本地物种种质资源。（第四十一条第二款）

（11）国家实行黄河流域重点水域禁渔期制度，禁渔期内禁止在黄河流域重点水域从事天然渔业资源生产性捕捞，具体办法由国务院农业农村主管部门制定。黄河流域县级以上地方人民政府应当按照国家有关规定做好禁渔期渔民的生活保障工作。（第四十二条第二款）

（12）禁止电鱼、毒鱼、炸鱼等破坏渔业资源和水域生态的捕捞行为。（第四十二条第三款）

（13）禁止取用深层地下水用于农业灌溉。（第五十五条第一款）

（14）禁止在河道、湖泊管理范围内建设妨碍行洪的建筑物、构筑物以及从事影响河势稳定、危害河岸堤防安全和其他妨碍河道行洪的活动。（第六十七条第一款）

（15）禁止违法利用、占用河道、湖泊水域和岸线。（第六十七条第一款）

（16）禁止在黄河流域禁采区和禁采期从事河道采砂活动。（第六十九条第二款）

（17）在三门峡、小浪底、故县、陆浑、河口村水库库区养殖，应当满足水沙调控和防洪要求，禁止采用网箱、围网和拦河拉网方式养殖。（第七十条第二款）

案例三：水行政许可受理

省河务局水政处的两名工作人员，在探讨局里行政许可问题时，有下列一些看法：

A. 行政许可办公室对行政许可申请人的书面或口头申请都应该接受；并且对行政许可申请人提交的申请材料的审查，均应由局里两名以上工作人员进行。

B. 省局直接受理审批的行政许可事项，为方便基层项目批准后管理，应该告知申请人须先征得当地县局、市局逐级同意后，省局才予以受理。

C. 为便于工作，支持局属企业发展，应该在受理时向申请人推荐省局下属的设计院编制防洪影响评价报告。

D. 省局受理后不是必须在 20 日内作出行政许可决定，但作出准予行政许可决定和不予行政许可决定，均应采用书面形式。

问题：以上说法中哪些是正确的？

解析：根据《行政许可法》第二十九条、《水行政许可实施办法》第十八条规定，行政许可申请应以书面形式提出，不能以口头形式提出。根据《行政许可法》第三十四条第三款，进行实质审查才需两名以上工作人员进行；如果进行形式审查，只需一名即可。据此，选项 A 中的两个观点都是错误的。

《行政许可法》第十六条第四款规定，法规、规章对实施上位法设定的行政许可作出的具体规定，不得增设行政许可；对行政许可条件作出的具体规定，不得增设违反上位法的其他条件。选项 B 说法属于增设违反上位法的其他条件的情形，说法错误。

《行政许可法》第二十七条第一款规定，行政机关实施行政许可，不得向申请人提出购买指定商品、接受有偿服务等不正当要求。因此，选项 C 说法错误。

根据《行政许可法》第四十二条第一款，行政许可决定期限一般为二十日，但经本行政机关批准可以延长十日，而且法律、法规另有规定的，依照其规定。可见作出行政许可决定不是必须在 20 日内完成的。《行政许可法》第三十八条规定，申请人的申请符合法定条件、标准的，行政机关应当依法作出准予行政许可的书面决定。行政机关依法作出不予行政许可的书面决定的，应当说明理由，并告知申请人享有依法申请行政复议或者提起行政诉讼的权利。据此可知，行政机关准予行政许可或不予行政许可，都应当作出书面决定，不能口头告知。故选项 D 正确。

由此可见，以上说法中只有选项 D 是正确的。

案例四：水行政许可“受理在先”

某河流上已建有 A 水厂，为满足需要，某市人民政府拟在该河流上再建一座水厂。甲公司和乙公司都符合审批条件，甲公司和乙公司先后向某市水务局提出申请。

问题：

（1）某市水务局仅批准甲公司建设合适吗？

（2）如果甲公司是口头申请，乙公司是书面申请，水务局应如何处理？

（3）水务局作出决定后口头告知申请人可以吗？

（4）如果 A 水厂不同意，可以对某市人民政府批准再建水厂的决定提起行政诉讼吗？

（5）如果乙公司以贿赂手段取得行政许可，水务局应当如何处理？

解析：

（1）《行政许可法》第五十七条规定：“有数量限制的行政许可，两个或者两个以上申请人的申请均符合法定条件、标准的，行政机关应当根据受理行政许可申请的先后顺序作出准予行政许可的决定。但是，法律、行政法规另有规定的，依照其规定。”这就是实施行政许可程序中的“受理在先”原则。因此，在甲公司和乙公司都符合审批条件的情况下，某市水务局按照甲公司和乙公司申请的先后顺序作出仅批准甲公司建设的决定是合法的、合适的。

（2）如果甲公司是口头申请，乙公司是书面申请，水务局应在符合审批条件的情况下，同意乙公司的申请。

因为根据《行政许可法》第二十九条、《水行政许可实施办法》第十八条规定，行政许可申请应以书面形式提出，不能以口头形式提出。甲公司的申请是口头申请，可以视为未提出。

（3）水务局作出决定后口头告知申请人不可以。

《行政许可法》第三十八条规定，申请人的申请符合法定条件、标准的，行政机关应当依法作出准予行政许可的书面决定。行政机关依法作出不予行政许可的书面决定的，应当说明理由，并告知申请人享有依法申请行政复议或者提起行政诉讼的权利。据此可知，行政机关准予行政许可或不予行政许可，都应当作出书面决定，不能口头告知。

（4）在行政法理论上，只要行政行为是基于“竞争中立原则”作出，即使是对既存经营者的既存利益造成了损害，也不能认为该行为涉及该经营者的“公平竞争权”。据此，市人民政府批准再建水厂的决定与A水厂不存在法律上利害关系（A水厂并不享有对河流引水供水的专营权），根据《最高人民法院关于执行〈中华人民共和国行政诉讼法〉若干问题的解释》第十二条的规定，A水厂不可以就此提起行政诉讼。

（5）按照《行政许可法》规定，被许可人以欺骗、贿赂等不正当手段取得行政许可的，行政机关应当依法给予行政处罚；依法撤销该行政许可，并给予警告；从事经营活动，有违法所得的，可以处违法所得3倍以下罚款（最高不得超过3万元）；取得的行政许可属于直接关系公共安全、人身健康、生命财产安全事项的，申请人在3年内不得再次申请该行政许可；构成犯罪的，依法追究刑事责任。

案例五：“应当、或者……”请使用“法律语言”

2016年7月，黄河河务局的专家在郑州审查一座跨越黄河下游大桥的防洪影响报告时，提出了10条意见，其中1条意见是“鉴于大桥有个别桥墩设计在黄河淤背区内，相应桥墩位置应当予以调整”。会议结束前，专家将这些审查意见向项目业主和设计单位进行通报、反馈，项目业主对于其他9条意见无异议，唯独对专家意见中“相应桥墩位置应当予以调整”中的“应当”一词特别关注，认为“应当”就是“必须”，建议把这条意见中的“应当”改为“建议”。河务局有1位专家谈了自己的看法：“应当”和“必须”不是一个意思，“应当”不是“必须”，“应当”是应该做，不做也可以，有回旋余地；而“必须”是只能这么做，没有别的选择。

我们日常工作、生活都离不开语言文字，一辈子不知道会说多少个“应当、或者、可以、以上……”，平时使用这些通俗词语不会太在意，即便表述不当，一般也不会产生什么严重后果。但在一些时候，比如签合同、制定文件、行政许可等情况下，这些常用词语的使用必须恰当、准确、清楚、规范，以避免造成解释困难和适用的混乱。实际上，2009年全国人民代表大会常务委员会法制工作委员会颁发的《立法技术规范》

中，对这些常用词语，都进行了明确规范，“应当、或者、依据……”都是有“法律语言”的。这里摘录 15 条。

（一）应当，必须

“应当”与“必须”的含义没有实质区别。法律在表述义务性规范时，一般用“应当”，不用“必须”。

示例：对居住在行洪河道内的居民，当地人民政府应当有计划地组织外迁。

（二）不得，禁止

“不得”“禁止”都用于禁止性规范的情形。“不得”一般用于有主语或者有明确的被规范对象的句子中，“禁止”一般用于无主语的祈使句中。不再使用“不准”“不应”“不能”“严禁”等与“不得”和“禁止”相近的词语。

示例：城镇建设和发展不得占用河道滩地。

示例：禁止在河道、湖泊管理范围内建设妨碍行洪的建筑物、构筑物。

（三）和，以及，或者

“和”连接的并列句子成分，其前后成分无主次之分，互换位置后在语法意义上不会发生意思变化，但是在法律表述中应当根据句子成分的重要性、逻辑关系或者用语习惯排序。

示例：一切法律、行政法规和地方性法规都不得同宪法相抵触。

“以及”连接的并列句子成分，其前后成分有主次之分，前者为主，后者为次，前后位置不宜互换。

示例：有堤防的河道，其管理范围为两岸堤防之间的水域、沙洲、滩地（包括可耕地）、行洪区，两岸堤防以及护堤地。

“或者”表示一种选择关系，一般只指其所连接的成分中的某一部分。

示例：无堤防的河道，其管理范围根据历史最高洪水位或者设计洪水位确定。

（四）但是，但

“但是”“但”两者的含义相同，只是运用习惯的不同。法律中一般用“但是”，不用单音节词“但”。“但是”后一般加逗号，在简单句中也可以不加。

（五）依照，按照，参照

规定以法律、法规作为依据的，一般用“依照”。

示例：违反河道和水库大坝的安全管理，依照《中华人民共和国河道管理条例》和《水库大坝安全管理条例》的有关规定处理。

“按照”一般用于对约定、章程、规定、份额、比例等的表述。

示例：在汛期，气象、水文、海洋等有关部门应当按照各自的职责，及时向有关防汛指挥机构提供天气、水文等实时信息。

“参照”一般用于没有直接纳入法律调整范围，但是又属于该范围逻辑内涵自然延伸的事项。

示例：法律、法规授权的具有公共事务管理职能的事业单位中除工勤人员外的工作人员，经批准参照本法进行管理。

（六）会同，商

“会同”用于法律主体之间共同作出某种行为的情况。“会同”前面的主体是牵头者，“会同”后面的主体是参与者，双方需协商一致，共同制定、发布规范性文件或者作出其他行为。

示例：滩地的利用，应当由河道主管机关会同土地管理等有关部门制定规划，报县级以上地方人民政府批准后实施。

“商”用于前面的主体是事情的主办者，后面的主体是提供意见的一方，在协商的前提下，由前面的主体单独制定并发布规范性文件。

（七）以上，以下，以内，不满，超过

规范年龄、期限、尺度、重量等数量关系，在涉及以上、以下、以内、不满、超过的规定时，“以上、以下、以内”均含本数，“不满、超过”均不含本数。

示例：劳动合同期限三个月以上不满一年的，试用期不得超过一个月；劳动合同期限一年以上不满三年的，试用期不得超过两个月；三年以上固定期限和无固定期限的劳动合同，试用期不得超过六个月。

（八）日，工作日

“日”和“工作日”在法律时限中的区别是：“日”包含节假日，“工作日”不包含节假日。对于限制公民人身自由或者行使权力可能严重影响公民、法人和其他组织的其他权利的，应当用“日”，不用“工作日”。

示例：公安机关对被拘留的人，认为需要逮捕的，应当在拘留后的三日以内，提请人民检察院审查批准。在特殊情况下，提请审查批准的时间可以延长一日至四日。对于流窜作案、多次作案、结伙作案的重大嫌疑分子，提请审查批准的时间可以延长至三十日。

（九）作出，做出

“作出”多与决定、解释等词语搭配使用。

示例：最高人民法院、最高人民检察院作出的属于审判、检察工作中具体应用法律的解释，应当自公布之日起三十日内报全国人民代表大会常务委员会备案。

“做出”多与名词词语搭配使用。

（十）公布，发布，公告

“公布”用于公布法律、行政法规、结果、标准等。

示例：本法自公布之日起施行。

“发布”用于公开发出新闻、信息、命令、指示等。

示例：履行统一领导职责或者组织处置突发事件的人民政府，应当按照有关规定统一、准确、及时发布有关突发事件事态发展和应急处置工作的信息。

“公告”用于向公众发出告知事项。

示例：遇有大型群众性活动、大范围施工等情况，需要采取限制交通的措施，或者作出与公众的道路交通活动直接有关的决定，应当提前向社会公告。

（十一）违法，非法

“违法”一般用于违反法律强制性规范的行为。

示例：被检查单位或者个人拒不停止违法行为，造成严重水土流失的，报经水行政主管部门批准，可以查封、扣押实施违法行为的工具及施工机械、设备等。

“非法”通常情况下也是违法，但主要强调缺乏法律依据的行为。

示例：非法占有高度危险物造成他人损害的，由非法占有人承担侵权责任。所有人、管理人不能证明对防止他人非法占有尽到高度注意义务的，与非法占有人承担连带责任。

（十二）执业人员，从业人员

“执业人员”用于表述符合法律规定的条件，依法取得相应执业证书，并从事为社会公众提供服务的人员。

示例：本法所称律师，是指依法取得律师执业证书，接受委托或者指定，为当事人提供法律服务的执业人员。

“从业人员”用于表述在一般性行业就业的人员。

（十三）批准，核准

“批准”用于有权机关依据法定权限和法定条件，对当事人提出的申请、呈报的事项等进行审查，并决定是否予以准许。

“核准”用于有权机关依据法定权限和法定条件进行审核，对符合法定条件的予以准许。

（十四）注销，吊销，撤销

“注销”用于因一些法定事实出现而导致的取消登记在册的事项或者已经批准的行政许可等。

示例：有下列情形之一的，行政机关应当依法办理有关行政许可的注销手续：①行政许可有效期届满未延续的；②赋予公民特定资格的行政许可，该公民死亡或者丧失行为能力的；③法人或者其他组织依法终止的；④行政许可依法被撤销、撤回，或者行政许可证件依法被吊销的；⑤因不可抗力导致行政许可事项无法实施的；⑥法律、法规规定的应当注销行政许可的其他情形。

“吊销”作为一种行政处罚，用于有权机关针对违法行为，通过注销证件或者公开废止证件效力的方式，取消违法者先前已经取得的许可证件。

“撤销”用于有权机关取消依法不应颁发的行政许可或者发出的文件、设立的组织机构，也可以用于取消资质、资格等。

（十五）根据，依据

当引用宪法、法律作为立法依据时，用“根据”。

当适用其他法律或者本法的其他条款时，用“依据”。

案例六：水行政许可证件转让

李某于2019年初经过申请，获得县水利局许可在某河内采砂。采砂进行了3个月后，李某发现采砂的人较多，竞争很激烈，河砂价格在下滑，相反自己经营的其他项目挣钱较快，不想在采砂上牵扯过多的精力，于是就找到张某进行合计，询问张某有无采砂的意向。张某考虑了几天，认为采砂还是有利可图的，就找到李某，表示愿意接手李某的采砂区域，但采砂需要经过许可，如果让他采砂，那么李某的采砂许可证就必须转给他。李某很爽快地答应了，但提出张某要额外给他1万元，他才可以把采砂许可证给张某。张某答应了李某的条件，把1万元交给李某并拿到李某的收据后，李某把自己的采砂许可证交给张某。张某随即开始在某河内从事采砂活动。

县水利局水政执法人员在巡查中发现了这一情况，分别对李某和张某进行了调查，两人对上述事实均予承认。

问题：李某和张某的行为合法吗？此案应当如何处理？

解析：李某和张某在此案中的行为不合法。

《行政许可法》第九条规定“依法取得的行政许可，除法律、法规规定依照法定条件和程序可以转让的外，不得转让”。《河道管理条例》没规定可以转让，所以李某和张某在此案中的行为不合法。

县水利局不予认可李某和张某私下交易采砂许可证的行为，在责令张某停止采砂行为的同时，可以要求张某另行申请；如果具备其他许可要件，也可以要求李某、张某两人履行许可变更手续。

但县水利局不能对李某和张某进行罚款。因为法律、法规对这种行为没有规定处罚。

案例七：水行政许可案件异地查处

某市采砂管理由县水利局负责。采砂业主华某在某市甲县水利局取得采砂许可证，在乙县违法采砂。

问题：对华某违法采砂行为应该由甲县水利局，还是乙县水利局处理？怎么处理？

解析：《行政许可法》第六十四条规定，被许可人在作出行政许可决定的行政机关管辖区域外违法从事行政许可事项活动的，违法行为发生地的行政机关应当依法将被许可人的违法事实、处理结果抄告作出行政许可决定的行政机关。《水行政许可实施办法》第四十八条规定，被许可人在作出水行政许可决定的水行政许可实施机关管辖区域外违法从事水行政许可事项活动的，由违法行为发生地的水行政许可实施机关按照管辖权限依法进行处理，并于五日内将被许可人的违法事实、处理结果抄告作出水行政许可决定的水行政许可实施机关。

结合本案，对华某的违法行为，乙县水利局不需要将案件移送甲县水利局处理，也不需要得到甲县水利局的委托，还不需要与甲县水利局共同处理。乙县水利局可以自己直接处理，但应当依法将华某的违法事实和处理结果抄告甲县水利局。

案例八：水行政许可撤销

甲厂经某市采砂许可证的法定发放机关地质矿产局批准取得了为期 5 年的采砂许可证，并经某区水电局等部门批准，在区江河管理站划定的区域内采砂。后因缴纳管理费问题与水电局发生纠纷。随后，该水电局越权向乙厂颁发了采砂许可证，准予乙厂在甲厂已被划定的区域内采砂。甲厂不服，要求地质矿产局撤销水电局发给乙厂的采砂许可证；要求水电局赔偿因向乙厂颁发许可证给自己造成的经济损失。

问题： 分析此案应如何处理？

解析： 《行政许可法》第七条规定，公民、法人或者其他组织对行政机关实施行政许可，享有陈述权、申辩权；有权依法申请行政复议或者提起行政诉讼；其合法权益因行政机关违法实施行政许可受到损害的，有权依法要求赔偿。《行政许可法》第二十二条规定，行政许可由具有行政许可权的行政机关在其法定职权范围内实施。《行政许可法》第六十九条规定，有下列情形之一的，作出行政许可决定的行政机关或者其上级行政机关，根据利害关系人的请求或者依据职权，可以撤销行政许可：①行政机关工作人员滥用职权、玩忽职守作出准予行政许可决定的；②超越法定职权作出准予行政许可决定的；③违反法定程序作出准予行政许可决定的；④对不具备申请资格或者不符合法定条件的申请人准予行政许可的；⑤依法可以撤销行政许可的其他情形。被许可人以欺骗、贿赂等不正当手段取得行政许可的，应当予以撤销。依照前两款的规定撤销行政许可，可能对公共利益造成重大损害的，不予撤销。依照本条第一款的规定撤销行政许可，被许可人的合法权益受到损害的，行政机关应当依法给予赔偿。依照本条第二款的规定撤销行政许可的，被许可人基于行政许可取得的利益不受保护。《行政许可法》第七十六条规定，行政机关未实施行政许可，给当事人的合法权益造成损害的，应当依照国家赔偿法的规定给予赔偿。

结合本案，某市地质矿产局应当根据甲厂的申请，撤销水电局发给乙厂的采砂许可证；甲厂可以要求水电局赔偿因向乙厂颁发许可证给自己造成的经济损失；水电局也应当撤销给乙厂发放的采砂许可证；若乙厂的采砂许可证被撤销，发放许可证的水电局应承担乙厂相应的经济损失。

案例九：水许可项目注销

黄河鲤鱼，《诗经》曰：“岂其食鱼，必河之鲤。”唐代大诗人李白有诗赞美：“黄河二尺鲤，本在孟津居，点额不成龙，归来伴凡鱼。”郑州黄河鲤鱼由于黄河特有的水质和郑州的地理环境，形状和味道最好，俗称铜头铁尾豆腐腰，列为中国四大名鱼之首。20世纪80年代开始，受人类活动的影响，黄河鲤鱼天然资源量急剧下降。2007年12月，黄河郑州段黄河鲤国家级水产种质资源保护区（范围包括巩义市、荥阳市、惠济区、金水区和中牟县，总面积达178平方千米），通过农业部审核，成为首批公布的40处国家级水产种质资源保护区之一。

河南省、郑州市政府启动了保护和繁育优质黄河鲤鱼的行动，“××黄河鲤鱼良种繁育实验基地”项目（简称“黄河鲤鱼项目”）在此背景下产生。2012年1月，项目申请人向河南黄河河务局申请，拟在郑州黄河河段内建设“黄河鲤鱼项目”，项目区规划建设黄河鲤鱼苗种繁育、黄河鲤鱼良种培育选育、黄河鲤鱼标准化健康养殖示范、养殖水处理与生态养殖、养殖品种质量控制等5个区域，占地面积600多亩，总投资4 000多万元。河南黄河河务局受理后，于2012年12月审核并制发了该项目审查同意书，审查同意书中提出：“该项目应在2年内开工建设，超过时限须重新履行审查同意手续。”同时要求：“项目建设开工前，建设单位应将施工许可申请文件、建设项目批准文件、施工安排（施工组织设计）、施工度汛方案、占用河道管理范围内土地情况、涉及第三人合法水事权益的有关协议等报河南河务局审查并核发建设项目施工许可证后方可开工建设。”但河南黄河河务局一直未收到该项目施工许可证办理申请。

2017年10月，河南黄河河务局在许可稽查时发现，该项目建设单位未按规定在2年内办理施工许可证并已擅自开工建设运行，该项目审查同意书已于2014年12月到期，河南黄河河务局一直未收到建设单位的审查同意书有效期延续申请。鉴于此，河南黄河河务局负责许可日常工作的行政许可办公室依照《行政许可法》中行政许可有效期届满未延续的，行政机关应当依法办理有关行政许可的注销手续的规定，向局里建议：对该项目审查同意书予以注销。

为慎重起见，河南黄河河务局行政许可办公室向项目所在地郑州黄河河务局和惠金黄河河务局了解项目实施情况，市县局提出两个问题：

（1）现行的行政许可事项已经取消了“位置和界限审批（施工许可证）”，是否还能按照原来的办理施工许可证才能开工的规定来作为注销的一项依据？

（2）建设单位取得的审查同意书已经失效3年多了，参考《行政处罚法》的规定，违法行为在2年内未被发现的，不再给予行政处罚。注销是否也有时效规定？

河南黄河河务局行政许可办公室对此进行了研究，认为：

（1）予以注销的关键性依据是《行政许可法》中“行政许可有效期届满未延续的，行政机关应当依法办理有关行政许可的注销手续”的规定，可以确定审查同意书已超期失效。

虽然取消了“位置和界限审批（施工许可证）”，但调整为执行水利部的关于开工前审核（现在为“备案”）的规定，被许可人虽然不用办理施工许可证了，但仍需办理开工前审核。至今被许可人一直没有提出办理申请。

（2）查阅《行政许可法》《行政处罚法》《防洪法》《河道管理条例》，以及河南省出台的黄河防汛、工程管理、河道管理“两条例一办法”和水利部、黄河水利委员会出台的文件等，没有发现针对注销的失效规定条款。

依据行政许可法的有关规定：第一，遵守期限是被许可人的义务，过期意味着许可失效，许可证件到期而未延续，就意味着许可证件的持有人自动放弃了许可证件，继续在许可证件允许的范围开展活动则是违法的；第二，注销不属于七种行政处罚种类之一，注销行为是在该行政许可因过期而失效后进行的确认行为，并不具有行政处罚的职能；第三，注销行为仅是行政机关履行行政许可法律的一种内部义务行为。

该项目许可注销意见形成后，河南黄河河务局书面征求了单位法律顾问的意见。2018 年 6 月 24 日，法律顾问单位出具了《关于对河南黄河河务局〈关于对水行政许可注销工作征求法律意见的函〉及相关附件的法律审查回函》。函复内容如下：

现依据贵局发送的《河南河务局关于对水行政许可注销工作征求法律意见的函》及相关附件，出具如下法律意见，供贵局参考。

（一）关于注销程序的合法性

行政许可的注销，是指基于特定事实的出现，而由行政机关依据法定程序收回行政许可证件或者公告行政许可失去效力，注销的前提是出现了使行政许可失去效力的特定事实。据相关材料可知，本次拟注销项目郑州市水产技术推广站良种繁育试验基地，该项目审查同意书于 2014 年 12 月到期，建设单位未在有效期内提出延续申请。存在水行政许可有效期届满未申请延续或未获准延续，该行为违反了《行政许可法》第七十条、水利部《水行政许可实施办法》第五十一条的规定，贵局据此对该项目进行注销，于法有据。

关于贵局内部审批流程，目前相关法律、法规对于行政机关内部工作审批程序并无明确规定。一般由各行政机关通过决策动议、拟定草案、专家论证、风险评估等程序后，提交法律部门进行合法性初审，审查通过后，将重大行政决策事项相关材料报送局决策机关集体研究决策后实施。贵局内部研讨并逐级上报的审批程序与此相符。贵局办理注销手续、形成注销决定书后向被许可人送达并通过河南黄河网站依法向社会公告，程序正当、合法。

（二）关于相关法律文书的使用

本注销事项主要涉及《行政许可注销审批表》（审批机关使用）及《行政许可注销决定书》（发放给被许可人），该两份法律文书均来源于我省官方统一制作的格式文本（豫依法行政领办〔2016〕13号）。针对被许可人发放《行政许可决定书》载明了被许可人、注销机关、注销事项、注销依据等事项，同时出于保护行政许可相对人原则，也载明了行政许可相对人的救济形式，即可依法申请行政复议或直接向人民法院提起行政诉讼。注销决定书内容完整、形式合法。

（三）其他

行政许可注销的行政主体应严格实行“谁审批、谁注销”的原则，严格依法办理。同时，应规范注销程序，及时向行政许可相对人送达，并通过公开渠道公布相应注销内容，确保继续违规经营建设者不再违规、不知情的群众知悉，避免市场交易风险及带来社会信用危机。

综上，贵局制作的相关法律文书内容与格式符合《中华人民共和国行政许可法》及其他法律、法规的规定，注销程序合规、有效。

二　水行政处罚

一、新修订《中华人民共和国行政处罚法》十个变化

（一）明确“行政处罚”的概念

该法第二条：“行政处罚是指行政机关依法对违反行政管理秩序的公民、法人或者其他组织，以减损权益或者增加义务的方式予以惩戒的行为。”

随着行政执法新的领域和新的违法情形不断变化，固定某几种处罚种类都不能穷尽将来可能发生的违法情形，因此明确行政处罚的概念，为以后在行政执法、行政诉讼等诸多案件中如何厘清行政处罚与其他行政行为提供了法理支持，只要该行政行为具有减损行政相对人权益或者增加行政相对人义务性质的，即可认定该行政行为为行政处罚行为，并无必要拘泥于行政行为的名称。

（二）新增行政处罚种类

（1）通报批评，该处罚种类与“警告”并列。警告多为“点对点”对行政相对人的违法行为予以警告，提醒其下不为例；而通报批评多为“点对面”，有一定的公开性。

（2）降低资质等级。比如驾驶证扣分“降照”；施工一级资质降为二级，虽然为资格罚，实际上限制了行政相对人的某种行为。

（3）限制开展生产经营活动、限制从业。就是在一定区域和时间内限制或禁止

行政相对人从事某种活动。比如“终生禁驾”，建设领域的“失信黑名单”等。

（三）赋予“乡、镇、街办”一定程度上行政处罚权

该法第二十四条：“省、自治区、直辖市根据当地实际情况，可以决定将基层管理迫切需要的县级人民政府部门的行政处罚权交由能够有效承接的乡镇人民政府、街道办事处行使，并定期组织评估。决定应当公布。”

乡、镇、街办是最基层的政府机关，往往是最早发现违法行为的机关，但现行《行政处罚法》将行政处罚的权力确定为“县级以上人民政府具有行政处罚权的行政机关”，如今新法修订解决了乡、镇、街办“看得见、管不着”的现状，为最基层政府机关行政执法提供了法律依据。

（四）特殊案件延长了行政执法时效

该法第三十六条：“违法行为在二年内未被发现的，不再给予行政处罚；涉及公民生命健康安全、金融安全且有危害后果的，上述期限延长至五年。法律另有规定的除外。”一般情况下，行政处罚的执法时效为两年，但涉及公民生命健康安全、金融安全且有危害后果的为五年。除法律另有规定除外，比如《治安处罚法》规定的执法时效为六个月。

（五）增加“听证范围”，重新规定听证程序的时间

该法第六十三条新增行政范围为“没收较大数额违法所得、没收较大价值非法财物；降低资质等级”。因为新增的两种行政处罚种类对行政相对人的权利义务有重大影响，因此有必要纳入听证范围，从而增加新的权利救济途径。申请听证的时间从“三日内”改为“五日内”，同时明确五日为工作日而非日历天。

（六）明确法制审核范围

该法第五十八条明确，有下列情形之一作出处罚决定之前的法制审核程序，否则不得作出处罚决定：

（1）涉及重大公共利益的。

（2）直接关系当事人或者第三人重大权益，经过听证程序的。

（3）案件情况疑难复杂、涉及多个法律关系的。

（4）法律、法规规定应当进行法制审核的其他情形。

首先，明确了法制审核范围，不是所有的行政处罚都需要法制审核；其次，“无审核不处罚”，法制审核成了前置必须程序；最后，行政机关招聘通过法考的人员，使得法制审核“有编有人”，同时也扩大法律人才就业。

（七）增加当场处罚（简易程序）和当场收缴罚款数额

当场处罚个人从 50 元增加到 200 元，单位从 1 000 元增加到 3 000 元，当场收缴从 20 元增加到 100 元。

（八）明确行政处罚案件办案期限。

该法第六十条："行政机关应当自行政处罚案件立案之日起九十日内作出行政处罚决定。法律、法规、规章另有规定的，从其规定。"一改"60日"惯例，新增30天，为行政机关调查取证、听证、法制审核提供了必要的时间。

（九）明确电子送达文书、电子支付缴纳罚款等。

该法第六十一条明确电子邮件等网络形式送达处罚决定，方便法律文书送达；该法第六十七条第三款明确了电子支付系统缴纳罚款。

（十）确定重大行政处罚公示制度；疫情期间从重、快速处理制度；电子技术监控设备法制、技术审核制度。

二、《行政处罚法》新旧条文对照表

修改前	修改后
《行政处罚法》（2017年修正）（1996年3月17日第八届全国人民代表大会第四次会议通过，根据2009年8月27日第十一届全国人民代表大会常务委员会第十次会议《关于修改部分法律的决定》第一次修正，根据2017年9月1日第十二届全国人民代表大会常务委员会第二十九次会议《关于修改〈中华人民共和国法官法〉等八部法律的决定》第二次修正）	《行政处罚法》（2021年修订）（1996年3月17日第八届全国人民代表大会第四次会议通过，根据2009年8月27日第十一届全国人民代表大会常务委员会第十次会议《关于修改部分法律的决定》第一次修正，根据2017年9月1日第十二届全国人民代表大会常务委员会第二十九次会议《关于修改〈中华人民共和国法官法〉等八部法律的决定》第二次修正，**2021年1月22日第十三届全国人民代表大会常务委员会第二十五次会议修订**）
第一章　总则	第一章　总则
第一条　为了规范行政处罚的设定和实施，保障和监督行政机关有效实施行政管理，维护公共利益和社会秩序，保护公民、法人或者其他组织的合法权益，根据宪法，制定本法。	第一条　为了规范行政处罚的设定和实施，保障和监督行政机关有效实施行政管理，维护公共利益和社会秩序，保护公民、法人或者其他组织的合法权益，根据宪法，制定本法。
	第二条　**行政处罚是指行政机关依法对违反行政管理秩序的公民、法人或者其他组织，以减损权益或者增加义务的方式予以惩戒的行为。**
第二条　行政处罚的设定和实施，适用本法。	第三条　行政处罚的设定和实施，适用本法。
第三条　公民、法人或者其他组织违反行政管理秩序的行为，应当给予行政处罚的，依照本法由法律、法规**或者**规章规定，并由行政机关依照本法规定的程序实施。~~**没有法定依据或者不遵守法定程序的，行政处罚无效。**~~	第四条　公民、法人或者其他组织违反行政管理秩序的行为，应当给予行政处罚的，依照本法由法律、法规、规章规定，并由行政机关依照本法规定的程序实施。

修改前	修改后
第四条 行政处罚遵循公正、公开的原则。设定和实施行政处罚必须以事实为依据，与违法行为的事实、性质、情节以及社会危害程度相当。对违法行为给予行政处罚的规定必须公布；未经公布的，不得作为行政处罚的依据。	第五条 行政处罚遵循公正、公开的原则。设定和实施行政处罚必须以事实为依据，与违法行为的事实、性质、情节以及社会危害程度相当。对违法行为给予行政处罚的规定必须公布；未经公布的，不得作为行政处罚的依据。
第五条 实施行政处罚，纠正违法行为，应当坚持处罚与教育相结合，教育公民、法人或者其他组织自觉守法。	第六条 实施行政处罚，纠正违法行为，应当坚持处罚与教育相结合，教育公民、法人或者其他组织自觉守法。
第六条 公民、法人或者其他组织对行政机关所给予的行政处罚，享有陈述权、申辩权；对行政处罚不服的，有权依法申请行政复议或者提起行政诉讼。公民、法人或者其他组织因行政机关违法给予行政处罚受到损害的，有权依法提出赔偿要求。	第七条 公民、法人或者其他组织对行政机关所给予的行政处罚，享有陈述权、申辩权；对行政处罚不服的，有权依法申请行政复议或者提起行政诉讼。公民、法人或者其他组织因行政机关违法给予行政处罚受到损害的，有权依法提出赔偿要求。
第七条 公民、法人或者其他组织因违法受到行政处罚，其违法行为对他人造成损害的，应当依法承担民事责任。违法行为构成犯罪，应当依法追究刑事责任，不得以行政处罚代替刑事处罚。	第八条 公民、法人或者其他组织因违法**行为**受到行政处罚，其违法行为对他人造成损害的，应当依法承担民事责任。违法行为构成犯罪，应当依法追究刑事责任**的**，不得以行政处罚代替刑事处罚。
第二章 行政处罚的种类和设定	第二章 行政处罚的种类和设定
第八条 行政处罚的种类：（一）警告；（二）罚款；~~（三）~~没收违法所得、没收非法财物；（四）责令停产停业；~~（五）暂扣或者吊销许可证、暂扣或者吊销执照；（六）~~行政拘留；~~（七）~~法律、行政法规规定的其他行政处罚。	第九条 行政处罚的种类：（一）警告、**通报批评**；（二）罚款、没收违法所得、没收非法财物；**（三）暂扣许可证件、降低资质等级、吊销许可证件；**（四）**限制开展生产经营活动、**责令停产停业**、责令关闭、限制从**业；（五）行政拘留；（六）法律、行政法规规定的其他行政处罚。
第九条 法律可以设定各种行政处罚。限制人身自由的行政处罚，只能由法律设定。	第十条 法律可以设定各种行政处罚。限制人身自由的行政处罚，只能由法律设定。
第十条 行政法规可以设定除限制人身自由以外的行政处罚。法律对违法行为已经作出行政处罚规定，行政法规需要作出具体规定的，必须在法律规定的给予行政处罚的行为、种类和幅度的范围内规定。	第十一条 行政法规可以设定除限制人身自由以外的行政处罚。法律对违法行为已经作出行政处罚规定，行政法规需要作出具体规定的，必须在法律规定的给予行政处罚的行为、种类和幅度的范围内规定。**法律对违法行为未作出行政处罚规定，行政法规为实施法律，可以补充设定行政处罚。拟补充设定行政处罚的，应当通过听证会、论证会等形式广泛听取意见，并向制定机关作出书面说明。行政法规报送备案时，应当说明补充设定行政处罚的情况。**

修改前	修改后
第十一条　地方性法规可以设定除限制人身自由、吊销企业营业执照以外的行政处罚。法律、行政法规对违法行为已经作出行政处罚规定，地方性法规需要作出具体规定的，必须在法律、行政法规规定的给予行政处罚的行为、种类和幅度的范围内规定。	第十二条　地方性法规可以设定除限制人身自由、吊销营业执照以外的行政处罚。法律、行政法规对违法行为已经作出行政处罚规定，地方性法规需要作出具体规定的，必须在法律、行政法规规定的给予行政处罚的行为、种类和幅度的范围内规定。**法律、行政法规对违法行为未作出行政处罚规定，地方性法规为实施法律、行政法规，可以补充设定行政处罚。拟补充设定行政处罚的，应当通过听证会、论证会等形式广泛听取意见，并向制定机关作出书面说明。地方性法规报送备案时，应当说明补充设定行政处罚的情况。**
第十二条　国务院部~~、委员会制定的~~规章可以在法律、行政法规规定的给予行政处罚的行为、种类和幅度的范围内作出具体规定。尚未制定法律、行政法规的，~~前款规定的~~国务院部~~、委员会制定的~~规章对违反行政管理秩序的行为，可以设定警告或者一定数**量**罚款的行政处罚。罚款的限额由国务院规定。~~国务院可以授权具有行政处罚权的直属机构依照本条第一款、第二款的规定，规定行政处罚。~~	第十三条　国务院部**门**规章可以在法律、行政法规规定的给予行政处罚的行为、种类和幅度的范围内作出具体规定。尚未制定法律、行政法规的，国务院部**门**规章对违反行政管理秩序的行为，可以设定警告、**通报批评**或者一定数**额**罚款的行政处罚。罚款的限额由国务院规定。
第十三条　~~省、自治区、直辖市人民政府和省、自治区人民政府所在地的市人民政府以及经国务院批准的较大的市人民政府制定的~~规章可以在法律、法规规定的给予行政处罚的行为、种类和幅度的范围内作出具体规定。尚未制定法律、法规的，~~前款规定的人民~~政府~~制定的~~规章对违反行政管理秩序的行为，可以设定警告或者一定数**量**罚款的行政处罚。罚款的限额由省、自治区、直辖市人民代表大会常务委员会规定。	第十四条　**地方政府**规章可以在法律、法规规定的给予行政处罚的行为、种类和幅度的范围内作出具体规定。尚未制定法律、法规的，**地方**政府规章对违反行政管理秩序的行为，可以设定警告、**通报批评**或者一定数**额**罚款的行政处罚。罚款的限额由省、自治区、直辖市人民代表大会常务委员会规定。
	第十五条　**国务院部门和省、自治区、直辖市人民政府及其有关部门应当定期组织评估行政处罚的实施情况和必要性，对不适当的行政处罚事项及种类、罚款数额等，应当提出修改或者废止的建议。**
第十四条　~~除本法第九条、第十条、第十一条、第十二条以及第十三条的规定外，~~其他规范性文件不得设定行政处罚。	第十六条　**除法律、法规、规章外，**其他规范性文件不得设定行政处罚。

修改前	修改后
第三章　行政处罚的实施机关	第三章　行政处罚的实施机关
第十五条　行政处罚由具有行政处罚权的行政机关在法定职权范围内实施。	第十七条　行政处罚由具有行政处罚权的行政机关在法定职权范围内实施。
第十六条　国务院或者**经国务院授权的**省、自治区、直辖市人民政府可以决定一个行政机关行使有关行政机关的行政处罚权，**但**限制人身自由的行政处罚权只能由公安机关行使。	第十八条　**国家在城市管理、市场监管、生态环境、文化市场、交通运输、应急管理、农业等领域推行建立综合行政执法制度，相对集中行政处罚权。**国务院或者省、自治区、直辖市人民政府可以决定一个行政机关行使有关行政机关的行政处罚权。限制人身自由的行政处罚权只能由公安机关**和法律规定的其他机关**行使。
第十七条　法律、法规授权的具有管理公共事务职能的组织可以在法定授权范围内实施行政处罚。	第十九条　法律、法规授权的具有管理公共事务职能的组织可以在法定授权范围内实施行政处罚。
第十八条　行政机关依照法律、法规**或者**规章的规定，可以在其法定权限内委托符合本法第十**九**条规定条件的组织实施行政处罚。行政机关不得委托其他组织或者个人实施行政处罚。委托行政机关对受委托**的**组织实施行政处罚的行为应当负责监督，并对该行为的后果承担法律责任。受委托组织在委托范围内，以委托行政机关名义实施行政处罚；不得再委托其他**任何**组织或者个人实施行政处罚。	第二十条　行政机关依照法律、法规、规章的规定，可以在其法定权限内**书面**委托符合本法第**二十一**条规定条件的组织实施行政处罚。行政机关不得委托其他组织或者个人实施行政处罚。**委托书应当载明委托的具体事项、权限、期限等内容。委托行政机关和受委托组织应当将委托书向社会公布。**委托行政机关对受委托组织实施行政处罚的行为应当负责监督，并对该行为的后果承担法律责任。受委托组织在委托范围内，以委托行政机关名义实施行政处罚；不得再委托其他组织或者个人实施行政处罚。
第十九条　受委托组织必须符合以下条件：（一）依法成立**的**管理公共事务**的事业组织**；（二）**具**有熟悉有关法律、法规、规章和业务的工作人员；（三）**对违法行为**需要进行技术检查或者技术鉴定的，应当有条件组织进行相应的技术检查或者技术鉴定。	第二十一条　受委托组织必须符合以下条件：（一）依法成立**并具有**管理公共事务**职能**；（二）有熟悉有关法律、法规、规章和业务**并取得行政执法资格**的工作人员；（三）需要进行技术检查或者技术鉴定的，应当有条件组织进行相应的技术检查或者技术鉴定。
第四章　行政处罚的管辖和适用	第四章　行政处罚的管辖和适用
	第二十二条　**行政处罚由违法行为发生地的行政机关管辖。法律、行政法规、部门规章另有规定的，从其规定。**
第二十条　行政处罚由**违法行为发生地的**县级以上地方人民政府具有行政处罚权的行政机关管辖。法律、行政法规另有规定的**除外**。	第二十三条　行政处罚由县级以上地方人民政府具有行政处罚权的行政机关管辖。法律、行政法规另有规定的**，从其规定**。

修改前	修改后
	第二十四条　省、自治区、直辖市根据当地实际情况，可以决定将基层管理迫切需要的县级人民政府部门的行政处罚权交由能够有效承接的乡镇人民政府、街道办事处行使，并定期组织评估。决定应当公布。承接行政处罚权的乡镇人民政府、街道办事处应当加强执法能力建设，按照规定范围、依照法定程序实施行政处罚。有关地方人民政府及其部门应当加强组织协调、业务指导、执法监督，建立健全行政处罚协调配合机制，完善评议、考核制度。
第二十一条　对管辖发生争议的，报请共同的上一级行政机关指定管辖。	第二十五条　两个以上行政机关都有管辖权的，由最先立案的行政机关管辖。对管辖发生争议的，应当协商解决，协商不成的，报请共同的上一级行政机关指定管辖；也可以直接由共同的上一级行政机关指定管辖。
	第二十六条　行政机关因实施行政处罚的需要，可以向有关机关提出协助请求。协助事项属于被请求机关职权范围内的，应当依法予以协助。
第二十二条　违法行为构成犯罪的，行政机关必须将案件移送司法机关，依法追究刑事责任。	第二十七条　违法行为涉嫌犯罪的，行政机关应当及时将案件移送司法机关，依法追究刑事责任。对依法不需要追究刑事责任或者免予刑事处罚，但应当给予行政处罚的，司法机关应当及时将案件移送有关行政机关。行政处罚实施机关与司法机关之间应当加强协调配合，建立健全案件移送制度，加强证据材料移交、接收衔接，完善案件处理信息通报机制。
第二十三条　行政机关实施行政处罚时，应当责令当事人改正或者限期改正违法行为。	第二十八条　行政机关实施行政处罚时，应当责令当事人改正或者限期改正违法行为。当事人有违法所得，除依法应当退赔的外，应当予以没收。违法所得是指实施违法行为所取得的款项。法律、行政法规、部门规章对违法所得的计算另有规定的，从其规定。
第二十四条　对当事人的同一个违法行为，不得给予两次以上罚款的行政处罚。	第二十九条　对当事人的同一个违法行为，不得给予两次以上罚款的行政处罚。同一个违法行为违反多个法律规范应当给予罚款处罚的，按照罚款数额高的规定处罚。
第二十五条　不满十四周岁的人有违法行为的，不予行政处罚，责令监护人加以管教；已满十四周岁不满十八周岁的人有违法行为的，从轻或者减轻行政处罚。	第三十条　不满十四周岁的未成年人有违法行为的，不予行政处罚，责令监护人加以管教；已满十四周岁不满十八周岁的未成年人有违法行为的，应当从轻或者减轻行政处罚。

修改前	修改后
第二十六条　精神病人在不能辨认或者不能控制自己行为时有违法行为的，不予行政处罚，但应当责令其监护人严加看管和治疗。间歇性精神病人在精神正常时有违法行为的，应当给予行政处罚。	第三十一条　精神病人、**智力残疾人**在不能辨认或者不能控制自己行为时有违法行为的，不予行政处罚，但应当责令其监护人严加看管和治疗。间歇性精神病人在精神正常时有违法行为的，应当给予行政处罚。**尚未完全丧失辨认或者控制自己行为能力的精神病人、智力残疾人有违法行为的，可以从轻或者减轻行政处罚。**
第二十七条　当事人有下列情形之一**的**，应当**依法**从轻或者减轻行政处罚：（一）主动消除或者减轻违法行为危害后果的；（二）受他人胁迫**有**违法行为的；（三）配合行政机关查处违法行为有立功表现的；**（四）**其他**依法**从轻或者减轻行政处罚的。~~违法行为轻微并及时纠正，没有造成危害后果的，不予行政处罚。~~	第三十二条　当事人有下列情形之一，应当从轻或者减轻行政处罚：（一）主动消除或者减轻违法行为危害后果的；（二）受他人胁迫**或者诱骗实施**违法行为的；（三）**主动供述行政机关尚未掌握的违法行为的；**（四）配合行政机关查处违法行为有立功表现的；**（五）法律、法规、规章规定**其他**应当**从轻或者减轻行政处罚的。
	第三十三条　**违法行为轻微并及时改正，没有造成危害后果的，不予行政处罚。初次违法且危害后果轻微并及时改正的，可以不予行政处罚。当事人有证据足以证明没有主观过错的，不予行政处罚。法律、行政法规另有规定的，从其规定。对当事人的违法行为依法不予行政处罚的，行政机关应当对当事人进行教育。**
	第三十四条　**行政机关可以依法制定行政处罚裁量基准，规范行使行政处罚裁量权。行政处罚裁量基准应当向社会公布。**
第二十八条　违法行为构成犯罪，人民法院判处拘役或者有期徒刑时，行政机关已经给予当事人行政拘留的，应当依法折抵相应刑期。违法行为构成犯罪，人民法院判处罚金时，行政机关已经给予当事人罚款的，应当折抵相应罚金。	第三十五条　违法行为构成犯罪，人民法院判处拘役或者有期徒刑时，行政机关已经给予当事人行政拘留的，应当依法折抵相应刑期。违法行为构成犯罪，人民法院判处罚金时，行政机关已经给予当事人罚款的，应当折抵相应罚金**；行政机关尚未给予当事人罚款的，不再给予罚款。**
第二十九条　违法行为在二年内未被发现的，不再给予行政处罚。法律另有规定的除外。前款规定的期限，从违法行为发生之日起计算；违法行为有连续或者继续状态的，从行为终了之日起计算。	第三十六条　违法行为在二年内未被发现的，不再给予行政处罚；**涉及公民生命健康安全、金融安全且有危害后果的，上述期限延长至五年。**法律另有规定的除外。前款规定的期限，从违法行为发生之日起计算；违法行为有连续或者继续状态的，从行为终了之日起计算。

修改前	修改后
	第三十七条　实施行政处罚，适用违法行为发生时的法律、法规、规章的规定。但是，作出行政处罚决定时，法律、法规、规章已被修改或者废止，且新的规定处罚较轻或者不认为是违法的，适用新的规定。
	第三十八条　行政处罚没有依据或者实施主体不具有行政主体资格的，行政处罚无效。违反法定程序构成重大且明显违法的，行政处罚无效。
第五章　行政处罚的决定	第五章　行政处罚的决定
	第一节　一般规定
	第三十九条　行政处罚的实施机关、立案依据、实施程序和救济渠道等信息应当公示。
第三十条　公民、法人或者其他组织违反行政管理秩序的行为，依法应当给予行政处罚的，行政机关必须查明事实；违法事实不清的，不得给予行政处罚。	第四十条　公民、法人或者其他组织违反行政管理秩序的行为，依法应当给予行政处罚的，行政机关必须查明事实；违法事实不清、证据不足的，不得给予行政处罚。
	第四十一条　行政机关依照法律、行政法规规定利用电子技术监控设备收集、固定违法事实的，应当经过法制和技术审核，确保电子技术监控设备符合标准、设置合理、标志明显，设置地点应当向社会公布。电子技术监控设备记录违法事实应当真实、清晰、完整、准确。行政机关应当审核记录内容是否符合要求；未经审核或者经审核不符合要求的，不得作为行政处罚的证据。行政机关应当及时告知当事人违法事实，并采取信息化手段或者其他措施，为当事人查询、陈述和申辩提供便利。不得限制或者变相限制当事人享有的陈述权、申辩权。
	第四十二条　行政处罚应当由具有行政执法资格的执法人员实施。执法人员不得少于两人，法律另有规定的除外。执法人员应当文明执法，尊重和保护当事人合法权益。
	第四十三条　执法人员与案件有直接利害关系或者有其他关系可能影响公正执法的，应当回避。当事人认为执法人员与案件有直接利害关系或者有其他关系可能影响公正执法的，有权申请回避。当事人提出回避申请的，行政机关应当依法审查，由行政机关负责人决定。决定作出之前，不停止调查。

修改前	修改后
第三十一条　行政机关在作出行政处罚决定之前，应当告知当事人作出行政处罚决定的事实、理由及依据，并告知当事人依法享有的权利。	第四十四条　行政机关在作出行政处罚决定之前，应当告知当事人拟作出的行政处罚内容及事实、理由、依据，并告知当事人依法享有的陈述、申辩、要求听证等权利。
第三十二条　当事人有权进行陈述和申辩。行政机关必须充分听取当事人的意见，对当事人提出的事实、理由和证据，应当进行复核；当事人提出的事实、理由或者证据成立的，行政机关应当采纳。行政机关不得因当事人申辩而加重处罚。	第四十五条　当事人有权进行陈述和申辩。行政机关必须充分听取当事人的意见，对当事人提出的事实、理由和证据，应当进行复核；当事人提出的事实、理由或者证据成立的，行政机关应当采纳。行政机关不得因当事人陈述、申辩而给予更重的处罚。
	第四十六条　证据包括：（一）书证；（二）物证；（三）视听资料；（四）电子数据；（五）证人证言；（六）当事人的陈述；（七）鉴定意见；（八）勘验笔录、现场笔录。证据必须经查证属实，方可作为认定案件事实的根据。以非法手段取得的证据，不得作为认定案件事实的根据。
	第四十七条　行政机关应当依法以文字、音像等形式，对行政处罚的启动、调查取证、审核、决定、送达、执行等进行全过程记录，归档保存。
	第四十八条　具有一定社会影响的行政处罚决定应当依法公开。公开的行政处罚决定被依法变更、撤销、确认违法或者确认无效的，行政机关应当在三日内撤回行政处罚决定信息并公开说明理由。
	第四十九条　发生重大传染病疫情等突发事件，为了控制、减轻和消除突发事件引起的社会危害，行政机关对违反突发事件应对措施的行为，依法快速、从重处罚。
	第五十条　行政机关及其工作人员对实施行政处罚过程中知悉的国家秘密、商业秘密或者个人隐私，应当依法予以保密。
第一节　简易程序	第二节　简易程序
第三十三条　违法事实确凿并有法定依据，对公民处以五十元以下、对法人或者其他组织处以一千元以下罚款或者警告的行政处罚的，可以当场作出行政处罚决定。~~当事人应当依照本法第四十六条、第四十七条、第四十八条的~~规定~~履行行政处罚决~~定。	第五十一条　违法事实确凿并有法定依据，对公民处以二百元以下、对法人或者其他组织处以三千元以下罚款或者警告的行政处罚的，可以当场作出行政处罚决定。法律另有规定的，从其规定。

修改前	修改后
第三十四条　执法人员当场作出行政处罚决定的，应当向当事人出示执法身份证件，填写预定格式、编有号码的行政处罚决定书。行政处罚决定书应当场交付当事人。前款规定的行政处罚决定书应当载明当事人的违法行为、行政处罚依据、罚款数额、时间、地点以及行政机关名称，并由执法人员签名或者盖章。执法人员当场作出的行政处罚决定，必须报所属行政机关备案。	第五十二条　执法人员当场作出行政处罚决定的，应当向当事人出示执法证件，填写预定格式、编有号码的行政处罚决定书，并当场交付当事人。当事人拒绝签收的，应当在行政处罚决定书上注明。前款规定的行政处罚决定书应当载明当事人的违法行为、行政处罚的种类和依据、罚款数额、时间、地点，申请行政复议、提起行政诉讼的途径和期限以及行政机关名称，并由执法人员签名或者盖章。执法人员当场作出的行政处罚决定，应当报所属行政机关备案。
第三十五条　当事人对当场作出的行政处罚决定不服的，可以依法申请行政复议或者提起行政诉讼。	第五十三条　对当场作出的行政处罚决定，当事人应当依照本法第六十七条至第六十九条的规定履行。
第二节　一般程序	第三节　普通程序
第三十六条　除本法第三十三条规定的可以当场作出的行政处罚外，行政机关发现公民、法人或者其他组织有依法应当给予行政处罚的行为的，必须全面、客观、公正地调查，收集有关证据；必要时，依照法律、法规的规定，可以进行检查。	第五十四条　除本法第五十一条规定的可以当场作出的行政处罚外，行政机关发现公民、法人或者其他组织有依法应当给予行政处罚的行为的，必须全面、客观、公正地调查，收集有关证据；必要时，依照法律、法规的规定，可以进行检查。符合立案标准的，行政机关应当及时立案。
第三十七条　行政机关在调查或者进行检查时，执法人员不得少于两人，并应当向当事人或者有关人员出示证件。当事人或者有关人员应当如实回答询问，并协助调查或者检查，不得阻挠。询问或者检查应当制作笔录。行政机关在收集证据时，可以采取抽样取证的方法；在证据可能灭失或者以后难以取得的情况下，经行政机关负责人批准，可以先行登记保存，并应当在七日内及时作出处理决定，在此期间，当事人或者有关人员不得销毁或者转移证据。执法人员与当事人有直接利害关系的，应当回避。	第五十五条　执法人员在调查或者进行检查时，应当主动向当事人或者有关人员出示执法证件。当事人或者有关人员有权要求执法人员出示执法证件。执法人员不出示执法证件的，当事人或者有关人员有权拒绝接受调查或者检查。当事人或者有关人员应当如实回答询问，并协助调查或者检查，不得拒绝或者阻挠。询问或者检查应当制作笔录。 第五十六条　行政机关在收集证据时，可以采取抽样取证的方法；在证据可能灭失或者以后难以取得的情况下，经行政机关负责人批准，可以先行登记保存，并应当在七日内及时作出处理决定，在此期间，当事人或者有关人员不得销毁或者转移证据。

修改前	修改后
第三十八条　调查终结，行政机关负责人应当对调查结果进行审查，根据不同情况，分别作出如下决定：（一）确有应受行政处罚的违法行为的，根据情节轻重及具体情况，作出行政处罚决定；（二）违法行为轻微，依法可以不予行政处罚的，不予行政处罚；（三）违法事实不能成立的，不**得给**予行政处罚；（四）违法行为**已构成**犯罪的，移送司法机关。对情节复杂或者重大违法行为给予**较重的**行政处罚，行政机关**的**负责人应当集体讨论决定。~~在行政机关负责人作出决定之前，应当由从事行政处罚决定审核的人员进行审核。行政机关中初次从事行政处罚决定审核的人员，应当通过国家统一法律职业资格考试取得法律职业资格。~~	第五十七条　调查终结，行政机关负责人应当对调查结果进行审查，根据不同情况，分别作出如下决定：（一）确有应受行政处罚的违法行为的，根据情节轻重及具体情况，作出行政处罚决定；（二）违法行为轻微，依法可以不予行政处罚的，不予行政处罚；（三）违法事实不能成立的，不予行政处罚；（四）违法行为**涉嫌**犯罪的，移送司法机关。对情节复杂或者重大违法行为给予行政处罚，行政机关负责人应当集体讨论决定。
	第五十八条　**有下列情形之一，在行政机关负责人作出行政处罚的决定之前，应当由从事行政处罚决定法制审核的人员进行法制审核；未经法制审核或者审核未通过的，不得作出决定：（一）涉及重大公共利益的；（二）直接关系当事人或者第三人重大权益，经过听证程序的；（三）案件情况疑难复杂、涉及多个法律关系的；（四）法律、法规规定应当进行法制审核的其他情形。行政机关中初次从事行政处罚决定法制审核的人员，应当通过国家统一法律职业资格考试取得法律职业资格。**
第三十九条　行政机关依照本法第**三十六**条的规定给予行政处罚，应当制作行政处罚决定书。行政处罚决定书应当载明下列事项：（一）当事人的姓名或者名称、地址；（二）违反法律、法规**或者**规章的事实和证据；（三）行政处罚的种类和依据；（四）行政处罚的履行方式和期限；（五）~~不服行政处罚决定，~~申请行政复议**或者**提起行政诉讼的途径和期限；（六）作出行政处罚决定的行政机关名称和作出决定的日期。行政处罚决定书必须盖有作出行政处罚决定的行政机关的印章。	第五十九条　行政机关依照本法第**五十七**条的规定给予行政处罚，应当制作行政处罚决定书。行政处罚决定书应当载明下列事项：（一）当事人的姓名或者名称、地址；（二）违反法律、法规、规章的事实和证据；（三）行政处罚的种类和依据；（四）行政处罚的履行方式和期限；（五）申请行政复议、提起行政诉讼的途径和期限；（六）作出行政处罚决定的行政机关名称和作出决定的日期。行政处罚决定书必须盖有作出行政处罚决定的行政机关的印章。
	第六十条　**行政机关应当自行政处罚案件立案之日起九十日内作出行政处罚决定。法律、法规、规章另有规定的，从其规定。**

修改前	修改后
第四十条　行政处罚决定书应当在宣告后当场交付当事人；当事人不在场的，行政机关应当在七日内依照《民事诉讼法》的有关规定，将行政处罚决定书送达当事人。	第六十一条　行政处罚决定书应当在宣告后当场交付当事人；当事人不在场的，行政机关应当在七日内依照《**中华人民共和国**民事诉讼法》的有关规定，将行政处罚决定书送达当事人。**当事人同意并签订确认书的，行政机关可以采用传真、电子邮件等方式，将行政处罚决定书等送达当事人。**
第四十一条　行政机关及其执法人员在作出行政处罚决定之前，~~不~~依照本法第~~三十一~~条、第~~三十三~~条的规定向当事人告知~~给予~~行政处罚~~的~~事实、理由~~和~~依据，或者拒绝听取当事人的陈述、申辩，行政处罚决定~~不能成立~~；当事人放弃陈述或者申辩权利的除外。	第六十二条　行政机关及其执法人员在作出行政处罚决定之前，**未**依照本法第**四十四**条、第**四十五**条的规定向当事人告知**拟作出的**行政处罚**内容及**事实、理由、依据，或者拒绝听取当事人的陈述、申辩，**不得作出**行政处罚决定；当事人**明确**放弃陈述或者申辩权利的除外。
第三节　听证程序	第四节　听证程序
第四十二条　~~行政机关作出责令停产停业、吊销许可证或者执照、较大数额罚款等行政处罚决定之前，应当告知当事人有要求举行听证的权利；当事人要求听证的，行政机关应当组织听证。当事人不承担行政机关组织听证的费用。听证依照以下程序组织：（一）当事人要求听证的，应当在行政机关告知后三日内提出；（二）行政机关应当在听证的七日前，通知当事人举行听证的时间、地点；（三）除涉及国家秘密、商业秘密或者个人隐私外，听证公开举行；（四）听证由行政机关指定的非本案调查人员主持；当事人认为主持人与本案有直接利害关系的，有权申请回避；（五）当事人可以亲自参加听证，也可以委托一至二人代理；（六）举行听证时，调查人员提出当事人违法的事实、证据和行政处罚建议；当事人进行申辩和质证；（七）听证应当制作笔录；笔录应当交当事人审核无误后签字或者盖章。当事人对限制人身自由的行政处罚有异议的，依照治安管理处罚法有关规定执行。~~	第六十三条　**行政机关拟作出下列行政处罚决定，应当告知当事人有要求听证的权利，当事人要求听证的，行政机关应当组织听证：（一）较大数额罚款；（二）没收较大数额违法所得、没收较大价值非法财物；（三）降低资质等级、吊销许可证件；（四）责令停产停业、责令关闭、限制从业；（五）其他较重的行政处罚；（六）法律、法规、规章规定的其他情形。当事人不承担行政机关组织听证的费用。**

修改前	修改后
第四十二条　~~行政机关作出责令停产停业、吊销许可证或者执照、较大数额罚款等行政处罚决定之前，应当告知当事人有要求举行听证的权利；当事人要求听证的，行政机关应当组织听证。当事人不承担行政机关组织听证的费用。~~听证依照以下程序组织：（一）当事人要求听证的，应当在行政机关告知后**三**日内提出；（二）行政机关应当在听证的七日前，通知当事人**举行**听证的时间、地点；（三）除涉及国家秘密、商业秘密或者个人隐私外，听证公开举行；（四）听证由行政机关指定的非本案调查人员主持；当事人认为主持人与本案有直接利害关系的，有权申请回避；（五）当事人可以亲自参加听证，也可以委托一至二人代理；（六）举行听证时，调查人员提出当事人违法的事实、证据和行政处罚建议~~，~~当事人进行申辩和质证；**（七）**听证应当制作笔录~~，~~笔录应当交当事人**审**核无误后签字或者盖章。当事人~~对限制人身自由的行政处罚有异议的，依照治安管理处罚法有关规定执行。~~	第六十四条　听证**应当**依照以下程序组织：（一）当事人要求听证的，应当在行政机关告知后**五**日内提出；（二）行政机关应当在**举行**听证的七日前，通知当事人**及有关人员**听证的时间、地点；（三）除涉及国家秘密、商业秘密或者个人隐私**依法予以保密**外，听证公开举行；（四）听证由行政机关指定的非本案调查人员主持；当事人认为主持人与本案有直接利害关系的，有权申请回避；（五）当事人可以亲自参加听证，也可以委托一至二人代理；（六）**当事人及其代理人无正当理由拒不出席听证或者未经许可中途退出听证的，视为放弃听证权利，行政机关终止听证；（七）**举行听证时，调查人员提出当事人违法的事实、证据和行政处罚建议，当事人进行申辩和质证；（八）听证应当制作笔录。笔录应当交当事人**或者其代理人**核**对**无误后签字或者盖章。当事人**或者其代理人拒绝签字或者盖章的，由听证主持人在笔录中注明。**
第四十三条　听证结束后，行政机关依照本法第**三十六**条的规定，作出决定。	第六十五条　听证结束后，行政机关**应当根据听证笔录**，依照本法第**五十七**条的规定，作出决定。
第六章　行政处罚的执行	第六章　行政处罚的执行
第四十四条　行政处罚决定依法作出后，当事人应当在行政处罚决定的期限内，予以履行。	第六十六条　行政处罚决定依法作出后，当事人应当在行政处罚决定**书载明**的期限内，予以履行。**当事人确有经济困难，需要延期或者分期缴纳罚款的，经当事人申请和行政机关批准，可以暂缓或者分期缴纳。**
第四十六条　作出罚款决定的行政机关应当与收缴罚款的机构分离。除依照本法第**四十七**条、第**四十八**条的规定当场收缴的罚款外，作出行政处罚决定的行政机关及其执法人员不得自行收缴罚款。当事人应当自收到行政处罚决定书之日起十五日内，到指定的银行缴纳罚款。银行应当收受罚款，并将罚款直接上缴国库。	第六十七条　作出罚款决定的行政机关应当与收缴罚款的机构分离。除依照本法第**六十八**条、第**六十九**条的规定当场收缴的罚款外，作出行政处罚决定的行政机关及其执法人员不得自行收缴罚款。当事人应当自收到行政处罚决定书之日起十五日内，到指定的银行**或者通过电子支付系统**缴纳罚款。银行应当收受罚款，并将罚款直接上缴国库。

修改前	修改后
第四十七条　依照本法第三十三条的规定当场作出行政处罚决定，有下列情形之一的，执法人员可以当场收缴罚款：（一）依法给予二十元以下的罚款的；（二）不当场收缴事后难以执行的。	第六十八条　依照本法第五十一条的规定当场作出行政处罚决定，有下列情形之一，执法人员可以当场收缴罚款：（一）依法给予一百元以下罚款的；（二）不当场收缴事后难以执行的。
第四十八条　在边远、水上、交通不便地区，行政机关及其执法人员依照本法第三十三条、第三十八条的规定作出罚款决定后，当事人向指定的银行缴纳罚款确有困难，经当事人提出，行政机关及其执法人员可以当场收缴罚款。	第六十九条　在边远、水上、交通不便地区，行政机关及其执法人员依照本法第五十一条、第五十七条的规定作出罚款决定后，当事人到指定的银行或者通过电子支付系统缴纳罚款确有困难，经当事人提出，行政机关及其执法人员可以当场收缴罚款。
第四十九条　行政机关及其执法人员当场收缴罚款的，必须向当事人出具省、自治区、直辖市财政部门统一制发的罚款收据；不出具财政部门统一制发的罚款收据的，当事人有权拒绝缴纳罚款。	第七十条　行政机关及其执法人员当场收缴罚款的，必须向当事人出具国务院财政部门或者省、自治区、直辖市人民政府财政部门统一制发的专用票据；不出具财政部门统一制发的专用票据的，当事人有权拒绝缴纳罚款。
第五十条　执法人员当场收缴的罚款，应当自收缴罚款之日起二日内，交至行政机关；在水上当场收缴的罚款，应当自抵岸之日起二日内交至行政机关；行政机关应当在二日内将罚款缴付指定的银行。	第七十一条　执法人员当场收缴的罚款，应当自收缴罚款之日起二日内，交至行政机关；在水上当场收缴的罚款，应当自抵岸之日起二日内交至行政机关；行政机关应当在二日内将罚款缴付指定的银行。
第五十一条　当事人逾期不履行行政处罚决定的，作出行政处罚决定的行政机关可以采取下列措施：（一）到期不缴纳罚款的，每日按罚款数额的百分之三加处罚款；（二）根据法律规定，将查封、扣押的财物拍卖或者将冻结的存款划拨抵缴罚款；（三）申请人民法院强制执行。	第七十二条　当事人逾期不履行行政处罚决定的，作出行政处罚决定的行政机关可以采取下列措施：（一）到期不缴纳罚款的，每日按罚款数额的百分之三加处罚款，加处罚款的数额不得超出罚款的数额；（二）根据法律规定，将查封、扣押的财物拍卖、依法处理或者将冻结的存款、汇款划拨抵缴罚款；（三）根据法律规定，采取其他行政强制执行方式；（四）依照《中华人民共和国行政强制法》的规定申请人民法院强制执行。行政机关批准延期、分期缴纳罚款的，申请人民法院强制执行的期限，自暂缓或者分期缴纳罚款期限结束之日起计算。

修改前	修改后
	第七十三条 当事人对行政处罚决定不服，申请行政复议或者提起行政诉讼的，行政处罚不停止执行，法律另有规定的除外。当事人对限制人身自由的行政处罚决定不服，申请行政复议或者提起行政诉讼的，可以向作出决定的机关提出暂缓执行申请。符合法律规定情形的，应当暂缓执行。当事人申请行政复议或者提起行政诉讼的，加处罚款的数额在行政复议或者行政诉讼期间不予计算。
第五十二条 ~~当事人确有经济困难，需要延期或者分期缴纳罚款的，经当事人申请和行政机关批准，可以暂缓或者分期缴纳。~~	
第五十三条 除依法应当予以销毁的物品外，依法没收的非法财物必须按照国家规定公开拍卖或者按照国家有关规定处理。罚款、没收违法所得或者没收非法财物拍卖的款项，必须全部上缴国库，任何行政机关或者个人不得以任何形式截留、私分或者变相私分~~；~~财政部门不得以任何形式向作出行政处罚决定的行政机关返还罚款、没收的违法所得或者~~返还没收非法财物的拍卖~~款项。	第七十四条 除依法应当予以销毁的物品外，依法没收的非法财物必须按照国家规定公开拍卖或者按照国家有关规定处理。罚款、没收**的**违法所得或者没收非法财物拍卖的款项，必须全部上缴国库，任何行政机关或者个人不得以任何形式截留、私分或者变相私分。**罚款、没收的违法所得或者没收非法财物拍卖的款项，不得同作出行政处罚决定的行政机关及其工作人员的考核、考评直接或者变相挂钩。除依法应当退还、退赔的外，**财政部门不得以任何形式向作出行政处罚决定的行政机关返还罚款、没收的违法所得或者**没收非法财物拍卖的**款项。
第五十四条 行政机关应当建立健全对行政处罚的监督制度。县级以上人民政府应当加强对行政处罚的监督检查。公民、法人或者其他组织对行政机关**作出的**行政处罚，有权申诉或者检举；行政机关应当认真审查，发现**行政处罚**有错误的，应当主动改正。	第七十五条 行政机关应当建立健全对行政处罚的监督制度。县级以上人民政府应当**定期组织开展行政执法评议、考核，**加强对行政处罚的监督检查，**规范和保障行政处罚的实施。行政机关实施行政处罚应当接受社会监督。**公民、法人或者其他组织对行政机关**实施**行政处罚**的行为**，有权申诉或者检举；行政机关应当认真审查，发现有错误的，应当主动改正。

修改前	修改后
第七章 法律责任	第七章 法律责任
第五十五条 行政机关实施行政处罚，有下列情形之一~~**的**~~，由上级行政机关或者有关~~**部门**~~责令改正，~~**可以**~~对直接负责的主管人员和其他直接责任人员依法给予~~**行政**~~处分：（一）没有法定的行政处罚依据的；（二）擅自改变行政处罚种类、幅度的；（三）违反法定的行政处罚程序的；（四）违反本法第十~~**八**~~条关于委托处罚的规定的。	第七十六条 行政机关实施行政处罚，有下列情形之一，由上级行政机关或者有关**机关**责令改正，对直接负责的主管人员和其他直接责任人员依法给予处分：（一）没有法定的行政处罚依据的；（二）擅自改变行政处罚种类、幅度的；（三）违反法定的行政处罚程序的；（四）违反本法第**二**十条关于委托处罚的规定的；**（五）执法人员未取得执法证件的。行政机关对符合立案标准的案件不及时立案的，依照前款规定予以处理。**
第五十六条 行政机关对当事人进行处罚不使用罚款、没收财物单据或者使用非法定部门制发的罚款、没收财物单据的，当事人有权拒绝~~**处罚**~~，并有权予以检举~~。~~上级行政机关或者有关~~**部门**~~对使用的非法单据予以收缴销毁，对直接负责的主管人员和其他直接责任人员依法给予~~**行政**~~处分。	第七十七条 行政机关对当事人进行处罚不使用罚款、没收财物单据或者使用非法定部门制发的罚款、没收财物单据的，当事人有权拒绝，并有权予以检举，**由**上级行政机关或者有关**机关**对使用的非法单据予以收缴销毁，对直接负责的主管人员和其他直接责任人员依法给予处分。
第五十七条 行政机关违反本法第~~**四**~~十~~**六**~~条的规定自行收缴罚款的，财政部门违反本法第~~**五**~~十~~**三**~~条的规定向行政机关返还罚款或者拍卖款项的，由上级行政机关或者有关~~**部门**~~责令改正，对直接负责的主管人员和其他直接责任人员依法给予~~**行政**~~处分。	第七十八条 行政机关违反本法第**六**十**七**条的规定自行收缴罚款的，财政部门违反本法第**七**十**四**条的规定向行政机关返还罚款、**没收的违法所得**或者拍卖款项的，由上级行政机关或者有关**机关**责令改正，对直接负责的主管人员和其他直接责任人员依法给予处分。
第五十八条 行政机关~~**将**~~罚款、没收的违法所得或者财物~~**截留、私分或者变相私分**~~的，由财政部门或者有关~~**部门**~~予以追缴，对直接负责的主管人员和其他直接责任人员依法给予~~**行政**~~处分；情节严重构成犯罪的，依法追究刑事责任。执法人员利用职务上的便利，索取或者收受他人财物、收缴罚款据为己有，构成犯罪的，依法追究刑事责任；情节轻微不构成犯罪的，依法给予~~**行政**~~处分。	第七十九条 行政机关**截留、私分或者变相私分**罚款、没收的违法所得或者财物的，由财政部门或者有关**机关**予以追缴，对直接负责的主管人员和其他直接责任人员依法给予处分；情节严重构成犯罪的，依法追究刑事责任。执法人员利用职务上的便利，索取或者收受他人财物、**将**收缴罚款据为己有，构成犯罪的，依法追究刑事责任；情节轻微不构成犯罪的，依法给予处分。
第五十九条 行政机关使用或者损毁扣押的财物，对当事人造成损失的，应当依法予以赔偿，对直接负责的主管人员和其他直接责任人员依法给予~~**行政**~~处分。	第八十条 行政机关使用或者损毁**查封**、扣押的财物，对当事人造成损失的，应当依法予以赔偿，对直接负责的主管人员和其他直接责任人员依法给予处分。

修改前	修改后
第六十条　行政机关违法实行检查措施或者执行措施，给公民人身或者财产造成损害、给法人或者其他组织造成损失的，应当依法予以赔偿，对直接负责的主管人员和其他直接责任人员依法给予~~行政~~处分；情节严重构成犯罪的，依法追究刑事责任。	第八十一条　行政机关违法实**施**检查措施或者执行措施，给公民人身或者财产造成损害、给法人或者其他组织造成损失的，应当依法予以赔偿，对直接负责的主管人员和其他直接责任人员依法给予处分；情节严重构成犯罪的，依法追究刑事责任。
第六十一条　行政机关~~为牟取本单位私利，~~对应当依法移交司法机关追究刑事责任的不移交，以行政处罚代替刑罚，由上级行政机关或者有关~~部门~~责令~~纠~~正~~；拒不纠正的~~，对直接负责的主管人员给予~~行政~~处分；~~徇私舞弊、包庇纵容违法行为~~的，依~~照刑~~法~~有关规定~~追究刑事责任。	第八十二条　行政机关对应当依法移交司法机关追究刑事责任的**案件**不移交，以行政处罚代替刑**事处**罚，由上级行政机关或者有关**机关**责令**改**正，对直接负责的主管人员**和其他直接责任人员依法**给予处分；**情节严重构成犯罪**的，依法追究刑事责任。
第六十二条　~~执法人员玩忽职守，~~对应当予以制止和处罚的违法行为不予制止、处罚，致使公民、法人或者其他组织的合法权益、公共利益和社会秩序遭受损害的，对直接负责的主管人员和其他直接责任人员依法给予~~行政~~处分；情节严重构成犯罪的，依法追究刑事责任。	第八十三条　**行政机关**对应当予以制止和处罚的违法行为不予制止、处罚，致使公民、法人或者其他组织的合法权益、公共利益和社会秩序遭受损害的，对直接负责的主管人员和其他直接责任人员依法给予处分；情节严重构成犯罪的，依法追究刑事责任。
第八章　附则	第八章　附则
	第八十四条　**外国人、无国籍人、外国组织在中华人民共和国领域内有违法行为，应当给予行政处罚的，适用本法，法律另有规定的除外**
	第八十五条　**本法中"二日""三日""五日""七日"的规定是指工作日，不含法定节假日。**
第六十三条　~~本法第四十六条罚款决定与罚款收缴分离的规定，由国务院制定具体实施办法。~~	
第六十四条　本法自~~1996~~年~~10~~月~~1~~日起施行。~~本法公布前制定的法规和规章关于行政处罚的规定与本法不符合的，应当自本法公布之日起，依照本法规定予以修订，在1997年12月31日前修订完毕。~~	第八十六条　本法自2021年7月15日起施行。

案例一：依法破解河道内建筑垃圾清理难题

相比前几十年，最近数年河道上已建、在建或者正在申请建设的大桥明显多了。刚开始时，大桥建成施工单位撤出现场，水利部门自筹经费清理留下的大量建筑垃圾，水利部门对此苦不堪言。在某跨河大桥项目上，某地水利局以法治思维破解大桥施工垃圾难题，首次尝试采用银行保函程序，强令施工单位把自己留在河道内的近3万m^3施工垃圾清理出河道，恢复了河道原貌。

（一）项目开工前要求建设单位或施工单位提供银行保函

2010年，大桥业主来水利局办理施工许可证时，水利局要求在河道内施工的4家施工单位与水利局签订《河道施工障碍物清理协议》。协议约定施工单位必须出具银行保函，保证在2013年10月底前，负责将河道管理范围内建设的各种临建设施、施工便道、建筑和生活等废弃物全部清运出河道。4家施工单位分别委托中国建设银行武汉市分行、×× 中信银行、中国建设银行天津市分行，向水利局出具了共计171万元的银行保函，保函有效期均截至2013年10月31日。

（二）水利部门先公告后催告“柔性执法”

2013年9月，大桥建成通车，有的施工单位人员、设备已全部撤离，而4个标段内的临时施工便道、背河的混凝土平台，特别是主河道内的大量混凝土块，明显影响河道行洪安全，并未予以拆除，清理出河道。情况反映到水利局，水利局决定启动银行保函程序破解这一工作难题。9月6日，水利局执法部门向各施工单位下达公告，要求4个标段的施工单位必须按照约定完成清障工作，否则将启动银行保函程序。

为体现水利执法部门的“柔性执法”和依照程序执法，9月29日，水利局向施工单位下达了催告通知；10月11日，在工地现场召开大桥河道施工障碍物清场工作专题会议，听取施工单位意见，明确4个标段施工单位必须于10月15日前完成清除，并报水利局验收。

（三）证据收集充分，银行积极回应

银行保函中约定，水利局需要在保函有效期内将索赔文件及保函申请人未履行《河道施工障碍物清理协议》的书面说明送达出具保函的银行，银行在核定后才向水利局支付不超过履约保证金最高额的赔偿款。这就出现两个硬要求：一是书面说明，索赔文件、证据必须按照银行要求提供；二是保函有效期，提交索赔期限不能超过2013年10月31日。

鉴于4个标段2013年10月20日前仍未完成清理工作，并且清场行动甚微，水利局执法部门安排人员对剩余清理工作进行了测量、核算，收集了施工现场图片资料、向施工单位下达的通知回执等证明材料，准备了索赔函。通过网上查询、电话查询知悉中国建设银行天津市分行、中国建设银行武汉市分行等银行联系方式后，于10月25日，把有关材料寄达这些相关担保银行，要求银行承担赔付责任。

索赔函寄出后至2013年10月底前，其中1个施工单位完成了相应的清理工作，经过水利局验收，水利局撤回了对该标段担保银行的索赔申请。

因为保函是银行以自己的信用为申请人提供保证，索赔还直接关系到申请人与出具保函银行的信用评价管理，另外 3 个标段的担保银行提议采用置换方案，由 3 个标段的施工单位另行缴纳现金抵押金替代现有保函，并重新签订了清场协议，施工单位按照原银行保函担保金额缴纳了清场抵押金，并按约定全部清理了河道内障碍物。

案例二：一事不再罚

某市水利局认定张某违章建设，根据防洪法规定作出罚款 5 000 元的决定（1 号决定）。该局将决定书送达张某后发现有文字错误，遂予以撤销并作出处罚内容相同的决定（2 号决定），但决定书上加盖了该局水政科的印章。张某不服提起行政诉讼，诉讼期间，该局撤销了 2 号决定书，作出罚款 3 000 元的决定（3 号决定）。

问题：

（1）2 号决定与 1 号决定的错误是否性质相同，是否都属于文字错误？

（2）对同一行为给予了 3 次处罚，是否违反一事不再罚要求？

（3）某市局撤销 2 号决定书、作出 3 号决定书是否必须在一审期间内进行？

解析：

（1）1 号决定属于文字错误，2 号决定属于签章错误，两者错误的性质是不相同的。

（2）所谓一事不再罚，是指对违法行为人的同一个违法行为，不得以同一事实和同一依据给予两次以上的行政处罚。所谓一事，是指同一违法行为人所实施的侵犯单个法律、法规确认和保护的一个具体社会关系的一个独立的违法行为。同一违法行为人对行政法规范的违反可能存在两种情况：一是同一行为违反了一个行政法律规范，受一个行政主体管辖；二是同一行为违反了一个行政法律规范，由两个以上行政主体管辖。在上述两种情况下，应当适用一事不再罚原则，不得以任何理由处罚两次或多次。所谓不再罚，即指不得处罚两次或者两次以上。需要注意的是，这里限制的仅是行政处罚，并不排除其他法律责任，因为不同性质的法律责任是不能互相代替的，例如不能以罚代刑。《行政处罚法》第二十九条规定："对当事人的同一个违法行为，不得给予两次以上罚款的行政处罚。同一个违法行为违反多个法律规范应当给予罚款处罚的，按照罚款数额高的规定处罚。"这一规定，既肯定了一事不再罚的精神，又考虑到了行政执法职权范围内几乎所有的行政处罚实施机关都具有罚款权力的实际情况，把一事不再罚的"罚"仅仅局限在"罚款"，实际上是对一事不再罚原则的主要内容和组成部分的明确。

在本案中，所述的 3 个决定中，每个决定都是对前一决定的纠正，即后一决定的作出都是对前一决定的否认，后一决定生效的同时前一决定就失效了。因此，不存在 3 次决定都生效的情况，也就不存在违反一事不再罚原则的情况。

（3）某市局撤销 2 号决定书，作出 3 号决定书的行为可以在复议期间进行，也可以在一审期间进行，还可以在二审期间进行，没有必须在一审期间进行的限制规定。

案例三：对违法取水实施行政处罚

2010年7月，某市水政监察人员巡查时发现，某公司未经批准、违法取水，遂迅速进行详细调查。经查，2009年11月某公司与该村村委签订了租土地协议。在协议中，某公司向村委缴纳一定的土地使用费后，村委向某公司提供取水水源土地800 m^2，某公司在租用土地上进行打井和供水基本设施建设，村委负责提供必要的供水安全保障；2010年5月，所有取水、供水设施完工，某公司崔某开始正式向周边企业和村庄供水，累计供水6万多m^3，非法获利4万余元。以上违法事实有充足的证据为证。水行政主管部门认定，某公司违法取用地下水，事实清楚、证据确凿，该行为违反了《水法》有关规定，依法应予惩处。并根据当事人申请，公开举行了处罚听证会。10月10日，水行政主管部门向某公司依法送达了《行政处罚决定书》。依据《水法》第六十九条第一款，决定给予某公司停止违法取水，擅自取用地下水罚款6万元的行政处罚。某公司自动履行了处罚决定。

问题：

（1）被处罚对象究竟应当是某公司还是村委？

（2）对违法者的哪种行为进行处罚？

（3）案件处罚结束后的工作是什么？

解析：

（1）依据《水法》第四十八条规定，需要办理取水许可手续的，应当是“直接从江河、湖泊或者地下取用水资源的单位和个人”。本案中，崔某是取水工程的投资人、受益人，更关键的是，崔某是实施取水行为的直接当事人，因此崔某承担法律责任。对于崔某与村委关于责任分工的纠纷，崔某可以提起民事诉讼，另行解决。

（2）对取用地下水资源的行为，可分为两个阶段：一是修建取水工程（凿井）阶段，是取水的准备和前期工作；二是取水阶段，是当事人的目的所在。在案件查处实践中，对这两个阶段是区别对待的：如果是在第一个阶段案发，认定为违法修建水工程案件，按照未经批准、擅自修建取水工程的有关规定处罚，而不能按照违法取水追究责任，因为当事人还没有开始取水，没有实质性的取水行为；如果是在第二个阶段案发，认定为违法取水案件，按照未经批准、擅自取水的有关规定处罚，因为此时水工程已经修建完毕，开始有实质性的取水行为。

（3）对于本案，处罚工作办结过程中，当事人可以办理申请取水许可手续，需要对取水工程设施进行论证。如果行政机关经过论证后通过，则应当发放取水许可证；如果论证后没有通过，则应当责令当事人将井回填，恢复原状，全部工作才算彻底结束。

案例四：水行政处罚时限

某公司为了生产的需要于2009年10月20日未经水行政主管部门许可擅自打了一眼深井，并一直取水至今。2012年5月9日，某市水政监察大队在执法时发现了该公司的非法取水行为。

问题：水利部门能否查处该公司的违法行为？

解析：该公司存在两个违法行为，一个是未取得取水申请批准文件擅自建设取水工程，违反了《取水许可和水资源费征收管理条例》（国务院令第460号）第四十九条；另一个是未经批准擅自取水，违反了《水法》第六十九条和《取水许可和水资源费征收管理条例》第四十八条规定。

对该公司擅自挖井的违法行为，因从2009年10月20日至2012年5月9日已超过了2年，按照《行政处罚法》第三十六条第一款“违法行为在二年内未被发现的，不再给予行政处罚；涉及公民生命健康安全、金融安全且有危害后果的，上述期限延长至五年。法律另有规定的除外”。不得给予查处。

该公司未经批准擅自取水的第二个违法行为，按照《行政处罚法》第三十六条第二款“前款规定的期限，从违法行为发生之日起计算；违法行为有连续或者继续状态的，从行为终了之日起计算”。因呈“连续状态”，因此水利部门可以依法查处该公司擅自取水的违法行为。

案例五：查处河道内违建项目

2010年12月，某县水务局水政监察人员巡查发现辖区河道滩地内有项目未经水利部门批准在修筑围堤、推挖鱼塘，立即依法立案查处。

经了解，该违法项目属于政府支持引导，开发商投资建设的现代渔业项目。主要建设内容是开发4 000余亩面积的河道滩地，修建鱼塘和种植芦笋、莲藕等，辅助修建生产道路、供电线路、管理用房等配套设施。县水务局在完成询问、调查、勘查等相关工作后，对当事人下达了《责令停止水事违法行为通知书》，要求开发商停止违法行为，采取补救措施，恢复河道原貌。但开发商不予配合，不但趁执法人员不在时继续施工，而且老板不出面，每次县水务局执法时都是几个临时工在场，致使县水务局不能将行政处罚决定书在宣告后当场交付开发商，县水务局只好采取留置送达等方式。其间，鉴于情节复杂、案情重大，县水务局的负责人数次集体讨论决定采取的处罚措施，并组织开展了数次执法活动，还向当地县政府和上级进行专题报告。

问题：请分析县水务局对本案采取的各项处理行为。

解析：

（1）本案中开发商未经水利部门批准擅自推挖鱼塘的行为，属于《防洪法》等法律规范中规定的违法情形。县水务局向当事人下达《责令停止水事违法行为通知书》的处罚行为，符合《防洪法》第二十二条、《河道管理条例》第二十五条、《某省河道管理办法》等法律规范禁止性规定。

（2）县水务局采取留置送达等方式合适。根据《行政处罚法》第六十一条规定，行政处罚决定书应当在宣告后当场交付当事人；当事人不在场的，行政机关应当在七日内依照《中华人民共和国民事诉讼法》的有关规定，将行政处罚决定书送达当事人。

（3）县水务局采取负责人集体讨论决定的行为合适。根据《行政处罚法》第五十七条规定，对情节复杂或者重大违法行为给予行政处罚，行政机关负责人应当集体讨论决定。

（4）县水务局组织人员临时扣押开发商部分施工设备的行为，无法定依据，是行政违法行为，处罚行为当属无效。

尽管我国有法律规范授予水利部门可以没收砂子等非法所得的权力，但没有行政法律规范授予水利部门可以扣押、查封的处罚权限。本案中县水务局扣押设备，属于超越权限替代法院强制执行，违反了处罚法定原则中实施处罚的主体法定的要求。

但如果县水务局扣押设备的行为，是“在证据可能灭失或以后难以取得的情况下”，作为先行证据登记保存处理的，扣押行为合法。

先行登记保存证据是《行政处罚法》中规定的一项制度，该法第五十六条规定：“行政机关在收集证据时，可以采取抽样取证的方法；在证据可能灭失或者以后难以取得的情况下，经行政机关负责人批准，可以先行登记保存，并应当在七日内及时作出处理决定，在此期间，当事人或者有关人员不得销毁或者转移证据。”由此可见，先行登记保存证据是执法人员在调查取证过程中的一项重要的执法手段。《水行政处罚实施办法》第二十八条、第二十九条也有相关规定。综合上述法律、规章的规定，在采取先行登记保存证据措施时，应注意以下几点：

①水行政主管部门在调查取证过程中采取该项措施，其先决条件是“在证据可能灭失或以后难以取得的情况下”，不具备该条件的，则没有必要采取先行登记保存证据措施。

②采取先行登记保存证据措施，应当经过本机关负责人批准。

③对于先行登记保存的证据，应当登记造册，开具清单，并予以封存固定，贴上水行政主管部门的封条，原则上原地保存，只有原地保存可能妨害公共秩序、公共安全或者对证据保存不利的，才异地保存。

④采取先行登记保存证据，应当向当事人制发先行登记保存通知书，向当事人交代有关情况及应遵守的义务。

⑤行政机关在查处违法行为时，根据实际情况，需要当场实施证据先行登记保存的，可以当场向当事人出具已经加盖行政机关印章的本文书。但事后应补办审批手续，

报请机关负责人批准。

⑥采取先行登记保存证据以后，应视具体案情作出处理决定。

（5）县水务局向政府、县防汛指挥部报告，做法是必要的、正确的。

对河道管理范围内的阻水障碍物，《防洪法》《河道管理条例》都规定了“谁设障，谁清除”的原则，由河道主管机关提出清障计划和实施方案，由防汛指挥部责令设障者在规定的期限内清除。逾期不清除的，由防汛指挥部组织强行清除，并由设障者负担全部清障费用。可见，防汛指挥机构有权采取“强制清障措施”的法律依据很充分。水利部门完全可以通过防汛指挥部解决一些棘手的水事问题。特别是在汛期，这是一个很有效的手段。

（6）需要特别指出的是，2012 年 1 月 1 日《行政强制法》开始执行，赋予了水行政执法主体代履行权力，拓宽了水利部门有效执法的手段。但水利部门同时也要注意代履行的程序，如签订委托书、送达代履行决定书、催告当事人履行、签名或者盖章等，程序都不可或缺。

《行政强制法》还赋予了水利部门河道清障的简易程序。《行政强制法》第五十二条规定：“需要立即清除道路、河道、航道或者公共场所的遗洒物、障碍物或者污染物，当事人不能清除的，行政机关可以决定立即实施代履行；当事人不在场的，行政机关应当在事后立即通知当事人，并依法作出处理。”这样，水利部门在清除非法砂场、采淘铁砂船只等方面，都可以适用这一河道清障的简易程序。但是需要注意两个问题：一是如何判断“需要立即”；二是界定障碍物的标准是什么？要总体把握两点：第一，自由裁量不违反合法、公正原则；第二，合法障碍物适当补偿、非法障碍物不予补偿。

案例六：最高人民法院审判委员会指导案例

此案例最高人民法院审判委员会讨论通过，2012 年 4 月 9 日发布。本案中，由于 ×× 工商局在作出行政处罚决定前没有告知处罚对象听证权利，被法院依法撤销，水行政执法机关应该引以为戒。

（一）基本案情

原告黄某、何某、何某诉称：被告 ×× 省 ×× 市 ×× 工商行政管理局（简称 ×× 工商局）行政处罚行为违法，请求人民法院依法撤销成工商 ×× 处字〔2005〕第 ××××× 号《行政处罚决定书》，返还电脑主机 33 台。

被告 ×× 工商局辩称：原告违法经营行为应当受到行政处罚，对其进行行政处罚的事实清楚、证据确实充分、程序合法、处罚适当；所扣留的电脑主机是 32 台而非 33 台。

法院经审理查明：2003 年 12 月 20 日，×× 省 ×× 县图书馆与原告何某之夫黄某联办多媒体电子阅览室。经双方协商，由黄某出资金和场地，每年向 ×× 县图书馆缴管理费 2 400 元。2004 年 4 月 2 日，黄某以其子何某的名义开通了 ADSL84992722（期限到 2005 年 6 月 30 日），在 ×× 县 ×× 镇 ×× 路一门面房挂牌开业。4 月中旬，×× 县文体广电局市场科以整顿网吧为由要求其停办。经 ×× 县图书馆与黄某协商，×× 县图书馆于 5 月中旬退还黄某 2 400 元管理费，摘除了"×× 县图书馆多媒体电子阅览室"的牌子。2005 年 6 月 2 日，×× 工商局会同 ×× 县文体广电局、×× 县公安局对原告 ×× 县 ×× 镇 ×× 路门面房进行检查时发现，×× 实验中学初一学生叶某、杨某、郑某和数名成年人在上网游戏。原告未能出示《网络文化经营许可证》和营业执照。×× 工商局按照《互联网上网服务营业场所管理条例》第二十七条"擅自设立互联网上网服务营业场所，或者擅自从事互联网上网服务经营活动的，由工商行政管理部门或者由工商行政管理部门会同公安机关依法予以取缔，查封其从事违法经营活动的场所，扣押从事违法经营活动的专用工具、设备"的规定，以成工商 ×× 扣字〔2005〕第 ××××× 号《扣留财物通知书》决定扣留原告的 32 台电脑主机。何某对该扣押行为及扣押电脑主机数量有异议遂诉至法院，认为实际扣押了其 33 台电脑主机，并请求撤销该《扣留财物通知书》。2005 年 10 月 8 日，×× 县人民法院作出〔2005〕×× 行初字第 ×× 号《行政判决书》，维持了成工商 ×× 扣字〔2005〕第 ××××× 号《扣留财物通知书》，但同时确认 ×× 工商局扣押了何某 33 台电脑主机。同年 10 月 12 日，×× 工商局以原告的行为违反了《互联网上网服务营业场所管理条例》第七条、第二十七条的规定作出了成工商 ×× 处字〔2005〕第 ××××× 号《行政处罚决定书》，决定"没收在何某商业楼扣留的从事违法经营活动的电脑主机 32 台"。

（二）裁判结果

×× 省 ×× 县人民法院于 2006 年 5 月 25 日作出〔2006〕×× 行初字第 3 号行政判决：一、撤销成工商 ×× 处字〔2005〕第 ××××× 号《行政处罚决定书》；二、×× 工商局在判决生效之日起 30 日内重新作出具体行政行为；三、×× 工商局在本判决生效之日起 15 日内履行超期扣留原告黄某、何某、何某的电脑主机 33 台所应履行的法定职责。宣判后，×× 工商局向 ×× 省 ×× 市中级人民法院提起上诉。×× 市中级人民法院于 2006 年 9 月 28 日以同样的事实作出〔2006〕成行终字第 ××× 号行政判决，撤销一审行政判决第三项，对其他判项予以维持。

（三）裁判理由

原《中华人民共和国行政处罚法》第四十二条规定："行政机关作出责令停产停业、吊销许可证或者执照、较大数额罚款等行政处罚决定之前，应当告知当事人有要求举行听证的权利。"虽然该条规定没有明确列举"没收财产"，但是该条中的"等"系不完全列举，应当包括与明文列举的"责令停产停业、吊销许可证或者执照、较大数额罚款"类似的其他对相对人权益产生较大影响的行政处罚。为了保证行政相对人充分行使陈述权和申辩权、保障行政处罚决定的合法性和合理性，对没收较大数额财产的行政处罚，也应当根据原《行政处罚法》第四十二条的规定适用听证程序。关于没收较大数额的财产标准，应比照《四川省行政处罚听证程序暂行规定》第三条“本规定所称较大数额的罚款，是指对非经营活动中的违法行为处以 1 000 元以上，对经营活动中的违法行为处以 20 000 元以上罚款”中对罚款数额的规定。因此，×× 工商局没收黄某等三人 32 台电脑主机的行政处罚决定，应属没收较大数额的财产，对黄某等三人的利益产生重大影响的行为，×× 工商局在作出行政处罚前应当告知被处罚人有要求听证的权利。本案中，×× 工商局在作出处罚决定前只按照行政处罚一般程序告知黄某等三人有陈述、申辩的权利，而没有告知听证权利，违反了法定程序，依法应予撤销。

案例七：水行政处罚案卷评查

在各地水行政执法实践中，都或多或少存在着执法文书不完整、不规范的现象。例如：立案审批表中只有单位负责人签名，没有负责人同意与否的意见；对为什么立案、处罚的原因、触犯了什么法律，表述得不明确；甚至有的无立案、无报告、无审批表，直接就是处罚；有的案件处理文书是一个讨论报告；有的询问笔录，没有亮证记录，没有当事人身份证信息和逐页签名；检查（勘验）笔录中，缺少图标，对位置描述不清晰；有的处罚意见是“罚款多少钱”，到最后结案时却是“不予处罚”，中间没有过渡；文档归档不规范等现象。

（一）案情简介

2013 年 11 月 6 日，×× 河务局水政执法人员巡查发现，郑焦城际黄河桥项目第二分部在黄河右岸大堤公里桩号 K-1+100 北约 2 200 m 和 2 700 m 两处黄河河道内，存在倾倒建筑垃圾行为。2 200 m 处垃圾总体积 350 m^3，2 700 m 处垃圾长约 80 m，宽 4 m，两处垃圾均高约 2.5 m，体积约 800 m^3。水政执法人员随即责令项目部立即停止违法行为，并于当日对其进行了立案查处，制作了《询问笔录》和《勘验笔录》，按程序下达了处罚决定书，责令项目部停止违法行为，排除阻碍或者采取其他补救措施，并处 18 000 元人民币的罚款。当事人自动履行。×× 河务局对案卷进行了归档。

（二）评查案卷发现问题

依据《黄委水行政执法案卷评查办法》、《黄委水行政执法文书档案管理办法》、《河南黄河水行政执法文书制作规范（试行）》（评审意见中简称《规范》）、《河南黄河河务局水行政处罚文书文本格式》、《河南省黄河河务行政处罚裁量标准及“四项制度”》等文件规定，上级河务局组织人员对 ×× 河务局的这份案卷进行了评查。

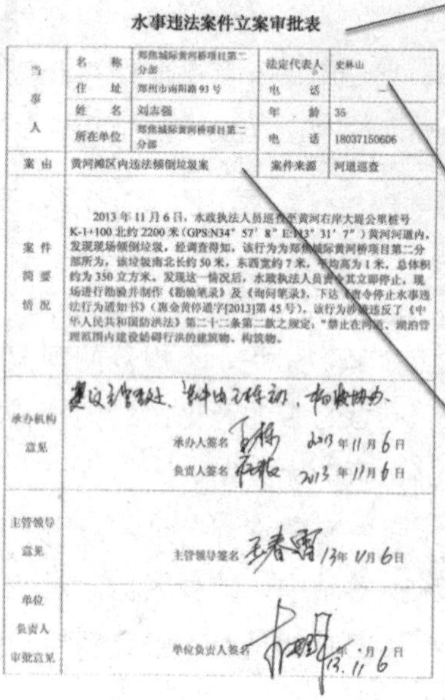

水事违法案件立案审批表

当事人	名　称	郑焦城际黄河桥项目第二分部	法定代表人	史林山
	住　址	郑州市南阳路93号	电　话	—
	姓　名	刘志强	年　龄	35
	所在单位	郑焦城际黄河桥项目第二分部	电　话	18037150606
案由	黄河滩区内违法倾倒垃圾案		案件来源	河道巡查
案件简要情况	2013年11月6日，水政执法人员巡查至黄河右岸大堤公里桩号K-1+100北约2200米（GPS:N34° 57′ 8″ E:113° 31′ 7″）黄河河道内，发现现场倾倒垃圾，经调查得知，该行为为郑焦城际黄河桥项目第二分部所为，该垃圾南北长约50米，东西宽约7米，平均高为1米，总体积约为350立方米。发现这一情况后，水政执法人员责令其立即停止，现场进行勘验并制作《勘验笔录》及《询问笔录》，下达《责令停止水事违法行为通知书》（惠金黄桥违字[2013]第45号），该行为涉嫌违反了《中华人民共和国防洪法》第二十二条第二款之规定："禁止在河道、湖泊管理范围内建设妨碍行洪的建筑物、构筑物。			
承办机构意见	承办人签名　2013年11月6日 负责人签名　2013年11月6日			
主管领导意见	主管领导签名　13年11月6日			
单位负责人审批意见	单位负责人签名　13年11月6日			

（一）未编注案号。

《规范》第七条：下列法律文书应当编注案号：当场处罚决定书、行政处罚立案审批、行政处罚告知书、行政处罚决定书。当场处罚决定书“案号”为“行政区划简称＋处罚机关简称＋简罚＋执法类别＋年份＋序号”。行政处罚立案审批表、行政处罚告知书、行政处罚决定书“案号”统一为“本级行政区划简称＋处罚机关简称＋执法类别＋年份＋序号”。同一案件中，所有文书编注案号的序号必须一致。由于省局格式文本中《水事违法案件立案审批表》缺少案号一栏，需要进一步修订完善。

（二）该案卷当事人是单位，但案卷中将个人和单位栏均进行了填写。

文书中当事人情况应当按如下要求填写：（一）根据案件情况确定“个人”或者“单位”。……当事人为个人的，姓名应填写身区份证或户口簿上的姓名，住址应填写常地址或居住地址，“年龄”应以公历周岁为准。当事人为法人或者其他组织的，应填写单位全称，并应与工商登记注册信息一致。

（三）“案由”一栏未按要求填写，未注明“涉嫌”两字。

《规范》第六条：……在立案和调查取证阶段文书中“案由”应当填写为“涉嫌违法行为定性＋案”，例如“涉嫌违法采砂案、涉嫌违法取土案”。

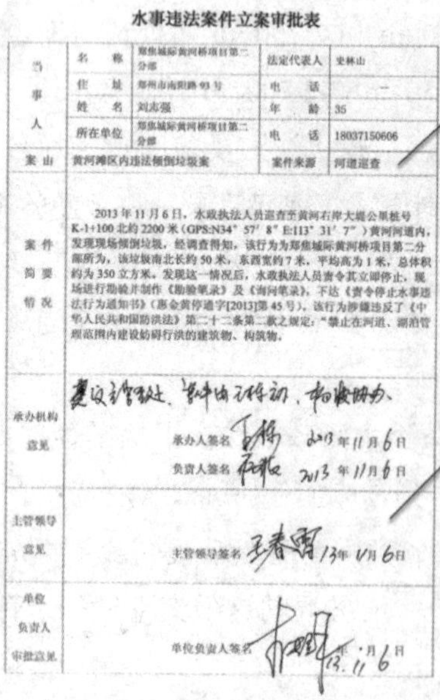

水事违法案件立案审批表

当事人	名　称	郑焦城际黄河桥项目第二分部	法定代表人	史林山
	住　址	郑州市南阳路93号	电　话	—
	姓　名	刘志强	年　龄	35
	所在单位	郑焦城际黄河桥项目第二分部	电　话	18037150606
案由	黄河滩区内违法倾倒垃圾案		案件来源	河道巡查
案件简要情况	2013年11月6日，水政执法人员巡查至黄河右岸大堤公里桩号K-1+100北约2200米（GPS:N34° 57′ 8″ E:113° 31′ 7″）黄河河道内，发现现场倾倒垃圾，经调查得知，该行为为郑焦城际黄河桥项目第二分部所为，该垃圾南北长约50米，东西宽约7米，平均高为1米，总体积约为350立方米。发现这一情况后，水政执法人员责令其立即停止，现场进行勘验并制作《勘验笔录》及《询问笔录》，下达《责令停止水事违法行为通知书》（惠金黄桥违字[2013]第45号），该行为涉嫌违反了《中华人民共和国防洪法》第二十二条第二款之规定："禁止在河道、湖泊管理范围内建设妨碍行洪的建筑物、构筑物。			
承办机构意见	承办人签名　2013年11月6日 负责人签名　2013年11月6日			
主管领导意见	主管领导签名　13年11月6日			
单位负责人审批意见	单位负责人签名　13年11月6日			

（四）该案卷“案件来源“一栏未按要求规范填写。

《规范》第九条，文书中“案件来源”分为巡查发现、群众举报、上级督办、部门移交、媒体曝光五类。

（五）该案卷中“领导审批意见”一栏均仅有签名，未填写明确意见。

文书填写应当使用黑色水笔。《规范》第十五条：文书中执法机构、处罚机关的审核或审批意见应表述明确，没有歧义。

备注：行政处罚立案审批表是执法人员发现违法行为后，向行政机关负责人报告立案时使用的文书。立案审批表由案件情况报告和行政机关负责人审批意见两大部分组成。报告人必须写明当事人情况和基本的违法事实。立案时间以行政机关负责人在报告中签署立案意见的时间为准。

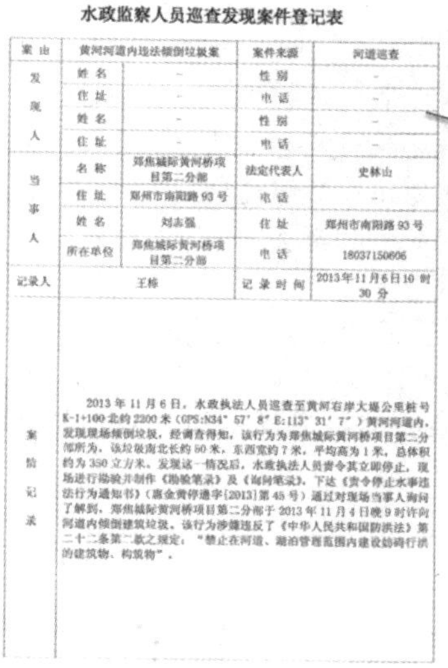

水政监察人员巡查发现案件登记表

案由	黄河河道内违法倾倒垃圾案		案件来源	河道巡查
发现人	姓名	-	性别	-
	住址	-	电话	-
	姓名	-	性别	-
	住址	-	电话	-
当事人	名称	郑焦城际黄河桥项目第二分部	法定代表人	史林山
	住址	郑州市南阳路93号	电话	-
	姓名	刘志强	住址	郑州市南阳路93号
	所在单位	郑焦城际黄河桥项目第二分部	电话	18037150606
记录人	王栋		记录时间	2013年11月6日10时30分
案情记录	2013年11月6日，水政执法人员巡查至黄河右岸大堤公里桩号K-1+100北约2200米（GPS:N34°57′8″ E:113°31′7″）黄河河道内，发现现场倾倒垃圾，经调查得知，该行为为郑焦城际黄河桥项目第二分部所为，该垃圾南北长约60米，东西宽约7米，平均高为1米，总体积约为350立方米。发现这一情况后，水政执法人员责令其立即停止，现场进行勘验并制作《勘验笔录》及《询问笔录》，下达《责令停止水事违法行为通知书》（惠金黄停通字[2013]第45号）通过对现场当事人询问了解到，郑焦城际黄河桥项目第二分部于2013年11月4日晚9时许向河道内倾倒建筑垃圾。该行为涉嫌违反了《中华人民共和国防洪法》第二十二条第二款之规定："禁止在河道、湖泊管理范围内建设妨碍行洪的建筑物、构筑物"。			

（六）该案卷的《水政监察人员巡查发现案件登记表》中"发现人"一栏未填写。

文书设定的栏目，应当逐项填写，签名必须是手写，签名和日期不得遗漏和随意修改。确因错误需要进行修改的，可以用杠线划去修改处，在其上方或者下方写上正确内容，并在改动处加盖印章，或者由当事人签名、盖章或按指印确认；无须填写的，应当用斜线划去。文书中除编号和面积、数量、技术数据等必须使用阿拉伯数字外，其他应当使用汉字。

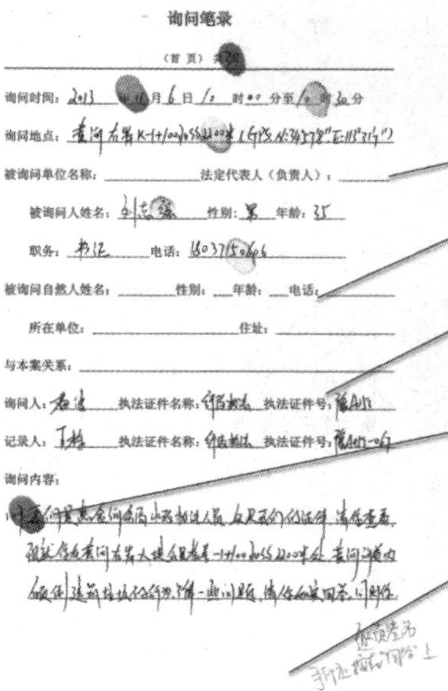

询问笔录

（首页）

询问时间：2013年　月6日10时00分至10时30分

询问地点：黄河右岸K-1+100北约2200米（GPS:N34°57′8″ E:113°31′7″）

被询问单位名称：＿＿＿＿　法定代表人（负责人）：＿＿＿＿

被询问人姓名：刘志强　性别：男　年龄：35

职务：书记　电话：18037150606

被询问自然人姓名：＿＿　性别：＿＿　年龄：＿＿　电话：＿＿

所在单位：＿＿＿＿　住址：＿＿＿＿

与本案关系：＿＿＿＿

询问人：＿＿　执法证件名称：行政执法　执法证件号：＿＿

记录人：王栋　执法证件名称：行政执法　执法证件号：＿＿

询问内容：

（七）该案卷的询问笔录中存在缺项、填写不规范、捺指印不规范等问题。

1. 被询问单位信息未填写。

2. 无须填写的，未用斜线划去。

3. 执法证件号填写不完整（多处）。

4. 捺指印应捺在"回答"上。

5. 未由当事人逐页签字或盖章确认。

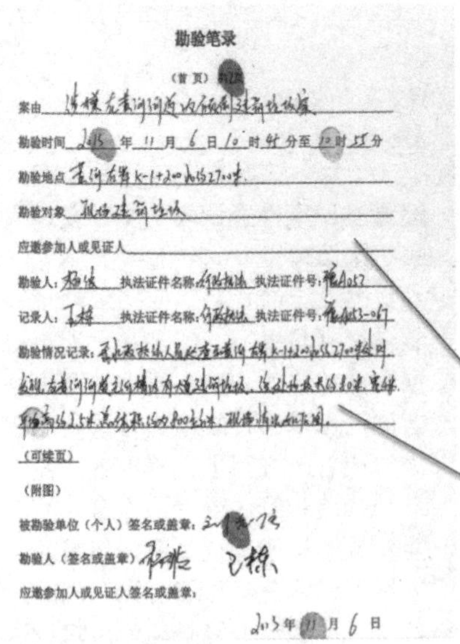
勘验笔录

(首页)

案由

勘验时间 年 月 日 时 分至 时 分

勘验地点

勘验对象

应邀参加人或见证人

勘验人: 执法证件名称: 执法证件号:

记录人: 执法证件名称: 执法证件号:

勘验情况记录:

(可续页)

(附图)

被勘验单位(个人)签名或盖章:

勘验人(签名或盖章)

应邀参加人或见证人签名或盖章:

年 月 日

（八）该案卷的勘验笔录中存在以下问题：

《规范》第十二条：现场检查（勘验）笔录是指执法人员对与涉嫌违法行为有关的占用水域情况、毁损情况、作案工具等进行检查或者勘验的文字图形记载和描述。需要绘制勘验图的，可另附纸。对现场绘制的勘验图、拍摄的照片和摄像、录音等资料应当在笔录中注明。

1. 无应邀参加人或见证人。

2. 记录的主体性内容不全面；因勘验情况记录内容复杂，下面展开说一下。

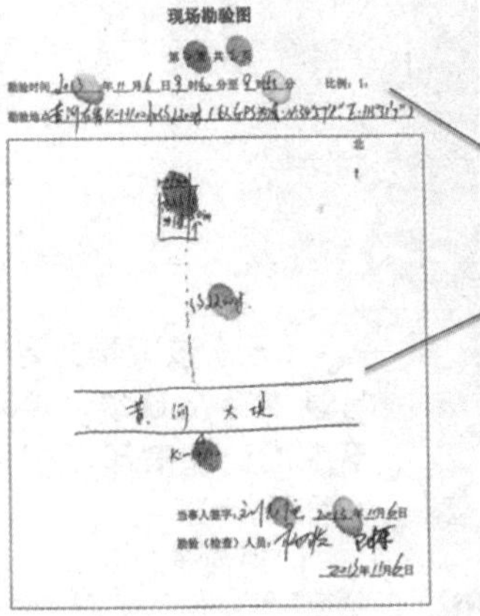

3. 该案卷的现场勘验图中存在以下问题：

勘验图无比例图标，且未借助直尺等工具，纯手工绘制过于随意；对现场绘制的勘验图、拍摄的照片和摄像、录音等资料应当在笔录中注明。

倾倒垃圾现场

4. 拍摄的照片存在以下问题：

（1）拍摄的照片未显示拍照时间等信息。

（2）无执法人员实施检查、调查的镜头，无当事人或施工人员在场的镜头。

（3）拍摄的照片未加注说明，且无当事人和执法人员签名确认。

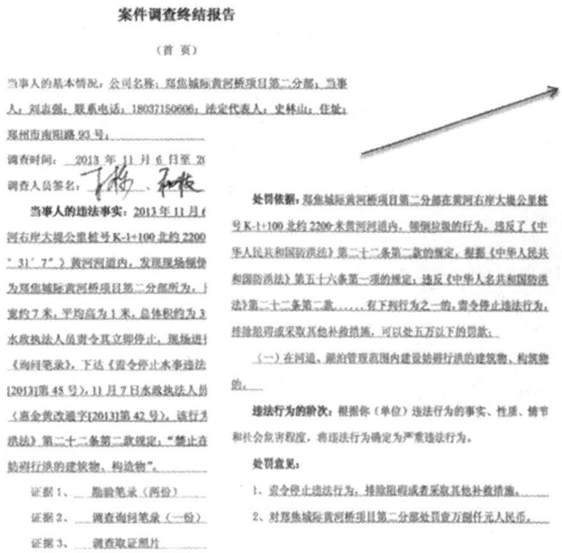

案件调查终结报告

（首页）

当事人的基本情况：公司名称：郑焦城际黄河桥项目第二分部；当事人：刘志强；联系电话：18037150606；法定代表人：史林山；住址：郑州市南阳路93号；

调查时间：2013年11月6日至20

调查人员签名：

当事人的违法事实：2013年11月6

河右岸大堤公里桩号K-1+100北约2200

"31′7"）黄河河道内，发现现场倾倒

为郑焦城际黄河桥项目第二分部所为，

宽约7米，平均高为1米，总体积约为3

水政执法人员责令其立即停止，现场进

《询问笔录》，下达《责令停止水事违法

[2013]第45号），11月7日水政执法人员

《惠金黄改通字[2013]第42号》，该行为

洪法》第二十二条第二款规定："禁止在

妨碍行洪的建筑物、构造物"。

证据1、勘验笔录（两份）

证据2、调查询问笔录（一份）

证据3、调查取证照片

处罚依据：郑焦城际黄河桥项目第二分部在黄河右岸大堤公里桩号K-1+100北约2200米黄河河道内，倾倒垃圾的行为，违反了《中华人民共和国防洪法》第二十二条第二款的规定，根据《中华人民共和国防洪法》第五十六条第一项的规定：违反《中华人名共和国防洪法》第二十二条第二款……有下列行为之一的，责令停止违法行为，排除阻碍或采取其他补救措施，可以处五万以下的罚款：

（一）在河道、湖泊管理范围内建设妨碍行洪的建筑物、构筑物的。

违法行为的阶次：根据你（单位）违法行为的事实、性质、情节和社会危害程度，将该违法行为确定为严重违法行为。

处罚意见：

1、责令停止违法行为，排除阻碍或者采取其他补救措施。

2、对郑焦城际黄河桥项目第二分部处罚壹万捌仟元人民币。

（九）该案卷《案卷调查终结报告》和《水行政处罚决定书》附加页未注明页码。

《规范》第十四条：执法文书首页不够记录时，可以附纸记录，但应当注明页码，由相关人员签名并注明日期。

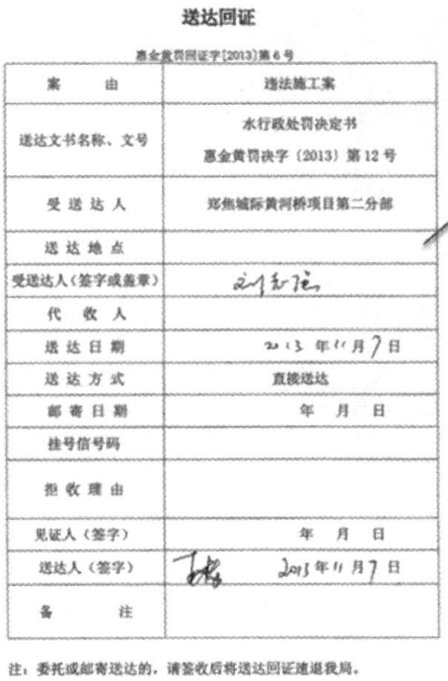

送达回证

惠金黄罚回证字[2013]第6号

案　　由	违法施工案
送达文书名称、文号	水行政处罚决定书 惠金黄罚决字（2013）第12号
受送达人	郑焦城际黄河桥项目第二分部
送达地点	
受送达人（签字或盖章）	
代收人	
送达日期	2013年11月7日
送达方式	直接送达
邮寄日期	年　月　日
挂号信号码	
拒收理由	
见证人（签字）	年　月　日
送达人（签字）	2013年11月7日
备　　注	

注：委托或邮寄送达的，请签收后将送达回证速退我局。

（十）该案卷送达回证未填写送达地点。

《规范》第二十四条：……送达回执应写明受送达人、送达机关、送达文件名称及文号、送达地点等内容。

送达回证是水行政处罚机关将各种执法文书送达当事人的回执证明文书。水行政执法文书送达完毕，应由受送达人在送达回证上签字后，由行政机关保存。受送达人不在时，可将文书交其成年家属或所在单位负责人代收，在受送达人栏内签章，并在代收人与当事人关系栏中写明了与受送达人关系及代收理由。送达回执，应写明受送达人、送达机关、送达文件名称及文号、送达地点等内容。在发生拒收情况时，其他人员在场证明情况，留下送达文件即为送达，但经办人应在备注栏说明有关情况，并邀请见证人签字并注明日期。送达单位"指处罚机关；"送达人"指处罚机关的执法人员；"受送达人"指案件当事人；"收件人"不是当事人时，应当在备注栏中注明其身份和与当事人的关系。

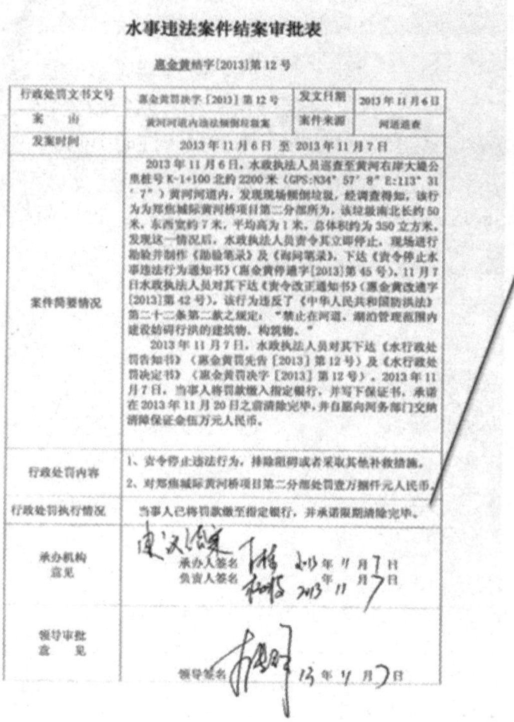

水事违法案件结案审批表

惠金黄结字[2013]第12号

行政处罚文书文号	惠金黄罚决字〔2013〕第12号	发文日期	2013年11月6日
案　由	黄河河道内违法倾倒垃圾案	案件来源	河道巡查
发案时间	2013年11月6日 至 2013年11月7日		
案件简要情况	2013年11月6日，水政执法人员巡查至黄河右岸大堤公里桩号K-1+100北约2200米（GPS:N34° 57′ 8″ E:113° 31′ 7″）黄河河道内，发现现场倾倒垃圾，经调查得知，该行为为郑焦城际黄河桥项目第二分部所为，该垃圾南北长约50米，东西宽约7米，平均高为1米，总体积约为350立方米。发现这一情况后，水政执法人员责令其立即停止，现场进行勘验并制作《勘验笔录》及《询问笔录》，下达《责令停止水事违法行为通知书》（惠金黄停通字[2013]第45号），11月7日水政执法人员对其下达《责令改正通知书》（惠金黄改通字[2013]第42号），该行为违反了《中华人民共和国防洪法》第二十二条第二款之规定：“禁止在河道、湖泊管理范围内建设妨碍行洪的建筑物、构筑物。” 2013年11月7日，水政执法人员对其下达《水行政处罚告知书》（惠金黄罚先告〔2013〕第12号）及《水行政处罚决定书》（惠金黄罚决字〔2013〕第12号），2013年11月7日，当事人将罚款缴入指定银行，并写下保证书，承诺在2013年11月20日之前清除完毕，并自愿向河务部门交纳清障保证金伍万元人民币。		
行政处罚内容	1、责令停止违法行为，排除阻碍或者采取其他补救措施。 2、对郑焦城际黄河桥项目第二分部处罚壹万捌仟元人民币。		
行政处罚执行情况	当事人已将罚款缴至指定银行，并承诺限期清除完毕。		
承办机构意见	承办人签名　2013年11月7日 负责人签名　2013年11月7日		
领导审批意见	领导签名　13年11月7日		

（十一）该案卷缺少对处罚决定完全执行完毕的证明材料。

当事人按照处罚决定书要求，交了罚款和保证金后作出了清障承诺，但最终建筑垃圾是否按要求全部清除出去，该案卷中未体现。

《规范》第二十六条：行政处罚结案报告是指案件终结后，执法人员报请处罚机关负责人批准结案的文书。结案报告应当对案件的办理情况进行总结，对给予行政处罚的，写明处罚决定的内容及执行情况；不予行政处罚的，应当写明理由；予以撤销案件的，写明撤销的理由。

罚款缴纳票据和保证书

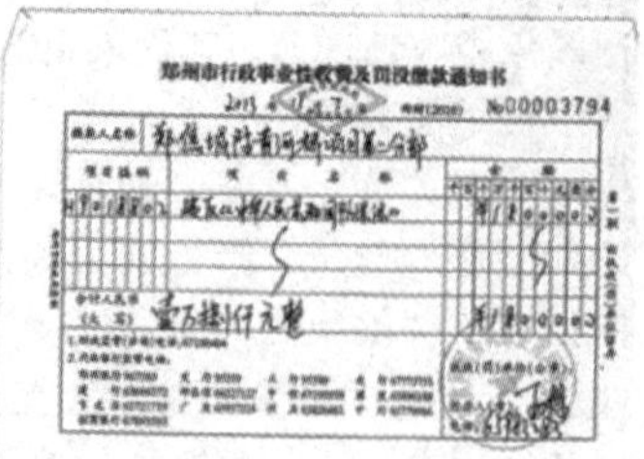

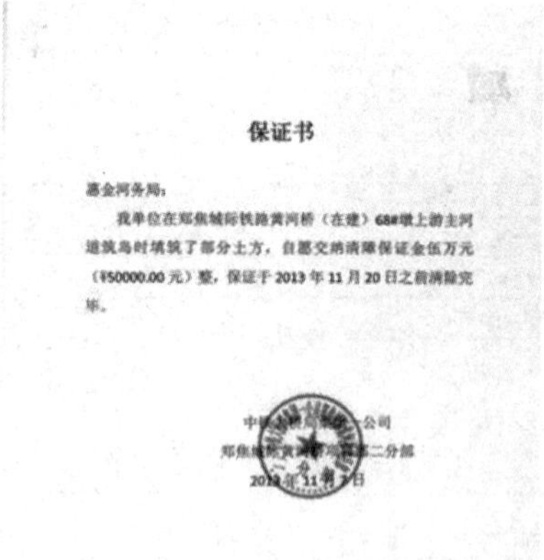

保证书

惠金河务局：

我单位在郑焦城际铁路黄河桥（在建）68#墩上游主河道筑岛时填筑了部分土方，自愿交纳清障保证金伍万元（¥50000.00元）整，保证于2013年11月20日之前清除完毕。

郑焦城际黄河桥项目第二分部

2013年11月7日

水事违法案件卷宗

			惠金黄罚字〔2013〕第12号
案由	黄河河道内违法[illegible]案		
当事人	名称或姓名：郑焦城际黄河桥项目第二分部 地　　址：郑州市南阳路93号		
立案日期	2013年11月6日	结案日期	2013年11月8日
处罚（理）决定	责令停止违法行为，排除阻碍或者采取其他补救措施。对郑焦城际黄河桥项目第二分部处罚壹万[illegible]仟元人民币。		
复议决定	无		
法院判决（裁定）	无		
归档日期		归档编号	
保存年限		承办人	杨波　王栋
本卷内的文书共计27张		立卷人	王栋

（十二）该案卷文书材料整理归档不规范。

未制作备考表；封面题名卷内目录内容不规范；文书整理归档顺序不规范；卷内文件材料未依次用页码器编写页号；完成立卷后，未及时向档案室移交，进行归档。

《规范》第二十九条：案卷应当制作封面、卷内目录和备考表。封面题名应当由当事人和违法行为定性两部分组成，如关于 ××× 无采砂许可证采砂案。卷内目录应当包括序号、题名、页号和备注等内容，按卷内文书材料排列顺序逐件填写。备考表应当填写卷中需要说明的情况，并由立卷人、检查人签名。

序号	文书名称	文号	页号
1	黄河河道巡查案件登记表		1
2	水事违法案件立案审批表		2
3	现场勘验（检查）笔录		3
4	现场勘验（检查）笔录		5
5	调查（询问）笔录		7
6	现场调查照片		10
7	企业法人营业执照		11
8	任免职务通知	桥一党任免[2012]　3号	12
9	责令停止水事违法行为通知书	惠金黄停通字〔2013〕第45号	13
10	责令改正通知书	惠金黄改通字〔2013〕第42号	14
11	案件调查终结报告		15
12	水行政处罚审批表		17
13	水行政处罚告知书	惠金黄罚先告字[2013]第12号	18
14	水行政处罚决定书	惠金黄罚决字[2013]第12号	19
15	送达回证	惠金黄罚回证字[2013]第6号	21
16	郑州市行政事业性收费及罚没缴款通知书	郑财（2010）No. 00003794	22
17	河南省行政事业性收费及罚没收入专用票据	No　22987619	22

《规范》第三十条：案件文书材料按照下列顺序整理归档：

一、案卷封面；二、卷内目录；三、行政处罚决定书；四、立案审批表；五、询问笔录、现场检查（勘验）笔录、抽样取证凭证、证据登记保存清单、登记物品处理通知书、查封（扣押）通知书、解除查封（扣押）通知书、鉴定意见等；六、案件处理意见书、行政处罚事先告知书等；七、行政处罚听证会通知书、听证笔录、行政处罚听证会报告书等听证文书；八、执行的票据等材料；九、罚没物品处理记录等；十、送达回证等其他有关材料；十一、行政处罚结案报告。

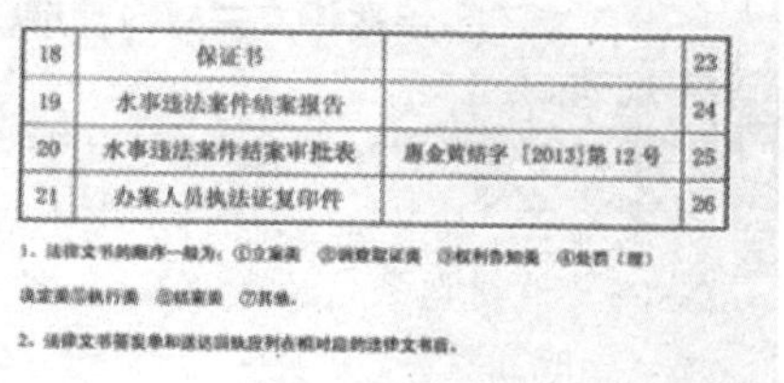

18	保证书		23
19	水事违法案件结案报告		24
20	水事违法案件结案审批表	惠金黄结字〔2013〕第12号	25
21	办案人员执法证复印件		26

1. 法律文书的顺序一般为：①立案类 ②调查取证类 ③权利告知类 ④处罚（理）决定类⑤执行类 ⑥结案类 ⑦其他。

2. 法律文书签发单和送达回执应列在相对应的法律文书前。

《规范》第三十三条：卷内文件材料应当用阿拉伯数字从“1”开始依次用页码器编写页号；页号编写在有字迹页面正面的右上角；大张材料折叠后应当在有字迹页面的右上角编写页号；A4横印材料应当字头朝装订线摆放好再编写页号。《规范》第三十六条：办案人员完成立卷后，应当及时向档案室移交，进行归档。案卷归档，不得私自增加或者抽取案卷材料，不得修改案卷内容。

询问笔录是执法人员为了收集证据，向当事人或者案件的有关人员进行询问时使用的文书，是认定案件事实的重要证据之一。因此，询问笔录应当记录被询问人提供的与案件有关的全部情况，包括案件发生的时间、地点、情形、事实经过、因果关系及后果等。

询问时应当有两名以上执法人员在场，并做到一个被询问人一份笔录，一问一答。询问人提出的问题，如被询问人不回答或者拒绝回答的，应当写明被询问人的态度，如“不回答”或者“沉默”等，并用括号标记。

记录有遗漏或者有差错的，可以补充和修改，并由当事人在改动处签章或捺指印确认。

询问笔录应当场交当事人阅读或者向当事人宣读，并由当事人逐页签字或盖章确认。

当事人拒绝签字盖章或拒不到场的，执法人员应当在笔录中注明，并可以邀请在场的其他人员签字。

现场检查（勘验）笔录是指执法人员对与涉嫌违法行为有关的占用水域情况、毁损情况、作案工具等进行检查或者勘验的文字图形记载和描述。现场检查（勘验）笔录是固定证据的重要手段，是审查判断其他证据的重要依据，同时也是恢复案发现场原状、判明案件真实情况的重要依据。在水政执法中，现场检查（勘验）笔录关系到立案、调查和处罚3个不同的程序阶段，影响着案件的正确查处。对于这样一个高效又被高频使用的证据形式，执法人员应认识到其重要性。

本案卷《勘验笔录》记录的主体性内容不全面表现在：

（1）只记录了实施现场检查（勘验）的结果而未记录检查（勘验）活动的过程。如未记录检查（勘验）过程中的拍照、录像，收集、提取其他证据，邀请其他人员到场等情况。对这些情况应一并记录，以相互印证，形成证据链。

（2）只记录了执法人员的检查（勘验）行为而未记录当事人的活动状况。如未记录检查（勘验）过程中现场工人是否正在作业，当事人是否配合检查（勘验）等。对这些情况也应一并记录，从而体现现场检查（勘验）笔录作为一种动态笔录的性质。

（3）只记录了实施检查（勘验）的内容而未记录采取相关措施的情况。如未记录在检查（勘验）过程中依据现场情况而作出责令立即停止施工等措施。采取相关措施也是现场检查（勘验）笔录应记载的内容。

（4）只记录了发现建筑垃圾的数量，而未记录其数据来源和获取途径。如未记录在检查（勘验）过程中确定的物品数量依据、方法（测量、盘点等）和过程，无法确保记录的数据真实、合理。

现场检查（勘验）笔录应制作以下主要内容：

（1）当事人的基本情况；检查（勘验）时当事人是否在场，在场人与当事人关系；当事人是否经许可的情况。

（2）场所的概况。情况复杂的场所应交代方位，必要时可另附纸绘图说明；有条件的可以采取录像或拍照以反映现场情况。

（3）与违法行为有关的物品、工具、设施的名称、规格、数量、状况、摆放位置、使用情况及相关的书证、物证。

（4）与违法行为有关的人员的活动情况，包括当事人及在场人员活动情况。

（5）检查（勘验）人员检查（勘验）的活动过程及结果。

（6）当事人在检查（勘验）活动中的异常表现及其行为。

（7）现场询问当事人、旁证人员的情况，现场摄影、录像、绘图，当事人主动提交的证据的情况。

（8）抽样取证、证据登记保存、强制措施的情况。

（9）《现场检查（勘验）笔录》应在现场检查（勘验）时当场制作，不能今天检查（勘验），第二天才完成笔录。

（10）笔录写好后要交给当事人阅读或向其宣读，并由当事人签章（逐页）。当事人拒绝签名或不能签名的应当注明原因，并且由两名以上执法人员在笔录上签字。有其他人在场时，可由其他人签名。

水政执法人员在拍照、摄像取证时应当包含以下内容：

（1）违法地的地点或参照物等能锁定违法地址的内容。

（2）要有执法人员着制服实施检查、调查的图像、镜头。

（3）要有当事人或在场人的图像、镜头。

（4）要有现场宏观环境和整体布局的图像、镜头。

（5）要有被查对象的近照或特写镜头。

（6）对于当事人的身份证件、重要资料等不方便提取的材料，也可一并拍摄取证。

（7）根据案情，执法人员认为其他需要拍照、摄像的内容。

拍好的照片在粘贴后，必须加注说明。说明内容包括拍照的时间、地点、内容和照片的证明对象，并由当事人和拍照执法人员共同签名确认。当事人拒绝签名的，要如实注明其查看、辨认该照片的时间、地点及其不签名的原因。

三　水行政执法办案现场模拟演练活动设计

水行政执法办案现场模拟演练是水行政执法人员对水行政执法程序、执法用语以及法律、法规适用情况进行全过程记录，多形式全程演示受理举报、水行政检查和水行政处罚立案、调查取证、听证、审核决定、送达执行、结案等执法办案各环节，并形成完整水行政执法案卷的活动。

水行政执法办案现场模拟演练要求现场执法人员必须熟悉并掌握行政处罚案卷评查标准和行政处罚程序流程图、行政处罚文书格式文本，是提高水行政执法人员执法水平的一个重要手段。演练活动可以结合“清四乱”等实战要求，结合典型的河道内违规建设或非法采砂等情节设置违法行为现场。如果有多支队伍参加比赛活动，组织方评委会根据水行政执法案卷评查办法、评查标准和案卷立卷规范等对模拟案卷进行评查打分。

一、水行政执法办案现场模拟演练脚本

本次模拟案件现场演练以河道内违法建设案为例，共五幕，分别是第一幕举报·立案、第二幕调查取证、第三幕审查决定、第四幕送达执行、第五幕结案。

第一幕　举报·立案

第一场　受理、记录举报

道具：①长、宽分别为x米、y米厂房，1个标牌“违法建设厂房案件模拟现场”；②1张桌子、1把椅子、1个桌签“大河水务局水政监察大队”、1个标牌“大河水务局水政监察大队”；③1辆电动车。

出场人物：大河水务局水政监察大队水政监察员马六、大河水务局水政监察大队专职副大队长王五、大河水务局水政水资源科科长赵某、大河水务局副局长钱某、举报人魏某、当事人吴某、雇用建房人毛某。

男外音：按照工作部署，×× 局建立了行政执法公示制度、执法全过程记录制度和重大执法决定法制审核制度，向社会公告了监督举报的地址、电话。你看，2021 年 1 月 27 日，大河水务局就接到了一个群众打来的举报电话。

（举报人魏某、朋友出场）

2021 年 3 月 27 日上午，魏某与朋友骑着电动车正在行驶，突然发现河道里有人在建房，就停了下来。

朋友：这几年 ×× 局可干了不少好事啊，河道治理得越来越好，你看，风景也挺漂亮啊。

魏某：是啊，是挺漂亮的。哎，你看，那边怎么有人在建房。河里建房可对防汛有影响，我们得赶紧给 ×× 局说说。

两人停好电动车。

朋友：这几年行政机关都公布了举报电话，赶紧上网查查 ×× 的举报电话。

魏某查看手机：哦，查到了，打过去。

“叮铃铃……”电话铃声响起，马六拿起了电话。

马六：你好，这里是大河水务局水政监察大队，请问您有什么事？

魏某：我有个事要反映一下。

马六：您贵姓。

魏某：我姓魏。

马六：您想反映什么事，我记录一下。

魏某：今天与朋友在大堤上玩的时候，看到有人在河道里建房，就给你们说一下，看看怎么处理。

马六：非常感谢魏女士对 ×× 河河道管理和保护的关心！您说的河道内建房具体在什么位置？

魏某：我只知道是刘村的滩地，具体位置我可说不清。

马六：您知道是谁在建房吗？

魏某：不清楚。

马六：目前建房大概有多大面积了？

魏某：可不小了，有 ×× m^2 了吧。

马六：您还知道其他什么情况吗？

魏某：就这么多，其他不知道了。

马六：好，谢谢！我局会尽快安排核实处理。请把您的联系方式告知一下，便于我们向您反馈处理情况。

魏某：联系方式就算了，不方便告知。

马六：那好吧。再次向您表示感谢，希望继续关心、爱护河道。再见！

魏某：再见！

第二场　初步调查

道具：①长、宽分别为 x 米、y 米房屋，1 个标牌“违法建房案件模拟现场”；② 2 张桌子、4 把椅子、2 个桌签，桌签分别为“大河水务局水政监察大队”“大河水务局水政监察大队专职副大队长王五”，1 个标牌“大河水务局水政监察大队”；③无人机。

出场人物：大河水务局水政监察大队水政监察员马六、大河水务局水政监察大队专职副大队长王五、当事人吴某、雇用建房人毛某、大河水务局水政监察大队水政监察员张三、大河水务局水政监察大队水政监察员李四、大河水务局水政监察大队水政监察员齐某。

女外音：请观看第一幕举报 · 立案，第二场初步调查。

男外音：近年来，×× 局在坚持依法办案的同时，着力加强水行政执法信息化建设，充分运用执法巡检系统、无人机等开展河道巡查、调查取证，不断创新执法模式。请看，无人机就要出场了。

“报告。”水政监察员马六带着《举报（投诉）案件登记表》来到专职副大队长王五办公室门前。

王五：请进。

马六：王队，刚接群众举报，在刘村滩地，有人在建房，这是举报登记表，请看一下。

王五审阅《举报（投诉）案件登记表》后：你通知张三、李四、齐某过来。

马六回到大队：张三、李四、齐某，王队叫你们过去。

张三、李四、齐某走进专职副大队长王五办公室。

王五：刚接群众举报，有人在刘村滩地建房，你们三人立即去举报现场核实一下，齐某携带无人机配合调查。这是案件登记表。

张三、李四、齐某接住《举报（投诉）案件登记表》后：好的，我们现在出发。

李四拿着举报登记表、执法文书，张三与齐某抬着无人机出发了。

男外音：执法人员将赶往刘村滩区，利用无人机查找举报人反映的建房位置。

（执法人员跑向水政监察车。）

李四：这片滩区太大了，咱们开车跑着寻找建房地方就太难了，齐某，咱们用无人机寻找。

齐某：好，立马飞起来。

齐某操作无人机对附近滩区进行巡查，发现刘村滩区内确实有人正在建房。

齐某：张三、李四，还真有人在建房。你两人过来看看。

张三、李四看了看显示器。

李四：唉，就是，张三，你给王队汇报一下吧。

张三打电话：王队，经无人机现场查看，群众举报属实，确实有人正在建房，位置距离 ×× 河道工程大约 100 米。

王五：辛苦了！齐某用无人机进行取证，你与李四到现场进行制止，回来后尽快办理立案审批手续。

张三、李四赶到建房现场，打开执法记录仪。

张三：老乡，你好啊，你先停一下，别建了。

毛某：你们有啥事？

张三：我们是大河水务局水政监察大队的，我叫张三，这是我的执法证件，请看一下。

李四：我叫李四，这是我的执法证件，请看一下。我们的执法记录仪已经打开，全程录音录像。

毛某：哦，你们是水务局的啊。

张三：请问你咋称呼？

毛某：我叫毛某。

张三：我们接到群众举报，有人在河道内建房。我们过来就是调查一下。这个厂房都是你建的啊？投资可不小啊。

毛某：这是啥投资啊，我这是在这给别人打工呢，你有事别问我，你找俺老板。

张三：你老板叫啥？那你老板在这没？

毛某：俺老板叫吴某，我把他叫过来。老吴，水务局人来了。

吴某走了过来，对毛某说：你干活吧，我看看啥事。

张三：你是吴某吧，我们是大河水务局水政监察大队的，我叫张三，这是我的执法证件，请看一下。

李四：我叫李四，这是我的执法证件，请看一下。

吴某：嗯，你们来干啥？

张三：我们接到群众举报，有人在河道内建房。我们过来就是调查一下。根据《行政处罚法》第五十五条规定，行政机关在调查或者进行检查时，当事人或者有关人员应当如实回答询问，并协助调查或者检查，不得拒绝或者阻挠。所以呢，请您配合我们调查。

吴某：好吧。

张三：这厂房是谁在这组织建设的？

吴某：是我一个人承包了这片地，雇了民工在这建房。

张三：准备建多少？已经建了多少？

吴某：我包了一百多亩土地，已经建了将近 ×× m^2 吧。

张三：你什么时候开始建的？

吴某：二十几天前就开始建了。

张三：你看，这里是河道管理范围，你在这建房，违反了《水法》《×× 河道管理办法》等有关规定，我们现在要求你立即停止违法行为，并配合我们调查取证。这是《责令停止违法行为通知书》，请你签收。

吴某：签个字有啥，反正这是我自己的土地，我有建房的自由。

吴某：大家先停下来。

张三：请你继续配合调查。李四，我们先做一个现场勘查，制作现场勘验笔录和勘验图。

张三手持激光测距仪进行测量，李四记录并绘图。

李四：好，测量完毕。现场勘验笔录和勘验图请你签字。

吴某：我不签字。

张三：李四，在笔录上注明当事人拒绝签字。我们初步调查完成了，现在再次要求你立即停止建房，听候处理。

吴某：好，好。

水政监察人员走后，吴某对毛某说：他们走了，别搭理他们，继续干活，争取早日建完。

第三场　立案审批

道具：①长、宽分别为 x 米、y 米模拟的厂房，1 个标牌“违法建房案件模拟现场”；② 4 张桌子、5 把椅子、4 个桌签，桌签分别为“大河水务局水政监察大队”“大河水务局水政监察大队专职副大队长王五”“水政水资源科科长赵某”“主管副局长钱某”，1 个标牌“大河水务局水政监察大队”；③无人机。

出场人物：大河水务局水政监察大队专职副大队长王五、大河水务局水政水资源科科长赵某、大河水务局副局长钱某、大河水务局水政监察大队水政监察员张三、大河水务局水政监察大队水政监察员李四。

女外音：请观看第一幕举报·立案，第三场立案审批。

男外音：结合无人机拍摄的视频影像资料和现场初步了解的情况，执法人员按照相关程序进行了立案审批，明确了案件主办人和协办人。下面进入立案审批环节。

张三、李四到办公室向王队汇报。

张三与李四走进王五办公室：王队长，经初步调查，当事人吴某雇用民工毛某等人在距离河道工程 150 米位置违法建房，初步测量房屋面积约 ×× 平方米。当事人的行为涉嫌违反了《×× 省河道管理办法》第 ×× 条的规定。

李四：这是我们初查的相关证据。

王五：案情还是很严重的，建议立案，张三为主办人，李四为协办人，齐某、方某配合调查。

王五在立案审批表上签了字，交给张三：抓紧办理审批手续。

张三与李四走进赵某办公室。

张三：赵科长，你好，这是一起涉嫌在滩区内违法建房案，需要立案，您看一下，给把把关。

李四：这是我们初查的相关证据。

赵某：好，经审核符合立案条件。

赵某立案审批表上签了字，交给张三。

张三与李四走进钱某办公室。

张三：钱局，这是一起涉嫌在滩区内违法建房案，当事人在滩区内违章建房已达 ×× 平方米，建议立案查处。

李四：钱局，这是现场拍摄的视频资料和照片，还有现场勘查笔录和现场勘查图。

钱局：情况严重，同意立案，抓紧查处，同时安排人加强巡查。

第二幕　调查取证

第一场　现场检查（勘验）

道具：长、宽分别为 x 米、y 米模拟的厂房，1 个标牌“违法建房案件模拟现场”。

出场人物：×× 河务局水政监察大队水政监察员张三、和平河务局水政监察大队水政监察员李四、和平河务局水政监察大队水政监察员齐某、和平河务局水政监察大队水政监察员方某。

女外音：请观看第二幕调查取证，第一场现场检查（勘验）。

男外音：执法人员赶赴现场开展检查（勘验）工作，全程进行录音录像，严格落实执法全过程记录制度。

张三、李四与齐某携带无人机、方某携带车载装备乘坐水政监察车赶赴现场进行现场检查（勘验）。到达现场后，齐某操作无人机、方某操作车载装备开始运行取证，对现场检查（勘验）工作全程进行录音录像。

张三：老吴，你好。我们是大河水务局水政监察大队的张三、李四、齐某、方某，这是我们的执法证件，请看一下。执法记录仪已经打开，我们会全程进行录音录像。

吴某：行，行。看过了，你们咋又来了。

李四：老吴，我看你承包这么多地，我觉得你是你村里的能人呢，你咋说话不算话，上午都说好了不再建房了，你咋下午还在继续建，你这可是忽悠人啊。

吴某：我想着把剩下的房子建完算了。

张三：我们这次来是告知你，你在河道内违法建房我们已经立案了，你现在还在继续违法建房，所以我们现在向你下发《责令停止违法行为通知书》，请签收一下，同时配合我们进行现场查勘。

吴某：哎呀，俺是农村人，你可别吓唬我啊，咋就立案了啊，我自己承包的土地想干啥就干啥。你们说的什么文书我不签字。我一签字别再掉你们坑里。

张三：这是你自己承包的地不假，你有自由支配的权利，但得守规矩、守法律，违法、违规的事不能干。你这地是在河道内，河道是行洪通道，你在这建房，一旦发生洪水，容易阻碍行洪，严重的话可能造成堤防决口，不但你的房保不住，甚至你们村和下游两岸的村都会受到威胁。

李四：老吴，你违反了《××省河道管理办法》等法律法规的规定。这是《××省河道管理办法》，你看一下。

吴某：我看过了，我就是这个村的人，最近这十几年也没见涨水，承包点滩地建房也是想多挣点钱。

张三：虽然十几年没涨大水了，但是我们防汛、备汛的不能松懈，只准水不来，不准我不备。你建房想挣钱，心情可以理解，但是首先得会保护自己的财产不受损失，看你的年龄比我们都大，经历丰富，见多识广，啥事不怕一万就怕万一，这个道理你肯定比我们清楚。这河里万一再涨水，你这房可是保不住的，到时候你的损失更大。

吴某：这道理确实是这个道理，但是自己的地不能建房，我有点想不通。你说我这房都建了这么多，钱都花了，该咋办啊。

张三：现在就停了吧，别继续建了。你现在要积极配合，早点把房拆了，砖、钢筋还可以用，你要把建筑垃圾移出河道之外，我们会考虑对你减轻处罚。

吴某：那好吧，你们送的是啥通知，我配合签字吧。

张三：是《责令停止违法行为通知书》，请你签收。接下来，我们会对你这个建房现场进行勘验，请你配合。

吴某：好。我配合。

李四：我用 GPS 已经定位了当前的经纬度，请你看一下，是否认可。

吴某：看了，认可。

李四：吴某，我已用测距仪测量了现场距离大堤和水边线的距离，请你看一下，是否认可。

吴某：看了，认可。

李四：我已用尺子测量了已建房屋的面积，请你看一下，是否认可。

吴某：嗯，看了。

张三：我们正在制作现场勘验笔录和勘验图，稍后需要你签字。

吴某：好的。

李四：吴某，这是现场勘验笔录和勘验图，请你签字。

吴某：好。

张三：感谢你的配合，这是《调查询问通知书》，你和毛某明天上午九点携带身份证及其他能够说明本案情况的材料到我局水政监察大队办公室接受询问调查，请你和毛某签收。

吴某：好，我们签收，明天就去。

吴某和毛某都签了字。

张三：感谢你的配合。另外，我们这里有一些普法宣传和防洪知识宣传材料送给您，你带回家看看，也帮我们在你们村宣传一下。

吴某：好，好，我回去好好学习。

第二场　调查询问

道具：3 张桌子、5 把椅子、2 个桌签，桌签分别为“大河水务局水政监察大队”“当事人”，标牌 2 个，分别为“大河水务局水政监察大队”“大河水务局水政监察大队询问室（陈述申辩室）”。

出场人物：大河水务局水政监察大队水政监察员张三、大河水务局水政监察大队水政监察员李四、当事人吴某、民工毛某。

女外音：请观看第二幕调查取证，第二场调查询问。

男外音：执法人员下达了《调查（询问）通知书》，要求当事人和邀请有关证人到水政监察大队接受询问。第二天，违法当事人和有关证人就来到河务局接受询问。

上午九点，吴某、毛某如期到达。

首先，吴某接受询问。

张三：感谢您的配合，今天的调查询问将由我和李四负责。这是我俩的执法证。吴某，请出示您的身份证。

吴某：给。

李四：已复印，请拿好。在复印件上签个字。

吴某签字。

张三：此次询问全过程录音录像。方某你做好录音录像准备。下面，调查询问正式开始。

按照询问笔录进行。

张三：此次调查询问结束，请你在询问笔录上逐页签字，按手印。李四，你带吴某到大队休息一下，请毛某接受询问。

毛某接受询问。

张三：感谢您的配合，今天的调查询问将由我和李四负责。这是我俩的执法证。毛某，请出示您的身份证。

毛某：给。

李四：已复印，请拿好。在复印件上签个字。

毛某签字。

张三：此次询问全过程录音录像，方某做好录音录像准备。下面，调查询问正式开始。

按照询问笔录（涂红部分）进行。

张三：此次调查询问结束，请你在询问笔录上逐页签字，按手印。

第三场　责令限期改正

道具：①长、宽分别为x米、y米模拟的厂房，1个标牌“违法建房案件模拟现场”；②4张桌子、5把椅子、4个桌签，桌签分别为“大河水务局水政监察大队”“大河水务局水政监察大队专职副大队长王五”“水政水资源科科长赵某”“主管副局长钱某”，1个标牌“大河水务局水政监察大队”；③无人机。

出场人物：大河水务局水政监察大队专职副大队长王五、大河水务局水政水资源科科长赵某、大河水务局副局长钱某、当事人吴某、雇用建房人毛某、大河水务局水政监察大队水政监察员张三、大河水务局水政监察大队水政监察员李四、大河水务局水政监察大队水政监察员齐某。

女外音：请观看第二幕调查取证，第三场责令限期改正。

男外音：依据询问笔录和现场检查情况，执法人员向当事人下达了《责令（限期）改正通知书》。当事人按要求对违法建设的房屋进行清除，执法人员对改正情况进行了确认。

责令限期整改阶段 3 月 29 日

张三：喂，吴某，你现在在哪？我们需要向你送达《责令（限期）改正通知书》。

吴某：那好，我这儿离水务局很近，我现在去你们单位。

张三：按照规定我们需要向你下发《责令（限期）改正通知书》，一是立即停止违法行为；二是 2021 年 4 月 4 日前将已建房屋自行清除、垃圾移出河道管理范围。请签收。

吴某：好，我已经停止建房了，我这两天就把垃圾移出去。

张三：那你赶紧安排吧，4 月 4 号前务必完成，改正完了电话通知我们。

吴某：好的，好的。

4 月 2 日，吴某通知张三，已经改正完成。

吴某：张三，你好，我已经按照你们的要求把垃圾清完了，请过来看一下吧。

张三：好，我向领导汇报一下就过去。

男外音：4 月 2 日，执法人员携带执法设备赶赴现场，对吴某改正情况进行现场勘验，认定吴某已按通知完成了改正。4 月 3 日，制作完成了《案件调查终结报告》。

第三幕 审查决定

第一场 行政处罚预先法律审核

道具：6 张桌子、6 把椅子、3 个桌签，桌签分别为“大河水务局水政监察大队”“大河水务局水政监察大队专职副大队长王五”“水政水资源科科长赵某”（旁边再放 1 张桌子和 1 把椅子），1 个标牌“大河水务局水政监察大队”。

出场人物：大河水务局水政监察大队专职副大队长王五、大河水务局水政水资源科科长赵某、水政水资源科科员冯某、大河水务局水政监察大队水政监察员张三和李四。

女外音：请观看第三幕审查决定，第一场行政处罚预先法律审核。

男外音：根据《行政处罚法》《×× 省行政处罚预先法律审核制度》等规定，按照一般程序办理的行政处罚案件，应当在调查终结之日，将案件有关材料提交本机关水政部门审核；未经法律审核或者审核未通过的，不得作出行政处罚决定。

张三走进了王五办公室。

张三：王队，这是吴某违法建房案的案卷材料和《行政处罚预先法律审核交接表》，请审核。

王五审阅后，就在两张《行政处罚预先法律审核交接表》上签了字。王五带着案卷材料走进水政水资源科科长赵某办公室。

王五：赵科长，这是吴某违法建房案的案卷材料和《行政处罚预先法律审核交接表》，请签收。

赵某：好。对着《行政处罚预先法律审核交接表》查阅了材料后，就在两张《行政处罚预先法律审核交接表》上签了字。王五带走一张《行政处罚预先法律审核交接表》离开。

赵某打电话：小冯，过来一下。

大河水务局水政水资源科科员冯某来到赵某办公室。

赵某：小冯，这是吴某违法建房案的案卷材料，抓紧进行预先法制审核。

冯某回到办公室前，翻阅资料，书写报告，在1张《行政处罚预先法律审核交接表》上签字。

冯某来到赵某办公室：赵科长，我已完成了审核，本案事实清楚、证据确凿充分、定性准确、处罚适当、程序合法，同意大队拟处罚意见，请您审定。

赵某审阅报告后：好。随后在一张《行政处罚预先法律审核交接表》上签了字。

赵某：王队，请来一下，法律审核报告完成了，同意你队的拟处理意见。

王五来到赵某办公室：这么快，太感谢了。

王五对着《行政处罚预先法律审核交接表》查阅了材料后，就在带来的1张《行政处罚预先法律审核交接表》上签了字，交给赵某，离开了。

第二场　重大复杂案件集体讨论

道具：6张桌子、10把椅子、7个桌签，桌签分别为“大河水务局局长孙某”“大河水务局副局长钱某”“大河水务局副局长周某”“大河水务局纪检组长孟某”“大河水务局工会主席康某”“大河水务局水政水资源科科长赵某”“大河水务局水政监察大队专职副大队长王五”。

出场人物：大河水务局局长孙某，大河水务局副局长钱某、副局长周某、纪检组长孟某、工会主席康某，大河水务局水政水资源科科长赵某，大河水务局水政监察大队专职副大队长王五，大河水务局水政监察大队水政监察员张三和李四，水政水资源科科员冯某。

女外音：请观看第三幕审查决定，第二场重大复杂案件集体讨论。

男外音：根据《行政处罚法》《水行政处罚实施办法》等规定，对公民处以超过三千元罚款、对法人或者其他组织处以超过三万元罚款、吊销许可证等处罚的，应由行政机关负责人集体讨论决定。

孙某：今天我们召开专题会议，就对吴某违法建房案拟处以 10 799 元罚款进行重大集体讨论，班子成员全部到齐了。下面请王五汇报案情。

王五汇报案情：2021 年 3 月 27 日，我局接群众举报，有人在 ×× 县 ×× 河滩区内违法建房，经初查属实，当日予以立案查处。经调查，该房屋长 x 米、宽 y 米、面积 x 平方米。3 月 29 日，我局向当事人吴某下达责令改正通知书，要求 4 月 4 日前将已建房屋自行清除及将建筑垃圾移出河道管理范围。4 月 2 日，经认定，当事人完成了改正。

参照《×× 省水行政处罚裁量标准》规定，该违法行为为严重。鉴于当事人积极配合改正违法行为，拟对当事人减轻行政处罚，建议对当事人给予罚款的行政处罚按较轻阶次处理。对当事人处以人民币 10 799 元罚款。

赵某：经审核，本案事实清楚、证据确凿充分、定性准确、处罚适当、程序合法，同意大队拟处罚意见。

孙某：刚才王五汇报了案情。请大家发表意见。

纪检组长孟某：同意拟处罚意见。

工会主席康某：同意拟处罚意见。

副局长周某：同意拟处罚意见。

主管副局长钱某：同意拟处罚意见。

孙某：通过大家的讨论，意见一致，同意对当事人吴某处以 10 799 元罚款。

张三做好《重大复杂案件集体讨论笔录》，请孙某签认意见，出席人员签名。

第三场　事先告知和听证告知

道具：6 张桌子、6 把椅子、2 个桌签“大河水务局水政监察大队”“当事人”，1 个标牌“大河水务局水政监察大队”。

出场人物：当事人吴某，大河水务局水政监察大队水政监察员张三和李四，大河水务局水政监察大队专职副大队长王五，大河水务局水政水资源科科长赵某和大河水务局副局长钱某。

女外音：请观看第三幕审查决定，第三场事先告知和听证告知。

男外音：根据相关规定，作出行政处罚决定之前，办案机构应当依法制作《行政处罚事先告知书》或《听证告知书》，将拟作出处罚的事实、理由、依据和拟处罚的种类、幅度及当事人依法享有的权利等事项依法告知当事人。

张三、李四伏案制作执法文书。

张三：李四，咱俩把《行政处罚事先告知》《行政处罚听证告知》制作好了，领导也签字了，章也盖了，我就通知吴某了。

李四：好。

张三：吴某你好，我们现在需要把《行政处罚事先告知书》和《听证告知书》送给你，你现在哪里？

吴某：你们别跑了，我去找你们。

吴某到达后，看了看两张文书，予以签收。

吴某：签字可以签，但是你们叫我把房拆了我就拆了，还罚我这么多钱，我申请陈述申辩，我还要求听证。

第四场　陈述申辩

道具：① 2 张桌子、3 把椅子、2 个桌签，桌签分别为“大河水务局水政监察大队”“当事人”，1 个标牌“大河水务局水政监察大队陈述申辩室”；② 1 台数码摄像机。

出场人物：大河水务局水政监察大队水政监察员张三和李四，当事人吴某，全程摄像人、水政监察员丁某。

女外音：请观看第三幕审查决定，第四场陈述申辩。

男外音：由于当事人提出了陈述、申辩要求，办案人员必须充分听取当事人的意见，对当事人提出的事实、理由和证据，进行复核，并将复核意见告知当事人。4 月 8 日下午，吴某提出了陈述、申辩要求。

大河水务局水政监察大队陈述申辩室。

张三、李四与当事人吴某对面而坐。水政监察员方某手持摄像机全程摄像。

张三：吴某，你此次陈述申辩由我、李四和方某共同完成，你是否申请回避？

吴某：不申请。

张三：这是我们的执法证件，请看一下。

吴某：好，看过了。

张三：李四你作好记录，方某你全程录像。

方某：已做好全程录像的准备。

李四：已做好记录准备。

张三：吴某请你提出陈述、申辩请求。

吴某：你们罚我太重了，罚也得少罚点。

张三：吴某，归纳一下你提出的陈述、申辩请求，是否可以说：处罚过重，请求从轻处罚。

吴某：对，就是这个意思。

张三：请你说说事实和理由。

吴某：我说三点，第一，你们让我停止建房，我立马就停了；第二，你们要求我将垃圾清了，我也按要求清了，还不行啊；第三，我也没挣着钱，还赔了一大堆人工费、材料费，你们还罚我这么多、这么重，还让不让我活了。我觉得你们的处罚不对。

李四：吴某，这是我们刚才的记录，看看记录与你说的是否一样？

吴某认真看了看：没错。

李四：请签上"笔录上述内容，记录属实"，并签名。

吴某签字。

张三：吴某，此次陈述、申辩到此结束，有结果了我们第一时间通知你。

张三与李四一边商量问题，一边伏案制作执法文书。

张三带着文书走了一圈，回到水政监察大队。对着李四说：我们制作的《当事人陈述、申辩复核意见书》已经让王五、赵某审核了，钱局长签发了审批意见，维持原有处罚意见。我告知一下吴某吧。

李四：好。

张三给吴某打电话，电话接通：吴某，经我局研究，仍然维持对你处以 10 799 元罚款。

吴某：我不接受，我不是有要求听证的权利吗？我要求听证。

张三：那好，请你在 2018 年 4 月 11 日前到我局办理申请听证手续。

吴某：知道了，我会按时去的。

第五场　听证

道具：① 6 张桌子、6 把椅子、4 个桌签，桌签分别为"听证主持人""听证记录人”“当事人”“办案人员”，1个标牌“大河水务局水政监察大队听证室”；②1张桌子、3把椅子、2个桌签，桌签分别为“大河水务局水政监察大队”“当事人”，1个标牌“大河水务局水政监察大队”；③1台数码摄像机。

出场人物：大河水务局水政监察大队水政监察员马六和丁某、当事人吴某、大河水务局水政监察大队水政监察员张三和李四。

女外音：请观看第三幕审查决定，第五场听证。

男外音：根据《行政处罚法》第四十二条规定，行政机关应当在听证的七日前，通知当事人举行听证的时间、地点，听证一般应公开举行；听证由行政机关指定的非本案调查人员主持。4月9日，吴某提出了听证要求，大河水务局对吴某下达了听证通知，发布了听证公告。4月19日，公开举行了听证会。

大河水务局水政监察大队听证室。

主持人马六、记录人丁某、当事人吴某、主办人张三、协办人李四按照各自位置坐下。水政监察员方某手持摄像机进行全程摄像。

主持人马六：请方某全程录像，请丁某做好记录。

方某：已做好全程录像的准备。

丁某：已做好记录准备。

主持人马六：请参加听证人员各自就位，听证会现在开始。首先请记录员丁某宣布一下听证纪律。

记录员丁某：请大家肃静，下面宣布听证纪律：

（1）听证参加人及到会人员必须遵守听证纪律，服从听证主持人的指挥，不得扰乱听证会秩序。

（2）听证参加人未经主持人同意，不得擅自发言、询问、提问、回答，不得中途退会。

（3）会场内必须把通信设备调到静音或振动状态，不得打电话。未经听证主持人允许，不得录音、录像和摄影，不得随意走动。

（4）旁听人员不得大声喧哗，不得鼓掌、哄闹或者进行其他妨碍听证秩序的活动。

（5）如听证参加人或到会人员违反听证纪律致使听证会秩序受到严重影响的，听证主持人有权予以制止，情节严重的，责令其退场。

主持人马六：当事人吴某因其在××县××河河道管理范围内违法建房一案中对《大河水务局行政处罚事先告知书》中拟处罚意见不服，向我大河水务局提出听证申请，经审核符合听证条件，今天在这里公开举行听证会。本听证会由我马六担任听证主持人，由丁某担任记录员。参会人员有案件调查人员张三、李四，违法当事人吴某，请记录员对三人的身份进行核对。

记录员丁某：主持人经核对张三、李四为大河水务局水政监察人员，吴某为违法当事人。

主持人马六：根据《行政处罚法》等规定，参加人在听证会上有要求或放弃听证的权利；有申请回避的权利；有陈述、申辩和质证的权利。参会人员对有关听证的权利与义务是否听清楚了？

张三、李四：清楚。

吴某：听清楚了。

主持人马六：当事人吴某你是否对主持人、记录员提出回避申请？

吴某：不申请。

主持人马六：本次听证会分三个阶段进行，分别为听证调查阶段、听证辩论阶段和最后陈述阶段。首先进行第一个阶段听证调查，下面由案件调查人员张三提出当事人吴某违法的事实、证据、依据及行政处罚建议。

张三：2021 年 3 月 27 日，我局接群众举报，有人在 ×× 县 ×× 河滩区内进行建房，经初查属实，当日予以立案查处。经调查，该处房屋长 x 米、宽 y 米、面积 x 平方米。3 月 29 日，我局向当事人吴某下达《责令停止违法行为通知书》，要求 4 月 4 日前将已重建房屋自行清除及将建筑垃圾移出 ×× 河河道管理范围。4 月 2 日，经认定，当事人完成了改正。

参照《×× 省水行政处罚裁量标准》规定，该违法行为为严重。鉴于当事人积极配合改正违法行为，拟对当事人减轻行政处罚，建议对当事人给予罚款的行政处罚按较轻阶次处理。对当事人处以人民币 10 799 元罚款。陈述完毕。

主持人马六：下面由当事人吴某进行陈述、申辩。

吴某：第一，你们水务局让我停止建房，我立马就停了；第二，你们河务局要求我将建筑垃圾清理出河道，我也按要求清了，还不行啊；第三，我赔了一大堆人工费、材料费，最后你们还要罚我 1 万多元，罚这么多、这么重，我根本承受不了。我觉得你们的处罚不对，不应该再罚款了或者应该减少处罚金额。

主持人马六：吴某请问你的陈述、申辩还有补充吗？

吴某：没有了。

主持人马六：下面请案件调查人员张三进行举证，举证时应当说明证据的来源、所要证明的对象并简要宣读证据的内容。

张三：证据及证据所证明的内容如下（李四，把证据一一出示给主持人和当事人）：

证据一：吴某身份证复印件，证明吴某基本信息。

证据二：执法记录仪录像光盘和执法人员出示证据照片，证明水政监察人员取证合法。

证明三：2021 年 3 月 28 日对吴某的询问笔录，证明吴某建房的起止时间和位置，已建房屋的长度、宽度、面积等。

证据四：2021 年 3 月 28 日对毛某的询问笔录，证明是吴某组织建房，建房的起止时间和位置，已建房屋的长度、宽度、面积等。

证据五：2021 年 3 月 28 日现场检查勘验笔录，证明吴某组织建房，建房的起止时间和位置，已建房屋的长度、宽度、面积等。

证据六：2021 年 4 月 2 日责令改正认定书和现场勘验笔录，证明吴某已按照《责令（限期）改正通知书》的要求对已建房屋和垃圾进行了清除。

陈述完毕。

主持人马六：现在吴某你可以对案件调查人员提供的证据进行质证，质证时应当围绕证据的真实性、关联性、合法性进行质疑、说明、辩驳，对有异议的证据，双方均可当场发问质疑，当场质证、辩论。

吴某：我对刚才提供的证据没有异议，只是感觉自己按照你们的改正规定清除房屋，最后还罚我 1 万多，感觉有点亏。

主持人马六：刚才案件调查人员、申请人都发表了自己的观点并进行了举证，经过各方的陈述，先就对吴某处以 10 799 元罚款是否得当进行辩论。听证辩论应围绕双方争议的焦点问题及如何适用法律发表各自的意见。辩论时要阐明听证主张的事实、理由及法律依据，以理服人，一方发言时另一方不得插话。首先请吴某发言。

吴某：我没啥补充的，还是坚持上述三点意见。

张三：大河水务局办案是严格依照法定程序进行的，以事实为依据，与违法行为的事实、性质、情节及社会危害程度是相当的。

主持人马六：吴某你还有什么要说的没？

吴某：没了。

主持人马六：听证会到此结束，本主持人将根据听证笔录写出听证报告上报本局负责人。请听证参加人员留下来核对听证记录。

参加听证会的人员在认真审阅听证记录后都签了字。

男外音：由于本案当事人提出了陈述申辩和听证要求，听证程序结束后，大河水务局负责人对该案件再次进行集体讨论。通过讨论决定，维持原处罚意见。

第六场　制作处罚决定书

道具：8张桌子、9把椅子、6个桌签，桌签分别为“大河水务局水政监察大队”“大河水务局财务科负责人唐某”“市局水政水资源科负责人范某”“市局财务科负责人韩某”“省局水政处负责人许某”“省局财务处负责人朱某”，1个标牌“大河水务局水政监察大队”。

出场人物：大河水务局水政监察大队水政监察员张三、大河水务局水政监察大队水政监察员李四、大河水务局财务科负责人唐某、市局水政水资源科负责人范某、市局财务科负责人韩某、省局水政处负责人许某、省局财务处负责人朱某。

女外音：请观看第三幕审查决定，第六场制作处罚决定书。

男外音：根据集体讨论结果，按照《×× 局关于实施非税收入收缴电子化管理有关事项的通知》中规定的程序，下面执法人员开始办理缴款码，制作《行政处罚决定书》。

首先，申请 ×× 省局非税收入电子缴款码。

主办人张三：唐科长，这是拟对吴某违法建房案作出的处罚决定书，请您向上级部门申请 ×× 局非税收入电子缴款码。

县局唐科长：好的。

县局唐科长打电话给韩某：是市局财务科韩科长吗？我局要对吴某违法建房案进行处罚，请您向上级部门申请 ×× 局非税收入电子缴款码。

市局财务科负责人韩某：好的。

市局财务科负责人韩某打电话给朱某：是省局财务处朱处长吗？大河水务局要对吴某违法建房案进行处罚，请您给办个电子缴款码。

省局财务处朱处长：好的。电子缴款码已申请成功。请你及时下发。

市局财务科韩科长：是 ×× 县局唐科长吗？省局财务处已办好电子缴款码，请你局抓紧办理相关工作。

县局唐科长走进张三办公室：张三，吴某的电子缴款码已到，请查收。

张三：好的，十分感谢。我和李四赶紧去制作处罚决定书了。

第四幕　送达执行

第一场　送达处罚决定书

道具：3张桌子、1把椅子、3个桌签，桌签分别为“吴某住所刘村文明巷

32 号”“刘村党支部书记陈某”“刘村村委会主任蒋某”；1 个标牌“吴某住所刘村文明巷 32 号”。

出场人物：当事人吴某，刘村党支部书记陈某、村委会主任蒋某，大河水务局水政监察大队水政监察员张三、李四。

女外音：请观看第四幕送达执行，第一场送达处罚决定书。

男外音：依照《民事诉讼法》的有关规定，如果当事人拒绝签收处罚决定书的，送达人可以邀请有关基层组织或者所在单位的代表到场见证，完成留置送达。

张三、李四来到吴某住所。

张三：老吴，你好，我是张三，今天过来是向你下发《行政处罚决定书》。这是我的执法证件，请你看一下。我们会全程进行录音、录像。

李四：我是李四，这是我的执法证件，请看一下。执法记录仪已经打开。这是《行政处罚决定书》（当场宣读），请你签收下。

吴某：这可不行啊，我都按照你们的要求整改好了，你们怎么还要罚我 1 万多啊，我不签。

张三：老吴啊，违反法律规定是一定要接受处罚的，这是法律规定，不容改变的。你也承认你违法了，违法了就必须要改正，这是基本道理。考虑到你主动配合、积极整改消除影响，我们已经对你减轻行政处罚了。希望你能理解。

吴某：哎，我还是想不通，我先不签。

张三：李四，当事人拒签，咱俩找一下村委会沟通一下，看看能不能让村干部帮一下忙，劝劝吴某。

李四：好，走吧。

张三、李四来到吴某所在地的村委会，找到陈书记和蒋主任。

张三：陈书记、蒋主任，我们俩是大河水务局的水政监察员，有件事麻烦你们给帮忙处理下。

陈书记、蒋主任：有啥事，请说，我们全力配合。

张三：前几天我们发现你们村的吴某在 ×× 河河道管理范围内，建了 ×× 平方米的房屋，我们进行了立案查处，现已决定处罚，他拒绝签收《行政处罚决定书》。麻烦你们劝劝他。如果他不签收，不履行，我们会去申请法院强制执行，到时候还要交每天 3%滞纳金，并且对他个人信用等方面造成不良影响。

陈书记、蒋主任：好，我们知道了，我们一起去他家再说说这事。

陈书记：吴某，你前几天在 ×× 河河道里建房了？

吴某：是的，不过我已经按他们的要求进行整改，他们还罚我1万多，我接受不了。

蒋主任：你看你干了违法的事还不敢承担责任，他们也是代表单位的执法行为，你非得让强制执行才行？刚才听水务局的二位说了，要是你不配合，今后你想在城里买房贷款都困难。

吴某：陈书记、蒋主任，你们不用再劝我了，我就是不签收。

吴某站起来，走到了旁边。

张三：陈书记、蒋主任，鉴于这种情况，我们就采用留置送达的方式吧。请你们作为基层干部在《行政处罚决定书》上签个字吧。

陈书记：行。

陈书记、蒋主任在《行政处罚决定书》上签了字。

张三、李四：感谢陈主任、蒋主任对我们工作的支持。

陈主任、蒋主任：不用谢，这是应该的。

第二场　普法教育

道具：1张桌子、4把椅子、1个桌签“吴某住所刘村文明巷32号”、1个标牌“吴某住所刘村文明巷32号”。

出场人物：当事人吴某，刘村党支部书记陈某、村委会主任蒋某，大河水务局水政监察大队水政监察员张三、李四。

女外音：请观看第四幕送达执行，第二场普法教育。

男外音：根据国务院《关于实行国家机关“谁执法谁普法”普法责任制的意见》精神，在处罚决定书下达后，执法人员再次开展法治宣传教育，当事人所在地村干部对当事人进行了批评教育后，当事人表示接受处罚。

张三：吴某，这是《行政处罚决定书》，你签不签字决定书已生效。放这了。

张三把《行政处罚决定书》放在吴某桌上。

张三：吴某，这是《××省河道管理办法》的有关规定！希望你能够认真看看，把什么是违法的行为记在心里！

吴某：没有，你们说的道理我都懂，我只是想不开而已。

张三：老吴啊，咱××河边上老百姓跟我们执法人员都亲如一家人，我们应该共同努力去保护河道，也希望你能牢牢记住这次教训，引以为戒，做到知法、学法、懂法、守法。

陈书记：老吴啊，你看看人家执法大队的同志，多敬业、多负责任！人家每年都去大堤上、村里头、学校还有集上宣传啥能干、啥不能干，上个月才刚宣传了新的河道管理办法，发给咱们好几本了！现在人家小学生都知道的事，你都恁大个人了，更应该好好学习法律、法规，起到好的带头作用。

蒋主任：就是啊，老吴，人家给你来送处罚决定书，你还拒收了，你觉得你拒收都不用承担法律责任啦？执法大队的同志给咱发了这宣传册，咱平时没事多看看，学习学习。咱保护 ×× 河不也是保护咱自己哦，这可是咱祖祖辈辈生活的地方，可不能再干这损人不利己，还违法的事儿啦！以后也得给后辈树立个好榜样啊！

吴某：哎呀，陈书记、蒋主任，还有大队的同志们，当时我只是想不开，经过水务局执法人员给我辅导法律知识，我已经知道错啦！以后再也不这样做了！我这两天就把罚款缴了。

李四：以后在河道里面干什么事，要是有什么疑惑的地方，可以给我们打电话咨询，我们会第一时间答复，如果确有需要，我们也会对你进行指导和帮助。

第三场　缴纳罚款

道具：1 张桌子、2 把椅子、1 个桌签“某银行”、1 个标牌“某银行”。

出场人物：当事人吴某、银行工作人员吕某。

女外音：请观看第四幕送达执行，第三场缴纳罚款。

男外音：4 月 27 日，当事人携带《非税收入电子缴款书》来到银行缴纳罚款。

银行工作人员吕某：您好，请问需要办理什么业务？

当事人吴某：我是来缴罚款的，这是我的电子缴款书和钱，你帮我办理一下呗（递交罚款）。

银行工作人员吕某：好的（接过罚款放在抽屉里）。请稍等（进行办理）。已经办好了。这是你的缴款凭证，请收好。

当事人吴某：好的，谢谢。

第五幕　结案

道具：8 张桌子、9 把椅子、6 个桌签，桌签分别为“大河水务局水政监察大队”“大河水务局财务科负责人唐某”“市局水政水资源科负责人范某”“市局财务科负责人韩某”“省局水政处负责人许某”“省局财务处负责人朱某”，1 个标牌“大河水务局水政监察大队”。

出场人物：×× 河务局水政监察大队水政监察员张三、×× 河务局水政监察大队水政监察员李四、×× 河务局水政监察大队专职副大队长王五、×× 河务局副局长钱某、×× 河务局财务科负责人唐某、市局水政水资源科负责人范某、市局财务科负责人韩某、省局水政处负责人许某、省局财务处负责人朱某。

女外音：请观看第五幕结案。

男外音：当事人拿到《银行付款凭证》后，办案人员复印后将原件交还给当事人，将复印件放入案卷。经逐级办理《非税收入一般缴款书（收据）》后交给当事人，并整理归档案卷。

主办人张三：您好，是市局水政科范科长吗？这是吴某违法建房案非税收入票据申请书，请你及时向上级申请票据。

市局水政范科长：好的。

以下略……

男外音：到此，本案已按照一般程序结案，并完成归档立卷工作。

二、现场制作案卷评分标准

以黄委和河南省为例。

（一）黄委水行政处罚案卷评查标准表

类别		具体要求	分值	得分
一立案阶段（5分）	立案审批文书	1. 有案件来源，即注明案件是来自现场检查、举报、交办还是移送等内容	1分	
		2. 有案情记载	1分	
		3. 有承办人意见，应注明当事人可能违反的法律、法规、规章的名称	1分	
		4. 有行政机关负责人的审批意见、签名和日期	1分	
		5. 在规定时间内立案	1分	
二调查取证阶段（37分）	检查（勘验）笔录	1. 有现场检查的起止时间、场所记载	1分	
		2. 现场检查的内容清楚	2分	
		3. 有被检查人的基本情况	1分	
		4. 现场检查情况记录准确、客观、全面	2分	
		5. 有被检查人对笔录的意见及签名（被检查人不在现场或拒绝签名的，应有见证人或两名以上执法人员签名并说明原因）	2分	

类别		具体要求	分值	得分
二 调查取证阶段（37分）	询问笔录	1. 有询问的起止时间、地点	1分	
		2. 一份询问笔录针对一个被询问人	1分	
		3. 被询问人基本情况完整	2分	
		4. 询问笔录记录的内容完整	3分	
		5. 有两名执法人员的签名	1分	
		6. 笔录有被询问人逐页签名（被询问人拒绝签名的，应有两名以上执法人员签名并说明原因）	2分	
		7. 笔录中有涂改之处时，应有被询问人按指印、盖章或签名	2分	
	调查取证与保存证据文书	1. 完整记录被调查取证人的情况	1分	
		2. 调查取证事由正当	1分	
		3. 调查取证的地点准确、具体	1分	
		4. 提取的证物应与案件有关	1分	
		5. 调查取证物品的性状描述完整准确（包括物品名称、规格、数量等）	2分	
		6. 应当有两名以上执法人员的签名	1分	
		7. 有被调查取证人签名或盖章（被取证人不在现场或拒绝签名的，应有见证人或两名以上执法人员签名并说明原因）	1分	
		8. 有行政机关的印章和日期	1分	
		9. 采取先行登记保存措施须经行政机关负责人批准	1分	
		10. 先行登记保存的物品应在法定期限内作出处理决定	2分	
	鉴定文书	1. 有申请鉴定的单位或个人	1分	
		2. 有申请鉴定的时间及内容	1分	
		3. 有明确的结论性意见	2分	
		4. 有鉴定部门印章、日期及鉴定人员姓名	1分	
三 审查决定阶段（38分）	案件处理审批文书	1. 案由和当事人的基本情况记载准确	1分	
		2. 违法事实记录完整，证据确凿、充分，处罚依据明确	2分	
		3. 承办人的意见明确、具体，有签名和准确日期	1分	
		4. 有法制机构的审查意见	1分	
		5. 行政机关负责人审批意见明确、具体，有签名、日期	1分	

类别		具体要求	分值	得分
三审查决定阶段（38分）	违法行为处理告知文书	1. 当事人名称准确	1分	
		2. 载明违法事实和法律依据	1分	
		3. 明确告知拟给予行政处罚的内容	1分	
		4. 明确告知当事人行使陈述权、申辩权和要求听证权的期限	1分	
		5. 处罚机关的印章、日期完整	1分	
	听证通知书	1. 举行听证的时间、地点具体、准确	1分	
		2. 明确告知听证主持人的姓名	1分	
		3. 注明当事人可以委托代理人参加听证和有要求主持人回避的权利，告知当事人无故不按时参加听证视为放弃听证权	1分	
		4. 处罚机关的印章、日期完整	1分	
	听证笔录	1. 准确记载举行听证的起止时间、地点	1分	
		2. 载明听证主持人、记录人、当事人、代理人、案件调查人员的基本情况	1分	
		3. 载明当事人对案件涉及的事实、证据、依据方面的陈述和申辩的内容	2分	
		4. 有当事人的签名	1分	
	听证报告	1. 载明案由	1分	
		2. 载明听证的时间、地点、参加人情况	1分	
		3. 当事人针对处罚机关认定的违法事实、情节、适用法律等提出的理由和依据及从轻、减轻或不予行政处罚的要求及依据	2分	
		4. 载明听证结论	2分	
	行政处罚决定书	1. 有当事人基本情况（公民：姓名、性别、年龄、住址；法人：单位名称、地址、法定代表人）	2分	
		2. 有违反法律、法规、规章的事实和依据	2分	
		3. 有行政处罚的依据和种类	2分	
		4. 有行政处罚的履行方式和期限，并告知若逾期缴纳罚款加处罚款的规定	2分	
		5. 有告知当事人如不服行政处罚决定的，可以申请行政复议或者提起行政诉讼的途径和期限	2分	
		6. 有作出行政处罚决定的处罚机关名称及印章、日期	2分	

类别		具体要求	分值	得分
四 送达执行阶段（14分）	送达回证	1. 载明送达文书名称	1分	
		2. 载明受送达人名称（姓名）	1分	
		3. 载明送达时间、地点	1分	
		4. 送达方式准确	0.5分	
		5. 有送达人、收件人员的签名、行政机关印章	0.5分	
	罚没款、物票据	1. 处罚机关应当和罚款收缴机关分离，法律规定可以由行政机关当场收缴的除外	1分	
		2. 应使用合法罚没票据	1分	
		3. 票据填写规范、准确	0.5分	
		4. 缴纳罚款期限正确，加盖处罚机关印章	0.5分	
	行政处罚强制执行申请文书	1. 案件名称准确，被申请人基本情况清楚	1分	
		2. 申请执行项目准确，案情叙述完整准确	1分	
		3. 强制执行理由正确	1分	
		4. 案件主要材料齐备	1分	
	结案报告	1. 案由清楚。载明结案理由	1分	
		2. 载明行政处罚决定执行情况，未执行部分应有说明	0.5分	
		3. 罚没财物应有处理结果	0.5分	
		4. 有案件调查人员结案意见及签名、日期	0.5分	
		5. 有行政机关负责人同意结案的意见和签名、日期	0.5分	
五 案卷归档（6分）		1. 一案一卷（特殊情况分正副卷的除外）	1分	
		2. 使用统一规范的卷宗封面、一卷一号	0.5分	
		3. 卷内文字应当使用钢笔、签字笔或毛笔书写	0.5分	
		4. 卷内目录和备考表填写规范	0.5分	
		5. 卷内材料排列有序，装订整齐	0.5分	
		6. 卷内材料有规范的页号	0.5分	
		7. 不能随文书装订立卷的证据，应放入证据袋中，随卷归档	1分	
		8. 卷内无金属物，破损的文书应修补或复制	0.5分	
		9. 案卷归档及时	1分	
总分				

（二）河南省行政处罚案卷评查标准

使用说明：

（1）行政处罚案卷评查标准分为基础标准和一般标准。

（2）基础标准：不符合其中任何一项内容的，案卷得分为0。

（3）一般标准：将行政处罚行为划分为5个部分设定相应分值：立案10分；调查取证35分，审查决定35分，送达执行10分，案卷归档10分。按照扣分余额计算案卷得分，不设负分。

（4）行政处罚案卷评查结果分为优秀、合格、不合格三个等次。90分及以上为优秀，70分及以上90分以下为合格，70分以下为不合格。

基础标准				
序号	评查项目	分值	评查标准	评分要求
1	主体	100分	1. 实施行政处罚的主体具有法定资格	不具有行政处罚主体资格实施行政处罚的，扣100分
			2. 实施行政处罚的行政执法主体在法定职权范围内实施行政处罚	超越法定职权实施行政处罚的，扣100分
			3. 依照法律、法规、规章规定，受委托的组织以委托机关名义并在委托范围内实施行政处罚	①受委托的组织超越委托范围实施行政处罚的，扣100分。 ②受委托的组织再委托其他组织或者个人实施行政处罚的，扣100分。 ③无法律、法规、规章依据，委托实施行政处罚的，扣100分
			4. 办案人员具备行政执法资格，持有有效的行政执法证件	不具备执法资格的人员承办行政处罚案件的，扣100分
			5. 被处罚主体认定准确，主体适格	被处罚主体认定错误并对错误的被处罚主体作出行政处罚决定的，扣100分
2	事实与证据	100分	1. 违法事实与情节认定清楚、准确	对违法行为的事实与情节认定错误或者主要事实不清给予处罚的，扣100分
			2. 对违法行为的定性正确	对违法行为定性错误给予处罚的，扣100分
			3. 认定违法主体和违法行为的证据充分，并且主要证据具有真实性、关联性、合法性	主要证据不足或者伪造证据，不能证明当事人有违法事实的，扣100分
			4. 违法行为在法定追诉时效内未被发现的，不再给予行政处罚	除法律另有规定的外，超过法定追诉时效给予行政处罚的，扣100分
3	适用依据	100分	实施行政处罚有明确、有效的法律依据；适用法律依据正确，且引用条、款、项、目准确、完整	①无法律依据的，扣100分。 ②适用未生效或者失效的法律依据的，扣100分。 ③适用法律依据错误的，扣100分

基础标准				
序号	评查项目	分值	评查标准	评分要求
4	处罚程序	100分	1. 按照法定程序实施行政处罚	办理行政处罚案件，不按照立案、调查取证、审查、告知、决定、送达、执行等基本步骤和流程进行，违反法定程序、缺失程序等，扣100分
			2. 立案经行政机关负责人批准	未经行政机关负责人批准的，扣100分
			3. 由两名以上执法人员进行调查取证	调查取证过程中，行政执法人员少于2人的，扣100分
			4. 作出行政处罚决定前向当事人履行告知义务并听取其陈述和申辩	①在作出行政处罚决定前，未依法告知当事人作出行政处罚决定的事实、理由、依据和依法享有的陈述、申辩权或者要求听证的权利的，扣100分。 ②在作出行政处罚决定前，拒绝听取当事人的陈述、申辩的，扣100分
			5. 符合听证条件，当事人要求听证的，依法举行听证	当事人要求听证，无法定理由不依法组织听证的，扣100分
			6. 行政处罚决定经过行政机关负责人批准；情节复杂或者重大违法行为给予较重行政处罚的，行政机关的负责人应当集体讨论决定；重大行政处罚案件应当经过法制审核；依法应由上一级行政机关批准或决定的行政处罚案件，必须上报	①行政处罚决定未经行政机关负责人批准的，扣100分。 ②情节复杂或者重大违法行为给予较重行政处罚的，未经行政机关负责人集体讨论决定的，扣100分。 ③重大行政处罚决定未经法制审核或者审核未通过作出决定的，扣100分。 ④依法应由上一级行政机关批准或决定的行政处罚案件，未依法上报的，扣100分
			7. 依法作出行政处罚决定	①未依照法定行政处罚种类作出处罚决定的，扣100分。 ②对当事人从轻、减轻、从重处罚无相应的证据和法律依据的，扣100分
			8. 依法送达相关行政处罚文书（行政处罚事先告知书、听证告知书、处罚决定书）	①向当事人出具的行政处罚文书未依法加盖印章、填写日期的，扣100分。 ②应当送达被处罚人的相关行政处罚文书没有送达，或者送达时间和行政处罚文书作出时间倒置的，扣100分

基础标准				
序号	评查项目	分值	评查标准	评分要求
			9. 依法执行完毕	①擅自更改执行处罚决定书规定的处罚种类和幅度的，扣 100 分。 ②罚没收入未依法缴入国库的，扣 100 分。 ③罚没物品未依法处理的，扣 100 分。 ④行政处罚机关未依法强制执行的，扣 100 分
			10. 依法予以结案	①未经行政机关负责人批准，擅自结案的，扣 100 分。 ②当事人违法行为未纠正的，扣 100 分
			11. 依法应当移送公安机关或其他行政机关处理的案件，应当及时移送	依法应当移送公安机关或其他行政机关处理的案件，未依法及时移送的，扣 100 分

一般标准				
序号	评查项目	分值	评查标准	评分要求
1	立案	10 分	1. 有案件来源，即注明案件是来自现场检查、举报、交办还是移送等内容。（2 分）	①案件来源不明确的，扣 2 分。 ②案件来源为现场检查、交办、移送但卷中无相关材料记载的，扣 2 分。 ③案件来源为举报投诉但卷中无相关文书的，扣 2 分
			2. 案情记录（案件简要情况）规范。（1 分）	①无案情记录（案件简要情况）的，扣 1 分。 ②案情记录（案件简要情况）不规范的，扣 1 分
			3. 注明立案的法律依据。（2 分）	①引用法律依据未具体明确到条、款、项的，扣 2 分。 ②引用法律、法规、规章的名称填写不规范、不完整的，扣 1 分
			4. 实行案件主办人制度。（2 分）	①未实行案件主办人制度，并指定案件主办人和协办人的，扣 2 分。 ②只指定案件主办人但未指定协办人的，扣 1 分
			5. 立案审批表中承办人意见、承办机构意见、行政机关负责人审批意见填写规范。（2 分）	立案审批表中承办人意见、承办机构意见、行政机关负责人审批意见栏目中只有签名没有明确写出相关意见的；只有相关意见没有签名的；没有签署日期的，发现一处扣 1 分
			6. 立案阶段的行政处罚文书其他内容填写规范。（1 分）	立案阶段的行政处罚文书其他内容填写不规范、不完整的，发现一处扣 0.5 分

<table>
<tr><th colspan="5">一般标准</th></tr>
<tr><th>序号</th><th>评查项目</th><th>分值</th><th>评查标准</th><th>评分要求</th></tr>
<tr><td rowspan="3">2</td><td rowspan="3">调查取证</td><td rowspan="3">40分</td><td>1. 调查取证时执法人员应向当事人出示证件、表明身份。(2分)</td><td>①调查取证时，行政执法人员按规定向当事人出示行政执法证件、表明身份，只在执法文书上记载和确认，但执法证件复印件未附卷的，扣1分。
②行政执法人员执法证件复印件附卷，但未在执法文书上记载和确认的，扣1分</td></tr>
<tr><td>2. 依法具备相应的文书［抽样取证审批表、抽样取证通知书、抽样取证物品处理通知书、先行登记保存证据审批表、先行登记保存证据通知书、先行登记保存证据物品处理通知书、行政强制措施(查封扣押)及相关事项内部审批表、查封（扣押）决定书、查封（扣押）财物处理决定书等］，并送达当事人。（8分）</td><td>①抽样取证（抽样取证审批表、抽样取证通知书和抽样物品清单、抽样取证物品处理通知书)、证据先行登记保存(先行登记保存证据审批表、先行登记保存证据通知书和物品清单、先行登记保存证据物品处理通知书）、采取查封扣押措施［查封扣押审批表、查封（扣押）决定书和查封（扣押）物品清单、查封（扣押）财物处理决定书］应当具备相应的文书，缺少一个文书扣8分。
②抽样取证未经行政机关负责人批准的（抽样取证未对当事人财物占有产生影响的，可以不需批准），扣8分。
③抽样取证未告知检验、检测或者鉴定结果的，扣2分。
④先行登记保存证据、查封（扣押）未经行政机关负责人批准的，扣8分。
⑤先行登记保存证据、查封（扣押）超过法定期限作出处理的，扣8分。
⑥采取其他行政强制措施缺少相应行政执法文书的，扣8分。
⑦相关行政处罚文书未送达的，扣8分。
⑧行政处罚文书中适用法律依据错误的，发现一处扣8分。
⑨行政处罚文书中记载理由或法律依据不规范、不完整的，发现一处扣2分。
⑩审批表中承办人意见、承办机构意见、行政机关负责人审批意见栏目中只有签名没有明确写出相关意见的，只有相关意见没有签名的，没有签署日期的，发现一处扣1分</td></tr>
<tr><td>3. 询问笔录制作规范。（5分）</td><td>①多个被询问人只制作一份询问笔录的，扣2分。
②询问的地点、起止时间记载不准确的；被询问人的基本情况及与本案的关系记载不清的；询问人、记录人的姓名、执法证号未记载或记载错误的；未向被询问人出示执法证件的；未告知当事人享有申请回避的权利的；询问内容与案件无关的；询问人、记录人未签注姓名及日期的，发现一处扣1分。
③询问笔录有修改，被询问人在修改处未按压指印的，发现一处扣1分。
④被询问人未在询问笔录上签字的（应由被询问人逐页签名，并在末页注明“笔录上述内容，记录属实”的字样及日期，如被询问人拒绝签字的，应由两名行政执法人员在笔录中注明拒绝的理由），扣5分</td></tr>
</table>

一般标准				
序号	评查项目	分值	评查标准	评分要求
			4. 现场检查（勘验）笔录制作规范。（5分）	①多处现场只制作一份笔录的，扣2分。 ②检查（勘验）的时间、地点记载不准确的；被检查（勘验）人的基本情况，见证人在场的记载及其姓名等情况记载不清的；检查（勘验）人和记录人的姓名、执法证号未记载或记载错误的；未准确、客观地记载现场情况的，包括有关的数据、位置、状态、程度等；见证人、检查（勘验）人、记录人员未签注姓名及日期的，发现一处扣1分。 ③检查（勘验）笔录的记录有修改，被检查（勘验）人在修改处未按压指印的，发现一处扣1分。 ④被检查（勘验）人未在现场检查（勘验）笔录上签字的[应由被检查（勘验）人逐页签名，并在末页注明“笔录上述内容，记录属实”的字样及日期，如被检查人拒绝签字的，应由两名以上行政执法人员在笔录中注明拒绝的理由]，扣5分
			5. 鉴定、检验（检测）相关材料齐全。（2分）	①鉴定、检验（检测）单位和鉴定、检验（检测）人无资格或者卷中未附鉴定、检验（检测）单位和鉴定、检验（检测）人资格证明的，扣2分。 ②委托鉴定、检验（检测）没有委托书的，扣1分。 ③委托人和委托鉴定、检验（检测）的事项不明确的，扣1分。 ④鉴定、检验（检测）相关材料中未记载鉴定、检验（检测）的依据和使用的科学技术手段的，缺少一处扣1分。 ⑤无鉴定、检验（检测）人签名，鉴定、检验（检测）单位盖章的，缺少一处扣2分
2	调查取证	40分	6. 现场勘验图、照片、摄像、录音等证据制作规范。（1分）	现场绘制的勘验图未注明绘制时间、方位、绘制人姓名和身份等；拍摄的照片和摄像、录音等资料未注明时间、地点、摄（录）制人姓名和身份等，发现一处扣0.5分

一般标准				
序号	评查项目	分值	评查标准	评分要求
2	调查取证	40分	7. 调取的由有关部门保管的书证原件的复制件、影印件或者抄录件的，应注明出处，经该部门核对无异后加盖其印章；调查取证时对被处罚人提供的相关证据材料一般应当留存原件，留存复印件的要由两名以上执法人员核对原件，留存的复印件，应注明“经核对与原件无异”的字样，并有提供人的签名和日期，以及两名以上执法人员的签名和日期。（2分）	①调取的由有关部门保管的书证原件的复制件、影印件或者抄录件，未注明出处，未经该部门核对无异后加盖其印章的，发现一处扣1分。 ②调查取证时对被处罚人提供的相关证据材料留存复印件未由两名以上执法人员核对原件的，留存的复印件未注明“经核对与原件无异”的字样，且无提供人和两名以上执法人员的签名和日期的，发现一处扣1分
			8. 认定违法行为的事实、情节、性质和危害后果等有相应的证据证明；有证据证明当事人有法定从轻、从重、减轻情节的，在量罚时反映；违法数量、金额或非法所得等认定准确。（5分）	①认定违法行为的事实、情节、性质和危害后果无相应证据证明的，扣5分。 ②有证据证明当事人有法定从轻、从重、减轻情节，在量罚时未适用从轻、从重、减轻处罚，未说明理由的，扣5分。 ③违法数量、金额或非法所得等认定不准确，但不影响处罚结果的（如果导致处罚结果错误按照基础标准扣分），扣5分
			9. 调查取证结束后，案件承办人员应当制作案件调查终结报告，阐明案件的基本事实、违法情形、证据材料、适用依据、处理意见等。（6分）	①未制作案件调查终结报告的，扣6分。 ②未载明适用处罚裁量标准情况的，扣6分。 ③未载明建议作出行政处罚的法律依据和拟作出处罚决定的具体内容的，扣6分。 ④未载明法律依据条、款、项的具体内容的，扣1分。 ⑤当事人的基本情况、调查起止时间、案件承办人，违法行为发生的时间、地点、情节等情况和调查取证情况记载不清的，发现一处扣0.5分
			10. 依法应当移送公安机关或其他行政机关处理的案件，应当及时移送并有移送记录。（2分）	依法应当移送公安机关或其他行政机关处理的案件已移送，但移送相关材料缺失的，扣2分

一般标准				
序号	评查项目	分值	评查标准	评分要求
2	调查取证	40分	11. 调查取证阶段的行政处罚文书其他内容填写规范。（2分）	调查取证阶段的相关行政处罚文书内容填写不规范、不完整的，发现一处扣0.5分
3	审查决定	35分	1. 作出行政处罚决定应填写相应的审批表。（3分）	①行政处罚决定未经法制机构审核的（重大行政处罚未经法制审核的扣分标准按照基础标准执行），扣3分。 ②当事人违法的主要事实表述不清的，扣1分。 ③引用法律依据未明确到条、款、项的，扣2分。 ④引用法律、法规、规章的名称填写不规范、不完整的，扣1分。 ⑤未载明建议作出行政处罚的法律依据和拟作出处罚决定的具体内容的，扣3分。 ⑥有从轻、从重、减轻等情节，未说明事实、理由和法律依据的，扣3分。 ⑦审批表中承办人意见、承办机构意见、行政机关负责人审批意见栏目中只有签名没有明确写出相关意见的，只有相关意见没有签名的，没有签署日期的，发现一处扣1分
			2. 行政处罚事先（听证）告知书制作规范。（6分）	①当事人名称不准确的；无认定违法行为的事实、理由和依据的（主要包括：违法行为发生的时间、地点、情节、后果及证据，其违反的相关法律、法规、规章的条、款、项内容）；无适用处罚裁量标准情况的；无拟作出行政处罚的法律依据和拟作出行政处罚的具体内容的；未告知当事人陈述、申辩、听证的时间、地点和期限的；具有从轻、从重、减轻等情节，未说明事实、理由和法律依据的，发现一处扣6分。 ②把处罚裁量标准作为处罚法律依据的，扣3分。 ③引用法律、法规、规章的名称及内容填写不规范、不完整的，扣1分。 ④无行政执法机关的联系人（案件承办人）、电话、地址、邮编等的，扣2分
			3. 当事人提出陈述、申辩和听证的，行政机关必须充分听取当事人的意见，并对当事人提出的事实、理由和证据进行复核。当事人提出的事实、理由或者证据成立的，行政机关应当采纳；依法不予采纳的，应当说明理由。（3分）	①未对当事人陈述、申辩和听证意见进行复核的，扣3分。 ②在告知的陈述、申辩期限内作出处罚决定，又无被处罚人放弃陈述、申辩意思表示的，扣3分。 ③在告知的听证期限内作出处罚决定，又无被处罚人放弃听证意思表示的，扣3分

一般标准				
序号	评查项目	分值	评查标准	评分要求
3	审查决定	35分	4. 当事人提出陈述和申辩的，应当制作陈述（申辩）笔录。当事人要求听证的，行政机关应当按听证程序组织听证并制作听证笔录。（3分）	①未制作陈述（申辩）笔录的；笔录中内容记载不完整的；笔录上无陈述（申辩）人签字盖章的[应由陈述（申辩）人逐页签名并在末页注明“笔录上述内容，记录属实”的字样及日期，如陈述（申辩）人拒绝签字的，应由记录人在笔录中注明拒绝的理由]，发现一处扣3分。 ②陈述（申辩）笔录有修改，陈述（申辩）人在修改处未按压指印的，发现一处扣1分。 ③当事人要求听证的，行政机关未在举行听证7日前送达行政处罚听证通知书的，扣3分。 ④举行听证，未制作听证笔录的；听证笔录中内容记载不完整的；听证笔录上无听证参加人员签字或盖章的（听证申请人逐页签字确认，并在末页注明“听证笔录内容已阅，记录属实”的字样及日期，如听证申请人拒绝签字的，应由听证主持人在笔录中注明拒绝的理由），发现一处扣3分。 ⑤听证笔录有修改，听证申请人在修改处未按压指印的，发现一处扣1分
			5. 重大复杂案件集体讨论笔录制作规范。（5分）	①虽经集体讨论，但没有讨论记录的，扣5分。 ②集体讨论笔录不完整的或者参与讨论的人员未签名的，扣5分。 ③集体讨论笔录中没有记载最终确定的结论性意见，或者结论性意见不明确的，扣5分。 ④以会议纪要代替集体讨论笔录的，扣5分。 ⑤未注明行政处罚机关参加人职务的，发现一处扣1分
			6. 行政处罚决定书制作规范。（10分）	①当事人姓名或者名称、地址不准确的；无认定违法行为的事实、理由和依据的（主要包括违法行为发生的时间、地点、情节、后果及证据，违反的相关法律、法规、规章的条、款、项内容）；无适用处罚裁量标准情况的；无作出行政处罚的法律、法规、规章依据和作出行政处罚的具体内容的；有从轻、从重、减轻等情节，未说明事实、理由和法律依据的；未告知当事人救济途径和期限或者告知错误的，发现一处扣10分。 ②将处罚裁量标准作为处罚法律依据的；未告知行政处罚履行方式和期限或者告知错误的；未明确是否加处罚款的，发现一处扣5分。 ③引用法律、法规、规章的名称填写不规范、不完整的，扣2分。 ④引用法律依据未具体明确到条、款、项的，扣5分 ⑤引用条、款、项内容不完整的，扣2分

一般标准				
序号	评查项目	分值	评查标准	评分要求
3	审查决定	35分	7. 送达回证制作规范。行政处罚事先告知书、行政处罚决定书等执法文书的送达符合法定的方式、时限，并有相应的送达回证。（3分）	无送达文书的名称和文号的；受送达人名称或姓名表述不准确的；无送达日期和送达地点的；未注明送达方式的；委托送达、留置送达未在备注中注明相关内容的，公告送达未将公告文书归档入卷的、未在备注中记明原因和经过的，邮寄送达未将挂号信回执粘贴于备注中的；受送达人以外的其他人代收，未注明与受送达人的关系的；受送达人拒收，送达人未注明拒收理由的；如需见证人见证，但见证人未签字并注明日期的；送达人未签字并注明日期的，发现一处扣1分
			8. 审查决定阶段的行政处罚文书其他内容填写规范。（2分）	审查决定阶段的相关行政处罚文书其他内容填写不规范、不完整的，发现一处扣0.5分
4	执行	10分	1. 应有的执行文书齐全。（2分） ①罚款或没收违法所得有相应法定票据。 ②没收非法财物的有相应的票据和清单。 ③延期或分期缴纳罚款的，应有当事人申请和行政机关批准文书，加处罚款应有相应的执法文书和法定票据。 ④行政机关依法强制执行的，应有相应的催告书和强制执行决定书。 ⑤申请人民法院强制执行有相关文书及记载	①除法定情形外，行政处罚机关不执行罚缴分离制度，直接收缴罚款的；收取罚款和没收违法所得不使用财政部或省财政厅统一印制或监制的罚没票据的；罚没收入没有实行“收支两条线”的；对没收物品的处置在案卷中没有处理凭证或记录的；未经当事人申请和行政机关批准作出延期或分期缴纳罚款决定的；当事人逾期不履行行政处罚决定，行政机关不依法催告的，发现一处扣2分。 ②行政强制执行申请书内容不完整或填写错误的，发现一处扣1分
			2. 行政处罚案件办结，结案审批表制作规范。（2分）	①未载明处罚决定执行情况和行政复议、行政诉讼情况的，扣2分。 ②审批表中承办人意见、承办机构意见、行政机关负责人审批意见栏目中只有签名没有明确写出相关意见的；只有相关意见没有签名的；没有签署日期的发现一处扣1分

<table>
<tr><th colspan="5">一般标准</th></tr>
<tr><th>序号</th><th>评查项目</th><th>分值</th><th>评查标准</th><th>评分要求</th></tr>
<tr><td rowspan="2">4</td><td rowspan="2">执行</td><td rowspan="2">10分</td><td>3. 对行政执法中发现的违法行为，应当责令改正，并对改正情况进行复查。（4分）</td><td>①行政机关对当事人的违法行为未采取责令改正或限期改正措施的；除当场改正的外，采取责令改正措施无相应执法文书的；对改正违法行为的情况未进行复查和记载的，发现一处扣2分。
②责令改正文书未送达的，扣4分。
③责令改正文书中记载理由或法律依据不完整、不规范的，发现一处扣2分。
④责令改正文书中适用法律依据错误的，扣4分</td></tr>
<tr><td>4. 执行阶段的行政执法文书其他内容填写规范。（2分）</td><td>执行阶段的相关行政处罚文书其他内容填写不规范的、不完整的，发现一处扣0.5分</td></tr>
<tr><td rowspan="2">5</td><td rowspan="2">案卷归档</td><td rowspan="2">5分</td><td>1. 办案过程中应当使用本系统统一格式的行政处罚文书。（2分）</td><td>未使用本系统统一格式的行政处罚文书的，发现一处扣2分</td></tr>
<tr><td>2. 案卷归档规范。（3分）</td><td>①未做到一案一卷（涉及国家秘密、商业秘密、个人隐私等事项或者页数超过200页的，可以一案两卷）的，扣3分。
②卷宗封面不规范或者未做到一卷一号的，扣2分。
③卷内没有案卷文书目录的，扣3分。
④案卷文书目录填写不规范或者有目录无材料、有材料无目录的，发现一处扣1分。
⑤案卷装订不规范、卷内材料排列混乱或者与目录不对应的，发现一处扣1分。
⑥对当事人提供的用铅笔或圆珠笔书写的证据材料，未经复印入卷的扣1分。
⑦案卷未按国家有关规定划分保管期限的，扣0.5分。
⑧未标注页码的，扣1分</td></tr>
</table>

三、演练人员现场实操考试

现场实操理论考试试题（题样）

姓名：__________ 单位：______________ 序号：____________ 分数：____________

（请按要求回答相应试题，第一题、第二题口头回答，第三题、第四题答案必须写在试卷上。）

模拟案情：

2021 年 9 月 15 日 10 时 30 分，×× 区水务局巡查发现有人在 ×× 河（东西流向）河道管理范围内修建厂房。经调查，当事人蒋某于 2021 年 9 月 14 日至 15 日在 ×× 河河道管理范围内（相应堤防桩号 K27+000 南约 10 m，修建厂房位置河宽 50 m），已建成厂房 1 间，共 2 层，东西方向，砖混结构，厂房东西长 50 m，南北宽 30 m，建筑面积 3 000 m^2，占地面积 1 500 m^2。厂房里未购置设备，准备用于家具加工。该行为违反了《北京市河湖保护管理条例》第十九条“在河湖管理范围内，禁止下列行为：（一）在河道、渠道、湖泊、水库和其他水工程管理范围内采砂；（二）建设妨碍行洪的建筑物、构筑物；……”立案调查后，×× 区水务局决定给予五万元罚款的行政处罚。

说明：执法人员张某，执法证号：京 A×××。

执法人员冯某，执法证号：京 A×××。

第一题：模拟询问题。题目是：假定你是执法人员王某，因为办案需要向当事人询问，请你口头介绍一下询问程序，并说明制作询问笔录应当包括哪些内容？（答案略）。

第二题：模拟调查取证题。题目是：假定你是执法人员张某，因为办案需要进行现场勘验，请你口头介绍一下现场勘验程序，并说明进行现场勘验应当重点注意哪些事项？

参考答案：

（1）现场勘验应当遵循以下程序：①向当事人介绍执法人员单位、身份、姓名并出示执法证件；②询问当事人是否要求执法人员进行回避；③核对现场，开始进行现场勘验，并进行全过程记录；④制作现场勘验笔录、勘验图、影像证据等文书；⑤当事人在现场勘验笔录等文书上签字确认。

（2）进行现场勘验应当重点注意以下事项：①调查人员必须符合法定人数（两名以上执法人员）；②一处现场制作一份勘验笔录；③现场勘验时应当依法以文字、音像等形式进行全过程记录；④现场勘验笔录应当准确、客观地记载现场情况，包括有关的数据、位置、状态、程度等；⑤勘验笔录的记录有修改的，被调查人应当在修改处按压指印；⑥勘验笔录完成后，需要当事人逐页签字，最后有“笔录上述内容，记录属实”的记载（被调查人拒绝签名，执法人员应当说明）；⑦现场绘制的勘验图应当注明绘制时间、方位、重要数据、参照物等信息；⑧拍摄的照片和摄像、录音等资料应当注意近远景结合，与现场勘验笔录、勘验图相互符合、相互印证，形成一个有机的整体。

（说明：本题共 15 分。第一问每回答出 1 个考点得 1 分，共 5 分。第二问每回答出 1 个考点得 1 分，答出 7 个或 7 个以上考点即可得 6 分；2 分职业素养，1 分为综合考评分。打分表另附。）

第三题：×× 区水务局根据有关法律、法规，准备对此案进行立案调查，并起草了立案审批表，其中有若干错误（合理虚构的身份证号等及省略部分不属于错误）。请标出其中的错误（请用横线或波浪线标示），并把正确答案写在试卷上。（参考时间：10 ～ 12 分钟。）

第三题试题及答案（加黑部分为参考答案）

水行政处罚案件立案审批表

<table>
<tr><td rowspan="5">当事人</td><td>单位名称</td><td></td><td>法定代表人</td><td></td></tr>
<tr><td>住址</td><td></td><td>电话</td><td></td></tr>
<tr><td>个人姓名</td><td>蒋某</td><td>性别</td><td>男</td></tr>
<tr><td>所在单位</td><td>无业</td><td>电话</td><td>13000000000</td></tr>
<tr><td>身份证号码</td><td>410000000000000000</td><td>个人住址</td><td>和平区红旗街 18 号</td></tr>
<tr><td>案由</td><td colspan="2">蒋某涉嫌在河道管理范围内建设妨碍行洪的建筑物、构筑物</td><td>案件来源</td><td>巡查发现</td></tr>
<tr><td>案件简要情况</td><td colspan="4">2021 年 9 月 15 日 10 时 30 分，×× 区水务局巡查发现有人在 ×× 河（东西流向）河道管理范围内修建厂房。巡查人员随即进行初步调查。执法人员在调查前，对调查事项进行了说明，出示执法证件依法进行检查，检查过程全程由执法记录仪记录。经现场初步调查得知，当事人蒋某于 2021 年 9 月 15 日至 18 日（应为“9 月 15 日”之前的日期）在 ×× 河河道管理范围内（相应堤防桩号 K27+000 南约 10 m，修建厂房位置河宽 50 m），已建成厂房 1 间，共 2 层，东西方向，砖混结构，厂房东西长 50 m，南北宽 30 m，建筑面积 3 000 m²，占地面积 1 500 m²。
蒋某的行为涉嫌违反了《北京市河湖管理保护条例》第十九条第一款第二项“在河湖管理范围内，禁止下列行为：（一）在河道、渠道、湖泊、水库和其他水工程管理范围内采砂；（二）建设妨碍行洪的建筑物、构筑物；……”的规定。现场检查证据：省略。</td></tr>
<tr><td>承办人意见</td><td colspan="4">依据《水行政处罚实施办法》第二十四条的规定，建议按照一般程序立案查处。
承办人签名　张　某　冯　某　　2021 年 9 月 15 日</td></tr>
<tr><td>承办机构审核意见</td><td colspan="4">经审核，建议立案。指定主办人和协办人。
负责人签名　李　某　　2021 年 9 月 18 日</td></tr>
<tr><td>法制机构审核意见</td><td colspan="4">经审核，同意承办机构意见，建议立案查处。
负责人签名　赵　某　　2021 年 9 月 18 日</td></tr>
<tr><td>行政机关负责人审批意见</td><td colspan="4">阅（应明确写出相关意见）
承办人签名　王　某　　2021 年 9 月 15 日（日期应晚于“2021 年 9 月 18 日”）</td></tr>
</table>

第四题：模拟案情。

2021 年 7 月 15 日 10 时 30 分，×× 水务局巡查发现有人在 ×× 河河道管理范围内采砂。经调查，当事人蒋某于 2021 年 7 月 14 日至 15 日在 ×× 河河道管理范围内采砂 10 000 m^3。该行为违反了《北京市河湖管理保护条例》第十九条第一项“在河湖管理范围内，禁止下列行为：（一）在河道、渠道、湖泊、水库和其他水工程管理范围内采砂；……”立案调查后，和平区水务局决定给予 5 万元罚款的行政处罚。

说明：执法人员王某，执法证号：A×××。

执法人员冯某，执法证号：A×××。

×× 区水务局根据有关法律、法规，起草了行政处罚决定书，其中有若干错误（合理虚构的身份证号等及省略部分不属于错误）。请标出其中的错误，并把正确答案写在试卷上。（16 分，参考时间：10 ～ 12 分钟。）

×× 区水务局行政处罚决定书

［2021］**第 1 号（第一处）**

当事人姓名：蒋某　　身份证号码：410000000000000000

年龄：45 岁　　住址：×× 区 ×× 街 18 号　　民族：汉族

联系电话：13000000000　　职业：无业

本单位于 2021 年 7 月 15 日对你在河道管理范围内非法采砂行为立案调查。经调查，你于 2021 年 7 月 14 日至 15 日在 ×× 河河道管理范围内采砂 10 000 立方米。

上述行为违反了**《市河湖保护条例》（第二处）**第十九条第一项“在河湖管理范围内，禁止下列行为：（一）在河道、渠道、湖泊、水库和其他水工程管理范围内采砂；……”你的违法事实有下列证据证明：

证据（略）

根据你违法行为的事实、性质、情节、社会危害程度和相关证据，参照《北京市常用水行政处罚裁量基准表》，你的违法行为情节严重。

我局于 2021 年 8 月 9 日向你送达了《×× 区水务局行政处罚事先告知书》《×× 区水务局行政处罚听证告知书》，告知你**享有的合法权利（第三处）**，并告知你收到《×× 区水务局行政处罚听证告知书》后 **3 日（第四处）**内到我单位申请听证。对上述文书，你均签收送达回证。你在规定期限内，未提出陈述申辩也未提出听证申请。

根据**《市河湖保护条例》（第五处）**第三十八条“违反本条例第十九条规定，由水行政主管部门责令停止违法行为，排除阻碍或者采取其他补救措施，有第（一）项规定行为的，处 1 万元以上 5 万元以下罚款；有其他项规定行为的，可以处 5 万元以下罚款，有违法所得的，没收违法所得。”本单位决定对你作出处以人民币 5 万元罚款的行政处罚。

你应当自收到本决定书之日起 15 日内持缴款码直接到财政部通过公开招标确定

的 12 家非税收入收缴代理银行（银行名称、账号等省略）缴款。到期不缴纳罚款的，依据《行政处罚法》**第五十一条第一项（第六处）**“当事人逾期不履行行政处罚决定的，作出行政处罚决定的行政机关可以采取下列措施：（一）到期不缴纳罚款的，**每日按罚款数额的百分之三加处罚款（第七处）**”的规定，本机关每日按罚款数额的百分之三加处罚款，加处罚款总数不超过罚款数额本身。

……（第八处）

（×× 水务局印章）

×× 水务局

2021 年 8 月 20 日

答案：

第一处错误，应为水罚决字〔2021〕1 号。

第二处错误，应为《北京市河湖管理保护条例》。

第三处错误，应为“对行政处罚陈述权和申辩权”。

第四处错误，应为 5 日。

第五处错误，应为《北京市河湖管理保护条例》。

第六处错误，应为第七十二条第一项。

第七处错误，应加上“，加处罚款的数额不得超出罚款的数额”。

第八处错误。应加上“如不服本决定，可自收到本决定之日起 60 日内向和平区人民政府或某某市水务局申请行政复议；也可自收到本决定之日起 6 个月内向和平区人民法院提起行政诉讼。行政复议和行政诉讼期间，本决定不停止执行。逾期不申请行政复议、不提起行政诉讼，又不履行本决定的，本机关将依法申请人民法院强制执行。

说明：

指出第一处错误并改正的，得 2 分（仅指出错误的，只得 1 分，下同）；指出第二处和第五处错误并改正的，得 2 分；指出第三处错误并改正的，得 2 分；指出第四处错误并改正的，得 2 分；指出第六处错误并改正的，得 2 分；指出第七处错误并改正的，得 2 分；指出第八处错误并改正的，得 4 分。指出其他不严谨的表述或错误的，可以加 1 分。

四　水行政强制

案例一：水行政强制与行政处罚

2008 年 6 月 18 日，甲雇车运载着自乙市装运的城市垃圾倾倒于丙县河道内，被丙县水务局水政监察人员发现，把甲等 3 人带至该局询问。丙县水务局以甲等 3 人违反《防洪法》第五十五条规定，在河道管理范围内倾倒垃圾为由，对甲等 3 人罚款 20 000 元，因担心甲等 3 人不缴纳罚款，水务局将甲车辆暂时扣押，但未办理任何扣押手续和出具扣押清单。一个月后，甲将罚款如数缴纳，丙县水务局把扣押车辆返还给甲，这时甲发现车辆有损坏，经了解，是在车辆被扣押期间被县水务局使用，因发生交通事故致使车辆遭到部分损坏。

问题：丙县水务局扣押车辆、罚款的行为是何种性质的行为？

解析：行政强制措施与行政强制执行、行政处罚等相关行政行为的部分种类比较容易混淆，对这三类行政行为，水行政执法人员常常有一些不准确的，或者是困惑的，甚至是错误的理解。比如对于行政强制执行，常见以下几种错误认识：一是将行政强制执行等同于行政强制。实际上行政强制的概念既包括行政强制执行，也包括行政强制措施。二是将行政强制执行等同于行政强制措施。当然，在某些情况下，行政强制措施也可能作为行政强制执行的一个前奏阶段出现，从而使两者难以区分。三是将行政强制执行与行政执行相等同。毫无疑问，行政处理决定是具有执行力的，但执行力并不意味着行政机关自己可以强制执行。在我国有权作出行政处理决定的行政执法机关一般都没有强制执行权，只有在法律有明确授权的情况下，才可以在作出处理决定后进行行政强制执行。四是将行政强制执行称为行政行为或具体行政行为。强制执行行为在行政机关依法自行强制执行时，当然可以称为行政行为或具体行政行为，但在申请人民法院强制执行，经法院审查同意，下令强制执行时，它就是司法强制，不应再称为行政行为或具体行政行为。五是一般行政强制执行的定义中，大都未明确指出行政强制执行的根据只应为行政决定，不能直接依据法律执行。因此，要准确把行政强制措施与行政强制执行、行政处罚区分开，不能完全从行为的外在表现入手，关键是要深刻理解行政强制措施、行政强制执行和行政处罚的含义，尤其是这三类行为目的的不同，从根本性质上将它们区分开。

从行政强制措施与行政强制执行来说，两者都属于行政强制，带有强制性，但有以下五点不同：

（1）前提不同。行政强制执行的前提是法定义务人不履行义务，但行政强制措施并不一定以当事人具有某些法定义务为前提，而是以可能产生危害社会的行为为前提。

（2）目的不同。行政强制执行的目的在于迫使义务人履行义务或达到与履行义务相同的状态；行政强制措施的目的在于预防、制止危害社会行为或事件的发生或蔓延，使人和物保持一定状态。

（3）起因不同。引起行政强制执行的原因只能是义务人的行为，作为或不作为的行为；引起行政强制措施的原因，既可能是行为，也可能是某种状态或事件。

（4）行政机关的行政强制措施权必须有法律的特别授权。如根据《行政处罚法》相关规定，行政机关在调查收集证据时，可以采取抽样取证的办法；在证据可能灭失或以后难以取得的情况下，经行政机关负责人批准，可以先行登记保存，并应当在 7 日内及时作出处理决定。这就是说，通过《行政处罚法》的授权，一般有行政处罚权的行政机关都取得了抽样取证和登记保存两项行政强制措施的权力。

（5）行政强制措施具有可诉性，与行政强制执行不同。行政强制执行是在行政机关作出行政处理决定后，当事人既不履行又不起诉的情况下才可能采取。行政强制执行所执行的是行政处理决定，既然当事人对行政处理决定没有起诉，就不可能再对执行该决定起诉。除非是执行机关在执行过程中有错误，才可能是提起新的诉讼。行政强制措施不同。大部分行政强制措施都是在行政处理决定前采取的，作为独立的具体行政行为，当事人不服，有权依法申请行政复议或者提起行政诉讼。

从行政强制执行与行政处罚来说，行政强制执行与行政处罚都是因当事人不履行法定义务所引起的。但当事人不履行法定义务有两种情况：一种是此法定义务非履行不可，由此引起行政强制执行，如纳税；另一种情况是此义务已不可能再履行，如违反交通规则（闯红灯等），只能给予行政处罚，使其记取教训，不可能强制执行。从性质上说，行政处罚是对不履行义务的当事人科以新的义务，而行政强制执行则是要对不履行义务的当事人强迫其履行原来的义务。这是行政强制执行与行政处罚的一般分界线。当然，行政强制执行中的代履行和执行罚也有科以新的义务的内容，但这种科以新的义务的目的仍是履行原行政义务，并不以科以新的义务为目的。这是法律在设定处罚还是强制时必须注意的。实践中，也有以处罚代替强制执行的，即以处罚代替当事人必须履行义务的情况，如有些地方对违章建筑，行政机关不是申请人民法院强制拆除，而是以收取罚款结案，这实际上将起到怂恿违法的作用，是不可取的。此外，行政处罚的种类和行政强制执行的种类很不相同。行政处罚主要运用警告、罚款、没收财物、吊销许可证和执照、责令停产停业以及行政拘留等手段；行政强制执行则采取代履行、执行罚、强制征收及直接强制等手段。由于行政处罚都是一次的承担义务，因而在行政处罚难以执行时，尚需以行政强制执行为后盾。

本案中，水务局扣车行为并不能强制甲缴纳罚款义务的履行或达到履行义务相同的状态，甲等数人并没有不履行义务的行为，因此县水务局的行为不属于行政强制执行，而属于行政强制措施。而水务局作出的罚款 20 000 元的行为属于给甲等 3 人制裁的行为，是行政处罚。

不管是行政强制措施，还是行政强制执行，都必须由享有行政强制执行权机关采取。本案中，丙县水务局没有扣车的强制执行权，其扣车行为属于违法行为。同时，根据《行政强制法》的规定，实施行政强制措施应当合乎法定程序，其中必须遵守的一条是“实施查封、扣押的，制作查封、扣押清单，查封、扣押清单一式二份，由当事人和行政机关分别保存”。本案中，丙县水务局工作人员在实施行政强制措施时“未办理任何扣押手续和出具扣押清单”，违反了法律规定的程序要求。另外，根据规定，行政主体在实施查封、扣押时应当对查封、扣押的财物妥善保管，不得使用或损毁，除不可抗力外，对所造成的损失应当履行赔偿义务。因此，县水务局在扣押期间使用该车，也属违法行为，县水务局应依法对事故损坏承担行政赔偿义务。

这里需要注意的是，尽管丙县水务局没有扣车的强制执行权，但并不排除其根据《行政处罚法》规定，在一定情形，即先行登记保存证据时扣车行为的合法性。对于先行登记保存证据，有一套规范的文书和时间的严格规定。比如，需要填写《先行登记保存证据审批表》《先行登记保存证据通知书》《先行登记保存证据物品清单》《先行登记保存证据物品处理通知书》《解除登记证据保存物品通知书》等。

案例二：水行政强制措施与强制执行

某县水利局水政人员执法时对在行洪河道内种植阻碍行洪树木的违法企业主采取了扣押生产设备、责令限期排除妨碍、恢复原状等措施。

问题：

（1）采取的扣押措施是行政处罚措施，还是行政强制措施？二者有什么区别？水行政强制措施有哪些？

（2）采取的排除妨碍、恢复原状措施是否是行政强制措施？

解析：

（1）行政强制包括行政强制措施和行政强制执行。行政强制措施，是指行政机关出于维护社会秩序或保护公民人身健康、安全的需要，为制止违法行为、危险状态或不利后果，或防止证据损毁、避免危害发生、控制危险扩大，根据公共利益的需要依法对相对方的人身或财产采取暂时性强制措施。行政强制措施分为五类：①限制公民人身自由；②查封场所、设施或者财物；③扣押财物；④冻结存款、汇款；⑤其他行政强制措施。本案例中，采取的扣押措施是行政强制措施。

梳理现行水行政法律、法规等规定，水行政主体执行前四类典型行政强制措施的权力基本没有。首先，水行政主体没有限制公民人身自由的行政强制权力；其次，也很少有查封、扣押强制措施权力，水行政主管部门可以采取查封、扣押的规定，仅在《水土保持法》第四十四条和《长江河道采砂管理条例》第十八条等很有限的法律条文中找到。但是对于第五类“其他行政强制措施”这个兜底规定，水利上有较多的规定。例如，现场检查就是现行许多法律、法规规定的，还有一些限制行为的行政强制措施，如《防洪法》规定的“清除河道管理范围内倾倒的工业废渣、城市垃圾和其他废弃物”“清除在行洪河道内种植的阻碍行洪的林木和高秆作物”“禁止围湖造地、擅自围垦河道”，《河道管理条例》规定的“在汛期，船舶的行驶和停靠必须遵守防汛指挥部的规定”“在汛期，河道主管机关有权对河道上的竹木和其他漂流物进行紧急处置”“清除河道管理范围内阻碍行洪的建筑物、构筑物”，《内河交通安全管理条例》

规定的“责令驶向指定地点”,《城市节约用水管理规定》规定的“限制用水量”,《黄河水量调度条例》规定的“及时采取压减取水量直至关闭取水口、实施水库应急泄流方案、加强水文监测、对排污企业实行限产或者停产等处置措施”,《黄河下游浮桥建设管理办法》规定的“拆除浮桥”等。

(2)对于本案中采取的排除妨碍、恢复原状措施是否是行政强制措施,有不同的认识。一种观点认为是行政强制措施,属于是行政强制措施中的“其他行政强制措施”。另一种观点认为“排除妨碍、恢复原状”不是行政强制措施,而是行政强制执行,是强制执行中的直接强制。这种观点认为:“直接强制”是行政机关直接对义务人的人身或财产采取强制措施,以实现行政法义务的制度。它的适用条件是使用间接强制难以达到义务履行目的、无法采用或没有必要采用间接强制的情形。直接强制执行大致可按其内容分为对人身的强制、对行为的强制和对财物的强制。采取直接行政强制执行必须具备这样三个条件:其一,采取直接行政强制执行的义务不能是可以代履行的义务,否则就不能也不可能采取直接强制执行;其二,采取直接行政强制执行的义务是无法采取执行罚的,否则先予执行罚;其三,必须是实行执行罚期限已过仍然不能达到目的的才能采取直接强制执行。在执行罚期限内也不能采取直接强制执行的方法。“排除妨碍、恢复原状”是指行政机关对不履行行为义务的当事人,强制其履行义务,排除因其自身违法行为对行政管理秩序造成的障碍,或者恢复到违法行为发生前的状态。现行不少水利法律、法规规定了这种强制执行方式。如《防洪法》第四十二条规定,对河道、湖泊范围内阻碍行洪的障碍物,按照“谁设障、谁清除”的原则,由防汛指挥机构责令限期清除;逾期不清除的,由防汛指挥机构组织强行清除,所需费用由设障者承担。《河道管理条例》第三十六条规定,对河道管理范围内的阻水障碍物,按照“谁设障,谁清除”的原则,由河道主管机关提出清障计划和实施方案,由防汛指挥部责令设障者在规定的期限内清除。逾期不清除的,由防汛指挥部组织强行清除,并由设障者负担全部清障费用。“排除妨碍、恢复原状”符合直接强制的概念和条件,因此“排除妨碍、恢复原状”属于直接强制,由行政机关或者当事人自己排除妨碍、恢复原状。

五　水行政复议

案例一:水行政机关不履行行政复议决定

田某不服市水利局对其作出的决定,向其上级省水利厅申请行政复议,市水利局在法定期限内提交了答辩,但没有提交有关证据、依据。开庭时市水利局提交了作出行政行为的法律和事实依据,并说明由于市水利局办公场所调整,所以延迟提交证据。

省水利厅依田某申请作出复议决定，撤销市水利局对田某的错误处理，责令在30日内重新处理，但市水利局有意拖延，拒不执行该行政复议决定。

问题：

（1）针对市水利局延期提交证据材料的行政复议，省水利厅应作出什么决定？行政复议决定的种类有哪些？

（2）针对市水利局不执行省水利厅行政复议决定，田某可以采取什么措施？可以申请法院强制执行，或者再行复议、诉讼吗？

解析：

（1）法律规定了限制被申请人在行政复议过程中证据收集权的制度。第一，只是被申请人的证据收集权受到限制。申请人和第三人不受这种限制，他们有权在行政复议过程中收集证据。第二，限制的内容是被申请人不得自行向申请人和其他有关组织和个人收集证据。如果被申请人向复议机关提出取证要求，复议机关认为有必要时可以作出调查取证的决定。第三，限制的时间是行政复议的过程。这一过程开始于行政复议机关对复议申请的受理，结束于行政复议决定的执行完毕。

根据《行政复议法》第七十条规定，被申请人不按照本法第四十八条的规定（备注：第四十八条“行政复议机构应当自行政复议申请受理之日起七日内，将行政复议申请书副本或者行政复议申请笔录复印件发送被申请人。被申请人应当自收到行政复议申请书副本或者行政复议申请笔录复印件之日起十日内，提出书面答复，并提交当初作出行政行为的证据、依据和其他有关材料”。）提出书面答复、提交作出行政行为的证据、依据和其他有关材料的，视为该具体行政行为没有证据、依据，行政复议机关决定撤销该具体行政行为。因此，省水利厅不应接受市水利局延期提交的证据材料，也不应中止案件的审理，更不能作出维持市水利局的具体行政行为的决定。省水利厅应撤销市水利局的具体行政行为。

行政复议机关可以作出六种行政复议决定：①维持原具体行政行为的决定。作出维持决定的条件有五个方面：第一，事实清楚。第二，证据确凿。第三，适用依据正确。第四，程序合法。第五，内容适当。②履行法定职责的决定。其适用条件为：行政机关依法应该履行相关义务而没有履行；依法应由被申请人履行；申请人曾提出要求被申请人履行该职责的申请或者被申请人依法应当主动履行该职责。被申请人在法定期限届满后仍没有履行；责令被申请人履行该职责仍有实际意义。另外，复议机关作出履行义务决定时，应当指定行政机关履行法定职责的期限。因此，这种决定包括了确认不作为违法和履行法定义务两个方面的内容。③撤销、变更、确认违法和重新作出具体行政行为的决定。作出这些决定时应当具备五个条件：第一，主要事实不清、证据不足。第二，适用依据错误。第三，违反法定程序。第四，超越职权或者滥用职权。第五，明显不当。④驳回行政复议申请的决定。驳回申请决定适用于以下两种情形：一是申请人认为行政机关不履行法定职责申请行政复议，行政复议机关受理后发现该行政机关没有相应法定职责或者在受理前已经履行法定职责的；二是受理行政复议申请后，发现该行政复议申请不符合行政复议法及其实施条例规定的受理条件的。不过，如果上级行政机关认为行政复议机关驳回行政复议申请的理由不成立的，应当责令其恢复审理。⑤行政赔偿决定。行政复议机关作出行政复议决定，可以依法同时决定行政赔偿的问题。这里有两种情形：一是依申请人申请作出的赔偿决定，二是行政复议机关依职权作出的赔偿决定。⑥行政复议调解书。根据《行政复议法实施条例》第五十条的规定，行政复议机关可以对符合法定情形的行政纠纷进行调解：一是申请人对行政机关行使自由裁量权实施的具体行政行为不服申请行政复议的；二是当事人之间的行政赔偿或者行政补偿纠纷。当事人经调解达成协议的行政复议机关应当制作行政复议调解书。调解未达成协议或者调解书生效前一方反悔的，行政复议机关应当及时作出行政复议决定。

（2）具体行政行为经过行政复议程序并作出行政复议决定进行确定之后，当事人依法应当履行行政复议决定的内容。如果被申请人不履行行政复议决定对其义务的确定，申请人可以采取一定的救济手段。根据《行政复议法》第七十七条相关规定，被申请人应当履行行政复议决定。被申请人不履行或者无正当理由拖延履行行政复议决定的，行政复议机关或者有关上级行政机关应当责令其限期履行。可见，本题中市水利局作为被申请人不履行行政复议机关省水利厅的行政复议决定时，申请人田某有权请求省水利厅责令市水利局履行义务。

根据《行政复议法》规定，只有在行政相对人拒不履行行政复议决定时才申请人民法院强制执行，对行政机关却不适用这种方式。另外，行政复议基本上遵循一次复议原则，况且本案中行政复议决定尚且有效，无须再申请行政复议。因此，田某不可以申请法院强制执行，或者再行复议、诉讼。

案例二：水行政复议时提出对依据文件的审查申请

省水务厅根据上级规定，下文明确根据项目大小，市水务局、省水务厅分别为河道管理范围内非防洪工程项目的受理、审批单位。某市水务局为加强本辖区河道管理范围内非防洪工程项目审批管理，以文件形式规定，凡申请本辖区河道管理范围内非防洪工程项目审批的单位和个人，须先到县（区）水务局申请、初审，然后才能到市水务局办理审批手续。项目业主张某未按某市水务局文件规定到县水务局申请办理初审手续，而是按照省水务厅规定直接把材料报到市水务局，市水务局对其项目申请不予受理。

问题：若张某在对不予受理不服申请复议时，对市水务局文件提出合法性审查申请，复议机关应当怎么办？

解析：《行政复议法》第十三条规定："公民、法人或者其他组织认为行政机关的行政行为所依据的下列规范性文件不合法，在对行政行为申请行政复议时，可以一并向行政复议机关提出对该规范性文件的附带审查申请：（一）国务院部门的规范性文件；（二）县级以上地方各级人民政府及其工作部门的规范性文件；（三）乡、镇人民政府的规规范性文件；（四）法律、法规、规章授权的组织的规范性文件。前款所列规范性文件不含规章。规章的审查依照法律、行政法规办理。"对于申请人提出对行政规定进行审查申请的，按照行政复议机关的处理权限分别处理。第一，对该规定有权处理的，行政复议机关应当在30日内依法处理。下级行政机关制定发布的，应当责令下级行政机关限期撤销和修改，也可以由行政复议机关直接作出决定予以撤销；复议机关制定发布的，由行政复议机关直接予以撤销。第二，对该规定无权处理的，行政复议机关应当在7日内按照法定程序转送有权处理的行政机关依法处理。第三，接受行政复议机关转送的有权机关，应当在60日内依法作出处理。第四，对行政规定的处理期间，应当中止对具体行政行为的审查。中止对具体行政行为的审查，应当记录在案，并通知当事人。本案中，市水务局没有法律、法规的授权，无权增设行政许可程序，因此张某若在对不予受理不服申请复议时对市局文件提出审查申请，省水务厅作为市水务局的上一级主管机关，是有权处理机关，应在30日内责令市水务局限期撤销和修改文件，省水务厅也可以直接作出决定予以撤销市水务局文件。

案例三：引起行政复议前置的具体行政行为

县人民政府为杨某颁发集体土地使用证，甲水务局认为该行为侵犯了自己已有的国有土地使用权，欲提起行政诉讼。

问题：甲水务局是否可以直接提起行政诉讼？

解析：根据《行政复议法》第二十三条及《行政诉讼法》第十二条的相关规定，公民、法人或者其他组织认为行政机关的具体行政行为侵犯其已经依法取得的土地、矿藏、水流、森林、山岭、草原、荒地、滩涂、海域等自然资源的所有权或者使用权的，应当先申请行政复议；对行政复议决定不服的，可以依法向人民法院提起行政诉讼。因此，甲水务局对县人民政府的行为，不能直接提起行政诉讼，必须先申请复议，对复议决定不服的才能提起行政诉讼。

案例四：职务行为不能提起行政复议

某县河务局水政大队与县公安局黄河派出所实行协作配合机制。在一次联合执法检查中水政监察人员甲被乙打伤，公安局认定乙的行为构成妨碍公务，据此对乙处以200元罚款。甲认为该处罚决定过轻。

问题：甲对乙受到的处罚决定可以申请复议，或者提起行政诉讼吗？甲是否可以对乙提起民事诉讼？

解析：公安局认定乙的行为构成妨碍公务，乙的行为侵害的是行政机关的执法秩序，从这个角度来讲，甲不是行政相对人，也不是利害关系人，因此既不能提起行政复议，也不能提起行政诉讼。

甲是在行使职权的过程中被乙打伤，甲是代表国家，不是以其私人身份与乙发生冲突关系，甲的行为是职务行为，非一般的民事主体间的民事关系，这种冲突关系不是民事意义上的关系。甲的受伤，其医药费、营养费和其他伤残的费用是由国家补偿的，不由乙来赔偿，也就不能转化为甲和乙之间的民事法律关系，所以甲不可以对乙提起民事诉讼。

案例五：水行政处罚复议与起诉申请期限

《河道管理条例》第四十六条规定：“当事人对行政处罚决定不服的，可以在接到处罚通知之日起 15 日内，向作出处罚决定的机关的上一级机关申请复议，对复议决定不服的，可以在接到复议决定之日起 15 日内，向人民法院起诉。当事人也可以在接到处罚通知之日起 15 日内，直接向人民法院起诉。当事人逾期不申请复议或者不向人民法院起诉又不履行处罚决定的，由作出处罚决定的机关申请人民法院强制执行。对治安管理处罚不服的，按照《中华人民共和国治安管理处罚法》的规定办理。”2019 年 9 月 22 日，某县水利局依据《河道管理条例》对违法损毁堤防的某企业作出罚款处罚决定，该企业不服，于 2020 年 4 月 19 日向市水利局申请复议，后者作出不予受理决定，该企业不服提起诉讼。

问题：

（1）如该企业申请复议，申请复议的期限应为多少？该企业向市水利局提出的复议申请是否已超过申请期限？

（2）如该企业直接起诉，提起诉讼的期限又应为多少？

（3）如该企业逾期不缴纳罚款，县水利局是否可从该企业的银行账户中划拨相应款项，或者扣押该企业的财产并予以拍卖？

解析：

（1）根据《行政复议法》第二十条相关规定，公民、法人或者其他组织认为具体行政行为侵犯其合法权益的，可以自知道该具体行政行为之日起 60 日内提出行政复议申请；但是法律规定的申请期限超过 60 日的除外。据此可知，行政复议的申请期限为知道具体行政行为之日起 60 日内，但如其他法律规定的申请期限超过 60 日的则依照其他法律的规定，如少于 60 日则依照《行政复议法》的规定。因此，《河道管理条例》第四十六条规定的复议申请期限为 15 日，少于《行政复议法》规定的 60 日，如该企业申请复议，应按《行政复议法》规定的 60 日计算。

对于申请期限的起算。根据《行政复议法》规定，申请期限应当从申请人知道作出该具体行政行为之日起算。所谓知道之日，通常指了解具体行政行为内容之时。由于实际情况非常复杂，《行政复议法实施条例》对不同情况下“知道”的确定作出了具体规定：一是当场作出决定。行政机关当场作出具体行政行为的，自具体行政行为作出之日起计算。二是送达。行政机关作出的具体行政行为的书面决定事后送达的，自送达日期之日起计算。如果载明具体行政行为的法律文书直接送达的，自受送达人签收之日起计算；如果载明具体行政行为的法律文书邮寄送达的，自受送达人在邮件签收单上签收之日起计算。没有邮件签收单的，自受送达人在送达回执上签名之日起计算；具体行政行为依法通过公告形式告知受送达人的，自公告规定的期限届满之日起计算。三是未制作、未送达决定书。行政机关作出具体行政行为，依法应当向有关公民、法人或者其他组织送达法律文书而未送达的，视为该公民、法人或者其他组织不知道该具体行政行为。被申请人能够证明公民、法人或者其他组织知道具体行政行为的，自证据材料证明其知道具体行政行为之日起计算。同时，行政机关作出具体行政行为时未告知公民、法人或者其他组织，事后补充告知的，自该公民、法人或者其他组织收到行政机关补充告知的通知之日起计算。四是行政机关未履行法定职责。申请人申请行政机关履行法定职责，行政机关未履行的，行政复议申请期限计算分三种情形：①有履行期限规定的，自履行期限届满之日起计算；②没有履行期限规定的，自行政机关收到申请满60日起计算；③在紧急情况下请求行政机关履行保护人身权、财产权的法定职责，行政机关不履行的，行政复议申请期限不受前款规定的限制。

综上分析，本案中该企业向市水利局提出的复议申请已经超过了法定的复议申请期限。

（2）《行政诉讼法》第四十五条规定：“公民、法人或者其他组织不服复议决定的，可以在收到复议决定书之日起十五日内向人民法院提起诉讼。复议机关逾期不作决定的，申请人可以在复议期满之日起十五日内向人民法院提起诉讼。法律另有规定的除外。”第四十六条规定：“公民、法人或者其他组织直接向人民法院提起诉讼的，应当自知道或者应当知道作出行政行为之日起六个月内提出。法律另有规定的除外。因不动产提起诉讼的案件自行政行为作出之日起超过二十年，其他案件自行政行为作出之日起超过五年提起诉讼的，人民法院不予受理。”

本案符合《行政诉讼法》第四十六条规定。据此可知，关于行政诉讼的起诉期限的特殊规定与行政复议不同，通常情况下起诉期限为6个月内，如法律有特殊规定则从特殊规定。《河道管理条例》第四十六条规定的起诉期限为15日，如该企业直接起诉，则提起诉讼的期限应为15日，而不是6个月。

（3）只有通过法律的授权，行政处罚的决定机关才可以将查封、扣押的财物拍卖或者将冻结的存款划拨抵缴罚款。《河道管理条例》只赋予了处罚决定机关申请强制执行的权利，并未赋予处罚决定机关直接进行强制执行的权利。因此，县水利局应向人民法院申请强制执行，而无权自己从账户划拨款项或对扣押财物进行拍卖。

六　政府信息公开与行政指导

案例一：工程赔偿文件是否应该公开

某县某村村民向县政府、县水利局、县土地局提出政府信息公开申请，要求提供《×× 乡防洪工程建设土地赔偿》等批复文件。县水利局的同志问：工程赔偿的文件是整体批复，不是针对一个乡的批复；另外时间太久了，当时的土地政策、政府和国土部门采取的措施，都和现在有所不同。我们需要提供详细的文件吗？能不能不公开？或者晚公开？

法律解析：

（1）政府信息公开“公开是原则，不公开是例外”。

政府信息公开被公认为法治政府建设的基本要求。2008 年 5 月 1 日实施的《政府信息公开条例》对于政府信息公开而言，具有里程碑式的意义。2011 年，最高人民法院颁布《关于审理政府信息公开行政案件若干问题的规定》，这一规定明确人民法院应当受理的政府信息公开行政案件的范围。

我们国家《政府信息公开条例》所规定的政府信息是指“行政机关在履行职责过程中制作或者获取的，以一定形式记录、保存的信息”。理解这一规定时需要注意以下方面：①不能把信息等同于文件。一个文件中可能包含多个信息，《政府信息公开条例》强调公开的是信息，而非文件。②虽然信息必须以一定形式记录和保存，但与存储形式无关，只要信息能以有效可读的方式存储即可。③与信息来源、价值无关。政府信息既可由行政机关自身制定而形成，也可以通过其他机关或他人提供而成为政府信息，而且这些信息的价值大小不影响其公开与否，关键要看是否为行政机关所持有。

政府信息公开有两个途径：一是行政机关主动公开，另一个是依申请公开。行政机关对符合下列基本要求之一的政府信息应当主动公开：①涉及公民、法人或者其他组织切身利益的；②需要社会公众广泛知晓或者参与的；③反映本行政机关机构设置、职能、办事程序等情况的；④其他依照法律、法规和国家有关规定应当主动公开的。基本上囊括了除国家秘密、商业秘密、个人隐私外的所有政府信息。

除行政机关主动公开的政府信息外，公民、法人或者其他组织可以根据自身生产、生活、科研等特殊需要，向国务院部门、地方各级人民政府及县级以上地方人民政府部门申请获取相关政府信息。

《最高人民法院关于审理政府信息公开行政案件若干问题的规定》第八条规定："政府信息涉及国家秘密、商业秘密、个人隐私的，人民法院应当认定属于不予公开范围。政府信息涉及商业秘密、个人隐私，但权利人同意公开，或者不公开可能对公共利益造成重大影响的，不受前款规定的限制。"第十二条规定："有下列情形之一，被告已经履行法定告知或者说明理由义务的，人民法院应当判决驳回原告的诉讼请求：（一）不属于政府信息、政府信息不存在、依法属于不予公开范围或者依法不属于被告公开的；（二）申请公开的政府信息已经向公众公开，被告已经告知申请人获取该政府信息的方式和途径的；（三）起诉被告逾期不予答复，理由不成立的；（四）以政府信息侵犯其商业秘密、个人隐私为由反对公开，理由不成立的；（五）要求被告更正与其自身相关的政府信息记录，理由不成立的；（六）不能合理说明申请获取政府信息系根据自身生产、生活、科研等特殊需要，且被告据此不予提供的；（七）无法按照申请人要求的形式提供政府信息，且被告已通过安排申请人查阅相关资料、提供复制件或者其他适当形式提供的；（八）其他应当判决驳回诉讼请求的情形。"

（2）什么时间答复政府信息公开申请？

根据《政府信息公开条例》规定，属于主动公开范围的政府信息，应当自该政府信息形成或者变更之日起 20 个工作日内予以公开。法律、法规对政府信息公开的期限另有规定的，从其规定。属于依申请公开的，行政机关收到政府信息公开申请，能够当场答复的，应当当场予以答复。行政机关不能当场答复的，应当自收到申请之日起 15 个工作日内予以答复；如需延长答复期限的，应当经政府信息公开工作机构负责人同意，并告知申请人，延长答复的期限最长不得超过 15 个工作日。申请公开的政府信息涉及第三方权益的，行政机关征求第三方意见所需时间不计算在上述规定的 15 日期限内。

结合本案，某村村民的行为属于公民根据自身需要申请获取政府信息，县水利局通过上级批复持有了村民申请信息，就应该按照规定公开村民申请的信息。如果是历史遗留问题，一旦信息公开可能涉及商业秘密及公共利益，要慎重、稳妥行事，要吃透《政府信息公开条例》和《最高人民法院关于审理政府信息公开行政案件若干问题的规定》精神，对认定公共利益及不公开可能对公共利益造成重大影响的理由进行举证和说明。

案例二：对破坏大堤当事人进行行政指导

（一）案件基本情况

2016 年 3 月 1 日，某县水利局水政监察大队接到工程管理科报告河道大堤上有人开设路口情况后，立即组织人员赶到现场进行勘验和调查。经调查得知，违法当事人 ×× 村民李 ×× 在大堤 ×× 处从堤肩到坝脚开设一条长约 30 m、宽约 3 m 的路口。3 月

3日，某县水利局对李××下达了《责令停止水事违法行为通知书》和《责令改正通知书》，责令当事人采取补救措施，限期恢复防洪工程原状。其间，某县水利局数次督促当事人尽快恢复防洪工程原状，李××以各种理由，一直不采取行动。

3月29日，某县水利局对当事人李××下达《行政约谈通知书》。4月6日，某县水利局与李××在水政监察大队办公室面谈相关事宜。约谈后水利局对李××下达了《行政指导意见书》，提出：李××在河道堤防开设路口，违反了《防洪法》第三十七条规定，根据《防洪法》第六十条规定，李××应停止违法行为，采取补救措施，某县水利局可以对其处五万元以下的罚款……构成犯罪的，依法追究刑事责任。并告知李××行政指导是一种不具有强制性、无法律拘束力的行政行为，李××有权要求撤回或者变更申请。李××在实施行政指导意见时如遇到问题，请及时与行政指导人员联系。之后，某县水利局多次与李××沟通，耐心细致地讲解《防洪法》等法律、法规和有关政策，将某县水利局对此事可能采取的处理方法、途径等一系列具有可操作性的看法告诉李××，并指明李××存在的法律风险，希望李××响应水利局的建议。最终，李××认识到违法行为可能给自己带来的严重后果，不再抱有对抗和侥幸心理，5月29日对路口进行了恢复，工程达到了原有标准。李××对某县水利局服务型行政执法表示感谢。经领导批准，水利局水政监察人员将本案结案，并将材料整理归档。行政指导工作全部完成。

（二）本案启示

行政指导是一种无法律拘束力、不具有强制性的非权力行政行为，行政相对人可以根据自己的意愿选择是否接受。只有行政相对人同意，行政指导工作才能够顺利开展、才能够产生效果。

（1）行政指导应在法律框架下切合大众心理和社会需求。与行政处罚等强硬执法手段相比，行政指导具有灵活、形式多样、服务优先等优点，不但可以缓和水利部门作为执法机构和相对方之间因强制执法强制力带来的法律关系失衡，保持良好的干群关系，而且有助于提升河务部门在滩区群众和企业中的影响力。

（2）行政指导要遵循正当性、自愿性、必要性三个原则。正当性原则是要让行政相对人对河务部门作出的行政指导主观上认为如果其接受行政指导，将会产生对其有利的法律结果。自愿性原则是要让行政相对人对河务部门的行政指导行为认同和自愿接受。必要性原则是水利部门作为行政主体，主观上应认为采取行政指导行为比实施行政处罚等行政行为可能会产生更好的客观效果。

（3）行政指导可以通过提示、说服、建议、协商、奖励、帮助、示范等非强制方式，对水利部门执法可以产生良好的社会效果。

在现代社会中，行政相对人因处于行政被管理的地位，具有天然的被动性。行政指导程序简单，富有人情味，如果行政机关在行政相对人从事有关活动时给予必要的帮助，必然可以更好地引导其行为朝行政机关确定的管理目标方向发展。

七　水行政诉讼

案例一：行政诉讼管辖

原告：某市甲水利局。

被告：省人民政府。

某市甲水利局和乙村因库区土地权属纠纷向市人民政府申请解决，市人民政府裁决争议土地属于甲水利局所有。乙村不服，向省人民政府申请复议，复议机关确认争议的土地属于乙村所有。甲水利局不服行政复议决定，提起行政诉讼。

问题：对省人民政府作出的行政复议决定不服，应当由哪一级法院管辖？哪个法院管辖？

解析：判断特定行政诉讼案件的法定管辖法院，需要从级别管辖和地域管辖两个方面出发，在分别分析管辖法院的级别和管辖法院所在的地域后，综合两个方面分析才能得出最后的结论。

在级别管辖方面，根据《行政诉讼法》第十五条规定，中级人民法院管辖的第一审行政案件有：①对国务院部门或者县级以上地方人民政府所作的行政行为提起诉讼的案件；②海关处理的案件；③本辖区内重大、复杂的案件；④其他法律规定由中级人民法院管辖的案件。

本案属于以省人民政府为被告的案件，应当由中级人民法院管辖。

在地域管辖方面，本案是对复议机关改变原具体行政行为不服案件的法院管辖。《行政诉讼法》第二十六条的规定，经复议且复议机关改变原行政行为的案件，复议机关是被告。本案中，省人民政府作出的行政复议行为将原行政机关作出的争议土地属于甲水利局所有的决定变更为属于乙村所有，应属于变更原行政行为的处理结果，此结果属于复议决定改变了原具体行政行为的情形。

《行政诉讼法》第十八条规定："行政案件由最初作出行政行为的行政机关所在地人民法院管辖。经复议的案件，也可以由复议机关所在地人民法院管辖。经最高人民法院批准，高级人民法院可以根据审判工作的实际情况，确定若干人民法院跨行政区域管辖行政案件。"可见，行政案件经过复议，可以按一般标准由最初作出行政行为的行政机关所在地人民法院管辖，也可以由复议机关所在地人民法院管辖，应根据原告的选择来确定。原告若向两个法院都提起诉讼，则应由最先收到起诉状的人民法院管辖。

本案的地域管辖还涉及一个法律问题，就是土地权属纠纷属于不动产纠纷。根据

《行政诉讼法》第二十条的规定，对于因不动产提起的行政诉讼，应由不动产所在地人民法院管辖。

综上所述，本案应当由争议权属土地所在地的中级人民法院管辖。

案例二：行政诉讼的受案范围

某企业在获得河道主管机关项目同意书后，又按照规定申请项目取水许可。但审批机关超过规定时限迟迟不予答复。

问题：某企业如起诉，是否属于行政诉讼的受案范围？

解析：众所周知，行政诉讼的受案范围，取决于三个因素：一是行政行为的概念；二是人民法院对相对人权利的保护范围；三是法律排除的不受理的案件范围。

《行政诉讼法》第二条规定，公民、法人或者其他组织认为行政机关和行政机关工作人员的行政行为侵犯其合法权益，有权依照本法向人民法院提起诉讼。第十二条规定，人民法院受理公民、法人或者其他组织提起的下列诉讼：①对行政拘留、暂扣或者吊销许可证和执照、责令停产停业、没收违法所得、没收非法财物、罚款、警告等行政处罚不服的；②对限制人身自由或者对财产的查封、扣押、冻结等行政强制措施和行政强制执行不服的；③申请行政许可，行政机关拒绝或者在法定期限内不予答复，或者对行政机关作出的有关行政许可的其他决定不服的；④对行政机关作出的关于确认土地、矿藏、水流、森林、山岭、草原、荒地、滩涂、海域等自然资源的所有权或者使用权的决定不服的；⑤对征收、征用决定及其补偿决定不服的；⑥申请行政机关履行保护人身权、财产权等合法权益的法定职责，行政机关拒绝履行或者不予答复的；⑦认为行政机关侵犯其经营自主权或者农村土地承包经营权、农村土地经营权的；⑧认为行政机关滥用行政权力排除或者限制竞争的；⑨认为行政机关违法集资、摊派费用或者违法要求履行其他义务的；⑩认为行政机关没有依法支付抚恤金、最低生活保障待遇或者社会保险待遇的；⑪认为行政机关不依法履行、未按照约定履行或者违法变更、解除政府特许经营协议、土地房屋征收补偿协议等协议的；⑫认为行政机关侵犯其他人身权、财产权等合法权益的。除前款规定外，人民法院受理法律、法规规定可以提起诉讼的其他行政案件。

《行政诉讼法》第十三条规定，人民法院不受理公民、法人或者其他组织对下列事项提起的诉讼：①国防、外交等国家行为；②行政法规、规章或者行政机关制定、发布的具有普遍约束力的决定、命令；③行政机关对行政机关工作人员的奖惩、任免等决定；④法律规定由行政机关最终裁决的具体行政行为，如国务院的复议决定，省级人民政府的自然资源权属复议决定。《最高人民法院关于执行〈中华人民共和国行政诉讼法〉若干问题的解释》第一条规定，公民、法人或者其他组织对具有国家行政职权的机关和组织及其工作人员的行政行为不服，依法提起诉讼的，属于人民法院行政诉讼的受案范围。公民、法人或者其他组织对下列行为不服提起诉讼的，不属于人民法院行政诉讼的受案范围：①《行政诉讼法》第十二条规定的行为；②公安、国家安全等机关依照刑事诉讼法的明确授权实施的行为；③调解行为以及法律规定的仲裁行为；④不具有强制力的行政指导行为；⑤驳回当事人对行政行为提起申诉的重复处理行为；⑥对公民、法人或者其他组织权利义务不产生实际影响的行为。

本案中，某企业申请行政审批，属于《行政诉讼法》第十二条的内容。某企业如起诉，属于行政诉讼的受案范围。

案例三：水利部门成为行政诉讼第三人

2019 年 3 月，原告刘三向某县河务局申请在黄河河道内采砂，某县河务局依法批准并发给采砂许可证。原告获准后按河务局批准的区域开始采砂。该县林业局发现原告的采砂行为后，于 5 月 12 日以原告违反湿地保护法为由，对原告作出罚款 5 万元的处罚决定。原告不服，于 5 月 20 日向某县政府申请复议。县政府经复议认为，县林业局认定事实正确，适用法律适当，于 5 月 28 日作出维持复议裁决。原告对县政府的复议决定不服，于 6 月 10 日以县林业局为被告向县人民法院提起诉讼。

问题：该县河务局能否作为第三人参加诉讼？第三人参加诉讼有什么程序？

解析：《行政诉讼法》第二十九条规定，公民、法人或者其他组织同被诉行政行为有利害关系但没有提起诉讼，或者同案件处理结果有利害关系的，可以作为第三人申请参加诉讼，或者由人民法院通知参加诉讼。

行政诉讼的第三人是指因与被提起行政诉讼的具体行政行为有利害关系，通过申请或法院通知形式，参加到诉讼中来的当事人。第三人具有如下法律特征：第一，第三人与案件的处理结果有独立的利害关系。第二，第三人参加诉讼是在诉讼已经开始，但尚未终结之前，其有权提出自己的诉讼请求，对法院一审判决己方承担义务或者减损权益的，有权依法提起上诉。第三，参加诉讼的方式，是主动申请经法院同意或由法院依职权通知。第四，参加诉讼的目的是维护自己的合法权益。

本案中，林业局的行政行为虽然没有直接认定河务局的行政行为违法，河务局与林业局的处罚决定没有直接的利害关系，但事实上已经造成河务局授予原告的权利不能行使和其颁发的采砂证失效，河务局的行政权受到了不利影响。如果人民法院判决林业局决定合法，刘三就可能向批准其采砂的河务局提出赔偿损失的要求。因此，在本案中，河务局可以作为第三人参加诉讼。

第三人参加诉讼的程序包括：①第三人参加诉讼的时间。须在原告、被告的诉讼程序已开始，判决未作出以前。②第三人参加诉讼的途径有申请参加和通知参加两种。申请参加是指第三人向法院提出申请，经法院准许而参加诉讼。法院同意的，书面通知第三人；法院不同意的，裁定驳回申请。申请人不服裁定可在 10 日以内上诉。而通知参加诉讼必须具有根据和理由，第三人有拒绝的权利。③第三人享有当事人的诉讼地位，享有上诉权，法院应当通知当事人参加诉讼而不通知的，构成诉讼主体的遗漏。

案例四：水利局复议期间补充证据

原告：刘某。

被告：某市水利局。

刘某偷采河砂被当地县水利局水政执法大队巡查时发现，执法人员随即对刘某等人进行了讯问，所取证据并不能证明刘某偷采河砂的事实，其后，某县水利局认定刘某偷采河砂，依据《河道采砂条例》对刘某作出了罚款 4 000 元的行政处罚，刘某不服，向市水利局提出复议申请，此间，因某县水利局当时所取证据不足，因此在复议期间继续取证，市水利局主要依据某县水利局在复议期间所取得的证据作出了复议决定，复议认定，刘某偷采河砂的事实成立，但处罚幅度应予以变更，遂将某县水利局作出的罚款 4 000 元行政处罚变更为罚款 2 000 元，刘某不服，以市水利局为被告向人民法院提起行政诉讼。

问题：被告在行政行为作出之后取得的证据能否作为诉讼中可采信的证据？复议机关在复议期间所收集的证据能否作为诉讼中可采信的证据？

解析：《行政诉讼法》规定：在诉讼过程中，被告不得自行向原告和证人收集证据。这一规定要求行政机关在作出行政行为时已经收集到足以支持其行政行为的证据。这一规定，对行政机关的事后取证行为作出了否定评判：

（1）被告在作出行政行为后自行收集的证据不能作为认定被诉行政行为合法的根据。

（2）复议机关在复议过程中收集和补充的证据，不能作为人民法院维持原具体行政行为的根据。

本案的特殊性在于，某县水利局并非在诉讼进行中补证，而是在复议过程中补证，复议机关又采信了这些补充证据。虽然在本案中某县水利局既非被告又非复议机关，但其在对原告刘某作出处罚行为时证据明显不足，在复议期间补充的证据已经违背了“先取证、后裁决”的规则，复议机关市水利局予以采信，违背了行政诉讼中关于证据的相关规定。因此，被告在行政行为作出之后取得的证据不能作为诉讼中可采信的证据，复议机关在复议期间所收集的证据同样不能作为诉讼中可采信的证据。法院应判决撤销市水利局的复议决定，责令其重新作出复议决定。

案例五：非诉行政案件的执行

执行申请人：×× 县水利局（简称水利局）。

被执行人（被申请人）：某企业。

2009年4月12日下午，水利局接群众举报某企业修建排污口。经调查，情况属实。因此，对该案被执行人依法作出责令停止违法行为、限期恢复原状的行政处罚。被执行人对此仅停止违法行为，其他未予履行，但其既不申请复议，又不向法院起诉，也不履行缴纳罚款义务。为此，申请人水利局于2009年4月13日向县人民法院申请强制执行，法院依法受理并审查该案时发现，申请人对被执行人的行政处罚决定中，没有按照《水法》规定对某企业处以5万元以上10万元以下的罚款，裁定以处罚不当为由不予执行。

问题：

（1）什么是非诉行政案件的执行？法院对非诉行政案件的执行是否要进行审查？

（2）法院为什么作出不予执行的裁定？

解析：

（1）非诉行政案件的执行，是指公民、法人或者其他组织既不向人民法院提起行政诉讼，又不履行行政机关作出的具体行政行为，行政机关向人民法院提出执行申请，由人民法院采取强制执行措施，使行政机关的具体行政行为得以实现的制度。非诉行政案件的执行有下列特点：第一，非诉行政案件的执行机关是人民法院，而非是行政机关。第二，非诉行政案件执行的根据是行政机关作出的具体行政行为，该具体行政行为没有进入行政诉讼，没有经过人民法院的裁判。第三，非诉行政案件的执行申请人是行政机关，被执行人只能为公民、法人或者其他组织。第四，非诉行政案件的执行前提是公民、法人或者其他组织在法定期限内，既不提起行政诉讼，也不履行具体行政行为所确定的义务。第五，非诉行政案件的执行目的是保障没有行政强制执行权的行政机关所作出的具体行政行为内容得以实现。

（2）若审查中发现有明显缺乏事实根据、明显缺乏法律依据或者其他明显违法并损害被执行人合法权益的，人民法院应裁定不予执行。

在本案中，法院裁定不予执行的理由是申请人水利局处罚不当，因为其处罚行为的作出未依法罚款。依据《水法》第六十七条第二款规定，未经水行政主管部门或者流域管理机构审查同意，擅自在江河、湖泊新建、改建或者扩大排污口的，由县级以上人民政府水行政主管部门或者流域管理机构依据职权，责令停止违法行为，限期恢复原状，处五万元以上十万元以下的罚款。本案被执行人某企业的违法行为，申请人对其处以责令停止违法行为、限期恢复原状的行政处罚是正确的，但同时应该对其处五万元以上十万元以下的罚款。罚款属于法律对行政机关必须行使职权的强制性规定，不属于行政机关自由裁量范畴，因此行政机关必须予以执行。本案申请人没有罚款，属于适用法律错误，处罚不当，没能尽到维护公共利益的职责，所以法院应裁定不予执行。

八 水行政执法与诉讼文书

案例一：行政诉讼答辩状

2017年2月17日，××县河务局（被告）发现原告××县××有限公司存在未经审批在黄河河道内违法建设光伏发电大棚的行为，于2017年2月18日向原告下达了《责令（限期）改正通知书》，要求原告停止违法行为，恢复河道原貌。原告在《责令（限期）改正通知书》上签了字。但是原告收到该通知后，一直未按要求进行改正。2018年最高人民检察院和水利部联合开展“携手清四乱，保护母亲河”活动，该项目进入地方政府主导的“清四乱”整改台账，由河长办牵头负责“清四乱”工作，2019年8月7日，有关方面口头告知该项目拆除，出具的是2017年2月18日被告向原告下达的《责令（限期）改正通知书》。该项目拆除后，原告不服，向人民法院起诉，认为被告的《责令（限期）改正通知书》是行政处罚，请求法院判决被告所下达的《责令（限期）改正通知书》无效。

问题：针对原告的起诉，水行政机关作为被告如何答辩？

解析：答辩要点应以原告问题为导向，梳理其漏洞、错误、矛盾和不足，寻求正解和法律支持。

行政答辩状

答辩人：××县河务局，住所地：××县××镇小河路88号。

法定代表人：王××，局长。

被答辩人：××县××有限公司，住所地：××县××镇××村小巷6排6号。

法定代表人：陈××，执行董事。

答辩人就被答辩人起诉要求撤销《责令（限期）改正通知书》一案，提出以下答辩意见：

行政责令改正通知书不具有可诉性，应驳回被答辩人的起诉。

一、行政机关作出《责令（限期）改正通知书》的行政行为，不属于行政处罚，被答辩人依据《行政处罚法》的规定和程序要求，起诉撤销《责令（限期）改正通知书》，适用法律错误。

本案被答辩人起诉要求答辩人撤销《责令（限期）改正通知书》的最主要理由，是被答辩人认为答辩人的《责令（限期）改正通知书》行政行为是行政处罚。对于责令改正或限期改正是否属于行政处罚的问题，《行政处罚法》和《水行政处罚实施办法》

都有非常明确的规定，最高人民法院有关的司法判例中也有清晰解读。

（1）根据《行政处罚法》第八条规定的行政处罚的种类，行政处罚的种类包括：（此处简略）。显见，责令限期改正不属于以上列举的行政处罚任何一种。

（2）最高人民法院行政裁定书［（2018）最高法行申 4718 号］，“本院认为，本案争议的焦点为山东省淄博市住房公积金管理中心作出的责令华狮公司限期改正这一行政行为是否属于行政处罚，即责令改正或限期改正违法行为是否属于行政处罚的问题。首先，责令改正（或者限期改正）与行政处罚概念有别。行政处罚是行政主体对违反行政管理秩序的行为依法定程序所给予的法律制裁；而责令改正或限期改正违法行为是指行政机关在实施行政处罚的过程中对违法行为人发出的一种作为命令。其次，两者性质、内容不同。行政处罚是法律制裁，是对违法行为人的人身自由、财产权利的限制和剥夺，是对违法行为人精神和声誉造成损害的惩戒；而责令改正或者限期改正违法行为，其本身并不是制裁，只是要求违法行为人履行法定义务，停止违法行为，消除不良后果，恢复原状。再次，两者的规制角度不同。行政处罚是从惩戒的角度对行政相对人科处新的义务，以告诫违法行为人不得再违法，否则将受罚；而责令改正或者限期改正则是命令违法行为人履行既有的法定义务，纠正违法，恢复原状。最后，两者形式不同。《行政处罚法》第八条规定了行政处罚的具体种类，具体有：警告，罚款，没收违法所得、非法财物，责令停产停业，暂扣或者吊销许可证、执照和行政拘留等；而责令改正或者限期改正违法行为，因各种具体违法行为不同而分别表现为停止违法行为、责令退还、责令赔偿、责令改正、限期拆除等形式。综上，责令改正或限期改正违法行为是与行政处罚不相同的一种行政行为，二审法院认为其不属于行政处罚，并无不当。”

参照最高人民法院这个司法判例，责令限期改正与行政处罚不存在包含或隶属关系。本案中答辩人作出的《责令（限期）改正通知书》的行为并不属于行政处罚，不能适用《行政处罚法》的相关规定进行处理。被答辩人起诉状援引《行政处罚法》要求撤销《责令改正通知书》，属于明显的适用法律错误。

二、答辩人作出《责令（限期）改正通知书》的行政行为，不属于行政诉讼的受理范围。

（1）《行政诉讼法》第十二条列举了人民法院受理行政诉讼案件的具体事项，答辩人作出《责令（限期）改正通知书》的行为，针对的是被答辩人的违法行为、不合法的权益，没有侵犯被答辩人的人身权、财产权等合法权益，与《行政诉讼法》第十二条列举的事项每一项都不能呼应，明显不属于可诉的行政行为。

《行政诉讼法》第十二条　人民法院受理公民、法人或者其他组织提起的下列诉讼：

（一）对行政拘留、暂扣或者吊销许可证和执照、责令停产停业、没收违法所得、没收非法财物、罚款、警告等行政处罚不服的；

（二）对限制人身自由或者对财产的查封、扣押、冻结等行政强制措施和行政强制执行不服的；

（三）申请行政许可，行政机关拒绝或者在法定期限内不予答复，或者对行政机关作出的有关行政许可的其他决定不服的；

（四）对行政机关作出的关于确认土地、矿藏、水流、森林、山岭、草原、荒地、滩涂、海域等自然资源的所有权或者使用权的决定不服的；

（五）对征收、征用决定及其补偿决定不服的；

（六）申请行政机关履行保护人身权、财产权等合法权益的法定职责，行政机关拒绝履行或者不予答复的；

（七）认为行政机关侵犯其经营自主权或者农村土地承包经营权、农村土地经营权的；

（八）认为行政机关滥用行政权力排除或者限制竞争的；

（九）认为行政机关违法集资、摊派费用或者违法要求履行其他义务的；

（十）认为行政机关没有依法支付抚恤金、最低生活保障待遇或者社会保险待遇的；

（十一）认为行政机关不依法履行、未按照约定履行或者违法变更、解除政府特许经营协议、土地房屋征收补偿协议等协议的；

（十二）认为行政机关侵犯其他人身权、财产权等合法权益的。

除前款规定外，人民法院受理法律、法规规定可以提起诉讼的其他行政案件。

根据上述法律规定，答辩人向被答辩人作出《责令（限期）改正通知书》，责令其限期停工并拆除建筑物、恢复原貌，是答辩人依据行政职权针对违法行为而实施的过程性、阶段性行政行为，是要求被答辩人履行既有的义务、停止和纠正违法行为，未对被答辩人科以惩罚性的、新的义务，对被答辩人的合法权益明显不产生实际影响，因此该行为不属于法院受理行政案件的范围，应裁定驳回被答辩人的起诉。

《最高人民法院关于适用〈中华人民共和国行政诉讼法〉的解释》（法释〔2018〕1号）第一条规定，公民、法人或者其他组织对行政机关及其工作人员的行政行为不服，依法提起诉讼的，属于人民法院行政诉讼的受案范围。

下列行为不属于人民法院行政诉讼的受案范围：

（一）公安、国家安全等机关依照刑事诉讼法的明确授权实施的行为；

（二）调解行为以及法律规定的仲裁行为；

（三）行政指导行为；

（四）驳回当事人对行政行为提起申诉的重复处理行为；

（五）行政机关作出的不产生外部法律效力的行为；

（六）行政机关为作出行政行为而实施的准备、论证、研究、层报、咨询等过程性行为；

（七）行政机关根据人民法院的生效裁判、协助执行通知书作出的执行行为，但行政机关扩大执行范围或者采取违法方式实施的除外；

（八）上级行政机关基于内部层级监督关系对下级行政机关作出的听取报告、执法检查、督促履责等行为；

（九）行政机关针对信访事项作出的登记、受理、交办、转送、复查、复核意见等行为；

（十）对公民、法人或者其他组织权利义务不产生实际影响的行为。

三、被答辩人起诉已经超过法定起诉期限，人民法院对其诉求不应予以强制保护。已经立案的，应当裁定驳回起诉。

（1）《行政诉讼法》第四十六条规定，公民、法人或者其他组织直接向人民法院提起诉讼的，应当自知道或者应当知道作出行政行为之日起六个月内提出。法律另有规定的除外。因不动产提起诉讼的案件自行政行为作出之日起超过二十年，其他案件自行政行为作出之日起超过五年提起诉讼的，人民法院不予受理。

《最高人民法院关于适用〈中华人民共和国行政诉讼法〉的解释》（法释〔2018〕1号）第六十四条规定：行政机关作出行政行为时，未告知公民、法人或者其他组织起诉期限的，起诉期限从公民、法人或者其他组织知道或者应当知道起诉期限之日起计算，但从知道或者应当知道行政行为内容之日起最长不得超过一年。

第六十五条规定，公民、法人或者其他组织不知道行政机关作出的行政行为内容的，其起诉期限从知道或者应当知道该行政行为内容之日起计算，但最长不得超过行政诉讼法第四十六条第二款规定的起诉期限。

本案中，答辩人××县河务局2017年2月17日发现××有限公司存在未经审批违法建设光伏发电大棚的行为，于2017年2月18日向被答辩人下达了《责令（限期）改正通知书》，被答辩人收到了该通知。收到该通知后，被答辩人未按要求进行改正。2018年，最高人民检察院和水利部联合开展“携手清四乱，保护母亲河”活动，该项目进入地方政府主导的“清四乱”整改台账，由河长办牵头负责“清四乱”工作，2019年8月7日，有关方面口头告知该项目拆除，出具的是答辩人2017年2月18日向被答辩人下达的《责令（限期）改正通知书》。

本案答辩人作出责令改正行政行为时，《责令（限期）改正通知书》上未告知被答辩人起诉期限，但是被答辩人在《责令（限期）改正通知书》上签了字，知道了答辩人作为行政机关作出的行政行为内容。所以，被答辩人起诉期限，符合《行政诉讼法》第四十六条第一款和《最高人民法院关于适用〈中华人民共和国行政诉讼法〉的解释》（法释〔2018〕1号）第六十四条规定，不应当执行《最高人民法院关于适用〈中华人民共和国行政诉讼法〉的解释》（法释〔2018〕1号）第六十五条规定。被答辩人的起诉期限应从其知道行政行为内容之日（2017年2月18日）起最长不得超过一年。

（2）《最高人民法院关于适用〈中华人民共和国行政诉讼法〉的解释》（法释〔2018〕1号）第六十九条规定：有下列情形之一，已经立案的，应当裁定驳回起诉：

……

（二）超过法定起诉期限且无行政诉讼法第四十八条规定情形的；

……

（八）行政行为对其合法权益明显不产生实际影响的；

……

人民法院经过阅卷、调查或者询问当事人，认为不需要开庭审理的，可以径行裁定驳回起诉。

本案中，被答辩人起诉超过法定起诉期限，且无《行政诉讼法》第四十八条规定的因不可抗力或者其他不属于其自身的原因耽误起诉期限情形；同时，答辩人的行政行为对其合法权益明显不产生实际影响。建议人民法院经过阅卷、调查或者询问当事人，径行裁定驳回起诉。

四、答辩人作出《责令（限期）改正通知书》具有法律依据，且履行了必要的程序。

（1）根据《河南省黄河河道管理办法》第二十四条和四十三条，答辩人作为水利部黄河水利委员会的下属单位，属于河道主管机关，有权对管理范围内的违法行为作出责令改正并处以罚款的行政行为：

《河南省黄河河道管理办法》第二十四条　在黄河河道管理范围内进行下列活动，必须报经黄河河道主管机关批准；涉及其他部门的，由黄河河道主管机关会同有关部门批准：

……

（三）在河道滩地存放物料、修建厂房或者其他建筑设施；

……

第四十三条　违反本办法规定，有下列行为之一的，由县级以上黄河河道主管机关责令其纠正违法行为、采取补救措施，并可以按照下列标准处以罚款：

……

（二）在堤防、护堤地建房、开渠、打井、挖窖、建窑、葬坟、取土的，处一千元以上五千元以下罚款；放牧、违章垦植、开展集市贸易活动的，处一百元以上三百元以下罚款；堆放物料、开采地下资源、进行考古发掘的，处一万元以上五万元以下罚款；

……

（五）未经批准在河道滩地存放物料，修建厂房或者其他建筑设施，开采地下资源，进行考古发掘的，处一万元以上五万元以下罚款；

……

（2）2017年2月17日答辩人执法人员巡查过程中发现被答辩人在黄河河道管理范围内未经审批违法建设光伏发电大棚的违法行为后，于当日作出《责令停止水事违法行为通知书》，责令被答辩人停止违法行为，并于当日向被答辩人发出《调查通知书》。2017年2月18日，被答辩人接受询问，承认没有办理河道内审批手续，并经答辩人执法人员告知在办理相关手续前不得继续施工。同日，答辩人向被答辩人作出《责令（限期）改正通知书》，要求于2017年5月20日前拆除违法建筑，即本案被答辩人起诉撤销的通知。被答辩人收到该通知后，既未按要求进行改正，也未向答辩人申请办理审批手续。

综上，答辩人认为，答辩人出具《责令（限期）改正通知书》，是依职权作出的合法行为，且履行了必要的程序，被答辩人如不服该通知，可向上级行政部门申请行政复议。被答辩人依据《行政处罚法》的相关规定起诉要求撤销该通知，明显适用法律错误，且超出了人民法院受理行政案件的范围，起诉已经超过法定起诉期限，因此恳请法庭依法驳回被答辩人的起诉。

答辩人：×× 县黄河河务局

×× 年 ×× 月 ×× 日

案例二：河道内违建案两审行政诉讼文书

这是一起违反《防洪法》，在黄河河道管理范围内建设妨碍行洪的建筑物的案例。本案一审法院认定该建筑物在城市规划区内应适用《城市规划法》，而二审法院认定本案建筑物在河道管理范围内应适用《防洪法》。法院审理案件所依据的法律不同，产生了不同的判决结果。该案提醒“沿河在编制和审查城镇规划时，应当事先征求河道主管机关的意见”，避免出现城市规划建设与河道管理之间的矛盾。

案情及查处经过：1999年4月初，豫西地区黄河河务局（简称豫西局）水政监察支队在进行河道巡查时，发现 ×× 市 ×× 自来水有限责任公司（简称自来水公司）未经河道主管机关批准，擅自在洛阳黄河公路大桥北段西侧黄河滩地修建井房、围墙等违章建筑共计13处。该违法建筑所处河段，属于无堤防河道。洛阳市人民政府洛政〔1997〕26号《关于确定洛阳市黄河河道管理范围的通知》，确定了河道管理范围为铁谢断面高程120.49 m以下。而上述违章建筑均在此高程以内，属于河道管理范围。

案件发生后，豫西局水政监察人员立即进行了立案调查。1999年4月10日和5

月6日，豫西局水政监察人员两次调查取证，并于同年8月19日以豫西黄告字〔1999〕3号向自来水公司送达了《行政处罚告知书》，自来水公司接到后没有任何反应。1999年8月31日，河务局依法向自来水公司送达了《违反水法规行政处罚决定通知书》（豫西黄〔1999〕水罚字第4号），对其在黄河河道内违章修建井房、围墙的违法行为，根据《防洪法》第五十六条的规定，限十日内拆除井房、围墙，并处以45 000元的罚款。自来水公司对豫西局的处罚决定不服，1999年9月15日，向洛阳市吉利区人民法院提起行政诉讼。同年10月15日，豫西局向一审法院提交了《答辩状》。2000年2月29日，洛阳市吉利区人民法院以〔2000〕吉行初字第3号下达了《洛阳市吉利区人民法院行政判决书》。判决认为：自来水公司所建井房、围墙等建筑物是吉利区供水工程的配套设施，该建筑物位于吉利区城市规划区范围内，建设管理应适用《城市规划法》，而豫西局以河道管理为由，依据《防洪法》对自来水公司实施行政处罚属滥用职权，撤销豫西局对自来水公司的处罚决定。

豫西局不服一审判决，以自来水公司所建井房、围墙等建筑物在黄河河道管理范围内，直接影响了防洪安全，属违章建筑，依照《防洪法》对该公司作出限期拆除违章建筑物并处罚款的处罚正确等为主要理由向洛阳市中级人民法院提起上诉，请求撤销原判，维持豫西局所作处罚决定。2000年6月4日，洛阳市中级人民法院以〔2000〕洛行终字第45号下达了《河南省洛阳市中级人民法院行政判决书》。判决认为：自来水公司在黄河河道内修建井房、围墙等建筑物，影响防洪安全，违反了《防洪法》关于禁止在河道管理范围内修建影响行洪建筑物的规定。豫西局是豫西地区黄河河道的主管机关，对自来水公司违反《防洪法》的行为有权实施处罚。豫西局在对自来水公司作出行政处罚之前对该公司的违法事实进行了充分调查，并按照行政处罚的程序向该公司履行了告知义务，因此其处罚事实清楚，证据充分，程序合法，适用法律正确。根据《行政诉讼法》第五十四条第一项、第六十一条第三项的规定，撤销原判，维持豫西局所作的行政处罚决定，一审、二审诉讼费均由原告自来水公司承担。

附件1：违反水法规行政处罚决定通知书

豫西黄〔1999〕水罚字第4号

单位名称：××自来水有限责任公司　　地址：洛阳

当事人姓名：董××　　性别：男　　工作单位：××自来水有限责任公司

职业：干部　　住址：××石油化工总厂

事由：1999年5月，在黄河河道内违章建设房子、井房、院墙，根据《中华人民共和国防洪法》第五十六条的规定，决定给予以下处罚：

一、罚款肆万伍仟元；

二、其他：限十日内拆除房子、井房、院墙（围墙）。

上述处理款项于1999年9月6日交到洛阳××银行。

（豫西地区黄河河务局印章）
1999年8月31日

附件2：行政案件起诉状

原告：××自来水有限责任公司。

法人代表：董××。

地址：洛阳市。

被告：豫西地区黄河河务局。

法人代表：常××

地址：洛阳市纱厂西路××号。

请求事项：

（1）撤销豫西黄〔1999〕水罚字第4号《违反水法规行政处罚决定通知书》；

（2）诉讼费由败诉方承担。

事实和理由：

豫西黄〔1999〕水罚字第4号《违反水法规行政处罚通知书》中所谓“你公司在黄河河道管理范围内的房子、井房、院墙违反了《中华人民共和国防洪法》第五十六条第二款”对我公司罚款理由不足。其一，现洛阳××自来水有限责任公司1997年7月28日前属于洛阳市自来水公司，全部供水工程（包括水资源地深井泵房、输水干管）的审批手续，经洛阳市计划委员会洛市计设发〔1993〕54号《关于洛阳市吉利区供水工程初步设计的批复》批准，并在孟县林场治戌林区征地打井13眼，后于1997年9月28日转售给××石化总厂，1998年12月8日，经吉利区人民政府与××石化总厂双方协商，成立了洛阳××自来水有限责任公司，其责任不属于我公司；其二，洛阳××自来水公司于1994年2月1日经洛阳市计划节约用水办公室批准下发了洛阳市凿井工程许可证，批准××自来水公司在吉利区治戌林区开凿供水井13眼（详见河南省孟津县人民法院行政判决书〔1995〕孟行初字第8号）；其三，洛阳市城市规划管理条例中把吉利区列为城市规划区，1992年10月9日经洛阳市第九届人民代表大会常务委员会第二十四次会议通过，1992年11月3日已由河南省第七届人大常委会通过第三十次会议批准，根据洛阳市××区人民政府洛吉政文〔1999〕24号《关于林场水源地和白坡水源地管理权限的通知》，林场水源地属于吉利区城市规划区，其建设项目审批权属区建管委。

此致

××市××区人民法院

具状人：×× 自来水有限责任公司（印章）

一九九九年九月十五日

附件 3：答辩状

答辩人：豫西地区黄河河务局。

法定代表人：常 ××，局长。

地址：洛阳市西工区纱厂西路 ×× 号院。

电话：3926002，3932473

兹因 ×× 自来水有限责任公司不服答辩人豫西黄〔1999〕水罚字第 4 号《违反水法规行政处罚决定通知书》向贵院提起行政诉讼一案，作答辩如下：

一、答辩人具《行政处罚法》规定之水行政处罚的主体资格

答辩人始成立于 1998 年 6 月 19 日，全称：豫西地区黄河河务局。前身为洛阳市黄河河务局。主要职责：行使黄河水行政管理，主要承担洛阳市、济源市行政区域的黄河水行政管理职能。

根据《中华人民共和国防洪法》第六十四条、水利部水政法〔1999〕231 号《关于流域管理机构决定〈中华人民共和国防洪法〉规定的行政处罚和行政措施权限的通知》之规定，答辩人具有在其管辖范围内实施管理及行政处罚和行政措施之主体资格。

答辩人在本案中对原告实施的行政处罚行为，即是根据上列规定之授权行使。

二、答辩人之豫西黄〔1999〕水罚字第 4 号《违反水法规行政处罚决定通知书》所依据的法律规范、有效

答辩人对原告实施的行政处罚所依据的法律及规范性文件有：

1. 程序性规定

（1）1996 年 10 月 1 日起实施的《中华人民共和国行政处罚法》。

（2）1997 年 12 月 26 日起实施的水利部《水行政处罚实施办法》（水利部第 8 号令）。

2. 实体性规定

《中华人民共和国防洪法》。

上列法律、规范性文件，均为国家立法机关和国务院水行政主管部门颁布和正在执行的文件。

三、答辩人之豫西黄〔1999〕水罚字第 4 号《违反水法规行政处罚决定通知书》内容正确

经查实，原告未经水行政主管机关批准，擅自在黄河河道管理范围内非法建设妨碍行洪建筑物、构筑物，从而妨碍河道行洪。

原告行为已构成违反《防洪法》第二十二条第二款规定之行为。根据《防洪法》

第五十六条之规定，其违法行为应当受到相应的行政处罚。

四、答辩人上列豫西黄〔1999〕水罚字第4号《违反水法规行政处罚决定通知书》程序合法

（1）根据《中华人民共和国行政处罚法》第三十六条、第三十七条第一款，《水行政处罚实施办法》第二十四条、第二十七条，答辩人对原告的行为进行了调查、立案。

（2）根据《中华人民共和国行政处罚法》第三十一条、第三十二条，《水行政处罚实施办法》第三十一条，《中华人民共和国行政处罚法》第四十条，答辩人在作出行政处罚前书面告知原告作出行政处罚决定的事实、理由和依据，告知原告依法享有的权利，并送达原告。

（3）根据《中华人民共和国行政处罚法》第三十八条、第三十九条，《水行政处罚实施办法》第三十二条，答辩人作出豫西黄〔1999〕水罚字第4号《违反水法规行政处罚决定通知书》。

（4）根据《中华人民共和国行政处罚法》第四十条，答辩人在作出处罚决定七日内向原告邮寄送达了豫西黄〔1999〕水罚字第4号《违反水法规处罚决定通知书》。

综上，答辩人所作豫西黄〔1999〕水罚字第4号《违反水法规行政处罚决定通知书》，认定事实清楚、适用法律正确，敬请洛阳市××区人民法院予以维持，驳回原告的诉讼请求。

此致

洛阳市××区人民法院

答辩人：豫西地区黄河河务局（印章）

1999年10月15日

附件4：行政判决书（2000）吉行初字第3号

原告：××自来水有限责任公司（简称自来水公司），位于××区中原路东段。

法定代表人：董××，董事长。

委托代理人：谢××，男，1956年10月2日出生，汉族，该公司副经理，系特别授权代理。

被告：豫西地区黄河河务局（简称河务局），位于洛阳市西工区纱厂西路××号。

法定代表人：常××，局长。

委托代理人：秦××，男，1963年6月27日出生，汉族，该局水政科科长，系特别授权代理。

委托代理人：王××，男，1959年7月31日出生，汉族，该局水政科干部，系一般代理。

原告自来水公司不服被告河务局1999年8月31日作出的豫西黄〔1999〕水罚字

第4号处罚决定向本院提起诉讼。本院受理后，依法组成合议庭，公开开庭审理了本案。原告、被告的委托代理人均到庭参加诉讼，本案现已审理终结。

1999年8月31日被告河务局以原告自来水公司在黄河河道管理范围内建造房子、井房、院墙等，违反《中华人民共和国防洪法》第二十二条第二款，根据《中华人民共和国防洪法》第五十六条之规定，对自来水公司作出罚款4.5万元，限十日内拆除房子、井房、院墙的决定。原告自来水公司不服，认为自来水公司的全部供水工程经过洛阳市计经委审批，且井场水源地即自来水公司的建筑物所在地属于吉利区城市规划区，其建设项目审批权属吉利区建管委，要求撤销河务局的行政处罚决定。被告河务局则认为，原告自来水公司所修建筑物在黄河河道管理范围内，未经我局批准，我局的处罚决定是正确的，要求维持处罚决定。

经审理查明，1999年4月被告河务局执法人员在执法检查中发现自来水公司在洛阳黄河大桥西侧吉利区滩区自己的井眼上方修井房、附近范围修墙等，并进行立案查处。1999年8月被告河务局向原告自来水公司送达告知书，同年8月31日作出并向原告自来水公司送达豫西黄〔1999〕水罚字第4号处罚决定书。1994年4月河南省城乡规划设计研究院绘制了“洛阳市吉利区规划区范围图”。1996年2月13日豫政文〔1996〕28号批复，批复了洛阳市吉利区城市总体规划（1993—2010年）。原告自来水公司所修建筑物在吉利区规划区范围内，系吉利区供水工程的配套设施，并已得到洛市计设发〔1993〕第54号文件批准。

本院认为，原告自来水公司所建井房和围墙等，系洛市计设发〔1993〕第54号文件批准的吉利区供水工程的配套设施，其建设用途直接服务于吉利区人民的生产生活和国家重点工程的建设，此建筑物在洛阳市吉利区规划区范围内，且吉利区规划区范围已经河南省人民政府批准，在此范围内的建设应适用《中华人民共和国城市规划法》。《中华人民共和国城市规划法》明确规定，城市规划的主管部门是县以上地方人民政府的行政主管部门，其建设项目的审批权属该地方人民政府的行政主管部门。吉利区的规划体现了城市总体规划的精神，对保护国家重点工程大化纤的建设和全区人民的生产、生活起着积极的作用。而河务局以河道管理为由处罚城市规划区由其他行政主管部门审批的建设项目，并对自来水公司作出豫西黄〔1999〕水罚字第4号处罚决定通知书，属滥用职权，应依法撤销。依照《中华人民共和国行政诉讼法》第五十四条第二项和《中华人民共和国城市规划法》第二条、第三条、第九条和第二十九条之规定，判决如下：

撤销被告河务局1999年8月31日作出的豫西黄〔1999〕水罚字第4号处罚决定通知书。

案件受理费1 810元，其他诉讼费用1 420元，共计3 230元，由被告河务局承担。

如不服本判决，可在判决书送达之日起十五日内，向本院递交上诉状，并按对方当事人的人数提出副本，交纳上诉费 3 230 元，上诉于洛阳市中级人民法院。

审判长：张 ××

审判员：崔 ××

审判员：张 ××

（洛阳市吉利区人民法院印章）

二〇〇〇年二月二十九日

代书记员：李 ××

附件 5：行政判决书［2000］洛行终字第 45 号

上诉人（原审被告）：豫西地区黄河河务局（简称河务局）。

住所地址：洛阳市西工区纱厂西路 ×× 号。

法定代表人：常 ××，河务局局长。

委托代理人：王 ××，河务局水政科干部。

被上诉人（原审原告）：×× 自来水有限公司（简称自来水公司）。

住所地址：吉利区中原路东段。

法定代表人：董 ××，董事长。

委托代理人：谢 ××，副经理。

委托代理人：肖 ××，洛阳市 ×× 律师事务所律师。

原审原告 ×× 自来水有限公司不服原审被告豫西地区黄河河务局行政处罚一案，吉利区人民法院于 2000 年 2 月 29 日作出〔2000〕吉行初字第 3 号行政判决，原审被告河务局不服，向本院提起上诉。本院依法组成合议庭，于 2000 年 4 月 25 日公开开庭审理了此案，上诉人河务局的全权代理人王 ××，被上诉人自来水公司的全权代理人谢 ××，委托代理人肖 ×× 到庭参加诉讼，本案现已审理终结。

原审法院根据被告举证并经庭审质证认定，1999 年 8 月 31 日河务局以自来水公司于 1999 年上半年在黄河河道范围内建造的房子、井房、院墙等，违反了《中华人民共和国防洪法》有关规定为由，依据该法第五十六条之规定，于 1999 年 8 月 31 日以豫西黄〔1999〕水罚字第 4 号处罚决定书对自来水公司作出处罚决定：①罚款 4.5 万元；②限十日内拆除房子、井房、院墙等。决定送达后，自来水公司不服，以自来水公司的全部供水工程已经过洛阳市计划委员会审批，且自己所建的建筑物所在地属吉利区城市规划区，其建设项目的审批权应属吉利区建管委为由，于 1999 年 9 月 15 日提起诉讼，要求撤销河务局的行政处罚决定。吉利区法院认为：原告自来水公司所修井房和围墙等，系洛阳计设发〔1999〕第 54 号文件批准的吉利区供水工程的配套设施，其建设地点在洛阳市吉利区规划范围内，在此范围内的建设应适用《中华人民共和国城市规划法》。该法明确规定，城市规划的主管部门是县级以上地方人民政府的行政主管部门，其建设项目的审批权属该地方人民政府的行政主管部门，而河务局以河道管理为由处罚城市规划区内由其他行政主管部门审批的建设项目，属滥用职权，遂判决撤销被告的被诉行政处罚决定。

上诉人河务局上诉称，吉利区法院的判决适用法律错误，自来水公司的建筑物、构筑物在河道范围内，我局依照《防洪法》对河道内影响行洪的违章建筑物、构筑物进行处罚，事实清楚，程序合法，适用法律正确。请示本院撤销原判，维持上诉人的处罚决定。

被上诉人未提供书面答辩意见。在庭审中，自来水公司辩称，我公司的井房、围墙等是经过有关部门批准的，且在吉利区规划范围内，至于是否在河道范围内我们不知道，我们认为河道的管理范围没有明确划定，请示本院驳回上诉，维持原判。

原审被告河务局向原审法院提交的证据材料有：① 1999 年 4 月 10 日、5 月 6 日调查笔录各一份及 1999 年 8 月 18 日证明材料一份。②建筑物、构筑物现场照片 6 张。③ 1999 年 5 月 15 日水事违法案件调查报告一份及水事案件受理立案呈批表一份。④ 1999 年 8 月 19 日豫西黄告字〔1999〕第 3 号行政处罚前告知书。⑤邮寄送达行政处罚告知书及处罚决定书的回执各一份。⑥洛阳市人民政府洛政〔1997〕26 号《关于确定洛阳市黄河河道管理范围的通知》。⑦水利部水政法〔1999〕231 号关于流域管理权限的通知。⑧《中华人民共和国防洪法》及《中华人民共和国河道管理条例》。

原审原告自来水公司向原审法院提供的证据材料有：①洛市计设发〔1995〕第 54 号《关于洛阳市吉利区供水工程初步设计的批复》。②豫政文〔1996〕28 号河南省人民政府关于《洛阳市吉利区城市总体规划（1993—2010 年）》的批复。③洛阳市吉利区相对位置及总体规划图。④《中华人民共和国城市规划法》。

上述证据已随卷移送本院。

本院要求上诉人河务局补充提交的证据材料有洛阳市吉利区规划区范围图和黄河下游河道地形图。

根据本案的有效证据可以认定以下事实，1999 年 4 月 5 日河务局执法人员在执法检查中发现自来水公司在黄河河道内（大桥西侧）修井房、窑院等，遂进行了调查取证，并于 1999 年 5 月 16 日进行立案查处。8 月 19 日，河务局作出了豫西黄告字〔1999〕第 3 号行政处罚前告知书并邮寄送达。8 月 31 日，河务局作出豫西黄〔1999〕水罚字第 4 号行政处罚决定通知书并以邮寄方式于 9 月 2 日送达。

本院认为：豫西地区黄河河务局是黄河河道主管机关，有权对黄河河道管理范围内妨碍行洪的违章建筑物、构筑物实施行政处罚。洛阳市人民政府已于 1997 年 3 月根据《中华人民共和国河道管理条例》和《河南省黄河河道管理办法》的授权划定了黄河洛阳段的河道管理范围。自来水公司在黄河河道范围内修建建筑物、构筑物，河务局发现后即进行了调查取证，作出行政处罚前履行了告知义务，最后依据《中华人民共和国防洪法》第二十二条第二款、第五十六条之规定作出行政处罚决定，主要证据充分，程序合法，适用法律正确，该决定依法应予维持，原审法院判决错误。根据《中华人民共和国行政诉讼法》第五十四条第一项、第六十一条第(三)项之规定，判决如下:

一、撤销吉利区人民法院〔2000〕吉行初字第3号行政判决;

二、维持河务局1999年8月31日作出的豫西黄〔1999〕水罚字第4号处罚决定通知书。

一审受理费1 810元，其他诉讼费用1 420元，合计3 230元；二审受理费1 810元，其他诉讼费用1 420元，合计3 230元，均由洛阳市××自来水有限公司承担。

本判决为终审判决。

审判长：郝××
代审判员：毛××
代审判员：王××

（河南省洛阳市中级人民法院印章）
二〇〇〇年六月四日
书记员：任××

案例三：水行政执法与诉讼文书

河南长垣渔场在黄河护堤地违章挖筑鱼塘案：河南省长垣县××渔场（简称渔场）位于黄河太行堤临河一侧。2000年1月5日，长垣县黄河河务局调查查明：渔场在未经河务部门批准情况下，利用长垣县黄河河务局修复大堤时遗留的取土坑塘改造建成部分鱼塘，位置在距太行堤30米以内的工程管理范围。长垣县黄河河务局依照有关规定，于2000年3月10日向渔场下达了清障告知书（见文书1）和听证告知书（见文书2），渔场对此毫无反应。3月20日，依据《河南省黄河河道管理办法》第三十六条之规定，长垣县黄河河务局向县人民政府提出处理意见，县人民政府于同日批准了该处理意见。长垣县黄河河务局向渔场送达了清障行政决定书（见文书3）。决定书要求渔场限期拆除回填太行堤工程管理范围内临河堤脚外至30米处的鱼塘，并告知其在60日内有申请复议和提起行政诉讼的权利。

文书1：清障告知书

长黄水政告［2000］年第7号

河南省长垣县××渔场：

法人代表：李××

我局拟作出的限你场在2000年3月13日前将太行堤（3+700—5+000）临河堤脚

以外至30米处的鱼塘全部清除，告知你单位有陈述和申辩的权利，望你场接此告知后三日内到长垣县黄河河务局陈述和申辩理由。

特此告知。

长垣县黄河河务局（公章）

二〇〇〇年三月十日

文书2：听证告知书

长黄水政告［2000］年第5号

河南省长垣县××渔场:

法定代表人：李××

我局拟作出的限你场在2000年3月13日前将太行堤（3+700—5+000）临河堤脚以外至30米处的鱼塘全部清除的行政决定，如要求听证，请在接到本告知书后三日内向本机关提出申请。逾期未提出申请的，视为放弃听证权利。

本机关地址：长垣县南关

联系电话:

长垣县黄河河务局（印章）

二〇〇〇年三月十日

文书3：清障行政决定书

长黄水政［2000］第11号

河南省长垣县××渔场

法定代表人：李××

地址：河南省长垣县朱庄

你单位未经我局批准，擅自在太行堤工程管理范围内（3+700—5+000）建设、使用鱼塘，影响了黄河防洪安全，违反了《中华人民共和国河道管理条例》第二十五条、《河南省黄河工程管理条例》第十四条、《河南省黄河河道管理办法》第二十三条之规定，依据《河南省黄河河道管理办法》第三十六条的规定和我省黄河防洪标准，我局制定了对鱼塘拆除回填的方案，已经长垣县人民政府批准，现责令你单位于2000年3月24日前拆除回填太行堤工程管理范围内（3+700—5+000）临河堤脚外至30米处的鱼塘，逾期不拆除者，我局将申请长垣县人民法院强制执行。你单位如对本决定书不服，可在收到本决定书或者自知道本决定之日起60日内依法向新乡市黄河河务局或长垣县人民政府申请复议，也可以依法向人民法院提起诉讼。

长垣县黄河河务局（印章）

二〇〇三年三月二十日

渔场不服行政决定，于3月22日向长垣县人民政府申请行政复议（见文书4）。3月28日长垣河务局向长垣县人民政府提交了复议答辩书（见文书5）；4月4日，长垣县人民政府作出了维持长垣河务局行政决定的行政复议决定书（见文书6）。

文书4：行政复议申请书

申请人：长垣县××渔场

法定代表人：李××

被申请人：长垣县黄河河务局

法定代表人：任××

案由：不服行政处理决定书

为不服长垣县黄河河务局长黄水政〔2000〕第11号行政处理决定书，现提出复议事实理由如下：1998年1月1日，经县人民政府有关主管部门批准，我场承包了我村南地太行堤脚下的，原由长垣县黄河河务局修太行堤工程挖废数十年的废水坑，承包面积260亩，期限为15年，承包费按本村人均每人每年一元整。1995年经有关单位批准，列为世界银行贷款投资项目。可是长垣县黄河河务局以未经他局批准，擅自在太行堤工程管理范围内（3+700—5+000）建设使用鱼塘影响黄河防洪安全，并限期拆除回填太行堤工程管理范围内（3+700—5+000）临河堤脚处至30米处的鱼塘。对此我不服，其事实理由如下：

一、我所使用的土地任何部门都未有依法征用，该土地的所有权归朱庄村所有。

二、主要事实不清，证据不足。此坑是长垣县黄河河务局修太行堤挖土而造成的废坑，该堤30米以内我场均未动过土，只是在30米以外进行修整利用，我并没有深挖或另外挖坑。叫我回填是没有道理的。

三、适用法律、法规错误。我场并没有违反被申请人所依据的法律、法规。

四、我场的承包有县人民政府及有关主管部门的审批手续，使用合理合法。

五、如果现在复堤需占用此坑，应依法赔偿所占用我场鱼塘的一切损失。

据上所述，望县领导认真查证，依法作出撤销长垣县黄河河务局长黄水政〔2000〕第11号决定书，确保我场的合法权益不受侵犯。

此致

长垣县人民政府

申请人　河南省长垣县××渔场

二○○○年三月二十二日

文书 5：复议答辩书

被申请复议人：长垣县黄河河务局（答辩人）

法定代表人：任 ××　　　　职务：局长

地址：长垣县南关

申请复议人：河南省长垣县 ×× 渔场（被答辩人）

法定代表人：李 ××　　　　职务：场长

住址：河南省长垣县张占乡朱庄

被申请复议人答辩请求事项：请求长垣县人民政府维持我局作出的长黄水政〔2000〕第 11 号决定书。

我局于 2000 年 3 月 22 日收到长垣县人民政府长政复〔2000〕第 6 号行政复议案件受理通知书和河南省长垣县 ×× 渔场的复议申请书副本各一份。现就有关我局当初作出具体行政行为的事实、证据和依据等有关问题答辩如下：

事实和理由：河南省长垣县 ×× 渔场未经我局批准，擅自在黄河太行堤工程管理范围内（3+700—5+000）临河一侧，修建使用鱼塘，开展养鱼经营活动，违反了《河南省黄河工程管理条例》第十四条、《河南省黄河河道管理办法》第二十三条的规定，严重影响了黄河防洪安全。我局于 2000 年 1 月 5 日立案查处，2000 年 1 月 8 日向李 ×× 进行了调查，并有照片和实地测量图等证据材料。该鱼塘的位置部分在太行堤堤防临河护堤地管理范围内，其事实清楚，证据确凿。我们依据《河南省黄河河道管理办法》第三十六条的规定及我省黄河防洪标准，于 2000 年 1 月 26 日向长垣县人民政府提出处理意见，2000 年 1 月 26 日县政府作出了《长垣县人民政府关于支持黄河防洪工程建设的通知》予以批准。我局 3 月 10 日向申请复议人发出了清障通知及权利和听证告知书，申请复议人在规定的时间内未提出听证申请。我局依法于 3 月 20 日向申请复议人发出了长垣县黄河河务局行政处理决定书，决定书责令其在 2000 年 3 月 24 日以前回填拆除堤防管理范围内的鱼塘。而申请复议人对我局的行政决定不服，并向长垣县人民政府提出了申请复议书，针对该复议书中所提到的几点意见。我局认为不符合事实和法律、规章的规定，现提出答辩：

一、该处土地所有权归张占乡朱庄村，我们没有异议。我局行政决定并不要求改变土地所有权和使用权。但该土地位于太行堤临河 30 米内，属堤防管理范围，所以其使用方式应受黄河管理法规的限制。

二、经我局调查，该鱼塘部分在太行堤护堤地管理范围内，鱼塘形成前，正如申请人所说的是我局复堤取土而形成的废坑，也就是说，当时此坑并不具备养鱼的条件，该废坑之所以形成鱼塘，是经该渔场大规模地修挖而成的，且该场并将其修挖鱼塘的费用作为索取赔偿费用的依据之一，说明其对该废坑进行过开挖修筑活动，目的是直接用于养鱼经营。申请人这种在堤防管理范围内建设、使用鱼塘的行为，事实清楚，证据确凿。

三、申请人在堤防管理范围内，对废坑进行大规模的建设、改造行为，违反了《河南省黄河工程管理条例》第十四条、《河南省黄河河道管理办法》第二十三条的规定，严重影响了黄河防洪工程的安全。我局依据《河南省黄河工程管理条例》《河南省黄河河道管理办法》进行水政管理，其依据是有效的、正确的。

四、该渔场虽经县人民政府有关部门批准，但在黄河堤防护堤地内修建鱼塘，违反了《河南省黄河工程管理条例》第十四条"禁止在堤身、护堤地内取土、……挖鱼塘……以及其他有害堤身完整、安全的活动"这一禁止性规定，其批准手续也违反了《河南省黄河河道管理办法》第二十三条的规定，所以其审批手续不合法，应视为无效手续。

五、我局长黄水政〔2000〕第11号行政决定只是要求对部分鱼塘进行回填拆除，恢复堤防护堤地，保障堤防工程安全。而该鱼塘在堤脚30米是违法的，属河道行洪障碍。因此，不受法律、法规保护，也没有合法利益需要支持，所以不存在赔偿损失问题。

综上所述，该渔场在太行堤（3+700—5+000）护堤地30米内修筑鱼塘开展养鱼活动，违反《河南省黄河工程管理条例》第十四条，《河南省黄河河道管理办法》第二十三条、第二十四条的规定，其违法事实清楚，证据确凿，危害后果严重，严重影响黄河防洪工程安全。我局依据《河南省黄河河道管理办法》第三十六条的规定，清除方案已经被县人民政府批准，程序合法，适用法律法规正确。特请求长垣县人民政府依法维持长垣县黄河河务局长黄水政〔2000〕第11号决定书，以确保国家法律、法规的正确执行及黄河防洪安全。

此致

长垣县人民政府

长垣县黄河河务局（印章）

2000年3月28日

文书6：行政复议决定书

长政复决字［2000］第1号

申请人：河南省长垣县××渔场

法定代表人：李××

被申请人：长垣县黄河河务局

法定代表人：任××

河南省长垣县××渔场不服长垣县黄河河务局2000年3月20日作出的长黄水政〔2000〕第11号《长垣县黄河河务局决定书》，于2000年3月22日向县政府申请复议，现已复议完毕。

申请人称：申请人现承包的鱼塘是1988年承包朱庄南临太行堤下原由长垣县黄河河务局修复大堤时挖土荒废数十年的废水坑。承包面积为260亩，期限为十五年，且该土地所有权和使用权归朱庄集体所有，任何单位都未依法征用，长垣县黄河河务局以该地未经他局批准擅自在太行堤工程管理范围内（3+700—5+000）建设使用鱼塘，限期拆除回填太行堤工程管理范围（3+700—5+000）临河堤脚外至30米内的鱼塘的决定事实不清，证据不足，适用法律、法规错误，所以请求县人民政府依法撤销长垣县黄河河务局的决定。

被申请人称：该鱼塘部分位于黄河太行堤工程管理范围内（3+700—5+000）临河一侧，属于太行堤堤防临河护堤地，严重影响了黄河防洪工程的安全，其事实清楚，证据确凿，其行为违反了《河南省黄河工程管理条例》第十四条、《河南省黄河河道管理办法》第二十三条的规定，我们依据《河南省黄河河道管理办法》第三十六条的规定及我省黄河防洪标准，于2000年1月26日向长垣县人民政府提出了处理意见，2000年1月26日县人民政府作出了《长垣县人民政府关于支持黄河防洪工程建设的通知》，并予以批准，我局3月10日向申请复议人发出了清障通知及权利和听证权利告知书，申请复议人在法定时间内未提出听证申请。我局依法于3月20日向申请复议人发出了长垣县黄河河务局决定书，责令其在2000年3月24日前回填拆除堤防管理范围内的鱼塘。

该鱼塘复议申请人在原废坑上又挖深改造而成是有依据的，他拿出索赔的改造鱼塘费用依据恰是其违章工程的证据，申请人这种在堤防管理范围内建设使用鱼塘的行为，事实清楚，证据确凿，据此我局依照《河南省黄河河道管理办法》第三十六条的规定，清除方案已经被县人民政府批准，程序合法，适用法律、法规正确，特请求长垣县人民政府依法作出维持长垣县黄河河务局作出的长黄水政〔2000〕第11号行政处理决定书，以确保国家法律、法规的正确执行，以及黄河防洪安全和国家人民生命财产的安全。

现审理查明：该鱼塘位于黄河太行堤工程管理范围内（3+700—5+000）临河一侧，部分鱼塘占压了黄河太行堤宽度为30米的堤防临河护堤地。

县人民政府认为：黄河太行堤堤防临河护堤地省政府已明确规定为30米，复议申请人在护堤地内建鱼塘违反了《河南省黄河河道管理办法》第二十三条第二项的规定，长垣县黄河河务局作出的长黄水政〔2000〕第11号决定书认定事实清楚，证据确凿，程序合法，适用法律、法规正确，符合法定权限和程序。

根据《行政复议法》第二十八条第一款第一项的规定，县政府决定：

维持长垣县黄河河务局2000年3月20日作出的长黄水政〔2000〕第11号《长垣县黄河河务局决定书》。

申请人如不服本复议决定，可以在收到复议决定书之日起15日内向长垣县人民法院起诉。

长垣县人民政府（印章）

2000年4月4日

渔场不服复议决定，于2000年4月13日向长垣县人民法院提起行政诉讼，要求长垣县河务局对其经济损失承担赔偿责任（见文书7）。2000年4月22日，长垣县黄河河务局向长垣县人民法院提交答辩状。长垣县人民法院审理后认为：原告××渔场未经被告长垣县黄河河务局批准在太行堤护堤地管理范围内建设、使用鱼塘，其行为违反了《河南省黄河工程管理条例》《中华人民共和国河道管理条例》的规定，被告依其职权进行处理符合法律规定。故被告的具体行政行为程序合法，事实清楚，证据充分，适用法律、法规正确，原告要求被告补偿的事项，因其经济损失不是被告造成的，故被告不负补偿责任。5月23日长垣县人民法院作出一审判决（见文书8）：

一、维持长垣县黄河河务局的行政决定；

二、驳回原告请求长垣县黄河河务局给予经济补偿的诉讼请求。渔场不服一审判决，2000年6月5日向新乡市中级人民法院提起上诉。新乡市中级人民法院作出驳回上诉，维持原判的终审判决（见文书9）。

文书7：行政起诉状

原告：长垣县××渔场

法定代表人：李××　　　　职务：场长

被告：长垣县黄河河务局

代表人：任××　　　　职务：局长

第三人：长垣县张占乡朱庄村委会

代表人：王××　　　　职务：村民委员会主任

第三人：长垣县水利局

代表人：杨××　　　　职务：局长

诉讼请求：

（1）判决撤销被告“长黄水政〔2000〕第11号”行政处理决定书。

（2）若法院判决维持被告的处罚决定，则判令被告补偿对原告及第三人长垣县张占乡朱庄村委会所造成的经济损失7 016 256元，第三人长垣县水利局予以补充赔偿。

（3）判令被告承担本案全部诉讼费用。

事实和理由：

1988年1月1日，原告李××与长垣县张占乡朱庄村委会签订《承包合同书》一份（证据一），主要内容为，由李 ×× 承包本村水塘 260 亩，承包金额按耕地人口每人每年一元支付，承包期限自 1988 年 1 月 1 日至 2003 年 1 月 1 日共 15 年整。合同签订后，原告投入大量人力、财力对水塘进行开发，先后共投入建设资金 475 190 元（证据二），1993 年经有关部门批准又取得了世界银行贷款，成为世界银行贷款沿黄开发项目的重点保护单位（证据三）。与此同时，第三人长垣县水利局又为原告颁发了编号为 004 的《坑塘养殖使用证》（证据四），确认原告水面面积 260 亩，承包年限为 1988 年 3 月至 2003 年 3 月。经过数年的努力，原告 ×× 渔场取得较好的经济效益。1996 年 3 月 9 日，长垣县委、县人民政府召开大会对原告进行表彰并颁发荣誉证书，被评为富民功臣。

2000 年 1 月 26 日，长垣县人民政府发布《关于支持黄河防洪工程建设的通知》（证据五），规定“堤防管理范围的……鱼塘……因修建防洪工程需要拆除的必须限期拆除，同时也要考虑群众的利益，对拆迁造成的损失，由河务部门依照有关规定给予照顾解决”。

对国家的防洪大计，原告积极支持。为落实县人民政府的通知精神，原告多次主动找被告协商。2000 年 2 月 12 日，原告向被告发函（证据六），明确表示积极支持对黄河太行堤的修复，但同时要求被告必须按国家有关规定予以赔偿。

对原告的合理要求，被告推诿搪塞，置之不理。2000 年 3 月 5 日，被告向原告发出通知（证据七），限原告在 3 月 7 日前将部分鱼全部清除，逾期不清，申请长垣县人民法院强制执行。3 月 6 日，被告又向原告发出“长黄水政告〔2000〕第（2）号”《清障告知书》（证据八），限原告“在 2000 年 3 月 7 日前将临河堤脚以外至 30 米处的鱼塘全部清除”。同日，被告又向原告发出“长黄水政告〔2000〕第（3）号”《听证告知书》（证据九）。2000 年 3 月 20 日，被告对原告作出“长黄水政〔2000〕第（11）号”《决定书》（证据十），认定原告未经被告批准，擅自在太行堤工程管理范围内（3+700—5+000）建设、使用鱼塘，违反了《中华人民共和国河道管理条例》第二十五条、《河南省黄河工程管理条例》第十四条、《河南省黄河河道管理办法》第二十三条的规定。依据《河南省黄河河道管理办法》第三十六条的规定，责令原告于 2000 年 3 月 24 日前拆除回填太行堤工程管理范围内（3+700—5+000）临河堤脚外至 30 米处的鱼塘。

对被告的行政处罚决定，原告不服，于 2000 年 3 月 22 日向长垣县人民政府提起行政复议（证据十一）。2000 年 4 月 4 日，长垣县人民政府作出“长政复决字〔2000〕第 1 号”《行政复议决定书》（证据十二），维持了被告的“长黄水政〔2000〕第 11 号”《决定书》。

对被告的该（行政处罚）《决定书》及长垣县人民政府的行政复议决定，原告仍然不服，理由是：

（1）主要证据不足。

行政处罚的前提是被处罚人行为必须是违法的。而原告在太行堤（3+700—5+000）处修建的鱼塘既有与村委会签定的承包合同，政府水利行政机关还颁发了《坑塘养殖使用证》，这怎么能是违法的呢？被告无视上述事实，错误认定原告行为违法，从而作出行政处罚决定，是明显的主要证据不足。

（2）适用法律法规不当。

在处罚决定书中，被告只引用《河南省黄河工程管理条例》第十四条关于在护堤内挖鱼塘的规定，却忽视了该条例第十三条关于“护堤地达不到规定的，黄河河务部门应按照国家规定和省规定办理征用或划拨手续”的规定。显然属于片面适用法条。另外，由于原告所建鱼塘已经政府有关部门批准，鱼塘所占用的土地被告尚未征用，被告再按原告违反《中华人民共和国河道管理条例》第二十五条和《河南省黄河河道管理办法》第二十三条关于“在河道管理范围内挖鱼塘必须报河道主管部门批准”的规定予以行政处罚，便是与事实相违，属于适用法律、法规错误。

原告认为，对国家的防洪修堤行为，每个单位和公民都应给予积极配合和大力支持。但是，国家对每一个单位和公民的合法经营权、土地使用权、承包权，都有明确的法律保护。上级有关文件和长垣县人民政府的通知对此也已全面阐述，统筹兼顾，明确规定。但被告却无视这些，只片面强调问题的一面，而忽视广大群众切身利益的另一方面，这是错误的。

原告认为，被告进行黄河大堤修复，应首先办理土地征用手续。如果法院判决维持被告的处罚决定，根据《中华人民共和国土地管理法》《中华人民共和国土地管理法实施条例》《河南省实施〈土地管理法〉办法》《中华人民共和国渔业法》《河南省〈渔业法〉实施办法》及国务院《大中型水利水电工程建设征用补偿和移民安置条例》等有关法律、法规规定，被告应向原告及第三人长垣县张占乡朱庄村委会支付各种补偿费用 7 016 256 元（证据十三）。同时，由于被告行政处罚决定的被维持而导致的第三人长垣县水利局的行政行为违法，原告及第三人长垣县张占乡朱庄村委会因其违法行为导致了经济损失，因此该第三人应对原告及第三人长垣县张占乡朱庄村委会所造成的全部经济损失尚未得到补偿的下余部分予以补充赔偿。

综上所述，原告根据《行政诉讼法》及《最高人民法院关于执行〈中华人民共和国行政诉讼法〉若干问题的解释》（法释〔2000〕8 号）有关规定，特提起行政诉讼，请求人民法院依法裁判。

此致

长垣县人民法院

具状人：长垣县张占乡 ×× 渔场　李 ××

2000 年 4 月 13 日

文书 8：行政判决书

［2000］长行初字第 11 号

原告：长垣县 ×× 渔场

法定代表人：李 ××，场长。

委托代理人：姚 ××，河南 ×× 律师事务所律师。

被告：长垣县黄河河务局。

法定代表人：任 ××，局长。

委托代理人：刘 ××，河南黄河河务局水政处副处长。

委托代理人：郑 ××，新乡市黄河河务局水政科副科长。

第三人：长垣县朱庄村委会

法定代表人：王 ××，村民委员会主任。

委托代理人：胡 ××，河南 ×× 律师事务所律师。

第三人：长垣县水利局。

法定代表人：杨 ××，局长。

委托代理人：程 ××，长垣县水利局副局长。

委托代理人：陈 ××，长垣县司法局干部。

原告 ×× 渔场不服被告长垣县黄河河务局行政决定一案，于 2000 年 4 月 17 日向本院提起行政诉讼。本案受理后依法组成合议庭，于 2000 年 5 月 4 日公开开庭进行了审理。原告法定代表人李 ××、委托代理人姚 ××，被告委托代理人刘 ××、郑 ××，第三人朱庄村民委员会委托代理人胡 ××，第三人长垣县水利局委托代理人程 ××、陈 ×× 到庭参加诉讼。本案现已审理终结。

被告长垣县黄河河务局长黄水政〔2000〕第 11 号决定认为：原告未经该局批准，擅自在太行堤工程管理范围内建设使用鱼塘，影响了黄河防洪安全，违反了《中华人民共和国河道管理条例》第二十五条的规定及《河南省黄河工程管理条例》第十四条、《河南省黄河河道管理办法》第二十三条的规定。并依据《河南省黄河河道管理办法》第三十六条的规定，对原告作出长黄水政〔2000〕第 11 号行政决定书，责令原告于 2000 年 3 月 24 日前拆除回填太行堤工程管理范围内（3+700—5+000）临河堤脚外至 30 米处的鱼塘。

原告 ×× 渔场诉称：我于 1988 年 1 月 1 日与张占乡朱庄村委会签定了土地承包合同。承包期限是 15 年。1993 年，长垣县水利局又为我颁发了《坑塘养殖使用证》，水利局没有错误。对国家防洪大计，我们积极支持。鱼塘原是废水坑，我只对鱼塘进行平复修理，根本没有深挖，被告也未征用该鱼塘土地，故被告被诉具体行政行为，适用法律、法规错误，主要证据不足，程序违法。请求本院依法撤销被告被诉具体行政行为，判决被告及长垣县水利局补偿（赔偿）原告及朱庄村委会损失 7 016 256 元。

原告向本院提交的证据材料有：①承包合同书（2份）及公证书；②水利局证明及坑塘养殖使用证；③长垣县人民政府关于支持黄河防洪工程建设的通知；④原告向被告发的信函；⑤李 ×× 便条；⑥长垣县人民政府关于开发 5 000 亩高产鱼塘的可行性报告；⑦李 ××、王 ×× 证明。

被告依法递交了答辩状，并在庭审中辩称：该鱼塘部分在太行堤护堤地管理范围内，形成鱼塘是经原告大规模修挖而成的。原告建设使用鱼塘未经我局批准事实存在，我们经过多次调查取证，原告也承认其违法事实。我局依照国家有关法律、法规规定对原告进行处理是正确的，并经长垣县人民政府批准。所以，我们被诉具体行政行为事实清楚，证据充分，程序合法，适用法律、法规正确，原告的赔偿损失问题不应受法律保护。请求本院维持其作出的具体行政行为。被告提交的证据材料有：①照片；②勘验图；③调查笔录。

第三人朱庄村民委员会未递交答辩状，但在庭审中辩称：被告应按国家有关法律、法规规定进行补偿。第三人提交的证据材料有朱庄村委会证明两份。

第三人长垣县水利局未递交答辩状，但在庭审中辩称：我们发证是合法的，根据《中华人民共和国渔业法》规定被告应进行补偿。此案与水利局没有关系，我们不能作为本案的第三人。水利局提交的证据材料有新乡市人民政府文件。

本院依职权调取的证据有现场勘验图。

上述证据经庭审审核质证：①本院确认被告提交的（勘验图、调查笔录）证据取得程序和收集方法合法，可以作为本案定案的依据。对被告提交的照片违反证据的客观性、相关性，本院不予采信。②原告所递交证据材料，只证明原告承包土地养鱼事实的存在，与被告被诉具体行政行为是否合法，无有关联，违背证据的相关性，故不能作为本案定案的依据。③第三人朱庄村委会提交的证据，因其是在本案庭审结束后提供，又是其自己写的证明，违背了证据的客观性、合法性原则，不能作为本案定案的依据。④第三人长垣县水利局递交的新乡市人民政府文件，本案予以采信，但不能作为本案定案的依据。

本院根据上述有效证据及各方当事人认可的事实，可以认定以下事实：

该鱼塘位于黄河太行堤工程管理范围内（3+700—5+000）临河一侧，该鱼塘临太行堤处宽 30 米，长 1 300 米，占压黄河太行堤的堤防临河护堤地。2000 年 1 月 5 日，被告依据有关规定立案查处；2000 年 3 月 26 日向长垣县人民政府提出处理意见；长垣县人民政府同日批准同意被告的处理意见；3 月 10 日被告向原告发出清障通知及听证权利告知书；2000 年 3 月 20 日对原告作出了长黄水政〔2000〕第 11 号决定书，原告不服，于 2000 年 3 月 22 日向长垣县人民政府申请复议，长垣县人民政府于 2000 年 4 月 4 日作出复议决定，维持被告被诉具体行政行为，原告仍不服，诉至我院，形成诉讼。

本院认为，原告未经被告批准在太行堤护堤地范围内建设使用鱼塘，其行为违反了《河南省黄河工程管理条例》《中华人民共和国河道管理条例》的规定，被告依其职权，进行处理符合法律规定。故被告被诉具体行政行为，程序合法，事实清楚，证据充分，适用法律、法规正确，原告请求补偿事项，因其经济损失不是被告长垣县黄河河务局行政行为所造成，故本案被告不负补偿责任。

本案被告的具体行政没有为长垣县水利局、朱庄村委会设定义务，因此长垣县水利局、朱庄村委会与本案没有法律上的利害关系，原告请求长垣县水利局给予经济补偿，不属于本案审理范围。根据《中华人民共和国行政诉讼法》第五条、第五十四条第（一）项，《中华人民共和国国家赔偿法》第五条第（二）之规定，判决如下：

一、维持长垣县黄河河务局2000年3月20日长黄水政〔2000〕第11号行政决定。

二、驳回原告××渔场请求长垣县黄河河务局给予经济补偿的诉讼请求。

本案诉讼费100元，由原告承担。

如不服本判决定，可在判决书送达之日起十五日内向本院递交上诉状，并按对方当事人的人数提出副本，上诉于河南省新乡市中级人民法院。

审判长：杜××

审判员：崔××

代审判员：高××

二〇〇〇年五月二十三日

（长垣县人民法院印章）

书记员：严××

文书9：行政判决书

［2000］新行终字第159号

上诉人（原审原告）：长垣县××渔场。

法定代表人：李××，场长。

委托代理人：姚××，河南××律师事务所律师。

上诉人（原审第三人）：长垣县朱庄村委会。

法定代表人：王×，村民委员会主任。

委托代理人：胡××，河南××律师事务所律师。

被上诉人（原审被告）：长垣县黄河河务局。

法定代表人：任××，局长。

委托代理人：刘××，河南省黄河河务局干部。

委托代理人：宋××，新乡市黄河河务局干部。

原审第三人：长垣县水利局。

法定代表人：杨××，局长。

委托代理人：程××，该局干部。

委托代理人：陈××，长垣县××律师事务所律师。

上诉人长垣县××渔场，朱庄村委会诉长垣县黄河河务局行政处理决定一案，不服长垣县人民法院〔2000〕长初字第11号行政判决，向本院提起上诉。

本院依法组成合议庭审理了此案，现已审理终结。

一审判决查明：该鱼塘位于黄河太行堤工程管理范围内（3+700—5+000）临河一侧，该鱼塘临太行堤处宽30米，长1 300米，占压黄河太行堤的堤防临河护堤地。2000年1月5日，被告依据有关规定立案查处；同年3月20日向县人民政府提出处理意见；县人民政府同日批准同意该处理意见；同年3月10日，被告向原告发出了清障通知及听证权利告知书；同年3月20日对原告作出长黄水政〔2000〕第11号决定书，原告于3月22日向县人民政府申请复议，县人民政府于4月4日作出维持原具体行政行为的决定。一审法院认为，原告未经被告批准在太行堤护堤地范围内建设使用鱼塘，其行为违反了《中华人民共和国河道管理条例》《河南省黄河工程管理条例》的规定，被告依其职权，进行处理符合法律规定。故被诉具体行政行为事实清楚，证据充分，程序合法，适用法律、法规正确。原告请求被告补偿事项，因其经济损失不是被告行政行为所造成的，故被告不负补偿责任。本案被告的具体行政行为没有为长垣县水利局和朱庄村委会设定义务，因此水利局和朱庄村委会与本案没有法律意义上的利害关系。原告请求长垣县水利局给予经济补偿，不属于本案审理范围。依据《行政诉讼法》第五条、第五十四条第（一）项，《国家赔偿法》第五条第（二）项之规定，判决：一、维持长垣县黄河河务局2000年3月20日长黄水政〔2000〕第11号行政决定。二、驳回原告请求被告长垣县黄河河务局给予经济补偿的诉讼请求。宣判后，××渔场和朱庄村委会均不服，××渔场以“被上诉人的决定属于适用法律、法规错误，上诉人承包鱼塘已得到当地政府的大力支持和有关部门的批准，受法律保护，因此被上诉人应予以赔偿”为由，上诉本院。朱庄村委会以“上诉人与本案有直接利害关系，一审法院在认定事实和适用法律方面存在错误”为由，上诉本院。长垣县黄河河务局辩称：“上诉人未经我局批准擅自在堤防管理范围内修建、使用鱼塘，违反了水法规。上诉人虽取得政府有关部门的批准手续，但不影响我局管理行为的成立，保障堤防工程安全，该渔场消除违法行为后果中，我局并没有使其合法权益受到侵害，不存在赔偿其损失问题。”

经本院审理，查明事实与一审事实相同。

本院认为：黄河河务部门是黄河河道管理的主管机关，任何单位和个人非经黄河河务部门批准，不得在黄河河道管理范围内修筑鱼塘等。上诉人××渔场未经长垣县黄河河务部门批准，擅自在黄河太行堤护堤地范围内建设使用鱼塘，其行为已违反《中华人民共和国河道管理条例》《河南省黄河工程管理条例》的规定，理应予以回填。长垣县黄河河务局依职权作出的处理决定，事实清楚，证据充分，程序合法，适用法律、法规正确，本院予以支持。上诉人请求被上诉人对其经济损失进行补偿的请求，因该损失不是被上诉人的行政行为所致，故不应负补偿责任。上诉人另诉长垣县水利局给予经济赔偿的请求，不属于本案审理范围。原审法院认定事实清楚，证据充分，程序合法，适用法律正确，本院予以支持。上诉人上诉理由不足，本院不予采纳。依据《中华人民共和国行政诉讼法》第六十一条第（一）项之规定，判决如下：

驳回上诉，维持原判。

二审诉讼费100元，由长垣县××渔场和朱庄村委会负担。

本判决为终审判决。

审判长：张××

审判员：夏××

审判员：路××

（河南省新乡市中级人民法院印章）

二〇〇〇年八月三十一日

书记员：王××

长垣县××渔场认为一审、二审判决不当，于2001年6月5日向新乡市中级人民法院提起申诉，新乡市中级人民法院经审理查明事实与原审相同，作出了维持〔2000〕新行终字第159号判决的再审判决（见文书10）。

文书10：行政判决书

[2002]新中法行再字第5号

申诉人（一审原告、二审上诉人）：长垣县××渔场。

法定代表人：李××，场长。

委托代理人：姚××，河南××律师事务所律师。

被申诉人（一审被告、二审被上诉人）：长垣县黄河河务局。

法定代表人：任××，局长。

委托代理人：刘××，河南省黄河河务局干部。

委托代理人：宋××，新乡市黄河河务局干部。

原审第三人：长垣县水利局。

法定代表人：杨××，局长。

原审第三人：长垣县朱庄村委会。

法定代表人：王×，村民委员会主任。

长垣县××渔场诉长垣县黄河河务局行政处理纠纷一案，本院于2000年8月31

日作出〔2000〕新行终字第159号行政判决，已发生法律效力。××渔场不服，向本院提出申诉。本院于2002年2月7日作出〔2002〕新中行再字第5-1号行政裁定，对本案进行再审。本院依法另行组成合议庭审理了本案，原审第三人朱庄村委会及长垣县水利局经合法传唤未到庭，本案现已审理终结。

一审判决查明：××渔场位于黄河太行堤工程管理范围内（3+700—5+000）临河一侧，该鱼塘临太行堤处宽30米，长1 300米，占压黄河太行堤的堤防临河护堤地。2000年1月5日，长垣县黄河河务局依据有关规定立案查处；同年3月20日向县人民政府提出处理意见；县人民政府同日批准同意该处理意见；同年3月10日，长垣县黄河河务局向渔场发出清障通知及听证权利告知书；3月20日对××渔场作出长黄水政〔2000〕第11号决定书，××渔场于3月22日向县人民政府申请复议，县人民政府于4月4日作出维持原具体行政行为的决定。一审认为，××渔场未经长垣县黄河河务局批准在太行堤护堤地范围内建设使用鱼塘，其行为违反了《中华人民共和国河道管理条例》《河南省黄河工程管理条例》的规定，长垣县黄河河务局依其职权，进行处理符合法律规定，故被诉具体行政行为事实清楚，证据充分，程序合法，适用法律、法规正确，××渔场请求长垣县黄河河务局补偿事项，因其经济损失不是长垣县黄河河务局造成的，故长垣县黄河河务局不负补偿责任。本案长垣县黄河河务局的具体行政行为没有为县水利局和朱庄村委会设定义务，因此县水利局和朱庄村委会与本案没有法律意义上的利害关系。××渔场请求水利局给予经济赔偿，不属于本案审理范围。一审判决：（一）维持长垣县黄河河务局2000年3月20日长黄水政〔2000〕第11号行政决定；（二）驳回原告××渔场请求长垣县黄河河务局给予经济补偿的诉讼请求。

宣判后，××渔场和朱庄村委会均不服，以要求赔偿上诉本院。本院二审查明事实与一审相同。二审认为：黄河河务部门是黄河河道管理的主管机关，任何单位和个人非经黄河河务部门批准，不得在黄河河道管理范围内修筑鱼塘。××渔场未经河务部门批准，擅自在黄河护堤地范围内建设使用鱼塘，其行为已违反有关法律规定，长垣县黄河河务局所作出的处理决定事实清楚，证据充分，应予支持。××渔场请求河务部门对其经济损失进行补偿的理由，因该损失不是河务部门的行政行为所致，故不负补偿责任。另外，县水利局给予经济补偿的请求，不属本案审理范围。二审判决：驳回上诉，维持原判。

判决生效后，××渔场仍不服，向本院提出申诉的主要理由是：长垣县黄河河务局为修复黄河大堤占用鱼塘，给申诉人造成的损失，应依据有关法律予以补偿。

本院再审查明的事实与原审查明事实一致。

再审认为，《河南省黄河河道管理办法》第十八条明确规定，黄河河道及其主要水工程管理范围是堤防护堤地太行堤临河30米，背河10米。第二十三条规定，在黄河河道管理范围内进行爆破、钻探、挖筑鱼塘等活动，必须报经黄河河道主管机关批准。本案××渔场位于黄河太行堤（3+700—5+000）临河30米工程管理范围内临河一侧，属于太行堤堤防临河护堤地，该渔场修建、使用鱼塘过程中未报黄河河道主管机关批准，违反了有关法律规定，因此长垣县黄河河务局责令限期回填太行堤工程管理范围内临堤脚外至30米处的鱼塘，该行政行为事实清楚，证据充分，申请人请求长垣县黄河河务局补偿事项，因其经济损失不是长垣县黄河河务局具体行政行为造成的，长垣县黄河河务局不应负补偿责任。本案二审判决认定事实清楚，适用法律正确，申诉人所提申诉理由不能成立。依照《最高人民法院关于执行〈中华人民共和国行政诉讼法〉若干问题的解释》第七十六条的规定，判决如下：

维持本院〔2000〕新行终字第159号行政判决。

本判决为终审判决。

审判长：郭××

审判员：王××

审判员：耿××

（河南省新乡市中级人民法院印章）

二〇〇三年三月五日

书记员：谢××

案评：

这一起案件从河务部门对渔场作出行政决定起，经历了行政复议、法院一审、二审和再审等司法审判程序，历时三年。本案主要涉及两个争议问题。即长垣县黄河河务局对渔场在护堤地内未经征用的土地是否享有管理权，以及政府有关主管部门的行政许可行为是否影响长垣县黄河河务局的行政管理权。

在本案中，尽管位于护堤地内的鱼塘的土地所有权归朱庄村委会，在承包期限内土地使用权由渔场行使。但长垣县黄河河务局的管理权主要是对土地使用的方式根据法律规定予以限制，要求土地的使用方式不能危害大堤安全，不能有碍于黄河防洪大计，不能损害公共利益。并未与村委会的所有权发生冲突，也没有要求改变村委会对土地的所有权，回填鱼塘以后土地的所有权仍属于村委会。在堤（坝）身、护堤地挖鱼塘是明令禁止的。渔场行使的使用权违反了法律的禁止性规定，渔场的损失属于违法行使使用权造成的，不应受法律保护，长垣县黄河河务局对回填渔场造成的损失没有赔偿责任。另外，回填部分违章鱼塘后，渔场仍可以在法律允许的范围内对该土地行使使用权。

其次，本案中政府有关主管部门的行政许可行为与长垣县黄河河务局的管理行为是平行的、并行不悖的。政府有关主管部门在其职权范围内依法作出的行政许可行为并不影响长垣县黄河河务局的行政管理行为。渔场实质上实施了两种性质完全不同的行为，即经营行为和挖筑行为。这两种行为受两个不同行政部门管辖，适用不同的法律。渔场的经营行为受政府有关主管部门管辖，政府有关主管部门可以在其职责范围内依法批准其进行经营活动。政府有关主管部门的批准行为仅针对渔场的经营行为而不针对渔场的挖筑行为。渔场的挖筑行为违反了《河南省黄河工程管理条例》的禁止性规定，长垣县黄河河务局在自己法定职责范围内有权对渔场的改造行为进行管理。因此，渔场用政府有关主管部门批准经营的许可行为来对抗长垣县黄河河务局对其挖筑行为的管理权是不恰当的。

九　涉水立法

案例一：“非法采矿罪”与移送公安机关

《最高人民法院、最高人民检察院关于办理非法采矿、破坏性采矿刑事案件适用法律若干问题的解释》自2016年12月1日起施行，为打击河道内非法采砂乱象提供了强有力的刑事法律支撑。这个“两高”司法解释是水利行业的第一个涉水司法解释，意义非凡。

（一）非法采砂入刑来之不易

2013年3月，水利部政策法规司启动严重水事违法行为刑事责任的入刑研究，组织征集全国涉及水事违法行为刑事责任的案例；召开追究水事违法行为刑事责任案例研讨会，邀请最高人民检察院领导、中国政法大学教授阮齐林、邱宝昌律师等专家，以及流域和地方水利专家对有关案评进行咨询、研讨；水利部政法司有关领导多次带队到全国人大法工委刑法室、最高人民法院汇报、沟通。

水利部政法司给全国人大常委会法工委刑法室的报告中有以下两段文字：（一）现行《中华人民共和国刑法》没有专门性的水资源保护条款。与水相关的条款主要有五条（第一百一十四条、第一百一十五条、第三百三十条、第三百三十八条、第三百四十条），分散在第二章危害公共安全罪、第六章妨害社会管理秩序罪的第五节危害公共卫生罪与第六节破坏环境资源保护罪章节中。其中，第一百一十四条与第一百一十五条规定了决水罪、过失决水罪，此类犯罪对象不是水资源本身，而是行为人利用对堤防和大坝的破坏等实施危害公共安全的犯罪行为。第三百三十条规定了妨害传染病防治罪，该条是与饮用水有关的刑事法律条款。第三百三十八条重大环境污染事故罪，将水作为环境的一个要素进行保护。第三百四十条规定了非法捕鱼罪，禁止在禁渔区捕鱼以及采用非法渔具捕鱼，这是保护渔业资源的刑法条款。以上几个条文只能用妨碍社会管理秩序罪中的破坏环境资源保护罪或渎职中的具体罪名来处理，均不是对水资源的直接保护，不能有效遏制水生态环境的恶化和对水资源、河湖、水工程等的保护。（二）现状司法实践中很少有严重水事违法行为被刑事追责。根据2003年至2012年10年执法统计数据，全国共发生53.4万件水事违法案件，每年发生水事案件5万多件，而且呈不断增长势头，受到刑事制裁的严重水事违法行为所占比例极少。2013年，水利部对全国范围严重水事违法行为受到刑事制裁的典型案例进行收集、整理和分析研究，仅仅收集到37份入刑案件判决书，其中直接涉及非法采砂的有34个，涉及破坏堤坝的有2个，涉及工程安全事故的有1个。从案卷分析可见，除违法施工案件外，其他典型案例都与非法采砂有关。从所判刑罚罪名来看，34个非法采砂行为被判罪名分别为：非法采矿罪18个，盗窃罪5个，非法经营罪4个，非法占用农用地罪1个，寻衅滋事罪2个，妨害公务罪2个，危害公共安全罪1个，故意毁坏财物罪1个。从实践层面看，由于缺乏独立的罪名，部分严重水事违法行为只能通过刑法中其他罪名进行制裁，如非法采砂行为便涉及非法采矿罪、盗窃罪、非法经营罪、非法占用农用地罪、寻衅滋事罪、妨害公务罪等罪名，司法实践中出现了国家法治执行的不统一。

非法采砂在全国各地都是水行政执法的顽症之一，多发频发、屡禁不止。“两高”司法解释的出台，无疑为水行政处罚和刑事处罚之间架起了一座桥梁，为打击非法采砂提供了更锋利的武器。

实际上，水利部最开始向全国人大法工委提出的方案并不只是非法采砂入刑，而是更多。水利部最早方案是：“党的十八大确定的在我国实施最严格的土地、水资源和环境保护三项管理制度中，只有水资源管理在刑法中没有相应的条文保护。为贯彻落实最严格水资源管理制度，有效遏制严重水事违法行为的发生，维护防洪、供水安全，建设生态文明，参照国内相关行业刑法保护经验，建议在《中华人民共和国刑法》修正案（九）中增设“非法采砂罪”“非法占用河道、水域罪”“非法取水罪”“破坏水利工程设施罪”“破坏水土资源罪”五个罪名。后来随着情况的变化，改为建议增设“非法占用水域罪”纳入《中华人民共和国刑法》九修订中和对“非法采砂”进行立法解释。不过，经过和全国人大法工委刑法室数次沟通，最后在全国人大法工委建议下，确定了通过最高人民检察院、最高人民法院，只对“非法采砂”严重违法行为进行司法解释。其间，水利部政策法规司全力以赴推动入刑工作，全国人大法工委、最高人民法院、最高人民检察院、自然资源部等部委协力支持，流域管理机构和各省水利厅积极配合，历时长达4年，过程曲折反复，真是来之不易。

（二）“非法采矿罪”司法解释解决了几个大问题

根据《中华人民共和国刑法》第三百四十三条，非法采矿罪，是指“违反矿产资源法的规定，未取得采矿许可证擅自采矿，擅自进入国家规划矿区、对国民经济具有重要价值的矿区和他人矿区范围采矿，或者擅自开采国家规定实行保护性开采的特定矿种，情节严重的，处三年以下有期徒刑、拘役或者管制，并处或者单处罚金；情节特别严重的，处三年以上七年以下有期徒刑，并处罚金”。

这次“两高”“非法采矿罪”司法解释解决了河道砂石属性、采砂许可证、非法采砂犯罪的定罪量刑标准、非法采砂犯罪所得之物与所用之物的处理、出具鉴定的部门等几个大问题：

（1）解决了河道砂石的属性问题。

实践中，不少人对矿产资源的认识仅仅停留在煤、石油等能源矿产及金、银、铜、铁等金属矿产上，对江砂、河砂是否属于矿产资源还缺乏清晰的认识。这次司法解释认可了河道、航道内的砂石均属矿产资源的概念。

（2）对“违反矿产资源法的规定”做了扩大解释。

把《中华人民共和国水法》等水利法律、行政法规纳入和《中华人民共和国矿产资源法》同等地位的有关矿产资源开发、利用、保护和管理的规定的矿产资源法。

（3）对“采矿许可证”做了扩大解释。

在司法解释中，明确了水行政主管部门审批发放的“河道采砂许可证”与国土资源部门审批发放的“采矿许可证”同等地位。对“未取得采矿许可证”做了扩大解释。

2003 年，最高人民法院《关于审理非法采矿、破坏性采矿刑事案件具体应用法律若干问题的解释》第二条规定：“具有下列情形之一的，属于本解释第一条第（一）项规定的‘未取得采矿许可证擅自采矿’：（一）无采矿许可证开采矿产资源的；（二）采矿许可证被注销、吊销后继续开采矿产资源的；（三）超越采矿许可证规定的矿区范围开采矿产资源的；（四）未按采矿许可证规定的矿种开采矿产资源的（共生、伴生矿种除外）；（五）其他未取得采矿许可证开采矿产资源的情形。”

2016 年，这次“两高”“非法采矿罪”最新司法解释第二条规定：“具有下列情形之一的，应当认定为刑法第三百四十三条第一款规定的‘未取得采矿许可证’：（一）无许可证的；（二）许可证被注销、吊销、撤销的；（三）超越许可证规定的矿区范围或者开采范围的；（四）超出许可证规定的矿种的（共生、伴生矿种除外）；（五）其他未取得许可证的情形。”

（4）明确了非法采砂犯罪的定罪量刑标准。

最新司法解释第三条规定：“实施非法采矿行为，具有下列情形之一的，应当认定为刑法第三百四十三条第一款规定的‘情节严重’：（一）开采的矿产品价值或者造成矿产资源破坏的价值在十万元至三十万元以上的；（二）在国家规划矿区、对国民经济具有重要价值的矿区采矿，开采国家规定实行保护性开采的特定矿种，或者在禁采区、禁采期内采矿，开采的矿产品价值或者造成矿产资源破坏的价值在五万元至十五万元以上的；（三）二年内曾因非法采矿受过两次以上行政处罚，又实施非法采矿行为的；（四）造成生态环境严重损害的；（五）其他情节严重的情形。实施非法采矿行为，具有下列情形之一的，应当认定为刑法第三百四十三条第一款规定的‘情节特别严重'：（一）数额达到前款第一项、第二项规定标准五倍以上的；（二）造成生态环境特别严重损害的；（三）其他情节特别严重的情形。"

第四条规定："在河道管理范围内采砂，具有下列情形之一，符合刑法第三百四十三条第一款和本解释第二条、第三条规定的，以非法采矿罪定罪处罚：（一）依据相关规定应当办理河道采砂许可证，未取得河道采砂许可证的；（二）依据相关规定应当办理河道采砂许可证和采矿许可证，既未取得河道采砂许可证，又未取得采矿许可证的。实施前款规定行为，虽不具有本解释第三条第一款规定的情形，但严重影响河势稳定，危害防洪安全的，应当认定为刑法第三百四十三条第一款规定的'情节严重'。"

（5）扩大了出具鉴定结论、价格认定的部门。

2003年，最高人民法院《关于审理非法采矿、破坏性采矿刑事案件具体应用法律若干问题的解释》第六条规定："破坏性的开采方法以及造成矿产资源破坏或者严重破坏的数额，由省级以上地质矿产主管部门出具鉴定结论，经查证属实后予以认定。"

这次司法解释中，第十三条规定："非法开采的矿产品价值，根据销赃数额认定；无销赃数额，销赃数额难以查证，或者根据销赃数额认定明显不合理的，根据矿产品价格和数量认定。矿产品价值难以确定的，依据下列机构出具的报告，结合其他证据作出认定：（一）价格认证机构出具的报告；（二）省级以上人民政府国土资源、水行政、海洋等主管部门出具的报告；（三）国务院水行政主管部门在国家确定的重要江河、湖泊设立的流域管理机构出具的报告。"第十四条规定："对案件所涉的有关专门性问题难以确定的，依据下列机构出具的鉴定意见或者报告，结合其他证据作出认定：（一）司法鉴定机构就生态环境损害出具的鉴定意见；（二）省级以上人民政府国土资源主管部门就造成矿产资源破坏的价值、是否属于破坏性开采方法出具的报告；（三）省级以上人民政府水行政主管部门或者国务院水行政主管部门在国家确定的重要江河、湖泊设立的流域管理机构就是否危害防洪安全出具的报告；（四）省级以上人民政府海洋主管部门就是否造成海岸线严重破坏出具的报告。"

显然，新的司法解释中，把省级以上人民政府水行政主管部门和流域管理机构都纳入了矿产品价值认定机构；同时明确了省级以上人民政府水行政主管部门或者流域管理机构就是否危害防洪安全有认定资格。

（6）非法采砂犯罪所得之物与所用之物的处理。

《刑法》第六十四条规定：犯罪分子违法所得的一切财物，应当予以追缴或者责令退赔；对被害人的合法财产，应当及时返还；违禁品和供犯罪所用的本人财物，应当予以没收。没收的财物和罚金，一律上缴国库，不得挪用和自行处理。

这次司法解释第十二条规定：对非法采矿、破坏性采矿犯罪的违法所得及其收益，应当依法追缴或者责令退赔。对用于非法采矿、破坏性采矿犯罪的专门工具和供犯罪所用的本人财物，应当依法没收。

（7）非法采砂犯罪的其他问题。

《刑法》第三百一十二条规定："明知是犯罪所得及其产生的收益而予以窝藏、转移、收购、代为销售或者以其他方法掩饰、隐瞒的，处三年以下有期徒刑、拘役或者管制，并处或者单处罚金；情节严重的，处三年以上七年以下有期徒刑，并处罚金。单位犯前款罪的，对单位判处罚金，并对其直接负责的主管人员和其他直接责任人员，依照前款的规定处罚。"

这次司法解释第七条规定：明知是犯罪所得的矿产品及其产生的收益，而予以窝藏、转移、收购、代为销售或者以其他方法掩饰、隐瞒的，依照刑法第三百一十二条的规定，以掩饰、隐瞒犯罪所得、犯罪所得收益罪定罪处罚。实施前款规定的犯罪行为，事前通谋的，以共同犯罪论处。第十条规定：实施非法采矿犯罪，不属于"情节特别严重"，或者实施破坏性采矿犯罪，行为人系初犯，全部退赃退赔，积极修复环境，并确有悔改表现的，可以认定为犯罪情节轻微，不起诉或者免予刑事处罚。第十一条规定：对受雇佣为非法采矿、破坏性采矿犯罪提供劳务的人员，除参与利润分成或者领取高额固定工资的以外，一般不以犯罪论处，但曾因非法采矿、破坏性采矿受过处罚的除外。

（三）水利部门如何向公安机关移送涉嫌犯罪案件

没有公安机关等司法部门的支持，非法采砂是"非法采矿罪"的司法解释很难落到实处。打击非法采砂严重水事违法行为，水利部门一方面需要依靠自身的行政处罚措施，另一方面需要借公安机关等司法部门的外力，以维护河道良好的水事管理秩序。

2016 年 6 月 16 日，公安部制定了《公安机关受理行政执法机关移送涉嫌犯罪案件规定》，使水行政执法与刑事司法可以更好地衔接。

按照这个规定，水利部门向公安机关移送涉嫌犯罪案件，需要知道以下主要内容：

（1）公安机关接受水利部门（行政执法机关）移送的涉嫌犯罪案件时，要检查水利部门是否提供下列材料：

①案件移送书，载明水利部门名称、行政违法行为涉嫌犯罪罪名、案件主办人及联系电话等。案件移送书应当附移送材料清单，并加盖河务部门公章。

②案件调查报告，载明案件来源、查获情况、嫌疑人基本情况、涉嫌犯罪的事实、证据和法律依据、处理建议等。

③涉案物品清单，载明涉案物品的名称、数量、特征、存放地等事项，并附采取行政强制措施、现场笔录等表明涉案物品来源的相关材料。

④附有鉴定机构和鉴定人资质证明或者其他证明文件的检验报告或者鉴定意见。

⑤现场照片、询问笔录、电子数据、视听资料、认定意见、责令整改通知书等其他与案件有关的证据材料。

⑥水利部门已经或者曾经作出有关水行政处罚决定的，有关水行政处罚决定书。

公安机关对材料不全的，应当在接受案件的24小时内书面告知水利部门在3日内补正。但不得以材料不全为由，不接受移送案件。

（2）对接收的案件，公安机关按照下列情形分别处理：

①对属于本公安机关管辖的，迅速进行立案审查。

②对属于公安机关管辖但不属于本公安机关管辖的，移送有管辖权的公安机关，并书面告知移送案件的河务部门。

③对不属于公安机关管辖的，退回移送案件的水利部门，并书面说明理由。

（3）公安机关对接受的案件应当立即审查，并在规定的时间内作出立案或者不立案的决定。决定立案的，应当书面通知移送案件的水利部门。对决定不立案的，应当说明理由，制作不予立案通知书，连同案卷材料在3日内送达移送案件的水利部门。

（4）公安机关审查发现涉嫌犯罪案件移送材料不全、证据不充分的，可以就证明有犯罪事实的相关证据要求等提出补充调查意见，商请移送案件的水利部门补充调查。必要时，公安机关可以自行调查。

（5）对决定立案的，公安机关应当自立案之日起3日内与水利部门交接涉案物品及与案件有关的其他证据材料。

对保管条件、保管场所有特殊要求的涉案物品，公安机关可以在采取必要措施固定留取证据后，商请水利部门代为保管。

移送案件的水利部门在移送案件后，在相关行政复议、行政诉讼中，需要使用已移送公安机关证据材料的，公安机关应当协助。

（6）单位或者个人认为水利部门办理的行政案件涉嫌犯罪，向公安机关报案、控告、举报或者自首的，公安机关应当接受，不得要求相关单位或者人员先行向水利部门报案、控告、举报或者自首。

（7）对水利部门移送的涉嫌犯罪案件，公安机关立案后决定撤销案件的，应当将撤销案件决定书连同案卷材料送达移送案件的水利部门。对依法应当追究行政法律责任的，可以同时向水利部门提出书面建议。

（8）公安机关定期总结受理审查水利部门移送涉嫌犯罪案件情况，分析衔接工作中存在的问题，并提出意见建议，通报水利部门、同级人民检察院。必要时，同时通报本级或者上一级人民政府，或者实行垂直管理的水利部门的上一级机关。

（9）公安机关受理水利部门移送涉嫌犯罪案件，依法接受人民检察院的法律监督。

案例二：《河南省黄河防汛条例》立法

2016年11月18日，河南省第十二届人民代表大会常务委员会第二十五次会议审议通过了《河南省黄河防汛条例》（以下简称《条例》），自2017年3月1日起正式实施。《条例》共七章四十九条，包括总则、防汛组织、防汛准备、防汛抢险、善后工作、法律责任和附则等内容。《条例》的出台，将河南黄河防汛从行政措施上升到法律手段，是依法推进河南黄河防汛工作迈上新台阶的里程碑，是河南省人民治黄史上的一件大事，具有十分重要的意义。条例立法过程曲折，可以说是“十年磨一剑”，凝聚了河南省上下方方面面的心血。

（一）《条例》出台的背景

黄河安危，事关大局。黄河的防洪安全问题关系国家政治稳定、社会发展和经济繁荣，黄河治理与开发对国家社会经济发展、生态恢复与建设意义重大，一直是党和国家领导人及沿黄党政军民关心关注的重大事项。

河南处在黄河“豆腐腰”段，是黄河防汛的重点河段，具有不同于其他河流和黄河其他河段的显著特点：一是河床高悬地上，河道形态复杂，具有“宽、浅、散、乱”的特征，是典型的游荡性河道，河道内沙洲密布，水流分散，歧流丛生，防洪工程易出险；二是洪水突发性强，预见期短；三是滩区面积大，人口多；四是历史上决口多，改道频繁，波及范围大，灾难深重。

由于受到河南黄河特殊的河道形态和管理现状的影响，长期以来，黄河河道管理工作存在着许多问题。河南黄河防汛出现了许多新的问题，主要表现在以下几个方面：

（1）2008 年，国务院批准的《黄河流域防洪规划》防洪标准为花园口站 22 000 m^3/s 流量，三门峡至花园口区间据计算分析，100 年一遇洪水流量仍达 15 700 m^3/s，小浪底水库及其下游支流水库只能控制该区域流域面积的 36%（尚有 2.7 万 km^2 的流域面积为无工程控制区），进入下游 100 年一遇洪水的洪峰流量仍将高达 15 700 m^3/s，大洪水依然威胁着河南滩区的 128 万常住人口。一旦发生大洪水，滩区、滞洪区安全设施不足，迁安救护难度大。黄河滩区避洪设施和撤迁道路数量少、状况差，仅能满足部分群众的临时避洪和撤迁转移需要，短时间内完成群众的转移任务十分艰巨。

（2）防洪工程体系和非工程措施尚需进一步完善。其一，北岸标准化堤防还未建成，防御大洪水工程措施还不完善；其二，河道工程还不配套，“二级悬河”依然存在，中常洪水还不能得到有效控制，畸形河势时有发生，危及工程和群众安全；其三，防洪非工程措施还存在薄弱环节，突出表现为防汛责任制落实、防汛队伍组织、抢险技术手段、专业队伍装备等方面尚不能满足抗大洪、抢大险的需要。

（3）沿黄地区对河道资源的需求急剧加大，滩区开发利用持续超载。随着河南省粮食生产核心区和中原经济区建设、郑州航空港经济实验区三大国家战略的推进，以及基本农田“土地利用红线”的日趋紧张，沿黄地区经济社会发展用地空间不断缩小，一些企业把眼光转向了黄河滩区，许多地区将河道滩地规划为基本农田，给河道管理造成很大影响。

（4）随着《河南省湿地保护条例》及“三部委”和“十部委”通知等法规和规范性文件的颁布实施，涉河相关单位和部门对河道管理提出了新的要求。与此同时，违规建设项目、违规设障、无序采砂、盗采铁砂等现象严重，非法侵占河道和倾倒垃圾成为常态化新的违规项目，给黄河河道行洪安全和滩区群众生命财产安全、滩区土地安全、水资源安全、生态环境安全等造成较大威胁。

1998 年，国家颁布的《中华人民共和国防洪法》，2005 年修订颁布的《中华人民共和国防汛条例》，为防治洪水，防御、减轻洪涝灾害，保障人民生命财产安全和经济建设的顺利进行发挥了重要作用。同为黄河下游地区的山东省，2003 年已经出台了该方面的地方性法规。

因此，针对河南省“地上悬河”、滩区人口众多等特殊情况，非常有必要尽早制定更具实用性和可操作性的专门地方性法规，以全面贯彻落实国家法律、法规，促进黄河长治久安和河南沿黄经济社会健康发展。

（二）立法历程

1. 前期立法阶段情况

2002 年，河南黄河河务局开始起草《河南省黄河防汛条例》（初稿），经过多次修改，于 2004 年底提交省人民政府常务会议研究，因意见不同而搁置。

2005 年，随着《中华人民共和国防洪法》和《中华人民共和国防汛条例》的颁布实施，对河南省防洪工作提出了新的更高的要求，由于河南黄河的特殊性、复杂性和紧迫性，亟需地方性法规进行具体规范和操作细化。

2009 年，《中共河南省委批转〈省人大常委会党组关于 2009 年至 2013 年地方立法规划的报告〉的通知》将该条例列入省人大 2009 年至 2013 年地方立法规划。同年，河南省人大农工委按照立法规划的安排，组织开展了 2 次《条例》立法调研活动，分别对山东省、山西省和陕西省相关情况进行了考察，全面了解了黄河中、下游概况。

2012 年，河南省人大农工委将《条例》调研工作列入 2012 年度工作要点。同年 6 月，省人大、河南黄河河务局共同赴黄河上中游开展该《条例》的立法调研活动。同时，河南黄河河务局积极调整水法规建设领导小组及起草工作小组，进一步修改完善《条例》的内容。

2013 年初，河南黄河河务局制定《河南河务局 2013 年防汛条例立法实施方案》，并与省人民政府法制办联合召开了《条例》立法座谈会，正式启动《条例》立法工作。经过半年时间的反复研讨、修改，在全局范围内开展了征求意见、专家咨询、局长办公会审定，形成了《条例》（草稿），并于 2013 年 8 月向省政府报送了《关于〈河南省黄河防汛条例〉（草稿）的报告》，并将该条例立法依据和说明上报省政府法制办。

在这个阶段，河南黄河河务局梳理形成了“立法依据及参照的有关规定”，具体目录如下：

（1）立法依据：《中华人民共和国防洪法》《中华人民共和国防汛条例》《中华人民共和国河道管理条例》《自然灾害救助条例》。

（2）参照的有关规定：《河南省实施〈中华人民共和国防洪法〉办法》《河南省黄河工程管理条例》《河南省实施〈中华人民共和国防汛条例〉细则》《山东省黄河防汛条例》《河南省河道采砂管理办法》《河南省浮桥管理办法》《黄河下游浮桥建设管理办法》《河南省黄河河道管理办法》《河南省国土资源厅〈关于落实第 304 号省长指示情况的报告〉》，黄防总办《黄河防汛总指挥部办公室防洪指挥调度规程（试行）》，黄委《黄河流域河道管理范围内非防洪建设项目施工度汛方案审查管理规定》，黄委《黄河河道管理范围内建设项目技术审查标准（试行）》，河南省《关于进一步加强和规范防汛抗旱新闻宣传报道工作的通知》，河南省《关于进一步加强黄河河道内开发建设管理工作的通知》，财政部、国家发展改革委、水利部《黄河下游滩区运用财政补偿资金管理办法》，黄委《黄河下游河道采砂管理办法（试行）》。

2. 省人民政府法制办立法阶段情况

省人民政府法制办进行了认真审查和修改，并采取多种方式征求有关方面的意见。一是于 2014 年 6 月以省人民政府名义正式发文征求 13 个省直有关部门和单位、沿黄各省辖市、部分县（市）人民政府的意见，并在省人民政府法制网站上公开征求社会公众意见；二是到郑州、开封等地进行立法调研，听取基层管理单位的意见建议；三是召开由立法咨询专家参加的论证会、座谈会，听取意见和建议。2014 年 8 月，省人民政府法制办在郑州组织召开了《条例》修改工作会议，结合征求意见情况和河南黄河防汛和河道实际，对《条例》所有条款逐条逐句地进行全面、系统的修改、完善。

2015 年 5 月，省人民政府第 58 次常务会议审议通过了该条例草案，并向省人大报送了《河南省人民政府关于提请审议〈河南省黄河防汛条例（草案）〉的议案》［以下简称《条例（草案）》］。

3. 省人大立法调研及修改阶段情况

1）人大农委工作情况

收到省人民政府提请的《条例（草案）》后，农委成立了初审小组，制定了初审工作计划，积极开展初审工作。一是将《条例（草案）》书面印发省辖市、省直管县（市）人大常委会，省直有关单位广泛征求意见；二是由农委和河南黄河河务局同志组成调研组，赴三门峡、洛阳、郑州、开封、新乡、濮阳、焦作、济源及巩义、兰考、长垣等省辖市及省直管县（市）实地察看河南黄河重点工程和典型河段；三是赴山东省学习考察黄河防汛立法经验；四是召开有省发展和改革委员会、财政厅、水利厅、林业厅等省直有关单位负责同志参加的征求意见座谈会；五是邀请省国土厅、省扶贫办等单位的同志一同前往开封、新乡及兰考、长垣等地对相关问题进行专题调研；六是就黄河滩区内的耕地是否禁止划设基本农田等问题进行专题研讨。经过讨论修改，2016

年7月27日省十二届人大常委会第二十三次会议对《条例（草案）》进行了第一次审议，常务委员会组成人员认为，为了做好黄河防汛工作，保障人民生命财产安全和经济社会发展，制定《条例》是必要的，同时也提出了一些修改意见和建议。

2）人大法制委工作情况

一是根据一审审议意见，会同省人民政府法制办公室、河南黄河河务局对《条例（草案）》进行了研究修改，并于2016年8月11日将修改稿书面印发省辖市、省直管县（市）人大常委会，省直有关单位征求意见。二是先后到焦作、洛阳、三门峡等地进行了调研，召开了多个征求意见座谈会，赴青海、甘肃进行了学习考察。三是于2016年10月21日召开了省发展和改革委员会、国土资源厅、住房和城乡建设厅、农业厅、畜牧局、河南黄河河务局等有关单位相关部门参加的论证会，就黄河滩区内的耕地能否划为基本农田问题，进行了研究论证。四是会同有关部门，根据各方面的意见对《条例（草案）》进行了认真研究修改。

2016年11月18日，省十二届人大常委会第二十五次会议对该《条例》进行了审议，法制委员会根据分组讨论时人大常委会组成人员提出的意见和建议，对《条例》进行了最后的修改完善，在表决时，《条例》获得高票通过。

（三）争议问题处理

1. 关于“禁止将黄河滩区内的耕地划为基本农田”的问题

河南黄河滩区面积2 116平方千米，耕地228万亩，滩区基本农田面积近200万亩。省人民政府报送至省人大审议的《河南省黄河防汛条例（草案）》第十五条规定“禁止将黄河滩区内的耕地划为基本农田”。

河南黄河河务局认为，黄河河道的主要功能是输水、淤沙、滞洪，滩区土地没有作为基本农田的安全保障，如若划为基本农田，对河南省作为国家粮食生产区、确保国家粮食安全存在极大的威胁，也不符合国家粮食安全的战略构架要求。因此建议：应当明确“禁止将黄河滩区内的耕地划为基本农田”，提出的主要依据是：

（1）宪法依据。《中华人民共和国宪法》第九条规定，水流属于国家所有。如果将黄河滩区内土地划为基本农田，则意味着黄河滩区土地的所有权由国家所有转变为集体所有，违反宪法规定。

（2）土地管理的法律依据：①《土地管理法》第四章“耕地保护”第三十九条规定“……禁止围湖造田和侵占江河滩地”。②《土地管理法》《基本农田保护条例》《河南省基本农田保护条例》中对耕地划入基本农田作出了明确界定。河南黄河防汛抗旱形势依然十分严峻，有发生大洪水的可能，不具备划入基本农田保护区的条件。

（3）河南省地方性法规的依据。《河南省湿地保护条例》第五章第三十四条规定，禁止将黄河湿地保护区域划为基本农田。对河南省而言，黄河滩区与黄河湿地保护区域多处重合。

（4）土地管理的政策性依据。河南省国土资源厅 2000 年《关于落实第 304 号省长批示情况的报告》中明确："黄（沁）河滩区内的耕地……不划入基本农田保护区；凡已划入的，要予以调整。"

在审议修改过程中，针对该条规定存在不同观点。为充分论证该问题，河南省人大农工委、法制委分别组织省国土资源厅、省发展和改革委员会、省水利厅、省农业农村厅、省林业厅、省畜牧局和河南黄河河务局召开了论证会。在省人大二审时，鉴于基本农田的划定主要依据国家和河南省关于基本农田保护的法律、法规，该条例主要规范黄河防汛工作，对这一问题不再涉及。未作规定并不意味着该问题不重要，或者滩区内的耕地可以划为基本农田，还须在以后的工作中继续研究，力争将滩区内已划定的基本农田维持现有规模，河道摆动范围内的耕地和新增滩地不再划为基本农田，防洪标准低、条件差的滩区内耕地可以逐步退出基本农田。

2. 关于该条例适用范围的问题

按照《水法》第十二条规定，黄河流域实行流域管理与行政区域管理相结合的管理体制。相对应的，河南境内黄河河段分为流域机构直管河段和地方管理的非直管河段，黄河和沁河干流河段属于直管河段，其中三门峡水库、小浪底水库等重要水利工程直接由黄委进行防洪调度。黄河干流上的三门峡河段设有地方政府所属的黄河河务部门，不同于流域管理机构下属的黄河河务部门，此外，除沁河外的黄河支流也属于地方管理，管理权限复杂。在该条例修改审议的各个阶段，都有关于条例适用范围问题的意见和建议，有两点建议最具代表性：一是建议明确河南黄河防汛涵盖河流的概念，要考虑河南境内黄河流域的其他河流防汛如何衔接，有人提议应当统筹省内涉及黄河的河流，把伊洛河等黄河支流包含进该条例的适用范围内，不应仅是黄河河务局管理的黄沁河；二是建议考虑三门峡市黄河河务局及其所属县局实施该条例的实际问题。因该条例主旨在于规范黄河（包括沁河）干流河道的防汛工作，经过反复研讨，在河南省十二届人大常委会第二十五次会议审议时，认为应该分三个层次规定条例适用的范围：一是防汛工作的地域范围包括黄河及其重要支流沁河的干流及其滩区、滞洪区和库区；二是河南黄河防汛工作内容包括防洪工作和防凌工作；三是三门峡与小浪底等水库的管理按照国家有关规定执行。具体修改为三款："本省境内黄河（包括黄河干流、沁河干流及其滩区、滞洪区和库区）的防汛活动，适用本条例。

前款所称防汛活动，包括防洪和防凌。

黄河干流上的三门峡与小浪底水库及黄河支流上的伊河陆浑水库、洛河故县水库、沁河河口村水库的防洪防凌调度，按照国家有关规定执行。"

（四）关于相关部门职责分工的问题

河南黄河防汛涉及政府、防汛指挥机构及其成员单位、相关行业和社会其他组织等众多主体。《条例》在征求意见过程中，相关部门针对如何明确并准确表述各自的职责内容都提出了具体的意见和建议，在人大审议过程中，有的委员提出黄河河务部门具体负责黄河防汛的组织、协调、监督和指导等日常工作，应明确黄河河务部门的职责，充分发挥其在黄河防汛工作中的重要作用。《条例》采纳了这些建议和意见，例如第八条中规定，黄河河务部门应当加强黄河防汛工作宣传教育，负责编制本行政区域黄河防汛预案；指导防汛抢险事宜；负责黄河应急度汛工程、水毁修复工程项目的建设与管理；负责国家储备防汛物资、设备和专业机动抢险队伍的管理和调度。

（五）《条例》解读

1.《条例》的两个突出特征

1）坚持法制统一与河南黄河防汛工作实际相结合

（1）充分遵循上位法的重要规定。条例对《中华人民共和国防洪法》《中华人民共和国防汛条例》《中华人民共和国河道管理条例》等上位法相关规定进行了细化和明确。

（2）充分吸收区域涉河相关法律、法规的规定。在制定过程中采纳了国土、民政、环保、卫生计生等相关部门提出的合理建议，尊重了《河南省湿地保护条例》《河南省浮桥管理办法》等涉河地方性法规的规定，同时突出河南黄河防汛工作的特点，具有很强的针对性和可操作性。

（3）集中体现水利行业和黄河流域规范体系。制定《条例》的过程中，认真梳理了水利部、黄河水利委员会、黄河防汛抗旱总指挥部关于黄河以及河南黄河和河道管理的政策规定及其他规范性文件。

（4）总结长期以来河南黄河防汛实践中的成熟经验、做法和行之有效的政策、措施，使之上升为法规规范，增强了法律效力。吸收、采纳了省人民政府办公厅关于加强河道开发建设管理和禁止倾倒垃圾的文件规定，并根据《立法法》的要求和立法技术规范，对《条例》的框架、文字和逻辑进行技术处理，使之更加规范。

（5）针对现行法律、法规的一般原则性规定及未作明确规定的内容，《条例》贴合河南黄河防汛实际，针对近年来出现的新问题、新情况，在遵循现行法律框架的前提下作了相应规定，提出了相应的处理措施。《条例》第十五条、第二十条和第三十二条规定，下列11项行为属于禁止性行为：①禁止向黄河滩区迁增常住人口；②禁止将黄河滩区规划为城市建设用地；③禁止将黄河滩区规划为商业房地产开发用地；④禁止将黄河滩区规划为工厂、企业成片开发区；⑤禁止在黄河河道管理范围内建设妨碍行洪的建筑物、构筑物；⑥禁止围垦河道；⑦禁止倾倒垃圾等废弃物；⑧不得在黄河伏秋汛期架设新的浮桥；⑨花园口站流量出现3 000 立方米每秒以上洪水时，已架设的浮桥必须在24小时内拆除；⑩禁止在黄河河道管理范围内采淘铁砂；⑪禁止在黄河禁采区、禁采期采砂。

2）突出了防汛工作的系统化特征

（1）《条例》涵盖政府、防汛指挥机构及其成员单位、相关行业和社会其他组织等众多主体，规定了防汛指挥、调度、组织、宣传等工作体系的各个方面，完善健全了河南黄河防汛体系。

（2）更加突出明确了河南黄河防汛工作主管部门和其他重要部门的职责。例如，《条例》第八条第三款专款明确了黄河河务部门的职责：黄河河务部门负责编制本行政区域黄河防汛预案；指导防汛抢险事宜；负责黄河应急度汛工程、水毁修复工程项目的建设与管理；负责国家储备防汛物资、设备和专业机动抢险队伍的管理和调度。

（3）对黄河防汛工作的重要领域、重点环节和行业运行的制度规范更加灵活有效。

（4）各项保障措施更加健全、完善，包括组织保障、工程保障、非工程措施保障、防汛资金、物资和设施保障等。例如，《条例》第十条对防汛抢险队伍建设进行了规定，既规定了防汛队伍的管理原则，即专业防汛队伍和群众防汛队伍相结合，同时明确了不同防汛队伍的管理责任主体。

（5）对失职、违法行为的问责更加系统、完善。首先《条例》第十五条、第二十条、第三十二条第二款等条款明确规定了在黄河河道内的禁止性行为，同时《条例》第三十一条、第三十二条第一款等条款为采砂、取土、浮桥运行等需要规范的行为设置了相应的程式，最后为保障各项措施落到实处，《条例》规定了防汛各有关主管部门及工作人员挪用资金等贪腐行为以及失职渎职等行政失当行为应当承担的法律责任，并进一步加大了行政相对人违法行为的处罚力度。尤其是对违法采淘铁砂、采砂等行为，规定了“没收非法所得”的处罚措施，结合《最高人民法院、最高人民检察院关于办理非法采矿、破坏性采矿刑事案件适用法律若干问题的解释》，对严重的非法采砂行为可以科以刑事制裁，增强了对非法采砂行为的震慑作用。

2.《条例》建立和完善的黄河防汛 17 项基本工作制度

《条例》为河南黄河防汛建立完善一套完整的制度框架奠定了基础，体现了防汛工作规范化的要求。

1）《条例》新建立的制度（3 项）

（1）河南黄河防汛工作职责的社会公布制度。

《条例》第八条第一款规定：“有黄河防汛任务的县级以上人民政府应当明确同级防汛指挥机构的成员单位以及其他相关部门的黄河防汛职责，并向社会公布。”通过该款规定，既提醒了相关责任单位和责任人牢记工作职责，也将河南黄河防汛工作置于公众监督之下。该制度在《条例》实施以后，还需根据实际工作加以健全和完善，例如明确公布的主体、时间、方式、对象及公布文件的签发人等内容。

（2）河南黄河防汛督察制度。

《条例》第九条规定，各级防汛指挥机构应当建立黄河防汛督察制度，对本级防汛指挥机构成员单位及其他相关部门和下级防汛指挥机构的黄河防汛工作进行监督、检查，发现问题应当责令责任单位限期整改。

（3）黄河河道管理红线制度。

《条例》梳理了黄河防汛抗旱总指挥部、省人民政府的有关规范性文件和相关黄河滩区开发建设规划对滩区利用的禁限规定，明确规定了黄河河道内的禁止性行为及浮桥、采砂、取土等防汛关联度高的活动应遵循的行为规范，为今后的河道管理提供法律依据和保障。

2）《条例》确认、完善的相关制度（14 项）

（1）明确了河南黄河防汛的工作范围。

《条例》在第二条明确了河南黄河防汛的工作范围。根据该条规定，河南黄河防汛包括防洪工作和防凌工作，防汛工作的地域范围包括黄河及其重要支流沁河的干流及其滩区、滞洪区和库区。

（2）完善了河南黄河防汛责任制。

《条例》第四条规定："黄河防汛工作实行安全第一、常备不懈、以防为主、全力抢险的方针，遵循团结协作和局部利益服从全局利益的原则。"本条明确了河南黄河防汛责任制涵盖两项制度，即各级人民政府行政首长负责制和黄河防汛有关部门防汛岗位责任制。同时，明确了河南黄河防汛工作实行的工作体制是统一指挥，分级分部门负责。

（3）明确黄河防汛费用的筹集和使用。

《条例》第五条规定："黄河防汛费用按照国家、地方政府和受益者合理承担相结合的原则筹集。黄河防汛费用应当专款专用。有黄河防汛任务的县级以上人民政府应当根据国家和本省有关规定，安排必要的资金和劳务，用于黄河防汛队伍培训、演练、防汛物料筹集、防汛抢险等防汛活动。任何单位和个人不得截留、挪用黄河防汛、救灾资金和物资。"本条共三款，分为三个层次。一是黄河防汛费用的筹措，即由国家、地方政府和受益者合理承担相结合，政府应当根据国家和本省有关规定，安排必要的资金和劳务，这一规定为河南黄河防汛工作开辟了新的投资渠道；二是防汛费用的使用，防汛费用应当专款专用，政府安排的资金和劳务应当用于黄河防汛队伍培训、演练、防汛物料筹集、防汛抢险等防汛活动；三是防汛资金和物资不得截留或者挪用。

（4）突出了各级政府的责任。

《条例》中许多条文都体现了各级政府在黄河防汛工作中应担负的责任。例如，第七条规定政府行政首长担任指挥长；第十一条规定政府应当于每年汛前制定当年黄河防汛预案；第十三条规定政府统一领导转移安置救护工作；第十九条规定政府在汛期前安全设施检查责任，等等。

（5）突出了黄河河务部门作为黄河防汛业务主管部门的地位和责任。

《条例》第七条第二款规定："各级防汛指挥机构的黄河防汛办事机构设在本级黄河河务部门。黄河防汛办事机构在本级人民政府领导下负责本行政区域黄河防汛的日常工作。"以法律规范的形式确认了黄河河务部门作为防汛指挥机构黄河防汛办事机构的法律地位。

《条例》第八条第三款规定了黄河河务部门的具体职责。

另外，在第三章防汛准备中，多条提到了黄河河务部门的职责，第十七条规定，河务部门应当做好黄河专用通信网建设和运行工作；第十八条规定，河务部门应当做好黄河堤顶道路硬化与维护，等等。

（6）确认了黄河防汛预案的制订及其效力。

第十一条系统规定了黄河防汛预案的制订主体、依据、时间、内容和效力等内容。根据第八条第三款、第十一条规定，黄河防汛预案由黄河河务部门编制后报人民政府批准，其制订主体是各级政府，制订的依据是国家公布的黄河流域防洪规划、黄河防御洪水方案和国家规定的防洪标准和防洪工程实际状况，制订的时间是每年汛期以前，内容包括防汛任务、职责分工、指挥调度、队伍组织、防守措施、物资储备和运输、通信电力和后勤保障、滩区和滞洪区群众转移安置救护等，黄河防汛预案的效力是一经下达，有关防汛指挥机构及相关部门和单位必须执行。

（7）黄河河道管理范围内行洪障碍物清除制度。

《条例》第二十条规定："对黄河河道管理范围内的行洪障碍物，按照谁设障、谁清除的原则，由防汛指挥机构责令限期清除；逾期不清除的，由防汛指挥机构组织强行清除，所需费用由设障者承担。"

该条规定将《防洪法》关于河道清障的规定落到实处，明确了防汛指挥机构的责任，为河道清障工作提供了法律保障。

（8）汛前防汛检查制度。

《条例》第二十一条确认了黄河汛前防汛检查制度，规定："各级防汛指挥机构应当在汛期前对防汛预案落实情况及各类防汛设施进行检查，被检查单位和个人应当予以配合。发现影响防洪安全的问题，责成责任单位在规定的期限内处理；督促在建工程按期完成，确保及时投入防汛运用。"

（9）黄河河道管理范围内非防洪工程、设施防守责任制度。

第二十三条明确了黄河河道管理范围内工程设施的范围，即跨河、穿河、穿堤、临河的桥梁、码头、道路、渡口、管道、缆线、取水、排水等，其防守责任主体是建设单位或者管理使用单位。

（10）紧急防汛期启动与实施管理制度。

《条例》第二十七条规定："出现下列情况之一的，沿黄河县级以上人民政府可以宣布本辖区进入紧急防汛期，并报上级人民政府防汛指挥机构：（一）黄河水情接近保证水位或者安全流量；（二）洪水、凌水严重漫滩或者河势发生重大变化，威胁堤防、滩区和库区群众安全；（三）黄河防洪工程设施发生重大险情；（四）启用滞洪区。”

本条规定了紧急防汛期的启动条件，同时第四章防汛抢险中多条涉及紧急防汛期可以采取的各项紧急措施，包括第二十八条“在紧急防汛期，防汛指挥机构应当组织动员本地各有关单位和个人投入防汛工作。所有单位和个人必须服从指挥，承担防汛指挥机构分配的防汛任务”。第二十九条“在紧急防汛期，防汛指挥机构根据防汛抢险需要，有权在其管辖范围内调用物资、设备、交通运输工具和人力，采取砍伐林木、取土占地、清除阻水障碍物等紧急措施；公安、交通运输等有关部门应当保证防汛车辆优先通行，制止无关人员和非防汛车辆在防汛抢险地段通行，必要时按照防汛指挥机构的决定，依法实施陆地和水面交通管制”。第三十条“在紧急防汛期，省防汛指挥机构根据国家防汛指挥机构的授权可以对壅水、阻水严重的桥梁、道路、码头和其他工程设施采取紧急处置措施，任何单位和个人不得阻拦”。

（11）黄河河道管理范围内防汛关联水事活动的管理制度。

《条例》第三十一条规定：“在黄河伏秋汛期，不得架设新的浮桥。预报花园口站流量出现三千立方米每秒以上洪水时，已架设的浮桥必须在二十四小时内拆除。小于上述流量，根据防汛需要必须拆除时，浮桥运营单位必须按照防汛指挥机构的要求，在限定时间内拆除。”

第三十二条第一款规定：“黄河河道管理范围内的采砂、取土等活动，应当经黄河河务部门同意，并按照黄（沁）河采砂规划和黄河河务部门制定的采砂实施方案进行。黄河河务部门应将辖区内采砂禁采区和禁采期予以公告。预报花园口站流量大于三千立方米每秒、沁河武陟站流量大于五十立方米每秒时，采砂场业主应当停止采砂作业，二十四小时内将采砂机具拆除并移至安全地带。小于上述流量，根据防汛需要必须拆除时，采砂场业主应当服从防汛指挥机构的指令。”

第四十七条规定：“有关单位或者个人有下列行为之一的，由县级以上黄河河务部门按照下列规定进行处罚：（一）违反本条例第三十一条规定，在黄河伏秋汛期架设新浮桥，或者未按照要求拆除浮桥的，处一万元以上三万元以下罚款；（二）违反本条例第三十二条第二款规定，在黄河河道管理范围内采淘铁砂或者在禁采区、禁采期采砂的，责令限期改正，没收非法所得，处一万元以上五万元以下罚款。”

这些条款为浮桥运行、采砂、取土管理提供了法律依据。

（12）黄河重要汛情、预警信息和重大防汛动态信息发布制度。

《条例》第四十一条规定：“黄河重要汛情、预警信息和重大防汛动态信息由省防汛指挥机构统一发布，其他单位和个人不得擅自发布。

新闻单位应当按照有关要求做好汛情险情和防汛抢险情况的报道工作，及时、准确地播报、刊登重要汛情险情和防汛抢险等信息。”

（13）受洪水威胁的管理单位防洪自保工程建设技术标准及其相关管理制度。

《条例》第二十四条第一款规定：“在黄河河道管理范围内，受洪水威胁的油田、管道、铁路、公路、电力、通信、供水等管理单位应当自筹资金，兴建必要的防洪自保工程。其工程建设方案以及应急防护措施必须符合防洪标准和有关技术要求。”

（14）防汛相关部门及工作人员法律责任制度。

《条例》第四十八条规定：“各级人民政府、防汛指挥机构、黄河河务部门和主管部门及其工作人员有下列行为之一的，视情节和危害后果，由其所在单位或者上级主管部门依法给予处分；构成犯罪的，依法追究刑事责任：（一）向滩区、滞洪区迁增常住人口，擅自将黄河滩区规划为城市建设用地、商业房地产开发用地以及工厂、企业成片开发区的；（二）拒不执行或者拖延执行黄河防汛预案以及有管辖权的防汛指挥机构的防汛调度方案、防汛抢险指令的；（三）迟报、误报、瞒报、谎报汛情造成严重后果的；（四）在黄河防汛抢险中擅离职守、临阵脱逃的；（五）截留、挪用黄河防汛、救灾资金和物资的；（六）有其他危害黄河防汛抢险行为的。”

十　水行政主体

案例一：水行政主体之流域管理机构

我国现有七大流域管理机构，分别是长江水利委员会、黄河水利委员会、珠江水利委员会、太湖流域管理局、淮河水利委员会、海河水利委员会和松辽水利委员会，简称为长江委、黄委、珠委、太湖局、淮委、海委和松辽委。

一、流域管理机构是法律、法规授权的具有管理公共事务职能的组织

在我国，行政主体包括行政机关和法律、法规授权的组织两部分。其中，法律、法规授权的组织主要包括五类：①被授权的事业单位；②被授权的企业单位；③被授权的社会团体；④被授权的基层群众性自治组织；⑤被授权的派出机构或内设机构，如公安派出所等。

新中国成立之初，涉水行政管理在我国一直实行的是比较分散的、多部门的管理形式。后经变革，涉行政管理职能逐渐向水利部集中。在流域（区）水资源行政管理方面，我国经历了由行政区域管理向流域综合管理的转变，流域组织的职能不断加强。20 世纪 50 年代，我国相继成立了长江流域规划办公室（后更名为长江水利委员会）、黄委、治淮委员会、珠江流域规划办公室，负责各大流域的防汛调度和水资源规划管理。

流域管理概念第一次进入我国法律始于 1988 年制定的《水法》。《水法》第

十一条明确，“按照流域进行统一规划，开发利用水资源和防治水害”。流域管理机构水行政主体地位及其管理职权大致经历了以下发展过程：1988 年《水法》中我国水资源管理模式采取“统一管理与分级、分部门管理相结合”的管理体制，对于流域管理机构的法律地位与管理职权没有任何规定；同年 9 月国务院发布施行《中华人民共和国河道管理条例》，明确长江、黄河等大江大河的主要河段，由国家授权的江河流域管理机构实施管理；同年国务院进行机构改革，在批准水利部的“三定”方案时，明确指出七大江河流域管理机构是水利部的派出机构，国家授权其对所在流域行使《水法》赋予水行政主管部门的部分职责；1990 年、1994 年水利部先后批准了七大流域管理机构的“三定”方案；1997 年 8 月第八届全国人大常委会通过《防洪法》规定，“国务院水行政主管部门在国家确定的重要江河、湖泊设立的流域管理机构，在所管辖的范围内行使法律、行政法规规定和国务院水行政主管部门授权的防洪协调和监督管理职责”；2002 年中央机构编制委员会办公室批复的流域管理机构“三定”方案中更加明确地指出流域管理机构为具有行政职能的事业单位，代表水利部行使所在流域及授权区域内的规划、行政审批、执法监督等水行政主管职权；2002 年第九届全国人大常委会修订《水法》，第十二条规定，“国家对水资源实行流域管理与行政区域管理相结合的管理体制。国务院水行政主管部门在国家确定的重要江河、湖泊设立的流域管理机构（简称流域管理机构），在所管辖的范围内行使法律、行政法规规定的和国务院水行政主管部门授予的水资源管理和监督职责”，改变了 1988 年《水法》中的区域、部门条块分割管理方式，更加强化和规范了流域管理机构的行政主体地位。至此，流域管理体制得以确立，流域管理机构被赋予在所辖范围内行使水资源管理和监督的职责。

根据国家有关法律、法规及规范性文件，流域管理机构是法律、法规授权的具有管理公共事务职能的组织。

二、流域管理体制模式与经验

我国现有的流域管理体制机制是在多年实践基础上逐渐形成的。从实践上讲，不论是地域特色、制度探索，还是对流域管理的意义与影响，有三种具有代表性的改革模式：一是流域管理与区域管理并重的长江管理体制改革；二是以区域协调为主、流域管理为辅的珠江管理体制改革；三是以流域管理为主、区域行政管理为辅的辽河管理体制改革。各流域选择不同的流域管理模式一定程度上也是遵循了各地自然、社会和经济发展等不同阶段的规律性。

（一）长江流域管理体制

“流域管理与区域行政管理并重”是长江管理体制的显著特征。长江流域注重流域管理，但并非以自然流域为流域管理立足点，而是以重大工程项目为切入点，围绕工程建设，强化流域管理机构在统一规划、监测、审批、协调等方面的权限。具体来说，长江流域管理主要通过“水资源保护工程、长江水资源统一调度工程、水生态保护与修复工程、水资源应急响应工程”建设推进，用规划、制度、机制和行政指令等促进流域管理与区域行政管理的结合。首先，通过水资源管理的综合规划实现两者的结合。2010 年，国务院批复的《长江流域及西南诸河水资源综合规划》和《长江流域综合规划》，提出了未来 20 年长江水资源发展的战略目标与总体布局，同时也明确了各地方区域的水资源管理的主要目标与任务。其次，通过一系列管理制度实现两者的结合。从 2001 年颁布的《长江河道采砂管理条例》，到 2006 年颁布的《取水许可和水资源费征收管理条例》和 2008 年颁布的《三峡水库调度和库区水资源与河道管理办法》，再到 2011 年颁布的《长江流域大型开发建设项目水土保持监督检查办法》，均以法规规章的形式分别从采砂、取水、水资源调度、水资源节约与保护等角度明确长江水利委员会及其下属机构与流域各省区的权责分配。再次，通过行政指令的方式实现两者的结合。长江水利委员会根据 2011 年中央关于“实行最严格水资源管理制度”的精神，建立流域总量控制指标体系，并指导地方把相关指标细化到各支流和各行政区域，同时建立对各行政区域的监督考核制度，从而建立“总量控制与定额管理相结合”的流域工作体系。最后，通过各省区之间的联动、协商、合作等机制促进两者的结合。长江流域已经建有“水土保持委员会”和“长江防汛总指挥部”，均由省、自治区、直辖市主要领导参与，通过区域高层的沟通互动促进长江流域管理与区域行政管理的有效结合。

（二）珠江流域管理体制

“十一五”以来，特别是随着泛珠战略和《珠江三角洲地区改革发展规划纲要》的实施，珠江省际和省内管理都有了更好的平台，并逐步建立起省际、地市两个层次的区域行政管理协调机制，从而形成了“区域协调为主，流域管理为辅”的珠江管理体制模式。省际层次由合署办公的珠江水资源保护局和水文局组成，两局受水利部、生态环境部和珠江水利委员会领导，是具有部分水行政管理职能的副厅级事业单位，负责珠江流域省际的水资源保护和水文工作。省内层次由成立于 2008 年的广东省流域管理委员会作为议事协调机构，负责广东省范围内各大流域水资源保护、管理的协调和决策工作。此外，广东省设立四大流域管理局：东江流域管理局、北江流域管理局、西江流域管理局及韩江流域管理局（广东省水利厅的派出机构），既受流域管理委员会领导，又归属广东省水利厅管辖，其主要任务是协助制订省内本流域各项规划、预案并监督实施等。因此，珠江流域管理体制中，流域管理机构与地方行政主管部门的关系是“指导不领导、监督不干扰、协办不取代”。珠江水资源管理的执法、行政审批等权限，主要由地方水行政主管部门行使。广东省 2004 年通过的《泛珠三角区域环境保护合作协议》中，水环境保护是跨地区合作的重要内容；2007 年珠江水利委员会牵头广西、贵州两省（自治区）水利、环保部门搭建“黔、桂跨省河流水资源保护与水污染防治协作机制”；同年，珠江水利委员会联合云南、贵州、广东等省签署《珠江流域跨省河流水事工作规约》，建立水事活动协商机制，以解决珠江流域跨省河流水事纠纷。2009 年以来，珠三角各地市之间签署多项涉及环境保护和珠江水资源治理的合作协议和举措，为省内流域治理提供合作平台。

（三）辽河流域管理体制

2010 年 5 月，辽宁省委、省政府划定了辽河保护区，成立了辽河保护区管理局对辽河保护区实行统一管理。辽河保护区管理局为正厅级建制，省政府直属事业编制，专门管理辽河保护区，推进辽河治理保护工作。这是中国首次出现的河流“划区设局”，它意味着“流域管理为主，区域行政管理为辅”的辽河管理体制的诞生。与珠江流域管理机构相比，辽河保护管理局不仅有协商沟通权限，而且具有流域管理中主要的决策权、执法权和监督权。首先，辽河保护管理局有 8 个内设机构，除办公室是针对内部管理而设外，其余处、室权属拥有项目的决策权、监督与审批权、水资源管理执行权。其次，辽河保护区公安局的设立，也是强化监督权、执行权的重要体现。辽河保护区公安局是省公安厅的直属机构，正处级建制，实行省公安厅和辽河保护区管理局双重管理；其主要职责是维护保护区内的安全与秩序，保障管理局行政执法工作。再次，通过辽河保护管理局与省水利厅、生态环境厅的职责分工，强化管理局的权限。省辽河保护区管理局负责保护区内水资源的监督管理，省水利厅、省环境保护厅负责技术性工作，并向管理局提供相关监测数据，即水利厅、生态环境厅逐渐演变为技术辅助、信息支持的角色。2010 年 12 月实施的《辽宁省辽河保护区条例》既为辽河保护管理局理顺了省、市、县级辽河保护区管理局的纵向权责关系，又厘清了与省、市、县级水利、环保、国土资源、交通等部门间的横向权责关系。

（四）黄河流域管理体制

黄河流域组织机构几经沿革，形成了目前流域管理与行政区域管理相结合的管理体制格局，在规划、防汛抗旱、河道管理、水资源管理与保护、水土保持生态建设管理、水行政管理等各方面发挥了较好作用。

流域管理主要是以流域为单元，由黄委及所属省、市、县管理机构对黄河进行统一的水事管理，包括：编制流域治理开发规划、水行政管理、堤防及河道工程管理、水情测报预报、水资源保护、水土保持、部分水利枢纽工程管理，协助国家有关部委做好对水资源开发利用项目的管理和监督检查、涉河法律制度建设等方面。

地方行政区域管理主要是以黄河流域内省（区）为单元，以各省（区）政府的水行政主管部门为主，对省（区）内黄河水系的水资源进行水事管理。主要包括：黄河防汛实行地方行政首长负责制；制定区域性水法规规章和水政策；在黄河流域水资源开发利用规划的总体框架下，提出区域的水资源开发利用规划；负责监督检查国家水法规、流域水政策和流域规划在本行政区域的贯彻实施，协助流域机构做好对水资源开发利用项目的管理和监督检查等方面。

目前，黄河流域初步建立了黄河防汛抗旱、水土保持、上中游水量调度、生态环境监管等协调机制。

三、黄河流域管理机构

（一）黄河水利委员会

从汉成帝建始四年（公元前 29 年），朝廷就设立治河的专职官员，称为“河堤使者”。宋代沿河各州、县都设专职官员管理河务，治河机构逐渐扩大。明成化七年（公元 1471 年），开始设立专门管理黄河的河官，称为“总理河道”，直接受命于朝廷。有的河官还加“提督军务”职衔，可以直接指挥军队。清朝沿用明制，设立“河道总督”，沿河设河防营，实行文武两套机构，文职管钱、粮，备购料物，武职管河防修守。至光绪二十八年（公元 1902 年），撤销河道总督，河务由下游沿河各省巡抚兼理。民国 22 年（公元 1933 年），国民政府正式成立黄河水利委员会，制定《黄河水利委员会组织法》，规定黄河水利委员会直属国民政府，掌理黄河及渭、洛等支流一切兴利、防患、施工事务。黄河第一次成立了流域机构，李仪祉任委员长，张含英任秘书长，1941 年张含英任委员长。

1946 年，晋冀鲁豫边区政府决定成立冀鲁豫解放区治河委员会，这是中国共产党领导的第一个人民治理黄河机构。不久，为了加强对黄河故道两岸治河复堤工作的组织领导，冀鲁豫行署又决定将冀鲁豫解放区治河委员会改名为冀鲁豫黄河水利委员会，这就是“黄河水利委员会”的前身。初期的黄河水利委员会曾在两岸菏泽、聊城之间数次搬迁，并在 1948 年 9 月将隶属关系由冀鲁豫行署领导改为由华北人民政府和冀鲁豫行署双重领导。1949 年 6 月，华北、华东、中原三解放区在山东省济南市成立联合性的黄河治理机构——黄河水利委员会。1949 年 7 月初，黄河水利委员会迁移到开封城隍庙后街原国民政府黄河水利委员会的所在地办公。1949 年 11 月，黄河水利委员会改属政务院水利部领导。1950 年 1 月 25 日，政务院水字 1 号令，决定将黄河水利委员会改为流域性机构，统筹黄河治理开发。1953 年 12 月 18 日，黄河水利委员会由开封市迁至河南省郑州市。《黄河综合利用规划技术经济报告》于 1954 年颁布，标志着我国正式形成了流域管理的框架。

黄委成立之初，主要是着重于黄河中下游的防洪，随着国家建设的发展需要，进而开始了黄河水资源的开发利用，其机构及管理体制建设也随着流域经济发展的需要逐步健全，主要体现在水资源管理制度的建设方面。“文化大革命”前对黄河流域管理主要体现在水土保持、水文和河务三个方面。“文化大革命”后除继续加强对水土保持、水文及河务的管理并设有专职机构外，同时面对黄河流域日益短缺的水资源状况，加强了水资源的管理与保护，特别是 1987 年以后，为适应改革开放后流域经济发展对水资源的需要，先后成立了水量调度筹备组，主要负责黄河上中游水量调度的有关事宜，并进行全黄河水量调度的研究工作；1988 年成立水政处，负责水行政执法、水事纠纷的协调工作等；1989 年成立水政水资源处，由原水政处和水量调度筹备组合并而成；1990 年水政水资源处升格为水政水资源局，下设水资源处。1999 年为适应流域水资源管理的需要，成立了水量调度局。

2000 年以来，黄委先后经历了 2002 年、2009 年两次机构改革。2002 年 4 月 18 日，中央机构编制委员会办公室印发《关于水利部派出的流域机构的主要职责、机构设置和人员编制调整方案》（中央编办发〔2002〕39 号）规定：流域机构作为水利部的派出机构，代表水利部行使所在流域及授权区域内的水行政主管职责，为具有行政职能的事业单位。2002 年 8 月 6 日，水利部印发《黄委主要职责机构设置和人员编制规定》（水人教〔2002〕331 号），明确：黄委是水利部在黄河流域和新疆、青海、甘肃、内蒙古内陆河区域内的派出机构，代表水利部行使所在流域内的水行政主管职责，为具有行政职能的事业单位。2009 年 12 月 31 日，水利部印发《黄委主要职责机构设置和人员编制规定》（水人事〔2009〕643 号）进一步明确：黄委为水利部派出的流域管理机构，在黄河流域和新疆、青海、甘肃、内蒙古内陆河区域内依法行使水行政主管职责，为具有行政职能的事业单位。2018 年 7 月 30 日，中共中央办公厅、国务院办公厅印发《水利部职能配置、内设机构和人员编制规定》（厅字〔2018〕57 号），进一步明确黄委为水利部派出的流域管理机构，在所管辖的范围内依法行使水行政管理职责。

2019 年，学习贯彻习近平总书记重要讲话精神和国家机构改革要求，将黄委黄河流域水资源保护局隶属关系进行调整，归口生态环境部，设立生态环境部黄河流域生态环境监督管理局，在所辖黄河入海断面以上流域和西北诸河，依据法律、行政法规的规定和生态环境部的授权或委托，负责水资源、水生态、水环境方面的生态环境监管工作。

黄河水利员会及所属管理机构建立完善了黄委、省、市、县四级流域管理机构水行政执法体系。目前，组建水政监察队伍 120 支，拥有专兼职水政监察人员 1 500 余人，组建 49 个黄河公安派出所，形成了以水政监察为主体的黄河水利执法体系。黄委负责职权范围内水政监察和水行政执法工作，查处水事违法行为；负责省际水事纠纷的调处工作。指导流域内水利安全生产工作，负责流域管理机构内安全生产工作及其直接管理的水利工程质量和安全监督；根据授权，组织、指导流域内水库、水电站大坝等水工程的安全监管。开展流域内中央投资的水利工程建设项目稽察。积极推进水政监察队伍规范化建设，不断加大执法力度，及时制止和查处一大批涉河违法案件。常态化开展省际水事纠纷预防和调处，有力维护了流域社会稳定。

（二）黄河水利委员会所属管理机构

目前，黄委各级机关事业单位共 247 个，其中具有行政职能的事业单位 92 个。

黄委直属二级单位 17 个，其中事业单位 15 个（具有行政职能的单位 6 个），直属企业 2 个。三、四级事业单位 230 个，其中具有行政职能的管理单位 85 个。

黄河流域管理机构实行四级管理，一级为黄委本级；二级为省级管理机构 5 个，分别是山东黄河河务局、河南黄河河务局、黄河上中游管理局、山西黄河河务局、陕西黄河河务局；三级为市级管理机构 18 个，包括河南、山东黄河河务局所属市级河务局 14 个，上中游管理局所属市级管理机构 4 个；四级为县级管理机构 67 个，包括河南、山东黄河河务局所辖的县级河务局 56 个，陕西、山西黄河河务局所辖县级河务局 11 个。

以河南黄河河务局为例，1948 年 11 月，华北人民政府水利委员会河南第一修防处于开封成立。1949 年 2 月，改为黄河水利委员会河南黄河第一修防处。1950 年 3 月，改河南第一修防处为河南省黄河河务局。1952 年 12 月，与平原河务局合并。1953 年 12 月，迁往郑州市办公。1960 年 10 月，并入河南省水利厅。1961 年 12 月，恢复河南黄河河务局，受河南省人民委员会和黄河水利委员会双重领导。1972 年 3 月，河南黄河河务局下放给河南省，实行以地方为主的双重领导。1978 年 6 月，河南黄河河务局及所属修防处、修防段，改为黄河水利委员会建制，实行以黄河水利委员会为主的双重领导。1990 年 8 月，水利部转发人事部《关于黄河水利委员会和长江水利委员会机关机构设置和人员编制的批复》核定河南黄河河务局为黄河水利委员会所属二级正局级单位。

河南黄河河务局现有 6 个市级河务局，分别为濮阳黄河河务局、郑州黄河河务局、开封黄河河务局、豫西黄河河务局、新乡黄河河务局、焦作黄河河务局。濮阳黄河河务局、郑州黄河河务局成立时间较早，濮阳黄河河务局的前身为冀鲁豫黄河水利委员会第二修防处，始建于 1946 年 5 月，隶属冀鲁豫黄河水利委员会，1952 年 12 月划归河南黄河河务局领导；郑州黄河河务局成立于 1948 年 12 月，隶属华北人民民主政府黄河水利委员会，1950 年 3 月划归河南黄河河务局领导；开封黄河河务局成立于 1953 年 12 月，由河南黄河河务局和郑州专员公署双重领导，1978 年 3 月改由黄河系统领导为主的管理体制；新乡黄河河务局成立于 1949 年 10 月，1952 年 12 月划归河南黄河河务局领导；焦作黄河河务局成立于 1986 年 3 月，隶属河南黄河河务局领导；豫西黄河河务局成立于 1995 年 10 月，隶属河南黄河河务局领导。市级河务局分设 26 个县级河务局。

黄委所属管理机构能不能代表“流域管理机构”？

（1）不同的流域管理机构管理模式差别很大，如长江委，大多实行的是一级水行政管理，沿江水行政管理权力大都交给了地方水务局。而黄委在沿黄河省、市、县大都设有直属河务部门，实行的是黄委机关本级、省局、市局、县局四级管理模式。

黄委是水利部在黄河流域（青海、四川、甘肃、宁夏、内蒙古、山西、陕西、河南、山东）和新疆、青海、甘肃、内蒙古内陆河区域内的派出机构，拥有约4万名正式职工，在沿河多省设有直属厅局级事（企）业单位23个，机关设有17个厅局级部门。

黄委及所属管理机构主要任务是防汛抗旱、水行政执法、防洪工程规划与建设、水资源管理调度。

《水法》《防洪法》《水污染防治法》《水行政许可实施办法》等法律规范中，对“流域管理机构”有行政许可授权，这里没有对“流域管理机构”进一步扩充定义和解释，流域管理机构一般认为仅指黄委本级。这里黄委所属的各级管理机构是不能代表流域管理机构的。

1999年，水利部出台《关于流域管理机构决定〈防洪法〉规定的行政处罚和行政措施权限的通知》（水政法〔1999〕231号文），其中明确“流域管理机构及其所属机构简称为流域管理机构”，并在附件中对包括各级河务部门在内的所有单位进行了罗列。这里流域管理机构和所属管理机构一起被界定为流域管理机构，应依其规定，在法定授权范围内实施行政处罚。

《黄河水量调度条例》第五条规定：“黄河水利委员会依照本条例的规定负责黄河水量调度的组织实施和监督检查工作。有关县级以上地方人民政府水行政主管部门和黄河水利委员会所属管理机构，依照本条例的规定负责所辖范围内黄河水量调度的实施和监督检查工作。”条例中同时出现了“黄河水利委员会”和“黄河水利委员会所属管理机构”，对黄委和黄委所属管理机构的行政职能进行了层次划分，界限分明。自然这里的流域管理机构就是黄委本级，各级河务部门就是黄河水利委员会所属管理机构。

（2）黄委所属各级管理机构具有“双重称谓，双重身份”。

以黄委所属河南黄河河务局为例，《河南省黄河河道管理办法》中明确规定：“河南黄河河务局是我省黄河河道主管机关。沿黄河各省辖市、县（市、区）黄河河务局是该行政区域或管理范围的黄河河道主管机关。”另经河南省认定，河南黄河河务局具有以下行政执法权力：①河道管理范围内有关活动批准等行政许可类3项；②浮桥建成验收等行政确认类2项；③取水许可的监督检查等行政检查类8项；④在河道、湖泊管理范围内建设妨碍行洪的建筑物、构筑物的处罚等行政处罚类41项。据此，河务局具有特殊的“双重称谓，双重身份”，既是“流域管理机构”“黄委所属管理机构”，可以行使国家法律、法规赋予的权力；又是地方性法规、规章授权的“黄河河道主管机关”，可以独立行使赋予河道主管机关的执法权力。

省、市、县河务局，既是黄委的直属单位，同时又是在河南省、市、县委和政府领导下开展工作，这种条、块结合的独特体制，有利于组织沿河党、政、军、民团结治河，有效地加强了河道保护治理。

2020年，在《黄河保护法》立法过程中，黄委通过选取黄委本级及所属山东、河南两省及所辖市、县河务部门相关职责的梳理，得出结论：①黄委所属管理机构地位不明确。目前河南黄河河务局、山东黄河河务局通过地方人大立法的黄河河道管理条例、防汛条例等，被赋予了部分行政许可权和行政处罚权。除此之外，其他各级管理机构的行政许可、处罚权只能由黄委的委托以黄委的名义才能行使。同时在许可工作中，黄委对基层单位权力进行了部分授权，黄委的转授权与上位法不符。②黄委及省、市、县河务部门职能基本一致，都是在履行中央事权，主要包括流域规划、水旱灾害防御、水资源管理、水量调度和监督、水利工程建设与管理、河湖岸线管理、水行政管理与执法等方面，只是在管理范围、职能发挥的角色、参与程度等方面有所区别。黄委本级主要负责全流域黄河保护治理相关工作的宏观管理、监督指导，省级河务部门主要负责组织实施本省区黄河保护治理相关工作，市、县级河务部门主要负责辖区内相关工作的具体落实。③省、市、县河务部门是流域管理中不可或缺的重要组成部分，黄委流域管理职能的发挥离不开所属各级管理机构。省、市、县河务部门与黄委本级共同组成黄河保护治理的流域管理机构组织体系，是一个有机统一整体，不能将其与黄委本级割裂开来。黄委提出建议，为了加强黄河保护治理，迫切需要根据新形势要求和黄委所属管理机构实际，明确黄委及其所属各级管理机构为国家在黄河流域设立的流域管理机构。《中华人民共和国黄河保护法》规定，国务院水行政主管部门黄河水利委员会及其所属管理机构，依法行使流域监督管理职责，为黄河流域统筹协调机制相关工作提供支撑保障。对黄河流域管理机构及其所属管理机构的行政处罚权、行政强制权，进行了明确。

案例二：河务局基层专职执法队伍编制测算公式

目前，水行政执法事情太多，既复杂敏感，难度又大，没人绝对不行。一些地方由于编制所限，存在编外人员执法。

执法离不开编外人员，应该是基层水利部门无奈之举，暴露了当下河道水行政执法的硬伤。编外人员执法必然带来问题。一是在法律上，编外人员执法，说到底是一种权力外包。编外人员的存在，尽管缓解了人员短缺的危机，但编外人员既无水利部颁发的《水政监察证》，又无当地政府法制部门颁发的《行政执法证》，并不具备执法的主体资格，实际上就是临时工在无证执法，很多人不像正式人员那样受过专业培训，不熟悉相关法律、法规及执法程序，素质参差不齐，容易造成执法行为失范，甚至正常执法都难以开展。二是难以形成稳定的、有战斗力的执法队伍。编外人员因为与水政部门的关系是临时的，普遍缺乏归属感，加上身份尴尬，升迁、待遇长期得不到解决，风险又高，人员经常变动，工作积极性必然受到影响。

对于行政部门，众所周知的一个常识是“法无授权不可为”，而对执法人员而言，也必须坚持上岗必持证、持证必培训、培训必考试的基本原则，如此才能确保执法人员的素质。我国正在推进法治专门队伍正规化、专业化、职业化，完善法律职业准入制度，全面清理行政执法人员，严禁未取得执法资格的人员执法，将履行行政执法职责的合同工、临时工调离执法岗位。执法离不开编外人员，这种不适应形势、不符合规定的问题必须早日解决。

从2006年黄委水管体制改革始，黄河人围绕人员定额、工作定额等，对改革的后评价工作一直在进行。应该说哪些地方当时设置不合理，哪些方面随着情况变化需要改进、完善，如何更合理配置资源，为黄委以后事业发展留后手，经过十多年的研究探索，黄河人取得了一些基本共识。

2013年，水利部选择开封河务局（下辖3个县级河务局）作为黄委唯一一个水利综合执法改革试点单位。试点改革方案中一个最大的问题是怎么解决县级河务部门专职水政监察大队人员的编制问题，上级要求必须合理测算出每个单位具体需要多少专职执法人员。

对于测算每个县级河务部门（水管单位）需要多少个专职执法人员，河南黄河河务局采取了几个步骤：①组建测算工作团队；②根据河南黄河水行政执法管理实际，对河务部门执法工作量、工作时间进行全面统计；③理论预设测算数据和权重比；④听取专家和基层单位意见，对预设项目数据和权重比进行调整，使之更能反映真实情况；⑤完成数据采集后，确定把专职水政监察大队的人员编制与水管单位所管辖的河道长度、滩区面积、防洪工程数量及所处行政区位等因素放在一起综合考虑，确定了一个县级河务部门“专职水政监察大队人员编制测算公式”。

这个自制小公式比较科学、合理、务实，被黄委认可，先在开封试点中被采用，后来在黄委全河推广综合执法改革时被继续借鉴采用，成为黄委3年内顺利完成水利综合执法改革中的亮点。

这个公式是

$$S=2+K_1K_2K_4（L_1/15+M_1/30+K_3D/60）$$

对公式中字母和数字说明如下：

（1）S——县级河务部门专职水政监察大队人员应有编制。

（2）2——专职水政监察大队的人员编制基数。

取2的理由是：《中华人民共和国行政处罚法》第三十七条规定，“行政机关在调查或者进行检查时，执法人员不得少于两人，并应当向当事人或者有关人员出示证件。”组建一支专职大队，无论其管辖范围内其他因素的情况如何，必须保证执法工作的合法性，因此确定专职大队编制基数为2。

（3）K_1——行政区位影响系数，水管单位所处行政区位，河道沿线不靠近县级以上城市取值为1，靠近县级城市取值为1.1，靠近市级城市取值为1.3，靠近省会城市取值为1.5。

理由：河道靠近城区，经济发展水平高，涉河项目和经济活动相应增多，水事违法活动也随之增加，河道管理和水行政执法的工作量增大，执法人员编制应因此予以调增。但城市级别和发展水平也有差别，按照县级、市级和省会城市进行划分，取值的大小，综合考虑经济活动对执法工作的影响程度进行测算。是否靠近城市按照城市经济活动是否有效影响河道管理范围进行确定。

（4）K_2——河流影响系数，黄（沁）河取值为 1，金堤河取值为 0.7。

理由：3 条河的管理和执法工作要求有差别，金堤河相对要求低。

（5）K_3——工程类别影响系数，坝取值 1，护岸和垛取值为 0.7。

理由：坝工程规模大，比护岸、垛的执法管理工作量大。

（6）K_4——河道管理影响系数，直管河道取值为 1，非直管河道取值为 0.3。

理由：按照河道是否属于黄河河务部门直管进行划分，取值综合考虑管理和执法工作量的差别测算。

（7）L_1——河道长度，计量单位为千米，每 15 千米核定 1 人。

理由：①少数河务部门辖段内无堤防工程，但河务部门有执法任务，应考虑此因素。大多数单位堤防长度与河道长度基本一致，因此以河道长度进行测算比堤防长度测算更合理和全面；②县河务部门在水管体制改革前长期的管理模式中，每 5 千米配 1 名专管护堤员，专管护堤员任务有三个方面：工程管理、工程建设管理、河道管理及配合执法工作，河道管理和执法工作占其工作量的 1/3，而且运行情况较为良好，按照这一经验，每 15 千米核定 1 人编制。

（8）M_1——滩区面积，计量单位为平方千米，每 30 平方千米核定 1 人。

理由：滩区面积是河道管理和执法工作的重要因素，从河道巡查角度综合考虑，每 30 平方千米核定 1 人能够基本满足要求。

（9）D——工程数量，计量单位为座，每 60 道坝核定 1 人。黄、沁、金堤河引水设施（涵闸、泵站）分别按 10 座、5 座、3 座丁坝计，渠村、张庄闸按 30 座丁坝计。

理由：①每 60 道坝核定 1 人是基本上按照每一处控导工程安排 1 名执法人员考虑；②黄、沁、金堤河引水设施（涵闸、泵站）等水利工程，统一折算为丁坝：一是性质相同，均为水利工程；二是便于测算。黄、沁、金堤河引水设施按 10 座、5 座、3 座丁坝计是考虑其工程规模的差异及执法工作量确定，渠村、张庄闸按 30 座丁坝计是综合考虑其执法工作量，按 0.5 人测算。

河南黄河河务局黄河河道长度约 823 千米，滩区面积约 2 439 平方千米，滩区常住人口约 128 万人，监管项目约 300 个，堤防长度约 63 千米，河道工程数量垛 890 座，护岸 647 处，防洪坝 479 座，引水设施 59 座，还有 177 千米沁河和 75 千米金堤河。河南黄河 26 个县级河务部门全部采用这个公式，计算出了自己的专职执法人员需求结果，河南黄河河务局全局测算出合计需要水政监察大队人员编制 369 人，黄委最后核定为351人。目前，河南黄河河务局专职水政监察队伍建设已经全部建成并通过验收，全局水政监察人员编制在164人基础上调增187人。

案例三：河务部门行政事业性收费管理

过去黄河河务部门依据有关法律规范可以计收四项费用，分别是河道采砂管理费、黄河堤防养护补偿费、浮桥工程管理维护费、河道工程修建维护管理费。

但依据最新的法律和规范性文件规定，河务部门不可以计收任何一项行政事业性收费。

（一）河道采砂管理费

过去收费依据是：

（1）1990年6月20日，水利部、财政部、国家物价局联合发布《河道采砂收费管理办法》。该办法第六条第一款明确："由发放河道采砂许可证的单位计收采砂管理费。"

（2）1992年8月3日，河南省人民政府颁布《河南省黄河河道管理办法》。该办法第三十九条规定：在黄河河道内采砂、取土、淘金，必须按照批准的范围和作业方式进行，并按规定缴纳管理费。

河道采砂管理费列入了河南省行政事业性收费目录中。河务部门一直按规定向当地物价部门申领收费许可证，并使用财政部门统一印制的收费票据。

财政部、国家发展和改革委员会下发财税〔2017〕20号文，明确自2017年4月1日起，停征水利部门的"河道采砂管理费"。文中同时明确：停征上述行政事业性收费后，有关部门和单位依法履行管理职能所需相关经费，由同级财政预算予以保障，不能影响依法履行职责。其中，行政单位和财政补助事业单位有关经费支出，纳入相关单位预算予以保障；经费自理事业单位有关经费支出，通过安排其上级主管部门项目支出的方式予以解决。中央财政通过一般性转移支付妥善解决财政困难地区的经费保障问题。

（二）黄河堤防养护补偿费

过去收费依据是《河南省黄河工程管理条例》，黄河堤顶不作公路使用。确需使用时，应当按省有关规定向黄河河务部门缴纳使用堤段的养护补偿费。

2017年，河南省财政厅、河南省发展和改革委员会《关于清理规范一批行政事业费有关政策的通知》中要求：经省政府批准，自2017年7月1日起，取消黄河堤防养护补偿费。文中同时明确：取消上述行政事业性收费后，有关部门和单位依法履行管理职能所需经费，由同级财政预算予以保障，不能影响依法履行职责。其中，行政单位和财政补助事业单位有关经费支出，纳入相关单位预算予以保障；经费自理单位有关经费支出，通过安排其上级主管部门项目支出的方式予以解决。

（三）浮桥工程管理维护费

过去收费依据是水利部1997年12月25日颁布的《黄河下游浮桥建设管理办法》。该办法第十二条规定："凡通过黄河防洪工程的浮桥，须按规定向当地黄河河道主管机关交纳工程管理维护费用。不按规定交纳工程管理维护费用的，由黄河河道主管机关责令其交纳，并可处以罚款。其中，对非经营性的浮桥，可以处1 000元以下的罚款；对经营性的浮桥，可以处10 000元以上，30 000元以下的罚款。"

该费用没有纳入河南省行政事业性收费目录，也没有列入河南黄河河务局《权责清单》中。目前，如果遇到浮桥确实造成防洪工程损害的，一般通过维修养护企业与浮桥运营单位签订工程维修养护合同解决。

（四）河道工程修建维护管理费

1992年8月3日河南省人民政府颁布的《河南省黄河河道管理办法》第三十八条规定："受益范围明确的堤防、控导（护滩）、引黄涵闸等工程设施，黄河河道主管机关可以向受益的工商企业等单位和农户收取河道工程修建维护管理费，其标准应根据工程修建和维护管理费用确定。收费的具体标准和计收办法由省黄河河道主管机关会同省物价局、财政厅另行制定，报省政府批准后执行。"

该费用没有纳入河南省行政事业性收费目录，没有列入河南黄河河务局《权责清单》中，河南河务部门也从来没有收取过该费用。

新修订的《河南省黄河河道管理办法》中删除了原《河南省黄河河道管理办法》中关于收取河道工程修建维护管理费的规定。

财政部、国家发展和改革委员会下发财税〔2017〕20号文，明确自2017年4月1日起，停征水利部门的"河道工程修建维护管理费"。文中同时明确：停征上述行政事业性收费后，有关部门和单位依法履行管理职能所需相关经费，由同级财政预算予以保障，不能影响依法履行职责。其中，行政单位和财政补助事业单位有关经费支出，纳入相关单位预算予以保障；经费自理事业单位有关经费支出，通过安排其上级主管部门项目支出的方式予以解决。中央财政通过一般性转移支付妥善解决财政困难地区的经费保障问题。

案例四：基层河务局处理河道工程处发生的伤亡事件

2016年5月2日1时24分，河南武陟县驾部黄河控导工程25号坝处发生一起酒驾亡人事件，共造成6人死亡（其中1人为救治医生），1人受伤。当天晚上，中央电视台新闻频道《共同关注》栏目进行了报道。中国新闻网、新华网、凤凰网等多家媒体跟踪关注。

5月3日，当地政府召开情况通报及与死者亲属沟通会。死者亲属代表对河务部门提出以下质问问题和诉求意见：①工程简介牌是不是违章建筑？②此路口是防汛专用还是旅游可用？如果是防汛专用，为什么不设防护，应当全封闭。③此路口多次发生交通事故，为什么没有引起有关部门的重视？为什么没有管护人员？④路口处为什么没有任何警示标志，也没有减速带和反光标志？死者亲属代表认为事件发生在黄河治导线以外，河务部门没有尽到设置明显标志和采取安全措施防止他人损害的义务，应承担死伤的全部赔偿责任。河务局领导与水政、工务、防汛的同事们加班加点，查找了大量资料，同时考虑安抚死者亲属激动情绪。凌晨 2 点前完成了有关问题的答复意见。武陟县委、县政府高度重视此事，采取了一系列措施，对事件的发展过程及结果都有很好的预判和应对。此事件的最终结果是：①县委、县政府确认黄河河务部门在此次伤亡事件中没有过错，不承担任何民事责任；②医生事宜由其生前单位负责解决；③县政府拿出 30 万元对死者家属进行补偿。

以下为 2016 年 5 月 2 日武陟县公安局的情况简报和 5 月 3 日武陟第二黄河河务局就有关问题的答复意见。

（一）武陟县公安局的情况简报

1. 接警及处理情况

2016 年 5 月 2 日 1 时 24 分，武陟县公安局 110 指挥中心接到报警电话称：武陟县大封镇东岩村 25 号坝上，一辆轿车和 120 救护车相撞。110 随即指令交警大队进行处理。1 时 50 分，大封派出所民警确认至少有 2 人死亡，轿车正在燃烧，车内人员有生命危险。指挥中心即报局领导启动应急预案。2 时 10 分，消防大队到达现场将火扑灭。随后，主管交警工作的副局长，县应急指挥中心副主任，交警大队长和事故科长及刑警一队、二队、三队，西陶所、大虹桥所值班民警先后赶到现场。3 时许，局长、政委也分别到达事故现场。经初步现场勘查和走访现场人员，现场有 6 名人员死亡，伤员已经送往县医院。随后，公安人员分成现场勘察组、尸体检查组、警戒组、走访组、救助组，按照分工各自展开工作。5 月 2 日早上，县委、县政府主管领导、分管领导及医疗、卫生、安监、交通、应急办公室等部门人员迅速赶赴现场指挥并参与救援，并迅速成立了综合协调组、医疗救护组、事故调查组、善后处理组、信访稳定组、宣传报道组 6 个工作组展开工作。事故发生后，焦作市主管副市长带领市交警、刑警部门和省总队事故支队领导先后来查看现场，询问案情，提出要求。

2. 事件调查情况

经初步调查，2016 年 5 月 1 日 20 时许，大封镇司马岗村青年刘 ×× 邀请本村青年云 ×× 和其女友胡 ×× 到邻村东岩村一饭店吃饭，路上遇见本村云 ××、赵 ××、刘 ××、赵 ××，遂邀请几人一块到东岩村吃饭。吃饭期间，赵 ×× 又骑云 ×× 的摩托车接本村的冯 ×× 也来到东岩村吃饭。其间，除胡 ×× 外，其他 7 人共喝了 48 瓶啤酒。大约到 5 月 2 日 0 点吃完饭，刘 ×× 驾驶自己的红色无牌宗申摩托车带着胡 ××、云 ××，冯 ×× 驾驶云 ×× 的无牌黑色豪爵弯梁二轮摩托车带赵 ××、云 ×× 相约到驾部村黄河滩玩耍。约 0 时 58 分，冯 ×× 驾驶的摩托车行经驾部黄河控导工程 25 号坝附近时，撞到控导工程简介牌底座中心略偏东的位置摔倒。云 ×× 看到这个情况并未报警，而是直接拨打了大封镇卫生院急救电话 7514120，同时给赵 ×× 打电话让其来现场。大封卫生院医生周 ×× 带领护士王 ××、司机王 ×× 乘坐豫 HDF995 急救车赶往现场。到达现场后，周 ×× 检查发现冯 ×× 已经死亡，随即对赵 ×× 及云 ×× 进行现场救治。救治期间，赵 ××、刘 ×× 驾驶赵 ×× 表兄常 ×× 的轿车赶到救治现场，撞向了正在救治的医生及伤者，后又撞到驾部黄河控导工程简介牌上，引起轿车着火，造成赵 ××、刘 ××、周 ××、云 ××、云 ×× 死亡。前后两次事件共造成 6 死 1 轻伤。

由于有两具尸体过火严重，无法抽取血样，无法对该两具尸体进行酒精检测。对除医生尸体外的其他 3 具尸体及刘 ××、赵 ×× 进行抽血化验，根据酒精检测，5 具尸体血液酒精含量分别为 131.10 毫克每 100 毫升、201.75 毫克每 100 毫升、103.20 毫克每 100 毫升、91.20 毫克每 100 毫升、52.50 毫克每 100 毫升。

（二）武陟第二黄河河务局就有关问题的答复意见

（1）关于伤亡家属代表提出的驾部控导 25 联坝平交路口不准建违章障碍物的问题。

驾部控导工程是黄河中下游河道整治节点工程之一，是国家发展和改革委员会审批的防洪工程，始建于 1973 年，截至 2013 年共修建丁坝 45 道、垛 13 座、护岸 12 段，工程联坝总长度为 6 370 m。主要作用是有效控制河势流路、导流护滩、挡水，避免出现黄蟒汇流顺堤行洪的不利局面，有效保护武陟黄河滩区，使武陟黄河西滩稳定耕地面积由原来的 3.2 万亩增加到现在的 9.5 万亩。

工程简介牌是根据水利部《河道目标管理考评办法》（水管〔1994〕433 号）修建而成的工程附属设施，是黄河防洪工程的组成部分，不属于违章建筑物。

（2）路口无警示标志、减速带，简介牌无反光标识的问题。

①河务局的职责法定。依据河南黄河河务局、焦作黄河河务局、武陟第二黄河河务局关于 2006 年水管体制改革实施方案的批复、细则、总结，明确了河务局的法定职责是水行政管理和水利工程管理两大职责。其中，水行政管理职责主要是水行政执法、水政监察，依法查处水事违法行为，负责调处水事纠纷；水利工程管理职责是负责管理范围内黄（沁）河河道、堤防、控导、非供水水闸等水利工程自身的管理、运行调度和保护，保证水利工程安全和发挥效益。黄河自古以来就是事故多发地，作为普通人，应当认识到在黄河岸边玩耍的危险性。河务局作为河道的行政管理机构，在每一处都设置安全警示标志，显然是不符合客观情况的。所以，我局没有在此路口设置警示标志、减速带、简介牌刷反光标识的职责和义务。

②水利部对于主河道内河务部门是否有设置警示标志和采取安全措施防止他人损害的义务有明确的界定。

驾部控导25联坝位于黄河主河道内，控导工程的联坝是黄河防洪工程的组成部分，不是公共道路，依据水利部〔2002〕408号文件批复明确，黄河河道作为行洪输水的自然通道，其主要功能是保证行洪通畅，不是供行人使用的通道，更非游玩等公共娱乐场所，不同于通常意义上的车站、码头、民用航空站、市场、商场、公园、影剧院、娱乐场等公共场所。根据该解释河务部门没有在联坝工程内设定警示标志、减速带、反光标志等警示标志的义务。

（3）关于出事道路是否是防汛专用路、旅游道路、地方道路，如果是防汛专用路是否需要封闭的问题。

经落实，出事南北路名为朱东路（朱原村—东岩村），不是专用的防汛道路，河务部门对此路没有管理权；出事的“东西路”是联坝，属于防洪工程的一部分，不是法律意义上的道路，《河南省黄河工程管理条例》《河南省黄河河道管理办法》均有明确规定。

黄河上的防汛路非常多，多为民建公助，既服务防汛料物的输送，也方便当地群众生产生活。对于防汛道路没有法律法规及规范性文件规定必须封闭。

（4）关于代表提出的工程简介牌路口处多次发生交通事故，没有措施和整改，没有配管护人员看护的问题。

该工程简介牌建于1997年，截至目前，除本次事故外，河务部门未接到任何发生事故的报告及消息。

我局按规定配有养护班组，主要职责是运行观测和工程养护。运行观测的职责是按照水利工程运行观测的有关规定或调度指令，实行运行观测作业；负责河势、水位观测和水质监测工作，及时发现并报告水污染案件等。

养护职责是根据上级下达的维修养护任务安排和要求，负责编制并上报所承担维修养护任务的施工实施方案和开工申请。并按照合同要求，组织养护分公司职工全面实施并完成各类工程及设施的维修养护工作任务。

对于涉河安全，河务部门在没有法定要求的情况下，开展了以下工作：一是积极配合地方政府每年投入大量人力、物力，利用“3·22世界水日”“5·12防震减灾日”“12·4全国法制宣传日”积极开展水法规宣传活动。二是对进滩路口、控导工程和浮桥桥头等位置的400余根警示桩、260余块警示标牌进行翻新喷涂，同时对一些新增安全隐患点进行了补增。三是对近水岸边装设的安全防护网进行维护。四是组织在沿河乡村学校开展了“涉水安全知识宣传进校园”主题宣传教育活动。同时，结合地方新闻宣传部门，将以上活动拍摄制作成安全宣教片，在武陟电视台、武陟教育电视台等媒体重复播放。五是结合沿黄（沁）四乡（镇），选出11名身体健康、责任心强的临时安全员，负责主汛期涉水区域的巡逻；同时，局里专门组织涉水安全巡查队，配备车辆、救生衣、救生圈、救生绳等专门的救生工具，保证发现涉水危险及时抢救。

（5）权责问题。

通过对情况通报会通报的事件经过进行法律分析，我局认为：5 名酒精检测伤亡人员事发前均饮酒，其中乘坐人赵 ×× 系饮酒，其余 4 人均为醉酒，其醉酒驾车行为与伤亡后果之间具有直接的因果关系，且 5 人均为完全民事行为能力人。

综合所述，河务局在此次伤亡事件中没有过错，与伤亡后果没有因果关系，依据侵权相关法律规定，不应承担民事责任。

上述答复意见，伤亡家属代表如有异议，希望其咨询有关法律政策或聘请法律工作者参与处理，并建议通过司法途径解决此事件。

十一　河长制湖长制与司法保障机制

目前，水利系统河长制湖长制的日常业务，有的单位放在建设管理部门，有的单位放在法制或者执法部门。不管放在哪个部门，因为涉及执法问题，都离不开水政执法人员的参与。另外，水利部安排到全国各地的河湖督导“清四乱”等活动，水行政执法人员也经常参与其中，所以水行政执法人员了解河长制湖长制有关内容是必要的。

一、河长制湖长制

（一）河长制湖长制主要政策依据

2016 年，中共中央办公厅、国务院办公厅印发《关于全面推行河长制的意见》；2016 年 12 月，水利部、环保部印发《贯彻落实〈关于全面推行河长制的意见〉实施方案》；2017 年 5 月，水利部办公厅印发《关于加强全面推行河长制工作制度建设的通知》；2017 年 12 月，中共中央办公厅、国务院办公厅印发《关于在湖泊实施湖长制的指导意见》；2018 年 10 月，水利部印发《关于推动河长制从“有名”到“有实”的实施意见》；2019 年 12 月，水利部办公厅印发《关于进一步强化河长湖长履职尽责的指导意见》。文件明确要求：各地建立河长组织体系，负责水资源保护、水域岸线管理保护、水污染防治、水环境治理、水生态修复、执法监管等工作。

水利部职责中涉及河长制内容。水利部河湖管理司职责中明确有“承担全面推行河长制工作部际联席会议办公室具体工作”。

（二）各级河长湖长职责

1. 流域管理机构职责

流域管理机构要充分发挥协调、指导、监督、监测作用，与流域内各省（自治区、直辖市）建立沟通协商机制，搭建跨区域协作平台，研究协调河长制湖长制工作中的重大问题，开展区域联防联控、联合执法等，为各省（自治区、直辖市）总河长提供参考建议；按照水利部授权或有关要求，对有关地方河长制湖长制任务落实情况进行暗访督查并跟踪督促问题的整改落实；按照职责开展流域控制断面特别是省界断面的水量、水质监测评价，并将监测结果及时通报有关地方。

目前，黄河流域河湖长制基本全面建立，9省（自治区）的省、市、县、乡四级河湖长超过8.4万人。黄委充分发挥流域管理机构协调、指导、监督、监测作用，构建流域区域协调机制，建立了流域省级河长办联席会议制度，黄委所属机构特别是直管河段管理单位作为河长办成员单位，积极参加省、市、县级河长办组织的河长制联席会议，加强了日常交流和沟通，推进了直管河段问题整治。河湖长制实施以来，激发了各级党政主要领导治水护水的积极性，整合了分散的行政资源，凝聚了治水合力，有效解决了河湖管理中存在的突出问题，河湖面貌得到明显改善。

2. 各级河长湖长职责

1）省级河长湖长的职责

各省（自治区、直辖市）总河长对本行政区域内的河湖管理和保护负总责，统筹部署、协调、督促、考核本行政区域内河湖管理保护工作。省级河长湖长主要负责组织开展河湖突出问题专项整治，协调解决责任河湖管理和保护的重大问题，审定并组织实施责任河湖“一河（湖）一策”方案，协调明确跨行政区域河湖的管理和保护责任，推动建立区域间、部门间协调联动机制，对省级相关部门和下一级河长湖长履职情况及年度任务完成情况进行督导考核。

2）市、县级河长湖长的职责

市（州）、县（区）总河长对本行政区域内的河湖管理和保护负总责。市、县级河长湖长主要负责落实上级河长湖长部署的工作；对责任河湖进行日常巡查，及时组织问题整改；审定并组织实施责任河湖“一河（湖）一策”方案，组织开展责任河湖专项治理工作和专项整治行动；协调和督促相关主管部门制定、实施责任河湖管理保护和治理规划，协调解决规划落实中的重大问题；督促制定本级河长制湖长制组成部门责任清单，推动建立区域间部门间协调联动机制；督促下一级河长湖长及本级相关部门处理和解决责任河湖出现的问题、依法查处相关违法行为，对其履职情况和年度任务完成情况进行督导考核。

3）乡级河长湖长的职责

乡级河长湖长主要负责落实上级河长湖长交办的工作，落实责任河湖治理和保护的具体任务；对责任河湖进行日常巡查，对巡查发现的问题组织整改；对需要由上一级河长湖长或相关部门解决的问题及时向上一级河长湖长报告。

设置省、市、县三级河长制办公室，负责承担河长制组织实施具体工作，落实河长确定的事项。负责落实联席会议制度等工作，建立健全河长制框架下的河道管理联防联控机制，充分发挥河长和各职能部门作用。

河长制成员部门应当按照规定，履行相应职责，完成承担任务。

河长名单应当向社会公布，并设置河长公示牌，标明河长姓名、职务、职责、责任河段概况、管理目标、监督电话等内容，接受社会监督。

二、公益诉讼和“行刑衔接”司法保障机制

2011 年，《中共中央办公厅、国务院办公厅转发国务院法制办等部门〈关于加强行政执法与刑事司法衔接工作的意见〉的通知》，明确指出要完善行政执法与刑事司法衔接工作机制，建立行政执法与刑事司法衔接工作联席会议制度。2020 年 6 月，中共中央办公厅、国务院办公厅联合印发了《关于构建现代环境治理体系的指导意见》，要求建立生态环境保护综合行政执法机关、公安机关、检察机关、审判机关信息共享、案情通报、案件移送制度。最高人民法院印发了《关于为黄河流域生态保护和高质量发展提供司法服务与保障的意见》，指出健全专门审判机构，推进黄河流域环境资源专门审判机构建设，统一涉环境资源案件的受案范围和审理程序。统筹黄河流域生态环境和文化资源整体保护需要，深入推进知识产权和环境资源刑事、民事、行政案件“三合一”归口审判机制改革。

在国家推动下，黄河流域率先建立“河长＋检察长”协作机制，河南黄河实行了“河长＋”制度：

（1）公安部门负责依法查处打击涉水违法犯罪行为，促进行政执法与刑事司法衔接，实行“河长＋警长”制组织体系，对行政部门移送涉嫌犯罪的案件及时进行处理。

（2）检察机关实行环境资源检察公益诉讼案件集中管辖制度，统筹运用刑事、民事、行政和公益诉讼职能，实行“河长＋检察长”制组织体系，支持、监督河长办成员单位在河道管理中依法履职。

（3）审判机关实行环境资源案件集中管辖制度，发挥刑事、行政、民事审判和公益诉讼裁判功能，实行“河长＋庭长”制组织体系，为黄河流域生态保护和高质量发展提供司法服务与保障。

案例：河道内违法建设破坏生态环境案

2017 年 5 月，在古荥镇司法所见证下，×× 公司租赁郑州市惠济区古荥镇孙庄村位于黄河滩区内孙庄村东、黄河大堤北、丰乐葵园西 886 亩土地用于旅游开发。2017 年 8 月，该公司未经乡村建设规划审批，即擅自占用其中 370.68 亩土地进行“法莉兰童话王国”儿童游乐园建设。该公园建设过程中，惠金黄河河务局于 2017 年 9 月至 2018 年 9 月期间立案查处 3 次、处以罚款 14 800 元，沿河有关部门和地方政府也进行了相应查处。在相关行政机关处罚期间，该公园仍继续施工，并建成投入运营，对滩区生态系统造成严重影响，且威胁到黄河行洪安全。

2019年2月27日，河南省人民检察院将案件线索通过郑州铁路检察分院指定郑州铁路运输检察院办理。2019年3月21日，郑州铁路运输检察院检察长在惠济区人民政府向古荥镇政府、惠济区环保局、惠金黄河河务局公开送达了检察建议书。郑州铁路运输检察院采取分类处置、及时跟进、紧盯落实的方式，与相关责任主体保持沟通联络。最终该主题公园违建设施被全部拆除，占用土地恢复原有生态地貌，国家利益和社会公共利益得到切实维护，办案效果良好。

《检察建议书》的主要内容包括：一是全面履行监管职责，依法查处涉案企业违法行为，拆除违法建筑设施，恢复土地原状；二是采取补救措施，有效恢复受损土地生态；三是严格规范履职，切实保护黄河滩区环境资源；四是完善监管措施，大力加强河道内建设项目管理。

该案此前经有关部门多次办理，仍然未能有效解决，社会各界高度关注。检察机关在充分掌握案情的基础上，主动与省、市、区河长办对接，多次与相关行政机关会商座谈，制定方案，完善措施，增强行政机关履职纠错的主动性、积极性；检察建议发出后，检察机关与行政机关保持良性互动，引导涉案企业主动参与积极配合，使检察监督权与行政管理权有效衔接，最终促使黄河“四乱”突出问题得到解决，实现双赢、多赢、共赢的办案效果。

可以说，“河长+检察长”协作机制建立后成效显著，2018年以来，最高人民检察院联合水利部在沿黄九省（自治区）开展了“携手清四乱　保护母亲河”专项行动，检察机关通过下达检察建议、公告或者提起公益诉讼，行使法律监督职责，对行政机关督促和鞭策，解决了全部进入“整改台账”，单独行政部门不容易解决的复杂重大难题，公益诉讼作用显著，被实践证明是以法律的武器治理黄河“四乱”、用法治的力量保卫黄河流域绿水蓝天的利器。

十二　法律顾问和公职律师管理

习近平总书记于2015年2月2日在省部级主要领导干部学习贯彻党的十八届四中全会精神全面推进依法治国专题研讨班上的讲话，除要求领导干部提高尊法、学法、守法、用法的自觉性和主动性外，还要靠制度保证。党的十八届四中全会就此提出了一系列制度安排，包括建立法律顾问制度、设立公职律师，完善党政部门依法决策机制，建立行政机关内部重大决策合法性审查机制，建立重大决策终身责任追究制度及责任倒查机制，建立领导干部干预司法活动、插手具体案件处理的记录、通报和责任追究制度，建立法治建设成效考核制度等，这些制度要抓紧建立健全，早日形成，早日发挥作用。

一、行政机关法律顾问和公职律师管理办法（参考样本）

第一条　为规范法律顾问和公职律师的管理，充分发挥其在推进依法治河管河中的作用，根据中共中央办公厅、国务院办公厅《关于推行法律顾问制度和公职律师公司律师制度的意见》等相关规定，结合本行政机关（简称单位）工作实际，制定本办法。

第二条　单位法律顾问、公职律师的聘任、履职和管理，适用本办法。

第三条　建立以单位法制部门、直属党委人员为主体，吸收外聘法学专家和律师参加的法律顾问队伍，单位法制部门、直属党委以集体名义发挥内部法律顾问作用。在本单位已担任法律顾问但未取得法律职业资格或者律师资格的人员，可以继续履行法律顾问职责。国家统一法律职业资格制度实施后，拟担任法律顾问的人员应当具有法律职业资格或者律师资格。

单位法制部门、直属党委及单位外聘的法学专家、律师统称为单位法律顾问。

第四条　单位法制部门承担本单位法律顾问办公室职责，具体负责法律顾问、公职律师的日常业务管理工作，会同人劳部门、直属党委对外聘法律顾问、公职律师进行遴选、聘任、培训和考核。

第五条　单位法律顾问履行下列职责：

（一）为单位重大行政决策或重大行政行为提供法律意见；

（二）参与单位承担的法规规章草案、党内法规草案和规范性文件的起草、论证、审查等工作；

（三）参与由单位作出的重要法律文书或者以单位为一方当事人的重大合同的起草、修改、咨询工作；

（四）为处置涉诉案件、信访案件和重大突发事件等提供法律服务；

（五）参与处理行政复议、诉讼、处罚、赔偿、仲裁等法律事务；

（六）参与单位法治宣传教育工作；

（七）单位规定的其他职责。

第六条　单位外聘法律顾问应当具备下列条件：

（一）政治素质高，拥护党的理论和路线方针政策，一般应为中国共产党党员；

（二）具有良好的职业道德和社会责任感；

（三）在所从事的法学教学、法学研究、法律实践等领域具有一定影响和经验的法学专家，熟悉水利行业法律、法规、政策的专家或者具有5年以上执业经验、专业能力较强的律师；

（四）熟悉单位业务情况和政府工作规则，有较强的分析和处理实际法律问题的能力；

（五）严格遵纪守法，未受过刑事处罚，未受过司法行政部门的行政处罚或者律师协会的行业处分；

（六）聘任单位规定的其他条件。

第七条　外聘法律顾问由单位法制部门会同人劳部门、直属党委，按照公开公正、自愿有偿、平等竞争的原则进行遴选：

（一）邀请法学专家，或者通过政府采购程序择优选择律师事务所及该所推荐的律师，作为法律顾问的候选人；

（二）通过单位公示候选人信息；

（三）外聘律师担任法律顾问的，应当征求同级司法行政部门的意见；外聘法学专家担任法律顾问的，应当征求其所在单位人事部门意见；

（四）公示期满无异议，与外聘法律顾问签订《法律顾问服务合同》，通过单位外网正式公告法律顾问名单；

（五）签订《法律顾问服务合同》后15日内将聘任及法律顾问基本情况报至同级司法行政部门备案。

第八条　外聘法律顾问的聘任期限一次不超过三年，可以连续聘任。

第九条　单位外聘法律顾问在履行法律顾问职责期间享有下列权利：

（一）依据事实、法律和职责，提出法律意见；

（二）获得与履行职责相关的信息资料、文件和其他必需的工作条件；

（三）获得约定的工作报酬和待遇；

（四）聘任合同约定的其他权利。

第十条　单位外聘法律顾问在履行法律顾问职责期间承担下列义务：

（一）遵守保密制度，不得泄露党和国家的秘密、工作秘密、商业秘密及其他不应公开的信息，不得擅自对外透露所承担的工作内容；

（二）不得利用在工作期间获得的非公开信息或者便利条件，为本人及所在单位或者他人牟取利益；

（三）不得以法律顾问身份从事商业活动或者与法律顾问职责无关的活动；

（四）不得接受其他当事人委托，办理与黄委有利益冲突的法律事务，法律顾问与所承办的业务有利害关系、可能影响公正履行职责的，应当回避；

（五）聘任合同约定的其他义务。

第十一条　单位具有法律职业资格或者律师资格的人员，经单位法制部门会同人劳部门、直属党委审查同意，可以向司法行政部门申请颁发公职律师证书。

第十二条　公职律师受单位委托，代表单位从事法律服务。

第十三条　公职律师不得从事有偿法律服务，不得在律师事务所等法律服务机构兼职，不得以律师身份办理单位以外的诉讼或者非诉讼法律事务。

第十四条　单位在以下方面充分发挥法律顾问、公职律师的作用：

（一）提请单位党组会或者局务会议讨论决定重大事项之前，应当听取法律顾问、公职律师的法律意见；

（二）起草法规规章草案，应当请法律顾问、公职律师参加，或者听取其法律意见；

（三）单位制定涉及公民、法人或其他组织权利和义务的规范性文件的合法性审查；

（四）其他履行职责的事项，积极听取法律顾问、公职律师的法律意见。

第十五条　法律顾问为重要事项提供法律意见，应当通过法律意见书或者其他书面形式出具，并由承办的法律顾问签名。律师事务所为重要事项出具书面法律意见，除承办的法律顾问签名外，还应当加盖律师事务所公章。

第十六条　单位应当为法律顾问、公职律师开展工作提供必要的经费和保障。

第十七条　单位加强对法律顾问、公职律师的日常管理和考核，对担任法律顾问的公职人员一般每年考核一次，可以与公务员年度考核、公职律师考核等一并进行；对外聘法律顾问一般每个聘期考核一次，根据需要也可以每年考核一次。

第十八条　单位法律顾问、公职律师玩忽职守、徇私舞弊的，依法依纪处理；属于外聘法律顾问的，予以解聘，记入法律顾问工作档案和个人诚信档案，通报律师协会或者所在单位，依法追究责任。

第十九条　单位下属各单位法律顾问、公职律师的聘任、履职和管理，可参照本办法执行。

第二十条　本办法自印发之日起施行。

二、法律顾问合同（参考样本）

甲方（聘请方）：__________；单位__________。

住所地：__________。

邮编：__________；电话：__________；传真：__________。

乙方（受聘方）：××律师事务所

住所地：__________。

邮编：__________；电话：__________；传真：__________。

甲、乙双方根据《中华人民共和国民法典》《中华人民共和国律师法》等相关法律、法规的有关规定，就甲方聘请乙方的律师作为常年法律顾问事宜，按照诚实信用原则，经友好协商，达成如下协议：

第一条　聘请

乙方应甲方邀请，指派乙方律师甲、乙、丙担任甲方常年法律顾问。联系方式：__________；邮箱：__________。

第二条　乙方的服务范围

乙方律师作为甲方的常年法律顾问，应在法律规定的范围内，严守律师职业道德，勤勉尽责，维护甲方合法权益；根据甲方要求，竭诚为甲方提供下述法律服务：

一、行政方面

1. 及时为甲方重大行政决策或重要行政决定提供法律咨询意见。

2. 参与甲方立法（法规、规章等）前期、重要规范性文件制订的调研、论证，提供法律咨询，进行合法性审查。每季度定期审查 1 次甲方制订的规范性文件，对于重要的规范性文件及时审查，做好合法性把关；对发现问题的规范性文件，督促及时清理。

3. 参与对以甲方为主体的涉诉行政案件研究提出诉讼方案和意见建议。

如委托开展诉讼，出庭诉讼费用另计。

4. 参与研究甲方行政复议案件，重大群体性社会事件、信访案件的案情分析，提供法律指导意见。

5. 根据需要，参与甲方执法监督活动并对水行政执法、水行政执法监督工作提出意见和建议。

6. 根据需要，提前介入服务事项，提供法律服务并出具法律意见书。

7. 根据需要，列席重大会议，提供现场法律咨询。

8. 向甲方职工进行法治宣传教育，应至少包含以下内容：

（1）党组中心组法律专题学习 1 次；

（2）为普法、水行政执法 2 个培训班各提供 1 次法律知识授课；

（3）为单位干部职工提供 1 次法律基础知识培训。

9. 办理甲方的其他重要法律事务。

二、民事方面

1. 为甲方民事、经济等重要合同，提供法律论证和审查意见。为甲方直属企业经营管理、合同谈判等经济活动提供法律方面的意见。

2. 参与对以甲方为主体的涉诉民事案件研究提出诉讼方案、仲裁方案和意见建议。

如委托开展诉讼、仲裁事宜，出庭诉讼、仲裁费用另计。

3. 根据需要，提前介入服务事项，提供法律服务并出具法律意见书。

4. 根据需要，列席重大会议，提供现场法律咨询。

5. 向甲方职工进行法治宣传教育，应至少包含以下内容：

（1）党组中心组法律专题学习 1 次；

（2）为单位下属各企业负责人提供法律风险防范培训 1 次；

（3）为单位干部职工提供 1 次法律基础知识培训。

6. 通过坐班、电话、微信等多种形式为甲方职工因民事、经济方面发生的法律问题提供必要的法律咨询。

7. 办理甲方的其他重要法律事务。

第三条　乙方的义务

1. 乙方律师工作方式主要为会议工作制和委托办事制。甲方遇有本合同第二条规定事项需要乙方律师提供服务时，应及时通知乙方律师，乙方律师应在接到甲方通知后按时到达甲方办公场所，以参加有关会议、专题咨询、委托代办等形式开展法律服务；遇有特殊情况时，乙方律师的服务方式由甲方与乙方律师商定。

2. 乙方律师处理相关服务事项（行政方面第一项至第七项；民事方面第一项至第四项）时，一般应通过书面形式提供法律咨询服务，并签字确认。

3. 乙方律师应当及时向甲方报告所承办法律事务的进展情况，工作结束或本合同终止时，应当及时将处理事务的情况和最终结果报告甲方，并提交必要的证明文件。

4. 乙方律师应忠于职守，认真、细致、高效完成甲方委托的事项，事先对甲方有关事务所面临的法律风险作出明确提示，尽最大努力维护甲方利益。

5. 乙方律师在涉及甲方的对抗性案件或者交易活动中，未经甲方同意，不得担任与甲方具有法律上利益冲突的另一方的法律顾问或者代理人。

6. 乙方律师对甲方所托事宜及有关的资料、文件、情况以及谈话记录、录音等必须严格保密，非由法律规定或者甲方同意，不得向任何第三方披露。

7. 乙方对甲方业务应当单独建档，并保存完整的工作记录，对涉及甲方的原始证据、法律文件和财物应当妥善保管。

8. 乙方律师在担任常年法律顾问期间，不得为甲方职工个人提供任何不利于甲方的咨询意见。

乙方律师为甲方职工因个人事项提供法律咨询应做好登记工作，登记事项包括咨询人姓名、单位、时间等，并对涉及职工的隐私事项保密。每一届聘期结束前，应对接受咨询事项提交总结。

第四条　甲方的义务

1. 甲方应当全面、客观和及时地向乙方提供与法律事务有关的各种情况、文件、资料，并对所提供的资料及相关证据的真实性、合法性负责。

2. 甲方应当为乙方律师办理法律事务提出明确、合理的要求。

3. 甲方应当按时、足额向乙方支付法律顾问费和工作费用。

4. 甲方指定 ___________ 为常年法律顾问的联系人，负责转达甲方的指示和要求，提供文件和资料等，联系方式：___________。甲方更换联系人应当及时通知常年法律顾问。

5. 甲方有责任对委托事项作出独立的判断、决策，甲方根据乙方律师提供的法律意见、建议、方案所作出的决定而导致的损失，非因乙方律师错误运用法律等失职行为造成的，由甲方自行承担。

第五条　法律顾问费

1. 乙方法律顾问费为每年 ___ 人民币（___ 万元整），分两次付清，首次付款金额为顾问费总额的 80% 即 ___ 元（___ 万元整），二次付款金额为顾问费总额的 20% 即 ___ 元（___ 万元整）。在本合同甲乙双方签字、盖章生效后三个月内完成支付。

乙方具体账户名、开户行、账号等收款信息详见付款时乙方向甲方出具的增值税发票的记载。

本合同到期终止或者提前解除的，双方应结清有关费用。

2. 乙方律师办理甲方委托事项所发生的下列工作费用，应由甲方承担：

（1）相关行政、司法、鉴定、公证等部门收取的费用；

（2）单位所在市区以外发生的差旅费、食宿费、翻译费、复印费、长途通信费等；

（3）征得甲方同意后支出的其他费用。

乙方律师应当本着节俭的原则合理使用工作费用。

3. 乙方律师接受甲方委托代理诉讼案件出庭应诉的，按《×× 省律师服务收费行业指导标准》最低标准的 __________ 比例收取。代理费的支付方式和期限双方在委托合同中另行约定。

4. 乙方律师为甲方机关职工因民事、经济方面发生的法律问题提供咨询服务一般不收取费用。甲方机关职工委托法律顾问出庭应诉发生的费用，由乙方律师与职工个人自行协商处理，不受该聘用合同的约束。

第六条　除本合同第五条约定的收费内容外，乙方服务范围内所列其他内容均不再另行收费。

第七条　合同的解除

甲乙双方经协商同意，可以变更或者解除本合同。

乙方有下列情形之一的，甲方有权解除合同：

1. 未经甲方同意，擅自更换作为甲方常年法律顾问的律师的。

2. 因乙方律师工作延误、失职、失误导致甲方蒙受损失的。

3. 违反第三条第 5 ～ 8 项规定的义务之一的。

甲方有下列情形之一的，乙方有权解除合同：

1. 甲方的委托事项违反法律或者违反律师执业规范的。

2. 甲方有捏造事实、伪造证据或者隐瞒重要情节等情形，致使乙方律师不能提供有效的法律服务的。

3. 甲方逾期 30 日仍不向乙方支付法律顾问费或者工作费用的。

上述 1 项、2 项因甲方的过错而解除本合同的，乙方所收法律顾问费不予退还。

第八条　违约责任

乙方无正当理由不提供第二条规定的法律服务或者违反第三条规定的义务，甲方有权要求退还部分或者全部已付的法律顾问费。

乙方有下列行为之一的，应对该行为所造成甲方的损失予以赔偿，并退还当年的法律顾问费和工作费用：

1. 因超越委托权限给当事人造成损失。

2. 遗失重要证据而导致无法举证或证据失效。

3. 出具错误的法律意见书。

4. 应当收集的证据，由于律师的原因而没有及时收集，使证据湮灭。

5. 由于律师的原因，使甲方失去诉讼时效。

乙方律师的其他主观过错造成甲方损失的，按国家的有关法律、法规承担民事责任。

甲方无正当理由不支付法律顾问费或者工作费用，或者无故终止合同，乙方有权要求甲方支付未付的法律顾问费、未报销的工作费用以及延期支付的利息。

第九条　争议的解决

甲乙双方如果发生争议，应当友好协商解决。如协商不成，任何一方均有权就争议提起诉讼。

第十条　合同的生效

本合同正本一式四份，甲乙双方各执两份，具有同等法律效力，自甲乙双方代表签字并加盖公章之日起生效。

第十一条　合同的期限

本合同的期限为 1 年。自 ______ 年 ___ 月 ___ 日至 ______ 年 ___ 月 ___ 日。

合同期满前 30 日内，由甲方同意、甲乙双方协商决定是否续签常年法律顾问合同。

第十二条　通知和送达

甲乙双方因履行本合同而相互发出或者提供的所有通知、文件、资料，均以扉页所列明的地址、传真送达，一方如果迁址或者变更电话，应当书面通知对方。

通过传真方式的，在发出传真时视为送达；以邮寄方式的，挂号寄出或者投邮当日视为送达。

甲方：×× 单位　　　　乙方：×× 律师事务所

签约代表：　　　　乙方签约代表：

签约日期：　　年　月　日　　　　签约日期：　　年　月　日

十三　建设管理部门执法管理有关业务知识

水行政执法不仅仅是水利单位法制部门执法，单位建设管理、规划计划等部门也有执法和行政管理的权力。一般情况下，建设管理、规划计划等部门在处理涉法问题时，都要听取法制部门的意见或者与法制部门联合处理，因此水行政执法人员了解单位主要业务部门的法律是十分必要的。

案例一：没收投标保证金

2008 年 5 月 12 日，中国发生“5 · 12”汶川地震。汶川地震波及大半个中国及亚洲多个国家和地区，使中国 10 个县（市）成为极重灾区，41 个县（市、区）成为较重灾区，186 个县（市、区）成为一般灾区。四川雅安市宝兴县是全球首个发现大熊猫的地方，被誉为“大熊猫的故乡”，是汶川大地震中 41 个较重灾区之一，因此震后也有大量的工程需要灾后重建新建。灾后重建新建，对很多施工企业是一个机遇。

（一）事情经过

某省一家水利施工企业某建设工程有限公司（简称工程公司）也积极参与，和“合作伙伴”兴致勃勃到四川雅安市宝兴县投标参加灾后重建。和中国大多数的施工企业一样，工程公司在全国多地建筑市场备案，在四川省也成立了自己的分公司，与当地一些同类企业、私营老板、包工头建立了“投标业务联系”。

宝兴县水务局按照基本建设程序对外发布相关工程的招标公告后，工程公司四川分公司与潜在合作方就管理费及中标后管理模式达成一致意见，双方开始积极运作“雅安市宝兴县堤防工程”两个标段的投标。潜在合作方将两个标段的投标保证金 270 万元转到工程公司账户，工程公司随即将该笔款项转至招标人指定收款方保证金专用账户。

在随后的开标结果公示中，工程公司两个标段均为第一中标候选人，一个标段合同额约 8 000 万元，另一个标段合同额约 3 000 万元。中标公示期结束后，工程公司委托代理人到宝兴县水务局未领到中标通知书，宝兴县水务局对此给出的答复是有人投诉工程公司。工程公司到宝兴县水务局了解情况，被宝兴县水务局工作人员领到宝兴县纪委办公室，在县发展改革委和水务局在场的情况下，县纪委一名负责人告知工程公司：工程公司在 j 省和 h 省两地有行政处罚，属于宝兴县水务局招标文件“投标人须知”中限制投标情形，但工程公司在投标文件声明中却写的是“无限制投标情形”，因此投标文件存在弄虚作假的问题。依据招标文件投标人须知约定，取消工程公司中标候选人资格，拉入黑名单，没收投标保证金。工程公司提出申述，宝兴县水务局就工程公司申述传真回复维持原处理结果，并说明是招标人与投标人的民事行为，并非行政行为。

工程公司没有想到，公司这次投标结果不但没有中标，270 万元投标保证金全部被没收，还被“合作伙伴”告上法庭。

（二）什么是投标保证金？

所谓投标保证金，是为防止投标人不审慎投标而由招标人在招标文件中设定的一种担保形式。

一般在发生下列情形时，招标人有权没收投标保证金：

（1）投标人在投标有效期内撤回其投标文件。

（2）中标人未能在规定期限内提交履约保证金或签署合同协议、接受对错误的修正。

（3）投标人采用不正当的手段骗取中标。

在提交投标文件截止时间后到招标文件规定的投标有效期终止之前，投标人不得补充、修改、替代或者撤回其投标文件。投标人补充、修改、替代投标文件的，招标人不予接受；投标人撤回投标文件的，其投标保证金将被没收。

招标人在招标文件中要求投标人提交投标保证金的，投标保证金不得超过招标项目估算价的2%。投标保证金除现金外，可以是银行出具的银行保函、保兑支票、银行汇票或现金支票。投标人以现金或者支票形式提交的投标保证金应当从其基本账户转出。招标人不得挪用投标保证金。

投标保证金有效期应当与投标有效期一致。确定中标单位后，招标人最迟应当在书面合同签订后5日内向中标人和未中标的投标人退还投标保证金及银行同期存款利息。

（三）投标保证金被没收源于“项目经理在建”

270万元投标保证金为什么会被没收？原因是工程公司有两个行政处罚没有在其投标文件中反映，形成对招标文件不响应，业主宝兴县水务局认为这就是“弄虚作假”。

追踪查看工程公司的两个行政处罚是什么？发现两个处罚都是因为“项目经理在建”，被j省和h省建设主管单位确认为“为骗取中标提供虚假资料”，给予了暂停工程公司1年投标资格的处罚，并向社会公告。

“项目经理在建”，即某个项目经理正在负责一个项目，这次又被拿来投标当项目经理。一般来讲，在投标过程中，业主对于“项目经理在建”这样的“小问题”，取消中标资格已经是非常重的处理了。宝兴县如此严厉的处罚，对经营状况一般的工程公司来讲，不亚于一场地震，也令很多业界人士大跌眼镜，大呼吃惊！但同时业界和法律人士又找不到此案处罚原则性的错误，施工单位是有苦难言。

简评：工程公司这个教训成本实在太高！对于施工企业常见的出借资质问题，随着国家一系列文件出台，出借资质会很容易被法院认定为“转分包”。出借资质带来的法律风险与公司提取的寥寥的管理费相比“得不偿失”，风险隐患太大，很可能“鸡飞蛋打”。因此，企业发展必须采取依法合规的稳妥措施，不能为了所谓产值和目标任务随便出借资质。

案例二：“拖欠农民工工资”背后的法律知识

2010年10月11日，30多名农民工聚集在郑州北郊花园口景区门口河神将军塑像前，杀鸡祭拜河神。

农民工跪拜河神的背后是一起劳务纠纷案件，是因为工程转分包造成农民工拿不到工资引起的。30 多名农民工跟着某水利工程机械有限公司干了两年工程，这个工程是某水利工程机械有限公司从中标单位某水电工程有限公司转包得来的。这些农民工先是将两家公司告到法院，要求支付他们 ××× 万元，经过新乡市中级人民法院一审、河南省高级人民法院二审，终审判决两公司承担连带责任。其间因为法院宣判、执行没有满足农民工诉求，农民工出此“祭拜河神”的奇招，欲通过这种另类的“行为艺术”，吸引媒体的关注，走上“媒体关注，舆论聚焦，领导发话，特事特办”的通道。

本案由建设管理部门负责处理。涉及最高人民法院 2014 年出台的《最高人民法院关于审理建设工程施工合同纠纷案件适用法律问题的解释》（简称《建设工程解释》）第二十六条，以及工程转分包等问题。

一、《建设工程解释》第二十六条

《建设工程解释》第二十六条是为保护农民工权益专门出台的司法解释。《建设工程解释》第二十六条规定：“实际施工人以转包人、违法分包人为被告起诉的，人民法院应当依法受理。实际施工人以发包人为被告主张权利的，人民法院可以追加转包人或者违法分包人为本案当事人。发包人只在欠付工程价款范围内对实际施工人承担责任。”从该条规定看：

（1）实际施工人可以发包人为被告起诉。

承包人与发包人订立建设工程施工合同后，往往又将建设工程转包或者违法分包给第三人，第三人就是实际施工人。

使用“实际施工人”的概念本身就意味着“实际施工人”参与签订的合同无效，实际施工人作为无效施工合同中的承包人，具体包括六类：①转包的承包人；②违法分包的承包人；③未取得水利企业资质的承包人；④超越资质等级的承包人，但在建设工程竣工前取得相应资质等级的除外；⑤没有资质而借用有资质的水利企业名义从事建设工程施工的承包人；⑥建设工程必须进行招标而未招标或者中标无效的建设工程施工合同的承包人。

施工合同与其他合同相比较而言，具有特殊性，特殊在于转包、违法分包合同与上手总承包合同比较而言，虽然属于两个独立的法律关系，但它们之间具有牵连关系。像转包合同与上手合同之间，一般而言，就是在工程价款上存在差异，其他内容，像施工范围、质量标准、工期、违约责任等合同主要条款均与上手合同基本相同。转包人、违法分包人为上手和下手两份合同的当事人，这些特征的存在为无效合同突破相对性后的处理方案打下了一定的基础。按照合同的相对性来讲，实际施工人应当向与其有合同关系的承包人主张权利，而不应当向发包人主张权利。但是从实际情况看，有的承包人将工程转包收取一定的管理费用后，没有进行工程结算或者对工程结算不主张权利，由于实际施工人与发包人没有合同关系，这样导致实际施工人没有办法取得工程款，而实际施工人不能得到工程款则直接影响到农民工工资的发放。因此，允许实际施工人向发包人主张权利，有利于对农民工利益的保护。

（2）发包人只在欠付工程价款范围内对实际施工人承担责任。

承包人将建设工程非法转包、违法分包后，建设工程施工合同的义务都是由实际施工人履行的。实际施工人与发包人已经全面实际履行了发包人与承包人之间的合同并形成了事实上的权利、义务关系。在这种情况下，如果不允许实际施工人向发包人主张权利，不利于对实际施工人利益的保护。基于此种考虑，《建设工程解释》第二十六条规定，实际施工人可以向发包人主张权利，但发包人仅在欠付工程款的范围内对实际施工人承担责任，如果发包人已经将工程价款全部支付给承包人的，发包人就不应当再承担支付工程价款的责任。因此，发包人只在欠付工程价款范围内对实际施工人承担责任，并不会损害发包人的权益。

（3）人民法院可以追加转包人或者违法分包人为本案当事人。

考虑到案件的审理涉及两个或更多个合同法律关系，如果转包人或者违法分包人不参加到诉讼的过程中来，许多案件的事实没有办法查清，当事人的责任不好分清，实际施工人的权利难以实现，所以人民法院可以根据案件的实际情况追加转包人或者违法分包人为共同被告或者案件的第三人；实际施工人可以发包人、承包人为共同被告主张权利。所以，为了方便案件审理，《建设工程解释》第二十六条还规定，人民法院可以追加转包人或者违法分包人为本案当事人。

二、工程施工转分包等问题

为有效遏制水利建筑施工市场违法发包、转包、违法分包及挂靠等违法行为，2016 年 12 月，水利部出台《水利工程施工转包违法分包等违法行为认定查处管理暂行办法》。明确了什么是转包、分包、挂靠，并明确了如何认定、查处。

（一）转包、分包、挂靠、劳务分包、企业内部承包

（1）转包是指施工单位承包工程后，不履行合同约定的责任和义务，将其承包的工程全部转给他人施工的行为。所有的转包都违法。

（2）违法分包是指施工单位承包工程后违反法律、法规规定或者施工合同关于分包的约定，把部分工程或劳务作业分包给其他单位或个人施工的行为。

（3）出借借用资质（挂靠行为）是指允许其他单位、个人以本单位名义承揽工程或者单位、个人以其他单位的名义承揽工程的行为。前款所称承揽工程，包括参与投标、订立合同、办理有关施工手续、从事施工等活动。

（4）劳务分包的分包单位仅仅提供劳务作业，我国建设法律、法规没有限制劳务作业的分包人承揽全部建设工程的劳务作业。合同约定劳务作业承包人负责与工程有关的大型机械、周转性材料租赁和主要材料、设备采购等内容的，不属于劳务分包，

属于专业工程分包或转包。

（5）企业内部承包是建设工程施工合同的承包人将其承包的全部或部分工程交由与企业有劳动关系的项目经理等职工个人承包施工，承包人对工程施工过程及质量进行管理，对外承担施工合同权利、义务。发包人以内部承包人缺乏资质为由主张施工合同无效的，不予支持。

（二）转包

（1）承包人将其承包的全部工程转给其他单位或个人施工的。

（2）承包人将其承包的全部工程肢解以后以分包的名义转给其他单位或个人施工的。

（3）承包人将其承包的全部工程以内部承包合同等形式交由分公司施工，但分公司成立未履行合法手续的。

（4）采取联营合作等形式的承包人，其中一方将应由其实施的全部工程交由联营合作方施工的。

（5）全部工程由劳务作业分包单位实施，劳务作业分包单位计取报酬是除上缴给承包人管理费外全部工程价款的。

（6）承包人未设立现场管理机构的。

（7）承包人未派驻项目负责人、技术负责人、财务负责人、质量管理负责人、安全管理负责人等主要管理人员或者派驻的上述人员中全部不是本单位人员的。

以上所称本单位人员，是指在本单位工作，并与本单位签订劳动合同，由本单位支付劳动报酬、缴纳社会保险的人员。

（三）违法分包

（1）承包人将工程分包给不具备相应资质或安全生产许可的单位或个人施工的。

（2）施工合同中没有约定，又未经项目法人书面同意，承包人将其承包的部分工程分包给其他单位施工的。

（3）承包人将主要建筑物的主体结构工程分包的。

（4）工程分包单位将其承包的工程中非劳务作业部分再分包的。

（5）劳务作业分包单位将其承包的劳务作业再分包的。

（6）劳务作业分包单位除计取劳务作业费用外，还计取主要建筑材料款和大中型机械设备费用的。

（7）承包人未与分包人签订分包合同，或分包合同未遵循承包合同的各项原则，不满足承包合同中相应要求的。

以上所称主要建筑物是指失事以后将造成下游灾害或严重影响工程功能和效益的建筑物，如堤防、穿堤建筑物、大坝等挡水建筑物、泄水建筑物、输水建筑物、电站厂房、泵站等；主要建筑物的主体结构，由项目法人要求设计单位在设计文件或招标文件中明确。所称主要建筑材料是指混凝土工程中的钢筋、水泥、砂石料，土石方工程中的石料，金属结构工程中的钢材，防渗工程中的土工织物等对工程质量影响较大、占工程造价比例较高的材料。所称大中型机械设备是指工程施工中的大中型起重设备，混凝土工程施工中的大中型拌和、输送设备，土石方工程施工中的大中型挖掘设备、运输车辆、碾压机械等。

（四）挂靠

（1）单位或个人借用其他单位的资质承揽工程的。

（2）投标人法定代表人的授权代表人不是投标人本单位人员的。

（3）实际施工单位使用承包人资质中标后，以承包人分公司、项目部等名义组织实施，但两者无实质产权、人事、财务关系的。

（4）工程分包的发包单位不是该工程的承包人的，但项目法人依约作为发包单位的除外。

（5）劳务作业分包的发包单位不是该工程的承包人或工程分包单位的。

（6）承包人派驻施工现场的项目负责人、技术负责人、财务负责人、质量管理负责人、安全管理负责人中部分人员不是本单位人员的。

（7）承包人与项目法人之间没有工程款收付关系，或者工程款支付凭证上载明的单位与施工合同中载明的承包单位不一致的。

（8）合同约定由承包人负责采购、租赁的主要建筑材料、工程设备等，由其他单位或个人采购、租赁，或者承包人不能提供有关采购、租赁合同及发票等证明，又不能进行合理解释并提供材料证明的。

《建筑法》第六十六条规定："建筑施工企业转让、出借资质证书或者以其他方式允许他人以本企业的名义承揽工程的，责令改正，没收违法所得，并处罚款，可以责令停业整顿，降低资质等级；情节严重的，吊销资质证书。对因该项承揽工程不符合规定的质量标准造成的损失，建筑施工企业与使用本企业名义的单位或者个人承担连带赔偿责任。"

（五）所签订的劳务分包合同有效的条件

（1）劳务作业承包人取得相应的劳务分包企业资质等级标准。

（2）分包作业的范围是建设工程中的劳务作业（包括木工、砌筑、抹灰、石制作、油漆、钢筋、混凝土、脚手架、模板、焊接、水暖、钣金、架线作业共计 13 种）。

（3）承包方式为提供劳务及小型机具和辅料，不是包工包料。

案例三：招标投标工作中的"公证"

1999 年，某地防洪工程第一次对外招标。当地水利局在开展这项工作时，主管副局长要求必须邀请公证处全程参与，确保招标投标公正公开。这是水利局第一次让公证走入当地水利。时至今日，该地水利工程的招标投标始终没有脱离开过公证的眼睛，并且有更多的工作开始有公证相随。公证，已深入到中国人的工作和生活，有必要对它有更多了解。

一、公证机构办理的公证事项

（1）根据自然人、法人或者其他组织的申请，公证机构办理下列公证事项：①合同；②继承；③委托、声明、赠与、遗嘱；④财产分割；⑤招标投标、拍卖；⑥婚姻状况、亲属关系、收养关系；⑦出生、生存、死亡、身份、经历、学历、学位、职务、职称、有无违法犯罪记录；⑧公司章程；⑨保全证据；⑩文书上的签名、印鉴、日期，文书的副本、影印本与原本相符；⑪自然人、法人或者其他组织自愿申请办理的其他公证事项。

（2）根据自然人、法人或者其他组织的申请，公证机构可以办理下列事务：①法律、行政法规规定由公证机构登记的事务；②提存；③保管遗嘱、遗产或者其他与公证事项有关的财产、物品、文书；④代写与公证事项有关的法律事务文书；⑤提供公证法律咨询。

二、公证服务收费标准（以某地为例）

（一）证明法律行为

1. 证明经济合同

（1）证明土地使用权出让、转让，房屋转让、买卖及股权转让，按下列标准累计收取：标的额 500 000 元以下部分，收取比例为 0.3%……；100 000 001 元以上部分，收取 0.01%。

（2）证明其他经济合同，按下列标准累计收取：标的额 20 000 元以下的，收取比例为 1%……

（3）财产抵押公证登记每件收费 400 元。

（4）证明房屋租赁每件收费 200 元。

（5）证明赔偿协议、典当合同，每件收费 200 元。

（6）涉及农林牧副渔生产的土地、荒山、荒地、水利设施、林木果园等承包合同每件收费 50 元。

2. 证明民事协议

（1）证明留学协议、婚前财产协议、夫妻财产约定书、合伙协议等每件收费 150 元。

（2）证明养老保险合同、学生保险合同等每件收费 50 元。

（3）证明养路费征收合同、供用电合同等每件收费 200 元。

（4）赡养、拆迁、宅基地使用权、保密等其他民事协议，每件收费 80 元。

3. 证明收养关系

生父母共同送养的，每件收费 300 元……

（二）证明有法律意义的事实

（1）证明出生、生存、死亡、身份、经历、学历、国籍、居住地、住所地、婚姻状况、健康状况、经济状况、亲属关系、未受（受过）刑事处分、医院诊断证明等每件收费 50 ～ 80 元。

（2）证明法人和其他组织的资格、资信、纳税，每件收费 350 元。

（3）证明个人存款、个人经济收入、个人纳税，每件收费 200 元。

（4）证明不可抗力事件，每件收费 200 元。

（5）办理证据保全：①证人、证言及书证保全，每件收费 150 元；②声像资料、电脑软件保全，每件收费 600 元；③对物的保全：不动产保全，每件收费 600 元；其他物证保全，每件收费 300 元；④侵权行为和事实证据保全，每件收费 600 元……

（三）证明有法律意义的文书

（1）证明知识产权（著作权、版权、商标权等）的享有、转让和使用许可文书，每件收费 500 元。

（2）证明法人或其他组织的授权委托书、公司章程、会议决议或其他法律文书，每件收费 400 元。要求公证人员参加会议的，每次加收 200 元。

（3）证明印鉴、签名属实，副本、节本、译本与原本相符，影印件与原件相符，每件收费民事类 80 元、经济类 100 元。

（4）证明职称证书、学位证书、成绩单、资格证书，每件收费 150 元。

（5）证明指纹卡，每件收费 60 元。

（四）提存公证

按标的额的 0.3% 收取，最低收取 100 元。

（五）赋予债权文书具有强制执行效力

按债务总额的 0.3% 收取。

（六）办理遗嘱公证和保管遗嘱，清点保管遗产，确认遗嘱的效力

（1）遗嘱公证，每件收费 200 元。

（2）保管遗嘱，每件每年收费 50 元（不足一年按一年计算）。

（3）清点遗产，每件收费 400 元。

（4）保管遗产，每件收费 200 元（实际费用另付）。

（5）确认遗嘱的效力，每件收费 300 元。

（6）证明遗产继承、赠与和遗赠，按受益额的 2% 收取，最低收费 200 元。以继承遗产为目的，而要求办理亲属关系、出生、死亡、委托等公证事项，按“遗产继承”标准收费。

（七）其他民事法律行为的设立、变更、终止

（1）委托：①涉及人身权益，每件收费 100 元；②涉及个人财产关系，每件收费 200 元；③涉及单位财产关系，每件收费 500 元。

（2）声明书，每件收费 100 元（涉及财产关系的加倍收取）。

（3）经济担保，参照经济合同标的收费，最低收费 500 元；信誉担保 200 元。

（4）保全样品，每年收费 300 元（不足一年按一年计算）。

（5）亲子鉴定，每件收费 400 元。

（6）证明携带骨灰出境，参照国际惯例收费。

（八）依法办理的其他公证法律事务

（1）证明对财产的清点、清算、评估和估损，涉及法人和其他组织的每宗收费 800 元，涉及公民家庭的每宗收费 300 元，要求公证人员现场参与的，每件收费 2 000 ～ 3 000 元；证明有关文件，每件收费 300 元。

（2）现场监督：①证明开奖、抽签及其他现场公证，每件收费 500 元；②证明销毁监督公证，每件收费 2 000 元；③证明拍卖、彩票销售，每件收费 1 000 元；④招标、投标公证，标的额不满 500 万元的，每件收费 800 元；标的额 500 万～ 2 000 万元的，每件收费 1 000 ～ 2 000 元；标的额在 2 000 万元以上的，每件收费 2 000 ～ 4 000 元；⑤执行书（决定书、通知书）送达公证，每件收费 200 元。

（3）证明股份公司成立、股东大会、董事会成立，每件收费 1 000 元。

（4）证明企业未破产每件 2 000 元，证明企业破产每件收费 100 元。

（5）股票发行，每件收费 20 000 ～ 50 000 元。

（6）证明财产分割，按财产总额的 1‰ ～ 2‰ 收费，最低收费 300 元。

（7）保管文书，每年收费 50 元（不足一年的按一年计算）。

（8）代办与公证相关的登记、认证等事务，每件收取代办费 80 元。

（9）代写、修改与公证事项有关的文书，每份收费 30 ～ 100 元。

（10）解答法律咨询，每次收费 20 元，民事事项免收。

（11）公证调解。调解民事纠纷，收费 100 元；调解经济纠纷，收费 500 元。

（12）担任常年公证顾问、受托专项调查服务，由双方协商收费。

（13）查询公证档案，每件收费 20 元，需复制公证书副本的，每份收费 10 元；公证资料翻译费，每千字收费 50 元（不足千字的按千字计算）；中外文打字每页收费 10 元；外文校对每页收费 10 元。

（14）涉外收养管辖权指定收费 200 元；涉台公证的指定、审批收费 200 元。

对已受理的公证事项，申请人要求撤回的，可收取手续费，未经审查的，每件收取 10 元；已经审查的，按照该公证事项收费标准的 50%收取。当事人需增加副本的，每份加收副本费 10 元。

案例四：央视报道“黄河面砂”

2014年7月5日，央视新闻频道《新闻直播间》栏目以《“黄河面砂”安全隐患调查——郑州新乡多家企业使用“黄河面砂”》为题对郑州、新乡混凝土行业使用特细砂生产混凝土有关情况进行了专题报道。

报道称，在河南省郑州市和新乡市，当地人习惯把从黄河里抽出来的砂子称为“黄河面砂”，顾名思义就是像面粉一样细腻的砂子，在当地这种砂子被大量送到多家搅拌站配制混凝土，用来浇筑楼房的主体建筑。而黄河砂质地较细，不能用作配制混凝土。郑州市的万达公馆、永威迎宾府、民安北郡，以及新乡的牧野花园小区、凤凰故里、龙涛御龙湾等楼盘建筑工地，涉嫌大量使用黄河面砂，房屋质量堪忧。

郑州大学土木工程学院的郑教授在节目中作为专家分析道，黄河砂子的含泥量高，吸水多，容易造成建筑物开裂，暗藏巨大安全隐患。

河南省和郑州市领导在河南省委办公厅《网络舆情》《河南多家楼盘使用黄河面砂浇筑房屋主体结构被央视曝光建筑工程质量堪忧》上分别批示，要求河南省住房和城乡建设厅、郑州市纪委分别牵头，严肃查处。一时间，黄河采砂全面叫停，价格暴跌。

河南省住房和城乡建设厅、郑州市建筑业协会混凝土专业委员会调查后出具了专业意见，向社会公开；郑州市纪委会同市建委纪委成立联合调查组，也形成了调查报告。他们得出的结果如下。

（一）“黄河面砂”可以用于混凝土配制

1. 河南省住房和城乡建设厅意见

2014年7月11日上午，河南省住房和城乡建设厅组织19位业内专家对掺用黄河特细砂配制预拌混凝土进行论证。论证意见如下：

（1）由于天然砂资源日益匮乏、供不应求，河南省内部分地区多采用人工砂配制预拌混凝土，为了改善人工砂混凝土流动性差的缺陷，通过掺入黄河特细砂提高混凝土的工作性和可泵性。

（2）目前，河南省内部分地区生产预拌混凝土均采用黄河特细砂与人工砂配制的混合砂。该混合砂的性能满足《普通混凝土用砂、石质量及检验方法标准》（JGJ 52—2006）的基本要求。

（3）为进一步规范黄河特细砂在混凝土中的应用，有效利用地方资源，建议尽快制定《混合砂混凝土应用技术规程》地方标准，以确保混凝土的质量。同时应加大黄河特细砂在混凝土中应用的宣传力度，发挥黄河特细砂的资源优势，为河南省地方经济建设作出更大贡献。

2. 郑州市建筑业协会混凝土专业委员会意见

2014年7月5日，郑州市混凝土专业委员会在郑州市工程质量监督站组织有关专家论证，在查阅相关资料、听取有关单位情况陈述后，依据国家、行业相关标准，对特细砂有关情况进行了充分讨论和分析，形成如下意见：

（1）根据《普通混凝土用砂、石质量及检验方法标准》（JGJ 52—2006）的规定，特细砂可以用于配制混凝土。

（2）建议对相关混凝土生产企业现场存砂进行抽检，确认用于配制混凝土的砂是否符合标准规定。

（3）建议抽查相关混凝土生产所涉及的相关工程使用的混凝土配合比设计文件，并提取混凝土试块，以便检验验证。

（4）建议检查相关工程施工单位的质量管理制度是否完善，执行是否到位。

（5）建议对相关工程现场混凝土实体进行检测，对混凝土质量达不到设计要求的工程按建设程序进行处理。

2014 年 7 月 7 日，郑州市建筑业协会混凝土专业委员会在其网站主页以《郑州市混凝土行业使用特细砂的情况报告》为题发布公告，即对上述质疑做出回应称，根据行业标准，由特细砂配制的混凝土，俗称特细砂混凝土，经研究和工程应用表明其许多物理力学性能和耐久性与天然砂配制的混凝土性能相当或接近，只要材料选择恰当，配合比设计合理，完全可以用于一般混凝土和钢筋混凝土工程。与人工砂复合改性，提高混合砂的细度模数与级配，也可以用于预应力混凝土工程。使用特细砂配制成混合砂用于混凝土是建筑行业的技术进步，有利环保，与成本无关。使用特细砂配制成混合砂的混凝土有充分的科学依据，只要掺量适当，配合比合理，不存在质量问题。

2014 年 7 月 9 日，郑州市建筑业协会混凝土专业委员会以《关于“黄河面砂”事件的紧急报告》向郑州市建委汇报有关情况。

3. 郑州市纪委联合调查组意见

郑州市纪委纠风办会同市建委、纪委成立联合调查组展开调查，调查组于 2014 年 7 月 16 日形成调查报告。调查报告认为：依据相关国家标准及专家论证意见，“黄河面砂”可以用于进行混凝土配制，不存在“黄河面砂不能进行混凝土配制工程质量堪忧”等问题。

（二）纪委对河务部门采砂管理予以肯定

央视报道：从 2006 年开始，在黄河郑州段南北两岸，每年都有近百家采砂场在黄河里非法采砂。记者了解到，黄河面砂平均每立方米售价在 10 元，远远低于市场上每立方米售价约为 90 元的其他河砂。因为价格便宜，销量非常好。仅郑州市花园口段，每年能卖出上百万立方米。

针对央视报道中提到的“黄河沿岸近百家违法采砂场抽取黄河面砂问题”，郑州市纪委对河务部门采砂管理是否规范进行了调查。郑州黄河河务局将采砂许可、采砂管理以及非法采砂整治有关情况及时向郑州市纪委进行了情况说明。郑州市纪委在实地查勘并查阅大量资料后，对河务部门的做法予以认同。调查组的调查报告中写道，依据有关法律法规，经相关管理部门审批，允许在黄河河道中采砂。郑州黄河河务局对违法采砂现象进行了全面整顿，取缔多家非法采砂场，河道采砂管理秩序日趋规范。

第二部分　以案说“刑事”

案例一：3 名水政干部因采砂许可获刑

这是一起大河上下广泛关注的因河道内采砂许可管理引发的刑事案件。事发 2015 年，最早起因是国土资源部（现组建为自然资源部）在遥感监测全国土地时发现某地某处土地呈现颜色异常，随后一级级落实下来，确定为河道内堆砂引起。最后事态演化的结果是，3 名水政干部被检察机关以滥用职权罪提起公诉，在法院判刑后被单位双开。

一、案情简述

2015 年 6 月某日，某区检察院和公安人员到某区水务局，以调查河道采砂为由，将某区水务局主管水政工作的副局长，水政科科长、副科长、1 名科员，执法中队队长，财务科科长带离前往检察院配合问询。次日，某区检察院又以询问为由，带走市水务局主管许可工作的副科长。问询的主要问题如下：

（1）采砂许可需要哪些手续？水务局许可小组成员由哪些部门和人员组成？具体是如何分工和办理的？

（2）水务局为什么在特大桥下 3 km 内的“禁采区”内批准采砂？是否会同土地、湿地等有关部门批准？

（3）水务局对采砂行为是如何管理的？

（4）砂场管理费和保证金是如何收取、使用的？

（5）单位是否设有账外账和小金库？如果有，小金库如何使用和分配？

问询后不久，7 名干部中 4 名先后被放出，市局主管副科长、区局主管副局长、水政科科长 3 名干部被采取强制措施，后检察院提起公诉，法院判决 3 人分别 7 个月至 1 年有期徒刑的刑罚。

此案涉及 4 个问题，分别是“检察院检察建议书”“采砂许可的‘隐性法律’和‘显性法律’”“‘集体研究’能不能摆脱领导责任”“企业身份是不是滥用职权罪的犯罪主体”“河道内土地‘三权’问题”。

二、检察建议书

检察建议是人民检察院为促进法律正确实施、促进社会和谐稳定，在履行法律监督职能过程中，结合执法办案，建议有关单位完善制度，加强内部制约、监督，正确实施法律、法规，完善社会管理、服务，预防和减少违法犯罪的一种重要方式。对于本案，市检察院给市水务局出具的检察建议书主要内容如下：

本院在办理某某涉嫌滥用职权犯罪案件时，发现你局存在采砂许可证审批管理混乱、耕地保护意识淡薄等问题，根据有关法律规定，提出如下建议：

（1）严格执行采砂许可证的审批、管理制度。国家法律、行政法规及有关规范性文件对采砂主体、采砂位置、采砂量均有明确的禁止性规定。在不合理的区域采砂、在不当的时间采砂、采用不当的作业方式采砂，均会对河道河势稳定产生不利影响，并对防洪安全、水环境和水生态保护和饮水安全等方面带来不利影响。建议你局立即清理整顿采砂市场，违规审批的采砂许可证应逐一清理，同时加强采砂管理，审查梳理相关审批程序，严格执行法律规定。

（2）积极作为，消除危害后果。超量无序采砂会改变原已相对稳定的河床形态，使堤防失稳，严重危及桥梁、堤岸及防洪工程安全，同时对水环境和水生态保护等方面带来不利影响。建议你局在汛期之前迅速采取有效措施消除危险状态，避免更大危害后果发生；同时应采取措施复耕耕地，加强耕地保护。

（3）严格履行耕地保护职责。《中华人民共和国河道管理条例》第二十一条规定：滩地的利用，应当由河道主管机关会同土地管理等有关部门制定规划，报县级以上地方人民政府批准后实施。第二十五条规定：在河道管理范围内进行采砂和在河道滩地存放物料的，必须报经河道主管机关批准，涉及其他部门的，由河道主管机关会同有关部门批准。为依法合理利用土地，加强对耕地的管理保护，建议你局商请国土资源管理部门建立相应制度，制定相关规划，并报县级以上地方人民政府批准后实施；同时会同国土资源管理部门加强在河道滩地存放物料的审批管理。

（4）加强人员管理，预防职务犯罪。建议加大法治教育宣传力度，使依法办事、公正廉洁、恪尽职守的观念深入人心。加强对有关法律、法规及制度的学习、培训，建立操作性强的规章制度。

以上建议，请认真研究落实，督促整改，并请将整改落实情况限期函告我院。

对于检察院检察建议书所提建议，应全面落实，按照时间要求，有针对性地逐项整改。如果整改不落实，检察院提起公益诉讼，事情更被动。

三、采砂许可的“隐性法律”和“显性法律”

事情发生后，很多水务局干部为受到刑罚的同志抱屈，认为：①省里河道管理办法中没有规定水务局采砂审批时需要征求其他部门的意见，水务局可以一家说了算，为什么法庭不认可？非要征得土地、湿地等部门同意？②水务局作为河道滩区的河道主管部门，国土、林业部门在土地利用总体规划编制、湿地划定过程中，并没有征求水务局的意见，也没有按照法律规定设置基本农田保护区标志、湿地保护界桩，水务局不知道哪些是基本农田、哪些是湿地。对此，检察院庭审时坚持的观点就是《中华人民共和国河道管理条例》第二十五条规定，在河道管理范围内进行采砂和在河道滩地存放物料的，必须报经河道主管机关批准，涉及其他部门的，由河道主管机关会同有关部门批准。

多年来，水利部门或行业的同志习惯了依据水法、防洪法等水利行业“显性”法律开展河道管理和执法，而有意无意忽略了国家其他行业和部门涉河的“隐形法律”，这实际上成了一个大问题，形成一个大的风险隐患。本案中，检察院公诉引用的是国务院关于公路安全保护的行政规章《公路安全保护条例》。《公路安全保护条例》于2011 年 7 月 1 日起施行，其中第二十条和第二十一条与黄河河道内采砂有关。

《公路安全保护条例》第二十条规定：“禁止在公路桥梁跨越的河道上下游的下列范围内采砂：（一）特大型公路桥梁跨越的河道上游 500 米，下游 3 000 米；（二）大型公路桥梁跨越的河道上游 500 米，下游 2 000 米；（三）中小型公路桥梁跨越的河道上游 500 米，下游 1 000 米。”第二十一条规定：“在公路桥梁跨越的河道上下游各 500 米范围内依法进行疏浚作业的，应当符合公路桥梁安全要求，经公路管理机构确认安全方可作业。”

分析认为，第二十条针对的是“采砂”，对采砂范围是硬性规定，本案大桥是特大桥，应符合桥梁跨越的河道上游 500 米、下游 3 000 米不能采砂的规定。第二十一条针对的不是“采砂”，是“疏浚”，相应扩大了许可的外延范围。

什么是“采砂”？什么是“疏浚”？到底是适用第二十条，还是第二十一条？检察机关和水务局意见严重分歧。公诉机关认为县水务局在大桥下游 2 600 米左右的禁采区范围内批准本案采砂场。水务局认为《公路安全保护条例》将一般采砂与疏浚采砂行为区别开来，本案中水务局许可的采砂在《公路安全保护条例》规定的 500 米范围以外的主河槽内，不用经公路管理机构确认安全即可进行疏浚采砂作业，应当适用《公路安全保护条例》第二十一条规定。

水务局专门组织人员对“采砂”和“疏浚”写了有关情况说明。从国家批准的防洪规划等处着手，解释“采砂”与“疏浚”的关系，提出河道内采砂是解决河道主槽泥沙、疏浚河道、开发泥沙资源的一种重要措施，水务局审批的采砂行为均在黄河主河槽内，其不同于一般意义上的经营性采砂，其性质属于河道疏浚性作业。水务局将有关情况说明作为诉讼证据书面提交给了检察院和法庭；并且按照律师意见，安排市局总工作为有专门知识的专家出庭解读，但是公诉检察官当庭质疑，不认可总工专家身份。

延伸解读：涉河"隐形法律"

与中国其他行政主体一样，水利部门治河管河，必须依靠法律和制度。这些"法"和"度"，不外乎六大类：一是由全国人民代表大会及其常务委员会制定和修改的法律，包括《水法》《防洪法》《行政处罚法》《行政许可法》《行政复议法》《行政诉讼法》《行政强制法》等；二是由国务院制定和修改的行政法规，包括《河道管理条例》《防汛条例》《水文条例》等；三是地方性法规，如《河南省黄河防汛条例》等；四是由国家行政机关国务院部门和地方政府制定的行政规章，如水利部《河道管理范围内建设项目管理的有关规定》《河南省黄河河道管理办法》等；五是包括最高国家权力机关、国家司法机关、中央国家行政机关、地方国家权力机关和行政机关的法律解释，如《最高人民法院最高人民检察院关于办理非法采矿、破坏性采矿刑事案件适用法律若干问题的解释》；六是除法律、行政法规、地方性法规、规章外的规范性文件，包括各级人民政府、县级以上人民政府所属工作部门、行政机关的派出机关和派出机构，以及依照法律、法规授权可以依法独立行使行政管理权的机关，制定、发布的规范性文件，如《河南省人民政府办公厅关于严禁向黄河河道倾倒建筑垃圾的通知》等。

目前，以《水法》为基本法及《防洪法》《水土保持法》《水污染防治法》等 4 部法律，《河道管理条例》《防汛条例》《水文条例》《抗旱条例》《南水北调工程供用水管理条例》等 19 部行政法规，56 件部门规章及 700 余件地方性法规规章组成的，适合我国国情和水情的水法规体系已经基本建立，各项涉水事务管理基本做到了有法可依。对于从事黄河水行政管理与执法的人员来讲，水法、防洪法等专门针对水利、针对河道管理出台的法律、法规及规章制度，是既常见常用又需应知应会的法律制度，是"显性法律"，在平时工作中，大家比较留意，掌握得也好。与之相对应，有关与河道管理有交集的土地、自然保护区、湿地等其他行业的涉河法律、法规、规章和规范性文件，如《土地管理法》《自然保护区管理条例》《畜牧法》《渔业法》等，就是"隐性法律"。对于这些"隐性法律"，大家平时不注意、不主动关注、了解不多，特别是对于这些"隐性法律"中的禁止性条款、涉河特定区域的划定不掌握、不熟悉，导致水利部门在制定自己的管理文件和办法，编制河道内滩区开发利用规划、采砂专项规划及实施执法活动时，很少纳入相关内容，以致不断有人受到追责。在新形势下，从事水行政管理与执法的人员，必须做好两件事，才能实现开门治河，使自己立于不败之地：一是必须熟知本行业、本部门的"显性法律"；二是必须主动去了解、学习其他行业、部门的涉河"隐性法律"，要更多关注"隐性法律"。国务院于 1998 年 12 月 27 日发布的《基本农田保护条例》规定：禁止任何单位和个人在基本农田保护区内建窑、建房、建坟、挖砂、采石、采矿、取土、堆放固体废弃物或者进行其他破坏基本农田的活动。近年来，国家和地方政府在河南黄河两岸滩区建立多种类型的自然保护区 6 个，包括 3 个国家级自然保护区和 3 个省级自然保护区，分别为河南黄河湿地国家级自然保护区、豫北黄河故道湿地鸟类国家级自然保护区、黄河郑州段黄河鲤国家级水产种质资源保护区、郑州黄河湿地省级自然保护区、开封柳园口省级湿地自然保护区和濮阳县黄河湿地省级自然保护区。2015 年 10 月 1 日起《河南湿地保护条例》施行，该条例第五章“黄河湿地保护特别规定”第三十四条规定：“沿黄河区域人民政府应当加强湿地保护，禁止下列行为：（一）将黄河湿地保护区域规划为城市建设用地、商业用地、基本农田；（二）在黄河湿地保护区域内建设居民点、厂房、仓库、餐饮娱乐等设施；（三）其他非防洪防汛和湿地保护的建设活动。”这些基本农田、自然保护区、饮用水源地等规定，对于黄委河南黄河河务局的执法同志，在项目规划和审批时，就需要考虑。

四、“集体研究”能不能摆脱领导责任

本案 3 名水务局职工均委托了律师辩护，2015 年 11 月本案开庭，庭审中 3 名职工和他们的律师都发表了意见。有的提出自己刚到岗，对业务不熟悉，在此之前所在县水务局已经多次对类似事项进行许可，自己只是沿袭惯例，无论从审批的程序上还是审批的内容上都同以往审批的采砂许可并无不同之处；有的提出水务局的采砂许可审批权限是由县局行政许可领导小组集体行使，是按照少数服从多数的原则作出决定，不是某个许可小组成员个人意志决定，自己虽然是主管领导，但只是许可小组成员之一，不是组长，在实施涉案许可事项时，也没有以个人意志影响其他许可小组成员，没有对不应许可的事项进行许可，该许可是集体研究的结果，自己负有的只是间接领导责任；有的提出自己只是部门负责人，作为行政许可小组的成员之一，有参与表决权，但没有最终的决定权；有的提出自己不是部门负责人，虽然自己签字了，也是按照领导指示办事走形式，代表不了单位，也不影响单位公章的加盖。

检察机关在法庭上对他们的这些辩解逐一批驳，法院最终也没有采纳他们的意见。法院认为“沿袭惯例”不是免罪理由，“集体研究”不是推诿责任的托词，“执行领导指示”也不能摆脱违法的具体责任。

对于以“集体研究”形式实施的渎职犯罪，最高人民法院相关司法解释中有明确解释，明确：“以‘集体研究’形式实施的渎职犯罪，应当依照刑法分则第九章的规定追究国家机关负有责任的人员的刑事责任。对于具体执行人员，应当在综合认定其行为性质、是否提出反对意见、危害结果大小等情节的基础上决定是否追究刑事责任和应当判处的刑罚。”所以说，“集体研究”不能摆脱自己的领导责任。

水利职工整体是一支淳朴、执行力强的团队，一般都是听领导的话，领导叫怎么干就怎么干。本来嘛，作为下级，服从上级，把领导交办的事情想法办成、办好，是一条工作原则。但“领导错了，怎么办？”“是不是什么都要执行领导指示？”不

是，作为1名国家工作人员，不能无原则地工作，要服从而不是盲从。《公务员法》第六十条规定：“公务员在执行公务时，认为上级的决定或者命令有错误的，可以向上级提出改正或者撤销该决定或者命令的意见；上级不改变该决定或者命令，或者要求立即执行的，公务员应当执行该决定或者命令，执行后果由上级负责，公务员不承担责任；但是，公务员执行明显违法的决定或者命令的，应当依法承担相应的责任。”这一条规定就是很明白地告诉公务员不但有反对上级错误的权力，对上级的错误决定命令有建议权；而且不能执行领导明显违法的决定或者命令，否则就要与领导共同承担法律责任。

五、企业身份是不是滥用职权罪的犯罪主体

1名涉案人员在接受检察机关询问后，问法律顾问一个问题，他说：“我查了《刑法》，按照刑法规定，滥用职权罪是指国家机关工作人员违反职责要求，任意行使职权或者超越权限行使职权，致使公共财产、国家和人民利益遭受重大损失的行为，犯罪主体是国家机关工作人员。我虽然在水务局水政监察大队上班，却是局里临时抽调来的，我的真实身份是养护公司人员，不是国家机关工作人员，不应该构成滥用职权罪啊？”法律顾问给他讲了下面几个概念：

（1）《刑法》第九十三条规定：“本法所称国家工作人员，是指国家机关中从事公务的人员。国有公司、企业、事业单位、人民团体中从事公务的人员和国家机关、国有公司、企业、事业单位委派到非国有公司、企业、事业单位、社会团体从事公务的人员，以及其他依照法律从事公务的人员，以国家工作人员论。”

本条是关于国家工作人员定义的规定。根据该条规定，刑法上所称国家工作人员，就是国家机关中从事公务的人员。我国的国家机关包括各级国家权力机关、行政机关、司法机关以及军事机关，在这些国家机关中从事公务的人员，在国家机关中行使一定职权、履行一定职务的，都属于国家工作人员，在生活中人们通称为“国家干部”。不是上述国家机关的人员或者在上述国家机关中不从事公务而是从事劳务性工作的人员，包括司机、门卫、炊事员、清洁工这类勤杂人员及部队战士等，都不属于刑法上的国家工作人员。

“以国家工作人员论”主要包括以下三类人员：

第一类是国有公司、企业、事业单位、人民团体中从事公务的人员。他们必须是从事公务的人员，在公司、企业等单位当中具有经营、管理职责，或履行一定职务，如果是上述单位中的一般工人、临时工等其他勤杂人员，不属本条规定的从事公务的人员。

第二类是国家机关、国有公司、企业、事业单位委派到非国有公司、企业、事业单位、社会团体从事公务的人员。这里的“委派”，主要是一些有国有资产成分的中

外合资企业、合作企业、股份制企业当中，国有公司、企业或其他有关国有单位为了行使对所参与的国有资产的管理权而派驻管理人员的情况。也包括国家机关、国家事业单位委派一些人员到非国家事业单位、社会团体中从事公务的情况。

第三类是其他依照法律从事公务的人员。这类人员虽不是上述单位的人员，但依照法律规定从事某些具有政府国家事务的工作时，如村民委员会等村一级基层组织人员协助人民政府从事社会公益事业，进行捐助款物的管理和发放，从事有关计划生育、户籍等工作时，就属于“其他依照法律从事公务的人员”。

（2）《最高人民法院、最高人民检察院关于办理渎职刑事案件适用法律若干问题的解释（一）》第七条规定：“依法或者受委托行使国家行政管理职权的公司、企业、事业单位的工作人员，在行使行政管理职权时滥用职权或者玩忽职守，构成犯罪的，应当依照《全国人民代表大会常务委员会关于〈中华人民共和国刑法〉第九章渎职罪主体适用问题的解释》的规定，适用渎职罪的规定追究刑事责任。”

显然，《刑法》中“国家工作人员”的范围更广。不但参公人员无疑是国家工作人员，而且众多的国有企业中从事公务的人员同样是国家工作人员。在触犯《刑法》贪污受贿、滥用职权犯罪时，两者法律地位一致。

六、河道内土地“三权”问题

以黄河河道内土地为例，黄河河道内土地“三权”归谁？怎么回答黄河河道内土地管理问题呢？

（一）《宪法》等规定

《宪法》第九条规定：“矿藏、水流、森林、山岭、草原、荒地、滩涂等自然资源，都属于国家所有，即全民所有。”

《土地管理法》第二条规定：“全民所有，即国家所有……”

全国农业区划委员会制定的《土地利用现状调查技术规程》第七十六条规定：“滩涂，包括沿海大潮高潮位与低潮位之间的潮浸地带，河流、湖泊常水位至洪水位间的滩地，时令湖、河洪水位以下的滩地。”

（二）国家土地管理局对山东省土地管理局有关黄河滩地权属问题的复函（国土函字［1997］第55号）

国家土地管理局对山东省土地管理局有关黄河滩地权属问题的复函中明确：“因洪水冲刷等自然原因，造成原所有者的土地坍塌毁失的，土地所有权随之灭失。后由于河水冲积逐渐形成的滩涂地，为新增土地，土地所有权属国有。土地使用权可优先确定给土地坍塌前曾在此范围内耕种的农民集体；如滩涂地已由他人开发耕种的，土地使用权可确定给开发人。管理权由土地所在地土地管理部门行使。”

（三）《确定土地所有权和使用权的若干规定》（国［1995］国土籍字第26号）

《确定土地所有权和使用权的若干规定》（国〔1995〕国土籍字第26号）第十一条规定：河道堤防内的土地和堤防外的护堤地，无堤防河道历史最高洪水位或者设计洪水位以下的土地，除土改时已将所有权分配给农民，国家未征用，且迄今仍归农民集体使用的外，属于国家所有。

第十二条规定：县级以上（含县级）水利部门直接管理的水库、渠道等水利工程用地属于国家所有。水利工程管理和保护范围内未经征用的农民集体土地仍属于农民集体所有。

第十四条规定：因国家建设征用土地，农民集体建制被撤销或其人口全部转为非农业人口，其未经征用的土地，归国家所有。继续使用原有土地的原农民集体及其成员享有国有土地使用权。

第三十三条规定，国家水利、公路设施用地依照征用、划拨文件和有关法律、法规划定用地界线。

（四）《国家土地管理局、水利部关于水利工程用地确权有关问题的通知》（1992年）

（1）水利工程管理范围内的土地（包括水利工程用地、护渠地、护堤地），符合国家土地管理局《关于确定土地权属问题的若干意见》（〔1989〕国土〔籍〕字第73号）第八条规定范围的，属于国家所有，不再补办用地手续。水利工程用地、护渠地和护堤地应依法确定土地所有权和使用权。护渠地、护堤地和水库库区内滩地已有单位使用的，按照国家土地管理局《关于确定土地权属的若干意见》和《河道管理条例》的有关规定办理。

（2）国家兴建水库和整治河道新增可利用的土地属于国家所有。新增可利用的国有土地，由县级以上人民政府在用于移民安置和河道管理以及河道整治工程之后，所余土地由县级以上人民政府统一组织开发利用，水利部门需要使用的，可优先考虑。

（3）土地管理部门在确定水利工程保护范围内的土地权属时，应根据水利管理有关法规规定土地的用途和其他限制条件。

（五）河南省国土厅关于落实第304号省长批示情况的报告

河南省国土资源厅2000年9月18日在落实李克强省长、王明义副省长对省政协《关于考察河南黄河防汛治理情况的报告》（豫国土资文〔2000〕67号）的批示精神的报告中写道：“为满足黄河防汛建设的需要，结合我省正在开展的基本农田保护区调整划定工作，我厅原则同意：黄（沁）河滩区内的耕地，黄河大堤背河100米、沁河大堤背河50米内的耕地，以及黄河北岸大堤沁河口至原阳段、南岸大堤花园口至兰考县东坝头的背河500米内的耕地，不划入基本农田保护区；凡已划入的，要予以调整。”

（六）《河南省黄河防汛条例》有关规定

《河南省黄河防汛条例》第十五条、第二十条和第三十二条规定，下列11项行为属于禁止性行为：

（1）禁止向黄河滩区迁增常住人口。

（2）禁止将黄河滩区规划为城市建设用地。

（3）禁止将黄河滩区规划为商业房地产开发用地。

（4）禁止将黄河滩区规划为工厂、企业成片开发区。

（5）禁止在黄河河道管理范围内建设妨碍行洪的建筑物、构筑物。

（6）禁止围垦河道。

……

（七）《河南省湿地保护条例》有关规定

《河南湿地保护条例》第二十五条规定："在湿地保护范围内禁止下列行为：（一）设立开发区、产业园区；（二）围垦湿地、填埋湿地；……（十）擅自建造建筑物、构筑物；……"第三十二条规定："依法划定的黄河沿岸护堤地、护坝地、护闸地、淤临区和淤背区等区域由黄河河务部门管理。防洪防汛工程建设项目应当兼顾湿地保护需要，降低对湿地生态功能的影响。禁止建设防洪防汛和湿地保护之外的工程项目。"第三十四条规定："沿黄河区域人民政府应当加强湿地保护，禁止下列行为：（一）将黄河湿地保护区域规划为城市建设用地、商业用地、基本农田；（二）在黄河湿地保护区域内建设居民点、厂房、仓库、餐饮娱乐等设施；（三）其他非防洪防汛和湿地保护的建设活动。"第三十六条规定："因黄河河道滚动新产生的滩涂湿地，应当列入黄河湿地保护范围，禁止任何单位和个人侵占。"

（八）《河南省黄河河道管理条例》有关规定

《河南省黄河河道管理条例》第十二条、第十三条、第二十四条、第二十六条、第二十七条、第二十八条、第二十九条、第三十二条、第三十三条规定：

（1）城镇建设的临堤界线为堤脚外五百米，乡村建设的临堤界线为堤脚外一百米。

（2）国民经济和社会发展规划、国土空间规划的编制，应当与黄河流域水资源条件和防洪要求相适应，并进行科学论证。沿黄河各级人民政府编制和审查涉及黄河河道的城镇、乡村规划，应当事先征求黄河河道主管机关的意见。

（3）沿黄河县级以上人民政府应当组织自然资源、黄河河务等部门编制滩地利用规划，并征求省级黄河河道主管机关的意见。黄河滩区土地利用、基础设施建设和生态保护与修复应当满足河道行洪需要，发挥滩区滞洪、沉沙功能。

（4）黄河修堤筑坝、防汛抢险、涵闸建设、河道整治工程、防洪道路等工程占地以及取土，由当地人民政府调剂解决。因修建黄河河道整治工程增加的可利用土地，属于国家所有，由县级以上人民政府优先用于河道整治工程。

（5）自然保护地建设、管理涉及黄河河道管理范围的，应当统筹考虑黄河河道保护治理需要，满足防洪要求，并保障防汛抢险、防洪工程建设与管理、河道管理、工程监测和水文监测等活动的开展。在黄河河道管理范围内设立各类自然保护地，应当征求省级黄河河道主管机关的意见。

（6）在黄河滩区内，不得新规划城镇建设用地、设立新的村镇，已经规划和设立的，不得扩大范围；不得新划定永久基本农田，已经划定为永久基本农田、影响防洪安全的，应当逐步退出；不得新开垦荒地、新建生产堤，已建生产堤影响防洪安全的应当及时拆除，其他生产堤应当逐步拆除。

（7）滩区居民迁建遵循政府主导、群众自愿、生态优先、科学规划、集中安置、及时复垦的原则，保障黄河安全和滩地利用。滩区所在地人民政府负责本行政区域内的黄河滩区居民迁建工作，按照迁建规划要求，落实政府主体责任，组织项目实施。迁建安置后，当地人民政府应当组织拆除滩区内原住房等阻碍行洪的设施。

（8）各级人民政府负责滞洪区的建设与管理。滞洪区土地利用、开发和各项建设应当符合防洪要求，保持滞洪能力，减少洪灾损失，实现土地的合理利用。

（9）沿黄河县级以上人民政府应当依据黄河河道行洪滞洪需要和水资源、水生态、水环境保护要求，依法合理利用滩区土地资源。

（10）上述工程管理范围用地，大于规定标准的，保持边界；达不到规定标准的，由设区的市、县（市）、区人民政府按照规定标准划定范围，黄河河道主管机关应当按照国家和省规定办理用地手续。

（九）《基本农田保护条例》有关规定

《基本农田保护条例》规定，下列耕地应当划入基本农田保护区，严格管理：

（1）经国务院有关主管部门或者县级以上地方人民政府批准确定的粮、棉、油生产基地内的耕地。

（2）有良好的水利与水土保持设施的耕地，正在实施改造计划以及可以改造的中、低产田。

（3）蔬菜生产基地。

（4）农业科研、教学试验田。需要退耕还林、还牧、还湖的耕地，不应当划入基本农田保护区。

（十）《土地管理法》有关规定

《土地管理法》第四条规定，国家实行土地用途管制制度。国家编制土地利用总体规划，规定土地用途，将土地分为农用地、建设用地和未利用地。严格限制农用地转为建设用地，控制建设用地总量，对耕地实行特殊保护。使用土地的单位和个人必须严格按照土地利用总体规划确定的用途使用土地。

其中，农用地是指直接用于农业生产的土地，包括耕地、林地、草地、农田水利用地、养殖水面等；建设用地是指建造建筑物、构筑物的土地，包括城乡住宅和公共设施用地、工矿用地、交通水利设施用地、旅游用地、军事设施用地等；未利用地是指农用地和建设用地以外的土地。

案例二：防汛物资仓库大火引发“民加刑”双案

2015 年 9 月 14 日晚，某水利物资中心仓库突发大火，仓库租户某公司库存货物全部烧毁。当地公安消防大队出具《火灾事故认定书》，载明“起火部位位于仓库南侧门口处电动三轮车电瓶部位电器短路”。本次火灾被当地新闻媒体报道时称为“9 · 14 大火”。由于火灾事故受灾租户民事诉求没有得到解决，受灾租户一边提起民事诉讼，一边将物资中心举报至检察院，检察院反渎职侵权局立案调查，对物资中心 4 位职工采取强制措施，后提起公诉，引发了“民加刑”双案。

我们国家实行二审终审制。本案民事诉讼部分经过了一审、二审，二审判决后，河南省高级人民法院再审。刑事部分，经过人民法院审理，法院判决 4 名同志全部免予刑事处罚。

本案的刑事、民事主要法律问题有 5 个。

一、为什么这起刑事案件不是当事人提起诉讼而是检察院提起诉讼？

法院审理刑事案件，分公诉和自诉两种。公诉案件，是由检察院代表国家向人民法院提起诉讼；自诉案件，是指被害人、被害人的法定代理人、近亲属为了追究被告人的刑事责任而直接向人民法院提起的诉讼。

（一）检察院直接受理立案侦查的案件

人民检察院直接受理立案侦查的刑事案件包括以下 4 类案件：

（1）贪污贿赂犯罪案件。涉及 12 个罪名：贪污罪，挪用公款罪，受贿罪，单位受贿罪，行贿罪，对单位行贿罪，介绍贿赂罪，单位行贿罪，巨额财产来源不明罪，隐瞒境外存款罪，私分国有资产罪，私分罚没财物罪。

（2）渎职侵权犯罪案件。涉及 36 个罪名：滥用职权罪，玩忽职守罪，故意泄露国家秘密罪，徇私舞弊不移交刑事案件罪，滥用管理公司、证券职权罪，国家机关工作人员签订、履行合同失职被骗罪，违法发放林木采伐许可证罪，环境监管失职罪，传染病防治失职罪，非法批准征用、占用土地罪，非法低价出让国有土地使用权罪，招收公务员、学生徇私舞弊罪，失职造成珍贵文物损毁、流失罪等。

（3）国家机关工作人员利用职权实施的侵犯公民人身权利的犯罪及侵犯公民民

主权利的犯罪。包括非法拘禁案，刑讯逼供案，报复陷害案，非法搜查案，暴力取证案，体罚、虐待被监管人员案，破坏选举案。

（4）国家机关工作人员利用职权实施的其他重大犯罪案件，需要由人民检察院直接受理时，经省级以上人民检察院决定，可以由人民检察院立案侦查。

本案是渎职侵权犯罪案件，应由人民检察院直接受理立案侦查。

（二）刑事案件的自诉案件

和检察院提起诉讼不同，人们自己可以直接向法院起诉追究被告人的刑事责任。这些不需通过检察院的自诉案件包括以下 3 类案件：

（1）告诉才处理的刑事案件。所谓告诉才处理的刑事案件，是指由被害人及其法定代理人、近亲属等提起诉讼，人民法院才予以受理的刑事案件。告诉才处理的刑事案件具体包括以下 4 种：①侮辱、诽谤案；②暴力干涉婚姻自由案；③虐待案；④侵占案。

（2）被害人有证据证明的轻微刑事案件。所谓轻微刑事案件，是指犯罪事实、情节较为轻微，可能判处 3 年以下有期徒刑以及拘役、管制等较轻刑罚的案件。被害人有证据证明的轻微刑事案件具体包括以下几种：①故意伤害案；②非法侵入住宅案；③《中华人民共和国刑法分则》第四章规定的侵犯公民人身权利、民主权利罪，对被告人可能判处三年有期徒刑以下刑罚的案件，包括故意杀人罪，故意伤害罪，强奸罪，强制猥亵，非法拘禁罪，绑架罪，侮辱罪，诽谤罪，刑讯逼供罪，出售、非法提供公民个人信息罪，重婚罪，组织残疾人、儿童乞讨罪，组织未成年人进行违反治安管理活动罪等；④刑法分则第五章规定的侵犯财产罪，包括抢劫罪、盗窃罪、诈骗罪、抢夺罪、聚众哄抢罪、职务侵占罪、挪用资金罪、挪用特定款物罪、敲诈勒索罪、故意毁坏财物罪等。

（3）被害人有证据证明对被告人侵犯自己人身、财产权利的行为应当依法追究刑事责任，而公安机关或者人民检察院不予追究被告人刑事责任的案件，即公安机关或人民检察院已作出不予追究的书面决定的案件。

二、上级是否该承担下级民事责任?

在本案民事案件中，原告某公司认为物资中心是重大火灾事故直接责任人，其上级单位疏于对下级的监管，应与物资中心一起承担赔偿责任。因此，将物资中心和其上级单位同时作为被告向区人民法院起诉。

关于上级单位是否该承担下级的民事赔偿责任。上级单位向法院提交的主要观点是：本案仓储合同纠纷法律关系的主体非常明确。一方是原告，另一方是物资中心。物资中心虽然是下属单位，但其依法在国家有关机关登记，有自己的法人证书，是独立的事业法人，职责也非常明确，具备完全的民事责任承担能力。其与上级单位皆为在国家事业单位登记管理局登记注册的事业单位法人，是两个主体。依照有关法律规定，上级单位不应成为仓库消防安全责任的连带主体。另外，上级单位尽职履行了自己的监管责任，针对物资中心存在的消防等安全隐患，专门进行了检查，并下发了整改通知。上级单位不是所争议仓储合同的民事法律关系的主体，不是仓储合同项目的发包人和责任人，与本案无直接利害关系，不是本案适格被告，不应该承担连带责任。

上级单位的这些观点得到了一审和二审法院认可，均在判决中明确支持。

三、怎么启动再审程序？

我国法院实行“两审终审制”，即二审法院的判决为生效判决。如果当事人还有意见，就只能申请再审，但能够让法院再审立案的很少。

对于再审，《民事诉讼法》第二百零九条、第二百一十条、第二百一十一条、第二百一十四条、第二百一十五条、第二百一十六条、第二百一十七条、第二百一十九条、第二百二十条有以下规定：

（1）各级人民法院院长对本院已经发生法律效力的判决、裁定、调解书，发现确有错误，认为需要再审的，应当提交审判委员会讨论决定。

（2）当事人对已经发生法律效力的判决、裁定，认为有错误的，可以向上一级人民法院申请再审；当事人一方人数众多或者当事人双方为公民的案件，也可以向原审人民法院申请再审。当事人申请再审的，不停止判决、裁定的执行。

（3）当事人的申请符合下列情形之一的，人民法院应当再审：①有新的证据，足以推翻原判决、裁定的；②原判决、裁定认定的基本事实缺乏证据证明的；③原判决、裁定认定事实的主要证据是伪造的；④原判决、裁定认定事实的主要证据未经质证的；⑤对审理案件需要的主要证据，当事人因客观原因不能自行收集，书面申请人民法院调查收集，人民法院未调查收集的；⑥原判决、裁定适用法律确有错误的；⑦审判组织的组成不合法或者依法应当回避的审判人员没有回避的；⑧无诉讼行为能力人未经法定代理人代为诉讼或者应当参加诉讼的当事人，因不能归责于本人或者其诉讼代理人的事由，未参加诉讼的；⑨违反法律规定，剥夺当事人辩论权利的；⑩未经传票传唤，缺席判决的；⑪原判决、裁定遗漏或者超出诉讼请求的；⑫据以作出原判决、裁定的法律文书被撤销或者变更的；⑬审判人员审理该案件时有贪污受贿、徇私舞弊、枉法裁判行为的。

（4）当事人申请再审的，应当提交再审申请书等材料。人民法院应当自收到再审申请书之日起五日内将再审申请书副本发送对方当事人。对方当事人应当自收到再审申请书副本之日起十五日内提交书面意见；不提交书面意见的，不影响人民法院审查。人民法院可以要求申请人和对方当事人补充有关材料，询问有关事项。

（5）人民法院应当自收到再审申请书之日起三个月内审查，符合本法规定的，裁定再审；不符合本法规定的，裁定驳回申请。有特殊情况需要延长的，由本院院长批准。

（6）当事人申请再审，应当在判决、裁定发生法律效力后六个月内提出；有本法第二百条第一项、第三项、第十二项、第十三项规定情形的，自知道或者应当知道之日起六个月内提出。

（7）按照审判监督程序决定再审的案件，裁定中止原判决、裁定、调解书的执行，但追索赡养费、扶养费、抚育费、抚恤金、医疗费用、劳动报酬等案件，可以不中止执行。

（8）地方各级人民检察院对同级人民法院已经发生法律效力的判决、裁定，发现有本法第二百一十一条规定情形之一的，或者发现调解书损害国家利益、社会公共利益的，可以向同级人民法院提出检察建议，并报上级人民检察院备案；也可以提请上级人民检察院向同级人民法院提出抗诉。

（9）有下列情形之一的，当事人可以向人民检察院申请检察建议或者抗诉：①人民法院驳回再审申请的；②人民法院逾期未对再审申请作出裁定的；③再审判决、裁定有明显错误的。人民检察院对当事人的申请应当在三个月内进行审查，作出提出或者不予提出检察建议或者抗诉的决定。当事人不得再次向人民检察院申请检察建议或者抗诉。

本案中，市中级人民法院二审判决后，某公司一方申请强制执行物资中心财产。物资中心和其上级单位不接受判决结果，一方面积极去函向省高院、市中院反映、沟通相关情况，防止国有资产流失；另一方面认真做申请再审的各项工作。

按照民事诉讼法上述有关规定，物资中心既可以通过检察院抗诉申请再审，也可以通过市中级人民法院或者省高级人民法院申请再审。物资中心最后选择向省高级人民法院提出再审申请。

2017 年 12 月 20 日，省高级人民法院下达民事裁定书。省高级人民法院认为仓库再审申请符合《民事诉讼法》第二百条第二项、第六项规定的情形，依照《民事诉讼法》第二百零四条、第二百零六条，《最高人民法院关于适用〈中华人民共和国民事诉讼法〉的解释》第三百九十五条第一款之规定，裁定：①本案由本院提审；②再审期间，中止原判决的执行。

2018 年 8 月 6 日，省高级人民法院本合同纠纷案开庭。开庭后，法官首先确认有关当事人，落实是否申请回避。然后第一轮发言，先是听取了申请人物资中心主要理由陈述（主要有 3 点：一是程序问题，应是租赁合同纠纷；二是事实问题，评估报告存在未经质证、鉴定不科学、遗漏事实等；三是法律适用问题，让申请人承担全部责任事实不足）。接着，又分别听取了其他当事人的答辩和意见。根据各方陈词，审判长总结本案争议有 3 个焦点：①案由与合同定性；②原审依据评估认定的损失是否正确？③申请人物资中心是否应当赔偿损失及评估费等费用？

接着进入调查发问环节，针对问题第二轮发言，提出新证据或者补充发言。申请人详细阐述了再审的申请理由：

（1）原审法院已经认定为租赁合同关系，各方也无疑义，本案应以租赁关系定性。

（2）原一审、二审判决依据评估意见错误：①单方委托，未经质证；②以残骸分拣整理认定，鉴定方法不科学；③滞销商品与积压库存商品重复计算；④鉴定依据失效，一审、二审都依据的是《河南省价格评估办法》，于2014年已失效。被申请人说是鉴定机构笔误理由不能成立；⑤鉴定意见违反常理，评估量大于仓库容量。

（3）申请人不应对被申请人损失负责：①双方有租赁合同，有消防协议，申请人作为出租人，将标的物出租给被申请人，履行了自己的责任和义务，无违约行为。②根据合同申请人不具有保障仓库安全的义务，被申请人不按照约定投保，应自行承担责任。双方合同中权利义务部分约定被申请人自行管理库内物资；消防安全协议中约定，谁主管谁负责，对于不可抗力，双方互不追究责任，库内物资由被申请人投保，本案损失第三方责任是主要原因，火灾发生不在申请人监管范围。同样，损失问题发生在相邻仓库，和被申请人不同，项目业主由于投保得到了赔偿。③申请人对火灾不存在过错，不应对被申请人承担责任。火灾发生地是库房内库，非公共区域，申请人出租后，对该库丧失了实际控制权，也不能随时监控库内发生的事情。根据协议，库内不属于申请人管理范围。④根据风险与收益匹配原则，申请人收取的租金低，不是按照货物价值计算的。没有高租金却承担太多责任，违反最基本的公平原则。火灾发生后，申请人迅速报警并采取措施，已经尽到自己责任。⑤被申请人自身存在违约行为，应承担责任。表现在：申请人向被申请人下达了整改通知，被申请人未及时整改（从被申请人一审提供的证据材料可见）；被申请人未按照约定使用仓库，库内有烟头，物品不规则码放，不留消防通道，存放大量白酒等。所以，本案损失完全是由于被申请人和第三人引起的，申请人履行了约定，应该免责。同时，一旦认定申请人免责，评估意见不应是本案关注的重点。

四、律师收费问题

俗话讲，“有病乱投医”。家人突然被司法机关带走了，家属不懂刑事法律，又不能会见犯罪嫌疑人，就希望尽快找到一名厉害的专业律师，帮助自己办理取保候审及后续法律服务事宜。

家属平时都是好老百姓，不和检察院、法院打交道，也大多没有律师朋友，这时候在突发情况下找律师，就有了“有病乱投医”的感觉。这起刑事案件中，有的家属刚与一家律师事务所签订合同，付了2万元，第3天就不满意，更换了律师，律师按照合同约定，2万元不退回。有的家属不知道刑事诉讼律师收费要分阶段，对各个阶段的律师收费也不知道有没有标准。结果发现，家属与不同的律师事务所就同一个代理阶段签订的律师服务合同中，有的只需支付律师费1万元，有的则高达3万元。那么，律师收费有依据吗？到底该给律师多少钱呢？

以河南省为例，2016年，河南省律师协会制定了《河南省律师协会律师服务收费行业指导意见》，意见中的附件明示了《河南省律师协会律师服务收费行业指导标准》。

（一）《河南省律师协会律师服务收费行业指导意见》重要条文

（1）本指导意见适用于在河南省司法厅登记设立的律师事务所为委托人提供法律服务的收费行为。

（2）律师服务收费是律师事务所接受委托办理法律事务，向委托人收取的服务报酬。

律师服务收费实行政府指导价与市场调节价分类管理。河南省实行政府指导价的律师服务收费的基准价及浮动幅度按规定标准执行。在标准未公布之前，参照本意见执行。

（3）律师事务所依法提供下列法律服务的收费实行政府指导价：①担任刑事案件犯罪嫌疑人、被告人的辩护人，以及刑事案件自诉人、被害人的诉讼代理人；②担任公民请求支付劳动报酬、工伤赔偿，请求给付赡养费、抚养费、扶养费，请求发给抚恤金、救济金，请求给予社会保险待遇或最低生活保障待遇的民事诉讼、行政诉讼的代理人，以及担任涉及安全事故、环境污染、征地拆迁赔偿（补偿）等公共利益的群体性诉讼案件代理人；③代理行政诉讼案件；④代理国家赔偿案件。

除上述律师服务收费实行政府指导价外，其他律师服务包括律师担任法律顾问、代理仲裁、代理案件执行和申诉（指代理提起案件再审前的申诉活动）、解答法律咨询、代写法律事务文书、办理专项法律事务，及其他非诉讼法律事务的收费实行市场调节价，具体收费数额和方式，由律师事务所与委托人协商确定。

（4）附件为律师服务收费项目和收费的行业指导标准。律师事务所可以根据本指导意见制定本所的律师收费标准，可以在规定的范围内与委托人协商确定具体的收费标准和收费方式。

（5）律师事务所与委托人协商律师服务收费应当考虑以下主要因素：①耗费的工作时间；②法律事务的难易程度；③办理法律事务所需律师人数和承办律师的业务能力；④委托人的承受能力和所在地社会经济发展状况；⑤律师可能承担的执业风险和责任；⑥律师的社会信誉和工作水平；⑦办理案件所需的其他必要成本支出。

（6）律师服务收费可以根据不同的服务内容，采取计件收费、按标的额比例收费和计时收费等方式。计件收费一般适用于不涉及财产关系的法律事务；按标的额比例收费适用于涉及财产关系的法律事务；计时收费可适用于全部法律事务。

（7）办理涉及财产关系的民事案件时，委托人被告知政府指导价后仍要求实行风险代理的，律师事务所可以实行风险代理收费，但下列情形除外：①婚姻、继承案件；②请求给予社会保险待遇或者最低生活保障待遇的；③请求给付赡养费、抚养费、扶养费、抚恤金、救济金、工伤赔偿的；④请求支付劳动报酬的。

（8）禁止刑事诉讼案件、行政诉讼案件、国家赔偿案件及群体性诉讼案件实行风险代理收费。

（9）风险代理收费是指律师事务所在接受委托时，只收取部分费用，其余服务报酬由律师事务所与委托人就委托事项应实现的目标、效果和支付律师服务费的时间、比例、条件等先行约定，达到约定条件的，按约定支付费用；不能实现约定的，不再支付任何费用。实行风险代理收费，律师事务所应当与委托人签订风险代理收费合同，约定双方应承担的风险责任、收费方式、收费数额或比例。实行风险代理收费，最高收费金额原则上不得高于法律服务合同约定标的额的30%。

（10）计时收费是指律师事务所根据其提供法律服务耗费的有效工作时间，在规定的标准范围内，按确定的每小时收费标准向委托人收取律师服务费的计价方式。采用计时收费的，在结案后，律师事务所应当向委托人出具工作清单。

（11）律师事务所在提供法律服务过程中代委托人支付的诉讼费、仲裁费、鉴定费、公证费、查档费、翻译费、异地办案差旅费、跨境通信费、专家论证费及律师事务所代委托人支付的其他费用（简称办案费），不属于律师服务收费，由委托人另行支付。但在实行风险代理收费中双方另有约定的除外。办案费可以由委托人直接支付，也可以由律师事务所代行支付。由律师事务所代为支付的，律师事务所可以预收办案费。律师事务所需要预收异地办案差旅费的，应当向委托人提供费用概算，经协商一致，由双方签字确认。确需变更费用概算的，律师事务所应当事先征得委托人的书面同意。

（12）律师服务收费实行明码标价制度，律师事务所应在办公场所的显著位置公布所有的律师服务项目及收费标准，自觉接受社会的监督。

（13）律师事务所收取律师服务费的有关事项应当在双方签订的法律服务合同内载明，明确收费项目、收费的方式、收费标准、收费数额、付款方式、时限、条件及争议的解决方法等。

（14）律师服务费和办案费由律师事务所统一收取。律师个人不得向委托人收取任何费用。律师事务所收取律师服务费，应当使用税务部门规定的合法票据。预收办案费必须出具书面确认单据，并严格按约定用途合理使用。委托事项办结后，应开列办案费使用清单，提供税务部门规定的合法票据与委托人结算，结余部分或不能提供票据的部分，已收取的相应的办案费应予以退还。

（15）律师事务所应当接受指派承办法律援助案件。办理法律援助案件不得向受援人收取任何费用。对于经济确有困难，但不符合法律援助范围的公民，律师事务所可以酌情减收或免收律师服务费。

（16）本意见附件中的收费指导标准，系承办律师为一名的情形，如果两名或以上的律师提供法律服务的，可以按照聘请律师的人数及情况分别计算收费。

（17）因律师服务收费发生争议的，律师事务所应当与委托人协商解决。协商不成的，可以提请律师事务所所在地的律师协会、司法行政部门和价格主管部门调解处理，也可以按约定申请仲裁或者依法向人民法院提起诉讼。

（二）附件：河南省律师服务收费行业指导标准

1. 刑事案件收费指导标准

刑事案件收费按照各办案阶段分别计件确定收费标准：

（1）侦查阶段，每件收费 3 000 ～ 15 000 元。

（2）审查起诉阶段，每件收费 5 000 ～ 20 000 元。

（3）一审阶段，每件收费 5 000 ～ 30 000 元。

二审、死刑复核、再审、申诉案件及刑事自诉案件按照一审阶段的收费标准收取律师服务费。

被害人提起刑事附带民事诉讼案件的，按照民事诉讼案件收费标准收取律师服务费。刑事案件涉及指控数额的，可以参照民事案件收费标准收费。

犯罪嫌疑人、被告人同时涉及几个罪名或者数起犯罪事实的，可按照所涉罪名或犯罪事实分别计件收取。

2. 民事案件收费指导标准

民事案件按审判阶段确定收费标准：

（1）计件收费标准：不涉及财产关系的每件收费 2 000 ～ 10 000 元。

（2）按标的额比例收费标准：10 万元以下部分（含 10 万元），收费 3 000 ～ 5 000 元；10 万～ 100 万元部分（含 100 万元），3%～ 5%；100 万～ 1 000 万元部分（含 1 000 万元），2%～ 4%；1 000 万～ 5 000 万元部分（含 5 000 万元），1%～ 3%；5 000 万元以上部分，0.5%～ 2%。按案件争议标的额差额累进计费。

实行风险代理收费，最高收费金额原则上不得高于与委托人约定的财产利益的 30%。

再审、申诉、执行案件分别参照一个审判阶段确定的收费方式和收费标准收取律师服务费。

3. 行政案件和国家赔偿案件收费标准

（1）行政案件和国家赔偿案件以每个审判阶段计件确定收费标准。

（2）计件收费标准为每件 3 000 ～ 20 000 元。

（3）涉及财产关系的，可比照民事案件按标的额比例收费标准执行。

4. 常年或专项法律顾问收费标准

由律师事务所与委托人协商收费。律师担任法律顾问期间办理以上各类案件的，按照各类案件收费标准另行收取律师服务费。

5. 计时收费标准

100 ～ 3 000 元 / 有效工作小时。律师办理法律事务，必要的在途时间及准备时间减半计入有效工作时间。

6. 下列法律服务经律师事务所与委托人协商一致，可按照不高于规定收费标准的5倍收费

（1）涉及法律关系复杂，律师服务工作量明显多于同类业务的。

（2）涉及疑难或专业问题，对律师专业水平要求明显高于同类业务的。

（3）重大涉外法律业务或有重大社会影响的法律业务。

（4）其他重大、疑难、复杂的法律事务。

五、法院会采取哪些办法执行

根据《最高人民法院关于人民法院执行工作若干问题的规定（试行）》《民事诉讼法》《最高人民法院关于限制被执行人高消费及有关消费的若干规定》等规定，目前法院执行的办法主要有以下 17 种：

（1）向被执行人发出《执行通知书》，传唤被执行人申报财产。

申请执行人应当向人民法院提供其所了解的被执行人的财产状况或线索。被执行人必须如实向人民法院报告其财产状况。

法院可以传唤被执行人或被执行人的法定代表人或负责人到人民法院接受询问。被执行人未按执行通知履行法律文书确定的义务，应当报告当前以及收到执行通知之日前一年的财产情况。拒绝报告或虚假报告的，人民法院可根据情节轻重予以罚款、拘留。

（2）冻结银行账户、存款、收入和养老金。

被执行人未按规定履行法律文书确定的义务，人民法院可查询、冻结、划拨被执行人在银行（含其分理处、营业所和储蓄所）、非银行金融机构、其他有储蓄业务的单位的存款。被执行人应得的养老金应当视为被执行人在第三人处的固定收入，属于其责任财产的范围，人民法院有权冻结、扣划。但是，在冻结、扣划前，应当预留被执行人及其所抚养家属必需的生活费用。

（3）查封拍卖不动产（如房产）。

对不动产的查封，应当采取加贴封条的方式。不便加贴封条的，应当张贴公告。对有产权证照的动产或不动产的查封，应当向有关管理机关发出协助执行通知书。

（4）查封扣押动产（如车辆）。

对被执行人的车辆查控功能已上线运行。人民法院可以直接通过网络方式查询被

执行人的车辆登记信息，采取网上查封措施，限制车辆的转让、过户及抵押。

（5）禁止转让知识产权，冻结相应的股权、证券等账户。

（6）发出搜查令。

被执行人不履行法律文书确定的义务，并隐匿财产的，人民法院有权发出搜查令，对被执行人及其住所或者财产隐匿地进行搜查。

（7）强制迁出房屋或者强制退出土地。

强制迁出房屋或者强制退出土地，由院长签发公告，责令被执行人在指定期间履行。逾期不履行的，由执行员强制执行。强制迁出房屋被搬出的财物，由人民法院派人运至指定处所，交给被执行人。

（8）拘传调查询问。

对必须接受调查询问的被执行人、被执行人的法定代表人、负责人或者实际控制人，经依法传唤无正当理由拒不到场的，人民法院可以拘传其到场。人民法院应当及时对被拘传人进行调查询问，调查询问的时间不得超过 8 小时，情况复杂，依法可能采取拘留措施的，调查询问时间不得超过 24 小时。

（9）依申请执行第三人到期债权。

被执行人不能清偿债务，但对本案以外的第三人享有到期债权的，人民法院可以依申请执行人或被执行人的申请，向第三人发出履行到期债务的通知。履行通知必须直接送达第三人。

（10）代履行。

被执行人不履行生效法律文书确定的行为义务，该义务可由他人完成的，人民法院可以选定代履行人。

（11）限制高消费令。

被执行人为自然人的，被采取限制消费措施后，不得有以下高消费及非生活和工作必需的消费行为：①乘坐交通工具时，选择飞机、列车软卧、轮船二等以上舱位；②在星级以上宾馆、酒店、夜总会、高尔夫球场等场所进行高消费；③购买不动产或者新建、扩建、高档装修房屋；④租赁高档写字楼、宾馆、公寓等场所办公；⑤购买非经营必需车辆；⑥旅游、度假；⑦子女就读高收费私立学校；⑧支付高额保费购买保险理财产品；⑨乘坐 G 字头动车组列车全部座位、其他动车组列车一等以上座位等其他非生活和工作必需的消费行为。

（12）限制出境。

对外国人和中国公民在大陆境内有未了结的民商事案件，人民法院可以决定其限制出境措施。

（13）向媒体公布失信人名单。

被执行人具有履行能力而不履行生效法律文书确定的义务，并具有隐匿、转移财产规避执行、违反财产报告制度、违反限制高消费令的、无正当理由拒不履行执行和解协议等情形之一的，人民法院应当将其纳入失信被执行人名单，依法对其进行信用惩戒。

（14）建立“点对点”网络执行查控系统并进行芝麻信用惩戒。

（15）司法拘留。

诉讼参与人或者其他人有下列行为之一的，人民法院可以根据情节轻重予以罚款、拘留；构成犯罪的，依法追究刑事责任：（一）伪造、毁灭重要证据，妨碍人民法院审理案件的；……（五）以暴力、威胁或者其他方法阻碍司法工作人员执行职务的；（六）拒不履行人民法院已经发生法律效力的判决、裁定的。人民法院对有前款规定的行为之一的单位，可以对其主要负责人或者直接责任人员予以罚款、拘留；构成犯罪的，依法追究刑事责任。对个人的罚款金额，为人民币十万元以下。对单位的罚款金额，为人民币五万元以上一百万元以下。拘留的期限，为十五日以下。

（16）申请参与分配。

被执行人为公民或者其他组织，在执行程序开始后，被执行人的其他已经取得执行依据的债权人发现被执行人的财产不能清偿所有债权的，可以向人民法院申请参与分配。

（17）拒不执行判决、裁定罪。

对人民法院的判决、裁定有能力执行而拒不执行，情节严重的，处三年以下有期徒刑、拘役或者罚金；情节特别严重的，处三年以上七年以下有期徒刑，并处罚金。

案例三：从水政科长被刑拘谈检察院办案程序

58 岁的水政科长老张在水利局工作了将近 40 年，他被 ×× 区检察院以涉嫌滥用职权罪带走后，先是刑拘，后是批捕，一直出不来。张科长爱人天天以泪洗面，先是喊冤，后是忧心忡忡，最后是越来越担心张科长会被双开，连退休金都拿不上，心态随着时间的推移在不断变化。张科长爱人多次向检察院申请取保候审，检察院就是迟迟不同意。于是她隔三差五就去找张科长单位和上级的领导，询问张科长什么时候出来，请求单位出面到检察院、法院做工作，让检察院对张科长不起诉，或者让法院判处免予刑事处罚。

张科长爱人遇到的问题，涉及检察院的办案程序，其中拘留、逮捕、取保候审等法律术语，实际上也是水利职工普遍想知道的事情。

检察院主要办案程序包括立案侦查程序、侦查中的强制措施、侦查终结、起诉等。

一、立案侦查程序

（1）检察院对于控告、检举、自首、移送、交办和自己发现的违法犯罪材料及时进行审查后，分情况进行处理。

①经审查认为有犯罪事实，需要追究刑事责任的，即填写《立案请示报告》，经检察长批准或检察委员会决定，制作《立案决定书》（注：全国人大代表或县级以上地方各级人大代表、县级以上干部、知名人士犯罪需要立案侦查的，按干部管理权限的规定，由相应的人民检察院向人民代表大会常务委员会和有关部门通报）。

②经审查认为没有犯罪事实或具有《刑事诉讼法》第十一条规定的情形之一不予立案的，经科长、处长或检察长批准后，制作《不立案通知书》，将不立案的原因和理由通知控告、检举单位或控告、检举人。

③经审查认为控告、检举的犯罪事实不清，需要补充材料才能确定立案或不立案的，可以通知控告、检举单位补充材料，人民检察院也可以派人直接调查，或者配合有关部门联合调查，对认为有犯罪事实，需要追究刑事责任的应立案侦查。

④认为犯罪情节显著轻微，不需要追究刑事责任的，移送有关部门处理，并通知原控告、检举单位或个人。

（2）讯问犯罪嫌疑人必须由检察院或者公安机关的侦查人员负责进行。讯问的时候，侦查人员不得少于 2 人。犯罪嫌疑人被送交看守所羁押以后，侦查人员对其进行讯问，应当在看守所内进行。

对不需要拘留、逮捕的被告人，可以传唤到检察院或人民检察院指定的地点进行讯问，也可以到被告人所在单位或住处进行。传唤犯罪嫌疑人，应当向犯罪嫌疑人出示《传唤通知书》和有关证件，并责令犯罪嫌疑人在《传唤通知书》上签名或者盖章。对在现场发现的犯罪嫌疑人，经出示工作证件，可以口头传唤，但应当在讯问笔录中注明。一次传唤持续的时间最长不得超过 12 小时，不得以连续传唤的形式变相拘禁犯罪嫌疑人。传唤被告人，应使用《传讯通知书》。经过传唤无故不到的，经科长、处长批准，可以拘传。

侦查人员询问证人，可以在现场进行，也可以到证人所在单位、住处或者证人提出的地点进行，在必要的时候，可以通知证人到检察院或者公安机关提供证言。在现场询问证人，应当出示工作证件，到证人所在单位、住处或者证人提出的地点询问证人，应当出示检察院或者公安机关的证明文件。

（3）讯问：检察院对于已拘留、逮捕的被告人，应当在 24 小时内进行讯问。除有碍侦查或者无法通知的情形外，应当把拘留、逮捕的原因和羁押的处所在 24 小时内通知被拘留、逮捕人家属或者所在单位。在讯问被告人时，办案人员不得少于 2 人。讯问犯罪嫌疑人严禁刑讯逼供和以威胁、引诱、欺骗以及其他非法的方法获取供述。

（4）为了收集犯罪证据，检察人员可以对被告人以及可能隐藏罪证的人的身体、物品、住处和其他有关的地方进行搜查，搜查时应出示《搜查证》，并有见证人在场。在执行拘留、逮捕时，遇有紧急情况，不用《搜查证》也可以搜查。

（5）检察人员第一次讯问犯罪嫌疑人后或者对其采取强制措施之日起，应当告知犯罪嫌疑人可以聘请律师为其提供法律咨询、代理申诉、控告或者为其申请取保候审，并将告知情况记明笔录。在侦查期间，犯罪嫌疑人可以聘请 1 ～ 2 名律师提供法律帮助。对于不涉及国家秘密的案件，律师提出会见在押的犯罪嫌疑人的，检察院应当在 48 小时以内安排会见的具体时间；对于贪污贿赂犯罪等重大复杂的两人以上的共同犯罪案件，可以在 5 日以内安排会见的具体时间。受委托的律师凭检察院的同意会见证明或者由检察院派员陪同会见在押的犯罪嫌疑人。

二、侦查中的强制措施

检察院在侦查中可以使用五种刑事强制措施，即拘传、取保候审、监视居住、拘留、逮捕。

（一）拘传

拘传，适用传唤不到，或者无法传唤的情形，犯罪嫌疑人被传唤后，公安机关应在 12 小时内作出是否拘留的决定。

拘传持续的时间不得超过 12 小时；案情特别重大、复杂，需要采取拘留、逮捕措施的，拘传持续的时间不得超过 24 小时。

不得以连续拘传的形式变相拘禁犯罪嫌疑人。拘传犯罪嫌疑人，应当保证犯罪嫌疑人的饮食和必要的休息时间。

（二）取保候审与监视居住

取保候审，是指人民法院、人民检察院或公安机关责令某些犯罪嫌疑人、刑事被告人提出保证人或者缴纳保证金，保证随传随到的强制措施。取保候审最长期限为 12 个月。

人民法院、人民检察院和公安机关决定对犯罪嫌疑人、被告人取保候审，应当责令犯罪嫌疑人、被告人提出保证人或者缴纳保证金。其中，保证人必须符合与本案无牵连、有能力履行保证义务、享有政治权利、人身自由未受到限制、有固定的住处和收入等条件。张科长一案中的保证人就是他科室的同事。

监视居住，是指人民检察院为了保证侦查、起诉工作的顺利进行，责令犯罪嫌疑人不得离开指定区域，并对其活动进行监视的一种强制措施。监视居住最长时限为 6 个月。

人民检察院决定对犯罪嫌疑人采取取保候审、监视居住措施的，应当在向犯罪嫌疑人宣布后交由公安机关执行。

1. 取保候审的适用条件

人民法院、人民检察院和公安机关对于有下列情形之一的犯罪嫌疑人、被告人，可以取保候审：

（1）可能判处管制、拘役或者独立适用附加刑的。

（2）可能判处有期徒刑以上刑罚，采取取保候审不致发生社会危险性的。

（3）患有严重疾病、生活不能自理，怀孕或者正在哺乳自己婴儿的妇女，采取取保候审不致发生社会危险性的。

（4）羁押期限届满，案件尚未办结，需要采取取保候审的。

上述第一种情形中所谓的“可能判处”某种刑罚，就是指根据司法机关初步查明的涉嫌犯罪事实，承办案件的司法人员所认定的对其可能判处的刑罚，绝不是指犯罪嫌疑人、被告人的行为所触犯的刑法条文某一条款的法定最高刑，更不是指该条文规定的某种罪名的法定最高刑。第二种情形中所谓的“可能判处有期徒刑以上刑罚，采取取保候审不致发生社会危险性”，是指根据司法机关已经查明的涉嫌犯罪事实，尽管可以认定其所犯罪行比较严重，且根据其对应的刑法条款应当判处有期徒刑以上刑罚，但是，如果对其适用取保候审也不会发生社会危险性。

2. 监视居住的适用条件

人民法院、人民检察院和公安机关对符合逮捕条件，有下列情形之一的犯罪嫌疑人、被告人，可以监视居住：

（1）患有严重疾病、生活不能自理的。

（2）怀孕或者正在哺乳自己婴儿的妇女。

（3）系生活不能自理的人的唯一扶养人。

（4）因为案件的特殊情况或者办理案件的需要，采取监视居住措施更为适宜的。

（5）羁押期限届满，案件尚未办结，需要采取监视居住措施的。

对符合取保候审条件，但犯罪嫌疑人、被告人不能提出保证人，也不缴纳保证金的，可以监视居住。

监视居住应当在犯罪嫌疑人、被告人的住处执行；无固定住处的，可以在指定的居所执行。对于涉嫌危害国家安全犯罪、恐怖活动犯罪、特别重大贿赂犯罪，在住处执行可能有碍侦查的，经上一级人民检察院或者公安机关批准，也可以在指定的居所执行。但是，不得在羁押场所、专门的办案场所执行。

指定居所监视居住的，除无法通知的外，应当在执行监视居住后 24 小时以内，通知被监视居住人的家属。

3. 取保候审的监督执行

被取保候审的犯罪嫌疑人、被告人应当遵守以下规定（注：这也是刑事诉讼法规定的保证人应当履行的监督、报告义务）：

（1）未经执行机关批准不得离开所居住的市、县。

（2）住址、工作单位和联系方式发生变动的，在 24 小时以内向执行机关报告。

（3）在传讯的时候及时到案。

（4）不得以任何形式干扰证人作证。

（5）不得毁灭、伪造证据或者串供。

人民法院、人民检察院和公安机关可以根据案件情况，责令被取保候审的犯罪嫌疑人、被告人遵守以下一项或者多项规定：

（1）不得进入特定的场所。

（2）不得与特定的人员会见或者通信。

（3）不得从事特定的活动。

（4）将护照等出入境证件、驾驶证件交执行机关保存。

被取保候审的犯罪嫌疑人、被告人违反前两款规定，已缴纳保证金的，没收部分或者全部保证金，并且区别情形，责令犯罪嫌疑人、被告人具结悔过，重新缴纳保证金、提出保证人，或者监视居住、予以逮捕。

对违反取保候审规定，需要予以逮捕的，可以对犯罪嫌疑人、被告人先行拘留。

犯罪嫌疑人、被告人在取保候审期间未违反规定的，取保候审结束的时候，凭解除取保候审的通知或者有关法律文书到银行领取退还的保证金。

4. 监视居住的监督执行

被监视居住的犯罪嫌疑人、被告人应当遵守以下规定：

（1）未经执行机关批准不得离开执行监视居住的处所。

（2）未经执行机关批准不得会见他人或者通信。

（3）在传讯的时候及时到案。

（4）不得以任何形式干扰证人作证。

（5）不得毁灭、伪造证据或者串供。

（6）将护照等出入境证件、身份证件、驾驶证件交执行机关保存。被监视居住的犯罪嫌疑人、被告人违反前款规定，情节严重的，可以予以逮捕；需要予以逮捕的，可以对犯罪嫌疑人、被告人先行拘留。

执行机关对被监视居住的犯罪嫌疑人、被告人，可以采取电子监控、不定期检查等监视方法对其遵守监视居住规定的情况进行监督；在侦查期间，可以对被监视居住的犯罪嫌疑人的通信进行监控。

5. 在取保候审、监视居住期间，不得中断对案件的侦查、起诉和审理

有人认为，检察院同意取保候审，人已经出来了，应该是没事了。这种认识是错误的。取保候审不是终结，取保候审、监视居住期间，检察院、法院对案件的侦查、起诉和审理并没有中断。

对于发现不应当追究刑事责任或者取保候审、监视居住期限届满的，应当及时解除取保候审、监视居住。解除取保候审、监视居住，应当及时通知被取保候审、监视居住人和有关单位。

6. 取保候审的申请主体

被羁押的犯罪嫌疑人、被告人及其法定代理人、近亲属有权申请取保候审。这是一项授权性规定，也是一项排他性规定，这一规定即将申请取保候审的主体资格授予给了已被羁押的犯罪嫌疑人、被告人本人和他们的法定代理人、近亲属。这里的“法定代理人”，是指被代理人的父母、养父母、监护人和负有保护责任的机关、团体的代表。“近亲属”则是指夫、妻、父、母、子、女、同胞兄弟姐妹。对于犯罪嫌疑人、被告人的律师或者其他辩护人能否申请取保候审的问题，《最高人民法院关于执行〈中华人民共和国刑事诉讼法〉若干问题的解释》第六十八条明文规定：“被羁押的被告人及其法定代理人、近亲属和律师有权申请取保候审。”

7. 对被告人需要采取或撤销取保候审或者监视居住时，应经检察长批准

对于被羁押的正在受侦查的被告人，不能在刑事诉讼法规定的期限内办结，采取取保候审、监视居住的办法对社会没有危险性的，经检察长批准，可以变更强制措施，改为取保候审或监视居住。

取保候审，应填写《取保候审决定书》，由保证人出具《保证书》。监视居住，应制作《监视居住决定书》，并填写《监视居住委托书》，由当地公安派出所执行，或者交由受委托的当地政府部门、被告人所在单位执行。

对已经采取取保候审或者监视居住的，如果需要撤销，应经检察长批准，发出《撤销取保候审通知书》或《撤销监视居住通知书》，通知保证人、当地公安派出所、受委托的单位、被告人；需要逮捕的，应及时办理逮捕手续，予以逮捕。

取保候审或者监视居住期间，不计入刑事诉讼法规定的办案期限，但是不能中断对案件的侦查。解除羁押时，应制作《决定释放通知书》通知公安机关执行。经上级人民检察院决定逮捕的人犯，需要变更或撤销强制措施的，应请示原决定逮捕的上级人民检察院决定。

（三）拘留

我国法律规定了 3 种拘留，分别是刑事诉讼法规定的刑事拘留、行政法规定的行政拘留（治安拘留），以及刑事诉讼法、民事诉讼法、行政诉讼法规定的司法拘留。

刑事拘留，是指公安机关或人民检察院在刑事案件侦查中，对现行犯或重大嫌疑分子，暂时采取的强制措施。刑事拘留依法由公安机关、人民检察院决定，由公安机关执行。

拘留后，应当立即将被拘留人送看守所羁押，至迟不得超过 24 小时。除无法通知或者涉嫌危害国家安全犯罪、恐怖活动犯罪通知可能有碍侦查的情形外，应当在拘留后 24 小时以内，通知被拘留人的家属。有碍侦查的情形消失以后，应当立即通知被拘留人的家属。人民检察院对直接受理的案件中被拘留的人，应当在拘留后的 24 小时以内进行讯问。在发现不应当拘留的时候，必须立即释放，发给释放证明。

人民检察院在自侦案件中，对于现行犯或者重大嫌疑分子，如果有下列两种情形之一的，可以先行拘留：①犯罪后企图自杀、逃跑或者在逃的；②有毁灭、伪造证据或者串供可能的。检察院认为确实需要先行拘留的，填写《呈请拘留审批表》经检察长决定后，填写《拘留人犯通知书》，通知公安机关填发《拘留证》并执行，必要时人民检察院可派员协助。

对于不需要逮捕的，应当立即释放。对于需要继续侦查，并且符合取保候审、监视居住条件的，依法取保候审或者监视居住。刑事拘留是一种临时性措施。拘留的期限较短，随着诉讼的推进，拘留要及时予以变更，或者转为逮捕，或者变更为取保候审或监视居住，或者释放被拘留的人。刑事拘留的结果，一般是转为逮捕，刑事拘留的羁押期可以折抵刑期。若被拘留人被批准逮捕，则依据《刑事诉讼法》审理，刑事拘留不是处罚或者制裁。若后被无罪释放，被拘留人可以申请国家赔偿。

（四）逮捕

逮捕，适用于已基本确定了犯罪嫌疑人的犯罪事实，经检察院批准后对犯罪嫌疑人采取的强制措施。

人民检察院对直接受理的案件中被拘留的人，认为需要逮捕的，应当在 14 日以内作出决定。在特殊情况下，决定逮捕的时间可以延长 1 ～ 3 日。对不需要逮捕的，应当立即释放；对需要继续侦查，并且符合取保候审、监视居住条件的，依法取保候审或者监视居住。

人民检察院直接受理的案件中对有证据证明有犯罪事实，可能判处徒刑以上刑罚的犯罪嫌疑人、被告人，采取取保候审尚不足以防止发生下列社会危险性的，符合下列规定情形的，应当予以逮捕：

（1）可能实施新的犯罪的。

（2）有危害国家安全、公共安全或者社会秩序的现实危险的。

（3）可能毁灭、伪造证据，干扰证人作证或者串供的。

（4）可能对被害人、举报人、控告人实施打击报复的。

（5）企图自杀或者逃跑的。

对有证据证明有犯罪事实，可能判处 10 年有期徒刑以上刑罚的，或者有证据证明有犯罪事实，可能判处徒刑以上刑罚，曾经故意犯罪或者身份不明的，应当予以逮捕。被取保候审、监视居住的犯罪嫌疑人、被告人违反取保候审、监视居住规定，情节严重的，可以予以逮捕。逮捕由检察院作出决定，由公安机关执行。

人民检察院审查批准逮捕犯罪嫌疑人由检察长决定，重大案件应当提交检察委员会讨论决定。逮捕人犯，应填写《逮捕人犯审批表》，经检察长或者检察委员会决定，并签发《决定逮捕通知书》，通知公安机关填发《逮捕证》并执行，必要时人民检察院可派员协助。同时报上级人民检察院备案。

人民检察院审查批准逮捕，可以询问证人等诉讼参与人，听取辩护律师的意见；辩护律师提出要求的，应当听取辩护律师的意见。

人民检察院对于决定逮捕的人，必须在逮捕后的24小时以内进行讯问。在发现不应当逮捕的时候，必须立即释放，发给释放证明。

犯罪嫌疑人、被告人及其法定代理人、近亲属或者辩护人有权申请变更强制措施。人民法院、人民检察院和公安机关收到申请后，应当在3日以内作出决定；不同意变更强制措施的，应当告知申请人，并说明不同意的理由。

县级以上干部和知名人士犯罪需要逮捕的，由相应的人民检察院按干部管理权限的规定征求有关部门的意见后审查决定。与有关部门意见有分歧的，报告上级人民检察院决定。全国人大代表或地方县级以上各级人大代表犯罪需要逮捕的，应经全国人大常委会或相应的地方人大常委会许可。人民检察院认为同级人大常委会不同意逮捕意见有错误的时候，可以要求复议。如属现行犯被拘留，决定拘留的机关必须立即报请该级人大常委会批准。

已逮捕的被告人，在侦查中的羁押期限不得超过2个月。案情复杂、期限届满不能终结的案件，应在羁押期限届满7天前报上一级人民检察院批准延长1个月。重大的犯罪集团案件和流窜作案的、交通十分不便的边远地区的重大复杂案件，在《刑事诉讼法》第九十二条第一款规定的侦查羁押期限内不能办结的，应在羁押期限届满15天前提出申请报告，经省、自治区、直辖市人民检察院批准或者决定，可以延长2个月。

在侦查期间，发现被告人另有与原来立案的性质不同的罪行，可以经检察长批准补充侦查，重新计算羁押期限。改变管辖的侦查、起诉案件，从改变后的办案机关收到案件之日起计算办案期限。

对被告人进行精神病鉴定的期间不计入办案期限。凡延长羁押期限，都必须按规定办理延长羁押期限手续。

三、侦查终结

（1）检察院对于已侦查终结的案件，应由承办人写出《侦查终结报告》，提出提起公诉或免予起诉或者撤销案件的意见，对于共同犯罪案件中不构成犯罪的被告人，应提出不起诉处理意见。经检察长或者检察委员会审查决定后，分别制作《起诉书》《免予起诉决定书》《不起诉决定书》《撤销案件决定书》，并按照规定报上级检察院备案。

（2）检察院提起公诉的案件，应当是人民检察院认为犯罪嫌疑人的犯罪事实已经查清，证据确实、充分，依法应当追究刑事责任的案件。检察院应当作出起诉决定，按照审判管辖的规定，向人民法院提起公诉，并将案卷材料、证据移送人民法院。

（3）检察院不起诉的案件，应当是犯罪嫌疑人没有犯罪事实，或者有《刑事诉讼法》第十六条规定的情形之一的，人民检察院应当作出不起诉决定。《刑事诉讼法》第十六条规定："有下列情形之一的，不追究刑事责任，已经追究的，应当撤销案件，或者不起诉，或者终止审理，或者宣告无罪：（一）情节显著轻微、危害不大，不认为是犯罪的；（二）犯罪已过追诉时效期限的；（三）经特赦令免除刑罚的；（四）依照刑法告诉才处理的犯罪，没有告诉或者撤回告诉的；（五）犯罪嫌疑人、被告人死亡的；（六）其他法律规定免予追究刑事责任的。"

人民检察院决定不起诉的案件，应当同时对侦查中查封、扣押、冻结的财物解除查封、扣押、冻结。

对被不起诉人需要给予行政处罚、行政处分或者需要没收其违法所得的，人民检察院应当提出检察意见，移送有关主管机关处理。有关主管机关应当将处理结果及时通知人民检察院。

不起诉的决定，应当公开宣布，并且将不起诉决定书送达被不起诉人和他的所在单位。如果被不起诉人在押，应当立即释放。

四、起诉

已经侦查终结的案件，准备起诉的时间不得超过一个月；重大复杂的案件，可以延长半个月。起诉以后，由人民法院退回补充侦查的案件，应当在一个月内补充侦查完毕。

第三部分　以案说“民事”

案例一：河务局该不该为“黄河内溺亡”买单

2000年7月，河南洛阳孟津县两个初中生到黄河河滩玩耍，在当地河道主管机关孟津黄河河务局允许采砂开挖的砂坑内溺水身亡，孩子家长把孟津黄河河务局告到法院，要求经济赔偿。法院一审判决河务局承担40%的责任，孩子和监护人承担60%的责任；二审判决孩子和监护人承担全部责任。这起案件虽然不是黄河上第一起因为河道内溺死引发的案件，但是由于被中央电视台《今日说法》栏目特别分析报道，并且受到水利部重视，水利部2002年9月19日专门为此下发了水政法〔2002〕408号《关于对黄河主河道是否为公共场所等问题的批复》文件，最重要的是河务部门历尽曲折赢得了最后官司，使得该案件成为黄河上一个经典案例。

从洛阳孟津案件以来，黄河河道内溺死事件不断发生，河务部门当被告的官司明显增加，黄河点多线长，黄河河道管理范围内出现的这些案例，不是个例，也很难结束，总结这些案件，很有必要。

2015年8月10日下午，新乡长垣县某村黄河坝头有2个孩子掉进“采砂坑”内溺亡，孩子家长先是到长垣县信访局、公安局反映，后到法院起诉，要求采砂船船主、长垣黄河河务局赔偿。该案判决结果是：一审法院判决长垣黄河河务局不承担任何赔偿责任；二审法院认为长垣黄河河务局有监管缺失之处，判决孩子和监护人、船主承担90%的责任，长垣黄河河务局承担10%的责任，需赔偿上诉人（原告）2万多元。长垣黄河河务局接受了这个判决结果，很快进行了赔付。下面附上长垣黄河河务局答辩状及为诉讼准备的证据材料目录。

一、民事答辩状

答辩人：新乡黄河河务局长垣黄河河务局

住所地：长垣县××大道。

法定代表人：方××，任该局局长。

被答辩人：王××，男，汉族，19××年××月××日出生，住长垣县某镇××社区××排××号。

被答辩人：赵 ××，女，汉族，19×× 年 ×× 月 ×× 日出生，住长垣县 ×× 镇 ×× 村 ×× 组。

因被答辩人诉我单位生命权、健康权纠纷一案，提出答辩意见如下：

（1）起诉状中提到的事发地点为：“长垣县某镇黄河 36 坝与 37 坝中间”。

据答辩人实地调查，该地点没有被答辩人起诉状中提到的“船只”。所谓的事发地点应是黄河大留寺控导 35 ～ 36 坝。

（2）起诉状提出：“被告长垣黄河河务局作为该河段的主管单位，并未在此处设置明显的警示标志，也没有设置围栏，对被告郭 ×× 的采砂行为也未尽到相应的管理义务。”

该表述显属认识错误。理由如下：

①答辩人职责法定，对于在黄河河道内的游玩人员并没有法定管理职责。

答辩人作为长垣黄河河段的主管机关，是依据《水法》《防洪法》等法律、法规的规定和上级的授权，行使防洪协调和监督管理职责。具体工作就是在自己所管辖的范围内，负责有关法律、法规的实施和监督检查，负责管理范围内的水行政执法、水政监察，依法查处水事违法行为；负责管理范围内的水利工程的管理、运行、调度和保护，负责险情抢护工作的组织等工作。答辩人的职责有明确规定，对于在黄河河道内的游玩人员并没有保障其人身安全方面的法定责任。

黄河的主汛期为每年的 7—10 月，王 ×× 死亡时间为 2015 年 8 月 10 日，正在黄河主汛期内。王 ×× 的溺亡地，经查位于黄河控导工程大留寺控导 35 ～ 36 坝。该处是水利部黄河水利委员会划定的黄河治导线范围内的区域，是黄河的主河槽，是常年过水的行洪通道。

对于黄河河道是行洪输水通道而非公共场所，河道主管机关没有设置明显标志和采取安全措施防止他人损害的义务，水利部有非常明确的意见。2002 年 9 月 19 日，水利部曾就黄河河道溺亡类似案件对《中华人民共和国河道管理条例》作出解释，对黄河主河道是否为公共场所进行了专门批复，批复中明确，黄河河道作为行洪输水的自然通道，其主要功能是保证行洪的通畅，不是供行人使用的通道，更非游泳等公共娱乐场所，河务部门没有设置明显标志和采取安全措施防止他人损害的义务。根据该解释，河务部门对于进入黄河河道游泳的人员，不负责其安全；对于在黄河河道内溺亡的人员，不承担责任。答辩人的大量证据则可以证明答辩人按照法律规定和上级要求，积极作为，充分履行了自己的职责，对于涉河安全尽了足够的善意警示提醒，而且对损害发生没有过错。

王 ×× 的不幸溺亡，令人十分痛心和同情。但个人的同情和单位的责任不是一回事，不能画等号。答辩人的职责有明确的法律界定和规范性文件界定，不能对其法定职责以外的事故无故承担责任。

②与被答辩人的起诉恰恰相反，答辩人在此处设置了非常明显的警示标志。

尽管在黄河主河道河务部门没有设置明显标志和采取安全措施防止他人损害的义务，但答辩人十分重视自己管辖河段内沿黄群众的涉河安全，一直在努力避免类似悲剧事件的发生。近几年来投入了大量的人力、物力、财力，在汛前、汛中，对沿河群众进行涉河安全宣传教育。在本次事故发生地段——大留寺控导工程，答辩人就设置了明显的警示标牌 15 块，24 ～ 50 坝备防石喷涂警示标语 12 处，已经竭尽全力做到善意提醒群众注意涉河安全。

对于被答辩人提出的在黄河里设置围栏问题，答辩人想提供一个基本数据：黄河全长 5 464 千米，其中郑州桃花峪以下为下游，长度为 786 千米，长垣河段长度为 56 千米。黄河河道是行洪输水的通道，答辩人无法想象国家在什么情况下会投巨资在黄河里全面设置围栏。

③对于被告郭某的采砂行为，答辩人早已取缔，不存在未尽到相应管理义务的问题。

在 2014 年 11 月之前，该处确实有一采砂场，名为长垣县 ×× 实业采砂场。该采砂场的采砂许可证为一年，自 2013 年 11 月至 2014 年 11 月。2014 年 11 月采砂许可证到期后未续期，答辩人对其进行了取缔，自取缔之后，答辩人对该处一直实施有效的监管，该处不再有采砂的行为和采砂现象。被答辩人之子王 ×× 溺水身亡之时，该处早已没有采砂场的存在。

事实上，对于黄河河道内采砂，黄河上从黄委到省、市、县局各级都非常重视，有非常严格的管理规定。答辩人也按照有关要求，一直安排专人开展河道巡查等工作，对辖区内的所有采砂场实施有效的监管，严厉打击各类非法采砂行为。对此，答辩人有不同时期的巡查报告等材料可以证明。

（3）起诉状所说的所谓事发位置"深坑"，不可能是采砂坑，被答辩人不能以此作为请求答辩人承担责任的依据。

本次事件发生地点位于黄河主流流经河段，和黄河上其他位置不同，该处河段是黄河行洪输水的主河道。根据黄河泥沙的特点和水流情况，黄河水不间断地挟带大量泥沙流动，很短时间内就会在河床形成淤积，该处不可能存在一年前的采砂坑。如果有深坑，也只会是黄河水流自然冲刷形成的较深的河槽。由于冲刷，在水下形成了深沟，最深处有近 10 米。

答辩人作为河道的管理机构，在 2014 年、2015 年对该处工程进行了根石探测。探测成果显示，大留寺控导工程 30 ～ 45 坝的平均根石深度为 11 米，其中 35 坝根石平均深度 11.43 米，36 坝根石平均深度 11.43 米。这些探测数据说明事发地位置的水下河势复杂，极易在水流淘刷下形成较深的河槽，水深可达十几米。如果坝前头有"坑"，只会是河道自然冲刷形成的河槽，是冲刷坑，不是所谓的采砂坑。

对于因自然因素所形成的河槽，是答辩人所无法预测、无法预防和无法改变的。

该处较深的河槽与答辩人没有关系，被答辩人不能以此作为请求答辩人承担责任的依据。

综上所述，王 ×× 溺亡的直接原因是其本人未能正确预见在黄河里玩水的危险，以及被答辩人监护不力、疏于防范。答辩人作为长垣黄河水行政主管部门，充分履行了自己的职责，对于王 ×× 玩水溺亡没有过错，不应当承担因王 ×× 溺亡所引起的任何民事赔偿责任。请贵院查清事实，依法驳回被答辩人的全部诉讼请求。

二、长垣黄河河务局证据目录

第一组证据：①事业单位法人证书复印件 1 份；②组织机构代码证书 1 份；③法定代表人身份证明书 1 份；④法人身份证复印件 1 份。

证明目的：该组证据证明被告的主体资格。

第二组证据：①关于对黄河主河道是否为公共场所等问题的批复；②关于流域管理机构决定《防洪法》规定的行政处罚和行政措施权限的通知；③《防洪法》；④“三定”文件；⑤黄河河道整治工程治导线相关资料。

证明目的：该组证据证明被告的职权来源、职责、管辖范围及事发地点系黄河主河道等。

第三组证据：①长黄采许字〔2013〕02 号河南黄河河道采砂许可证；②长垣黄河河务局 2014 年汛前联合执法检查报告；③长垣黄河河务局 2014 年汛后河道巡查报告；④长垣黄河河务局 2015 年汛前河道巡查报告；⑤ 2013 年 6 月 7 日通知 1 份；⑥ 2014 年 6 月 19 日通知 1 份；⑦ 2014 年 6 月 29 日通知 1 份；⑧ 2014 年 6 月 29 日送达回证 1 份；⑨ 2014 年 7 月 12 日禁采通知 1 份；⑩涉河安全警示标志照片 8 张；⑪根石探测资料及照片 2 张。

证明目的：该组证据证明被告履行了法律、法规规定的职责，不存在疏于管理的情形。

第四组证据：①新乡黄河水利工程维修养护有限公司第三分公司证明 1 份；②新乡黄河水利工程维修养护有限公司第三分公司职工冯 ×× 证明 1 份；③长垣黄河河务局运行观测科巡查报告 36 份。

证明目的：该组证据证明被告河务局在履行职责过程中未发现被告郭 ×× 有违法采砂行为。

三、官司几点体会

（1）社会在变化，依法治国新时代，河务部门需要因时而变。

在中国全面推进依法治国的大背景下，相应的法律制度更加健全完善，人们的法治意识、维权意识普遍提高，过去人们“牙打掉了自己咽肚里”的传统道德思想越来越少，提供专业服务的法律工作者明显增多，弱者更容易得到同情和支持。黄河里淹死人的事情自古就有，但为什么2000年以前打官司的人少？找河务部门事的少？原因很容易找到。

河务部门以前更多关注自己的防汛等专业业务，但现在政府和社会公众对其赋予或要求了越来越多的社会责任。只要是按照规定，河务部门应该履行批准或管理职责的，不管河务部门是否批准、是否知晓，一旦出事，推卸责任有时是很难得到法院和社会舆论支持的。

目前，河务部门对自己管理的事务，也有工作不严谨、存在漏洞的地方，有些事情并不是完全可控。当问题发生时，就很容易因为这些漏洞被追责。比如，对于警示标志，有人认为河务部门在什么地方都没有设立警示标志的义务，有人认为只要河务部门设了警示标志就可以完全免责。实际上打官司的时候，一是要看该不该有、有没有；二是在旅游景区、河务部门审批过收过费的特殊区域，即使有了警示标志，还要看河务部门是不是有管理人员及时提示、提醒，是不是安排了必要的救济工具和第一时间的救护措施。如果没有未雨绸缪，都做了安排，就很难说尽到了自己应尽的职责，可以减少或免除自己的全部责任。

（2）要高度重视诉讼、重视证据工作。

诉讼是纠纷解决的最后一个环节，有国家机器强制执行，所以河务部门必须要高度重视诉讼、重视证据工作，特别是单位领导和主办人员。在事件发生后，要第一时间和法律专业人士会商，全面了解案件情况，搞清楚受害方的态度、诉求及诉求的合理性，具体分析采取诉讼手段和采取协商、调解等非诉讼手段的优劣，在综合分析基础上，形成自己的应诉思路，决定拟采取的措施，并且在解决过程中根据情况变化适时调整，才能达到最佳效果。

打官司就是打证据，证据是决定案件输赢的关键。要胜诉就必须做好诉前证据准备工作，并掌握举证技巧。长垣溺亡案件中，因河务部门执法过程中缺乏一些书面证据留存，造成提供给法院的有力证据不但缺少，而且个别证据对河务局并不完全有利。

（3）诉讼中双方当事人的争议和法官的审判活动一般聚焦在三点：一是对黄河河滩地如何定性，是否为公共活动场所；二是河务部门主观上有无过错，是否存在管理缺陷？三是责任如何划分认定。河务部门可以据此有针对性地进行无责辩护。

（4）黄河河道内过往溺死主体大都是未成年的孩子或大学生，着实令人痛心。针对这种情况，河务部门应自己主动并积极配合政府，加强对这些高发危险群体的宣传和教育。

（5）要重视重点区域，尽快完善危险地段和主要风险点警示标识。近年来，河务部门逐渐认识到安全警示标识的作用，但在实际建设中，警示标识仍被视为一种补丁工程，出现了警示标识数量不足、信息含量少、形式化程度高，甚至出现标识错位、景实不符等现象。此外，维护力度不够，导致已破旧的安全标识设施不能得到及时维修和更换。对于一些旅游安全标识出现倾斜、断裂、腐烂等问题没有及时关注解决，标识内容和图案模糊不清，不仅影响了周边环境，还容易造成安全盲点，引发安全事故。河务部门工作人员要在相应地段尤其是危险地段，加强安全标识的设置，首先要保证的是标识数量，其次要注意标识的醒目度，能够充分引起游玩者的注意，从而减少安全事故的发生。一般情况下，大多数游客是会遵守标识的相关内容的。

（6）各地都要重视“首例判决”。

判例法是英美法系法律的一个重要渊源，根据判例法制度，某一判决中的法律规则不仅适用于该案，而且往往作为一种先例而适用于以后该法院或下级法院所管辖的案件。只要案件的基本事实相同或相似，就必须以判例所定规则处理。我们国家法院判决依据的是制定法、成文法，不是判例法，但现在案例指导制度已经成为中国特色社会主义司法制度的重要组成部分，2010 年 11 月 26 日，最高人民法院颁布《关于案例指导工作的规定》，标志着中国特色案例指导制度正式确立，所以我国法官审判类似案件把“遵循先例”作为案件处理的基本准则非常正常。这个案件审判过程中，主审法官就向河务部门了解了过去黄河河道内类似溺亡案件情况。黄河河道内溺亡具有事件常发、发案地多等特点，各地河务部门都应该高度重视属地的“首例判决”。

案例二：仲裁与诉讼

2017 年，河南濮阳某水利监理公司（乙方）和 s 省一家单位（甲方）签订了一份工程监理合同，合同中约定“双方如出现纠纷，通过 ×× 仲裁解决”。监理任务完成后，甲方一直不按照合同约定支付工程款。乙方找了几次都是拖拖拖，现在监理公司想把剩余工程款要回来，于是咨询单位法制部门工作人员，想知道采取诉讼和仲裁哪种办法好。

一、解决纠纷有协商、调解、仲裁、诉讼多种方式

日常工作和生活中，解决纠纷的方式，除诉讼、仲裁外，还有双方协商、向消费者协会投诉、请求有关部门或人员调解等手段，诉讼和仲裁虽然有国家强制力保障，但一般是解决纠纷的最后救济手段。

在解决纠纷时，还是应优先选择协商、调解等非讼方式，相对简单，有时更便于快速解决问题。

二、仲裁与诉讼的不同

仲裁与打官司有很多不同，如果有仲裁协议，采取诉讼方式就会受到限制。

（1）仲裁需要双方协商，而民事诉讼不需要。

仲裁，是指双方当事人在争议发生之前或者争议发生之后达成协议，自愿将争议交给第三方作出裁决，争议双方有义务执行该裁决，从而解决争议的法律制度。民事诉讼，俗称打官司、告状，是指人民法院在双方当事人和其他诉讼参与人的参加下，依法审理和解决民事纠纷案件和其他案件的各种诉讼活动，以及由此所产生的各种诉讼法律关系的总和。

仲裁的前提是当事人双方达成仲裁协议，表明自愿将争议提交仲裁机关。而民事诉讼不需要双方协商，只要一方的起诉符合法定条件法院就会受理。

（2）仲裁当事人有权选择仲裁员。而民事诉讼的审判人员由人民法院决定。

（3）仲裁实行一审终局制。

仲裁裁决作出后，不存在上诉或再审，也不能向人民法院再行起诉、上诉，仲裁委员会或者人民法院也不会受理。因此，如果事先选择了仲裁解决纠纷，仲裁裁决作出之后，就不能再就该纠纷向法院起诉。当事人只有提出证据证明仲裁裁决确实存在《仲裁法》第五十八条所列情形之一（①没有仲裁协议的；②裁决的事项不属于仲裁协议的范围或者仲裁委员会无权仲裁的；③仲裁庭的组成或者仲裁的程序违反法定程序的；④裁决所根据的证据是伪造的；⑤对方当事人隐瞒了足以影响公正裁决的证据的；⑥仲裁员在仲裁该案时有索贿受贿、徇私舞弊、枉法裁决行为的），经向中级人民法院申请撤销仲裁结果并经法院审查核实，方可依法裁定撤销仲裁裁决；如果法院撤销了仲裁结果，则可以根据双方当事人重新达成的仲裁协议申请进行重新仲裁，也可以直接向人民法院起诉。

而我国法院诉讼实行“两审终审制”，当事人不服法院判决可以上诉或者申诉，民事诉讼可经过一审、二审和再审三个阶段。

（4）管辖不同。

仲裁是协议管辖，而法院诉讼是强制管辖。仲裁以当事人双方自愿为原则，必须有双方事前或事后达成的仲裁协议，仲裁机构才能依法受理，并在此种情况下，法院无权受理此案件；而法院诉讼不必得到另一方当事人的同意或者双方达成诉讼协议，只要一方当事人向有管辖权的法院起诉，法院就可以依法受理争议案件。

仲裁不实行地域管辖和级别管辖，而法院诉讼实行地域管辖和级别管辖。当事人双方有权选择任一个合法成立的仲裁机构进行仲裁，不同的仲裁机构之间无任何隶属关系；而诉讼只能依法向有管辖权的法院起诉，当事人无权选择法院。

（5）仲裁庭和法院审判庭的组成方式不同。

仲裁可由当事人约定仲裁庭的组成方式并自主选定或者委托指定仲裁员，而法院诉讼当事人不能选择审判庭的组成方式和审判员。

（6）审理不同。

除特殊情形外，诉讼实行公开审理，而仲裁注重保护当事人的商业秘密，一般实行不公开审理。

三、如何“当自己律师”打官司

以下是一场仲裁或者官司的基本流程，案件就是按照下述的步骤一步一步地展开的。

（1）申请仲裁或者起诉前要准备证据，写仲裁申请或者诉状，缴纳仲裁受理费或者诉讼费。

申请仲裁或者起诉是民事权益受到侵害的当事人作为申请人或者原告，依据事实和法律，向选定的仲裁机构或者人民法院提出申请，要求依法裁决或者裁判维护当事人的民事权益。

怎样写仲裁申请或者民事起诉状？有一定的学问，网上有不少格式文本可以用来参考，当然，也可以请律师代书。一般应注意以下几点：①标题；②当事人的基本情况（包括双方名称、住所、邮编、电话、传真、法定代表人、委托代理人等）；③仲裁依据；④仲裁或者诉讼请求；⑤事实和理由；⑥证据；⑦尾部。

仲裁受理费、诉讼费该缴多少？仲裁机构和法院都是有收费标准的，不会乱收。比如法院对于财产案件，标的金额 1 万以下的，50 元 / 件；500 万～1 000 万元的，受理费是 0.7% +11 800 元。《仲裁委员会仲裁收费办法》对仲裁案件受理费规定的收费标准是 1 000 元以下的部分：40 ～ 100 元；……；500 001 ～ 1 000 000 元的部分：按 0.5%～ 1%交纳；1 000 001 元以上的部分：按 0.25%～ 0.5%交纳。

（2）可以到仲裁机构或者法院去申请仲裁或者起诉。案件在法院的流程如下：

第一步：申请仲裁与起诉、应诉。

申请仲裁就是向仲裁机构递交仲裁申请、基本证据材料，要求仲裁机构受理案件。

起诉就是向法院的立案庭递交起诉状、基本证据材料，要求法院受理案件。在民事纠纷中，任何一方当事人，都可以向法院提起诉讼。起诉的一方是原告，被起诉的一方是被告。被告和原告不同，被告一般是被动的，是原告选择的结果，原告有选择被告的权利。但如果被告觉得自己不是适格被告，有权在应诉答辩中提出自己的辩护意见。被告收到人民法院转来的原告起诉状副本以后，应该在要求时间内提出答辩状，也可以就同一问题提出反诉。如果有诉讼代理人的，要另外写《授权委托书》，连同诉状和诉状副本、法定代表人身份证明书一并递交给人民法院。

仲裁机构、人民法院经过审查，认为符合受理、立案条件的，就会接受材料，发给《受理通知书》。拿这个通知书，去预交受理费，缴费后，案件就是正式受理了。便可以进入下一步。

第二步：举证。

举证就是在一定期限内，将证据材料提交给仲裁机构或者法院。仲裁机构或者法院在受理案件后会发《举证通知书》，通知书上会指定举证期限。所有的证据材料必须要在这个期限内提交给法院。超过这个期限，法院将不会再接受。

第三步：参加审理。

仲裁机构或者法院会书面通知哪一天、哪个庭、什么时间开庭（或不开庭）审理。

法庭开庭的时候具体程序：在宣读开庭纪律、告知权利义务、询问是否申请回避后，当事人开始参与的程序是：①原告先陈述事实和理由。②被告就原告的陈述发表答辩意见。③原告举证、被告质证。④被告举证、原告质证。⑤原告向被告发问。⑥被告向原告发问。⑦原告发表辩论意见。⑧被告发表辩论意见。⑨原告最后陈述。⑩被告最后陈述。⑪法庭调解。基本上开完庭，就是等法院的判决书。

第四步：仲裁机构裁决或者法院判决。

仲裁机构裁决或者法院的判决基本上都是 3 种形式：①支持申请人（或者原告）的全部请求；②支持申请人（或者原告）的部分诉讼请求；③驳回申请人（或者原告）的诉讼请求。

第五步：上诉。

仲裁裁决作出后，当事人不得就同一事实再次申请仲裁，不存在上诉问题。

法院作出判决以后，如果不服，在法定期限内可以上诉。拿到判决书后，民诉 15 天时间决定是不是上诉到上级法院。一审法院把案件卷宗和当事人的上诉状、答辩状送交二审法院以后，二审开始。二审可以不开庭审理。二审审理时，如果调解无效，法院判决或者裁定。

第六步：执行或申诉。

如果仲裁机构裁决或者法院判决己方胜诉了，对方又不愿主动履行裁决或者判决书上所确定的义务，那么就可以拿着判决书，向法院递交强制执行申请书，要求法院强制执行。如果对方主动履行了判决书上义务，那么案件就此结束。

我国实行“二审终审制”，二审生效判决不能再上诉。如果有充分的理由说明人民法院已经生效的判决或者裁定确有错误，在执行的同时，可以提出申诉。

案例三：依案解读《民法典》亮点

《中华人民共和国民法典》是一部权利的宣言书，宣布了民事权利主体依法享有的民事权利，也是党和国家关于民事政策的表现形式，规定了各项民事制度和规则。当前，全国上下都在采取多种形式，深入学习宣传和运用《民法典》。水行政执法人员作为单位法制部门工作人员，宣贯《民法典》是本职工作应有之义，另外，日常工作生活中少不了有同事或朋友咨询生活中的民事法律问题，所以水行政执法人员学习、掌握《民法典》的基本知识非常有必要。

2020年5月28日，第十三届全国人民代表大会第三次会议表决通过了《民法典》。《民法典》是新时代我国社会主义法治建设的重大成果，在中国特色社会主义法律体系中具有重要作用。5月29日，习近平总书记主持中共中央政治局举行的“切实实施民法典”主题第二十次集体学习会，并发表了《充分认识颁布实施民法典重大意义依法更好保障人民合法权益》的重要讲话，提出要加强民法典重大意义的宣传教育。《民法典》是保护人民群众自身权益的法典，也是全体社会成员必须遵守的行为规范，因此民法典要走到群众的身边，走进群众的心里。

编纂《民法典》是党的十八届四中全会确定的一项重大的政治任务和立法任务，是以习近平同志为核心的党中央作出的重大法治建设部署，经过5年多的努力，《民法典》编纂完成。伟大的时代产生伟大的法典，作为新中国成立以来第一部以“法典”命名的法律，《民法典》是一部体现我国社会主义性质、符合人民的利益和愿望、顺应新时代发展需求的法律，是一部固根本、稳预期、利长远的基础性法律，具有鲜明的中国特色、时代特色和实践特色。《民法典》的颁布实施，对推进全面依法治国、加快建设社会主义法治国家、发展社会主义市场经济、巩固社会主义基本经济制度具有重大意义，对坚持以人民为中心的发展思想、增进人民福祉、维护人民利益、推动我国人权事业的发展、推进国家治理体系和治理能力现代化都具有十分重要的意义。

一、我国《民法典》制定历程

中国古代就有制定成文法典的传统。自清末变法以来，我国又借鉴近代大陆法系国家的法典化经验，开始编纂一系列的法典，《民法典》就是其中之一。自1929年至1931年，国民党政府先后颁布了民法典各编，最终完成近代意义上的《民法典》的编纂。

新中国成立以后，立法机关曾几次推动《民法典》的制定，以实现我国民事立法的系统化。

第一次：1954年，全国人大常委会组成专门的班子开始民法典起草工作，于1956年12月，完成民法草案，该草案主要借鉴了苏联的民事立法经验，分为总则、所有权、债、继承四编，共525条。但在该草案完成后，由于1957年的反右派斗争和1958年的“大跃进”等政治运动，致使民法的起草工作被迫中断。

第二次：1962年，中共中央开始纠正经济工作中的“左”倾错误，对国民经济采取了“调整、巩固、充实、提高”的政策，根据毛泽东主席发出的“不仅刑法要，民法也需要”的指示，全国人大组成专门的班子，负责民法的起草工作，1964 年 7 月完成了民法第二次草案。草案包括总则、所有权和财产流转三编，共 262 条。此后，由于社会主义教育运动和“文化大革命”的到来，民法的起草工作再次夭折。

第三次：“文化大革命”结束以后，中共中央召开了十一届三中全会，开始纠正“左”倾错误，并实行改革开放政策。1979 年 11 月，全国人大常委会开始第三次民法典的起草工作。经过 3 年努力，于 1982 年 5 月先后草拟了四个民法草案，其中第四个草案也就是现在通常所说的“民法典第四稿”。但由于当时我国刚刚开始实行改革开放，市场经济体制尚未形成，社会关系处于转型期，尚不稳定，这就导致该草案在当时很难通过。当时的起草工作最终采取了“批发转零售”的策略，即成熟一部制定一部，确定先制定民事单行法律。1986 年，《民法通则》颁布实施，我国《民法典》编纂完成了“第一步”。

第四次：2001 年，全国人大常务委员会认为起草《民法典》的条件已经成熟，成立民法典起草研究工作小组，负责研究编纂《中华人民共和国民法典（草案）》（简称《民法典（草案）》）。在此之后，全国人大法工委分别委托有关专家学者牵头起草《民法典》的专家建议稿。2002 年 12 月 17 日，全国人大法工委将《民法典（草案）》提交给全国人大常委会审议。但是，由于当时物权法尚未制定，先行出台民法典与此前的“路线图”不符，加上当时我国立法力量配备薄弱，理论准备不完善，对于《民法典（草案）》的分歧较大，这次起草工作无果而终。

第五次：党的十八届四中全会《决定》提出编纂《民法典》的任务。在以习近平同志为核心的党中央坚强领导下，《民法典》编纂扎实稳步推进。编纂《民法典》采取“两步走”的工作思路：第一步，制定民法总则，作为民法典的总则编；第二步，编纂《民法典》各分编，经全国人大常委会审议和修改完善后，再与《民法》总则合并为一部完整的《民法典》。2015 年 3 月，全国人大常委会法制工作委员会启动《民法典》编纂工作。2017 年 3 月，十二届全国人大五次会议审议通过民法总则。2019 年 12 月，全国人大常委会审议了由民法总则与经过常委会审议和修改完善的《民法典》各分编草案合并形成的民法典草案，并决定将《民法典（草案）》提请十三届全国人大三次会议审议。2016 年 6 月、2018 年 8 月、2019 年 12 月，习近平总书记三次主持中央政治局常委会会议，听取并原则同意全国人大常委会党组就《民法典》编纂工作所作的请示汇报，对《民法典》编纂工作作出重要指示，为《民法典》编纂工作提供了重要指导和基本遵循。在《民法典》编纂过程中，立法机关严格遵循科学立法、民主立法、依法立法原则，广泛听取和尊重各方面的意见，10 次公开征求意见，累计收到 42.5 万人提出的 102 万条意见和建议。2023 年两会期间，代表委员们对民法典草案展开认真审议和热烈讨论。根据各方面意见，又作了 100 余处修改，其中实质性修改 40 余处。

2020年5月28日15时08分，十三届全国人大三次会议表决通过了《中华人民共和国民法典》，将自2021年1月1日起施行，现行婚姻法、继承法、民法通则、收养法、担保法、合同法、物权法、侵权责任法、民法总则同时废止。

二、《民法典》的时代特点

（一）我国《民法典》的基本架构

我国《民法典》包括7编1附则，依次为总则编（10章204条）、物权编（20章258条）、合同编（29章526条）、人格权编（6章51条）、婚姻家庭编（5张79条）、继承编（4张45条）、侵权责任编（10章95条）、附则（2条），共84章1 260条。除章、节、条结构外，物权编和合同编设有分编，使得民法典体例结构更加完备、科学。

（二）我国《民法典》的时代特色

（1）《民法典》是中国首个用典字的法律。

法典是同一门类的各种法规经过整理、汇编后形成的系统性法律。我国之前已有多部民事法律，为什么还要编纂《民法典》？事实上，民法的具体规范和制度数量庞大，但是这些规范和制度不能像一麻袋土豆一样随意地堆放在一起，需要一部法典将其统筹起来。如果说这个“典”字就是一栋楼，由很多“房间”组成，那么这些“房间”其实可以看成是各种现有的民事法律，《民法典》就是把这些法律整合在一起。

（2）《民法典》是社会生活的百科全书。

《民法典》调整规范自然人、法人等民事主体之间的人身关系和财产关系，同人民群众生产生活密不可分，同各行各业发展息息相关。《民法典》涵盖了一个公民从出生到死亡各个阶段、生活的方方面面，大到国家所有制、土地制度，小到家庭婚姻、邻里纠纷，从胎儿是否有继承权，到孩子给游戏充钱能否要回，从高铁霸座能否追究责任，到见义勇为能否免除责任……都能在民法典中找到答案。《民法典》是一部“宝典”，遇到问题可以找法说理，解决问题可以依法办事。

（3）《民法典》是新时代人民权利的宣言书。

新时代，人民美好生活需要日益广泛，不仅对物质文化生活提出了更高要求，而且在民主、法治、公平、正义、安全、环境等方面的要求日益增长。《民法典》以人民为中心，对接人民的法治需求，把人民群众的所思、所盼、所急，实实在在地写进了法律条文中，更好地为百姓幸福生活保驾护航。一个突出表现就是，人们对人格独立、人身自由、人格尊严的关注程度日益提高。为适应保护人格权的需要，民法典设立人格权编，对民事主体的生命权、身体权、健康权、姓名权、名称权、肖像权、名誉权、荣誉权、隐私权等权利，以及基于人身自由、人格尊严产生的其他人格权益进行确认和保障。民法典将人格权单独成编，具有重大意义，体现了我国对公民人格权的庄严确认与严格保护，也为世界各国有效应对人格权保护问题提供了中国智慧和中国方案。

（4）《民法典》是一部固根本、稳预期、利长远的基础性法律。

《民法典》在中国特色社会主义法律体系中具有重要地位，对推进全面依法治国、加快建设社会主义法治国家，对发展社会主义市场经济、巩固社会主义基本经济制度，对坚持以人民为中心的发展思想、依法维护人民权益、推动我国人权事业发展，对推进国家治理体系和治理能力现代化，都具有重大意义。

《民法典》是一部适用于全时空的法律，比如它与时俱进地结合疫情防控，作了四处最新规定：一是结合此次疫情防控工作，对监护制度进一步完善，规定因发生突发事件等紧急情况，监护人暂时无法履行监护职责，被监护人的生活处于无人照料状态的，被监护人住所地的居民委员会、村民委员会或者民政部门应当为被监护人安排必要的临时生活照料措施。二是在征用组织、个人的不动产或者动产的事由中增加了“疫情防控”。三是明确物业服务企业和业主的相关责任和义务，增加规定物业服务企业或者其他管理人应当执行政府依法实施的应急处置措施和其他管理措施，积极配合开展相关工作，业主应当依法予以配合。四是完善了国家订货合同制度，规定国家根据抢险救灾、疫情防控或者其他需要下达国家订货任务、指令性计划的，有关民事主体之间应当依照有关法律、行政法规规定的权利和义务订立合同。

三、《民法典》的亮点内容

《民法典》的亮点体现在 7 个分编中，下面向大家简单介绍下《民法典》各编的亮点内容。

（一）总则编五大亮点

1. 胎儿享有继承权

胎儿还不能称作法律上的“人”，法律只认可其为“胎儿”。尽管不是法律意义上的人，但仍然具有法律意义。《民法典》在总则编“自然人”章节中，加入新规，将一个人受保护的起始点前移到了胎儿时期。

案例：胎儿尚未出生，父亲因车祸不幸身亡，胎儿是否有权继承父亲的遗产？

答：胎儿有继承权。

《民法典》第十六条规定，涉及遗产继承、接受赠与等胎儿利益保护的，胎儿视为具有民事权利能力。但是，胎儿娩出时为死体的，其民事权利能力自始不存在。第一千一百五十五条规定，遗产分割时，应当保留胎儿的继承份额。胎儿娩出时是死体的，保留的份额按照法定继承办理。

此外，《民法典》规定，从事与人体基因、人体胚胎等有关的医学和科研活动的，应当遵守法律、行政法规和国家有关规定，不得危害人体健康，不得违背伦理道德，不得损害公共利益。这不仅为近些年热点的基因编辑等划出红线，也为一个生命从最开始提供法律保障。

2. 八周岁孩子可以“打酱油”

《民法典》把未成年人分成两个阶段：八周岁前为完全无民事行为能力人，八周岁以后，为限制民事行为能力人。用通俗的话说，八周岁以上的小孩，就可以“帮家里打酱油了”。

案例一：小刘 7 岁时，将父亲送给他的一块手表卖给了二手商店，其父母能要求退回吗？

答：父母可以要求退回。

《民法典》第二十条规定，不满八周岁的未成年人为无民事行为能力人，由其法定代理人代理实施民事法律行为。

案例二：13 岁的小刚在妈妈网购时偶尔看到付款密码，他用妈妈的手机看直播，一时冲动私自给主播打赏 8 万元，妈妈事后发现，能追回打赏吗？

答：要求退回打赏有法律依据。

《民法典》第十九条规定，八周岁以上的未成年人为限制民事行为能力人，实施民事法律行为由其法定代理人代理或者经其法定代理人同意、追认；但是，可以独立实施纯获利益的民事法律行为或者与其年龄、智力相适应的民事法律行为。

第一百四十五条规定，限制民事行为能力人实施的纯获利益的民事法律行为或者与其年龄、智力、精神健康状况相适应的民事法律行为有效；实施的其他民事法律行为经法定代理人同意或者追认后有效。

相对人可以催告法定代理人自收到通知之日起三十日内予以追认。法定代理人未作表示的，视为拒绝追认。民事法律行为被追认前，善意相对人有撤销的权利。撤销应当以通知的方式作出。

3. 网络虚拟财产受保护

《民法典》第一百二十七条规定，法律对数据、网络虚拟财产的保护有规定的，依照其规定。

通常来说，网络账号、网络虚拟财产或物品、网络数据等均可以被称为网络虚拟财产，他们都是基于网络产生且只存在于网络空间中的。而其中具有财产性质的，则可能对应着现实生活中的财产权利。《民法典》首先完成了对网络虚拟财产的赋权，把符合条件的网络虚拟财产与普通的电子数据区分开来，迈出了第一步。这是全世界数字时代立法的探索，但怎样从原则性规定走向实践，形成完善的虚拟财产保护制度，还是需要进一步完善。

4. 见义勇为非重大过失不承担民事责任

案例一：小张遇一男子正对女子施暴，阻止施暴男子过程中致对方受伤，是否需要赔偿？

答：合理限度内造成的伤害不需要赔偿。

《民法典》第一百八十一条规定，因正当防卫造成损害的，不承担民事责任。正当防卫超过必要的限度，造成不应有的损害的，正当防卫人应当承担适当的民事责任。

案例二：若小张阻止施暴男子过程中，自己的名牌眼镜被对方打坏，如何索赔？

答：可以直接向施暴男子索赔，若施暴男子逃跑或无力赔偿，被救女子应适当补偿。

《民法典》第一百八十三条规定，因保护他人民事权益使自己受到损害的，由侵权人承担民事责任，受益人可以给予适当补偿。没有侵权人、侵权人逃逸或者无力承担民事责任，受害人请求补偿的，受益人应当给予适当补偿。

案例三：小马路遇一儿童落水，奋勇跳入水中救人，救起儿童的过程中造成其局部挫伤，小马要为此赔偿吗？

答：不需要。因自愿实施紧急救助行为造成受助人损害的，救助人不承担民事责任。

5. 诉讼时效延长至三年，未成年人遭性侵，成年后还能起诉

案例：小芳 12 岁时遭到性侵，她后来学了更多法律知识，20 岁时想起诉索赔，诉讼时效过了吗？

答：没有。

《民法典》第一百八十八条规定，向人民法院请求保护民事权利的诉讼时效期间为三年（《民法通则》规定是两年）。法律另有规定的，依照其规定。

《民法典》第一百九十一条规定，未成年人遭受性侵害的损害赔偿请求权的诉讼时效期间，自受害人年满十八周岁之日起计算。

（二）物权编五大亮点

1.“三权分置”

现行土地承包经营权实行“三权分置”，即土地所有权、土地承包经营权、经营权的“三权分置”：土地所有权归属于农村集体组织；土地承包经营权属于村民（具有人身专属性）；村民通过经营权的设立，可以更加“盘活”农村资源，促进资金融通。为适应“三权分置”后土地经营权入市的需要，《民法典》物权编增加土地经营权的规定，并删除耕地使用权不得抵押的规定。

案例：甲村将土地发包给村民张三、李四、王五等，尔后张三、李四、王五等将土地经营权转让给 A 公司。张三、李四、王五转让土地经营权的行为合法吗？土地承包经营权可以转让吗？

答：可以。此时 A 公司就具备了物权法上的地位和权利，可以在合同约定期间内自主地开展经营。

《民法典》第三百三十四条规定，土地承包经营权人依照法律规定，有权将土地承包经营权互换、转让。未经依法批准，不得将承包地用于非农建设。第三百三十五

条规定，土地承包经营权互换、转让的，当事人可以向登记机构申请登记；未经登记，不得对抗善意第三人。

2. 完善建筑物区分所有权制度

案例：小区内占用公共道路的车位对外开放收费、小区公共电梯内贴广告的收入，属于谁？

答：扣除合理成本之后，属于业主共有。业主共有部分的经营与收益情况，物业应以合理方式向业主公开。

《民法典》第二百七十四条规定，建筑区划内的道路，属于业主共有，但是属于城镇公共道路的除外。建筑区划内的绿地，属于业主共有，但是属于城镇公共绿地或者明示属于个人的除外。建筑区划内的其他公共场所、公用设施和物业服务用房，属于业主共有。

第一百七十五条规定，建筑区划内，规划用于停放汽车的车位、车库的归属，由当事人通过出售、附赠或者出租等方式约定。占用业主共有的道路或者其他场地用于停放汽车的车位，属于业主共有。

第二百八十二条规定，建设单位、物业服务企业或者其他管理人等利用业主的共有部分产生的收入，在扣除合理成本之后，属于业主共有。

第九百四十三条规定，物业服务人应当定期将服务的事项、负责人员、质量要求、收费项目、收费标准、履行情况，以及维修资金使用情况、业主共有部分的经营与收益情况等以合理方式向业主公开并向业主大会、业主委员会报告。

3. 细化住宅建设用地使用权的自动续期规则

案例：70 年住宅建设用地使用权到期后怎么办？

答：自动续期。这一规定有利于保护房屋产权人的合法权益。

《民法典》第三百五十九条规定，住宅建设用地使用权期限届满的，自动续期。续期费用的缴纳或者减免，依照法律、行政法规的规定办理。（是否缴纳费用、缴纳多少费用等问题，《民法典》授权单行法律和行政法规以后规定。）

4. 居住权入法实现物尽其用

《民法典》增加规定“居住权”这一新型用益物权，明确居住权原则上无偿设立，居住权人有权按照合同约定或者遗嘱，经登记占有、使用他人的住宅，以满足其稳定的生活居住需要。居住权的产生不限于家庭成员之间。

案例一：赵阿姨的小儿子自身没有住房，赵阿姨打算在离世后将自己的唯一住房留给小儿子以解决他的居住问题。但是赵阿姨又顾及其他子女，不想把房子的所有权只留给小儿子一人。此时，赵阿姨可以通过立遗嘱的方式为小儿子在房屋之上设立居住权。

案例二：钱师傅有一套住房，但是年岁已高，他担心自己去世之后，照顾他多年、无子女无房产的保姆流离失所，但又想把房子的所有权留给自己的子女，此时，钱师傅可以通过订立遗嘱，为保姆设立居住权的同时，将房屋所有权留给子女继承。

案例三：孙大哥夫妇常年忙于工作未育子女，他们打算在退休之后实现环游世界的梦想，但积蓄有限，名下也只有一套房屋，如果卖掉住房则无处可住，孙大哥可以通过何种途径实现自己的心愿？

答：可以与开展此类业务的机构签订书面合同，将房屋所有权予以转移，并由该机构给付房屋交易对价，同时为自己设立居住权，他们在有生之年有权继续居住房屋，并以获得的交易对价实现梦想。

案例四：小李大学毕业之后留在北京工作，父母倾尽毕生积蓄为小李在北京购买了一套房屋，房屋写在小李名下。小李承诺父母可以搬来同住，但是父母担心日后生变故。此时，小李可以和父母签订书面合同并进行居住权登记，以法定形式明确父母享有居住权。

《民法典》第三百六十六条规定，居住权人有权按照合同约定，对他人的住宅享有占有、使用的用益物权，以满足生活居住的需要。

第三百六十七条规定，设立居住权，当事人应当采用书面形式订立居住权合同。

第三百六十八条规定，居住权无偿设立，但是当事人另有约定的除外。设立居住权的，应当向登记机构申请居住权登记。居住权自登记时设立。

第三百六十九条规定，居住权不得转让、继承。设立居住权的住宅不得出租，但是当事人另有约定的除外。

第三百七十条规定，居住权期限届满或者居住权人死亡的，居住权消灭。居住权消灭的，应当及时办理注销登记。

第三百七十一条规定，以遗嘱方式设立居住权的，参照适用本章的有关规定。

5. 买卖不破租赁

案例：小兰租房期间，房东把房子卖了，小兰与原房东的租赁合同还有效吗？

答：有效。

《民法典》第七百二十五条规定，租赁物在承租人按照租赁合同占有期限内发生所有权变动的，不影响租赁合同的效力。

（三）合同编六大亮点

1. 电子合同开启无纸化时代

案例：每天中午就会有很多快递车到小区门口，快递小哥把所有快递都摆在地上，让自己找快递。每次都乱哄哄的，要找半天才能找到，还会有不小心拿错、丢失的情况发生。网购商品用快递送达，商品在快递途中、签收之前丢失、毁损的风险谁承担？

答：《民法典》第五百一十二条、第六百零四条规定了电子合同标的物的交付及其风险负担责任。

通过互联网等信息网络订立的电子合同的标的为交付商品并采用快递物流方式交付的，收货人的签收时间为交付时间。标的物毁损、灭失的风险，在标的物交付之前由出卖人承担，交付之后由买受人承担，但是法律另有规定或者当事人另有约定的除外。

根据上述规定，网购货物在包裹签收之前损坏或丢失的，可以及时联系销售者要求重发货物或者赔偿已支付的价款。如果能确认是快递公司失误导致的，销售者可联系快递公司追偿。如果是销售者自己的失误，也可以要求实际收到货物的人归还原物或者支付货款。同时，如果销售者和快递公司签订了保价协议，则快递公司赔偿销售者的损失后，再由保险公司根据合同补偿快递公司的损失。

2. 有理有据，向霸座者说不

近几年，从高铁到客车，从青年博士到“大妈大爷”，“霸座”“买短乘长”等事件屡见报端，对此，《民法典》有哪些规定？

案例：火车上，男子孙某霸占他人靠窗座位，没喝醉，神志清醒，可无论面对原座位乘客还是列车长，就是拒绝挪动。面对孙某的行为，应该怎么做？

答：《民法典》第八百一十五条规定，旅客应当按照有效客票记载的时间、班次和座位号乘坐。旅客无票乘坐、超程乘坐、越级乘坐或者持不符合减价条件的优惠客票乘坐的，应当补交票款，承运人可以按照规定加收票款；旅客不支付票款的，承运人可以拒绝运输。

第八百一十九条规定，承运人应当严格履行安全运输义务，及时告知旅客安全运输应当注意的事项。旅客对承运人为安全运输所做的合理安排应当积极协助和配合。

3. 对商家的“霸王条款”说“不”

案例：小王在签合同时没认真看格式条款，对方也未作出说明，事后小王觉得自己遭遇“霸王条款”。此外，我们也经常会遇到“禁止自带酒水”“特价、促销商品概不退换”等格式条款，这些条款有效吗？

答：若涉及与小王有重大利害关系的条款，可以主张格式条款不成为合同的内容。提供格式条款一方不合理地免除或者减轻其责任、加重对方责任、限制对方主要权利等情形下，格式条款无效。对格式条款有两种以上解释的，应当作出不利于提供格式条款一方的解释。

《民法典》第四百九十六条规定，格式条款是当事人为了重复使用而预先拟定，并在订立合同时未与对方协商的条款。采用格式条款订立合同的，提供格式条款的一方应当遵循公平原则确定当事人之间的权利和义务，并采取合理的方式提示对方注意免除或者减轻其责任等与对方有重大利害关系的条款，按照对方的要求，对该条款予以说明。提供格式条款的一方未履行提示或者说明义务，致使对方没有注意或者理解与其有重大利害关系的条款的，对方可以主张该条款不成为合同的内容。

第四百九十七条规定，有下列情形之一的，该格式条款无效：（一）具有本法第一编第六章第三节和本法第五百零六条规定的无效情形；（二）提供格式条款一方不合理地免除或者减轻其责任、加重对方责任、限制对方主要权利；（三）提供格式条款一方排除对方主要权利。

第四百九十八条规定，对格式条款的理解发生争议的，应当按照通常理解予以解释。对格式条款有两种以上解释的，应当作出不利于提供格式条款一方的解释。格式条款和非格式条款不一致的，应当采用非格式条款。

第五百零六条规定，合同中的下列免责条款无效：（一）造成对方人身损害的；（二）因故意或者重大过失造成对方财产损失的。

4.“借一万、还十万”“校园贷”等网贷被套路不用怕

案例：大学生小明在学校附近经常可以看到有小广告上面写着“学生贷款”“零首付”“免息”“分分钟到账”……他想着反正现在借一点，等以后有了钱再还上不就可以了。于是他按照广告上的说明办理了“童学贷”，结果欠的钱像雪球一样越滚越大。后来，他实在还不上了，就被放贷公司的人拍了私密照片，放贷公司还威胁小明如果不还钱就告诉学校和家人同学，让他没脸见人。小明该怎么办？

《民法典》第六百八十条明确禁止高利放贷的行为，同时规定借款的利率不得违反国家有关规定。借款合同对支付利息没有约定的，视为没有利息。借款合同对支付利息约定不明确，当事人不能达成补充协议的，按照当地或者当事人的交易方式、交易习惯、市场利率等因素确定利息；自然人之间借款的，视为没有利息。

与此同时，《民法典》“人格权”编专门对“肖像权”和“名誉权”作了专章规定：任何组织或者个人不得以丑化、污损，或者利用信息技术手段伪造等方式侵害他人的肖像权。未经肖像权人同意，不得制作、使用、公开肖像权人的肖像；民事主体享有名誉权。任何组织或者个人不得以侮辱、诽谤等方式侵害他人的名誉权。

5. 房子被拍卖，承租者家在何方

为落实党中央提出的建立租购同权住房制度的要求，保护承租人的利益，《民法典》增加规定房屋承租人的优先承租权。

案例：小周想在租的房子合同到期后继续租，有其他房客来看房，这时小周有什么权利？

答：相同条件下，小周有优先承租权。

《民法典》第七百三十四条规定，租赁期限届满，房屋承租人享有以同等条件优先承租的权利。

6. 不当得利应返还

案例：小张在餐厅吃饭，服务员误将他人点的一道菜上给他，小张明知上错菜仍然吃完，服务员发现后，可否让小张付钱？

答：可以，小张的行为属于不当得利。

《民法典》第九百八十七条规定，得利人知道或者应当知道取得的利益没有法律根据的，受损失的人可以请求得利人返还其取得的利益并依法赔偿损失。

（四）人格权编八大亮点

人格权独立成编即是《民法典》的核心亮点，以凸显对人格权的保障。

1. 确立器官捐献的基本规则

针对当下组织或个人强迫、欺骗、利诱人体器官捐献现象，此次《民法典》规定完全民事行为能力人同意捐献器官的，应当采用书面形式或者遗嘱形式。自然人生前未表示不同意捐献的，该自然人死亡后，其配偶、成年子女、父母可以共同决定捐献，决定捐献应当采用书面形式。

案例：老王意外离世，他生前曾说想在死后捐献器官、遗体，但未留下书面材料和遗嘱，这时他的家人能决定捐献吗？

答：可以。《民法典》第一千零六条规定，完全民事行为能力人有权依法自主决定无偿捐献其人体细胞、人体组织、人体器官、遗体。任何组织或者个人不得强迫、欺骗、利诱其捐献。完全民事行为能力人依据前款规定同意捐献的，应当采用书面形式，也可以订立遗嘱。自然人生前未表示不同意捐献的，该自然人死亡后，其配偶、成年子女、父母可以共同决定捐献，决定捐献应当采用书面形式。

2. 预防性骚扰：明确机关、企业、学校责任

近年来，性骚扰成为社会关注的热点话题。有调查显示，该问题常见于企业、学校等单位，而地铁站、公交车上、餐厅等人流密集的公共场所也是性骚扰频发之地。对此，《民法典》规定了性骚扰的认定标准，以及机关、企业、学校等单位防止和制止性骚扰的义务。

案例：小丽在一家公司上班，上司经常在网上聊天时发色情图片给她，这让她感到困扰、反感，上级这种行为算性骚扰吗？公司有什么责任？

答：属于性骚扰，公司要承担相应责任。

《民法典》第一千零一十条规定，违背他人意愿，以言语、文字、图像、肢体行为等方式对他人实施性骚扰的，受害人有权依法请求行为人承担民事责任。机关、企业、学校等单位应当采取合理的预防、受理投诉、调查处置等措施，防止和制止利用职权、从属关系等实施性骚扰。

3. 姓名权、名称权的扩张保护

网络时代，催生了很多网络红人，具有社会知名度的网名也是受到法律保护的，想蹭热点的话可得千万注意了。

案例：王先生用网名“W 老师”在某网络平台发布内容，成为粉丝百万的网红。有一天，王先生发现，李先生用和他一样的网名，在另一个平台发布内容，并且从评

论区发现很多网友以为这就是王先生本人的账号，而李先生也一直没向网友们说明真实情况。王先生表示李先生有盗用自己网名圈粉的嫌疑，而李先生则说网名不是注册商标，谁都可以用。请问王先生是否可以维权？

答：可以，可参照适用姓名权和名称权保护的有关规定。

《民法典》第一千零一十七条规定，具有一定社会知名度，被他人使用足以造成公众混淆的笔名、艺名、网名、译名、字号、姓名和名称的简称等，参照适用姓名权和名称权保护的有关规定。

第一千零一十二条规定，自然人享有姓名权，有权依法决定、使用、变更或者许可他人使用自己的姓名，但是不得违背公序良俗。

第一千零一十三条规定，法人、非法人组织享有名称权，有权依法决定、使用、变更、转让或者许可他人使用自己的名称。

第一千零一十四条规定，任何组织或者个人不得以干涉、盗用、假冒等方式侵害他人的姓名权或者名称权。

4. 禁止非法收集个人信息

针对利用信息技术手段“深度伪造”他人的肖像、声音，侵害他人人格权益，甚至危害社会公共利益等问题，规定禁止任何组织或者个人利用信息技术手段伪造等方式侵害他人的肖像权。

案例：用 AI 换脸技术伪造他人的脸恶搞，是否侵权？

答：侵犯肖像权。

《民法典》第一千零一十九条规定，任何组织或者个人不得以丑化、污损，或者利用信息技术手段伪造等方式侵害他人的肖像权。未经肖像权人同意，不得制作、使用、公开肖像权人的肖像，但是法律另有规定的除外。未经肖像权人同意，肖像作品权利人不得以发表、复制、发行、出租、展览等方式使用或者公开肖像权人的肖像。

5.“标题党”“跟风党”或将承担民事责任

案例：明星小李发现有人在某网络平台上发表自己吸毒的虚假信息，很多网络大 V 也跟风转发相关报道，他能要求大 V 和平台删帖吗？

答：可以。

《民法典》第一千零二十五条规定，行为人为公共利益实施新闻报道、舆论监督等行为，影响他人名誉的，不承担民事责任，但是有下列情形之一的除外：（一）捏造、歪曲事实；（二）对他人提供的严重失实内容未尽到合理核实义务；（三）使用侮辱性言辞等贬损他人名誉。

第一千零二十六条规定，认定行为人是否尽到前条第二项规定的合理核实义务，应当考虑下列因素：（一）内容来源的可信度；（二）对明显可能引发争议的内容是否进行了必要的调查；（三）内容的时限性；（四）内容与公序良俗的关联性；（五）受害人名誉受贬损的可能性；（六）核实能力和核实成本。

第一千一百九十五条规定，网络用户利用网络服务实施侵权行为的，权利人有权通知网络服务提供者采取删除、屏蔽、断开链接等必要措施。通知应当包括构成侵权的初步证据以及权利人的真实身份信息。

网络服务提供者接到通知后，应当及时将该通知转送相关网络用户，并根据构成侵权的初步证据和服务类型采取必要措施；未及时采取必要措施的，对损害的扩大部分与该网络用户承担连带责任。

权利人因错误通知造成网络用户或者网络服务提供者损害的，应当承担侵权责任。法律另有规定的，依照其规定。

6. 侵犯隐私权行为具体化

案例一：老张在某一购物 App 里查找了一下最近想要购买的东西，结果发现其他的很多 App 刚一打开，都会直接推送给他正在查找的或与之相似的物品，就像这些 App 有读心术一样。老李也有类似的遭遇，他在某一个 App 上填写了自己的信息及联系方式，事后时不时地会接到各类骚扰电话。面对这样的情况，该怎么办？

答：《民法典》第一千零三十二条、第一千零三十三条、第一千零三十四条、第一千零三十五条规定了隐私权以及个人信息处理原则，规定：自然人享有隐私权。任何组织或者个人不得以刺探、侵扰、泄露、公开等方式侵害他人的隐私权。自然人的个人信息受法律保护。处理个人信息的，应当遵循合法、正当、必要原则。

手机 App 在方便我们的生活的同时，也在向用户索要着各种权限。建议大家在日常下载、使用、授权 App 各种权限的同时，提高警惕，保护信息。如果隐私权和个人信息遭受侵犯，请及时向有关部门咨询或者求助，以便维护自己的人格权益。

案例二：前男友长期给小芳打骚扰电话，使小芳心烦意乱，无法正常安宁生活，算不算侵犯隐私？

答：私人生活安宁属于隐私。

《民法典》第一千零三十二条规定，自然人享有隐私权。任何组织或者个人不得以刺探、侵扰、泄露、公开等方式侵害他人的隐私权。

隐私是自然人的私人生活安宁和不愿为他人知晓的私密空间、私密活动、私密信息。

第一千零三十三条规定，除法律另有规定或者权利人明确同意外，任何组织或者个人不得实施下列行为：（一）以电话、短信、即时通讯工具、电子邮件、传单等方式侵扰他人的私人生活安宁；（二）进入、拍摄、窥视他人的住宅、宾馆房间等私密空间；（三）拍摄、窥视、窃听、公开他人的私密活动；（四）拍摄、窥视他人身体的私密部位；（五）处理他人的私密信息；（六）以其他方式侵害他人的隐私权。

7. 个人信息内涵的开放性

人脸特征、指纹、航班行程是个人信息吗？

答：生物识别信息、行踪信息等都是个人信息。

《民法典》第一千零三十四条规定，自然人的个人信息受法律保护。个人信息是以电子或者其他方式记录的能够单独或者与其他信息结合识别特定自然人的各种信息，包括自然人的姓名、出生日期、身份证件号码、生物识别信息、住址、电话号码、电子邮箱、行踪信息等。个人信息中的私密信息，适用有关隐私权的规定；没有规定的，适用有关个人信息保护的规定。

8. 死者的人格权也受保护

案例：老王去世后，有人在网上对其侮辱诽谤，家属能否维权？

答：可以。

《民法典》第九百九十四条规定，死者的姓名、肖像、名誉、荣誉、隐私、遗体等受到侵害的，其配偶、子女、父母有权依法请求行为人承担民事责任；死者没有配偶、子女且父母已经死亡的，其他近亲属有权依法请求行为人承担民事责任。

（五）婚姻家庭编八大亮点

1. 与国家计划生育政策的调整相协调

民法典将收养人须无子女的要求修改为收养人无子女或者只有一名子女。

案例：一对夫妻已经有子女，可以再收养孩子吗？

答：若符合条件，只有一名子女的收养人只能收养一名子女，若收养孤儿则不受是否有子女的限制。

《民法典》第一千零九十八条规定，收养人应当同时具备下列条件：（一）无子女或者只有一名子女；（二）有抚养、教育和保护被收养人的能力；（三）未患有在医学上认为不应当收养子女的疾病；（四）无不利于被收养人健康成长的违法犯罪记录；（五）年满三十周岁。

第一千一百条规定，无子女的收养人可以收养两名子女；有一名子女的收养人只能收养一名子女。收养孤儿、残疾未成年人或者儿童福利机构抚养的查找不到亲生父母的未成年人，可以不受前款和本法第一千零九十八条第一项规定的限制。

2. 收养有漏洞，民法典来护航

案例：一个37岁单身男子有性侵少女的违法犯罪记录，他能收养女儿吗？

答：不能。为进一步强化对被收养人利益的保护，《民法典》第一千零九十八条在收养人的条件中增加规定“无不利于被收养人健康成长的违法犯罪记录”，并增加规定民政部门应当依法进行收养评估。此外，《民法典》第一千一百零二条规定，无配偶者收养异性子女的，收养人与被收养人的年龄应当相差四十周岁以上。

3. 离婚太冲动，30 天内可撤回

案例：一对夫妻为琐事吵架，两人都提出离婚，于是一起到民政局办理，如何避免冲动离婚？

答：为了防止夫妻冲动离婚、轻率离婚，《民法典》规定了为期三十天的离婚冷静期。《民法典》第一千零七十七条规定，自婚姻登记机关收到离婚登记申请之日起三十日内，任何一方不愿意离婚的，可以向婚姻登记机关撤回离婚登记申请。前款规定期限届满后三十日内，双方应当亲自到婚姻登记机关申请发给离婚证；未申请的，视为撤回离婚登记申请。

4. 想离婚又多了一条路径

案例：法院判决不准离婚后，一方仍无法挽回对方的感情，双方分居，一方再次起诉离婚，法院会准予吗？

答：双方又分居满一年，法院应当准予离婚。

针对离婚诉讼中出现的“久调不判”的现象，《民法典》第一千零七十九条规定，夫妻一方要求离婚的，可以由有关组织进行调解或者直接向人民法院提起离婚诉讼。经人民法院判决不准离婚后，双方又分居满一年，一方再次提起离婚诉讼的，应当准予离婚。

5. 疾病作为婚姻无效的事由被删除

《民法典》不再将“患有医学上认为不应当结婚的疾病”作为禁止结婚的情形，而是规定一方隐瞒重大疾病的，另一方可以向人民法院请求撤销婚姻，并且有权请求损害赔偿。

案例：小赵的女友患有重大疾病，但一直对小赵隐瞒，婚后小赵发现，能请求离婚吗？

答：可以向法院请求撤销婚姻。

《民法典》第一千零五十三条规定，一方患有重大疾病的，应当在结婚登记前如实告知另一方；不如实告知的，另一方可以向人民法院请求撤销婚姻。请求撤销婚姻的，应当自知道或者应当知道撤销事由之日起一年内提出。

6. 离婚负债多，“夫债”不用“妻还”

案例：徐女士在和丈夫李某分居十年后离婚，张某称李某在二人婚姻存续期间借他 500 万元，却消失不见，张某来找徐女士要钱还债，徐女士是否为债务人？

答：徐女士不是债务人。

《民法典》第一千零六十四条规定，夫妻一方在婚姻关系存续期间以个人名义超出家庭日常生活需要所负的债务，不属于夫妻共同债务；但是，债权人能够证明该债务用于夫妻共同生活、共同生产经营或者基于夫妻双方共同意思表示的除外。

7. 离婚案件中两周岁以下子女抚养权不再有争议

案例：甲乙夫妻离婚，孩子过了哺乳期但不满两周岁，原则上父母哪一方直接抚养？

答：不满两周岁的子女，以由母亲直接抚养为原则。

《民法典》第一千零八十四条规定，父母与子女间的关系，不因父母离婚而消除。离婚后，子女无论由父或者母直接抚养，仍是父母双方的子女。离婚后，父母对于子女仍有抚养、教育、保护的权利和义务。离婚后，不满两周岁的子女，以由母亲直接抚养为原则。已满两周岁的子女，父母双方对抚养问题协议不成的，由人民法院根据双方的具体情况，按照最有利于未成年子女的原则判决。子女已满八周岁的，应当尊重其真实意愿。

8. 离婚时，此前为家庭付出更多的一方有权利请求补偿

案例：张某和丈夫李某结婚后辞职，在家做全职太太，专门照顾生病的婆婆和年幼的孩子。后两人感情不合要离婚，张某可否要求李某给予经济补偿？

答：可以。

《民法典》第一千零八十八条规定，夫妻一方因抚育子女、照料老年人、协助另一方工作等负担较多义务的，离婚时有权向另一方请求补偿，另一方应当给予补偿。具体办法由双方协议；协议不成的，由人民法院判决。

（六）继承编五大亮点

1. 扩大遗产范围

《民法典》删除此前对遗产的列举，以“合法的财产”一言概之，扩大了遗产的范围。随着现代社会的发展，公民财产类型、财产形式日益丰富、增多，虚拟财产等新型财产可纳入遗产范围。

2. 丧失继承权受遗赠权可“失而复得”

案例：小王因虐待父母丧失继承权，但他后来悔过，获得被继承人原谅，他能继承父母的财产吗？

答：可以。《民法典》增加规定了对继承人的宽恕制度。《民法典》第一千一百二十五条规定，继承人有下列行为之一的，丧失继承权：（一）故意杀害被继承人；（二）为争夺遗产而杀害其他继承人；（三）遗弃被继承人，或者虐待被继承人情节严重；（四）伪造、篡改、隐匿或者销毁遗嘱，情节严重；（五）以欺诈、胁迫手段迫使或者妨碍被继承人设立、变更或者撤回遗嘱，情节严重。

继承人有前款第三项至第五项行为，确有悔改表现，被继承人表示宽恕或者事后在遗嘱中将其列为继承人的，该继承人不丧失继承权。

3. 扩大法定继承人范围至侄、甥

为了财产更多流转在血亲家族中，而非收归国家，《民法典》将代位继承扩大至

被继承人的兄弟姐妹先于被继承人死亡的情形，使得被继承人的侄、甥获得第二顺位法定继承人资格，突破了原先晚辈直系血亲的限制。

案例：小花在小时候，父母意外去世，爷爷奶奶也早就不在了，于是小花从小就是跟着大伯一起生活的。大伯也一直没有结婚生子。有一天，大伯突然因病去世，而大伯也只有小花一个亲人，那么小花是否能够继承大伯的遗产？

答：可以。

《民法典》第一千一百二十八条规定，被继承人的兄弟姐妹先于被继承人死亡的，由被继承人的兄弟姐妹的子女代位继承。

代位继承人一般只能继承被代位继承人有权继承的遗产份额。

4. 增加打印、录像遗嘱新形式

《民法典》增设了打印遗嘱与录像遗嘱两种法定遗嘱形式。

案例：老王想以录音录像的方式立遗嘱，应该怎么做？

答：《民法典》第一千一百三十七条规定，以录音录像形式立的遗嘱，应当有两个以上见证人在场见证。遗嘱人和见证人应当在录音录像中记录其姓名或者肖像，以及年、月、日。

5. 废除公证遗嘱效力优先规则

为尊重遗嘱人的真实意愿，《民法典》修改了遗嘱效力规则，删除了现行继承法关于公证遗嘱效力优先的规定，以更好保护民法当事人意思自治原则。

案例：李先生生前先后立了多份遗嘱，第一份遗嘱是2018年立的，第二份遗嘱是2019年立的，还进行了公证，第三份遗嘱是2020年立的，应该以哪份遗嘱为准？

答：以最后的遗嘱为准。

《民法典》第一千一百四十二条规定，遗嘱人可以撤回、变更自己所立的遗嘱。立遗嘱后，遗嘱人实施与遗嘱内容相反的民事法律行为的，视为对遗嘱相关内容的撤回。立有数份遗嘱，内容相抵触的，以最后的遗嘱为准。

（七）侵权责任编六大亮点

1. 确立“自甘风险”规则

案例：小刘参加了一场单位组织的足球比赛，和对方球员发生规则范围内的碰撞，导致脚踝骨折，他可以向对方请求赔偿吗？

答：《民法典》确立了“自甘风险”规则，若对方非故意且无重大过失，不得请求赔偿。

《民法典》第一千一百七十六条规定，自愿参加具有一定风险的文体活动，因其他参加者的行为受到损害的，受害人不得请求其他参加者承担侵权责任；但是，其他参加者对损害的发生有故意或者重大过失的除外。

2. 规定“自助行为”制度

案例：小陈在人行道上正常行走，结果被身后驶来的一辆自行车撞伤，对方意图逃走，周围又没有摄像头，小陈可否扣留对方的自行车？

答：《民法典》规定了“自助行为”制度，小明可以在必要范围内采取扣留侵权人的财物等合理措施，但是应当立即请求有关国家机关处理。

《民法典》第一千一百七十七条规定，合法权益受到侵害，情况紧迫且不能及时获得国家机关保护，不立即采取措施将使其合法权益受到难以弥补的损害的，受害人可以在保护自己合法权益的必要范围内采取扣留侵权人的财物等合理措施；但是，应当立即请求有关国家机关处理。

3. 加强对知识产权的保护

虽然《民法典》没有单独将知识产权列为其中的一编，但是在总则编、合同编、侵权责任编等处对知识产权基本内容进行了规定，比如知识产权的定义、知识产权的质押等。其中，侵权责任编中还特别引入了侵害知识产权的惩罚性赔偿概念，对于打击侵权具有非常重要的意义，对于知识产权侵权人有较好的警示和威慑作用。

《民法典》第一千一百八十五条规定，故意侵害他人知识产权，情节严重的，被侵权人有权请求相应的惩罚性赔偿。

4. 完善生产者、销售者召回缺陷产品的责任

近几年，在汽车消费市场，经常发生自己购买的车辆需要被紧急召回，召回事件涉及多个一线汽车品牌。“问题车”维权经常需要专业检测，由此产生检测费，召回期间还将发生一系列的运输费、交通费，成为横在消费者维权路上的“拦路虎”。同时，缺陷汽车召回事件高发，经常碰到消费者对汽车召回期间发生的运输费、交通费等提出主张的案例。此前，由于缺少法律明确规定，各地对于被侵权人的这一主张是否支持做法也不一。明确问题产品召回“埋单人”，一方面将有效倒逼企业提高产品质量、完善售后服务；另一方面降低了被侵权人的维权成本，从而更好地保障消费者合法权益，有利于鼓励消费者发挥市场监督作用。

《民法典》第一千二百零五条规定，因产品缺陷危及他人人身、财产安全的，被侵权人有权请求生产者、销售者承担停止侵害、排除妨碍、消除危险等侵权责任。

第一千二百零六条规定，产品投入流通后发现存在缺陷的，生产者、销售者应当及时采取停止销售、警示、召回等补救措施；未及时采取补救措施或者补救措施不力造成损害扩大的，对扩大的损害也应当承担侵权责任。依据前款规定采取召回措施的，生产者、销售者应当负担被侵权人因此支出的必要费用。

5. 加强生态环境保护

良好生态环境是重要民生福祉。人民期盼更多的蓝天白云、绿水青山，渴望更清新的空气、更清洁的水源。顺应人民在生态方面日益增长的需要，《民法典》在总则

编规定了绿色原则，确认民事主体从事民事活动，应当有利于节约资源、保护生态环境。《民法典》第一千二百三十二条、第一千二百三十四条、第一千二百三十五条规定了生态环境损害的惩罚性赔偿制度，明确侵权人故意违反国家规定损害生态环境的，被侵权人有权请求相应的惩罚性赔偿，同时还明确生态环境损害的修复和赔偿制度。实践中，生态环境受到污染，受害人有时很难取证，规定惩罚性赔偿在某种层面上，能弥补因为举证不能而无法获得充分赔偿的情况。对于生态环境进行修复，也是一种新的损害赔偿方式。通过修复可以让污染行为人付出时间、劳动，对其也是很好的教育。

6. 完善高空抛物坠物治理规则

高空抛物事件在现实生活中时常发生。

案例：小刘在小区中散步时，被从居民楼落下的一扇窗户砸伤，小刘应该如何寻求救济？物业是否有责任？

《民法典》第一千二百五十四条规定，禁止从建筑物中抛掷物品。从建筑物中抛掷物品或者从建筑物上坠落的物品造成他人损害的，由侵权人依法承担侵权责任；经调查难以确定具体侵权人的，除能够证明自己不是侵权人的外，由可能加害的建筑物使用人给予补偿。可能加害的建筑物使用人补偿后，有权向侵权人追偿。物业服务企业等建筑物管理人应当采取必要的安全保障措施防止前款规定情形的发生；未采取必要的安全保障措施的，应当依法承担未履行安全保障义务的侵权责任。发生本条第一款规定的情形的，公安等机关应当依法及时调查，查清责任人。

《民法典》于2021年1月1日开始实施，在《民法典》实施前发生的法律事实可以适用《民法典》吗？按照《立法法》规定，原则上“法不溯及既往”。也就是在《民法典》实施前发生的法律事实原则上是不适用《民法典》的，要适用法律事实发生时的法律，如《民法总则》《物权法》《合同法》等。如果当时的法律没有规定的，在一定情况下可以参照适用《民法典》。虽然《民法典》采用了民商合一的立法体系，但是并没有把商事法律全部收入其中，如《公司法》《证券法》《企业破产法》还是单行立法，它们和《民法典》的关系是一般规定和特别规定的关系，原则上按照“特别规定优于一般规定”的规则来适用法律。值得注意的是，《民法典》通过后，过去的司法解释要做相应的“废、改、立”，与《民法典》保持高度一致，统一裁判标准。目前，最高人民法院已经成立了民法典贯彻实施工作小组，开展司法解释的清理工作。

案例四：机关服务中心七件“法事”

某单位机关服务中心（简称服务中心）是负责单位机关后勤工作的，单位房产、公务用车、水电服务杂七杂八的事都要管。管的事情多了，自然免不了要和法律打交道。

一、贴公告要求高层住户清理窗外花盆、杂物

2021 年 5 月，服务中心在机关 24 层高层家属楼门口贴了一则公告，要求楼上所有住户清理窗外搁置的花盆、杂物等，以防坠落造成他人损害。

法律解析：生活中因为多层或者高层楼房花盆、杂物等坠落伤人打官司的案件屡见不鲜，服务中心张贴公告提醒得好，是避免单位和大楼所有住户承担相关责任的一项预防措施。

这件事情涉及法律上的“民事责任”承担问题，我国对此有专门法律规定：

《民法典》第一千二百五十三条规定：建筑物、构筑物或者其他设施及其搁置物、悬挂物发生脱落、坠落造成他人损害，所有人、管理人或者使用人不能证明自己没有过错的，应当承担侵权责任。所有人、管理人或者使用人赔偿后，有其他责任人的，有权向其他责任人追偿。

第一千二百五十四条规定：禁止从建筑物中抛掷物品。从建筑物中抛掷物品或者从建筑物上坠落的物品造成他人损害的，由侵权人依法承担侵权责任；经调查难以确定具体侵权人的，除能够证明自己不是侵权人的外，由可能加害的建筑物使用人给予补偿。可能加害的建筑物使用人补偿后，有权向侵权人追偿。

物业服务企业等建筑物管理人应当采取必要的安全保障措施防止前款规定情形的发生；未采取必要的安全保障措施的，应当依法承担未履行安全保障义务的侵权责任。

发生本条第一款规定的情形的，公安等机关应当依法及时调查，查清责任人。

二、单位门面房出租

单位有几间临街房要对外出租，服务中心负责此事的同志拿着他们草拟的房屋租赁合同、出租房消防安全协议书，到单位法制部门，希望把把关，并提出两点要求：一是别违法；二是在合法的前提下寻求利益最大化，减少己方责任。确实，国家对出租房屋有不少规定，另外房屋所在城市租赁政策也不尽相同。以郑州市城市房屋租赁为例，有几个方面确实需要引起注意。

（1）出租房屋有条件，有些房屋不能出租。

出租房屋，必须是有合法的房屋产权证件，能正常使用的房子。将住宅或其他用房改作经营用房出租的，应提交规划和房管部门同意的证明。

有下列情形之一的房屋，不得出租：①无房屋所有权或房屋所有权人未授予经营管理权的；②司法机关或行政机关依法裁定、决定查封的；③共有房屋未取得其他共有人同意的；④房屋所有权或使用权权属有争议的；⑤危险房屋或有其他重大安全隐患的；⑥违章建筑及超过期限的临时建筑；⑦在依法发布房屋拆迁公告范围内的。出租住房的，应当以原设计的房间为最小出租单位，人均租住建筑面积不得低于当地人

民政府规定的最低标准。厨房、卫生间、阳台和地下储藏室不得出租供人员居住。

（2）要慎重签订房屋租赁合同。

房屋租赁合同应当具备以下条款：①当事人姓名或名称及地址；②房屋的坐落、面积、装修及设施状况；③租赁用途；④租赁期限；⑤租金及交付方式；⑥出租人、承租人的权利和义务；⑦物业服务、水、电、燃气等相关费用的缴纳；⑧租赁登记备案；⑨违约责任及解决争议的方式；⑩当事人约定的其他条款。

这些条款中，“出租人、承租人的权利和义务”涉及内容多，比较重要。另外，很多人对“租赁登记备案”制度不是很了解。

（一）出租人和承租人分别具有的权利和义务

出租人的权利和义务：

（1）按租赁合同约定的时间、面积向承租人提供房屋。

（2）按租赁合同约定向承租人收取租金。

（3）负责检查、维修房屋及其设施，保证房屋安全，出租人有权对承租人使用房屋的情况进行监督，但不得干扰或妨碍承租人正常、合理使用房屋。

（4）需要对出租的房屋改建、扩建或装修的，应当与承租人就房屋改建、扩建或装修后的租金及承租人损失的补偿等事项协商一致签订书面协议后方可进行。

（5）承租人有下列行为之一的，出租人有权变更或解除租赁合同，收回房屋：未经出租人书面同意擅自将房屋转租第三人的；利用房屋进行违法活动的；擅自改变房屋结构或约定用途的；拖欠租金累计6个月以上的；故意损坏承租房屋的；当事人协商一致或者因不可抗力致使合同不能继续履行的。

承租人的权利和义务：

（1）按照租赁合同约定享有所承租房屋的使用权。

（2）按租赁合同约定向出租人交付租金。

（3）出租人有下列行为之一的，承租人可以解除租赁合同：未按合同约定向承租人提供房屋的；向承租人收取租赁合同约定以外的其他费用的；违反规定干扰或妨碍承租人正常、合理使用房屋的；未按合同约定的责任检查、维修房屋及其设施，影响承租人居住安全的。

（4）承租人租赁房屋用于开设经营宾馆、饭店、商场等公众聚集场所的，承租人应当依法向当地公安消防机构申报消防安全检查。

（5）承租人应当保护并按租赁合同约定合理使用房屋，不得改变房屋结构和改建、扩建房屋。承租人确需改变房屋用途或装饰装修的，应当征得出租人书面同意。因承租人过错造成房屋损坏的，承租人应当负责修复或赔偿。

（6）租赁期间，承租人未经出租人同意中止使用房屋的，承租人应继续承担支付租金的义务。当事人另有约定的除外。

（7）承租人在租赁期间经出租人同意，可将承租房屋的部分或全部转租给第三人；租赁期满，原承租人在同等条件下有优先承租权。

（8）租赁期间，房屋出现紧急险情影响房屋安全使用的，承租人可采取必要的应急措施，并立即书面通知出租人，出租人接到通知后应及时维修；不及时维修房屋或出租人通知不到的，承租人可自行维修，所必需的费用由出租人承担。

（二）租赁登记备案

郑州市实行房屋租赁实行登记备案制度。要求房屋租赁关系当事人应自租赁合同签订、变更、终止之日起15日内持出租人和承租人的身份或资格证明、房屋所有权证或其他合法证件、租赁合同等材料、证件到房地产管理部门登记备案。房地产管理部门负责审查和现场核验，符合规定的，予以登记并发给房屋租赁证，并将登记情况定期通报税务部门。房屋租赁证是房屋租赁管理的有效凭证。

房地产管理部门对违反规定，将不得出租的房屋出租，或者未办理登记备案，或者将以划拨方式取得使用权的国有土地上的房屋出租，未缴纳土地收益的，可以采取责令改正，没收违法所得、罚款等措施。

三、家属区车库、车位应该归谁

私家车越来越多，单位家属区的车库、车位供不应求，也就产生一些矛盾。服务中心想解决这些矛盾，先从租、卖上动脑筋，要大家掏点钱，后来觉得不妥，采取的办法是：“车位不固定，先到者先得；每家每户（有车的）一户只发给一张车辆出入卡。”这办法施行1年多了，倒是平平安安。

法律解析：家属区车库、车位应该归谁所有？实践中是小区最常见的纠纷之一。我国《民法典》第二百七十五条规定，建筑区划内，规划用于停放汽车的车位、车库的归属，由当事人通过出售、附赠或者出租等方式约定。占用业主共有的道路或者其他场地用于停放汽车的车位，属于业主共有。第二百七十六条规定，建筑区划内，规划用于停放汽车的车位、车库应当首先满足业主的需要。这两条法律从建筑物区分所有权的角度上解决了小区车库、车位的所有权归属问题。

（1）建筑区划内，规划用于停放汽车的车位、车库应当首先满足业主的需要。这里“首先”的含义是指，小区内的车库和车位虽然可以成为市场交易的客体，但为了本小区居民的停车需要和生活便利，必须以满足本小区业主需要为首要考虑和前提条件。在本小区业主没有满足需要前，与业主以外的人订立的买卖合同应当是无效的。

（2）关于专门用来停放汽车的车库、车位的所有权归属，车库、车位建设者有原始决定权，可以选择通过出售、出租或附赠等方式来处理车库、车位。如果与小区业主就专门用来停放汽车的车库、车位的所有权归属问题没有约定或约定不明确的，则车库与车位的所有权属于全体业主。

（3）占用业主共有的道路或者其他场地用于停放汽车的车位，属于业主共有。如果需要收费，在扣除必要管理费后的所得款应属于全体业主共有。

四、空调安装工坠楼谁担责

为保证机关值班人员炎炎夏日能有个好的工作环境，服务中心在甲电器超市购买了几台品牌空调，安装在防汛值班室。甲电器超市安排专门从事空调安装服务的个体户乙上门服务。服务中心有人担心乙如果在安装中因操作不慎坠楼身受重伤，己方会不会承担责任？

法律解析：服务中心不会承担责任。

（1）本案服务中心与甲电器超市达成协议，与乙不直接发生合同关系，服务中心对乙受伤不负责任。

（2）至于甲电器超市会不会承担责任，关键在于确定甲乙之间的合同性质，是雇佣关系，还是承揽关系？雇佣合同和承揽合同两者有较大区别。雇佣合同多以时间的长度及时段界定劳务的范围，在劳务提供时，直接接受债权人的指挥监督，不强调必须要求完成一定的工作或工作量；而承揽合同是承揽人按照定作人的要求完成工作，交付工作成果，定作人支付报酬的合同。承揽包括加工、定作、修理、复制、测试、检验等工作。在承揽合同中，承揽人必须按照定作人的要求完成一定的工作，但定作人的目的不是工作过程，而是工作成果，这是与单纯的提供劳务的合同的不同之处。承揽合同以完成一定的工作并交付工作成果为标的，承揽人对完成工作保持完全的独立性。乙系专门从事空调安全服务的个体户，当属于利用自己的专业技能对外提供服务，且自备工具，目的是提供劳动成果这一“结果”，而不是提供劳务这一“过程”。因此，乙与甲电器超市双方之间形成的是承揽合同关系。根据《最高人民法院关于审理人身损害赔偿案件适用法律若干问题的解释》第十条规定，承揽人在完成工作过程中对第三人造成损害或者造成自身损害的，定作人不承担赔偿责任。因此，甲电器超市对乙的受伤也不负责任，乙受伤由自己负责。

五、车队张师傅两问

和服务中心车队的张师傅一起出差，张师傅问了两个问题：①前几天，车停在路边，没动过，两天内被交警贴了两次条，罚缴了400元，该不该？②只喝一杯啤酒，会不会构成醉驾？答案是：①只需要为违章买单一次。②可能构不成醉驾，但可能构成酒驾，不能心存侥幸，两句“老话”说得好：“喝酒不开车，开车不喝酒”“常在江湖飘，千万别挨刀”。

（一）交通罚款“一事不再罚”

我国《行政处罚法》规定，对当事人的同一违法行为，不得给予两次以上罚款的行政处罚。也就是说，行为人的一个行为无论是违反一规范，还是数个规范，受一个行政主体管辖，还是数个行政主体管辖，可以给予两次以上的行政处罚，但如果是罚款，则罚款只能一次，另一次处罚可以是吊销营业执照或其他许可证，也可以是责令停产停业，还可以是没收等，只是不能再罚款。所以，张师傅在同一地点车辆未动的情况下被重复拍摄，被两次罚款，属于交警处理错误。张师傅只需要携带身份证、机动车登记证书、驾照，到交警部门按照申诉流程申请处理，交警在查明原因后会撤销多余的违章罚款。

需要知道的是，除上述情况外，还有下列交通罚款可申请撤销：①机动车车牌被套用、号牌录入错误；②协助侦察破案、追捕违法犯罪嫌疑人；③车辆被盗抢期间发生的；④交警指挥下的“违章”；⑤避让警车、消防车、救护车、工程救险车等特殊车辆执行任务造成的违章；⑥机动车办理转移登记后录入的违章；⑦避让故障、事故、违章车辆的压线行为；⑧电子警察抓拍的违法记录资料不清晰；⑨红灯越线，但立刻停车；⑩视线被大型车辆遮挡；⑪信号灯故障；⑫标识不明。

（二）喝大约半瓶啤酒构成酒驾，酒驾醉驾后果很严重

根据国家质量监督检验检疫局发布的《车辆驾驶人员血液、呼气酒精含量阈值与检验》（GB 19522—2024）规定：100 mL 血液中酒精含量达到 20～79 mg 的驾驶员即为酒后驾车；100 mL 血液中酒精含量达到 80 mg 以上认定为醉酒驾车。有人大致算了一下，大约喝啤酒 300 mL（半瓶），或葡萄酒 90 mL（不到 2 两），或白酒 25 mL（半两），就构成酒驾；大约喝啤酒 1 200 mL（2 瓶），或葡萄酒 360 mL（半瓶），或白酒 100 mL（2 两），则构成醉驾。当然，这不是官方解读。

我国现在对于酒驾和醉驾处罚规定比较严厉。比如，对酒驾：酒后肇事终生禁驾；酒驾罚款 1 000 元以上 2 000 元以下，暂扣驾驶证 6 个月；再次酒驾拘留 10 日和罚款 2 000 元，吊销驾驶证；机动车驾驶人有饮酒后驾驶机动车的一次记 12 分。醉驾更是可能引发系列严重后果。新的《道路交通安全法规》出台前，醉驾只是拘留，但 2011 年 5 月 1 日起，醉驾就是犯罪。新的刑法修正案（九）将醉驾行为入罪为拘役。如果因醉驾被判处 1～6 个月的拘役，等于是被判刑罚，当事人的工作、前程、家庭等各方面都会受到严重影响。

（1）根据《劳动法》规定，被依法追究刑事责任的，用人单位可以解除劳动合同。

（2）根据《行政机关公务员处分条例》规定，公务员依法被判处刑罚的，给予开除处分。受过刑事处罚的人员和曾被开除公职的人员不得报考公务员。

（3）根据《中国共产党纪律处分条例》规定，因故意犯罪被判处《刑法》规定的主刑的，应当给予开除党籍处分。

（4）很多国家签证的时候，需要无犯罪记录的证明，一旦有案底，办理出国护照很可能被拒签。

（5）根据公安部交通管理局《关于在公安交通管理行政处罚法律文书中增加被处罚人有关信息采集项目的通知》，2016 年 7 月 1 日起，十类交通违法处罚将记录政治面貌和职业信息，涉及中共党员和国家工作人员的将被公安交管部门通报纪检监察机关。

六、“私车公用”出事谁担责

随着社会经济的发展及单位“车改”的实施，服务中心有员工驾驶自有车辆为服务中心干活。“这种私车公用”，一旦发生交通事故造成损害，谁是赔偿主体？

法律解析：“私车公用”赔偿主体是用人单位。

“私车公用”行为是职务行为，应由用人单位承担责任。

（1）职工驾驶车辆正常上下班、在工作城市进行车改补助范围内个人用车活动不属于“私车公用”。根据《工伤保险条例》第十四条第六款规定，职工本人上下班途中驾驶自有机动车发生事故造成本人受伤、死亡，职工本人承担事故的主要责任或全部责任的，不能认定为工伤、工亡，其余则可以认定为工伤、工亡。

（2）“私车公用”发生交通事故造成的损害各种各样，但按照损害对象划分，大致可以将“私车公用”发生交通事故所造成的损害分为三类：一是职工本人或职工的车辆遭受了损害；二是第三者人员或第三者财产遭受了损害；三是同乘人员遭受了损害。根据人身伤亡或者财产损失的程度，交通事故分为轻微事故、一般事故、重大事故和特大事故。具体标准如下：①轻微事故，是指一次造成轻伤 1 ～ 2 人，或者财产损失机动车事故不足 1 000 元，非机动车事故不足 200 元的事故；②一般事故，是指一次造成重伤 1 ～ 2 人，或者轻伤 3 人以上，或者财产损失不足 3 万元的事故；③重大事故，是指一次造成死亡 1 ～ 2 人，或者重伤 3 人以上 10 人以下，或者财产损失 3 万元以上不足 6 万元的事故；④特大事故，是指一次造成死亡 3 人以上，或者重伤 11 人以上，或者死亡 1 人，同时重伤 5 人以上，或者财产损失 6 万元以上的事故。

（3）员工用自有车辆为服务中心干活行为，无疑是职务行为，而执行公务期间，应是指从踏上执行该公务的路程开始到完成公务返回单位或家中时为止。在执行公务期间造成损害后果，《民法典》第一千一百九十一条有明确规定，用人单位的工作人员因执行工作任务造成他人损害的，由用人单位承担侵权责任。用人单位承担侵权责任后，可以向有故意或者重大过失的工作人员追偿。劳务派遣期间，被派遣的工作人员因执行工作任务造成他人损害的，由接受劳务派遣的用工单位承担侵权责任；劳务派遣单位有过错的，承担相应的责任。

七、“临时工”要求享有“正式工”同等待遇

2011 年 7 月，小朱部队复员后，经熟人介绍，到服务中心当司机。服务中心没有

与小朱签订相关劳务合同，也没有为小朱缴纳社会保险费。“干同样的活，别人一月能拿六七千元工资，自己仅能拿到两千多元钱。”这让小朱很苦恼。干了几年后，小朱向服务中心提出同工同酬的诉求，服务中心不答应。2015 年 10 月，他将自己的遭遇反映给劳动仲裁部门，要求服务中心支付其同工同酬等诉求。劳动仲裁部门作出裁决，要求服务中心支付小朱几年间同工同酬工资差额、双倍工资差额、补缴养老保险金，合计约 12 万元。服务中心接到裁决后，到法院起诉，坚持认为“临时工”不应享有“正式工”同等待遇，请求法院判令撤销劳动争议仲裁裁决。法院没有支持服务中心的主张。

现实中，像小朱这样的“临时工”在水利系统还有不少。我国修订后的《劳动合同法》早于 2013 年 7 月 1 日起就已经正式实施。新《劳动合同法》最大的一个亮点，就是将第六十三条修改为“被派遣劳动者享有与用工单位的劳动者同工同酬的权利。用工单位应当按照同工同酬原则，对被派遣劳动者与本单位同类岗位的劳动者实行相同的劳动报酬分配办法。用工单位无同类岗位劳动者的，参照用工单位所在地相同或者相近岗位劳动者的劳动报酬确定。”明确规定了“临时工”享有与“正式工”同工同酬的权利。新《劳动合同法》和《就业促进法》实施后，仍然有一些单位为规避法律，或者使用“劳动合同短期化”用人方式，或者在劳动者已连续工作满十年，仍想方设法避免与劳动者订立无固定期限劳动合同，继续把劳动者当“临时工”；甚至有的用人单位不给劳动者缴纳养老、医疗等社会保险，让“同工同酬”成了法律白条。应引此案以为戒。

结束语：水行政执法人员应具备更多的法治思维

习近平总书记于 2015 年 2 月 2 日在省部级主要领导干部学习贯彻十八届四中全会精神全面推进依法治国专题研讨班上的讲话中提到，领导干部不论职务多高、资历多深、贡献多大，都要严格按法规制度办事，简称法规制度面前人人平等、遵守法规制度没有特权、执行法规制度没有例外。领导干部提高法治思维和依法办事能力，关键是要做到以下几点：一是要守法律、重秩序，这是法治的第一要求。二是要牢记职权法定，明白权力来自哪里、界线划在哪里，做到法定职责必须为、法无授权不可为。三是要保护人民利益，这是法治的根本目的。四是要受监督，这既是对领导干部行使权力的监督，也是对领导干部正确行使权力的制度保护。

法治，追求的终极目标是六个字“公平、正义、效率”。全面依法治国成为中国共产党领导人民治理国家的基本方式。目前中国特色社会主义法律体系基本形成，我国的经济、政治、文化、社会、生态等各项建设都纳入法治化轨道，中国进入全面依法治国新时代，有法必依成为当今时代的鲜明特色。在这种大背景下，政府和社会公众对水利行业提出了更高的要求，水行政执法人员不但要掌握水利专业知识，同时还必须要具备适应工作需要的法治思维和法律知识，才能够在日常工作、生活中用法治手段破解复杂棘手的实际问题。

什么是法治思维？

有人说，法律是哲学的思维，法治思维是按照法律的逻辑进行思维、决策的方式。一位普通人看到钟表不走了，可能会说“这只钟表坏了”，但一位法官或律师看到钟表不走了，只会说“这只表不走了”，一般不会说“这只表坏了”，因为这只表可能是没上弦、没电了，或者是一只模型表，时针根本不会走动，并没有确凿的证据表明这只表确实是坏了。这就是普通人与法律工作者思维的不同。但实际上哲学思维无法简单地取代法律思维。两者是普遍性和特殊性、共性和个性的关系。简单地说，哲学思维对法律思维具有无可置疑的指导作用，是处理一般问题的，法律思维是处理具体问题的，处理具体问题要受到具体的时空特定条件，以及客观和主观条件的制约。

有人说，法治思维就是“根据法律的思考”，就是按照法治的观念和逻辑来观察、分析和解决问题的思维方式，就是崇尚法治、尊重法律，自觉将法律付诸实践，善于运用法律手段解决问题。

有人说，必须具备以下四个特点，才是法治思维：

（1）崇尚秩序，追求公平正义。公平正义是中国特色社会主义法治的核心价值追求。习近平总书记深刻阐述国家治理与保证社会公平正义的关系，指出“要把促进社会公平正义、增进人民福祉作为一面镜子，审视我国各方面体制机制和政策规定，哪里有不符合促进社会公平正义的问题，哪里就需要改革；哪个领域哪个环节问题突出，哪个领域哪个环节就是改革的重点。对由于制度安排不健全造成的有违公平正义的问题要抓紧解决，使我国的制度安排更好体现社会主义公平正义原则，更加有利于实现好、维护好、发展好最广大人民根本利益。”

（2）尊重规则，信仰良法。规则思维就是定规划、做决策、抓改革、促发展是否符合法治精神、法治原则尤其是法律规则，是否涉及“踩红线”“触底线”，使各项工作在法律规范范围内和法治轨道上运行，而不是抛弃规则、遇到法律红线绕道走、遇到法律黄线大胆闯。

（3）程序优先，重视证据。此处的“程序”，不是指办事流程，而是正当程序。用证据来说话，就需要事实，这里的事实，并非人们在日常生活中所认为的事实，而是能够用证据来证明的事实。如果证据不能证明事实，即便事实有可能存在，法律也无法承认，“打官司就是打证据”这种说法就形象地说明了这一点。程序正义是社会主义法治的核心要素之一，是检验法治能力的“试金石”，要求行政机关在进行重大决策程序及影响行政相对人的权益的相关活动时，必须遵守正当法律程序，即使行政机关认为是降低了效率。因为正当程序具有化解不满的效用，对官员和公民的权益都予以有力保障，实质上是起到了提高效率的作用。

（4）高度理性，适度保守。重视论证和说服。法律反映了人的理性，但是并不等于法律"不近人情"。具备法律思维的人往往是理性的，也是比较保守的，一般来说都是现行制度的天然合作者。因为他们在总体上倾向于维护现存的公共秩序，为此往往仅对现实具有一定批判性，但对规则、制度本身并不富有批判性。具备法治律思维的人在法律适用时，一般可以适当尊重社会公众的道德情感，但不将"人情"，尤其是个人情感、私人情义作为法律判断的依据。

有人说，法治思维不是道德思维。长期以来，法治思维是中国人最薄弱的思维模式之一，中国人擅长的思维模式之一是道德伦理思维。比如当涉及要如何对待一个人或如何评价一个人的某个特定的行为时，中国人通常会首先做出这样的界定："这个人是好人。"在这种文化的浸染下，道德评价的思维模式自然盛行于我们的日常生活之中，甚至达到泛滥的程度。法律是人类理性的表现，有规范的形式且相对稳定；而社会道德具有强烈的感情色彩，没有固定的表现形式且稳定性较差，也不像法律那样具有国家强制力，其作用的发挥主要靠个人的自觉。关键的问题是：合法的不一定合乎道德，而合乎道德的也不一定合法。正是由于这两种规范之间的显着差异，与人们通常的观念不同。中国人在传统观念上有"真的假不了，假的真不了""好朋友，没问题""有理走遍天下，无理寸步难行"等。从现实的角度上看，这些说法都是好的，但做到、做好很不容易。按照传统道德思维处理复杂的经济往来问题，本无可厚非，但当今社会是一个法治社会，人们的行为准则更多受到法律的有形制约，而不是道德的无形保证，人们必须在善良的头脑中增加法律防范意识。不得不说，当今中国人还不太擅长法治思维，法治思维的地位还比较低。之所以如此，与我们根深蒂固的文化传统不无干系；而且，法治思维具有一定的专业性，未必需要每个普通的社会成员都必须完全掌握。在一个成功的法治社会，普通的社会成员只需要初步理解法治思维的特点，如遇有依据法律常识难以解决的法律问题，可寻求法律专业人士帮助解决即可。

有人说，法治思维不是政治思维，但又与政治思维密不可分。有些水行政干部政治思维高于法治思维，权限思维高于法治思维，把法律意识行政化。对于公权力而言，法治之治就是权力制约之治。在中国，"法治思维"是由政治家首先使用的概念，重在改变以往权力行使的压服方式。作为一种政治话语，其中包含着很多的政治实践智慧，附载了很多的意识形态内容。法治思维的政治属性导致了很多人在解读或者界定含义的时候，更愿意进行政治立场上诠释，把法治思维与化解社会矛盾、限制权力任意行使联系在一起。我国实现法治的关键少数是领导干部，然而有些干部思维方式仍然停留在泛政治化思维上，对限权意义上的法治观念并没有真心接受，会把自己认定的专断方式当成"法治思维"和"法治方式"，并经常把其所面对的现象或问题与政治挂钩，过多或过度地倾向于从政治的动因、立场等相关的角度来思考、评价或决定问题。

长期以来，我国处于社会转型期之中，作为社会规范的法律，与道德伦理规范、政治性规则、民间习俗等其他各种社会规范，甚至与官员的个人意志、主观情感尚处于激烈的竞合阶段，总体上远未取得依法治国所要求的那种主导性的、至上性的地位。生活中不难见到有些干部讲政治不讲程序，要求几天内就必须完成一项复杂的执法活动，有些干部对规则排位第一是领导指示，第二是红头文件，第三才是法律、法规，就模糊了行政与现实中遵守法律之间的界限。中国人口多，加上有些行政机关不好好作为，产生了一些问题，也出现一些人上访、领导行政干预的现象，也造成较长一段时期百姓“信官不信法”，认为行政干预比法律维权效果更显著。现实中，一些水行政执法人员因为是搞业务出身，法学理论底蕴差一些，对民事、行政、刑事等各类法律风险缺乏认知。有的人还坚持认为在现代中国办事情，主要还是要靠“行政”“人治”“开会”“惯例”解决问题；有的人身居重要岗位，被行业内一些习惯做法蒙蔽了双眼，违反了国家刑法而心存侥幸，幡然醒悟时，已是“法网恢恢，疏而不漏”。有学者对法治思维进行了否定式的概括，认为法治思维不是闹访，不是缠讼，不是遇到问题捂盖子，不是走关系找领导，也不是机会主义违法、选择性执法与运动式执法。

有人说，法律思维必须考虑法律风险，特别是刑事法律风险，一定要未雨绸缪。血的教训告诉水行政执法人员：要避开暗礁稳健前行，领导、关系不是撑天大树，所谓的“习惯”和“潜规则”都是空中楼阁、水中浮萍，只有法律规范和程序规则才是真正的守护神。

我国的行政执法有着自己的历史传统，这些历史传统、运行套路基本上使我国的行政执法形成了自己的格局。在这个格局中，执法主体会运用法治思维来履行执法职能，但是在整个执法过程中，可能还贯穿了除法治思维外的其他思维方式，如政治思维方式、伦理思维方式、政策思维方式、经济思维方式等。正是诸种非常复杂的思维方式的交织使人们往往将我国的传统行政执法与行政管理相等同。

法治思维是指社会主体（包括国家公权力机关、政党组织、法人、其他社会组织和公民）依照法治理念、基本原则、法治精神、法治体系与法治逻辑规范对经济政治文化社会事务及公民个人行为进行分析、判断、选择、处理与协调的认知能力、认知过程以及能准确客观反映的意识活动。法治方式则是指社会主体以法治思维为先导，以法律规定为依据，遵循和运用法律程序处理和解决国家事务、经济文化事业、社会事务以及社会组织内部事务、公民个人事务的方式方法。它要求社会主体处理既定事务的目的具有合理性、合规性与合法性；适用的法律法规章程公约具有合宪性、权威性、准确性和效力性；运用的规则程序具有规范性、协调性和可救济性；效果评价具有预期性、可测度性和引领性。

目前，我国要建立一个现行宪法序言所宣明的“富强、民主、文明”的现代化国家，实现中华民族伟大复兴，包括提高国家治理能力，有效克服社会转型期所直面的各种国家治理难题，全面推行依法治国就注定成为一条必由之路。对于直接参与国家治理并受法律约束的水行政执法人员而言，要牢固树立社会主义法治信仰，把法治理念、法治精神融入工作和生活，心中高悬法律的明镜，手中紧握法律的戒尺，切实做到守法律、重程序、讲规矩。要增强法治思维和依法办事能力，摒弃人治思维、运动式思维、指标性思维、情理式思维等非法治思维，切实做到办事依法、遇事找法、解决问题用法、化解矛盾靠法。要深化法治实践，始终坚持法定职责必须为、法无授权不可为，牢记法律红线不可逾越、法律底线不可触碰，使水行政执法始终在法治的轨道上顺畅运行。